Gerhard Lang
Die Flugzeuge der Bundeswehr

Die Flugzeuge der Bundeswehr

Gerhard Lang

Einbandgestaltung: Luis Dos Santos unter Verwendung eines Fotos des JG 73 »Steinhoff«.

Bildnachweis:
Aufklärungsgeschwader 51 »Immelmann«, Aufklärungsgeschwader 52, Bundesministerium für Verteidigung, Hans-Jürgen Becker, Bildstelle Celle, Régent Dansereau, Dassault-Brequet, Greg L. Davis, Deutsche Aerospace AG, Hermann P. Dorner, Dornier GmbH, Jaap Dubbeldam, EADS Deutschland GmbH Friedrichshafen, EADS Heritage Ottobrunn, Eurocopter, Klaus Faber, Flugbereitschaft BMVg, Arhiv Manfred Franzke; Archiv Manfred Griehl; Gerhard Hartmann, Heeresflieger, Heeresfliegerwaffenschule, Klaus Homberg, Jagdbombergeschwader 32 ECR, Jagdbombergeschwader 33, Jagdbombergeschwader 34 »Allgäu«, Jagdbombergeschwader 38 »Friesland«, Jagdgeschwader 71 »Richthofen«, Jagdgeschwader 73 »Steinhoff«, Jagdgeschwader 74 »Mölders«, Horst Jockers, Kampfhubschrauberregiment 26, LAGL-Dokumentation, Gerhard Lang, leichtes Kampfgeschwader 44, Helmut Lorenz, Lufttransportgeschwader 61, Luftwaffe, Marinefliegergeschwader 3, Marinefliegergeschwader 5, Messerschmitt AG, Messerschmitt-Bölkow-Blohm (MBB/Dietmar Plath), Willy Metze, Military Aviation Photographs, mittleres Transporthubschrauberregiment 25 »Oberschwaben«, Werner Münzenmaier, Panavia Aircraft GmbH, Peter Potempa, Michael Riedesser, Helwin Scharn, Hanfried Schliephake, Schweizer Luftwaffe, Peter Sedlak, Archiv Peter Sedlak, Jochen Streit, Transporthubschrauberregiment 30, USAF/MStg. Fernando Serna, Bernd Vetter, Frank Vetter, Vereinigte Flugtechnische Werke (VFW), Sammlung Erwin Vollmer, Siegfried Wache, Franz Wegmann, Wehrgeschichtliches Ausbildungszentrum Marineschule Mürwik, Wehrtechnische Dienststelle für Luftfahrzeuge – Musterprüfwesen für Luftfahrtgerät der Bundeswehr 61, Weserflug, Claus Wiest, Christoph Wolff, Wilfried Zetsche, 1. Marinefliegergeschwader
Die Farbgrafiken zeichnete Ralf Swoboda.

Die teilweise geminderte Bildqualität ist auf das Alter der Abbildungen und die Umstände ihres Entstehens zurückzuführen.

Eine Haftung des Autors oder des Verlages und seiner Beauftragten für Personen-, Sach- und Vermögensschäden ist ausgeschlossen.

ISBN 978-3-613-02743-5

1. Auflage 2007

Copyright © by Motorbuch Verlag, Postfach 103743, 70032 Stuttgart.
Ein Unternehmen der Paul Pietsch-Verlage GmbH & Co.

Sie finden uns im Internet unter
www. motorbuch-verlag.de

Nachdruck, auch einzelner Teile, ist verboten. Das Urheberrecht und sämtliche weiteren Rechte sind dem Verlag vorbehalten. Übersetzung, Speicherung, Vervielfältigung und Verbreitung einschließlich Übernahme auf elektronische Datenträger wie CD-ROM, Bildplatte usw. sowie Einspeicherung in elektronische Medien wie Bildschirmtext, Internet usw. ist ohne vorherige schriftliche Genehmigung des Verlags unzulässig und strafbar.

Lektorat: Martin Benz
Innengestaltung und Satz: TEBITRON GmbH, 70839 Gerlingen
Druck und Bindung: Rung-Druck, 73033 Göppingen
Printed in Germany

Inhalt

Vorwort ... 8
Einleitung ... 9

Schul- und Ausbildungsflugzeuge
Piper L-18C Super Cub ... 1956 – 1978 ... 18
Canadian Car and Foundry Harvard Mk.4 ... 1956 – 1966 ... 20
Lockheed T-33A ... 1956 – 1976 ... 23
Potez-Fouga CM.170R Magister ... 1957 – 1969 ... 27
Piaggio P.149D ... 1957 – 1990 ... 30
Pützer Elster B/C ... 1959 – 1978 ... 33
Lockheed F-104F Starfighter ... 1960 – 1971 ... 34
Cessna T-37B Tweety Bird ... 1966 – heute ... 36
Northrop T-38A Talon ... 1966 – heute ... 38
Fiat G.91T/3 ... 1969 – 1982 ... 40
Lockheed TF-104G Starfighter ... 1971 – 1988 ... 43
MBB HFB 320M ... 1976 – 1994 ... 47
McDonnell Douglas F-4E Phantom II ... 1977 – 1998 ... 49
Mikojan-Gurewitsch MiG-29UB/MiG-29GT ... 1990 – 2004 ... 50

Kampfflugzeuge
Republic F-84F Thunderstreak ... 1956 – 1966 ... 51
Canadair CL-13B Sabre Mk.5/Mk.6 ... 1957 – 1970 ... 57
North American F-86K Sabre ... 1957 – 1966 ... 62
Fairey Gannet A.S.4 / T.5 ... 1957 – 1966 ... 64
Armstrong Whitworth Sea Hawk Mk.100/Mk.101 ... 1958 – 1966 ... 66
Lockheed F-104G Starfighter ... 1961 – 1991 ... 69
Fiat G.91R/3 und R/4 ... 1969 – 1982 ... 83
McDonnell Douglas F-4F Phantom II ... 1973 – heute ... 89
Dassault-Brequet/Dornier Alpha Jet ... 1978 – 1997 ... 95
Panavia Tornado IDS ... 1980 – heute ... 100
Panavia Tornado ECR ... 1990 – heute ... 109
Mikojan-Gurewitsch MiG-29A/MiG-29G ... 1990 – 2004 ... 112
Eurofighter Typhoon ... 2005 – heute ... 116

Aufklärungsflugzeuge
Republic RF-84F Thunderflash ... 1958 – 1966 ... 122
Lockheed RF-104G Starfighter ... 1963 – 1986 ... 125
Dassault-Breguet Br. 1150 Atlantic ... 1966 – heute ... 128
McDonnell Douglas RF-4E Phantom II ... 1970 – 1995 ... 133
Lockheed Martin P-3C CPU Orion ... 2006 – heute ... 136

Transport- und Verbindungsflugzeuge
Douglas C-47D Skytrain ... 1956 – 1976 ... 138
Dornier Do 27A/B ... 1957 – 1980 ... 142
de Havilland DH.114 Heron 2D ... 1957 – 1963 ... 146
Hunting Pembroke C.Mk.54 ... 1957 – 1972 ... 147
Nord 2501 Noratlas ... 1958 – 1980 ... 150
Convair 440 Metropolitan ... 1959 – 1974 ... 154
Grumman HU-16A/B Albatross ... 1959 – 1971 ... 156

Dornier Do 28A-1	1961 – 1970	158
Douglas DC-6B	1962 – 1969	159
Lockheed C-140A JetStar	1962 – 1986	161
Transall C-160D	1965 – heute	162
Boeing 707-320C	1968 – 1999	167
MBB HFB 320 Hansa Jet	1968 – 1990	170
Dornier Do 28D-1/D-2 Skyservant	1971 – 1995	171
VFW-Fokker VFW 614	1977 – 1998	177
Fairchild Dornier 228-201/228LM/228LT	1986 – heute	179
Canadair CL-601 Challenger	1986 – heute	181
Antonow An-26	1990 – 1994	183
Iljuschin IL-62M	1990 – 1993	185
Let L-410UVP Turbolet	1990 – 2000	187
Tupolew Tu-134A	1990 – 1992	189
Tupolew Tu-154M	1990 – 1999	191
Airbus A310-300/MRT/MRTT	1991 – heute	193
Airbus Military A400M	2010	196

Hubschrauber

Bell 47G-2/Agusta Bell AB-47G-2	1956 – 1974	199
Saunders Roe Skeeter Mk.50/Mk.51	1956 – 1960	201
S.N.C.A.S.O. (Sud-Ouest) S.O. 1221 Djinn	1957 – 196	202
Bristol B.171 Sycamore Mk.52	1957 – 1969	203
Boeing-Vertol H-21C (V-43/V-44B) Shawnee	1957 – 1972	206
Sikorsky H-34 Choctaw	1957 – 1974	209
Bölkow Bo 102 Heli-Trainer	1959 – Ende 60er Jahre	213
Aérospatiale S.E. 3130/SA.318C Alouette II	1959 – 2006	214
Sikorsky/Weserflug S-64 Skycrane	1962 – 1968	219
Bell UH-1D Iroquois	1967 – heute	221
Sikorsky CH-53G/GS	1972 – heute	228
Westland Sea King Mk.41	1973 – heute	233
Eurocopter (MBB) Bo 105M (VBH)	1979 – heute	236
Eurocopter (MBB) Bo 105P (PAH-1)	1980 – heute	239
Agusta Westland Sea Lynx Mk.88/Mk.88A	1981 – heute	243
Mil Mi-2	1990 – 1992	246
Mil Mi-8T/Mi-8TB/Mi-8S/Mi-8PS/Mi-9	1990 – 1991	247
Mil Mi-14PL/Mi-14BT	1990 – 1991	250
Mil Mi-24D/Mi-24P	1990 – 1992	252
Eurocopter AS 532U2 Cougar	1997 – heute	254
Eurocopter EC 135 SHS	2000 – heute	255
Eurocopter Tiger	2005 – heute	257
NHI NH90 TTH/NFH	2007	259

Flugzeuge für Sonderaufgaben

English Electric Canberra B.Mk.2	1966 – 1993	262
Rockwell (North American) OV-10B Bronco	1971 – 1994	264

Erprobungs- und Experimental-Luftfahrzeuge

Dornier Do 29	1958 – 1964	266
Merckle SM 67	1959 – 1962	268
Bölkow Bo 103	1961 – 1962	269
Dornier Do 32E	1962 – 1963	270

Heinkel/Potez CM.191 . . . . .1962 – 1997 .271
EWR Süd VJ 101C . . . . .1962 – 1971 .272
Grumman OV-1B/C Mohawk 1963 274
Bölkow Bo 46 . . . . .1964 276
Dornier Do 31E . . . . .1967 – 1969 .277
Dornier System DS 10 Fledermaus . . . . .1967 – 1971 .279
VFW H-3 Sprinter . . . . .1969 – 1972 .280
Rhein-Flugzeugbau RFB X-113Am 1970 281
VFW-Fokker VAK 191B . . . . .1971 – 1975 .282
Dornier Do 34 »Kiebitz« . . . . .1974 – 1981 .284
Rhein-Flugzeugbau RFB X-114 .1977 285
Schweiger Firebird M1 . . . . .1983 286
Rhein-Flugzeugbau Fantrainer 400/600 . . . . .1985 287
Suchoj Su-20 . . . . .1985 – 1990 .289
Suchoj Su-22M-4 . . . . .1991 – 1998 .290
Suchoj Su-22UM-3K . . . . .1991 – 1998 .292
Eurocopter BK 117AVT 1995 293
EADS Barracuda 2006 294

Anhang
Standorte 296
Verbandskennungen 1956 – 1968 299
Flugzeugkennungen 300
Verbandswappen 352
Abkürzungen 357
Literatur 359

Vorwort

Das letzte umfassende Buch über die Luftfahrzeuge der Bundewehr, zusammengestellt von Manfred Griehl und Joachim Dressel, erschien im Jahre 1990 beim Motorbuch Verlag. So schien es jetzt an der Zeit, zu diesem Thema einen neues Werk vorzustellen, das, wenn man den Umfang des Inhalts betrachtet, auch gerechtfertigt ist.
In den vergangenen Jahren hat sich viel getan. Viele Muster wurden in dieser Zeit außer Dienst gestellt und neue nahmen ihren Dienst bei der Bundeswehr auf. Von all den Luftfahrzeugen, die in diesem Buch aufgeführt werden, sind es nur zwei Typen, die noch nicht im Dienst stehen, dies sind der Mehrzweckhubschrauber NHI NH 90, dessen Truppeneinführung kurz bevorsteht und der Transporter Airbus Military A400M. Wenn man die Entwicklungszeiten von Luftfahrzeugen heute betrachtet, wird man erkennen, dass sich in der Ausrüstung der fliegenden Verbände der Bundeswehr in den nächsten Jahren vermutlich nichts Grundlegendes mehr ändern wird. Nicht aufgeführt ist das unbemannte Höhenaufklärungsflugzeug »Eurohawk«, da über dessen Beschaffung noch nicht entschieden ist.
Untergliedert wurde das Buch nach den Haupteinsatzgebieten der Luftfahrzeuge. Ein ursprünglich geplantes Kapitel »Luftfahrzeuge der Marineflieger« wurde nicht aufgenommen, das es hier zu viele Maschinen gab, die auch bei den anderen Teilstreitkräfte im Einsatz standen.
Im Kapitel »Erprobungs- und Experimental-Luftfahrzeuge« sind alle Luftfahrzeuge aufgeführt, für die das Bundesministerium für Verteidigung zwar einen Entwicklungsauftrag erteilt hatte, die aber nie bei der Bundeswehr eingesetzt wurden. An diesen Luftfahrzeugen sieht man aber, welch hohen technischen Stand die deutsche Luftfahrtindustrie zu diesem Zeitpunkt hatte. Des Weiteren sind hier auch Luftfahrzeuge beschrieben, die nur zur Erprobung übernommen wurden, oder sich heute in der Entwicklung befinden.
Innerhalb der einzelnen Kapitel sind die Luftfahrzeuge entsprehend dem Jahr der Indienststellung gegliedert.
Die drei Karten mit den Standorten von fliegenden Verbänden der Bundeswehr zeigen deutlich, wie die Stärke der Streitkräfte reduziert wurde.
Besonderen Dank möchte ich all denen Personen, Dienststellen und Firmen aussprechen, die mich bei meiner Arbeit mit Informationen und Bildmaterial unterstützt haben, besonders Herrn Rolf Swoboda, der die Farbgrafiken zur Verfügung stellte.

Filderstadt, im Februar 2007

Gerhard Lang

Einleitung

Die Wiederbewaffnung der Bundesrepublik Deutschland war unter anderem eine Folge des »Kalten Krieges«. Die neu aufzustellenden Streitkräfte sollten eine Stärke von 500.000 Mann haben und einem westlichen Verteidigungsbündnis unterstellt werden. Mit den Planungen zur Aufstellung einer Verteidigungsarmee wurde die »Dienststelle Blank« beauftragt, die am 27. Oktober 1950 ihre Arbeit aufnahm.
Eine erste Konferenz zur Bildung der Europäischen Verteidigungsgemeinschaft (EVG) fand am 15. Februar 1951 in Paris statt. Der EVG angehören sollten die Benelux-Staaten, die Bundesrepublik Deutschland, Frankreich und Italien. Die Bildung der Bündnisses scheiterte jedoch zunächst an Frankreich. Weitere Verhandlungen führten dann zur Westeuropäischen Union (WEU), der Belgien, Frankreich, Großbritannien, Holland und Luxemburg angehörten. Letztlich wurde ein Beitritt der Bundesrepublik Deutschland zur NATO beschlossen. Der Beitritt erfolgte zusammen mit Italien, nach der Ratifizierung der »Pariser Verträge« am 5. Mai 1955. Der NATO gehörten zu diesem Zeitpunkt Belgien, Dänemark, Frankreich, Griechenland, Großbritannien, Island, Italien, Kanada, Luxemburg, Holland, Norwegen, Portugal, Türkei und die USA an.
Am 7. Juni 1955 erfolgte die Umwandlung der Dienststelle Blank in das Bundesministerium für Verteidigung (BMVtg). Mit der offiziellen Aufstellung der Teilstreitkräfte Heer, Luftwaffe und Marine der Bundeswehr wurde am 1. November 1955 begonnen. Tatsächlich gab es bei der Luftwaffe aber erst ab dem 2. Januar 1956 die erste Einheit, die Lehrkompanie Nörvenich, die in der Lage war, neue Soldaten für die Luftwaffe auszubilden.

Luftwaffe

Für die Luftwaffe waren insgesamt 20 Geschwader geplant, die sich auf vier Tagjagdgeschwader, drei Allwetterjagdgeschwader, acht Jagdbombergeschwader, drei Aufklärungsgeschwader und zwei Transportgeschwader aufteilen sollten. Die Gesamtpersonalstärke sollte einschließlich des Zivilpersonals 100.000 Mann betragen. Am 2. Januar 1956 trafen die ersten neu auszubildenden Luftwaffenangehörigen auf dem Flugplatz Nörvenich ein. Der erste fliegerische Auffrischungslehrgang für die Piloten begann am 4. Januar 1956 in Landsberg. Geflogen wurde mit der C.C.F. Harvard Mk.IV. Die Ausbildung oblag jedoch noch der USAF und die Flugzeuge trugen amerikanische Hoheitsabzeichen.
Erster Inspekteur der Luftwaffe wurde am 1. Juni 1956 Generalleutnant Josef Kammhuber. Die Luftwaffe konnte am 24. September 1956 ihre ersten drei Flugzeuge in Fürstenfeldbruck mit dem neuen Hoheitsabzeichen, dem »Eisernen Kreuz« vorstellen. Dies waren eine Piper L-18C (AS+501), eine CCF Harvard Mk.IV (AA+601) sowie eine Lockheed T-33A (AB+101). Am selben Tag erhielten auch die ersten zehn deutschen Strahlflugzeugführer der neuen Luftwaffe ihre Schwingen. Die Ausbildung der Piloten erfolgte mit Unterstützung der USAF zunächst bei der FFS »A« in Landsberg (Kennzeichen AA+...), der FFS »B« in Fürstenfeldbruck (Kennzeichen AB+...) und der FFS »S« in Memmingen (Kennzeichen AS+...) – später in Wunstorf, Fassberg und Diepholz. In späteren Jahren wurde die Ausbildung schrittweise in die USA verlegt.
Im Rahmen des amerikanischen *Mutual Defense Assistance Program (MDAP)* wurden Schulflugzeuge, Jagdflugzeuge, Jagdbomber und Aufklärungsflugzeuge aus den USA geliefert, so dass die Anzahl der Flugzeuge bei der Bundeswehr schnell anstieg. Die Grundausstattung bestand aus Piper L-18C, CCF T-6 Harvard, Lockheed T-33A, Republic F-84F Thunderstreak, Republic RF-84F Thunderflash und Canadair Cl-13B Sabre Mk.5/Mk.6 sowie North American F-86K Sabre. Zur Erstausrüstung der Lufttransportgeschwader gehörten die Douglas C-47D und die Nord N.2501D Noratlas. Mit der Noratlas ausgerüstet waren das LTG 61, das LTG 62 und das LTG 63. Die C-47D flogen nur bei der 1./LTG 61. Am 13. November 1956 konnten im Beisein des damaligen Verteidigungsministers Franz Josef Strauß 20 Republic F-84F Thunderstreak an die Luftwaffe übergeben werden.
Als erster Einsatzverband der Luftwaffe wurde das JaboG 31 am 1. September 1957 in Büchel aufgestellt. Kommodore war Major Gerhard Barkhorn. Am 20. Januar 1958 verlegte das Geschwader auf seinen entgültigen Standort, den Fliegerhorst Nörvenich. Die Flugzeuge der ersten Generation wurden bald durch modernere Maschinen wie die Piaggio P.149D, Fouga C.M. 170 Magister, Fiat G.91R/3 und T/3 sowie die legendäre Lockheed F-104 Starfighter abgelöst, wobei letztere in allen vier Einsatzarten (Schulung, Abfangjagd, Jagdbomber und Aufklärer) Verwendung fand.

Am 24. Oktober 1958 fiel im Verteidigungsministerium die Entscheidung für das größte Beschaffungsprogramm der Bundeswehr, die Einführung des Waffensystems Lockheed F-104 Starfighter, von dem 916 Flugzeuge in Dienst gestellt wurden. Im Oktober 1959 wurde die erste für die Luftwaffe bestimmte F-104F übergeben. Die öffentliche Vorstellung des Starfighters erfolgte am 22. Juli 1960 in Nörvenich. Die F-104F gehörten zur 4. Staffel der WaSLw 10 und flogen zu der Zeit in Naturmetall.

Ende 1960 hatten rund 1300 Flugzeugführer ihre Ausbildung abgeschlossen und weitere 1000 befanden sich noch bei den Flugführerschulen. Zu diesem Zeitpunkt verfügte die Luftwaffe auch über zwölf fliegende Verbände, das AG 51 in Manching, das AG 52 in Eggebek, das JG 71 in Ahlhorn, das JG 72 in Leck, das JG 73 in Oldenburg/Ahlhorn, das JaboG 31 in Nörvenich, das JaboG 32 in Lechfeld, das JaboG 33 in Büchel (vormals WaSLw 30), das JaboG 34 in Memmingen, das JaboG 35 in Husum, das LTG 61 in Neubiberg und das LTG 62 in Wahn.

1960/61 wurden neue Geschwader aufgestellt, so das JG 75 mit F-86K in Leipheim (vorher 3./WaSLw 10 in Oldenburg), das Ende 1961 unter Umbenennung in JG 74 an seinen neuen Standort Neuburg/Donau verlegte. Außerdem das JaboG 36 in Hopsten, das die F-84F Thunderstreak vom JaboG 31 übernahm und ein weiteres Transportgeschwader, das mit Nord Noratlas ausgerüstete LTG 63 mit dem Heimathorst Celle. Die WaSLw 10 verlegte mit ihren F-104F von Nörvenich nach Jever. 1962/63 folgte der bis dahin in Oldenburg stationierte Teil der WaSLw 10 nach Jever. 1962 wurden das AG 53 und das AG 54 mit Fiat G.91R/3 in Erding aufgestellt. Das AG 53 verlegte anschließend nach Leipheim und das AG 54 nach Oldenburg.

Ab Mai 1963 rüstete das JaboG 35 von der F-84F auf die G.91R/3 um. Gleichzeitig wurde die Bezeichnung in JaboG 41 geändert. Das JG 71 verlegte mit Sabre Mk.VI 1964 von Ahlhorn nach Wittmund und das JG 73 von Oldenburg nach Pferdsfeld, wo es neu als JaboG 42 bezeichnet wurde und später auf die Fiat G.91R/3 umrüstete. Der genaue Zeitpunkt der Umrüstung ist nicht belegt, da das Geschwader zweimal umrüstete. Die zuerst übernommenen G.91R/3 wurden wieder abgegeben und der Flugbetrieb beim JaboG 42 noch längere Zeit mit der CL-13 Sabre durchgeführt.

Oldenburg wurde nach Auflösung des AG 54 neuer Standort für das JG 72, das von Leck zurück auf diesen Platz verlegte und in JaboG 43 umbenannt wurde. Auch hier kam zunächst noch die CL-13 Sabre zum Einsatz. Neu aufgestellt wurde in diesem Jahr in Landsberg auch das HTG 64 mit Sikorsky H-34. Die WaSLw 50 verließ April 1964 Erding Richtung Fürstenfeldbruck, wo dann die hier stationierte FFS »B« integriert wurde.

1964 konnte der Luftwaffenstützpunkt bei Beja in Portugal in Betrieb genommen werden. In der strategischen Planung sollte er nach einem Angriff auf Deutschland als Rückzugsgebiet für die deutsche Luftwaffe dienen. Später wurde dies strategisch uninteressant und der Platz diente lange Jahre als Ausbildungsstätte für Alpha-Jet-Besatzungen.

Dass der Aufbau der Bundesluftwaffe noch immer nicht abgeschlossen war, zeigte sich an den ständigen Umstrukturierungen. 1966 wurde aus dem JG 72/JaboG 43 das LeKG 43. Eingesetzt wurde die Fiat G.91R/3. Das JaboG 41 wurde in LeKG 41 und das AG 53 in LeKG 44 umbenannt. 1967 erhielt das JaboG 42 die Bezeichnung LeKG 42 und 1968 zog das LTG 63 von Celle nach Hohn um.

Mitte der 60er-Jahre entstanden in ganz Deutschland, vor allem aber in der Bundesrepublik, viele innovative Flugzeug-Projekte. Von drei wurden zumindest Prototypen gebaut. Dies waren der Transporter Dornier Do 31E, das Erdkampfflugzeug VFW-Fokker VAK 191B und das Jagdflugzeug VJ 101C vom Entwicklungsring Süd. Alle drei Typen konnten senkrecht starten und landen. Zu einen Serienbau kam es jedoch nicht.

Hauptaufgabe der Bundeswehr innerhalb der NATO war die Luftabwehr und die Luftraumüberwachung, die Luftaufklärung sowie die Abriegelung des Gefechtsfeldes aus der Luft *(Battlefield Air Interdiction – BAI)* und direkte Einsätze gegen Erdziele *(Close Air Support – CAS)*. Dazu gehörten auch die Bereitstellung von Transportflugzeugen für alle drei Teilstreitkräfte.

1967 änderte die NATO ihre Strategie. Anstelle des bisher geplanten massiven Gegenschlags, bei dem jeder Angriff sofort mit einem atomaren Gegenschlag beantwortet werden sollte kam nun die »Flexible Response« (zu deutsch etwa: flexible Antwort) zum Tragen. Dabei sollten zunächst konventionelle und nur im äußersten Notfall atomare Waffen zum Einsatz kommen.

Zum 1. Oktober 1967 erfolgte eine Änderung der Kennzeichen bei den Luftfahrzeugen der Bundeswehr. Die Buchstaben-Zahlen-Kombination, bei der die Buchstaben bei der Luftwaffe das Geschwader und die erste Ziffer die Staffel auswies, die bei jeder Versetzung des Flugzeugs zu einem anderen Verband geändert werden musste, wurde durch eine reine Zahlenkennung ersetzt, deren erste beiden Ziffern einen bestimmten Typ zugeordnet waren.

Zwischen 1968 und 1971 wurden bei den Lufttransportgeschwadern die Noratlas durch die Transall C-160D ersetzt. Beim LTG 61 in Neubiberg traf am 16. Juni 1970 die erste Transall ein und rund ein Jahr später, am 27. April 1971 verlegte das Geschwader nach Penzing bei Landsberg. Das LTG 63 hatte bereits 1970 Celle in Richtung Hohn verlassen. Am 30. September 1971 wurde das LTG 62 in Ahlhorn aufgelöst, so dass das HTG 64 mit seinen Bell UH-1D von Diepholz und Landsberg nach Ahlhorn umziehen konnte, wobei eine HTrpStff beim LTG 61 verblieb.

Um ihrem Auftrag gerecht zu werden, führte die Bundesluftwaffe Anfang der 70er-Jahre die neue Generation von Aufklärungs- und Kampfflugzeugen ein. Dies waren die McDonnell Douglas RF-4E Phantom II, von der 88 Maschinen im Herbst 1968 bestellt wurden und die ab 1971 beim AG 51 »I« und AG 52 die Lockheed RF-104G ablösten. Am 20. Januar 1971 trafen die ersten RF-4E beim AG 51 »I« in Bremgarten ein. Die Entscheidung für den Kauf von 175 MDD F-4F Phantom II wurde am 22. März 1971 bekannt gegeben. Diese Flugzeuge lösten beim LeKG 42 die Fiat G.91R/3 und beim JaboG 36 sowie beim JG 71 »R« und JG 74 »M« den Starfighter ab. Die erste F-4F wurde am 24. Mai 1973 in St. Louis an die Luftwaffe übergeben. Das JG 71 »R« erhielt die erste Maschine im September 1973. Beim JG 74 »M« begann die Umrüstung am 26. September 1974. Das LeKG 42 in Pferdsfeld wurde mit der Übernahme der F-4F am 1. April 1975 in JaboG 35 umbenannt. Ebenfalls 1975 rüstete das JaboG 36 auf die F-4F um.

Zum 30. September 1978 erfolgte die Auflösung der mit Transall C-160D ausgerüsteten FFS »S«. Gleichzeitig entstand wieder das LTG 62, welches das Personal und die Flugzeuge der FFS »S« übernahm.

Die Ablösung der Fiat G.91R/3 bei den leichten Kampfgeschwadern durch die Dassault-Breguet/Dornier Alpha Jet begann 1980. Die Luftwaffe beschaffte 175 Alpha Jet für die Luftnahunterstützung (LNU). Mit der Umrüstung auf den Alpha Jet wurden die leichten Kampfgeschwader in Jagdbombergeschwader (JaboG 41 und JaboG 43) und die WaSLw 50 in JaboG 49 umbenannt. Erster Verband, dem das Waffensystem Alpha Jet zugeteilt wurde war die Technische Gruppe 31 in Leipheim. Hier trafen die Flugzeuge im März 1979 ein und dienten der Ausbildung des Wartungspersonals. Die offizielle Indienststellung fand am 20. März 1980 in Fürstenfeldbruck beim JaboG 49 statt. Es folgte im Januar 1981 das JaboG 43. Beim JaboG 41 landete 1982 mit der 41+41 der erste Alpha Jet. Auch das deutsche Luftwaffenkommando in Beja erhielt den Alpha Jet. Im Ernstfall sollte dieses Kommando als JaboG 44 zum Einsatz kommen

Ab 1983 erfolgte die Außerdienststellung der F-104G bei den Einsatzgeschwadern der Luftwaffe. Ihr Nachfolger wurde der Panavia Tornado IDS, der nun zur Ausrüstung des JaboG 31 »B«, JaboG 32, JaboG 33, JaboG 34 und JaboG 38, der früheren WaSLw 10, gehörte. Der Tornado, zunächst bekannt als MRCA *(Multi Role Combat Aircraft)* ist ein doppelsitziger Jagdbomber mit zwei Triebwerken und Schwenkflügeln. Er ist eine Gemeinschaftsentwicklung von Deutschland, Großbritannien und Italien. Die gemeinsame Ausbildung für die Besatzungen aller drei Nationen erfolgte ab Januar 1981 beim Trinational Tornado Training Establishment (TTTE) auf dem Fliegerhorst Cottesmore in Großbritannien. Als erster Verband erhielt das JaboG 38 den Tornado. Es folgte Mitte 1983 das JaboG 31 »Boelcke«, ein Jahr später im Juli 1984 trafen die ersten Tornados beim JaboG 32 in Lechfeld ein und im Sommer 1985 rüstete auch das JaboG 33 in Büchel um. Das JaboG 34 war der letzte Verband, der das neue Waffensystem erhielt. Der erste Tornado des Geschwaders landete am 23. Oktober 1987 in Memmingen.

Am 3. Oktober 1990 kam es zur Wiedervereinigung der beiden deutschen Teilstaaten und noch am selben Tag übernahm die Bundeswehr offiziell Personal und Gerät der Nationalen Volksarmee. Es wurde die 5. Luftwaffendivision aufgestellt, die ihr Hauptquartier in Eggendorf hatte. Zu ihrer Hauptaufgabe gehörte es, die Einheiten der LSK/LV aufzulösen. Diese Arbeit wurde bis zum 1. Januar 1991 erledigt. Zu diesem Zeitpunkt waren alle Geschwader der LSK außer Dienst gestellt. Von den Einsatzflugzeugen wurden nur die MiG-29 vom JG-3 in Preschen übernommen und das Geschwader in »Erprobungsgeschwader MiG-29« umbenannt. Die Flugbereitschaft erhielt die drei Airbus A310-300 der Interflug, drei Iljuschin IL-62, drei Let L-410, zwei Tupolew Tu-154 und einige Mil Mi-8. Weitere Mil Mi-8 erhielt das LTG 62, wo sie für SAR-Aufgaben eingesetzt wurden. Die WTD 61 in Manching übernahm einige Suchoj Su-22, MiG-21, MiG-23 und MiG-29 sowie die Hubschrauber Mi-14 und Mi-24. Erprobt wurden aber nur die MiG-29, Su-22, Mi-14 und Mi-24.

Marineflieger

Wie bei der Luftwaffe begannen die Planungen für die Aufstellungen neuer Seestreitkräfte im Oktober 1950. Mit in die Planungen einbezogen wurde die Aufstellung eigener Fliegerverbände für die Marine. Von deutscher Seite wurde eine Stärke der Marinefliegerflieger von 30 Aufklärern, 84 Jagdflugzeugen und 30 Kampfflugzeugen – in erster Linie U-Boot-Jäger – als notwendig erachtet. Gegen die Aufstellung deutscher Marineflieger stellten sich Frankreich und Großbritannien. Mit Unterstützung der USA stand der Bildung von Marinefliegerverbänden nach dem Beitritt Deutschlands zur NATO am 9. Mai 1955 jedoch nichts mehr im Wege. Die Zahl der zur Verfügung stehenden Flugzeuge wurde allerdings auf 24 Aufklärungsflugzeuge, 24 Mehrzweckflugzeuge und zehn U-Boot-Jäger begrenzt. Erster Kommandeur der Marineflieger wurde Kapitän z.S. Walter Gaul. Aufgabe der Marineflieger sollte es sein, die westlichen Positionen in der Ostsee sowie deren Zugänge zur Nordsee und damit zum Atlantik zu sichern und zu verteidigen. Eine weitere Aufgabe war die Sicherung des Nachschubs, die Seeaufklärung und die Rettung militärischer wie ziviler Personen aus Seenot.

Mit Befehl vom 21. Juni 1956 wurde zum 15. Juli 1956 das »Kommando der Marineflieger« in Kiel-Holtenau aufgestellt. Aufgabe des Kommandos war es, drei Marinefliegergruppen aufzustellen. Die 1. Marinefliegergruppe mit Heimatstandort in Jagel verfügte über eine U-Boot-Jagdstaffel und eine Mehrzweckstaffel. Sie wurde offiziell mit Befehl vom 12. März 1957 zum 1. April 1957 in Kiel-Holtenau in Dienst gestellt. Die der 1. Marinefliegergruppe unterstellte 1. Mehrzweckstaffel wurde am 19. Mai 1958 als erster fliegender Verband der Bundesmarine in Lossiemouth in Dienst gestellt, da Jagel zu diesem Zeitpunkt noch nicht einsatzklar war. Die U-Jagd-Staffel nahm einen Tag später in Eglington den Dienst auf. Am 22. Juli 1958 landeten die ersten acht Sea Hawks der Mehrzweckstaffel in Jagel, sechs Tage später folgte die U-Jagd-Staffel mit ihren Gannets. Mitte Juli 1959 wurde aus der 1. Marinefliegergruppe das 1. Marinefliegergeschwader.

Auch die 2. Marinefliegergruppe war zunächst in Jagel stationiert. Sie bestand aus einer Aufklärungsstaffel und einer Mehrzweckstaffel und war nominell zum 1. April 1958 ins Leben gerufen worden. Wie die 1. Marinefliegergruppe wurde auch die 2. Marinefliegergruppe Mitte Juli 1959 in 2. Marinefliegergeschwader umbenannt. Die ersten Einsatzflugzeuge der Marineflieger kamen aus England. Der Auftrag über 34 Jagdbomber Armstrong Whitworth Sea Hawk Mk.100 und 34 Aufklärer Sea Hawk Mk.101 wurde am 20. Februar 1957 unterzeichnet. Die Bestellung über 15 U-Boot-Jäger Fairey Gannet AS.Mk.4 und ein Schulflugzeug Gannet T.Mk.5 folgte am 1. März 1957. Die Ausbildung der Besatzungen erfolgte ab Februar 1958 für die Sea Hawk bei der Royal Navy in Lossiemouth und für die Fairey Gannet in Eglington. Der dritte fliegende Verband war die Marineseenotstaffel in Kiel-Holtenau. Ihre Aufstellung erfolgte am 4. Januar 1958, rückwirkend zum 1. Januar 1958. Die Marineseenotstaffel erhielt ab dem 6. März 1958 sechs leichte Transportflugzeuge Hunting Pembroke Mk.54. Außerdem übernahm die Marineseenotstaffel insgesamt zehn Hubschrauber des Typs Bristol 171 Sycamore Mk.52, die ersten vier im Juni 1958, die nächsten sechs Ende 1960/Anfang 1961. Kurzzeitig kamen auch vier Saro Skeeter Mk.51 zum Einsatz. Sie wurden zwischen Oktober 1958 und März 1959 ausgeliefert jedoch mangels Leistung bereits 1960 wieder ausgesondert, mit einer Gesamtflugzeit von zusammen nur 46 Flugstunden.

Ab dem 1. August 1959 wurde die Marineseenotstaffel in »Marinedienst- und Seenotgruppe« umbenannt. Als weiteren Flugzeugtyp betrieb die Marinedienst- und Seenotgruppe noch die Grumman HU-16D Albatros. Diese wurden zwischen Januar und April 1959 übernommen, und zwar fünf Exemplare, die übrigens damals noch die Bezeichnung UF-2 führten. Dieser Typ wurde dann 1962 in HU-16D umbenannt. Drei gebrauchte HU-16A, für deren Ankauf man sich im September 1964 entschlossen hatte, fanden niemals Eingang in den Bestand der Marineflieger.

Als Verbindungsflugzeuge standen den Marinefliegern die Dornier Do 27, die ab Juli 1958 ausgeliefert wurden, und die Piaggio P. 149D zur Verfügung.

Wie bei der Luftwaffe und den Heeresfliegern wurden auch die Luftfahrzeuge der Marineflieger mit einer Kennung aus zwei Buchstaben und drei Zahlen versehen. Aber im Gegensatz zu diesen Teilstreitkräften hatten die Buchstaben einen anderen Sinn. Aufklärungsflugzeugen führten als ersten Buchstabe ein »R«, Rettungs- und Verbindungsflugzeuge ein »S«, Schulflugzeuge ein »T«, U-Jagdflugzeuge ein »U«, Jagdflugzeuge und Jagdbomber ein »V« und U-Jagdhubschrauber ein »W«. Der zweite Buchstabe stand dann für die Einheit. Die 1.MFGrp bzw. das 1.MFG führte den Buchstaben »A«, die 2.MFGrp bzw. das 2.MFG den Buchstaben »B« und die Marinedienst- und Seenotgruppe den Buchstaben »C«. Anfang der 60er-Jahre fiel die Entscheidung, die Marineflieger weiter auszubauen und zwei weitere Geschwader in Dienst zu stellen, so dass der Marine fünf Geschwader zur Verfügung standen. Ab April 1963 kam die H-34G zu den Marinefliegern. Am 17. April 1963 verlegten die Sea Hawks der 2. Marinefliegerstaffel auf den Fliegerhorst

Nordholz, auf dem die Vorbereitungen zur Übernahme schon seit Anfang 1963 auf vollen Touren liefen. Am 18. April trafen die Fouga Magister des Geschwaders ein. Am 26. April wurde das 2.MFG in Nordholz feierlich in Dienst gestellt.

Am 10. September 1963 traf die erste Lockheed F-104G Starfighter beim 1.MFG in Jagel ein. Die Sea Hawks des Geschwaders wurden zum 1. April 1964 an das 2.MFG abgegeben. Die Umrüstung der beiden Staffeln wurde am 15. Juli 1965 abgeschlossen. Am 1. April 1965 wurde die 1./MFG 1 der NATO zugeteilt, die 2./MFG 1 am 1. Juli 1965.

Zum 1. Oktober 1963 erfolgte eine Umstrukturierung der Marineflieger. Aus dem 1. Marinefliegergeschwader wurde das Marinefliegergeschwader 1 (MFG 1), das 2. Marinefliegergeschwader wurde in Marinefliegergeschwader 2 (MFG 2) umbenannt. Am 1. Oktober 1964 wurde die U-Jagd-Staffel in 2./MFG 3 umbenannt und dem MFG 3 unterstellt. Das MFG 3 war ab dem 1. Dezember 1964 für den Flugbetrieb in Nordholz verantwortlich und übernahm die Befehlsgewalt über den Platz am 1. Januar 1965 vom MFG 2. Am 1. Dezember 1964 begann die Verlegung der 2./MFG 3 nach Nordholz.

Das Marinefliegergeschwader 5 (MFG 5) entstand aus der Marinedienst- und Seenotgruppe. Das Geschwader unterhält Außenstellen auf Borkum, Helgoland und Sylt. Geplant wurde noch das MFG 4, ein Hubschrauber-U-Boot-Jagdgeschwader mit zwei Staffeln. Die Aufstellung der 1. Hubschrauberstaffel in Kiel-Holtenau wurde zum 1. September 1963 angeordnet. Das Geschwader sollte mit Sikorsky H-34 ausgerüstet und in Borkum stationiert werden. Die 1./MFG4 verfügte über drei SH-34G zum Minenräumen und fünf SH-34J für die U-Boot-Jagd. Eine Verlegung nach Borkum erfolgte nicht. Bereits zum 1. Oktober 1968 wurde die 1./MFG 4 als eigenständige Staffel wieder aufgelöst und in das MFG 5 überführt. Die Umbenennung in 2./MFG 5 erfolgte allerdings erst am 1. Juli 1969. Die alte 2./MFG 5, die ehemalige Dienststaffel, wurde zugleich die 3./MFG 5.

Im November 1964 wurde das Kennungssystem der Marineflieger teilweise geändert. Beim zweiten Buchstabe in der Kennung wurde das »C« dem MFG 2, das »D« dem MFG 3 und das »E« dem MFG 5 zugeteilt. Auch aus der ersten Ziffer der Zahlenkombination konnte man das Geschwader erkennen, »1« für MFG 1, »2« für MFG 2, »3« für MFG 3 und »5« für MFG 5.

Das MFG 2 übernahm am 12. März 1965 den Fliegerhorst Eggebek von der Luftwaffe. Am 17. März landete der erste Starfighter des Geschwaders, eine RF-104G, in Eggebek. 1966 löste die Breguet Br.1150 Atlantic beim MFG 3 die Fairey Gannet ab. Die Atlantic war das größte Kampfflugzeug der Bundeswehr. Im Juli 1967 wurde dem MFG 3 der Traditionsname »Graf Zeppelin« verliehen. Im Mai 1967 wurden die neun verbliebenen Sycamores außer Dienst gestellt. Ersetzt wurde dieser Hubschrauber durch die leistungsstärkere Sikorsky H-34G.

Ab 1972 wurden die Dornier Do 27 und Piaggio P. 149D aus dem Einsatz genommen und durch 20 Dornier Do 28D-2 ersetzt. Diese Flugzeuge wurden dem MFG 5 unterstellt. In diesem Jahr wurden auch die ersten Überlegungen über den Nachfolger der Breguet Br.1150 Atlantic angestellt. Wunsch der Marineflieger war die Lockheed S-3A Viking, von der dann bis zu 16 Maschinen beschafft werden sollten. Zu einer Bestellung kam es nicht. Zwischen 1969 und 1971 wurden fünf Breguet Atlantic zu SIGINT-Flugzeugen umgebaut. Mit diesen Flugzeugen konnten die Funkfrequenzen der Ostblockstaaten überwacht und Radarstellungen angepeilt werden. Am 20. März 1974 erhielt das MFG 5 seine ersten drei Westland Sea King Mk.41. Insgesamt waren 22 Hubschrauber bestellt worden. Der Einsatzflugbetrieb wurde ein Jahr später, im März 1975, aufgenommen. Zum 1. Oktober 1981 erhielt das MFG 3 eine dritte fliegende Staffel. Ausgerüstet wurde die Staffel mit den neuen Hubschraubern Westland Sea Lynx Mk.88, die an Bord der Fregatten 122 zum Aufspüren feindlicher U-Boote stationiert werden.

Als erstes Geschwader der Bundeswehr rüstete ab Juni 1982 das MFG 1 auf das neue Waffensystem Panavia Tornado um. Für die Marineflieger wurden insgesamt 112 Tornados bestellt. In den Jahren 1982/83 begann ein umfassendes Kampfwertsteigerungsprogramm (KWS) bei einem Teil der Breguet Br.1150 Atlantic. Die Flugzeuge erhielten eine moderne Trägheitsnavigationsplattform und einen neuen Bojenwerfer. Außerdem wurde des AN/APS-134-Suchradar modifiziert und an den Tragflächenspitzen Behälter zur Aufnahme eines passiven elektronischen Messsystems (ESM) zur Erfassung von Radarsignalen angebaut.

Mitte der 80er-Jahre begannen Versuche zur Kampfwertsteigerung der Sea King. Neben der Seenotrettung sollten nun auch offensive Aufgaben durchgeführt werden. Vorgesehen war die Ausrüstung der Sea King mit dem Lenkflugkörpers BAe Sea Skua. Während der Erprobung zeigten sich jedoch mehrere Probleme, so dass das Vorhaben Anfang der 90er-Jahre eingestellt wurde.

1986 wurden zwei Do 28D-2 des MFG 5 zu Do 28D-2 OU (Oil Unit) umgerüstet. Diese Flugzeuge dienten zur Aufspürung von Ölverschmutzungen auf dem Meer. Für diese Aufgabe wurden sie mit einem Seitensichtradar und verschieden Sensoren unter dem Bug ausgerüstet. In der Zwischenzeit wird diese Aufgabe von zwei Dornier 228 LM des MFG 3 ausgeführt.

Bis März 1986 flogen die F-104 des MFG 2 ab Eggebek. Anschließend verlegten sie bis September nach Jagel, da in Eggebek die Startbahn erneuert wurde. Die F-104 wurden von Jagel nach Erding überführt, wo bis zum Mai 1987 die Inübunghaltung der noch nicht auf Tornado umgeschulten Piloten stattfand. Am 11. September 1986 landeten die ersten Tornados des MFG 2 in Eggebek.

Mit der Wiedervereinigung Deutschlands am 3. Oktober 1990 übernahmen die Marineflieger die Seefliegerkräfte der Nationalen Volksarmee. Zu diesen gehörten verschiedene Hubschrauberverbände und das MFG 28 »Paul Wieczorek« mit 23 Su-22M4 und vier Su-22UM3K in Laage. Das Marinehubschraubergeschwader MHG 18 »Kurt Barthel« der NVA bildete dabei den Kern für die am 1. April 1991 neu aufgestellte »Marinehubschraubergruppe« in Parow, die dem Marinekommando Ost unterstellt wurde. Zu diesem Zeitpunkt gehörten zum Bestand der Marinehubschraubergruppe zehn Kampfhubschrauber Mil Mi-8TB, zwei Transporthubschrauber Mi-8T und ein VIP-Hubschrauber Mi-8S. Außerdem noch sechs Minenabwehrhubschrauber BT und acht U-Jagdhubschrauber Mi-14PL. Die Mi-14 wurden, da bei der Bundeswehr kein Bedarf vorhanden war, am 18. Dezember 1991 außer Dienst gestellt und verkauft.

Heeresflieger

Oberstleutnant i.G. Horst Pape wurde am 22. November 1954 zum »Berater des Heeres für Fragen der Heeresflieger« ernannt. Er kam von der Luftwaffe und arbeitete zunächst in der »Dienststelle Blank«. Unterstützt wurde er von Major Ebeling. Mitte 1955 begannen die konkreten Planungen für die Aufstellung von Heeresfliegerverbänden mit der Gründung des »Referats V/76 Heeresflieger im Verteidigungsministerium«, dessen Leiter Pape wurde. Aus diesem Referat entstand später die »Abteilung Heeresflieger« beim Truppenamt in Köln. Oberstleutnant Pape stellte eine mehrfach modifizierte Planung vor.

Oberste Kommandobehörde sollte das Heeresfliegerkommando sein, dem zwei zweimotorige Reiseflugzeuge zur Verfügung stehen sollten. Der Kommandeur des Heeresfliegerkommandos war im Kriegsfall der Armeeführung unterstellt. Er war für die personelle und materielle Einsatzbereitschaft verantwortlich. Für die Heeresführung waren zwei Heeresflieger-Verbindungsstaffeln mit sechs einmotorigen und sechs zweimotorigen Reiseflugzeugen sowie vier leichten Hubschraubern vorgesehen. Wichtiges Augenmerk wurde auf die Aufklärung gelegt. So sollten die Panzerdivisionen und die Panzergrenadierdivision auf jeweils sechs Heeresflieger-Aufklärungsstaffeln zugreifen können, für die Panzerbrigade waren drei, für die Heeresgruppe acht und für die Gebirgsdivision zwei Heeresflieger-Aufklärungsstaffeln vorgesehen. Die Ausrüstung einer Heeresflieger-Aufklärungsstaffel sollte aus 14 Dornier Do 27 und sieben leichten Hubschraubern bestehen. Des weiteren wurden zwölf Heeresflieger-Transportstaffeln mit jeweils 21 Transporthubschraubern, sechs Heeresflieger-Versorgungskompanien und 43 Flugplatzkommandos (H), die für den Betrieb und die Einsatzbereitschaft der Flugplätze verantwortlich waren, geplant.

Die Kennungen der Luftfahrzeuge der Heeresflieger lagen im Bereich zwischen PA+100 und QZ+999. Bei dem Anfang 1960 eingeführten Kennzeichnungssystem erhielten alle Luftfahrzeuge einer Einheit dieselbe Buchstabenkombination. Die Einheit konnte man aus der Zahlenkombination erkennen. Bei den HFlgStff begann die Ziffernfolge bei »101«, bei den HFlgTrspStff bei »201« und bei den HFlgInstStff bei »301«.

Die ersten Hubschrauberpiloten wurden 1956 in Fort Rucker in Alabama sowie im Camp Wolters und die Piloten für die Flugzeuge auf dem Fliegerhorst Gary in Texas ausgebildet. Es zeigte sich jedoch bald, dass die geplante Organisation der Heeresflieger nicht effektiv war. Deshalb wurde bis zur Aufstellung der ersten Verbände die Planung nochmals überarbeitet und eine Umgliederung in Heeresfliegerkommandos (HFlgKdo), Bataillone und Regimenter durchgeführt. So kam es zur Aufstellung eines Heeresfliegerkommandos, von zwei Heeresfliegerstaffeln für die Heeresgruppe, zwölf Heeresfliegerstaffeln, die auf Divisionsebene zum Einsatz kamen, acht Heeresfliegerstaffeln auf Korpsebene, zwölf Heeresflieger-Transportstaffeln und 40 Flugplatzkommandos (H).

An Flugzeugen wurden Anfang 1956 für die Heeresflieger 225 Dornier Do 27A/B und die zweimotorige Pembroke bestellt. Bei den Hubschraubern fiel die Entscheidung wesentlich schwerer. Hier lagen noch keine Erfahrungen vor und so wurden im Herbst 1958 zur Erprobung sechs Bell 47G-2, sechs Sud-Ouest SO. 1221

Djinn und sechs Saunders-Roe Skeeter Mk.6 bestellt. Diese sollten als Verbindungs- und Beobachtungshubschrauber zum Einsatz kommen. Alle drei Hubschraubertypen konnten die Erwartungen der Heeresflieger jedoch nicht erfüllen. Die Bell 47G-2 wurden später an die Luftwaffe abgegeben, wo sie bei der FFS »S« zur Hubschrauberausbildung eingesetzt wurden. Die Saunders-Roe Skeeter Mk.6 gingen 1961 an die portugiesische Luftwaffe. Zur Ausrüstung der Heeresfliegertransportstaffeln waren zunächst 21 Sikorsky H-34G I und G II und 21 Vertol H-21 vorgesehen. Später wurde die Bestellung auf 96 Sikorsky H-34G für die Heeresflieger erhöht.

Am 18. September 1956 begann die Bundeswehr mit der Aufstellung des Flugplatzkommandos 841 (H) mit Standort in Niedermendig. Der Flugplatz, der noch von den französischen Streitkräften belegt war, konnte am 7. Januar 1957 übernommen werden. Der Befehl zur Aufstellung der nächsten Einheit, des Heeresfliegerkommandos 801 unter Oberst Häring, das ebenfalls in Niedermendig stationiert wurde, erging am 19. Februar 1957. Als erste Staffel wurde hier die Heeresfliegerstaffel 811 aktiv, die ab April 1957 ihre Dornier Do 27 erhielt. Ab Mai folgten die sechs Bell 47G. Der zweite Flugplatz der Heeresflieger wurde Fritzlar. Dieser wurde am 1. März 1957 übernommen und im Juli 1957 Heimatstandort des Flugplatz-Kommandos (H) 842 und der Heeresfliegerstaffel 812 und 813, beide erhielten als Erstausrüstung die Do 27, sowie der Heeresfliegertransportstaffel 822, die mit 21 Vertol H-21C Shawnee ausgerüstet wurde.

Am 12. Mai 1957 zogen die Heeresflieger auf den Flugplatz »Hungriger Wolf« bei Itzehoe ein. In Celle, seit dem 29. November 1957 Heeresfliegerplatz, erfolgte die Aufstellung der HFlgStff 814, HFlgStff 815 und am 15. Oktober 1957 die der HFlgTrpStff 823, die als Erstausrüstung die Sikorsky H-34 erhielt. Die HFlgStff 812 führte ab November 1957 die Eignungstests für die SO. 1221 Djinn in Fritzlar durch, die später bei der HFlgStff 811 in Niedermendig weitergeführt wurden. Die HFlgStff 811 zeichnete auch für die Erprobung der Bell 47G-2 verantwortlich.

Bei der HFlgStff 813 in Fritzlar erfolgte zwischen Mai und Dezember 1958 eine erste Erprobung der Saunders-Roe Skeeter Mk.50. Nachfolgend testete man diese Hubschrauber auch noch bei der HFlgStff 814 in Celle. Ab Februar 1958 wurden die Bezeichnungen der Einheiten geändert.

Neben der Do 27 setzten die Heeresflieger noch die Hunting Pembroke Mk.54 ein. Die erste Maschine konnte am 28. März 1958 übernommen werden, drei weitere folgten. Sie kamen bei der HFlgTrpStff 822 und HFlgTrpStff 823 zum Einsatz, wurden aber bereits Anfang der 60er Jahre an die Luftwaffe abgegeben. Im April 1958 kam die HFlgStff 1, die aus der HFlgStff 815 in Celle gebildet wurde nach Oberschleißheim. Dieser Flugplatz wurde am 9. April 1958 in Betrieb genommen. Die HFlgStff 1 wurde im März 1959 in HFlgStff(G) 8 umbenannt. Geflogen wurden bei der Staffel die Sikorsky H-34G. Bückeburg, später Standort der HflgWaS, wurde am 15. April 1958 übernommen.

Die HFlgStff 3 wurde im Oktober 1958 in Rotenburg an der Wümme aufgestellt, die Übernahme des Flugplatzes erfolgte am 1. Oktober 1958. Im November 1958 entstand aus der HFlgStff 814 die HFlgStff 6 in Itzehoe auf dem Flugplatz »Hungriger Wolf«. Als Einsatzmuster diente ebenfalls die Sikorsky H-34G. Weitere Verbände, die mit der Sikorsky H-34G ausgerüstet wurden, waren das HFlgBtl 12 in Niederstetten, das HFlgBtl 200 in Laupheim und die HFlgWaS in Bückeburg. 1959 wurden weitere Hubschrauber in das Auswahlverfahren einbezogen, darunter die Sud Aviation SE. 3130 Alouette II, die Agusta Bell 47J und die Westland Widgeon. Mit der Alouette II hatten dann die Heeresflieger den Hubschrauber gefunden, der die gewünschten Leistungen erbrachte. Daraufhin erfolgte im März 1959 eine Bestellung über 130 Alouette II. Insgesamt erhielten die Heeresflieger 247 Maschinen dieses Typs.

Die HFlgTrpStff 822 gab ihre Vertol H-21C an die HFlgTrpStff (L) 303 in Niedermendig und die HFlgTrpStff (San) 855 in Bückeburg ab. Später wurden alle H-21C beim HFlgBtl 300 in Niedermendig zusammengezogen und dort bis zu ihrer Ausmusterung im Dezember 1972 eingesetzt.

Das NATO-Konzept der »massiven Vergeltung« erforderte auch in Deutschland neue Überlegungen. Das Heer entwickelte 1958 das Modell der »Division 59«. Es bildete die Basis für die anschließende Umgliederung im Rahmen der »Heeresstruktur 1«. Im September 1958 nahmen die Heeresflieger an der ersten großen Herbstübung des Heeres teil, deren Ziel es war, das Konzept der »Division 59« zu erproben. In der Folge wurde auch die Heeresfliegertruppe umgegliedert. Dies führte 1959 zur Auflösung des Heeresfliegerkommandos 801. Statt dessen wurden die Heeresflieger den einzelnen Heereskorps unterstellt. Auch die Ausrüstung der Heeresfliegerstaffel wurde neu festgelegt. Jeder Heeresfliegerstaffel wurden zwölf Do 27 und 15 Alouette II zugeteilt. Die Heeresfliegertransportstaffeln erhielten 21 Sikorsky H-34, eine Heeresfliegertransportstaffel wurde mit Boeing Vertol H-21 ausgerüstet, die in Mendig stationiert wurde.

Dem I. Korps wurde das Korps-Heeresfliegerkommando 1, das am 1. Juli 1959 in Münster aufgestellt wurde, zugeteilt. Das Korps-Heeresfliegerkommando 2, aufgestellt am 1. Juli 1960, gehörte zum II. Korps in Ulm. Das Korps-Heeresfliegerkommando 3 ging aus dem Heeresfliegerkommando 801 hervor. Es wurde am 1. Juli 1959 in Koblenz aufgestellt.

Im Herbst 1959 fand die bis dahin größte Truppenübung der Bundeswehr »Ulmer Spatz« im süddeutschen Raum statt. Dabei waren die Heeresflieger erstmalig im Großeinsatz. Der Schwerpunkt lag bei Flügen mit Do 27 und Alouette II, um den Truppenführern einen schnellen Überblick über das Gelände zu verschaffen, einen persönlichen Eindruck vom Ablauf von Bewegungen oder Operationen zu geben, sie in die Lage zu versetzen, Entscheidungen vor Ort zu treffen und Operationen aus der Luft zu führen.

Für die Erprobung neuer Luftfahrzeuge, für Truppenversuche mit im Einsatz stehenden und neuen Luftfahrzeugen benötigten die Heeresflieger eine entsprechende Dienststelle. Zur Durchführung dieser Aufgaben entstand in Niedermendig aus der HFlgStff 811 die Heeresflieger Lehr- und Versuchsgruppe (HFlgL/VsuGrp). Sie war der Grundstock für die am 1. Juli 1959 in Niedermendig aufgestellte Heeresfliegerwaffenschule (HFlWaS). Diese verlegte am 12./13. Januar 1960 auf den Flugplatz Achum bei Bückeburg.

Das Kennzeichnungssystem wurde im März 1960 wieder geändert. Anhand der Ziffernfolge konnte man nun feststellen, zu welchem Korps das jeweilige Luftfahrzeug gehörte. Die Ziffernfolge bei den Luftfahrzeugen der Heeresfliegerstaffeln begannen beim I. Korps ab »101«, beim II. Korps ab »201« und beim III. Korps ab »301«. Die Buchstabenkombination waren PN, PO und PP. Den HFlgTrspStff wurden die Buchstabenkombinationen QA bis QF zugewiesen. Die HFlgInsStaff erhielten die Buchstabenkombinationen QL bis QP und QR und die HFlgTrspStff(San) QG, QH und QJ.

1960 konnten die Heeresflieger mit dem Flugplatz Rheine/Bentlage einen weiteren Standort übernehmen. Hier wurden dann die HFlgStff 7, HFlgStff 10 und HFlgStff 101 aufgestellt. Die HFlgStff 7 verlegte im Juli 1961 nach Celle und die HFlgStff 10 nach Niederstetten. Als erste fliegende Einheit der Heeresflieger traf am 1. Oktober 1961 die HFlgStff 4 auf dem Flugplatz Roth bei Nürnberg ein. Dieser Platz wurde gemeinsam mit der Luftwaffe genutzt, die aber dort keine fliegenden Verbände stationiert hatte.

1961 kam es im Rahmen der »Heeresstruktur 2« zu einer Verstärkung der Heeresfliegerverbände, um dem gestiegenen Transportbedarf gerecht zu werden. Die Staffeln wurden ab 1. November 1961 zu Bataillonen aufgewertet. In Rheine/Bentlage entstand das HFlgBtl 100. Im November 1962 in Niedermendig das HFlgBtl 300 und am 16. Januar 1963 in Oberschleißheim das HFlgBtl 200. Diesen drei Bataillonen wurden die Buchstabenkombinationen PZ, PY und PX zugeteilt. Die Umbildung der anderen Staffeln erfolgte nur langsam und fand mit der HFlgStff 5 aus Fritzlar, die zum HFlgBtl 5 wurde, am 1. Oktober 1969 ihren Abschluss. Diese Struktur hielt bis zum 31. März 1971. Zu diesem Datum wurden die Heeresfliegerbataillone wieder aufgelöst und entstanden neu als Heeresfliegerstaffeln.

Bei der Sturmflutkatastrophe in Hamburg und Ostfriesland im Jahr 1962 wurden die Hubschrauberbesatzungen erstmals unter extremen Wetterbedingungen auf die Probe gestellt. In dem bis dahin größten Einsatz mit 110 Hubschraubern wurden bei rund 3000 Flügen zusammen mit anderen Helfern über 1100 Menschen gerettet.

1963 begann die Erprobung eines neuen leichten Transporthubschraubers, der Bell UH-1D. Am 5. April 1965 fiel die Entscheidung über die Beschaffung von 204 Bell UH-1D für die Heeresflieger. Der Hubschrauber wurde bei Dornier in Lizenz gebaut. Im Frühjahr 1964 übernahmen die Heeresflieger mit Laupheim einen weiteren Flugplatz und im April desselben Jahres verlegte das Heeresfliegerbataillon 200 hierher. Am 24. Oktober 1966 verlegte die HFlgStff 10 von Friedrichshafen nach Neuhausen ob Eck. Dieser Flugplatz wurde kurz zuvor neu eröffnet. Am 20. August 1967 erhielt die HFlgWaS die erste Bell UH-1D. Die Auslieferung an die einzelnen Verbände wurde bis 1971 abgeschlossen, was zur Außerdienststellung der Dornier Do 27 führte. Die Heeresflieger benötigten jetzt nur noch einen mittleren Transporthubschrauber. Hier wurden 1966 die Boeing-Vertol CH-47 Chinook und die Sikorsky CH-53 getestet. Die Entscheidung fiel zugunsten der CH-53. So wurde am 4. November 1968 der Auftrag über 110 Hubschrauber erteilt. Sikorsky lieferte im September zwei CH-53D und Ende 1970 begann bei VFW in Speyer die Lizenzfertigung von 108 CH-53G. Die erste Maschine konnte am 26. Juli 1972 der HFlgWaS in Bückeburg übergeben werden.

Die 1967 eingeführte Änderung der NATO-Doktrin zur »Flexible Response« stellte das Heer vor neue Aufgaben im Bereich der beweglichen und schnellen Operationsführung.

Anfang der 70er-Jahre änderte sich der organisatorische Aufbau der Heeresflieger erneut. Die neuen Planungen wurden in der »Heeresstruktur 3« festgehalten. Wie bereits erwähnt, wurden die Heeresfliegerbataillone zum 31. März 1971 wieder aufgelöst und am 1. April 1971 trat die »Heeresstruktur 3« in Kraft.

Jedem Korps war nun ein mit 48 UH-1D ausgerüstetes, leichtes Heeresfliegertransportregiment (HFlgRgt 10, 20 und 30), und mit der Einführung der Sikorsky CH-53G ein mittleres Heeresfliegertransportregiment (HFlgRgt 15, 25 und 35) mit 32 Hubschraubern zugeteilt. Aus den Heeresfliegerbataillonen wurden wieder Heeresfliegerstaffeln, die auf Divisionsebene Verbindungsaufgaben wahrnahmen. Außerdem war jedem Korps eine Stabsstaffel mit drei Alouette II unterstellt. Die HFlgStff der Divisionen wurden mit zwölf Alouette II ausgerüstet. Die 6. Panzergrenadierdivision erhielt in Hinsicht auf ihre besondere Einsatzaufgabe ein Heeresfliegerbataillon mit zwölf Alouette II und 24 UH-1D.

Zur Abwehr der Panzerverbände des Warschauer Pakts sollten jetzt auch Panzerabwehrhubschrauber (PAH) eingeführt werden. Bereits Ende 1962 hatten schon Versuche mit der Alouette II, die mit dem Panzerabwehrlenkflugkörper SS11 ausgerüstet war, stattgefunden. Diese Versuche verliefen zwar Erfolg versprechend, aber die Alouette II war nicht die geeignete Waffenplattform. Mit der Entwicklung der MBB Bo 105 änderte sich die Situation und so wurde am 1. April 1973 in Celle die »Versuchsstaffel PAH« mit zehn von MBB geliehenen Bo 105C aufgestellt. Bis zum Abschluss der Versuchsreihe Anfang 1977 absolvierte die Staffel über 10.000 Stunden. Wenn auch nicht alle Forderungen erfüllt werden konnten – so war die Bo 105 z.B. nicht allwettertauglich und verfügte über keine Nachtsichtgeräte –, entschlossen sich die Heeresflieger dennoch zur Einführung der Bo 105 als PAH-1 (Panzerabwehrhubschrauber der 1. Generation) bis der dann mit PAH-2 bezeichnete Hubschrauber, dessen Einführung für Ende der 80er-Jahre vorgesehen war, zur Verfügung stehen würde. Mit der Bestellung von 212 Bo 105P wurde gleichzeitig ein Auftrag über 100 Bo 105M als Verbindungshubschrauber (VBH) plaziert. Die ersten beiden Bo 105P lieferte MBB am 8. Mai 1978 an die HFlgWaS aus. Ausgerüstet wurde die Bo 105P mit der Waffenanlage HOT des Raketenjagdpanzers Jaguar. Ab 1979 gab es wieder eine Änderung in der Organisation des Heeres. Die »Heeresstruktur 4« trat in Kraft. Für die Heeresflieger bedeutete dies die Aufstellung von Panzerabwehrhubschrauberregimentern. Jedem Korps wurde ein Panzerabwehrhubschrauberregiment mit zwei Staffeln unterstellt. Jedes Regiment hatte 56 Bo 105P in seinem Bestand. Das HFlgRgt 16 wurde am 1. April 1979 in Celle aufgestellt und konnte am 4. Dezember 1980 seinen ersten Bo 105P übernehmen. In Roth wurde am 1. Oktober 1979 das HFlgRgt 26 aufgestellt. Hier trafen die ersten Bo 105P am 5. Dezember 1980 ein. In Fritzlar wurde ebenfalls am 1. Oktober 1979 das HFlgRgt 36 aufgestellt. Dieses Regiment konnte allerdings erst am 15. Januar 1981 seine Einsatzhubschrauber übernehmen. Als vierter Verband erhielt das in Itzehoe stationierte HFlgBtl 6 die Bo 105B. Das HFlgBtl 6 wurde am 1. April 1980 in HFlgRgt 6 umbenannt und verfügte als einzige Einheit über drei Fliegende Staffeln. Eine Staffel mit 21 Bo 105P, eine mit 14 Bo 105M und eine mit 24 UH-1D. Die letzte Bo 105P wurde am 7. September 1984 an die Heeresflieger übergeben.

Um auf den Flugplätzen Platz für die neu aufgestellten Regimenter zu schaffen, verlegten die leichten Heeresflieger-Transportregimenter, die jetzt ebenfalls nur noch als Heeresfliegerregiment bezeichnet wurden, an neue Standorte. Das HFlgRgt 20 verlegte im Oktober 1979 von Roth nach Neuhausen ob Eck, das HFlgRgt 30 im Juli 1980 von Fritzlar nach Niederstetten und das HFlgRgt 10 im September 1981 von Celle nach Faßberg. Die HFlgStff (G) 8 verlegte am 30. Juni 1981 von Oberschleißheim nach Penzing, dem Standort des LTG 61. Der Flugplatz Oberschleißheim wurde geschlossen.

Zu diesem Zeitpunkt verfügten die Heeresflieger über ihren größten Bestand. Neben den oben erwähnten Verbänden standen noch das HFlgRgt 15 in Rheine-Bentlage, das HFlgRgt 25 in Laupheim und das HFlgRgt 35 in Mendig im Einsatz. Die drei Heeresfliegerkommandos verfügten über je eine Stabsstaffel mit zehn MBB Bo 105M und die Divisionen über die HFlgStff 1 in Hildesheim, HFlgStff 2 in Fritzlar, HFlgStff 3 in Rotenburg/Wümme, HFlgStff 4 in Mitterharthausen, HFlgStff 5 in Mendig, HFlgStff 7 in Rheine-Bentlage, HFlgStff 10 in Neuhausen ob Eck, HFlgStff 11 in Rotenburg/Wümme und die HFlgStff 12 in Niederstetten. Erst durch die deutsche Wiedervereinigung kam es ab 1990 wieder zu größeren Veränderungen in der Struktur der Heeresflieger. Im Rahmen der Übernahme der NVA-Verbände erhielten die Heeresflieger das Kampfhubschraubergeschwader 3 »Ferdinand von Schill« in Cottbus und das Kampfhubschraubergeschwader 5 »Adolf von Lützow« in Basepohl. Im Bestand des KHG-3 befanden sich Hubschrauber des Typs Mil Mi-8TB (Hip E), Mil Mi-9 (Hip G) und Mil Mi-24D (Hind D). Beim KHG-5 kamen zu den erwähnten Hubschrauber noch die Mil Mi-24P (Hind P) hinzu. Beide Geschwader wurden aufgelöst. Aus ihrem Bestand wurde in Cottbus die Heeresfliegerstaffel Ost und die Heeresfliegerstaffel 70 aufgestellt, in Basepohl die Heeresfliegerstaffel 80. Alle drei Verbände unterstanden dem Heereskommando Ost. Während alle Mi-9 im Oktober 1990 außer Dienst gestellt wurden, flogen die Mi-8TB bei allen drei Verbänden. Die Mi-24 standen noch bis zum 3. Juli 1992 im Einsatz. Dann endete auch für sie die Dienstzeit in Deutschland.

Schul- und Ausbildungsflugzeuge

Piper L-18C Super Cub

Einsatz: 1956 – 1978
Stückzahl: 40
Hersteller: Piper

Bei der Piper PA-18 Super Cub handelt es sich wohl um die bekannteste Maschine dieses Herstellers. Sie wird von einem 67 kW (90 PS) Continental C90-12F Boxermotor angetrieben. Zwischen 1949 und 1981 wurden 2650 Einheiten in den verschiedenen zivilen und militärischen Versionen gebaut. Darin enthalten sind auch 838 L-18, die für die amerikanischen Streitkrätte gebaut wurden.

Die neue Bundesluftwaffe erhielt für die in Auffrischungslehrgängen zu schulenden Piloten aus den USA 40 Piper L-18C mit den amerikanischen s/n 54-719 bis 54-758. Die 40. L-18C wurde in beschädigtem Zustand von der USAF übernommen und am 21. Dezember 1956 aus dem Register gelöscht. Diese Flugzeuge wurden zuerst der *7351st Flying Training Wing* in Landsberg unterstellt. Ab dem 1. Juli 1955 erfolgten dann die ersten Lehrgänge. Bis zum 24. September 1956 führten die L-18C noch amerikanische Hoheitsabzeichen. Als am 24. September 1956 die neue Luftwaffe offizell vorgestellt wurde, gehört zu den ersten drei Flugzeugen, die übergeben wurden die L-18C mit der Kennung AS+501.

Nach der Aufstellung der FFS »S« wurde am 9. November 1956 in Memmingen bei der 2. Staffel mit der L-18C der Ausbildungsflugbetrieb aufgenommen. 1959 verlegte die Staffel nach Diepholz. Die Flugzeuge erhielten die Kennzeichen AS+501 bis AS+540. Bei der in Diepholz beheimateten FFS »C« kam die L-18C ebenfalls zum Einsatz. Hier führten die Flugzeuge die Kennzeichen AC+501 bis AC+540. 1971 entstand aus der FFS »C« das Fluganwärterregiment in Uetersen. Das FAR hatte für die Auswahlschulung 36 L-18C in seinem Bestand. Bis zum Mai 1963 wurden die Flugzeuge in diesem Bereich eingesetzt, dann erfolgte schrittweise die Umrüstung auf die modernere und leistungsstärkere Piaggio P.149D. Die Ausmusterung der L-18C aus dem aktiven Schulungsbetrieb erfolgte 1965.

Die verbliebenen Super Cubs übernahmen nun die Bundeswehrsportfluggruppen, wo sie mit der Kennung NL+... flogen. Die s/n 54-724 ging an die Flugbereitschaft BMVg in Köln-Wahn mit der Kennung CA+511. Auch die Marine und die Heeresflieger setzten bei ihren Sportfluggruppen die L-18C ein. Die Kennzeichen bei den Marinefliegern waren je noch Standort unterschiedlich

Den Bundeswehr-Sportfluggruppen standen die Piper L-18C Super Cub zur Verfügung. Die »96+11« wurde im Juni 1978 beim AG 51 »I« in Bremgarten fotografiert.

(SA+.../ SB+.../ SC+.,, und SE+...). Bei den Heeresfliegern kamen die Buchstabengruppen QZ, PX, PY und PZ zur Anwendung. Die Sportfluggruppen der Heeresflieger hatten 1967 fünf Piper L-18C in ihrem Bestand.

1968 flogen noch 34 Maschinen, davon 26 bei der Luftwaffe und je vier bei den Heeres- und Marineflieger. Im September 1968 erfolgte die Neuregistrierung der Flugzeuge, Den Piper L-18C wurden zuletzt die Kennzeichen 96+01 bis 96+34 zugeteilt.

Nach der Auflösung der Bundeswehr-Sportfluggruppen am 31. März 1980 wurden diese in zivile Luftsportvereine umgestaltet. Das vorhandene Fluggerät wurde größtenteils übernommen und mit zivilen Kennzeichen versehen.

Technische Daten
Piper L-18C Super Cub

Verwendungszweck:	Schulflugzeug
Besatzung:	2
Spannweite in m:	10,80
Länge in m:	6,85
Höhe in m:	2,45
Flügelfläche in m^2:	16,60
Leermasse in kg:	360
Startmasse in kg:	700
Höchstgeschwindigkeit in km/h:	180
Reisegeschwindigkeit in km/h:	160
Steigleistung in m/s:	3,17
Aktionsradius in km:	480
Gipfelhöhe in m:	4120
Triebwerk:	Continental C90-8F
Leistung in kW:	129

Schul- und Ausbildungsflugzeuge

1978 wurde die »96+28« in Landsberg beim LTG 61 fotografiert.

Schul- und Ausbildungsflugzeuge

Canadian Car and Foundry Harvard Mk.4

Einsatz: 1956 – 1966
Stückzahl: 135
Hersteller: North American Canadian Car and Foundry (Lizenzbau)

Die T-6 gehört mit zu den meistgebauten Flugzeugen der Welt. Allein North American baute ungefähr 17.000 Flugzeuge. Hinzu kommt noch eine Anzahl unter Lizenz gebauter Flugzeuge. Das Ausgangsmuster NA-16 flog zum erstenmal im April 1935. Die ersten Serienflugzeuge führten die Bezeichnung BT-9, die in mehreren Versionen hergestellt wurde. Nachfolger war die verbesserte BT-14, die einen metallbeplankten Rumpf hatte. Als Kampftrainer kam die BC-1 zur Auslieferung. Die AT-6 Texan unterschied sich kaum von der BC-1 und wurde in sechs verschiedenen Versionen gebaut. Nach 1949 modifizierte North American 2068 T-6, die die Bezeichnung T-6G erhielten. Diese Flugzeuge verfügten über einen leistungsstärkeren Motor, einen größeren Tank,

Die CCF Harvard Mk.4 kam in erster Linie bei der FFS »S« in Landsberg für die fliegerische Grundausbildung zum Einsatz.

Eine Harvard Mk.4 der Technische Schule der Luftwaffe 1. Besonderheit ist das Schachbrettmuster auf der Motorabdeckung.

ein steuerbares Heckrad und eine überarbeitete Cockpitausrüstung.
Die an Großbritannien und die Commonwealth-Staaten gelieferten Flugzeuge führten die Bezeichnung *Harvard*. Noorduyn in Montreal baute 2610 AT-6 als Harvard Mk.II B. 1946 wurde Noorduyn von der Canadian Car Foundery (CCF) übernommen. CCF baute ab 1951 in Lizenz unter der Bezeichnung Harvard über 555 Flugzeuge, die der North American T-6G Texan entsprachen. Als Antrieb kam ein Pratt & Whitney R-1340-AN-1 Sternmotor mit 410 kW (550 PS) zum Einbau. Der Lizenzbau wurde 1954 beendet.
Auch für die im Aufbau befindliche deutsche Luftwaffe wurde die C.C.F. Harvard Mk.IV als Standardschulflugzeug ausgewählt. Die Luftwaffe übernahm insgesamt 135 Harvard Mk.IV von der USAF. Die ersten 19 wurden 1956 ausgeliefert, 1957 folgten weitere 69 Maschinen und 1958 nochmals 47. Fünf weitere Harvard Mk.IV wurden für das Luftwaffenkommando in Portugal beschafft, die die zivilen Kennzeichen D-FAMO, D-FAMU, D-FBEC, D-FIBU und D-FOTO erheilten. Noch vor der offiziellen Indienststellung der Luftwaffe am 24. September 1956 befanden sich bereits die ersten deutschen Piloten bei der *7351st Flying Training Wing* der USAF in Landsberg in der Ausbildung. Dieses Geschwader wurde speziell für die Schulung der deutschen Flugzeugführern am 1. Juli 1955 aufgestellt und mit C.C.F. Harvard Mk.IV ausgerüstet. Alle Flugzeuge trugen amerikanische Hoheitsabzeichen. Zusammen mit einer Piper L-18C und einer Lockheed T-33A wurde die erste Harvard Mk.IV mit der taktischen Kennung AA+601 am 24. September 1956 in Fürstenfeldbruck an die Luftwaffe übergeben.

Ein weiterer Verband, der die Harvard Mk.4 einsetzte, war die WaSLw 30.

Drei Harvard Mk.4 der FFS »S« überfliegen die Flight-line in Landsberg.

Nach der Aufstellung der FFS »A« wurde die 7351st FTW wieder aufgelöst und die Flugzeuge von der FFS »A« übernommen. Alle Harvard Mk.IV waren gelb lackiert und wurden mit der Kennung der Flugzeugführerschule versehen. Diese setzte sich aus den Buchstaben »AA« und einer dreistelligen Nummer zusammen. Die Flugschüler absolvierten hier eine Ausbildung, die 110 Flugstunden auf der Harvard Mk.IV umfasste. Bei der FFS »A« gab es auch ein mit vier Harvard Mk.IV ausgerüstetes Kunstflugteam, das zwischen 1959 und 1962 bei Luftfahrtveranstaltungen auftrat. Die erste öffentliche Vorführung hatte das Team bei einem Flugtag in Penzing am 8. September 1959. Nach dem Absturz der vier F-104F am 19. Juni 1962 in Nörvenich wurde auch dieses *Team* aufgelöst.

Mit der Kennung »BA« hatte auch die WaSLw 30 in Büchel einige Harvard Mk.IV in ihrem Bestand. Bis zu 34 Harvard Mk.IV flogen bei der TSLw 1 in Kaufbeuren. Auf ihnen wurden Bordnavigationsfunker ausgebildet und Zieldarstellung geflogen. Der TSLw 1 war die Kennung mit den Buchstaben »BF« zugeteilt. Diese Flugzeuge gingen am 1. Juli 1959 in den Bestand der Flugdienststaffel TSLw 1 über. Alle Harvard Mk.IV der Flugdienststaffel hatten als Staffelkennung auf der Motorhaube ein schwarzweißes Schachbrett auf dunkelgrüner Unterseite.

Ab Anfang 1962 löste die Piaggio P.149D die Harvard Mk.IV in der fliegerischen Grundausbildung bei der FFS »A« ab. Auch die TSLw 1 ersetzte 1963 ihre Harvard Mk.IV durch die P.149D. Der letzte Flug einer Harvard Mk.IV der Luftwaffe erfolgte am 1. Juni 1966.

Wenn sie anschließend auch nicht mehr bei der Luftwaffe flogen, so kamen einige Harvard Mk.IV beim Rhein Flugzeugbau mit ziviler Kennung noch als Zielschlepper für die Luftwaffe zum Einsatz. Zum besseren Erkennen erhielten die Flugzeuge einen roten Anstrich. Ein großer Teil wurde an die portugiesische Luftwaffe abgegeben und einige an Privatpiloten verkauft.

Technische Daten
C.C.F. Harvard Mk.4

Verwendungszweck:	Schulflugzeug
Besatzung:	2
Spannweite in m:	12,81
Länge in m:	8,99
Höhe in m:	3,58
Flügelfläche in m²:	23,57
Leermasse in kg:	1886
Startmasse in kg:	2404
Höchstgeschwindigkeit in km/h:	330
Reisegeschwindigkeit in km/h:	272
Steigleistung in m/s:	6,85
Aktionsradius in km:	1207
Gipfelhöhe in m:	6555
Triebwerk:	1 Pratt & Whitney R-1340-AN-1
Leistung in kW:	410

Lockheed T-33A

Einsatz: 1956 – 1976
Stückzahl: 192
Hersteller: Lockheed

Die T-33A gehört zu den erfolgreichsten Schulflugzeugen, die je gebaut wurden. Im August 1951 wurde die letzte von 5691 T-33A von Lockheed ausgeliefert. In Japan baute Kawasaki 210 Flugzeuge und 656 fertigte Canadair in Kanada, die auch als Cl-30 Silver Star bezeichnet werden. Der Erstflug der T-33A fand am 22. März 1948 statt. Die Aufklärerausführung wurde mit RT-33A bezeichnet. Die bei der *US Navy* (Marine) eingesetzten Flugzeuge führten zuerst die Bezeichnung TV-2, ab 1962 T-33B. Für die US Navy wurde die T-33 weiterentwickelt, die sich äußerlich durch den höher gelegten zweiten Sitz und das Leitwerk unterschied. Der Erstflug dieser mit T2V-1 bezeichneten Maschine fand am 15. Dezember 1953 statt und Lockheed lieferte 271 Flugzeuge

Die FFS »B« in Fürstenfeldbruck erhielt als erste Einheit die Lockheed T-33A zugeteilt. In den ersten Jahren trugen die Flugzeuge keinen Tarnanstrich.

Schul- und Ausbildungsflugzeuge

Schul- und Ausbildungsflugzeuge

Diese T-33A des JaboG 33 kehrt gerade von einem Trainingsflug zurück und rollt in den Abstellberich des Fliegerhorstes.

aus. Anfang der 80er-Jahre entwickelte die Firma Skyfox eine auf dem Flugwerk der T-33 aufbauende Maschine, die eine Triebwerksanordnung ähnlich der A-10 aufwies. Der Erstflug fand im Juni 1983 statt, das Projekt wurde jedoch nicht weiterverfolgt.
Im Rahmen des MDA-Programms *(Mutual Defense Assistance)* lieferten die USA 1058 T-33 an verbündete Nationen. Der größte Nutzer der T-33A außerhalb der USA war die deutsche Luftwaffe. Sie setzte insgesamt 192 T-33A ein. 127 Maschinen waren T-33A-1-LO, die mit dem Bug der F-80 Shooting Star ausgerüstet waren, der mit zwei MGs aufgerüstet werden konnte. Die restlichen 65 Flugzeuge waren T-33A-5-LO mit einer geänderte Bugnase, in der das Instrumentenanflugsystem und der *Omni-Range*-Funkpeiler untergebracht war. Die Wartung der Flugzeuge erfolgte bei der Weser-Flugzeugbau GmbH in Bremen.
Der erste Flug einer T-33A mit deutschen Hoheitsabzeichen fand am 24. September 1956 statt. Die Maschine startete in Fürstenfeldbruck und führte die Kennung AB+101 der FFS »B« am Heck. Hier handelte es sich aber um eine fiktive

Zunächst waren alle T-33A, wie die »DD-384« vom JaboG 34 aus Memmingen, metalisch blank. Später erhielten sie einen Tarnanstrich.

Hier befindet sich die T-33A »9444« des AG 51 »I« zu Besuch beim JaboG 33 in Büchel.

Kennzeichnung, da die T-33A für dieses Ereignis von der USAF ausgeliehen worden war und anschließend wieder ihre amerikanischen Hoheitsabzeichen erhielt. Die deutschen Fluglehrer, die später Piloten ausbilden sollten, besuchten zunächst selbst einen Lehrgang, der beim 7330th Flying Wing der USAF durchgeführt wurde.

Nach dem erfolgreichen Abschluss der Ausbildung bei der FFS »A« in Landsberg, wo auf der Harvard Mk. IV und der Fouga Magister geschult wurde, kamen die zukünftigen Strahlflugzeugführer nach Fürstenfeldbruck zur FFS »B«. Der FFS »B« standen für die weitere Ausbildung der Piloten 122 T-33A zur Verfügung. Die FFS »B« gliederte sich in verschiedene Gruppen, die zur Unterscheidung einen 25 cm breiten farbigen Streifen am Leitwerk führten. Die Flugzeuge waren alle metallisch blank, nur wenige Maschinen führten das Wappen der Schule am Leitwerk. Die Kennungen befanden sich auf beiden Seiten des Bugs, das Eiserne Kreuz am Rumpf zwischen Tragflächen und Leitwerk.

Im Mai 1961 wurde bei der FFS »B« eine Kunstflugstaffel mit vier Lockheed T-33A unter der Leitung von Hauptmann Kurt Stöcker aufgestellt. Die anderen Piloten waren Olt. Barakling, Olt. Koch, Hptm. König und Olt. Schmitz. Auftritte der Staffel gab es beim Sommernachtsfest in Konstanz und bei Flugtagen in Freiburg und Saarbrücken. Zunächst flogen die T-33A ohne besondere Bemalung, später wurden die Tragflächenunterseiten in den Farben schwarz, rot und gelb lackiert. Am Rumpf wurde eine Leitung zur Raucherzeugung angebaut, durch die Öl in den heißen Abgasstrahl gespritzt wurde. Die eingesetzten Flugzeuge führten die taktischen Kennzeichen AB-729, AB-750, AB-754 und AB-755. Die Staffel bestand allerdings nicht lange. Sie musste bereits im Sommer 1962, nach dem Absturz der vier F-104F der WaSLw 10 am 19. Juni 1962 in Nörvenich, wieder aufgelöst werden.

Die FFS »B« wurde am 1. April 1964 aufgelöst und die Flugzeuge teilweise an die WaSLw 50 abgegeben. Während des Einsatzes bei der FFS »B« gingen in den Jahren 1956 bis 1964 insgesamt 18 Flugzeuge verloren. Der Höchststand an T-33A bei der WaSLw 50 betrug 42 Flugzeuge. Diese blieben bis zu ihrer Außerdienststellung im Juli 1975 im Einsatz. Bei der FFS »B« und der WaSLw 50 wurden über 196.555 Flugstunden auf der T-33A erreicht.

Neben der FFS »B« bzw. WaSLw 50 setzte auch die WaSLw 10 bis zu zwölf T-33A ein. Das Kennzeichen begann bei der WaSLw 10 in Oldenburg mit »BB«. Auch den einzelnen Einsatzverbänden wurden T-33A zur Instrumentenflugschulung, als Verbindungsflugzeug und für Überprüfungsflüge der Piloten zugeteilt. Die ESt 61 setzte vier Flugzeuge für Begleitflüge und zur Erprobung verschiedener Geräte ein. Zwischen Februar 1962 und Februar 1963 wurden noch 140 T-33A auf Martin-Baker-Schleudersitze umgerüstet. Im vorderen Cockpit kam der Mk.GU5/1 und in der hinteren Kanzel der Mk.GU5/2 zum Einbau. Die Erprobung des Schleudersitzes erfolgte bereits im Dezember 1959 bei Martin-Baker.

Schul- und Ausbildungsflugzeuge

Wie das Wappen am Leitwerk zu erkennen gibt, gehörte diese T-33A zum JG 74 »M« aus Neuburg/Donau.

In den letzten Jahren ihrer Dienstzeit erhielten die T-33A noch einen Tarnanstrich. Im Herbst 1968 wurden die Kennzeichen der verbliebenen Maschinen auf die neue Zahlenkennung umgestellt. Der T-33A wurde der Nummernblock 9401 bis 9526 zugeteilt.

Im Jahr 1976 kam das Aus für die Lockheed T-33A bei der deutschen Luftwaffe. Die letzte Maschine, die 94+68 von JG 71 »R«, wurde in diesem Jahr von Wittmundhaven noch Erding überflogen und dort außer Dienst gestellt. Insgesamt verlor die Luftwaffe in den 20 Jahren, in denen die T-33A im Einsatz stand, 51 Flugzeuge.

Technische Daten	
Lockheed T-33A	
Verwendungszweck:	Schulflugzeug
Besatzung:	2
Spannweite in m:	11,85
Länge in m:	11,51
Höhe in m:	3,55
Flügelfläche in m^2:	21,81
Leermasse in kg:	3794
Startmasse in kg:	6832
Höchstgeschwindigkeit in km/h:	966
Reisegeschwindigkeit in km/h:	732
Steigleistung in m/s:	24,73
Aktionsradius in km:	2050
Gipfelhöhe in m:	14.630
Triebwerk:	1 Allison J33-A-35
Schub in kN:	24,02

Nach der Auflösung der FFS »B« war die WaSLw 50 in Fürstenfeldbruck der Verband, der über die größte Anzahl an T-33A verfügte.

Potez-Fouga CM.170R Magister

Einsatz: 1957 – 1969
Stückzahl: 234
Hersteller: Potez-Fouga Flugzeug-Union-Süd (Messerschmitt und Heinkel) (Lizenzbau)

Die CM.170R Magister wurde als leichter Strahltrainer für die französische Luftwaffe entwickelt. Der Auftrag über drei Prototypen erfolgte am 27. Juni 1951, wovon der erste am 23. Juli 1952 in Mont-de-Marsan zum Erstflug startete. Zehn Vorserienmuster wurden im Juni 1953 in Auftrag gegeben. Der Erstflug der ersten Vorserienmaschine erfolgte am 7. Juli 1954, der des ersten Serienflugzeugs am 29. Februar 1956. Am 13. Januar 1954 wurde der Serienauftrag über 95 Flugzeuge erteilt. Dieser Auftrag wurde später auf 193 Einheiten für die französischen Luftstreitkräfte erhöht, die das erste Flugzeug Anfang 1957 übernahm. Zum Waffentraining konnte die Fouga Magister mit einem Kreiselvisier für jeden Sitz, hinten auf Grund der schlechten Sichtverhältnisse mit einem Periskop gekoppelt, ausgerüstet werden. Sie verfügte über eine Kanonenzielkamera. Als Antrieb kamen zwei Turboméca Marboré IIA zum Einbau.

Fouga wurde von der Firma Potez übernommen, unter deren Regie die Fertigung der Magister jedoch weiterlief. 1967 wiederum wurde Potez von Sud Aviation, der heutigen Aerospatiale, übernommen.

Die israelische Bedek Aircraft Ltd. erwarb 1957 die Lizenzbaurechte und fertigte 36 Maschinen. Nach Finnland lieferte Fouga 20 Flugzeuge. Von der Firma Valmet wurden weitere 62 Maschinen in Lizenz gebaut. Belgien erwarb 45 CM.170R Magister, die zwischen dem 29. Januar 1960 und dem 10. Januar 1962 ausgeliefert wurden. Die Fouga Magister löste bei der VVS *(Voortgezette Vliegopleiding School)* die North American T-6 Harvard ab. 1969 wurden fünf überzählige CM.170R der deutschen Luftwaffe an die VVS übergeben (MT-46 bis MT-50). Viele Jahre setzte auch die belgische Kunstflugstaffel »Red Devils« die Fouga Magister ein. Ein Teil der 50 Flugzeuge stand bis 2006 noch im Einsatz.

Bis zur Einstellung der Produktion im Jahre 1967 verließen insgesamt 929 Flugzeuge dieses Typs die Fertigung. 589 Flugzeuge wurden in Frankreich für die *Armée de l'Air* und verschiedene andere Luftwaffen gebaut. Die Fertigung bei der Flugzeug-Union-Süd lief im Frühjahr 1961 aus. Die Produktionslinie in Frankreich wurden im Dezember 1969 geschlossen.

Die deutsche Luftwaffe bestellte zuerst 383 Fouga Magister. Der Auftrag wurde dann jedoch auf 234

Fouga CM. 170R Magister »EC-397« des AG 53. Aus diesem Geschwader entstand später das mit Fiat G.91R/3 ausgerüstete LeKG 44 in Leipheim.

Die »AA-011« in der Bemalung des »ACRO-Team« der FFS »S«. Diese Bemalung wurde 1962 eingeführt.

Maschinen reduziert. Air Fouga lieferte 40 Flugzeuge aus. Die Werknummern der von Fouga gelieferten Flugzeugen lag zwischen den Nummern 50 und 142. Anschließend lieferte Fouga noch eine Anzahl von Fertigteilen, bis die Produktion endgültig auf die Flugzeug-Union-Süd, einen Zusammenschluss der Firmen Heinkel und Messerschmitt überging. Bei Heinkel in Speyer wurden Flügel, Leitwerk und Rumpfspitze gefertigt. Bei Messerschmitt im Werk Augsburg erfolgte die Fertigung des Rumpfes. Die Endmontage der Magister erfolgte ebenfalls bei Messerschmitt, jedoch in München-Riem. Hier wurden die Flugzeuge auch eingeflogen. Später wurde die Endmontage nach Manching verlegt.

Die ersten beiden Fouga Magister aus französischer Fertigung erhielt die FFS »A« am 28. Mai 1957. Am 10. November 1958 übernahm Generalleutnant Kammhuber in München-Riem die erste von der Flugzeug-Union-Süd fertig gestellte Fouga Magister. Mit Ausnahme einiger weniger gelb gespritzter Flugzeuge wurden alle Magister in Naturmetall ausgeliefert. Die Schulung der Luftwaffenpiloten erfolgte anfangs bei der *312. Groupement Instruction (GI312)* in Salon-de-Provence, ab 1957 dann bei der FFS »A« in Landsberg-Penzing.

1959 begann das Training für die Kunstflugstaffel der FFS »A«, dem *Fouga-Acro-Team*, auf Fouga Magister. Das erste *Team* setzte sich noch aus englischen Fluglehrern zusammen. Die Flugzeuge führten keinen besonderen Anstrich. Erst 1962 wurde für die Fougas der Kunstflugstaffel eine Sonderbemalung eingeführt. Dies war auch die letzte Saison für das *Team*, da im Herbst 1962 nach dem Absturz der vier F-104F alle Kunstflugvorführungen verboten wurden.

Weitere Verbände, die die Fouga Magister einsetzten, waren die WaSLw 50, die zwölf Flugzeuge erhielt. Diese standen zwischen Ende 1960 und Sommer 1965 im Einsatz und dienten der Einweisung von Fiat G.91R/3-Piloten. Die Aufklärungsgeschwader 53 und 54 erhielten jeweils acht Fouga Magister. Bei der Flugbereitschaft des BMVtg kamen zwei Magister (CA+023 und CA+024) zum Einsatz. Bei der Erprobungsstelle 61 in Manching flogen acht Fouga Magister mit den Kennungen YA+027, YA+203 bis YA+209.

Neben der Luftwaffe setzten auch die Marineflieger die Fouga Magister ein. Insgesamt flogen von 1959 bis 1969 17 Maschinen dieses Typs mit den Kennzeichen SA +..., SB + ... und SC + ... bei der Marine.

Die Fouga Magister verfügte über keine Schleudersitze und der Rumpfquerschnitt war für den Einbau serienmäßiger Schleudersitze zu schmal. 1964 gab das Bundesverteidigungsministerium den Versuchseinbau eines Martin Baker Mk.GZ 4

Auch den Marinefliegern wurden die Fouga Magister zugeteilt. Das Foto zeigt die »SA-101« des MFG 1

in Auftrag. Für diesen Zweck wurde der Rumpf mit der c/n 128 zu Martin Baker nach Ghalgove gebracht. Die Flugerprobung erfolgte bei der ESt 61 in Zusammenarbeit mit Autoflug und Messerschmitt. Obwohl die Erprobung erfolgreich verlief und die Musterzulassung erteilt wurde, wurde aus finanziellen Gründen vom Einbau der Schleudersitze abgesehen.

Die letzten Maschinen vom Typ Magister, die 1968 noch im Einsatz standen, erhielten die neuen Kennungen 9301 bis 9235. Die letzte Fouga C.M.170R Magister flog bei der Bundeswehr 1969. Einige Flugzeuge wurden für kurze Zeit noch von zivilen Haltern geflogen. Wie schon erwähnt, wurden fünf Flugzeuge an die belgische Luftwaffe verkauft und zehn an die Luftwaffe von Marokko. Eine unbekannte Anzahl an Flugzeugen gingen nach Israel, darunter vermutlich 21 von den 40 Maschinen, die aus französischer Produktion stammten. Zwölf Fouga Magister gingen bei der Luftwaffe durch Absturz verloren.

Als Nachfolgemuster konnte sich die Fouga 90, die erstmals am 20. August 1978 flog, ebenso wenig gegen das deutsch-französische Gemeinschaftsprojekt Alpha Jet durchsetzen, wie die von Heinkel und Fouga entwickelte C.M.191.

Technische Daten
Potez Fouga CM.170R Magister

Verwendungszweck:	Schulflugzeug
Besatzung:	2
Spannweite in m:	11,30
Länge in m:	10,06
Höhe in m:	2,80
Flügelfläche in m^2:	17,30
Leermasse in kg:	1936
Startmasse in kg:	2760
Höchstgeschwindigkeit in km/h:	740
Reisegeschwindigkeit in km/h:	547
Steigleistung in m/s:	14,67
Aktionsradius in km:	925
Gipfelhöhe in m:	12.200
Triebwerk:	2 Turboméca Marboré IIA
Schub in kN:	2 x 39,2
Bewaffnung:	
2 MG 7,5 mm und Übungsbomben	

Schul- und Ausbildungsflugzeuge

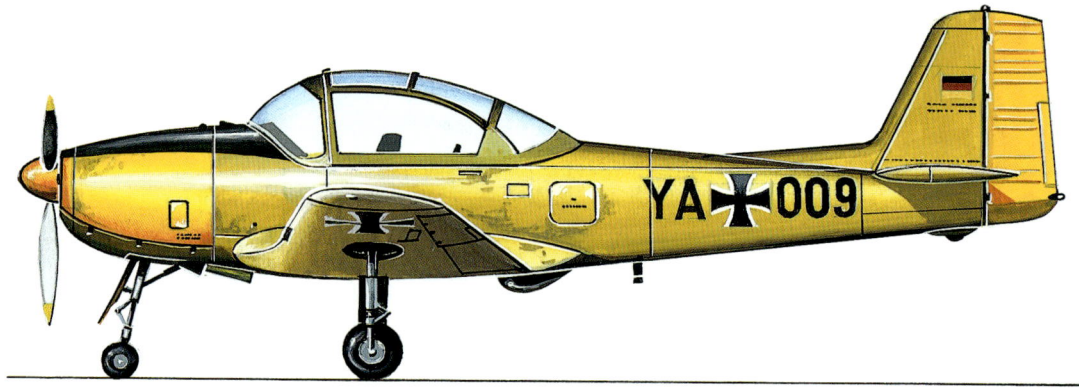

Piaggio P.149D

Einsatz: 1957 – 1990
Stückzahl: 76 (Piaggio P.149D)
190 (Focke Wulf FwP.149D)
Hersteller: Piaggio
Focke Wulf (Lizenzbau)

Die P.149 ist eine Weiterentwicklung der P.148, von der sie sich durch das einziehbare Bugradfahrwerk und die viersitzige Kanzel unterscheidet. Außerdem kam mit dem Lycoming GO-480 mit 273 PS Leistung ein leistungsstärkerer Motor zum Einbau. Die erste P.149 flog am 19. Juni 1953.

Erst durch die Auswahl der P.149 für die Ausbildung und das so genannte *Screening* bei der Bundesluftwaffe war der P.149 ein Erfolg beschieden. Sie konnte sich gegenüber der Saab 91 Safir und

Der Flugtag des HFlgRgt 20 in Neuhausen ob Eck am 28. Juni 1987 war eine der letzten Gelegenheiten, eine P.149D des JaboG 49 vor deren Außerdienststellung zu sehen.

Beech T-34 Mentor durchsetzen. Die Verträge über die Lieferung wurden Ende 1955 unterzeichnet. Piaggio baute 76 Flugzeuge und lieferte die erste Maschine mit der Kennung AS+401 (c/n 250) im Mai 1957 an die Luftwaffe aus. Die Lieferung aus Italien wurde 1959 beendet. Focke Wulf in Bremen baute ab 1957 weitere 190 Ex-

Im gelben Anstrich der Schulflugzeuge mit orangen Markierungen präsentiert sich hier die P.149D »GA+401« des LTG 61.

Schul- und Ausbildungsflugzeuge

emplare in Lizenz. Die Flugzeuge waren zunächst noch metallisch blank. Bei BMW in München-Allach erfolgte die Lizenzfertigung der Lycoming GO-435-C2-Motoren.

Der erste Verband, der die P.149D einsetzte, war die FFS »S« in Memmingen, wo die fliegerische Grundausbildung durchgeführt wurde. Bei der FFS »S« führten sie die Kennungen AS+4... und gehörten zur Ausbildungsstaffel »A«. Diese Staffel verlegt im März 1959 nach Diepholz, wo die P.149D teilweise den gelben Anstrich der Schulflugzeuge erhielten. Unter der Leitung von Hauptmann Lutz wurde in Diepholz eine Kunstflugstaffel aufgestellt, die aber wie alle anderen deutschen Teams nach dem Absturz von vier F-104F der WaSLw 10 am 19. Juni 1962 in Nörvenich aufgelöst werden musste.

Die Auswahlschulung wurde ebenfalls auf der P.149D durchgeführt. Verantwortlich war dafür das Fluganwärterregiment (FAR) in Uetersen, wo die Schulung am 10. Mai 1961 aufgenommen wurde. Hier löste die P.149D nach und nach die Piper L-18C ab. Die Kennungen begannen jetzt mit »AC«. In einem Lehrgang, der 15 Flugstunden beinhaltete, mussten die angehenden Flugzeugführer ihre Eignung nachweisen. Teilweise standen dem Fluganwärterregiment bis zu 30 P.149D zur Verfügung. Im Juli 1971 verlegte das FAR nach Neubiberg. Bis zu diesem Zeitpunkt hatte das FAR in Uetersen über 600.000 Starts und Landungen und rund 200.000 Flugstunden erreicht. Der Aufenthalt in Neubiberg dauerte nur zwei Jahre, denn im April 1973 verlegte die Einheit nach Fürstenfeldbruck. Hier wurde sie als 3. Staffel der WaSLw 50 zugeteilt. Im März 1975 erhielt die 3. Staffel noch die Flugnavigationsausbildung der Kampfbeobachter der MDD F-4F/RF-4E Phantom II übertragen. Am 29. September 1978 wurde die WaSLw 50 in JaboG 49 umbenannt.

Piaggio P.149D »DB+388« auf der Flight-line in Lechfeld. Das große Geschwaderwappen ist nicht zu übersehen.

Schul- und Ausbildungsflugzeuge

Auch die P.149D des JG 71 »R« erhielten das Tulpenmuster aufgemalt. Hier die »JA+392« noch in hochglanzpoliertem Naturmetall.

Bis zum 31. Januar 1980 flogen einige P.149D als Zieldarsteller zunächst bei der TSLw 1 und ab 1970 beim Fernmelde-, Lehr- und Versuchsregiment 61. Neben der Schulung wurde die P.149D auch bei den einzelnen Geschwadern der Luftwaffe eingesetzt. Auch die Marineflieger übernahmen zwölf P.149D, die zunächst der Dienst- und Seenotstaffel zugeteilt wurden, später flogen sie beim MFG 2 und MFG 5 als Verbindungsflugzeug. Die ESt 61 setzte bis zu zehn P.149D ein. Diese Verbände gaben die Maschinen zwischen 1972 und 1977 ab. Die Flugzeuge wurden danach den Bundeswehrsportfluggruppen zugeteilt und an Privatpiloten verkauft. Bei den Bundeswehrsportfluggruppen flogen die P.149D zunächst noch mit militärischen Kennungen, die ab dem 31. März 1980 durch zivile Kennungen ersetzt wurden. An die Luftwaffen von Nigeria und Tanganjika (später: Tansania) wurden aus den Überschussbeständen der Bundeswehr eine größere Anzahl P.149D geliefert.

Mitte der 60er-Jahre erhielten die P.149D den Standardtarnanstrich in Gelboliv und Basaltgrau für die Oberseiten und Silbergrau für die Unterseite. Der Bug, das Seitenruder und die Tragflächenenden wurden in Leuchtorange lackiert. Mit der Neuorganisation der Flugzeugkennungen im Herbst 1967 erhielten auch die P.149D neue Kennzeichen (90+01 bis 92+27) zugeteilt.

Die 3./JaboG 49 in Fürstenfeldbruck war der letzte Verband, der die Piaggio P.149D einsetzte. Hier wurde sie am 31. März 1990 endgültig außer Dienst gestellt. Die letzte Maschine, die 91+34, erhielt zur Verabschiedung eine weiß-blaue Bemalung. Am Bug befanden sich die Wappen aller Ausbildungsverbände, die die P.149D in ihrem Bestand hatte. Sie wurde in die USA verkauft, wo sie heute noch in diesem Anstrich fliegt.

Beim MFG 2 kam die P.149D »SB+216« zum Einsatz.

Technische Daten	
Piaggio P.149D	
Verwendungszweck:	Schul- und Verbindungsflugzeug
Besatzung:	1 + 3 Passagiere
Spannweite in m:	11,12
Länge in m:	8,78
Höhe in m:	3,00
Flügelfläche in m^2:	18,85
Leermasse in kg:	1160
Startmasse in kg:	1820
Höchstgeschwindigkeit in km/h:	303
Reisegeschwindigkeit in km/h:	272
Aktionsradius in km:	1090
Gipfelhöhe in m:	5380
Triebwerk:	1 Avco Lycoming GO-480B1A6
Leistung in kW:	201

Pützer Elster B/C

Einsatz: 1959 – 1978
Stückzahl: 25
Hersteller: Alfons Pützer KG

Die Elster A absolvierte am 10. Januar 1957 ihren Erstflug. Allerdings erwies sich der eingebaute Porsche 678/3-Motor mit 52 PS als zu schwach. Er wurde durch einen Continental C 90-12F mit 70 kW (95 PS) ersetzt. Die Flugzeuge mit diesem Motor erhielten die Bezeichnung Elster B. Da auch diese Ausführung nicht ganz befriedigte, kam es nochmals zu einer Leistungssteigerung. Die Musterzulassung wurde am 20. August 1959 erteilt. Für die Elster C wurde ein Lycoming 0-320 mit 110 kW (150 PS) ausgewählt. Der Erstflug der Elster C erfolgte 1964. Die gesamte Produktion umfasste 46 Flugzeuge.

Für die Sportfluggruppen der Bundeswehr wurden 25 Pützer Elster beschafft. 21 Maschinen waren Elster B und die letzten vier Elster C. Die erste Elster wurde am 8. Dezember 1959 ausgeliefert. 1963 wurde die Lieferung der Elster B abgeschlossen. 1966 wurden noch die vier Elster C bestellt. Bis 1971 führten sie zivile Kennzeichen und erhielten dann die militärischen Kennungen 97+01 bis 97+22. 1978 lief der Wartungsvertrag mit Pützer aus und die Flugzeuge wurden daraufhin bei der Bundeswehr außer Dienst gestellt und an private Halter verkauft.

Technische Daten	
Pützer Elster B	
Verwendungszweck:	Schul- und Sportflugzeug
Besatzung:	2
Spannweite in m:	13,22
Länge in m:	7,10
Höhe in m:	2,50
Flügelfläche in m^2:	17,50
Leermasse in kg:	460
Startmasse in kg:	750
Höchstgeschwindigkeit in km/h:	180
Reisegeschwindigkeit in km/h:	142
Steigleistung in m/s:	3,05
Aktionsradius in km:	450
Gipfelhöhe in m:	4500
Triebwerk:	1 Continental C90-12F oder C90-14F
Leistung in kW:	69

Die Pützer Elster B »97+05« gehörte zur Luftsportgruppe des JaboG 35 in Pferdsfeld.

Lockheed F-104F Starfighter

Einsatz: 1960 – 1971
Stückzahl: 30
Hersteller: Lockheed

Im Auftrag der USAF entstand Anfang 1956 für die Umschulung und das Routinetraining die erste zweisitzige Starfighter-Version mit der Typenbezeichnung F-104B (Model 283). Lockheed baute 26 zweisitzige F-104B mit hintereinanderliegenden Sitzen und einem vergrößerten Seitenleitwerk mit durch einen Hilfsmotor angetriebenen Seitenruder. Sie entsprach der F-104A und war mit demselben Triebwerk ausgerüstet. Im Gegensatz zur F-104A wurde das Bugrad nach hinten eingezogen. Die F-104B verfügte aber über keine Bordkanone. Abwerfbare Lasten konnten an Flügelstationen mitgeführt werden, so dass sie auch für taktische Einsätze verwendet werden konnte. Der Erstflug der F-104B (s/n 56-3719) fand am 27. Februar 1957 in Palmdale statt. Eingesetzt wurde das Flugzeug vom *Air Defence Command (ADC)* der USAF. Der nächste Doppelsitzer war die F-104D, von der Lockheed 21 Einheiten baute. Sie basierte auf der F-104C und flog beim *Tactical Air Command (TAC)*. An fünf Außenstationen konnte eine Vielzahl militärischer Lasten mitgeführt werden. Die erste F-104D mit der s/n 57-1314 flog am 15. Oktober 1958. Die F-104D war die letzte Version für die USAF.

Als die deutsche Luftwaffe sich im November 1958 für die Beschaffung des Starfighters entschied, erwarb sie für die Umschulung zuerst 30 F-104F (Modell 283-04-08), die bei Lockheed gebaut und in Hauptbaugruppen zerlegt nach Deutschland gebracht wurden. Der Kaufvertrag wurde am 18. März 1959 unterzeichnet. Die Kosten je Flugzeug beliefen sich auf 5,7 Millionen DM. Konstruktionsmäßig baute die F-104F auf der F-104D auf. Ausgerüstet war sie mit zwei Lockheed C-2-Schleudersitzen, die nach oben ausgeschossen wurden. Bei den F-104 der USAF erfolgte der Ausschuss des Schleudersitzes nach unten. Im Gegensatz zur F-104B und D wurde die Kanzel von einer zweiteiligen Haube abgedeckt. Eine Bewaffnung wurde nicht vorgesehen. Angetrieben wurde die F-104F von einem General Electric J79-GE-7, das ohne Nachbrenner 44,5 kN und mit Nachbrenner 60,5 kN (7165 kp) leistete und eine Höchstgeschwindigkeit von 2100 km/h ermöglichte.

Die erste F-104F startete am 15. Januar 1960 in Palmdale zu ihrem Jungfernflug. Als erste Maschine kam die c/n 5047 am 18. Januar 1960 nach Deutschland. Sie wurde an Bord einer Douglas C-124 der USAF zur Technischen Schule der Luftwaffe 1 (TSLw 1) in Kaufbeuren gebracht, wo sie für die Ausbildung des Wartungspersonals einge-

Die F-104F »29+03« nach einer Neulackierung im Jahre 1991 beim LVR 1 in Erding vor der Übergabe an das Deutsche Museum. Die Maschine ist heute in der Flugwerft in Oberschleißheim ausgestellt.

In hochglanzpolierten Naturmetall steht hier die »BB+361« mit geöffneten Cockpitauben und Wartungsklappe.

setzt wurde. Dort erhielt sie die Kennung BF+011. Im Januar 1961 erhielt das Flugzeug die Kennung BB+375 und im Juli 1968 die Kennung 29+01. Ende Mai 1960 trafen auch die ersten für den Flugbetrieb vorgesehenen Maschinen in Deutschland ein. Sie kamen in Baugruppen zerlegt und in Holzkisten verpackt per Schiffsfracht in Bremerhaven an und wurden von dort mit der Bahn nach Nörvenich gebracht, wo sie dann von Lockheed-Technikern wieder zusammengebaut wurden. Der erste Flug in Deutschland wurde am 14. Juli 1960 durchgeführt. Betrieben wurden die Flugzeuge von der WaSLw 10 in Ahlhorn. Für die Starfighterausbildung wurde die 4. Staffel aufgestellt, die nach Nörvenich verlegte, da das dort stationierte JaboG 31 »Boelke« als erstes Geschwader auf die F-104G umrüsten sollte. Die Staffel erhielt 29 Flugzeuge. Als Kennzeichen wurden den F-104F der 4./WaSLw 10 die Kennung BB+361 bis BB+389 zugeteilt. Die Flugzeuge erhielten zunächst keinen Tarnanstrich sondern blieben metallisch blank.

Zu einem tragischen Zwischenfall kam es am 19. Juni 1962. Vier Maschinen (BB+365, BB+370, BB+385 und BB+387) einer inoffiziellen Kunstflugstaffel starteten zu einem Übungsflug für eine Flugvorführung in Nörvenich. Der Formationsführer *Captain* Jon Speer, ein amerikanischer Fluglehrer, verkannte die Fluglage beim Durchstoßen einer Wolkendecke – die Maschinen kamen zu tief aus den Wolken und konnten nicht mehr abgefangen werden. Alle Piloten kamen bei dem Unfall ums Leben. Neben *Captain* Jon Speer flogen noch Oberleutnant Wolfgang von Stürmer, Oberleutnant Heinz Frye und Oberleutnant Bernd Kuebart in der Formation mit.

Im Februar 1964 verlegte die 4./WaSLw 10 nach Jever in Ostfriesland, wo jetzt die weitere Waffensystemausbildung erfolgte. 1968 wurde bei der Bundeswehr ein neues Kennzeichnungssystem eingeführt. Die 21 noch einsatzbereiten F-104F erhielten 1968 die taktischen Kennungen 29+01 bis 29+21 zugeteilt. Nach und nach wurden die Flugzeuge jetzt auch mit dem Standardtarnanstrich der Luftwaffe versehen. Im Mai 1971 wurden die letzten acht F-104F außer Dienst gestellt. Ersetzt wurden sie von der TF-104G. In den elf Jahren, in denen die F-104F im Einsatz stand gingen zehn Flugzeuge verloren.

Technische Daten	
Lockheed F-104F Starfighter	
Verwendungszweck:	Schulflugzeug
Besatzung:	2
Spannweite in m:	6,69
Länge in m:	16,70
Höhe in m:	4,11
Flügelfläche in m^2:	18,22
Leermasse in kg:	6100
Startmasse in kg:	11.000
Höchstgeschwindigkeit in km/h:	2125
Steigleistung in m/s:	203
Gipfelhöhe in m:	15.200
Triebwerk:	1 General Electric J79-GE-7
Schub in kN:	79,6

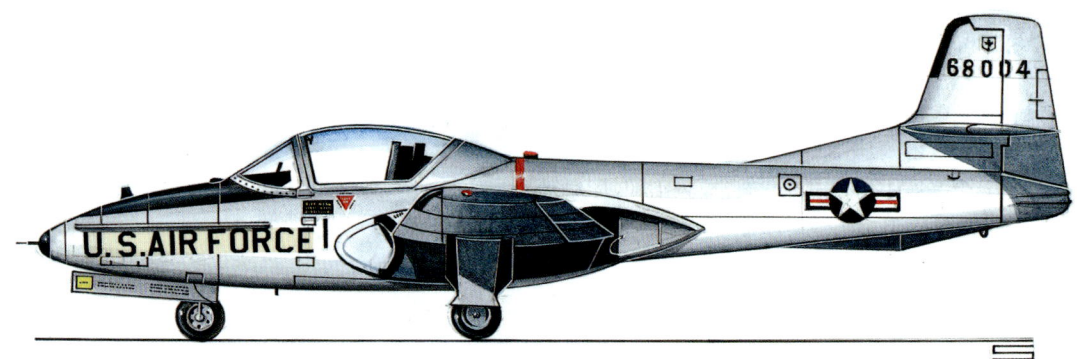

Cessna T-37B Tweety Bird

Einsatz: 1966 – heute
Stückzahl: 47
Hersteller: Cessna

Die Entwicklung des Basistrainers T-37 begann 1952 unter der Bezeichnung Modell 318. Zwei XT-37-Prototypen wurden bestellt, von denen der erste am 12. Oktober 1954 flog. Vom Grundmuster T-37A (Erstflug am 27. September 1955) wurden 534 Exemplare gebaut. Angetrieben wird die T-37A von zwei Continental/Teledyne J69-T-9 Strahltriebwerken mit je 417 kp Standschub. Das

Als Basistrainer für die Ausbildung der Strahlflugzeugführer beschaffte die Luftwaffe die Cessna T-37B.

Flugzeug verfügt über keine Druckkabine. Die Auslieferung an die USAF begann im September 1955.

Von der Weiterentwicklung T-37B lieferte Cessna 466 Flugzeuge aus. Diese verfügte über leistungsstärkere J69-T25 Triebwerke mit je 464 kp Schub. Außerdem wurde eine neue Avionikausrüstung und verbesserte Schleudersitze eingebaut. Die exportierten Modelle tragen die Bezeichnung T-37C. Von dieser Version wurden 269 Flugzeuge gebaut. Diese Version kann in begrenztem Umfang mit Außenlasten bestückt werden und somit auch als Waffentrainer eingesetzt werden. Die Serienfertigung wurde 1975 eingestellt. Bis dahin verließen 1268 Flugzeuge die Produktionshallen.

Als die deutsche Luftwaffe sich entschloss, die Ausbildung der Strahlflugzeugführer in den USA

durchzuführen, entschied man sich für die Beschaffung der Cessna T-37 als Basistrainer und der Northrop T-38 Talon als Fortgeschrittenentrainer.

Die Bestellung von 47 T-37B erfolgte 1965 und bereits im Juli 1966 wurden die ersten Flugzeuge ausgeliefert. Die T-37B tragen allerdings keine deutschen, sondern amerikanische Hoheitsabzeichen und die Seriennummern 66-7960 bis 68-8006. In der Anfangszeit flogen sie noch metallisch blank. Heute tragen sie einen weiß-blauen Anstrich.

Erster Einsatzort war der Luftwaffenstützpunkt Williams *(Williams Air Force Base, AFB)* in Arizona, wo die Trainer dem *3525th Pilot Training Wing* zugeteilt waren. Die deutsche Pilotenanwärter erhielten ihre Ausbildung bei der am 20. Februar 1964 aufgestellten 1. Deutschen Luftwaffenausbildungsstaffel/USA. Im August 1966 wurden die Flugzeuge auf die Sheppard AFB in Texas verlegt. Dort gehörten sie zum *3631th PTS (Pilot Training Squadron)* des *3630th PTW (Pilot Training Wing)*. Die fliegerische Grundausbildung auf der T-37B umfasst 123 Flugstunden, die sich in 61 Stunden Sichtflug, 33 Stunden Instrumentenflug und zehn Stunden Navigations- und Formationsflug aufteilen. Hinzu kommen 29 Stunden im Flugsimulator. Nach einer Umstrukturierung der USAF im Juli 1971 wurde die Einheit in *88th FTS (Flying Training Squadron)* bzw. *80th FTW (Flying Training Wing)* umbenannt. Im Juni 1975 endete die gemeinsame Flugzeugführerausbildung mit den Amerikanern vorübergehend, bis am 23. Oktober 1981 das neu gebildete ENJJPT *(Euro Nato Joint Jet Pilot Training)* des 80th FTW angegliedert wurde. Am ENJJPT sind fast alle NATO-Staaten beteiligt. Jedes Jahr werden etwa 250 Flugzeugführer ausgebildet.

Die Flugzeuge tragen am Leitwerk ein stylisiertes NATO-Emblem und den Schriftzug »EURONATO«. Von den 47 beschafften T-37B sind heute beim *80th FTW* noch 23 Flugzeuge im Einsatz. Neun fliegen beim *12th FTW*, sechs beim *14th FTW* und vier beim *47th FTW*. Zwei Maschinen wurden an Griechenland verkauft und drei gingen verloren.

Technische Daten	
Cessna T-37B	
Verwendungszweck:	Schulflugzeug
Besatzung:	2
Spannweite in m:	10,30
Länge in m:	8,92
Höhe in m:	2,80
Flügelfläche in m^2:	17,09
Leermasse in kg:	1755
Startmasse in kg:	2993
Höchstgeschwindigkeit in km/h:	684
Reisegeschwindigkeit in km/h:	612
Steigleistung in m/s:	17,28
Aktionsradius in km:	1500
Gipfelhöhe in m:	11.950
Triebwerk:	2 Continental J69-T-25
Schub in kN:	2 x 4,56

In den Anfangsjahren waren die T-37B noch metallisch blank mit orangeroten Flächen, damit die Flugzeuge während des Fluges besser zu sehen waren.

Schul- und Ausbildungsflugzeuge

Northrop T-38A Talon

Einsatz: 1966 – heute
Stückzahl: 46
Hersteller: Northrop

Die T-38 beruht auf dem gleichen Entwurf wie die F-5, die 1955 entwickelt wurde. Für den Antrieb wurden zwei General Electric J85-Triebwerke mit einer Leistung von je 17,17 kN ausgewählt. Die erste von zwei YT-38 (s/n 58-1191) flog am 10. April

Auch die deutschen T-38A tragen amerikanische Hoheitsabzeichen.

1959, gefolgt von der s/n 58-1192 am 12. Juni 1959. Die Serienfertigung begann Ende 1959 und am 17. März 1961 konnte das *Air Training Command* die erste T-38A übernehmen. Einschließlich der beiden Prototypen und vier Vorserienflugzeugen baute Northrop 1145 T-38. Die Fertigung endete am 31. Januar 1972.

Die Bundesluftwaffe beschaffte 1966 für das Pilotentraining in den USA 46 T-38A, auf denen die zukünftigen Starfighter-Piloten ausgebildet werden sollten. Die Auslieferung an die 1. Deutsche Ausbildungsstaffel in Sheppard AFB begann im Februar 1967 und konnte bis Mitte des Jahres ab-

geschlossen werden. Die Flugzeuge entstammen einem Baulos mit den s/n 64-13166 bis 64-13305. Sie führen den weißen Standardanstrich der Schulflugzeuge der USAF, amerikanische Hoheitszeichen und Seriennummern. Die ersten Flugschüler begannen am 30. März 1967 beim 3630th FTW ihre Ausbildung. Aus dieser Einheit entstand 1971 das 80th FTW, das heute für die Ausbildung verantwortlich ist. Im Rahmen des ENJJPT, einem Ausbildungsprogramm, dem viele NATO-Staaten angeschlossen sind, absolvieren die angehenden Strahlflugzeugführer 123 Stunden auf der T-37B und 137 Stunden auf der T-38A. Dazu kommen noch 60 Simulator-Stunden. Die gesamte Ausbildung in den USA geht über einen Zeitraum von 55 Wochen. Auf der T-38A flogen die deutschen Piloten rund 10.000 Stunden. Bis heute gingen nur fünf Flugzeuge verloren, was die Zuverlässigkeit der T-38A verdeutlicht.

Technische Daten
Northrop T-38A

Verwendungszweck:	Schulflugzeug
Besatzung:	2
Spannweite in m:	7,70
Länge in m:	14,14
Höhe in m:	3,92
Flügelfläche in m^2:	15,79
Leermasse in kg:	3250
Startmasse in kg:	5485
Höchstgeschwindigkeit in km/h:	1381
Reisegeschwindigkeit in km/h:	930
Steigleistung in m/s:	152
Aktionsradius in km:	1759
Gipfelhöhe in m:	10.975
Triebwerk:	2 General Electric J85-GE-5A
Schub in kN:	2 x 17,12

Eine Northrop T-38B des ENJJPT rollt zum nächsten Übungseinsatz zum Start.

Schul- und Ausbildungsflugzeuge

Fiat G.91T/3

Einsatz: 1969 – 1982
Stückzahl: 66
Hersteller: Fiat
Dornier (Lizenzbau)

Neben der einsitzigen Version baute Fiat noch die Trainerversion G.91T/1. Durch das Einfügen einer 1,25 m breiten Sektion für das zweite Cockpit verlängerte sich der Rumpf auf 11,68 m. Da sich die Längsstabilität durch die Verlängerung verschlechterte, musste das Seitenleitwerk um 25 cm vergrößert werden. Als Bewaffnung kamen nur noch zwei 12,7-mm-MG zum Einbau. Das Bristol Sid-

Zum International Air Tattoo 1977 in Greenham Common kamen gleich drei Fiat G.91T/3 der WaSLw 50 aus Fürstenfeldbruck.

deley Orpheus 3-Triebwerk mit einer Leistung von 22,76 kN wurde beibehalten. Die italienische Luftwaffe bestellte 100 Fiat G.91T/1. Der Prototyp mit der Nummer MM 6288 flog am 31. Mai 1960 mit *Commandante* Marsan im Cockpit. Bei der *32. Stormo* der italienischen Luftwaffe in Amendola stand die G.91T/1 bis 1995 im Einsatz.
Auch die bundesdeutsche Luftwaffe bestellte für die Ausbildung der fliegenden Besatzungen bei der WaSLw 50 in Fürstenfeldbruck die G.91T/3. Jedem Geschwader, das mit der G.91 ausgerüstet war, wurden mehrere Maschinen zugeteilt. Ebenso erhielt die ESt 61 zwei Flugzeuge. Fiat lieferte ab Ende 1960 die ersten der 44 Flugzeuge aus. Bis zur Umstellung auf den Nummerncode am 1. Oktober 1967 waren die Flugzeuge mit einer Buchstabenkombination für das Geschwader und einer dreistelligen Zahl gekenn-

Die »34+53« des LeKG 43 besuchte am 30. Juli 1978 den Flugtag in Ramstein.

zeichnet. Für die WaSLw 50 waren dies die Kennungen BD+101 bis BD+132. Anschließend erhielten die noch im Einsatz stehenden Flugzeuge die Kennzeichen 34+01 bis 34+40. Ab dem 1. August 1969 wurden nochmals zusätzlich 22 Maschinen bei Dornier gebaut. Die letzte G.91T/3 wurde am 19. Oktober 1972 dem leKG 43 in Oldenburg übergeben. Die Nachbestellung wurde erforderlich, da bei der WaSLw 50 die Ausbildung der Kampfbeobachter für die MDD F-4F und MDD RF-4E erfolgte. Die neuen Flugzeuge erhielten die Kennungen 34+41 bis 34+62.

Am 1. Oktober 1978 wurde die WaSLw 50 in JaboG 49 umbenannt. Ab 1979, mit der beginnenden Außerdienststellung der G.91R/3, kam auch das Aus für die G.91T/3. In der Zwischenzeit wur-

Diese G.91T/3 mit der alten Kennung »BD+119« der WaSLw 50 wurde 1966 in Fürstenfeldbruck fotografiert.

Schul- und Ausbildungsflugzeuge

Beim LeKG 44 in Leipheim kam die »MD+373« zum Einsatz.

de die Ausbildung der Kampfbeobachter in die USA verlegt, so dass auch hier kein Bedarf mehr bestand. Bei der 1./JaboG 49 endete der Flugbetrieb mit der G.91T/3 am 9. Januar 1980. Ersetzt wurde die G.91T/3 vom Dornier Alpha Jet. Als letzte G.91T/3 des JaboG 49 flog die 34+02, die zur 2./JaboG 49 gehörte, in einer weiß-blauen Sonderbemalung mit Haifischkopf am 11. März 1982 von Fürstenfeldbruck nach Oldenburg, wo sie fluguntauglich gemacht wurde. Später kehrte die Maschine wieder nach Fürstenfeldbruck zurück und ist dort jetzt ausgestellt. Bei der ESt 61 in Manching flogen noch zwei G.91T/3 mit der Kennungen 98+57 und 98+58. Die 98+58 flog noch bis zum 20. Dezember 1983 als Erprobungsträger. Dann wurde auch diese Maschine außer Dienst gestellt. Einige G.91R/3 und T/3 wurden vom Condor Flugdienst noch bis 1992 als Zielschlepper mit den Kennungen 99+.. eingesetzt. Zehn G.91T/3 erhielt die portugiesische Luftwaffe. Ende 1993 wurden auch diese Flugzeuge außer Dienst gestellt.

Die »YA+023« der ESt 61 aus Manching diente als Erprobungsträger bei der Entwicklung der Dornier Do 31E.

Technische Daten
Fiat G.91T/3

Verwendungszweck:	Schulflugzeug
Besatzung:	2
Spannweite in m:	8,61
Länge in m:	11,79
Höhe in m:	4,46
Flügelfläche in m^2:	16,42
Leermasse in kg:	3290
Startmasse in kg:	6060
Höchstgeschwindigkeit in km/h:	1075
Reisegeschwindigkeit in km/h:	667
Steigleistung in m/s:	3,15
Aktionsradius in km:	389
Gipfelhöhe in m:	13.000
Triebwerk:	1 Bristol Siddeley Orpheus 803D-11
Schub in kN:	22,24
Bewaffnung:	
2 30 mm DEFA 552-Kanonen, bis zu 1000 kg externe Waffen	

Lockheed TF-104G Starfighter

Einsatz: 1971 – 1988
Stückzahl: 137
Hersteller: Lockheed

Wie bei der RF-104A führten auch bei dem geplanten zweisitzigen Trainer TF-104A die Probleme mit der ersten Serie der F-104A zur Einstellung der Arbeiten. Erst mit der F-104B kamen die ersten Schulflugzeuge zum Einsatz. Sie startete am 16. Januar 1957 zu ihrem Erstflug. Ihr folgten noch die F-104D und die für die deutsche Luftwaffe gebauten F-104F. Mit Einführung der F-104G bei der Bundesluftwaffe wurde auch hier für die Ausbildung und das Routinetraining der Piloten ein Schulflugzeug benötigt. So entstand aus der F-104G die zweisitzige Ableitung TF-104G. Die Flugzeuge waren unbewaffnet, verfügten sonst aber über die komplette Einsatzausrüstung der F-104G einschließlich des NASARR F-15A-41B Mehrzweck-Radars. An den vier Flügelstationen konnten Zusatztanks oder aber auch bis zu 1200 kg Kampfmittel mitführt werden. Wie bei den anderen Doppelsitzern wurde auch bei der TF-104G, im Gegensatz zur F-104G, das Bugrad nach hinten eingezogen. Als Antrieb kam wie der F-104G das General Electric J79-GE-11A zu Einbau. Die Länge des Rumpfes wurde nicht verändert. Anstelle eines Tanks hinter dem vorderen Cockpit wurde hier der Platz für die zweite Kanzel geschaffen, wodurch sich das Treibstoffvolumen gegenüber der F-104G von 3852 Liter auf 2650 Liter reduzierte. Das Leergewicht erhöhte sich von 6387 kg auf 6432 kg.
Lockheed fertigte insgesamt 220 TF-104G für die Bundesrepublik Deutschland, Belgien, Italien, die Niederlande und Dänemark. 137 Flugzeuge gingen an die Bundeswehr, sie lösten die F-104F ab. Für die Endmontage der Flugzeuge wurde ein Teil der Baugruppen aus Deutschland angeliefert. Nach dem Einflug bei Lockheed wurden die Flugzeuge wieder in ihre Hauptbaugruppen zerlegt und nach Deutschland gebracht, wo sie in Manching wieder montiert wurden. Die Endmontage und der Einflug der letzten 23 F-104G erfolgte bei Messerschmitt in Manching. Die erste TF-104G flog im Oktober 1962 bei Lockheed in Palmdale. 100 Flugzeuge wurden auf die Geschwader der Luftwaffe, die die F-104G im Einsatz hatten und die beiden Marinefliegergeschwader verteilt. Normalerweise erhielt jedes Geschwader vier TF-104G. Größter Nutzer der TF-104G war die WaSLw 10 in Jever, wo die TF-104G ab 1971 die F-104F ersetzte. Sie dienten hier der Eingewöhnung der aus den USA kommenden Flugschüler an die europäischen Wetterbedingungen und geographische Verhältnisse. Die Flugzeuge führten zunächst die Kennzeichen BB+101 bis BB+119. Anfang 1983 wurde die Ausbildung der Starfighter-Piloten abgeschlossen und der Verband rüstete auf die Panavia Tornado um. Ein großer Teil der verbliebenen Flugzeuge wurden an das JaboG 34 in Memmingen abgegeben.
Das MFG 1 und MFG 2 erhielt zunächst jeweils fünf TF-104G. Später kamen aus Überschussbeständen der Luftwaffe noch mindestens neun TF-104G zu den Marinefliegern. Die TF-104G des MFG 1 führten die Kennungen TA+160 bis TA+163, die des MFG 2 TB+260 und TB+261. Nach der Umrüstung des MFG 1 auf die Panavia Tornado im Juli 1982 übernahm das MFG 2 alle dort noch fliegenden Starfighter, so dass vor-

In Memmingen abgestellte TF-104G des JaboG 34.

Schul- und Ausbildungsflugzeuge

Oben: **Die »DC+363« gehörte zum JaboG 33.**

Unten: **Einsatzklar abgestellte Lockheed TF-104G Starfighter des JaboG 31 »B«.**

rübergehend noch eine 3. Staffel aufgestellt wurde. 1982 verfügte das MFG 2 über zwölf TF-104G. Insgesamt flogen bei den Marinefliegern 19 TF-104G. Einige Maschinen flogen auch bei der ESt 61 in Manching.

37 TF-104G verblieben bei der 2. DtLwAusbStff, die dem *4510th Combat Crew Training Wing* (1964–1969) auf der Luke AFB unterstellt war. Hier begann die Ausbildung der Einsatzflugzeugführer am 12. Oktober 1964. Die beim *4510th CCTW* eingesetzten Flugzeuge führten keine deutschen Hoheitszeichen sondern erhielten amerikanische Markierungen und Seriennummern. 1970 wurde dieser Verband in *58th Tactical Fighter Training Wing* umbenannt. Die Außerdienststellung beim 58th TFTW erfolgte am 16. März 1983. Die Ausbildung auf dem Luftwaffenstützpunkt Luke wurde am 16. März 1983 eingestellt. Bis zu diesem Zeitpunkt wurden hier über 2000 Piloten auf der F-104 ausgebildet. Die Flugzeuge wurden nach der Außerdienststellung von der USAF übernommen und an Taiwan weitergegeben.

Nach der Außerdienststellung des Starfighters bei den Einsatzverbänden flogen wie die F-104G

Das Triebwerk der »YA+120« der ESt 61 wird gestartet.

viele TF-104G vom Mai 1984 bis zum 19. September 1988 beim LVR 1 in Erding. An diesem Tag wurde beim LVR 1 der Flugbetrieb mit der F-104 eingestellt. Ab 1985 erhielten die Maschinen einen neuen grün-grauen Tarnanstrich, der für Tiefflüge besser geeignet war als die alte Standardbemalung.

Durch Unfälle verlor die Bundeswehr 33 TF-104G. Im Rahmen der Militärhilfe erhielt Griechenland 23, Italien 6, Taiwan 27 und die Türkei 36 TF-104G. Zwei Maschinen wurden an die NASA abgegeben. Der Rest der Flugzeuge wurde nach ihrer Ausmusterung verschrottet oder an Museen übereignet.

TF-104G »27+40« des JaboG 32 vor der Wartungshalle in Lechfeld.

Schul- und Ausbildungsflugzeuge

Schul- und Ausbildungsflugzeuge

Die »27+41« des JG 74 »M« auf der Flight-line in Neuburg.

Diese TF-104G gehörte zum Bestand des MFG 2.

Hier rollt die »28+30« des JG 71 »R« zum Start. Später flog diese Maschine beim MFG 1.

Technische Daten	
Lockheed TF-104G Starfighter	
Verwendungszweck:	Schulflugzeug
Besatzung:	2
Spannweite in m:	6,69
Länge in m:	16,70
Höhe in m:	4,11
Flügelfläche in m^2:	18,22
Leermasse in kg:	6804
Startmasse in kg:	9037
Höchstgeschwindigkeit in km/h:	2336
Reisegeschwindigkeit in km/h:	996
Steigleistung in m/s:	254
Aktionsradius in km:	507
Gipfelhöhe in m:	15.200
Triebwerk:	1 General Electric J79-11A
Schub in kN:	79,6

MBB HFB 320M

Einsatz: 1976 – 1994
Stückzahl: 8
Hersteller: Messerschmitt-Bölkow-Blohm (Hamburger Flugzeugbau)

Für elektronische Gegenmaßnahmen beschaffte die Bundeswehr acht HFB-320 ECM *(Electronic Counter Measures)*. Äußerlich unterschieden sie sich von den bei der Flugbereitschaft durch einen Tarnanstrich und den geänderten Bug in dem eine Antenne untergebracht war sowie weiteren Antennen auf dem Rumpf und am Heck. Als Antrieb kamen die leistungsstärkere General Electric CJ610-9-Triebwerke zum Einbau. Der Tarnanstrich an der Oberseite war dunkelgrau und olivgrün, die Unterseite hellgrau. Die Ausrüstung der Kanzel wurde an die neue Aufgabe angepasst und in der Kabine wurden drei Arbeitsplätze für die ECM-Spezialisten eingebaut. Die ECM-Ausrüstung kam von der italienischen Firma Ellettronica S.p.A. In Krisenzeiten wäre die Aufgabe dieser Flugzeuge die Störung des gegnerischer Radars gewesen. In Friedenszeiten wurden sie zur Schulung des Personals an den eigenen Radaranlagen der Luftverteidigung und Flugabwehr eingesetzt. Auch konnten neue Radargeräte auf ECM-Anfälligkeit getestet werden.

Die HFB-320 ECM wurden ab dem 31. August 1976 bei der 4. Staffel des Fernmeldelehr- und Versuchsregiments 61 (4. FmL/VersRgt 61) in Lechfeld eingesetzt. Die taktischen Kennungen lauteten 16+21 bis 16+24. Als erste komplett mit der ECM-Ausrüstung versehene Maschine flog die 16+22 am 2. September 1976. Sie ging am 22. November 1976 nach einer Kollision mit einer Fiat G.91T/3 der WaSLw 50 verloren, wobei alle Besatzungsmitglieder der 16+22 ums Leben kamen. Der Verband übernahm die letzte Maschine Ende Juli 1977. Ab 1980 wurden zum besseren Erkennen der Flugzeuge zwei orangerote Rumpfbänder vor den Tragflächen angebracht, ebenfalls wurden die beiden Flügeltanks und die Seitenflosse orangerot lackiert.

Anfang 1980 übernahm die Staffel vier weitere HFB-320 ECM (16+25 bis 16+28). Zum 1. April desselben Jahres wurde die 4.FmL/VersRgt 61 aufgelöst und die Flugzeuge und Besatzungen in die neu aufgestellte 3./JaboG 32 übernommen. Ab 1989 wurden die Flugzeuge mit einem hell- und dunkelgrauen Tarnanstrich versehen. Mitte 1994 wurde auch die 3./JaboG 32 aufgelöst und die Flugzeuge außer Dienst gestellt. Zur Verab-

Dieses Foto der »16+25« entstand kurz nachdem die in leuchtorange gehaltenen Markierungen angebracht wurden auf dem Fliegerhorst Lechfeld.

schiedung der HFB 320(M) erhielt die 16+21 eine Sonderbemalung. Zu einem Abschiedsflug starteten am 24. Juni 1994 die letzten drei im Flugbetrieb verbliebenen Hansa Jet in Lechfeld. Die 16+21 wurde vom Staffelkapitän OTL Volker Heinz und Major Gundling geflogen. Nach ihrer Ausmusterung wurde die 16+26 zum Luftwaffenmuseum nach Berlin-Gatow überflogen. Die restlichen sechs HFB 320(M) wurden nach dem Ausbau der ECM-Ausrüstung von der Delta Beach Company auf den Bahamas erworben.

Technische Daten MBB HFB-320 ECM	
Verwendungszweck:	ECM-Trainingsflugzeug
Besatzung:	5
Spannweite in m:	14,49
Länge in m:	17,50
Höhe in m:	4,94
Flügelfläche in m^2:	30,14
Leermasse in kg:	5500
Startmasse in kg:	9200
Höchstgeschwindigkeit in km/h:	880
Reisegeschwindigkeit in km/h:	825
Steigleistung in m/s:	21,5
Aktionsradius in km:	2400
Gipfelhöhe in m:	12.200
Triebwerk:	2 General Electric CJ-610-9
Schub in kN:	2 x 13,80

McDonnell Douglas F-4E »75-0628/HO« der 20th FS/49th FW, die auf der Holloman AFB stationiert waren. Die deutschen Phantoms konnte mann an der schwarz-rot-goldenen Leitwerksmarkierung erkennen.

McDonnell Douglas F-4E Phantom II

Einsatz: 1977 – 1998
Stückzahl: 10
Hersteller: McDonnell Douglas

Während des Vietnam-Krieges zeigte es sich, dass für die Selbstverteidigung eine Bordkanone dringend notwendig war. So entstand die mit einer sechsläufigen 20-mm-Revolverkanone M.61-A1 Vulcan ausgerüstete F-4E.
Die von der RF-4C her bereits bekannte s/n 62-1220 wurde als Prototyp für die F-4E umgebaut und erprobt. Die erste F-4E (s/n 66-0284) aus der Serie flog am 30. Juni 1967. Für die Truppenerprobung wurde sie dem *4525th Fighter Weapons Wing* in Nellis AFB übergeben. Die F-4E wurde mit einem AN/APQ-120 Feuerleitradar ausgerüstet. Als Antrieb kamen zwei General Electric J79-GE-17 zum Einsatz. Ab 1972 erhielt die F-4E Vorflügel, die sich in Bezug auf die Wendigkeit deutlich bemerkbar machten. Diese Vorflügel kamen später auch bei der F-4F serienmäßig zum Einbau. An die Verbände wurde die F-4E ab 1968 ausgeliefert. Später wurde sie noch mit dem in der rechten Tragflächenvorderkante montierten TV-Entfernungsmesssystem TISEO von Northrop ausgerüstet. Dieses System lieferte ein präzises Bild des Zieles auf einem Cockpit-Bildschirm. Von der F-4E wurden fast 900 Maschinen gebaut.
Für die Ausbildung der Phantom-Piloten erwarb die Bundeswehr 1977 zehn F-4E, um die in den USA fliegenden F-4F für den Einsatz in Deutschland frei zu bekommen. Den F-4E wurden aber nie eine deutsche Kennung zugeteilt. Sie flogen mit US-Hoheitszeichen und Seriennummern (75-0628 bis 75-0637). Die Lieferung erfolgte direkt an die *20th TFS/35th TFW* (1.DtLWAusbStff USA) auf dem Luftwaffenstützpunkt George. Am Leitwerk führten sie die Kennung »GA«. Nachdem die George AFB geschlossen wurde, verlegte die Einheit auf den Stützpunkt Holloman, wo sie dem *49th FW* unterstellt wurde. Der *Tailcode* wechselte nun auf »HO«.
1997 wurden die F-4E außer Dienst gestellt und bei der 20th TFS durch die F-4F ersetzt. Während des Einsatzes in den USA gingen drei F-4E verloren. Die verbliebenen sieben Maschinen wurden zwischen Oktober 1997 und Februar 1998 nach Deutschland verlegt und auf verschiedene Standorte verteilt, wo sie zur Ausbildung des Wartungspersonals bei der Reparatur von Beschussschäden eingesetzt werden.

Technische Daten McDonnell Douglas F-4E Phantom II	
Verwendungszweck:	Kampfflugzeug
Besatzung:	2
Spannweite in m:	11,70
Länge in m:	19,20
Höhe in m:	5,02
Flügelfläche in m^2:	49,24
Leermasse in kg:	13.757
Startmasse in kg:	24.950
Höchstgeschwindigkeit in km/h:	2390
Reisegeschwindigkeit in km/h:	920
Steigleistung in m/s:	312
Aktionsradius in km:	797
Gipfelhöhe in m:	19.975
Triebwerk:	2 General Electric J-79-GE-17A
Schub in kN:	79,6
Bewaffnung: 1 20 mm M61A-1 Revolverkanone mit sechs Läufen, vier Luft-Luft-Lenkwaffen und lasergelenkte Bomben	

Bevor die deutschen F-4E nach Holloman verlegten, waren sie auf der Gerorge AFB stationiert und gehörten zum 35th TFW. Zu dieser Zeit führten sie noch den Tailcode »GA«.

Schul- und Ausbildungsflugzeuge

Mikojan-Gurewitsch MiG-29UB / MiG-29GT
NATO-Codenamen »Fulcrum«

Einsatz: 1990 – 2004
Stückzahl: 4
Hersteller: Staatliches Flugzeugwerk Nr. 84
Staatliches Flugzeugwerk Nr. 21

Die MiG-29UB ist die doppelsitzige Schulausführung der MiG-29A. Sie startete 1981 zu ihrem Erstflug und verfügt über die gleichen Flugeigenschaften wie der Einsitzer. Auch in ihrer Ausrüstung entspricht sie größtenteils der MiG-29A. Um Platz für das zweite Cockpit zu schaffen, wurde das Bugradar ausgebaut; ebenso entfielen die Düppel-/Fackelauswerfer auf der Rumpfoberseite. In die Kanzelhaube wurde ein einziehbares Sichtperiskop integriert, das es dem im hinteren Cockpit sitzenden Fluglehrer ermöglicht, den Landeanflug des Schülers mitzuverfolgen.

Bis auf die AA-10-Lenkflugkörper kann die MiG-29UB die gleiche Bewaffnung wie die MiG-29A mitführen. Auf die AA-10 musste verzichtet werden, da das Dopplerradar fehlt. Die LSK/NVA übernahm vier Maschinen mit den taktischen Kennzeichen 148, 179, 181 und 185 die bei der Bundeswehr dann in 29+22 bis 29+25 umregistriert wurden. Nach der Übernahme der Flugzeuge gingen zwei MiG-29UB (29+22 und 29+25) an die WTD 61 zur Ermittlung der Flugeigenschaften.

Am 26. September 2003 übernahmen die polnischen Luftstreitkräfte die erste MiG-29GT aus dem Bestand der deutschen Luftwaffe. Es handelte sich dabei um die 29+24. Unter den letzten Maschinen, die am 4. August 2004 nach Polen überführt wurden, befand sich die 29+23.

Technische Daten
Mikojan-Gurewitsch MiG-29GT

Verwendungszweck:	Schuljagdflugzeug
Besatzung:	2
Spannweite in m:	11,36
Länge in m:	17,42
Höhe in m:	4,73
Flügelfläche in m^2:	38,00
Leermasse in kg:	10.900
Startmasse in kg:	18.000
Höchstgeschwindigkeit in km/h:	2400
Marschgeschwindigkeit in km/h:	1250
Steigleistung in m/s:	330
Aktionsradius in km:	2100
Gipfelhöhe in m:	18.000
Triebwerk:	2 Klimow RD-33
Schub in kN:	2 x 81,0 mit Nachbrenner

Bewaffnung:
Eine 30 mm Kanone Grjasew-Schipunow GSch-30-I, vier bis sechs Luft-Luft-Lenkwaffen oder bis zu 2000 kg Bomben

Formationsflug der MiG-29GT »29+22« des JG 73 »Steinhoff« mit einer Schweizer Boeing F/A-18C Hornet über den Schweizer Alpen.

Kampfflugzeuge

Republic F-84F Thunderstreak

Einsatz: 1956 – 1966
Stückzahl: 450
Hersteller: Republic

Die Republic F-84-Serie gehört zu den bekanntesten Strahlflugzeugen der 50er- und 60er-Jahre. Viele Luftwaffen der westlichen Welt setzten diese Flugzeuge ein. Das Konstruktionsteam von Republic unter der Leitung von Alexander Kartweli befasste sich bereits seit dem Spätsommer 1944 mit der Entwicklung eines strahlgetriebenen Jagdflugzeugs, der P-84 Thunderjet. Der erste von drei Prototypen, die XP-84 (s/n 45-59475) startete am 28. Februar 1946 von der Startbahn des Muroc Dry Lake-Testzentrums, der heutigen Edwards AFB, zu seinem Jungfernflug. Testpilot war Major William A. Lien. Der zweite Prototyp mit der s/n 45-59476 flog im August 1946. Diese Maschine konnte im September 1946 einen amerikanischen Geschwindigkeitsrekord mit 977 km/h aufstellen.

Bei Republic begann man 1949 mit der Entwicklung einer Pfeilflügel-Version der sehr erfolgreichen F-84 Thunderjet. Ziel war es, einen neuen Hochleistungs-Jagdbomber mit einem Minimum an Entwicklungskosten zu schaffen, da vor dem Koreakrieg der Verteidigungsetat für die US Air Force sehr knapp bemessen war. So entstand aus der F-84E der Prototyp der F-84F Thunderstreak, die YF-84F (s/n 49-2430). Der Rumpf der F-84E wurde beibehalten. Er erhielt jedoch eine

sehr lange und flache Cockpithaube mit geringem Luftwiderstand. Vollkommen neu gestaltet wurden jedoch die Tragflügel und das Leitwerk. Als Antrieb kam eine Allison XJ35-A-25 Axialturbine mit 2355 kp Standschub zum Einbau. Die Entwicklung lief zuerst unter der Bezeichnung YF-96A. Vor ihrem Erstflug am 3. Juni 1950 mit Otto P. Hass am Steuer wurde sie jedoch in YF-84F umbenannt. Die neue Maschine zeigte im Bezug auf Steigflug und Gipfelhöhe schlechtere Leistungen als die F-84E. Mit 1152 km/h war sie jedoch um 129 km/h schneller.

Nach Ausbruch des Koreakrieges im Juni 1950 wurden verstärkt die Gelder aus dem Verteidigungsetat freigegeben und Republic erhielt am 6. August 1950 den Auftrag, die F-84F mit dem J65-Triebwerk zu bauen. Durch den Einbau dieses Triebwerks musste der Lufteinlauf erheblich vergrößert werden, was durch Einsetzen einer zusätzlichen 17,8 cm langen Sektion hinter einem

Kampfflugzeuge

Republic F-84F Thunderstreak »BA-151« der WaSLw 30. Die Markierungen der USAF sind noch zu erkennen. Aus der WaSLw 30 ging am 2. Juli 1958 das JaboG 33 hervor.

ovalen Einlauf geschah. Geändert wurde auch die Kanzelhaube. Die Schiebevollsichthaube wurde gegen eine nach oben schwingende Cockpithaube ausgetauscht, dadurch verbesserte sich die Abdichtung der Druckkabine. Hinter der Haube lief eine große Verkleidung mit seitlichen Fenstern nach hinten bis zur Seitenflosse aus.
Es wurden zwei Vorserienflugzeug gebaut. Das erste, mit der s/n 51-1344 flog am 14. Februar

Republic F-84F des JaboG 32 in Lechfeld. Die Maschine gehörte zur 2. Staffel. Das Geschwaderwappen ist noch nicht vollständig angebracht.

1951 mit dem Curtiss-Wright YJ65-W-1-Strahltriebwerk. Hierbei handelte es sich um den Lizenzbau des britischen Armstrong-Siddeley Sapphire, das einen Standschub von 3250 kp entwickelt. Die F-84F wurde als einstrahliger, freitragender Pfeilflügel-Mitteldecker mit Ganzmetallflügel entwickelt. Der Rumpf wurde in Ganzmetall-Schalenbauweise ausgeführt. An den Tragflügel wurden große Vorflügel angebaut und vor den Spaltklappen auf der Flügeloberseite Störklappen mit Löchern. Zwischen Querruder und Rumpf wurden die Landeklappen eingebaut. Perforierte Bremsklappen befanden sich in den Rumpfseitenwänden hinter der Flügelhinterkante. Die Thunderstreak verfügte über ein freitragendes gepfeiltes Normalleitwerk ebenfalls in Ganzmetall mit steuerbarer Höhenflosse. Die ersten 275 Serienmaschinen wurden mit einem konventionellen, zweiteiligen gedämpften Höhenleitwerk

ausgerüstet, danach kam das einteilige ungedämpfte Höhenleitwerk zum Einbau, das eine bessere Kontrolle der Maschine um die Querachse bewirkte. Unter dem Leitwerk war ein Behälter mit einem Bremsschirm untergebracht. Das Dreiradfahrwerk war hydraulisch einziehbar. Die Radspur betrug 6,25 m. Das Bugrad war nicht lenkbar. Die Lenkung erfolgte über die Bremsen. Wie bei der F-84E bestand die Bewaffnung aus sechs 12,7-mm-MG des Typs Colt-Browning M-3 mit 1800 Schuss. Vier waren im Bug eingebaut und zwei in den Flügelwurzeln. Zusätzliche Pylone außerhalb des Hauptfahrwerks ermöglichten die Aufnahme einer Bombenlast von 2722 kg. Anstelle der Bomben konnten auch 42 FFAR 2,75-inch-Raketen »Mighty Mouse« oder zwölf HVAR-5-inch-Raketen mitgeführt werden. Mit angehängten Flügeltanks belief sich die Treibstoffkapazität insgesamt auf 4275 kg. Die Reichweite der F-84F lag bei 3400 km. Bei den ersten Maschinen kam das J65-W3 mit einer Leistung von

Bereits im Herbst 1958 gab es einen ersten »Auslandseinsatz«, als eine Staffel des JaboG 31 zu Schießübungen nach Bandirma in die Türkei verlegte.

Obwohl schon an die 3. Staffel des JaboG 33 abgegeben, führt die F-84F »DC-369« noch das Wappen der 1. Staffel am Bug.

Auch das in Memmingen stationierte JaboG 34 flog die Thunderstreak. Hier eine getarnte F-84F der 3. Staffel.

32,08 kN zum Einbau. Es wurde aber bald durch das schubstärkere J65-W7 mit einer Leistung von 33,85 kN ersetzt. Die erste Serienmaschinen flog am 22. November 1951. Bis Produktionsschluss hatten 2713 F-84F Thunderstreak die Fertigungsstraße verlassen. 2476 davon wurden im Werk

Sauber ausgerichtet stehen hier 15 F-84F Thunderstreak des JaboG 35.

Farmingdale von Republic und 237 F-84F-GK bei General Motors-Fisher Body im Werk Kansas City gefertigt. Neben den Einheiten der USAF flogen auch zahlreiche westliche Luftwaffen die F-84F Thunderstreak. Insgesamt 1301 Flugzeuge dieses Typs gingen im Rahmen des MDAP-Programms an die NATO-Luftstreitkräfte. Hier übernahm die bundesdeutsche Luftwaffe mit 450 F-84F Thunderstreak die größte Anzahl an Flugzeugen. Sie gehörten größtenteils zur letzten Baureihe F-84F-66RE. Diese wurden in eingemottetem Zustand an Bord von Flugzeugträgern nach Bremen gebracht und dort bei Weserflug eingeflogen und auf ihren Einsatz bei der Luft-

Vier F-84F des JaboG 36 im engen Formationsflug.

waffe vorbereitet. Im Rahmen von Überholungen wurden bei Dornier in Oberpfaffenhofen Martin Baker Mk.GY 5-Schleudersitze eingebaut. Die meisten der Piloten, die für den Einsatz auf der F-84F vorgesehen waren, erhielten ihre Ausbildung auf dem Fliegerhorst Luke in den USA.

Die Flugzeuge wurden auf sechs Geschwader mit je zwei Staffel verteilt. Jede Staffel hatte eine Sollstärke von 25 Flugzeugen. Als die Umrüstung auf die F-104G begann, wurden die Flugzeuge einer 3. Staffeln zugeteilt, wo sie bis zur Einsatzreife der beiden anderen Staffeln noch weitergeflogen wurden. Neben ihrer normalen Bewaffnung konnten die F-84F der deutschen Luftwaffe auch taktische B6-Atombomben an Außenlastträger mitführen. Diese sollten im Ernstfall mit der so genannten Schulterwurfmethode ins Ziel gebracht werden. Die Verfügungsgewalt über diese Atomwaffen lag allerdings bei den amerikanischen Streitkräften. Simulierte Atombombeneinsätze wurden im Juni 1955 während des NATO-Luftmanövers »Carte Blanche« geflogen.

Am 13. September 1956 wurde die Waffenschule der Luftwaffe 30 in Fürstenfeldbruck aufgestellt. Sie nahm als erster fliegender Verband mit zunächst drei Maschinen am 24. September 1956 den Flugbetrieb mit der F-84F auf. Am 13. November 1956 erfolgte die Übergabe von weiteren 20 Flugzeugen. Die Flugzeuge erhielten eine Kennung, die mit »BA-« begann. Ein Jahr später verlegte sie nach Büchel, wo sie nach Abschluss der Ausbildung in JaboG 33 umbenannt wurde. Ende 1964 löste die Lockheed F-104 Starfighter die F-84F beim Geschwader ab. Das JaboG 33 absolvierte in dieser Zeit über 65.000 Flugstunden auf der F-84F.

Auch das JaboG 31 »Boelcke« entstand aus der WaSLw 30. Es wurde am 1. September 1957 in Büchel aufgestellt. Am 20. Januar 1958 erfolgte die Verlegung nach Nörvenich, wo das Geschwader am 20. Juni 1958 offiziell in Dienst gestellt wurde. Die Kennungen lauteten DA-101 bis DA-126, DA-231 bis DA-258 und während der Umrüstung auf den Starfighter DA-361 bis DA-376. Bereits 1961 begann beim JaboG 31 »B« die Umrüstung auf den Starfighter. Die Piloten waren mit der F-84F rund 50.000 Stunden in der

Luft. Die Flugzeuge wurden an das JaboG 36 in Hopsten abgegeben, das in diesem Jahr neu aufgestellt wurde.

Ein weiteres Geschwader, das mit der F-84F ausgerüstet wurde, war das JaboG 32 in Lechfeld. Die Indienststellung des Verbandes erfolgte am 22. Juli 1958. Am 31. Dezember 1965 trafen die ersten F-104G in Lechfeld ein. Die Flugzeuge des JaboG 32 führten die Kennung DB-101 bis DB-128, DB-231 bis DB-258 und während der Umrüstung auf den Starfighter DB-361 bis DB-376. Die letzte F-84F verließ das JaboG 32 am 13. Juli 1966. In dieser Zeit flog das Geschwader 80.000 Stunden mit der F-84F. Die Aufstellung des JaboG 33 erfolgte 1958 mit der F-84F in Büchel. Geflogen wurden Maschinen mit den Kennungen DC-101 bis DC-126, DC-231 bis DC-256 und während der Umrüstung auf den Starfighter ab 1964 DC-361 bis DC-375.

Das JaboG 34 nahm den Flugbetrieb mit der F-84F am 5. Mai 1959 in Memmingen auf. Aufgestellt wurde der Verband am 29. November 1958 in Faßberg. Als Kennungen wurde dem JaboG 34 DD-101 bis DD-126, DD-231 bis DD-258 und während der Umrüstung auf den Starfighter DD-361 bis DD-381 zugeteilt. Die Umrüstung auf die F-104G begann Mitte 1964, aber erst im Dezember 1966 verließ die letzte F-84F das Geschwader. Ungefähr 90.000 Flugstunden wurden mit der F-84F geflogen. Ungewöhnlich ist, dass zur selben Zeit ein weiterer Verband ebenfalls als JaboG 34 aufgestellt wurde. Es handelte sich um das JaboG 35, das dann ab dem 24. November 1958 unter dieser Bezeichnung weitergeführt wurde. Die Aufstellung der 1. Staffel des JaboG 35 erfolgte in Nörvenich, die der 2. Staffel in Büchel. Geschwadercode des JaboG 35 war »DE«. Beide fliegenden Staffeln verlegten im September 1959 nach Husum. Im Gegensatz zu den zuvor genannten Geschwadern rüstete das JaboG 35 nicht auf die F-104 um, sondern erhielt die Fiat G.91R/3. Die ersten neuen Einsatzflugzeuge trafen Ende 1962 auf dem Fliegerhorst ein. Der letzte Flug einer F-84F des JaboG 35 führte am 15. Mai 1965 nach Lemwerder. Auf der F-84F wurden über 50.000 Flugstunden absolviert.

Wie schon erwähnt, übernahm das sechste Geschwader, das JaboG 36, seine Flugzeuge vom JaboG 31. Durch die Ausgliederung einer Staffel des JaboG 31 am 13. März 1961 entstand die 1. Staffel JaboG 36. Die ersten Thunderstreak landeten auf dem neu erbauten Fliegerhorst in Rheine/Hopsten am 31. August 1961. Nach der Übergabe wurden die Kennungen in »DF« geändert. Die offizielle Indienststellung des Geschwaders erfolgte allerdings erst am 12. Dezember 1961. Die 2. Staffel wurde 1962 aufgestellt. Ihre Aufgabe war in der »Europäisierung« der in den USA ausgebildeten F-84F-Piloten. Beim JaboG 36 flog die F-84F bis zum 3. Oktober 1966. An diesem Tag wurden die letzten Thunderstreak in die Türkei überführt. Auch beim JaboG 36 betrug das Flugstundenaufkommen mit der F-84F rund 50.000 Stunden. Die ersten F-104G trafen in Hopsten 1965 ein. Während der Einsatzzeit der F-84F Thunderstreak verlor die Luftwaffe 93 Flugzeuge durch Absturz, weitere 52 wurden durch Unfälle am Boden zerstört. Nach der Ausmusterung bei der Luftwaffe wurde ein großer Teil der Flugzeuge an Griechenland und die Türkei abgegeben, wo sie bis 1976 zum Ausrüstungsbestand gehörten.

Technische Daten
Republic F-84F Thunderstreak

Verwendungszweck:	Jagdbomber
Besatzung:	1
Spannweite in m:	10,25
Länge in m:	13,24
Höhe in m:	4,70
Flügelfläche in m^2:	30,23
Leermasse in kg:	6195
Startmasse in kg:	11.527
Höchstgeschwindigkeit in km/h:	1118
Reisegeschwindigkeit in km/h:	870
Steigleistung in m/s:	41
Aktionsradius in km:	1304
Gipfelhöhe in m:	11.020
Triebwerk:	1 x Wright J65-W-3
Schub in kN:	32,13
Bewaffnung:	
6 x 12,7 mm Browning AN-M-3-Maschinengewehre, bis zu 2722 kg externe Waffen, darunter taktische Atomwaffen	

Canadair CL-13B Sabre Mk.5 / Mk.6

Einsatz: 1957 – 1970
Stückzahl: 75 (Sabre Mk.5)
225 (Sabre Mk.6)
Hersteller: Canadair Ltd.

Die Canadair CL-13 ist ein Lizenzbau der North American F-86 Sabre. Die Produktion für die RCAF begann 1949. Sie lief am 9. Oktober 1958 nach der Fertigstellung von 1819 Maschinen aus, die an verschiedene Luftstreitkräfte geliefert wurden. Der Prototyp führt die Typenbezeichnung Sabre Mk.1 und war der Nachbau der F-86A. Sie absolvierte ihren Erstflug am 9. Juli 1950. Die Serienversion für die RCAF wurde Sabre Mk.2 bezeichnet und entsprach der F-86E. Angetrieben wurde die Sabre Mk.2 von einer General Electric J47-Strahlturbine. Die Fertigung umfasste 350 Flugzeuge. Von der Sabre Mk.3 wurde wiederum nur ein Exemplar gebaut. Sie war eine Sabre Mk.2 mit einer kanadischen Orenda 3-Strahlturbine, die eine Leistung von 2950 kp erbrachte und diente als Prototyp für die Sabre Mk.5. Mit diesem Flugzeug stellte Jaqueline Cochran im Mai 1953 drei Geschwindigkeitsrekorde auf, davon einer über 15 km gerader Strecke mit einer Geschwindigkeit von 1087,068 km/h. Die Sabre Mk.4 war eine verbesserte Ausführung der Mk.2. 437 Maschien verliesen die Montagelinie. Die

Canadair CL-13B Sabre Mk.6 des JG 71. Das Tulpenmuster am Lufteinlauf und an der Vorderkante des Seitenleitwerks führte Major Erich Hartmann ein, der erste Kommodore des JG 71.

Diese Canadair CL-13B Sabre Mk.5 wurde in den Farben der WaSLw 10 restauriert.

Mk.5 entsprach der Mk.2, hatte jedoch das Orenda-10-Strahltriebwerk und den Tragflügel der F-86F. Gebaut wurden 370 Flugzeuge. Der Erstflug der Sabre Mk.5 erfolgte am 30. Juli 1953. Die leistungsstärkste Variante war die Sabre Mk.6, die mit einer Orenda 14-Strahlturbine mit einer Leistung von 32,7 kN (3270 kp) ausgerüstet war. 660

Canadair CL-13B Sabre Mk.6 des JG 73 bei einem Flugtag in Ramstein.

Einheiten dieser Version kamen zur Auslieferung. Bei der Canadair Sabre handelte es sich um einen einstrahligen Tiefdecker. Der zweiholmige Ganzmetallflügel hatte ein Profil entsprechend NACA 0012/11-64 und eine Pfeilung von 35° auf der t/4-Linie. Die Querruder wurden hydraulisch betätigt. Zwischen Querruder und Rumpf befanden sich die Landeklappen. Der automatische Vorflügel reichte über 70% der Tragflächenvorderkante. Das Ganzmetall-Leitwerk wies ebenfalls eine Pfeilung von 35° auf. Die Steuerbewegungen erfolgten über ein hydraulisches System. Die Maschine war mit einem hydraulisch einziehbaren

Diese Sabre Mk.6 gehörte zum JG 72. Im Gegensatz zur Geschwaderkennung »JB« sind die Ziffern weiß eingefasst.

Dreiradfahrgestell mit steuerbarem Bugrad ausgerüstet. Als Bewaffnung waren sechs 12,7-mm-Bordwaffen Colt-Browning AN-M3 starr im Rumpfbug beiderseits des Lufteinlaufs eingebaut. Für jedes MG standen 300 Schuss zur Verfügung.

Bei der Bundesluftwaffe kamen 75 Sabre Mk.5 zum Einsatz, welche die kanadische Regierung aus Überschussbeständen den Jagdfliegerverbänden der westdeutschen Luftwaffe als Grundausstattung schenkte. Vor der Übergabe an die Bundesluftwaffe wurden die Flugzeuge bei Scottish Aviation in Renfrew grundüberholt. Die ersten beiden Sabre Mk.5 wurden an die Technischen Schule der Luftwaffe 3 (TSLw 3) in Faßberg für die Ausbildung des Wartungspersonals ausgeliefert. Sie trafen am 10. Mai 1957 dort ein. Für die Ausbildung der Piloten war die Waffenschule 10 (WaSLw 10) in Oldenburg zuständig. Sie erhielt ihre

Bei der ESt 61 in Manching abgestellte Sabre Mk.6.

Die Canadair CL-13B Sabre Mk.6 »BB-127« der WaSLw 10 aus einer etwas anderen Perspektive.

ersten Flugzeuge am 9. September 1957. Alle Flugzeuge hatten einen grau-grünen Tarnanstrich und flogen zunächst mit den Kennungen BB+101 bis BB+175. Später wurden einem Teil der Flugzeuge auch Kennungen im Bereich BB+2... zugeteilt. Vier Maschinen flogen ab 1959 bei der ESt 61 in Manching. Mit Beginn der Auslieferung der CL-13B Sabre Mk.6 wurden die Sabre Mk.5 nach und nach ausgemustert. Einige wurden der Ersatzteilgewinnung zugeführt oder als Feuerlöschübungsobjekt bei verschiedenen Geschwadern verwendet. Der größte Teil wurde jedoch bei Dornier in Oberpfaffenhofen verschrottet. Die letzte traf dort im März 1962 ein. 14 Sabre Mk.5 gingen zwischen 1957 und 1961 verloren.

Abgelöst wurden die Sabre Mk.5 durch die Sabre Mk.6, von der 1956 durch die Luftwaffe 225 Maschinen bestellt wurden. Zunächst wurde auch die CL-13B Sabre Mk.6 von der WaSLw 10 eingesetzt, die die ersten beiden Maschine am 2. September 1958 übernahm. Im Gegensatz zur Sabre Mk.5 hatten die Flugzeuge in den ersten Jahren keinen Tarnanstrich, sondern flogen metallisch blank. Die Kennungen begannen ebenfalls wieder mit »BB«. Außerdem erhielt die TSLw 3 wieder drei Flugzeuge für die Technikerausbildung.

Dies waren die BF-121 (c/n 1655) und die BF-122 (c/n 1620). Später wurde die c/n 1655 gegen die c/n 1609 ausgetauscht, die aber dann ebenfalls das Kennzeichen BF-121 erhielt.

Das JG 71 in Ahlhorn war dann der erste Einsatzverband, der auf das neue Muster umrüstete. Major Erich Hartmann, der erfolgreichste Jagdflieger des 2. Weltkriegs und nun Geschwaderkommodore, sowie Oberleutnant Peters überführten die ersten CL-13B am 26. Februar 1959 nach Ahlhorn. Am 6. Juni 1959 wurde das JG 71 offiziell in Dienst gestellt. Dem Geschwader wurde als Kennbuchstaben »JA« zugeteilt. Die Flugzeuge der 1. Staffel wurden mit JA+1... gekennzeichnet, die der 2. Staffel mit JA+2... Als das Geschwader ab April 1963 auf die Lockheed F-104G Starfighter umzurüsten begann, wurde für die Übergangszeit die 3. Staffel aufgestellt. Die frei werdenden Sabre wurden dieser Staffel zugeteilt. Sie erhielten die Kennungen JA+3... . Zwei weitere Jagdgeschwader wurden noch mit der Canadair CL-13B Sabre Mk.6 ausgerüstet. Dies waren zum einen das JG 72, das am 11. November 1959 in Leck in Dienst gestellt wurde. Die Aufstellung erfolgte bereits am 1. April 1959 in Oldenburg. Die Verbandskennung lautete »JB«. Das Geschwader kehrte am 1. Oktober 1964 mit seinen CL-13B nach Oldenburg zurück und rüstete dort auf die Fiat G.91R/3 um. Am 22. Dezember 1966 verließ die letzte Sabre Mk.6 das Geschwader.

Das JG 73, das ebenfalls als Erstausrüstung die CL-13B Sabre Mk.6 erhielt, wurde am 1. April 1959 aufgestellt. Es verlegte im November 1959 nach Ahlhorn. Ab dem 12. Oktober 1961 wurden die Einsätze von Pferdsfeld aus geflogen. Die Kennungen der Flugzeuge des JG 73 begannen mit »JC«. Wie beim JG 72 änderte sich auch beim JG 73 das Aufgabengebiet. Aus dem Jagdgeschwader wurde das leKG 42, das ab 1964 auf die G.91R/3 umrüstete. Aber auch hier blieb die CL-13B noch bis 1967 im Einsatz. Einige Sabre MK.6 flogen auch mit der Verbandskennung »JD«. Diese Kennung gehörte zum JG 74, das aber nie die CL-13B einsetzte, sondern die North American F-86K Sabre. Diese Maschinen flogen einige Zeit mit der JD-Kennung bei den drei aktiven Jagdgeschwadern und wurden dann umregistriert.

Insgesamt elf CL-13B kamen zur ESt 61 nach Manching, wo ihnen YA-Kennungen zugeteilt wurden. Hier dienten sie für verschiedene Erprobungen und als Begleitflugzeuge, wie z.B. bei der Erprobung des Senkrechtstarters EWR VJ 101C. Ab 1961 wurden auch die Sabre Mk.6 mit einen Tarnanstrich versehen. Zur selben Zeit wurden auch einige Modifikationen durchgeführt. So wurden neue Martin Baker Mk.GW 5-Schleudersitze eingebaut und die Avionik mit einer TACAN-Anlage ergänzt. Die Flugzeuge des JG 72 und JG 73 wurden ab Herbst 1961 mit Abschuss-Schienen für AIM-9-Sidewinder Luft-Luft-Raketen ausgerüstet. 1968 verfügte die Bundeswehr noch über 13 einsatzklare Maschinen, die im Rahmen der Umregistrierung die neuen Kennungen 01-01 bis 01-13 zugeteilt bekamen.

Zwischen September 1966 und April 1974 betrieb die Firma Condor sieben CL-13B als Zielschlepper. Diese erhielten dort die Kennungen D-9522, D-9523 und D-9538 bis D-9542. Stationiert waren die Zielschlepper in Westerland auf Sylt. Als Mustermaschine diente die BB-176 (c/n 1784), die 1965 bei Dornier in Oberpfaffenhofen umgebaut wurde. Später erhielt die Maschine das Kennzeichen D-9540. Die erste Maschine wurde am 26. September 1966 an Condor ausgeliefert. Ausgerüstet waren die Flugzeuge mit den RADOP-GFK-Zielflugkörpern FK 460A und FK 460A-N. Die Luftwaffe verlor 43 CL-13B Sabre Mk.6. Eine weitere Maschine, die D-9522, ging während ihrer Verwendung als Zielschlepper verloren.

Im November 1965 wurden 90 Flugzeuge an den Iran verkauft. Die Überführung begann am 29. März 1966. Der Iran war aber nur eine Zwischenstation, da die Sabre von hier aus sofort nach Pakistan überflogen wurden. Dort kamen sie 1971 im indisch-pakistanischen Konflikt zum Einsatz. Auch die portugiesische Luftwaffe übernahm 50 Sabre Mk.6 aus dem Bestand der Luftwaffe. Diese wurden 1970 ausgeliefert, aber nur 15 Flugzeuge mit den Kennungen 5351 bis 5365 kamen zum aktiven Dienst. Die restlichen 35 dienten der Ersatzteilgewinnung.

Technische Daten	
Canadair CL-13B Sabre Mk.6	
Verwendungszweck:	Jagdflugzeug
Besatzung:	1
Spannweite in m:	11,32
Länge in m:	11,43
Höhe in m:	4,49
Flügelfläche in m²:	28,24
Leermasse in kg:	4904
Startmasse in kg:	7988
Höchstgeschwindigkeit in km/h:	1143
Reisegeschwindigkeit in km/h:	998
Steigleistung in m/s:	60
Aktionsradius in km:	673
Gipfelhöhe in m:	14.000
Triebwerk:	1 x Avro Orenda 14
Schub in kN:	330
Bewaffnung:	
6 x 12,7 mm AN-M3 Colt-Browning-MG	

North American F-86K Sabre

Einsatz: 1957 – 1966
Stückzahl: 88
Hersteller: North American
Fiat (Lizenzbau)

Von der F-86 wurden drei Prototypen XP-86A gebaut, wovon der erste am 1. Oktober 1947 flog.

North American F-86K Sabre »JD-234« des JG 74 im Abstellbereich der Fliegerhorstes Neuburg/Donau.

Die Serienmaschine F-86A startete am 20. Mai 1948 zum Erstflug und wurde ab 1949 in den aktiven Truppendienst übernommen. North American baute insgesamt 554 Flugzeuge. Weitere Versionen waren die F-86D, ein Allwetterjäger, von dem 2504 Flugzeuge gebaut wurden. In der Fertigungsfolge vor der F-86D lagen die F-86E und die F-86F. Die F-86H war ein Jagdbomber.
Die F-86K war eine vereinfachte Version der F-86D und kam bei der italienischen, französischen und deutschen Luftwaffe zum Einsatz. Der Lizenzbau der Flugzeuge bei Fiat in Turin-Caselle erfolgte aus Baugruppen, die von North American angeliefert wurden. Insgesamt baute Fiat 211 Maschi-

nen. Die erste startete am 23. Mai 1955 zu ihrem Jungfernflug. Italien übernahm 63 Flugzeuge sowie die beiden aus den USA gelieferten Prototypen, Frankreich 60 und Deutschland 88. Die 69 mm-Raketen entfielen bei der F-86K, dafür kamen vier 20 mm M24A-1-Maschinenkanonen mit je 132 Schuss zum Einbau. Das AN/APG-37 Radar wurde beibehalten, der Feuerleitrechner E-4 aber durch den MG-4-Rechner ersetzt.

Für die bundesdeutsche Luftwaffe war zunächst vorgesehen, drei Allwettergeschwader mit jeweils 36 Flugzeugen aufzustellen. Dafür war die Beschaffung von 226 F-86K geplant, Diese Pläne wurden später jedoch wieder geändert. Zum einen fehlte es an Piloten und zum anderen wurde bereits die Lockheed F-104G Starfighter eingeführt. In einem ersten Los wurden 43 Flugzeuge ausgeliefert, die zu Dornier nach Oberpfaffenhofen geliefert und dort eingelagert wurden. Fiat lieferte die Flugzeuge ohne Bewaffnung und ohne komplette Instrumentierung aus. Die ersten beiden Maschinen mit den USAF-Seriennummern 55-4866 und 55-4878 trafen am 22. Juli 1957 in Oberpfaffenhofen ein. Ob alle diese Flugzeuge bei der Bundeswehr überhaupt zum Einsatz kamen, ist fraglich. Das zweite Los umfasste 45 Flugzeuge, die mit neuen Tragflächen ausgerüstet waren. Diese wurden als 6-3-Tragflächen bezeichnet, da die Flügeltiefe an der Tragflächenwurzel um 6 Zoll und an der Flächenspitze um 3 Zoll vorverlegt wurde. Diese Tragflächen hatten auch eine größerer Spannweite. Durch diese Maßnahme konnten die Langsamflugeigenschaften verbessert werden. Am 23. Juni 1958 erfolgte die Überführung der beiden letzten F-86K, die s/n 56-4157 und 56-4160. Die Flugzeuge waren zu diesem Zeitpunkt noch metallisch blank mit amerikanischen Hoheitszeichen und Seriennummern versehen. Zum Einsatz kamen die Flugzeuge aber noch nicht. Erst ab Mitte 1959 wurden sie aufgerüstet und eingeflogen – alles noch mit amerikanischen Hoheitszeichen. Vermutlich kamen auch nur diese 45 F-86K bei der Luftwaffe zum Einsatz.

Deutsche Markierungen wurden erst vor der Übergabe an die 3. Staffel der WaSLw 10 in Oldenburg angebracht. Bei dieser Staffel trafen zwischen dem 23. August 1959 und dem 24. August 1960 dann 34 Flugzeuge mit den Kennungen JE-101 bis JE-234 ein, die für das JG 75 bestimmt waren. Darunter waren drei Flugzeuge für die 3./WaSLw 10 mit den Kennungen BB-701 bis 703. Zwei wurden später in JE-105 und JE-106 umregistriert, die dritte ging als BB-701 an die TSLw 1. Am 20. September 1960 übernahm das JG 75 die Flugzeuge und verlegte im Oktober nach Leipheim. Ab April 1961 erfolgte die Verlegung nach Neuburg/Donau. Dort wurde am 5. Mai 1961 das JG 74 in Dienst gestellt. Da sich inzwischen die Planungen bei der Luftwaffe geändert hatten, wurde der Aufbau eines fünften Jagdgeschwaders nicht verwirklicht. Dadurch wurde aus dem JG 75 das JG 74, was auch zu neuen Kennungen führte. die jetzt mit »JD« begannen. Am 5. Oktober 1962 konnte das JG 74 der NATO unterstellt werden. Die 10.000. Flugstunde auf der F-86K wurde am 8. April 1963 geflogen und bereits ein Jahr später, am 8. April 1964 waren es 20.000 Flugstunden.

Am 12. Mai 1964 landete die erste Lockheed F-104G Starfighter in Neuburg und läutete somit eine neue Ära beim JG 74 »M« ein. Die F-86K wurden in der neu aufgestellten 3. Staffel zusammengefasst. Der letzte Flug der F-86K bei JG 74 fand am 5. Januar 1966 statt. Insgesamt gingen vier Flugzeug durch Absturz verloren. Die Mehrzahl der Flugzeuge wurde verschrottet, nur wenige fanden den Weg ins Museum oder blieben als »Gate Guard« erhalten. Ab 1966 wurden die eingemotteten Flugzeuge des ersten Loses sowie Teile des zweite Loses, insgesamt 51 F-86K, an die Luftwaffe von Venezuela verkauft.

Technische Daten	
North American F-86K Sabre	
Verwendungszweck:	Jagdflugzeug
Besatzung:	1
Spannweite in m:	11,92
Länge in m:	12,50
Höhe in m:	4,57
Flügelfläche in m²:	29,11
Leermasse in kg:	6450
Startmasse in kg:	8460
Höchstgeschwindigkeit in km/h:	1112
Reisegeschwindigkeit in km/h:	855
Steigleistung in m/s:	60,9
Aktionsradius in km:	850
Gipfelhöhe in m:	15.000
Triebwerk:	1 x General Electric J47-GE-17B
Schub in kN:	29,13
Bewaffnung:	
4 x 20 mm GE M2 A1-Kanonen	

Fairey Gannet A.S.4 / T.5

Einsatz: 1957 – 1966
Stückzahl: 15 (Gannet A.S.4)
1 (Gannet T.5)
Hersteller: Fairey

Bei der Gründung der Bundeswehr 1955 wurde auch die Aufstellung einer U-Boot-Jagdstaffel bei den Marinefliegern geplant. Diese Staffel sollte über zehn Flugzeuge verfügen. Die Auswahl fiel Anfang 1957 auf die Fairey A.S.4 Gannet, ein bewährtes Flugzeug, das bei der *Royal Navy* seit 1953 im Dienst stand. Die Fairey Gannet entstand entsprechend der Ausschreibung GR.17/45 für ein Flugzeug zur U-Boot-Bekämpfung. Ausgelegt wurde die Gannet als einmotoriger, freitragender Mitteldecker mit faltbarem Ganzmetall-Knickflügel. Die Innenteile des Flügels klappten nach oben, die Außenteile nach unten. Das Ganzmetall-Leitwerk hatte Hilfsflossen, die beiderseits der Seitenflosse auf der Vorderkante der Höhenflosse montiert waren. Das Dreiradfahrgestell mit dem zwillingsbereiften Bugrad wurde hydraulisch betätigt. Unter dem Bug befanden sich Beschläge für den Katapultstart und am Heck ein Landehaken. Unter dem Heck war außerdem ein einziehbarer Radarturm eingebaut. Der Prototyp konnte am 19. September 1949 in Aldermaston die Flugerprobung aufnehmen. Die erste Serienmaschine Gannet A.S.Mk.1 startete im Oktober 1953 zu ihrem Erstflug. Angetrieben wurde die Maschine von einer Armstrong-Siddeley Double-Mamba ASMD-Propellerturbine mit 2850 WPS und zwei gegenläufigen Vierblatt-Luftschrauben. Die Besatzung bestand aus drei Mann, Pilot, Beobachter/Navigator und Funker/Radar-Beobachter, die unter separaten abwerfbaren Schiebehauben untergebracht waren, von denen die des Piloten hydraulisch betätigt wurde, die beiden anderen jedoch manuell.

Als Bewaffnung konnte im zentralen Waffenschacht eine maximale Last von 900 kg mitgeführt werden. Diese konnte aus zwei Torpedos oder Wasserbomben bestehen. An den externen Waffenstationen unter den Tragflügeln konnten Bomben, Sonarbojen und ungelenkte Raketen befestigt werden.

Die Gannet T.Mk.2 war ein Einsatztrainer mit Dop-

Für die fliegerische Ausbildung der Besatzungen stand die Fairey Gannet T.5 »UA+99« zur Verfügung. Ungewöhnlich ist bei dieser Kennung die zweistellige Zahl.

Hier wartet die »UA+107« auf ihren nächsten Einsatz.

pelsteuer in der ersten und zweiten Kabine. Sie verfügte über keinen Radarturm. Als Frühwarnflugzeug wurde ab 1960 die Gannet A.E.W. Mk.3 eingeführt. Diese Version unterschied sich wesentlich von den anderen Ausführungen. Die Besatzung bestand nur noch aus dem Piloten und einem Radar-Beobachter, der aber innerhalb des Rumpfes untergebracht war. Der Prototyp (XJ440) absolvierte am 20. August 1958 seinen Erstflug.

Die Gannet A.S.Mk.1 wurde von der Gannet A.S. Mk. 4 abgelöst, einer Weiterentwicklung mit leistungsstärkerer Bristol-Siddeley Double-Mamba ASMD Mk.101-Propellerturbine mit 3025 WPS. Zu ihrem Jungfernflug startete die Mk.4 am 12. März 1956. Von dieser Version übernahm die deutsche Bundesmarine 15 Maschinen. Als Heimatbasis wurde der Marinefliegerhorst Schleswig/Jagel bestimmt. Als Kennzeichen wurden den Gannet A.S. Mk. 4 die Kennung UA+101 bis UA+115 zugeteilt.

Aus der Gannet T.Mk.2 wurde die T.Mk.5 entwickelt, die dieser auch bis auf die leistungsstärkere Propellerturbine der Mk.4 entsprach. Der Erstflug erfolgte am 1. März 1957. Eine Gannet T.Mk.5 mit der Kennung UA+99 kam bei der Bundesmarine für die Ausbildung zum Einsatz. Insgesamt fertigte Fairey von der Gannet 255 Einheiten. Die 15 von der deutsche Marine bestellten Gannet AS.Mk.4 wurden zunächst nach Eglington in Nordirland geliefert, wo die Ausbildung der Besatzungen nach einer Einweisung bei Fairey in White Woltham erfolgte. Ende 1957 trafen die ersten Gannets dort ein, als letzte Maschine wurde die Gannet T.Mk.5 im März 1958 übergeben. Da der Heimatstandort der Staffel noch nicht einsatzklar war, wurde die U-Jagdstaffel der 1. Marinefliegergruppe am 20. Mai 1958 offiziell in Eglington in Dienst gestellt. Am 29. Juni 1958 verlegte die Staffel dann nach Jagel. Im Juli 1959 wurden die 1. und 2. Marinefliegergruppe zu Geschwadern aufgewertet. 1961 kam die U-Jagdstaffel zum MFG 2 und verlegte nach Westerland auf Sylt. Eine weitere Änderung in der Unterstellung erfolgte 1964. Zum 1. Oktober 1964 wurde die U-Jagdstaffel als 2. Staffel in das neu aufgestellte MFG 3 eingegliedert. Im Dezember 1964 verlegte die Staffel nach Nordholz.

Kurz vor der Außerdienststellung der Gannet kam es zum einzigen Unfall während der Einsatzzeit. Am 12. Mai 1966 stürzte die UA+115 unmittelbar nach dem Start in Kaufbeuren ab, wobei die dreiköpfige Besatzung ums Leben kam. Am 30. Juni 1966 wurde der Flugbetrieb mit der Fairey Gannet eingestellt. Insgesamt waren die Flugzeuge rund 10.000 Stunden in der Luft gewesen. Nach der Außerdienststellung wurden die Gannet zu VFW-Fokker nach Bremen überführt und dort zunächst eingelagert. Da sich kein neuer Nutzer finden ließ, verschrottete man die Flugzeuge Anfang der 70er-Jahre. Zwei Maschinen blieben erhalten. Die UA+110 befindet sich im Luftwaffenmuseum in Gatow, allerdings mit der falschen Kennung UA+106 und die UA+113 ist im Marinefliegermuseum in Nordholz ausgestellt.

Technische Daten	
Fairey Gannet A.S. Mk. 4	
Verwendungszweck:	U-Boot-Jagdflugzeug
Besatzung:	3
Spannweite in m:	16,56
Länge in m:	13,57
Höhe in m:	4,19
Flügelfläche in m^2:	44,85
Leermasse in kg:	6841
Startmasse in kg:	8898
Höchstgeschwindigkeit in km/h:	497
Reisegeschwindigkeit in km/h:	478
Steigleistung in m/s:	10,16
Aktionsradius in km:	1105
Gipfelhöhe in m:	7625
Triebwerk:	Bristol-Siddeley Double Mamba ASMD. 3 Mk.101
Leistung in kW:	2268
Bewaffnung: Torpedos, Minen, Bomben, Wasserbomben und 16 x 27-kg-Raketen	

Armstrong Whitworth Sea Hawk Mk.100 / Mk.101

Einsatz: 1958 – 1966
Stückzahl: 34 (Sea Hawk Mk.100)
34 (Sea Hawk Mk.101)
Hersteller: Armstrong Whitworth

Die Sea Hawk wurde ursprünglich unter der Bezeichnung P.1040 von Hawker als einstrahliger Jagdbomber entworfen und in einigen Exemplaren gebaut. Im Sommer 1947 erfolgte die Fertigstellung des Prototyps. Mit der Seriennummer VP401 startete die Maschine am 2. September 1947 in Boscombe Down mit W. Humble zum Erstflug. Der Prototyp besaß keine Bewaffnung und wurde ausschließlich zur Erprobung eingesetzt. Ein Jahr nach dem Erstflug des Prototyps, am 3. September 1948, flog dann die zweite, speziell den Forderungen der Marine angepasste Maschine (VP413). Die VP413 entsprach der Spezifikation 7/46 mit vier 20-mm-Bordkanonen Hispano Mk. 5, verfügte über eine Tragflächen-

Sea Hawk Mk.100 »VA+236« der 1. MflgGrp. Das Wappen, ein orangefarbener Seedrache auf blauem Grund, ist am Leitwerk nur undeutlich zu erkennen.

faltvorrichtung, Katapultbeschläge und einen Fanghaken unter dem Heck. Des Weiteren kamen motorgetriebene Querruder und hydraulisch betätigte kombinierte Lande- und Bremsklappen zum Einbau, die als Doppelspreizklappen ausgelegt waren. Das Dreiradfahrgestell war hydraulisch einziehbar, das Bugrad fuhr nach hinten in den Rumpf, die Haupträder nach innen in das Flügelmittelstück ein. Als Antrieb kamen zwei Rolls-Royce Nene I-Strahltriebwerke mit einer Leistung

Die Sea Hawk »RB+244« auf dem Rollfeld.

von 20,15 kN zum Einbau. Die bei der Erprobung gewonnenen Erkenntnisse flossen bei der Fertigung des dritten Prototyps, der VP422, mit ein. Dieses Flugzeug entsprach dem Bauzustand der späteren Serienmaschinen. Wegen Kapazitätsproblemen bei Hawker übernahm Armstrong Whitworth 1953 ab der 36. Serienmaschine die Weiterentwicklung und die Produktion des Flugzeugs.

Als erste Einsatzstaffel übernahm die *No. 806 Squadron »Ace of Diamonds«* in Brawdy ab dem 10. März 1953 die Sea Hawk. Die Produktion wurde am 10. Februar 1956 vorübergehend eingestellt. Für den niederländischen *Marine Luchtvaartdienst (MLD)* wurde 1957 die Fertigung von 22 Sea Hawk Mk.50 aufgenommen. Weitere 68 Sea Hawk (34 Mk.100 und 34 Mk.101) erhielten dann noch die deutschen Marineflieger als Erstausstattung. 21 Flugzeuge erwarb Indien.

Die Produktion der Sea Hawk endete 1959 nach Herstellung von insgesamt 545 Maschinen, davon 434 für die *Royal Navy*. Die Anschaffung der Sea Hawk für die deutschen Marineflieger wurde 1955 beschlossen. Die Unterzeichnung des Kaufvertrags fand jedoch erst am 20. Juni 1957 statt. Die Wartung der Flugzeuge wurde bei Weserflug in Bremen durchgeführt.

Die Sea Hawk Mk.100, die als Jagdbomber zum Einsatz kamen, flogen mit amerikanischer Funkausrüstung und bis zu vier abwerfbaren 400 Liter-Zusatztanks unter dem Flügel. Sie hatten ein ver-

Die Triebwerke der Sea Hawk wurden mit Kartuschen gestartet, wobei eine charakteristische Rauchwolke entstand.

größertes Seitenleitwerk und es wurden 34 Flugzeuge ausgeliefert. Als Bewaffnung kamen vier 20-mm-Maschinenkanonen zum Einbau. Außerdem konnten bis zu vier 227-kg-Bomben oder maximal 30 ungelenkte Raketen mitgeführt werden. Als erste Maschine flog die VA+220 am 26. November 1957. Den Flugzeugen der MFGrp 1 wurden die Kennungen VA+220 bis VA+236 zugeteilt, Heimatstandort war Schleswig/Jagel. Die Flugzeuge der MFGrp 2 erhielten die Kennungen VB+120 bis VB+136. Die MFGrp 2 war in Eggebek stationiert.

Bei der Sea Hawk Mk.101 handelte es sich um die Aufklärerversion der Mk.100 mit zusätzlicher elektronischer Ausrüstung und dem Ekco 38B-Bordradar unter dem rechten Flügel. Teilweise wurde bei den Flugzeugen eine Seitensichtkamera im Heck eingebaut. Die Mk.101 verfügte über die gleiche Bewaffnung wie die Mk.100. Auch von ihr wurden 34 Exemplare für die deutschen Marineflieger gebaut. Die erste Mk.101 flog am 5. Juni 1958. Die Aufklärer der MFGrp 1 erhielten die Kennung RB+240 bis RB+256, die der MFGrp 2 RB+360 bis RB+376. Die RB+375 wurden später versuchsweise mit zwei Luft-Luft-Flugkörpern AIM-9L Sidewinder ausgerüstet.

Die Piloten der deutschen Marineflieger erhielten ab dem Frühjahr 1956 ihre Grundausbildung bei der US Navy in Pensacola und Soufley Field. Die weitere Ausbildung erfolgte in Whiting Field und Barren Field. Der letzte Ausbildungsabschnitt wurde in Kingsville durchgeführt. Parallel dazu erfolgte die Ausbildung des technischen Personals in England bei der *Royal Navy*. 1958 wurden die Piloten bei der *Royal Navy* in Lossiemouth auf die Sea Hawk umgeschult. Die erste mit der Sea Hawk ausgerüstete Staffel, die 1. Mehrzweckstaffel, wurde am 19. Mai 1958 in Lossiemouth offiziell in Dienst gestellt. Staffelkapitän war KKpt. Jung. Die Verlegung noch Jagel erfolgte ab dem 20. Juni 1958, die ersten Sea Hawk Mk.100 landeten am 22. Juli 1958 auf dem Fliegerhorst. Ab dem 1. September 1958 begann die Aufstellung der 1. Aufklärungsstaffel, die ebenfalls mit Sea Hawk ausgerüstet wurde.

Im Herbst 1958 beteiligten sich die Marineflieger mit der Sea Hawk am NATO-Manöver »Tigre bleu«. Die Marineflieger übernahmen ihre letzte Sea Hawk am 25. Februar 1959. Am 16. Juli 1959 wurden die beiden Marinefliegergruppen zu dem Marinefliegergeschwader MFG 1 und MFG 2. Jedem Geschwader waren zwei fliegende Staffeln unterstellt. Am 27. August 1961 stellten sich die Marineflieger im Rahmen eines Großflugtags in Jagel der Öffentlichkeit vor. Höhepunkte war der Auftritt des Kunstflugteams des MFG 1, der »Fliegenden Fische«, die die Sea Hawk flogen.

Am 18. August 1962 geriet Kapitänleutnant Knut Winkler vom MFG 1 mit seiner Sea Hawk auf dem Rückweg vom einem Übungsflug bei Eisenach in den Luftraum der DDR. Dort wurde er von einer sowjetischen MiG-21 angegriffen und das Flugzeug schwer beschädigt. Kapitänleutnant Winkler wurde bei dem Zwischenfall nicht verletzt und konnte in Ahlhorn notlanden.

Ab dem 1. Oktober 1963 rüstete das MFG 1 von der Sea Hawk auf die Lockheed F-104G Starfighter um. Die ausgemusterten Flugzeuge wurden ab dem 22. März 1964 bei VFW eingemottet. Am 30. Juni 1965 gab das MFG 1 die letzte Sea Hawk ab. Ende 1966 setzte auch das MFG 2 keine Sea Hawk mehr ein. Zehn Sea Hawk Mk.100 und 18 Mk.101 konnten am 13. August 1965 an die indischen Streitkräfte verkauft werden. Durch den in der Zwischenzeit ausgebrochenen Krieg zwischen Indien und Pakistan wurden die Flugzeuge mit einer Ausfuhrsperre belegt. Daraufhin wurden die Sea Hawk an eine italienische Firma verkauft, die sie jedoch dann nach Indien weitergab. Bei der indischen Marine flogen sie bei der *300. Squadron*, mit der sie auf dem Flugzeugträger »Vikrant« zum Einsatz kamen.

Technische Daten	
Armstong Whitworth Sea Hawk Mk. 100	
Verwendungszweck:	Kampfflugzeug
Besatzung:	1
Spannweite in m:	11,89
Länge in m:	12,09
Höhe in m:	2,98
Flügelfläche in m^2:	25,83
Leermasse in kg:	4208
Startmasse in kg:	7327
Höchstgeschwindigkeit in km/h:	964
Reisegeschwindigkeit in km/h:	852
Steigleistung in m/s:	28,95
Aktionsradius in km:	772
Gipfelhöhe in m:	13.565
Triebwerk:	1 x Rolls Royce Nene N.N. 6 Mk.103
Schub in kN:	23,2 kN
Bewaffnung:	
4 x 20 mm Hispano Mk.5 Kanonen, Raketen, Bomben	

Kampfflugzeuge

Lockheed F-104G Starfighter

Einsatz: 1961 – 1991
Stückzahl: 654
Hersteller: Lockheed
MBB (Lizenzbau)
Fiat (Lizenzbau)
Fokker (Lizenzbau)
SABCA (Lizenzbau)

Im März 1953 erhielt Lockheed den Auftrag für den Bau von zwei Prototypen mit der Bezeichnung XF-104. Nach der Fertigstellung des ersten Prototyps Anfang 1954 wurde dieser zum US-Fliegerhorst Edwards überführt. Der Erstflug mit der s/n 53-7786 erfolgte am 4. März 1954. In der

Ein beliebtes Fotomotiv war von jeher die Burg Hohenzollern. Hier zwei F-104G des JaboG 33 im Vorbeiflug.

Die F-104G »JA+240« des JG 71 »R« im Anflug auf die Landebahn.

Kanzel saß Tony LeVier. Die zweite XF-104 mit der s/n 53-7787 absolvierte kurze Zeit später, gesteuert von Herman R. »Fish« Salmon ihren Jungfernflug. Für Truppenversuche bestellte die USAF im Oktober 1955 17 YF-104A (s/n 55-2955 bis 2971). Zur Standardbewaffnung gehörte die von General Electric entwickelte Revolverkanone M.61 Vulcan. Diese verfügte über sechs rotierende 20-mm-Läufe und hatte eine theoretische Feuergeschwindigkeit von 6000 Schuss pro Minute. An den Flügelspitzen konnten zusätzlich noch zwei AIM-9 Sidewinder 1A Luft-Luft-Lenkwaffen mitgeführt werden.

Die erste YF-104A hatte am 23. Dezember 1955 ihren Roll-out und am 17. Februar 1956 erfolgte der Erstflug mit »Fish« Salmon. Offiziell wurde die F-104 am 17. April 1956 vorgestellt. Während eines Fluges am 27. April 1956 wurde mit der s/n 55-2955 eine Geschwindigkeit von über Mach 2 erreicht. Eingesetzt wurde die F-104A und die zweisitzige F-104B vom *Air Defense Command (ADC)*. Am 26. Januar 1958 erreichte die F-104A Einsatzstatus. Die auf der Hamilton AFB stationierte *83rd FIS (Fighter Interceptor Squadron)* war die erste Staffel, die auf die Lockheed F-104A Starfighter umrüstete. Anfang 1956 entstand die erste zweisitzige Ausführung des Starfighters. Sie wurde mit F-104B bezeichnet.

F-104G Starfighter des JG 74 »Mölders« in Paradeaufstellung auf dem Fliegerhorst Neuburg/Donau.

Die nächste Version war die F-104C. Ihren Jungfernflug absolvierte die erste F-104C mit der s/n 56-0883 am 17. Juni 1958 in Palmdale. Aus der F-104C entwickelte Lockheed 1957 einen weiteren Doppelsitzer, die F-104D. Die F-104D war die letzte Version für die USAF, die insgesamt 296 bei Lockheed gefertigte Starfighter im Einsatz hatte. In der Auswahl für ein neues Kampfflugzeug für die deutsche Luftwaffe befanden sich neben der Lockheed F-104 Starfighter die Dassault Mirage, die English Electric Lightning, die Grumman F-11F-1F Super Tiger und die Saab J35 Draken. Verschiedene Kriterien, wie Anschaffungskosten, Leistung und Entwicklungsstand wurden berücksichtigt Das neue Kampfflugzeug sollte die Republic F-84F Thunderstreak, die Republic RF-84F Thunderflash, die Canadair CL-13 Sabre Mk.6 und die North American F-86K Sabre ablösen. Am 24. Oktober 1958 entschied sich die Bundesrepublik Deutschland für die Beschaffung des Starfighters als Abfangjäger, Aufklärer und Jagdbomber. Positive Punkte bei der Entscheidung für den Starfighter waren unter anderem, dass das Flugzeug bei der USAF bereits im Truppendienst stand, über eine moderne Avionik verfügte und von Lockheed die Zusage gemacht wurde, dass das Flugzeug in Lizenz gefertigt werden könne. Letzter Punkt schaffte Arbeitsplätze und brachte der deutschen Luftfahrtindustrie die Chance, zum technischen Stand anderer Nationen aufzuschließen.

Die »DA+239« des JaboG 31 »Boelcke« noch ohne Tarnanstrich.

Im Rahmen der Testreihe für das ZELL-Programm startete die »DB+127« (c/n 2002) mit Ed Brown im Cockpit am 4. Mai 1966 erstmals in Lechfeld.

Die entsprechenden Verträge wurden am 18. März 1959 unterzeichnet. Sie beinhalteten die Lizenzfertigung der F-104G, 30 unbewaffnete zweisitzige Trainer F-104F und eine erste Serie von 96 F-104G Starfighter, die bei Lockheed gebaut wurden. Die Verträge sollten viele Jahre später noch Anlass für politische Auseinandersetzungen geben und führte schließlich zum Sturz der Regierung unter Bundeskanzler Ludwig Erhard.

Bereits 1956 arbeitete Lockheed an einem Projekt mit der Bezeichnung F-104-7, das später als Grundlage für die F-104G diente. Die ursprüngliche Idee eines leichten Überlegenheitsjägers für Tageseinsätze wurde dabei vollkommen aufgegeben. Bei dem neuen Entwurf handelte es sich um ein schweres und leistungsfähiges Kampfflugzeug, das auch in der Lage war, taktische Kernwaffen mit sich zu führen.

Erste Planungen für die deutsche Luftwaffe sah die Ausrüstung von neun Geschwadern mit je 42 F-104G/RF-104G vor. Außerdem sollten 98 Flugzeuge den Schulverbänden und zehn der ESt 61 in Manching zugeteilt werden. Den beiden Marinefliegergeschwadern waren insgesamt 100 Starfighter zugedacht. Für die Kreislaufreserve, die für die Zeit während der Wartung in der Industrie und als Ersatz für Verluste vorgesehen war, waren 126 Flugzeuge eingeplant.

Nach einer Reihe von Konstruktionsänderungen entstand die F-104G (Model 683-10-19), die weitgehend den deutschen Forderungen entsprach. Die Änderungen umfassten unter anderem eine strukturelle Verstärkung der Zelle und der Tragflächen, so dass es möglich war, fast 2200 kg an Kampfmitteln mitzuführen. Die Lufteinläufe verfügten über eine elektrische Enteisung, das Seitenleitwerk wurde um 25% vergrößert und ein Seitenruder mit Hilfsmotor eingebaut. Damit die Verstellung des Höhenleitwerks vergrößert werden konnte, kam ein verbesserter Servo-Antrieb zum Einbau. Der Durchmesser des Bremsschirmes wurde von 4,88 m auf 5,49 m erhöht. Für die Auftriebserhöhung kamen verbesserte, angeblasene Klappen zum Einbau, die über eine Zwischeneinstellung die Manövrierbarkeit des Flugzeugs steigerten. Außerdem wurde das Fahrwerk verstärkt, mit größeren Reifen versehen und leistungsfähigere Bremsen eingebaut.

Die F-104G erhielt das neue Feuerleit- und Mehrzweck-Radarsystem NASARR F-15A-41B *(North American Search and Range Radar)*, das folgende Betriebsarten aufwies: Warnung vor Bodenhindernissen im Tiefstflug, Navigationsunterstützung, Luft-Luft-Zielsuche und automatische Zielverfolgung sowie Messung der Schrägentfernung zwischen Flugzeug und Bodenziel. Für die Zielbekämpfung mit konventionellen und nuklearen Waffen kam das bodenunabhängige Trägheits-Navigationssystem Litton LN-3 zum Einbau. Allerdings gab es mit diesem System in den ersten Jahren erhebliche Probleme.

Beim Antrieb griff Lockheed auf die neuste Version des J-79-Triebwerks, das J79-GE-11A, zurück. Das Triebwerk hatte mit Nachverbrennung eine Leistung von 70,3 kN (7165 kp). Die europäische Serienproduktion erfolgte bei der Fabrique Nationale (FN) in Herstal bei Lüttich/Belgien, bei BMW/MTU in Deutschland und bei Fiat/Alfa Romeo in Italien. In jedem der drei Werke erfolgte eine Endmontage und Abnahme der Triebwerke. FN hatte einen Anteil von 48,8%, BMW von 31,5% und Fiat/Alfa Romeo von 19,7%. Insgesamt wurden in Europa 1228 Triebwerke gefertigt, davon 632 bei BMW/MTU.

Zur Rettung des Piloten bei Notfällen war die Maschine mit einem Lockheed C-2-Schleudersitz

Die 2. Staffel des MFG 2 war mit der Jagdbomberversion des Starfighters ausgerüstet. Hier die »VB+246« auf der Flight-Line.

F-104G »DD+244« des JaboG 34 bei Wartungsarbeiten auf dem Vorfeld in Memmingen. Im Hintergrund das Wahrzeichen des Fliegerhorstes, die so genannte Picasso-Halle.

ausgerüstet, der nach oben ausgeschossen wurde. Die bundesdeutsche Luftwaffe hatte den britischen Martin-Baker Sitz-gefordert, da dieser zuverlässiger war und den Piloten eine bessere Überlebenschance bot. Von Seiten der USAF wurde dies jedoch verhindert, da man dort unbedingt das amerikanische Produkt bevorzugte.

Als Bordbewaffnung kam die sechsläufige 20-mm-Kanone General Electric M-61 Vulcan mit einer Kadenz von 4000 Schuss pro Minute zum Einbau. Zusätzlich zu den beiden an den Flügelenden befindlichen Waffenstationen für infrarotgelenkte Sidewinder-Raketen befand sich unter dem Rumpf eine weitere Waffenstation, die ebenfalls zwei Sidewinder aufnehmen konnte. Zunächst war die F-104G mit AIM-9B Sidewinder 1A ausgerüstet, die aber bald von der leistungsfähigeren AIM-9L abgelöst wurde. Unter den Tragflächen konnten an mehreren Stationen verschiedene Waffenkombinationen und zwei Zusatztanks angebracht werden. Insgesamt konnten an externen Stationen 1361 kg Waffen mitgeführt werden. Die externe Bewaffnung bestand wahlweise aus Mk.81-, Mk.82- oder Mk.83-Bomben, der Splitter-

Zwei F-104G der WaSLw 10 mit Übungsbombenträgern auf dem Flug zum Bombenabwurfplatz.

Mit vier Zusatztanks ausgerüstete F-104G des JaboG 36 im Landeanflug.

bombe MLU-10/A, der Mehrzweckbombe M117 oder des BLU-1/B-Napalmbehälters. Außerdem konnten bis zu vier LAU-51-Raketenbehälter mit jeweils 19 70-mm-Raketen mitgeführt werden. Die speziell an die F-104G angepasste Nuklearwaffe B43 hatte ein Gewicht von 907 kg und wurde an der Mittelrumpf-Station mitgeführt. Für den Einsatz des Flugzeuges als Jagdbomber konnte die gesamte Waffenkammer gegen einem Zusatztank mit 462 Litern Inhalt zur Reichweitenvergrößerung ausgetauscht werden. Auch an den Enden der Tragflächen konnte noch jeweils ein Zusatztank angebaut werden. Für die bei den Marinefliegern zum Einsatz kommenden Starfighter waren zusätzlich noch die Lenkflugkörper Aérospatiale A.S.20 und A.S.30 als Bewaffnung zur Schiffsbekämpfung vorgesehen. Später wurden diese durch die Seezielenkwaffe »Kormoran 1« mit einer Reichweite von rund 30 km abgelöst.

In Europa schlossen sich der deutschen Entscheidung noch Belgien, Holland und Italien an. Außerdem entschieden sich auch Kanada und Japan für den Starfighter. Der Lizenzbau in Europa erfolgte bei verschiedenen Arbeitsgemeinschaften. Zur Koordinierung der Arbeiten zwischen den einzelnen Arbeitsgemeinschaften wurde die ODC *(Organisme de Direction et de Contrôle)* gegründet, die ihren Sitz in Koblenz hatte. Die ODC nahm Mitte 1960 ihre Arbeit auf. Da die ODC jedoch sehr bürokratisch arbeitete, wurde sie am 1. Oktober 1961 durch das *NATO Starfighter Management Office (NASMO)* abgelöst.

Zur Arge Nord (Arbeitsgemeinschaft Nord) gehörte der Hamburger Flugzeugbau, die Weser Flugzeugwerke (später VFW), Focke-Wulf, Fokker und Aviolanda. 350 Starfighter wurden hier gefertigt, wovon 255 für die bundesdeutsche und 95 für die holländische Luftwaffe bestimmt waren. Die Endmontage erfolgte bei Fokker in Schipol. Die erste F-104G aus dieser Fertigung absolvierte hier am 11. November 1961 ihren Erstflug.

Die Arge Süd setzte sich zusammen aus den Firmen Messerschmitt, Heinkel, Dornier und Siebel/ATG, die zusammen 210 Flugzeuge für die deutsche Luftwaffe bauten. Die Endmontage erfolgte bei Messerschmitt in Manching. Bei der Arge Süd flog die erste Maschine am 10. August 1961.

Die Arge West wurde gebildet von den belgischen Firmen Avions Fairey S.A. und SABCA *(Societé Anonyme de Constructions Aeronautiques)*, die 89 Maschinen für die deutsche Luftwaffe und 75 für die belgischen Luftstreitkräfte bauten. Daneben erfolgte noch die Montage von 30 Zellen aus der italienischen Produktion. Die erste Maschine flog am 4. Dezember 1961 in Gosselies.

In Italien wurden von den Firmen Fiat, Aerfer, Aermacchi, SIAI-Marchetti und Piaggio insgesamt 225 F-104G hergestellt, darunter 125 für Italien, 25 für Belgien, 25 für Holland und 50 für die deutsche Luftwaffe. 195 Maschinen wurden bei Fiat in Turin endmontiert. Das erste Flugzeug hob am 9. Juni 1962 zum Jungfernflug ab.

In Kanada stellte Canadair neben den CF-104 noch 110 dem F-104G-Standard entsprechende Flugzeuge für die USAF her, die im Rahmen des MAP-Programms an befreundete Staaten geliefert wurden. Für die europäische Produktion stellte Canadair 121 Flügelsätze, hintere Rumpfteile und Leitwerke her.

Mit dem Lizenzbau in Europa begann die eigentliche Karriere der F-104. In Europa waren zeitwei-

Bei der Erprobung des Lenkflugkörpers Nord AS. 20 kam die F-104G »YA+103« der ESt 61 in Manching zum Einsatz.

se bis zu 100.000 Personen bei 45 Unternehmen in diesem Programm beschäftigt, in dessen Rahmen zunächst 977 Flugzeuge gefertigt wurden. Zwischen 1971 und 1973 produzierte MBB 50 weitere F-104G für die deutsche Luftwaffe. Lockheed baute 179 F-104G, darunter wie bereits erwähnt 96 für die Bundesrepublik Deutschland, 81 für MAP-Länder im Auftrag der US Air Force sowie je eine für Italien und Belgien. Aus der amerikanischen und kanadischen Produktion erhielten Dänemark, Griechenland, Norwegen, Spanien und die Türkei einen Teil ihrer F-104G. Deutschland übernahm insgesamt 916 Starfighter aller Versionen.

Am 6. Februar 1960 flogen fünf Angehörige der Bundesluftwaffe nach Burbank in Kalifornien zu Lockheed, wo sie ihre Typeneinweisung auf die F-104F erhielten und die Fluglehrerberechtigung erwarben. Dies waren Oberstleutnant Günther Rall vom Führungsstab der Luftwaffe als Kommandoführer, Hptm. Hans-Ulrich Flade und Olt. Wolfgang V. Stürmer von der WaSLw 10, Olt. Berthold Klemm vom JaboG 33, Olt. Edmund Ernst Schultz und Lt. Bernd Kuebart vom JaboG 31. Die Einweisung bei Lockheed erfolgte durch Tony le Vier, der als erster die F-104 geflogen hatte und die Versuchspiloten Bob Faulkner, Glenn L. Reaves und Bill Weavers. Der Erstflug der F-104G erfolgte am 5. Oktober 1960 in Palmdale. Zusammen mit drei weiteren Maschinen aus der Fertigung bei Lockheed dienten sie der Erprobung der Bordelektronik und weiterer Komponenten. Zwischen dem 28. April und 18. August 1961 trafen drei F-104G aus amerikanischer Produktion auf dem Luftweg für die

Die zur Ausbildung der deutschen Piloten beim 4510th CCTW auf dem US-Fliegerhorst Luke eingesetzten Starfighter trugen amerikanische Hoheitszeichen, wie hier die s/n 63-12340.

F-104G der 2./JaboG 33. Die verschlossene Kanonenöffnung deutet darauf hin, dass es sich um einen für den Einsatz von taktischen Atomsprengkörpern ausgerüsteten Starfighter handelt. Anstelle der Kanone und der Munition war ein zusätzlicher Tank zur Reichweitenvergrößerung eingebaut.

Technikerausbildung bei der TSLw 1 in Kaufbeuren ein. Es handelte sich dabei um die c/n 2005 BF+009, c/n 2006 BF+010 und c/n 2007 BF+008. Bei der Bundeswehr wurden zwei Aufklärungsgeschwader, das AG 51 »Immelmann« in Manching (1963) – verlegte später nach Bremgarten –, und das AG 52 in Leck (1964) mit dem Starfighter ausgerüstet. Ebenso die beiden Jagdgeschwader, das JG 71 »Richthofen« in Wittmund (1963) und das JG 74 »Mölders« in Neuburg/Donau

Eine F-104G des JG 71 »Richthofen« im Anflug auf Wittmundhafen.

(1964). Stärkste Komponente bildeten die fünf Jagdbombergeschwader, das JaboG 31 »Boelcke« in Nörvenich (1961), das JaboG 32 in Lechfeld (1964), das JaboG 33 in Büchel (1962), das JaboG 34 in Memmingen (1964) und das JaboG 36 in Rheine/Hopsten (1965). Für die Ausbildung der Piloten war zunächst die 4./WaSLW 10 in Nörvenich zuständig. Sie nahm den Betrieb mit der F-104 am 22. Juli 1960 auf. In ihrem Bestand waren die F-104F, F-104G und TF-104G. Den F-104G der WaSLW 10 wurden die Kennzeichen BB+231 bis BB+255 zugeteilt. 1964 verlegte der Verband nach Jever.

Als erster Einsatzverband erhielt das JaboG 31 »B« in Nörvenich den Starfighter. Die ersten Flugzeuge landeten im Herbst 1961 auf dem Fliegerhorst. Bis zum 20. Juni 1962 hatte das Geschwader komplett umgerüstet. Allerdings dauerte es noch bis zum 1. Juni 1964, bis auch die 2. Staffel wieder der NATO unterstellt werden konnte. Die ersten 25.000 Flugstunden auf dem neuen

Diese F-104G gehörte zum Bestand des JaboG 36.

Einsatzmuster wurden bis zum 26. August 1966 geflogen.

Zwischen August 1962 und Frühjahr 1963 rüstete das JaboG 33 in Büchel auf die F-104G um. Bereits am 23. März 1963 musste sich die 1. Staffel des JaboG 33 einer so genannten Tactical Evaluation (Überprüfung der Einsatzbereitschaft) unterziehen. Am 1.Januar 1965 konnte das Geschwader die Einsatzbereitschaft beider Staffeln melden. Bis zum 16. Mai 1966 flog das Geschwader 25.000 Stunden auf der F-104G.

Ab September 1963 rüstete auch das MFG 1 in Jagel auf den Starfighter um. Fünf F-104G und zwei TF-104G trafen bis zum Jahresende beim Geschwader ein. Als erste Maschine traf am 10. September die KE+377 (c/n 7077) ein. Diese Maschine gehörte eigentlich zum Kontingent der Luftwaffe und wurde ein Jahr später auch wieder an diese zurückgegeben. Bis zu ihrer Abgabe an das JaboG 33 behielt die Maschine ihr Überführungskennzeichen. Am 11. November 1963 startete die erste F-104G des MFG 1 in Jagel. Die Maschinen führten die Kennzeichen VA+101 bis VA+117, VA+119 bis VA+124 und VA+126 bis VA+155.

Beim JaboG 34 in Memmingen begann die Umrüstung im Juli 1964 und konnte erst 1967 abgeschlossen werden. Im Februar 1969 konnte dann die 35.000 Flugstunde auf der F-104G beim JaboG 34 absolviert werden. Das in Lechfeld stationierte JaboG 32 erhielt Anfang 1965 die ersten Starfighter und konnte bereits 1967 seine Einsatzbereitschaft melden. Auch das JaboG 36 in Rheine-Hopsten übernahm Anfang 1965 die Lockheed F-104G. Am 2. Februar 1965 landete der Kommodore, Oberstleutnant Kmitta, mit der ersten für das Geschwader bestimmten Maschine auf dem Fliegerhorst. Bereits ein Jahr später war die Umrüstung abgeschlossen und 1967 meldete das JaboG 36 die 25.000 Flugstunde auf der F-104G.

Das MFG 2 in Eggebeck begann ebenfalls 1965 mit der Umrüstung auf die F-104G. Erste Maschine war die RF-104G mit dem Kennzeichen KC+141(c/n 6630), die am 17. März 1965 an das Geschwader übergeben wurde. Die erste F-104G übernahm dann die 2. Staffel des Geschwaders mit der 26+58 (c/n 7404) erst am 8. Dezember 1971. Die F-104G des MFG 2 führten die Kennungen VB+228 bis VB+253. Insgesamt erhielten die beiden Marinefliegergeschwader 79 F-104G-Jagdbomber zugeteilt. Sieben davon wurden später zu RF-104G-Aufklärer umgebaut. Der Zulauf an F-104G konnte zum 1. Oktober 1965 abgeschlossen werden. Am 26. Juni 1985 erreichte eine F-104G des MFG 2 die 200.000. Flugstunde der Marineflieger mit dem Starfighter, die 300.000. folgte am 18. April 1986.

Ein weiterer Verband, der die F-104G und TF-104G einsetzte, war die Deutsche Luftwaffenausbildungsstaffel in Luke in den USA, die am 1. April 1964 den Ausbildungsbetrieb aufnahm. Die deutsche Komponete war in den 4510th CCTW inte-

Nach der Außerdienststellung beim MFG 2 übernahm das LVR 1 die Flugzeuge, wo sie teilweise mit dem Wappen der TGr 11 flogen.

griert. Die Erprobungsstelle 61 in Manching, die auch für die Weiterentwicklung und Erprobung neuer Waffensysteme und deren Ausrüstung verantwortlich zeichnete, übernahm ebenfalls eine

Die »23+01« des JaboG 34 mit neuem Tarnanstrich nach Norm 83.

Anzahl F-104G und TF-104G in ihren Bestand. Da die Flugplätze leicht angreifbar waren, wurden schon bald Überlegungen angestellt, wie die Einsatzbereitschaft der Flugzeuge sichergestellt werden konnte. Um auch von intakten Teilstücken starten zu können, musste eine Lösung gefunden werden, die 1700 m lange Startstrecke einer voll beladenen F-104G zu reduzieren. Am 20. Mai 1960 beauftragte das BMVg Lockheed, die Möglichkeit zu überprüfen, ob das für Marschflugkörper von Rocketdyne Ltd. entwickelte so genannte *Zero-Lenght-Launch-Verfahren* (ZELL) auch beim

Ohne Außenlasten warten zwei F-104G des JG 74 »M« in Neuburg/Donau auf ihre Piloten.

Starfighter eingesetzt werden kann. Bei diesem Verfahren wurde das Flugzeug mit einer Startrakete ausgerüstet und sollte von einem Abschussgerüst unter einem Winkel von 20° in die Luft geschossen werden. Am 14. Dezember 1962 erfolgte der Versuchsstart mit einem Testmodell. Auf dem Fliegerhorst Edwards wurden im April 1963 die ersten Versuche mit der F-104G durchgeführt. Im Cockpit saß Lockheed-Testpilot Ed Brown. Nach Abschluss der ersten Erprobungsphase wurde die weitere Testreihe beim JaboG 32 in Lechfeld fortgeführt. Hier erfolgte der erste Start am 4. Mai 1966. Wiederum saß Ed Brown im Cockpit. Zum Einsatz kam diesmal die »DB+127« (c/n 2002), die mit dem leistungsfähigeren Martin Baker GQ-7A Zero-Zero-Schleudersitz ausgerüstet war. Der Flug dauerte 51 Minuten. Als erster deutscher Flugzeugführer startete Horst Philipp von der ESt 61 am 5. Juli 1966. Nach Abschluss der Phase III wurde die DB+127 zu Messerschmitt überführt, wo die Maschine auf den ZELL-Produktionsstandard gebracht werden sollte. Der geplante Truppenversuch, der mit 14 Flugzeugen bei der 3./JaboG 32 (F-104G Lehr- und Versuchsstaffel) durchgeführt werden sollte, erfolgte nicht mehr.

Parallel zum ZELL-Programm wurde das SATS-Programm *(Short Airfield for Tactical Support)* untersucht, bei dem der Start und die Landung auf Flugplätzen in der Größe von Flugzeugträgerdecks erfolgen sollte. Diese Plätze verfügten über ein Startkatapult und eine Landebahn mit Fanganlage. Die Start- und Landebahn bestand aus schnell verlegbaren Aluminiumplatten.

1962 und 1963 untersuchte Lockheed die Möglichkeit, den Starfighter entsprechend auszurüsten. Die F-104G mit den Werk-Nr. 2080, 8007 und 9005 wurden daraufhin umgebaut. Im Oktober 1964 begannen die ersten Versuche bei der *Naval Air Test Facility* in Lakehurst. Innerhalb von sechs Monaten erfolgten rund 500 Katapultstarts und Landungen mit dem Fanghaken. Im März 1965 wurde die Versuchsreihe in den USA beendet. Die nächsten Versuche erfolgten unter der Leitung der ESt 61, wiederum beim JaboG 32 in Lechfeld. Am 16. Dezember 1965 erfolgte der erste Start mit der DB+257 (Werk-Nr. 8007). Die Erprobung wurde 1966 eingestellt.

Die hohe Unfallrate im Flugbetrieb mit dem Starfighter, die 1961 bei 86,2 Unfällen pro 100.000 Flugstunden lag, erforderte schnelle und konsequente Maßnahmen. 1962 betrug die Verlustrate auf 100.000 Flugstunden umgerechnet 139 Maschinen. 1963 gab es keinen Totalverlust. In diesem Jahr lag die Unfallrate bei 10,6. Aber bereits 1964 stieg sie wieder auf 55,9 und 1965 verlor die Bundeswehr 26 F-104, so dass die Unfallrate auf 87,7 stieg. 1966 stürzten 27 Starfighter der Bundeswehr ab. Als Ursachen für die Abstürze wurden mehrere Gründe ermittelt, die im Bereich der Technik und dem Ausbildungsstand zu suchen waren. So arbeitete die Navigationsanlage ungenau, der Schleudersitz war unzuverlässig und das

Eine F-104G des JaboG 32 vor einer Wartungshalle in Lechfeld.

Triebwerk fiel oft aus. Die Auslegung des Fahrwerks war zu schwach, da die F-104G ein wesentlich höheres Einsatzgewicht gegenüber den früheren Mustern hatte. Die Techniker und Piloten mussten besser geschult und die Flugstundenzahl erhöht werden. Auch der Einsatz des zunächst als leichter Tagjäger ausgelegten Flugzeugs in den Rollen als Jagdbomber, Abfangjäger, Aufklärer und Atombombenträger wurde als Grund aufgeführt. Die festgestellten Mängel wurden nach und nach durch entsprechende Modifikationen mit hohem finanziellen Aufwand behoben. Zwischen 1963 und 1965 wurden 537 zellenseitige Änderungen durchgeführt. Bis 1968 wurden 645 Technische Änderungen (TA) durchgeführt. Die Anzahl der TAs erhöhte sich bis zur Außerdienststellung des Starfighters auf 1498. Ab dem 8. März 1967 wurden endlich die Lockheed C-2-Schleudersitze durch den britischen Martin-Baker GQ.7(A) Zero-Zero-Schleudersitz ersetzt. Die Umrüstung aller Flugzeuge der Luftwaffe auf den neuen Schleudersitz dauerte zwölf Monate. Die Umrüstung wurde in Erding und Manching durchgeführt.

Die J79-GE-11A-Triebwerke erwiesen sich als sehr unwirtschaftlich im Betrieb. Zusammen mit General Electric wurde versucht, die Probleme zu beseitigen. Ab 1968 begannen bei der Motoren- und Turbinen-Union (MTU) die Entwicklungsarbeiten. MTU setzte unter anderem den verbesserten Werkstoff Udimet 700 für die Leitschaufeln der ersten Turbinenstufe ein und entwickelte einen Nachbrenner mit neuer Schubdüse, wodurch eine Erhöhung des Nachverbrennungsschubs auf 70,85 kN (7236 kp) erzielt werden konnte. Eine Erhöhung des Luftdurchsatzes von 73,5 kg/sec auf 74,kg/sec konnte durch die Veränderung des Anstellwinkels der verstellbaren Leitschaufeln erzielt werden. Dieses Triebwerk erhielt die Bezeichnung J79-MTU-J1K. Der größte Teil der deutschen Maschinen wurden auf dieses Triebwerk umgerüstet. Am 31. Oktober 1969 flog die erste mit einem J79-J1K-Triebwerk ausgerüstete F-104G. Für die Erprobung wurden bei der ESt 61 in Manching in 200 Testflügen 226 Flugstunden absolviert. Die eingeleiteten Maßnahmen zeigten die erhoffte Wirkung und die Unfallrate sank auf ein »normales« Niveau. 1967 reduzierte sich die Verlustquote um rund 80 %. 1968 betrug die Unfallrate noch 14,7 Flugzeuge pro 100.000 Flugstunden.

1969 wurde die Modernisierung der bei den Marinefliegern im Einsatz stehenden F-104 beschlossen. So sollte die Angriffsfähigkeit mit konventionellen Bomben gegen Schiffsziele verbessert werden, eine erweiterte Navigationseinrichtung eingebaut und die Flugzeuge mit der Anti-Schiffs-Lenkwaffe Kormoran ausgerüstet werden. Das Modifizierungsprogramm wurde für die F/RF-104G der Marineflieger zwischen 1973 und 1976 durchgeführt. Zwischen 1971 und 1973

Die »26+67« des MFG 1 auf dem Vorfeld des Fliegerhorstes Jagel.

wurden bei MBB weitere 50 F-104G gebaut, von denen 36 Maschinen an die Marineflieger ausgeliefert wurden.

Bereits Anfangs der 70er-Jahre wurden die Starfighter des JG 71 »R« , des JG 74 »M« und des JaboG 36 durch die McDonnell Douglas F-4F Phantom II ersetzt. Auch bei den beiden Aufklärungsgeschwadern AG 51 »I« und AG 52 ersetzten RF-4E die RF-104G. Ab Juli 1982 tauschte das MFG 1 den Starfighter gegen den Panavia Tornado aus. Letzter Einsatzverband der Luftwaffe, der die F-104G abgab, war das JaboG 34, das ab 1987 den Tornado erhielt. Am 23. Oktober 1987 verabschiedete das JaboG 34 die letzte F-104G.

Ab dem 9. März 1982 wurde 48 F-104G/RF-104G zum Selbstschutz mit am Heck montierten Düppelwerfer AN/ALE 40 ausgerüstet. Diese Arbeiten führte die Lw Schleuse 11 in Manching durch. Die letzte mit einer so genannten *Chaff/Flare*-Anlage ausgerüstete F-104G wurde am 19. Juni 1984 dem Kommodore des MFG 2 in Manching übergeben.

Für den Einsatz entsprechend dem NATO-MEWSG *(Maritime Electronic Warfare Support Group)*-Standard wurde 1984 die ESt 61 im Manching mit der Anpassung und Erprobung von MEWSG-Außenlasten beauftragt. Diese bestanden aus einem Düppelwerfer AN/ALE 43, einem Radar-Störsender AN/ALQ 167 und einem Flugkörper-Simulator AN/AST 4. Der Nachweis für den erfolgreichen Einsatz dieser Geräte wurde zwischen dem 5. bis 20. September 1984 auf dem Flugplatz Yeovilton der *Royal Navy* erbracht. Geplant war die Modifizierung von 14 Flugzeugen im Frühjahr 1985. Am 4. März 1985 wurde die Genehmigung zum Einsatz aller F-104G des MFG 2 mit MEWSG-Außenlasten erteilt.

Ab 1985 wurde bei der Luftwaffe ein neuer grüngraue Sichtschutz eingeführt, mit dem auch der Starfighter versehen wurde.

Am 11. September 1986 beendete das MFG 2 offiziell den Flugbetrieb mit dem Starfighter. Die verbliebenen F-104 wurden an das LwVersRgt 1 in Erding übergeben, wo die Piloten des MFG 2, die noch nicht auf den Tornado umgeschult hatten, weiterhin auf der F-104 flogen. Endgültig Abschied vom Starfighter hat die Marine am 26. Mai 1987 in Erding genommen. Insgesamt kamen bei den Marinefliegern 168 Starfighter zum Einsatz, von denen 48 Maschinen verloren gingen, wobei 22 Flugzeugführer ums Leben kamen.

Beim LVR 1 wurde das »Kommando F-104«, die »Operative Einsatzreserve« (OER) aufgestellt. Hier flogen zunächst noch Piloten, die auf ihre Umschulung auf die MDD F-4F Phantom II oder den Panavia Tornado warteten, bzw. die nicht mehr umgeschult wurden. Die OER hatte den Flugbetrieb im März 1983 mit der 20+76 aufgenommen und bis zur offiziellen Einstellung des Flugbetriebs mit dem Starfighter am 19. September 1988 über 10.000 Flugstunden absolviert. An diesem Tag erfolgte der letzte Flug einer F-104G

Den letzten Flug eines Starfighters der Bundeswehr führte die »98+04« der WTD 61 am 22. Mai 1991 in Manching durch.

des Kommandos. Im Cockpit saß Major Gottfried Schwarz.
Nun flogen nur noch bei der Wehrtechnischen Dienststelle 61 einige wenige F-104G und TF-104G. Aber auch hier war das Ende absehbar. Der endgültig letzte Flug einer deutschen F-104G erfolgte am 21. Mai 1991 in Manching. Geflogen wurde die 98+04 (vormals 26+60) in weißblauer Sonderbemalung von OTL Armin Ewert. Somit endete nach insgesamt 30 Jahren die Karriere des Starfighters in Deutschland. Insgesamt verlor die Bundesluftwaffe in diesem Zeitraum 248 F-104G/RF-104G.
Nach der Außerdienststellung des Starfighters erhielten im Rahmen der Militärhilfe Griechenland 58, Taiwan 39 und die Türkei 165 F-104G. Eine Maschine wurde an die NASA abgegeben. Die Mehrzahl der Flugzeuge wurde jedoch nach ihrer Ausmusterung verschrottet, teilweise aber auch an Museen abgegeben.

Technische Daten
Lockheed F-104G Starfighter

Verwendungszweck:	Jagdflugzeug und Jagdbomber
Besatzung:	1
Spannweite in m:	6,69
Länge in m:	16,70
Höhe in m:	4,11
Flügelfläche in m^2:	18,22
Leermasse in kg:	6387
Startmasse in kg:	9387
Höchstgeschwindigkeit in km/h:	2092
Reisegeschwindigkeit in km/h:	780
Steigleistung in m/s:	254
Aktionsradius in km:	507
Gipfelhöhe in m:	16.764
Triebwerk:	1 x General Electric J79-11A
Schub in kN:	79,6

Bewaffnung:
1 x 20 mm M61A-1-Revolverkanone mit sechs Läufen; 4 x Flügelpylone für eine Gesamtlast von 1814 kg; an den Flügelspitzen oder an Rumpfpylonen je 2 x Sidewinder-Luft-Luft-Raketen.

Fiat G.91R/3 und R/4

Einsatz: 1969 – 1982
Stückzahl: 345 (G.91R/3)
50 (G.91R/4)
Hersteller: Fiat
Dornier (Lizenzbau)

Die Fiat G.91 war der Gewinner einer NATO-Ausschreibung aus dem Jahr 1954 für ein Standard-Erdkampf- und Aufklärungsflugzeug. An der Ausschreibung beteiligten sich acht europäische Flugzeughersteller. Entgegen den Planungen wurde die G.91 jedoch nur von Italien und Deutschland in Dienst gestellt. Später setzte auch noch Portugal die G.91 ein. Dabei handelte es sich allerdings um Flugzeuge aus Überschussbeständen der deutschen Luftwaffe. Das Flugzeug sollte im Normalfall mit kurzen Start- und Landebahnen auskommen und im Ernstfall auch von unbefestigten Pisten aus operieren können. Der Wartungsaufwand sollte gering und alle wich-

Fiat G.91R/3 der WaSLw 50 aus Fürstenfeldbruck. Zur einfacheren Erkennung während der Ausbildungsflüge wurden verschiedene Teile des Flugzeuges mit leuchtoranger Farbe markiert.

Kampfflugzeuge

1976 besuchte die Fiat G.91R/3 »30+51« des leKG 41 den »Tag der offenen Tür« der niederländischen Luftwaffe in Twenthe und präsentierte sich hier den Fotografen.

tigen Systeme leicht zugänglich sein. Das Leergewicht sollte 2200 kg nicht überschreiten.
Die erste G.91 flog am 9. August 1956 in Turin-Caselle mit Riccardo Bignamini im Cockpit. Als Antrieb kam das Bristol Siddely Orpheus 801 Strahltriebwerk mit einer Leistung von 2200 kp zum Einbau. Beim zweiten Prototyp wurde ein vergrößertes Seitenruder, eine Stabilisierungsflosse unter dem Rumpfheck sowie ein modifiziertes Kabinendach angebaut. Außerdem wurde das leistungsstärkere Bristol Siddeley Orpheus Mk.803 mit 22,2 kN Schub eingebaut. Diese Maschine flog im Sommer 1957. Im selben Jahr bestellte die italienische Luftwaffe 97 Flugzeuge der Varianten G.91R/1, R/1A und R/1B. Die Jagdbomber verfügten über vier Browning-Maschinengewehre Kaliber .50 (12,7 mm), während die Aufklärer mit drei Vinten F95-Kameras ausgerüstet waren. 16 als G.91PAN bezeichnete Flugzeuge setzte die *Frecce Tricolori*, die Kunstflugstaffel

Nur kurze Zeit flogen G.91R/3 mit den Markierungen »DG« des JaboG 41.

der AMI ein. Am 20. Februar 1958 startete die erste Vorserienmaschine zu ihrem Jungfernflug. Als erste Einheit erprobte die 103. Gruppe Caccia Tattica Leggero die G.91 ab August 1958 auf dem Flugplatz Practica di Mare. Die italienische Luftwaffe stellte den Flugbetrieb mit der G.91R/1 im April 1992 ein.

Der Lizenzbauvertrag zwischen Fiat und der Arbeitsgemeinschaft G.91, die aus den Firmen Dornier, Heinkel und Messerschmitt bestand,

Ab Oktober 1960 übernahm die WaSLw 50 die G.91R/4, gab sie aber bald wieder ab.

wurde am 11. März 1959 unterzeichnet. Hauptauftragnehmer war Dornier in Oberpfaffenhofen. Für den Einsatz als leichtes Erdkampfflugzeug

Fiat G.91R/3 des in Leipheim stationierten LeKG 44 während eines Aufklärungsfluges.

G.91R/3 mit der Kennung »DH+121« des JaboG 42 zu Besuch in Leipheim 1964.

und Aufklärer bestellte die Bundesluftwaffe 344 G.91R/3 von denen 50 bei Fiat gebaut wurden. Der Auftrag an Fiat wurde am 27. Januar 1959 erteilt. Die restlichen 294 Maschinen baute Dornier, wo die Fertigung 1961 begann. Am 20. Juli 1961 startete die erste in Deutschland gefertigte G.91R/3 in Oberpfaffenhofen. Sie wurde später

Die »EC+238« gehörte zum AG 53.

an das AG 54 ausgeliefert und erhielt die Kennung ED+101. Mit der KD+585 wurde die letzte G.91R/3 am 26. Mai 1966 in Oberpfaffenhofen an die Luftwaffe übergeben. Im Unterschied zu den italienischen Maschinen erhielten die deutschen G.91 zwei DEFA-Kanonen 30 mm.

Die ersten fünf G.91R/3 aus der Fertigung bei Fiat übernahm die ESt 61 in Manching, wo die Erprobung für die Luftwaffe durchgeführt wurde. Später wurden hier auch die Verwendung von A.S.20 und A.S. 30-Lenkflugkörpern an der G.91R/3 getestet. Die folgenden Flugzeuge wurden ab Oktober 1961 nach Erding überführt, wo das AG 53 damit ausgerüstet wurde. Die Flugzeuge führten die taktischen Kennzeichen EC+101 bis EC+126 und EC+231 bis EC+256. Im April 1962 verlegte das Geschwader nach Leipheim. Dort erhielt es im Mai 1967 die Bezeichnung leKG 44 und die Flugzeuge bekamen neue Kennungen MD+101 bis MD+127 und MD+231 bis MD+256.

Als zweites G.91-Geschwader wurde 1962 das AG 54 mit aus deutscher Fertigung kommenden Flugzeugen in Erding aufgestellt. Nachdem der Verband seine Sollstärke erreicht hatte, verlegte es nach Oldenburg. Den Flugzeugen wurden die Kennungen ED+101 bis ED+126 zugeteilt.

Zwischen 1963 bis 1965 rüstete das JaboG 35 in Husum von der Republic F-84F Thunderstreak auf die G.91R/3 um. Am 1. Januar 1966 wurde das Geschwader in leKG 41 umbenannt. Die G.91R/3 wurde beim JaboG 41 bis zum 11. Januar 1982 geflogen. Als neues Einsatzflugzeug kam jetzt

der Alpha Jet. Im März 1964 landete die erste G.91R/3 beim JaboG 42 dem früheren JG 73 in Pferdsfeld. Im Mai 1964 wurde die Umrüstung unterbrochen und erst im Frühjahr 1966 abgeschlossen. Auch hier erfolgte nach der Übernahme der G.91 am 1. Mai 1967 die Umbenennung in leKG 42.

Im Herbst 1964 verlegte das JG 72 mit seinen Canadair CL-13B Sabre Mk.6 aus Leck nach

Bei der Erprobungsstelle 61 übernahm die G.91 verschiedene Aufgaben. Hier die Werknummer 055 mit der 1968 eingeführten Kennung »30+02« bei Wartungsarbeiten in Manching im Jahre 1976.

Die Fiat G.91R/3 »32+45« gehörte zum JaboG 43 in Oldenburg.

Oldenburg. Die Sabre wurde zwischen Mai und Dezember 1966 von der G.91R/3 abgelöst. Das JG 72 bildete zusammen mit dem AG 54 den Grundstock für das neue JaboG 43, das dann ebenfalls im Mai 1967 zum leKG 43 wurde. Die G.91 wurde beim inzwischen wieder zum JaboG 43 umbenannten Geschwader im Januar 1981 vom Alpha Jet abgelöst.

Bei der WaSLw 50 in Fürstenfeldbruck kam die G.91 ebenfalls zum Einsatz. Ab Oktober 1960 übernahm die Schule 50 G.91R/4. Die G.91R/4 war zunächst von Griechenland und der Türkei bestellt worden. Beide Staaten übernahmen die Flugzeuge jedoch nicht, worauf sie an die Bundesluftwaffe geliefert wurden. Hier standen sie jedoch nicht lange im Einsatz und vier Jahre später wurden 40 der Maschinen an Portugal verkauft. Als Ersatz für die R/4 kamen nun G.91R/3 nach Fürstenfeldbruck. Mit der Umstellung der Kennungen zum 01. Oktober 1967 wurden den G.91R/3 die Kennzeichen 30+01 bis 33+23 zugeteilt.

Die ersten Fiat G.91R/3 wurden 1975 nach der Auflösung des leKG 44 in Leipheim außer Dienst gestellt. Auch das leKG 42 in Pferdsfeld gab seine Flugzeuge ab und rüstete auf die MDD F-4F Phantom II um. Am 1. Oktober 1978 wurde die WaSLw 50 in JaboG 49 umbenannt. Zunächst flogen die G.91R/3 bei dem neuen Verband, wurden aber ab Januar 1980 vom Dornier Alpha Jet abgelöst. In der Zwischenzeit waren auch die anderen leichten Kampfgeschwader am 1. Oktober 1979 in Jagdbombergeschwader umbenannt worden und bereiteten sich auf die Übernahme des Alpha Jet vor. Beim JaboG 43 begann die Umrüstung 1981 und beim JaboG 41 Anfang 1982. Bei der Luftwaffenschleuse 61 in Oldenburg wurden die Maschinen zunächst abgestellt. Von hier aus fanden 40 Fiat G.91R/3 ihren Weg nach Portugal, wo sie noch bis Ende 1993 ihren Dienst versahen.

Auch in Deutschland flogen noch einige G.91R/3 und T/3 beim Condor-Flugdienst in Hohn als Zielschlepper. Condor stellte 1992 den Flugbetrieb mit der G.91 ein. Während der Einsatzzeit zwischen 1961 und 1981 gingen 59 G.91/R3 der Luftwaffe durch Unfälle verloren.

Technische Daten	
Fiat G.91R/3	
Verwendungszweck:	Erdkampf- und Aufklärungsflugzeug
Besatzung:	1
Spannweite in m:	8,56
Länge in m:	10,30
Höhe in m:	4,00
Flügelfläche in m^2:	16,42
Leermasse in kg:	3100
Startmasse in kg:	5500
Höchstgeschwindigkeit in km/h:	1086
Reisegeschwindigkeit in km/h:	650
Steigleistung in m/s:	30,5
Aktionsradius in km:	370
Gipfelhöhe in m:	13.100
Triebwerk:	1 x Bristol Siddeley Orpheus 803
Schub in kN:	22,24
Bewaffnung:	
2 x 30 mm DEFA 552-Kanonen, bis zu 1000 kg externe Waffen, 3 x Vinten-Kameras	

McDonnell Douglas F-4F Phantom II

Einsatz: 1973 – heute
Stückzahl: 175
Hersteller: McDonnell Douglas

Die McDonnell Douglas F-4 Phantom II gehört zu den erfolgreichsten Kampfflugzeugen der westlichen Welt. Am 15. Mai 1954 erhielt McDonnell von der US Navy (Marine) den Auftrag ein trägergestütztes Jagdflugzeug, die F3H-G zu entwickeln. Bestellte wurden dann am 18. Oktober 1954 zwei Prototypen und eine Bruchzelle für statische Versuche. Das neue Flugzeug führte die Bezeichnung AH-1, da es taktisches Kampfflugzeug sowie auch als Jagdflugzeug eingesetzt werden sollte. Die US Navy änderte am 23. Juni 1956 ihre Forderungen und wünschte nun einen zweisitzigen Abfangjäger. McDonnell änderte daraufhin seinen Entwurf von Grund auf und es entstand die F4H-1 mit zwei J79-GE-3A Triebwerken von General Electric, die mit Nachbrenner einen Schub von 6660 kp erzeugten. Der erste Prototyp, die XF4H-1 (BuNo.142259), startete am 27. Mai 1958 in St. Louis mit Bob Little in der Kanzel zum Erstflug. Nach 48 Flügen wurden die Triebwerke durch zwei leistungsfähigere YJ79-GE-2 ersetzt. Ein erste Serie von 45 F4H-1F wurde am 17. Dezember 1958 von der US Navy bestellt. Die offizielle Taufe auf dem Namen »Phantom II« fand am 3. Juli 1959 statt. Auf dem Flugzeugträger USS Independence wurden ab dem 15. Februar 1960 die ersten Bordversuche durchgeführt. Als erste Staffel der US Navy erhielt die VF-121 in Miramar am 29. Dezember 1960 die Phantom II. Ab der 48. gebauten Phantom II lautete die Bezeichnung F4H-1. Diese Maschine absolvierte ihren Erstflug an 25. März 1961.

In der Zwischenzeit hat sich auch die USAF für die Phantom II entschieden. Bei der USAF führte die Phantom II die Typenbezeichnung F-110A. Die ersten 29 Maschinen wurden noch von der US Navy ausgeliehen. Die ersten beiden ausgeliehenen F-4B wurden in McDill AFB ausgiebig erprobt. Die restlichen verfügten über Doppelsteuer und wurden für die Umschulung der Piloten bis zum Eintreffen der F-4C verwendet. Die Bestel-

Zur Erprobung des Zielsuchkopfes des Lenkflugkörpers IRIS-T erhielt die »37+15« der WTD einen speziellen Sensorpod.

Kampfflugzeuge

Anfang der 80er Jahre führte die Luftwaffe den neuen Tarnanstrich nach Norm 81 ein. Die »37+58« des JaboG 36 trägt hier noch ein großes Geschwaderwappen am Lufteinlauf.

Die kampfwertgesteigerten F-4F ließen sich am hellen Radom erkennen. Sie führten die Bezeichnung F-4F LV (Luftverteidigungs-Variante). Auf dem Lufteinlauf wurde die Flugstundenzahl der Maschine mit »6666 Stunden« dokumentiert. Die »37+48« gehört zum JG 71 »Richthofen«.

lung für die F-110A erhielt McDonnell von der USAF am 30. März 1962. Als dritte Teilstreitkraft der USA übernahm das US Marine Corps am 29. Juni 1962 die Phantom II. Die Flugzeuge wurden VMF(AW)-314 zugeteilt.

Im September 1962 wurde ein gemeinsames Bezeichnungssystem bei der USAF und der Marine eingeführt. Die F4H-1F wurde jetzt mit F-4A bezeichnet, die F4H-1 mit F-4B, die F-110A mit F-4C und die RF-110A mit RF-4C.

Gegenüber den Flugzeuge der Marine wies die F-4C einige Änderungen auf. Sie wurde mit

1995 wurde das JaboG 35 in JG 73 umbenannt. Die F-4F des JaboG 35 verlegten im Juli 1997 nach Laage und wurden dort der 2./JG 73 »Steinhoff« zugeteilt.

Doppelsteuerung ausgerüstet, erhielt das Trägheits-Navigationssystem LN-12A/B von Litton. Für den Einsatz von unbefestigten Flugplätzen wurde die F-4C mit größeren Niederdruckreifen und vergrößerten Scheibenbremsen ausgerüstet. Als Antrieb kamen die leistungsstärkeren J79-GE-15 mit bodenunabhängigen Druckluft-Treibsätzen zum Starten der Triebwerke zum Einbau. Die erste F-4C (s/n 63-7407) hob am 27. Mai 1963 in St. Louis zum Jungfernflug ab.
Die seit 1966 ausgelieferte F-4D unterschied sich von der F-4C durch eine verbesserte Ausrüstung. Die F-4D (s/n 64-0929) flog zum ersten Mal am 8. Dezember 1965. Wichtigste Änderung waren die neuen Triebwerke J79-GE-17 mit einem Standschub von je 79,6 kN (8120 kp) mit Nachbrenner und das Feuerleitradar APQ-109, das von einem größeren Radom abgedeckt wurde. Nächste Version war die mit einer sechsläufigen 20-mm-Kanone M.61-A1 Vulcan ausgerüstete F-4E. Sie absolvierte ihren Erstflug am 30. Juni 1967 (s/n 66-0284). Bis zur Einstellung der Fertigung verließen 5197 F-4 Phantom II die Fabrikhallen in St. Louis.
Zur Ablösung der F-104G bei den beiden Jagdgeschwadern, dem JG 71 »R« und JG 74 »M«, sowie beim JaboG 36 und der Fiat G.91R/3 beim JaboG 35 entschied sich die Luftwaffe für die Beschaffung eines so genannten *Ergänzungskampfflugzeuges*. Zur Wahl standen die Lockheed Lancer, die Dassault Mirage F.1, die Northrop P-530, eine verbesserte Northrop F-5, die Saab 37 Viggen, die LTV V-100 oder die SEPECAT Jaguar.

Die Entscheidung fiel zugunsten McDonnell Douglas F-4 Phantom II, die sich schon bei vielen anderen Luftstreitkräften bewährt hatte und ausgereift war. Auch stand bei der deutschen Luftwaffe bereits die Aufklärerversion RF-4E im Dienst. Im Mai 1970 entschied sich das BMVg für die Beschaffung von insgesamt 175 F-4F und der Bundestag gab am 21. Juni 1971 seine Zustimmung. Damit sollte die Lücke bis zur Einführung des Panavia Tornado geschlossen werden. Um die Kosten niedrig zu halten, bot McDonnell Douglas zunächst eine einsitzige Variante mit vereinfachter Ausrüstung und Avionik an. Die Luftwaffe entschied sich jedoch für die zweisitzige Ausführung. Allerdings flossen einige Anregung von deutscher Seite mit ein. Zum Ausgleich der Kosten wurden einige Teile in Deutschland gefertigt. So baute MBB das Leitwerk und MTU fertigte die General Electric J79-GE-17A-Triebwerke in Lizenz. Zur Verbesserung der Flugeigenschaften im Luftkampf erhielt die F-4F automatische Vorflügel *(Slats)* und auch das Fluggewicht konnte um rund 1500 kg gesenkt werden. Dies führte zu bedeutend besseren Manövriereigenschaften, so dass die F-4F engere Kurven mit höherer Geschwindigkeit als die F-4E fliegen kann. Sie kann an fünf Außenstationen eine Waffenlast von über

Die »37+53« war eine der ersten F-4F in der Luftverteidigungsvariante, die das JG 74 »Mölders« erhielt.

7200 kg mitführen. Neben der M.61A1 Vulcan-Revolverkanone mit 638 Schuss stehen ihr noch vier AIM-9 Sidewinder zur Verfügung. Ferner können Mk.82, Matra-250-kg- und BL-755-Bomben mitgeführt werden. Zur Ausrüstung gehörte ferner das AN/APQ 120 (V)-5-Radar, der APR-36 Radarwarnempfänger, die ASN-63-Trägheitsnavigationsanlage und der AJB-7-Waffenrechner. Die erste Maschine (37+01) flog am 18. März 1973 und wurde bereits am 24. Mai 1973 in St. Louis an die bundesdeutsche Luftwaffe übergeben. Die Flugerprobung der F-4F wurde bis Anfang September 1973 abgeschlossen und das Waffentestprogramm im Februar 1974. Gleichzeitig lief die Ausbildung der Besatzungen an. Bei der WaSLw 50 in Fürstenfeldbruck fand der erste Lehrgang für die KBOs Anfang 1973 statt. Ab 1974 wurde mit der Umschulung der Piloten auf dem Luftwaffenstützpunkt George in Kalifornien begonnen. Zuvor, ab Mai 1973 wurden hier schon einige Fluglehrer auf die neue Maschine umgeschult. Für die Ausbildung wurden zwölf F-4F auf diesen Fliegerhorst überführt. Diese wurden später durch zehn F-4E ersetzt. Die Technischen Schule der Luftwaffe 1 (TSLw 1) in Kaufbeuren erhielt die erste F-4F. Es war die 37+04, die am 5. September 1973 hier landete und der Technikerausbildung diente. Als erstes Geschwader rüstete das JG 71 »Richthofen« auf das neue Einsatzmuster um. Die ersten beiden F-4F landeten am 31. August 1973 in Wittmundhafen. Sie dienten vor allem der Ausbildung des technischen Personals. Die ersten Einsatzflugzeuge landeten am 7. März 1974 auf dem Fliegerhorst. Der Flugbetrieb mit der F-4F wurde offiziell am 1. April 1974 aufgenommen und ein Jahr später konnte das Geschwader wieder der NATO unterstellt werden. Es folgte das Jagdgeschwader 74 »Mölders«. Am 26. September 1974 trafen die ersten Maschinen aus Wittmundhafen kommend in Neuburg/Donau ein. Im Mai 1976 konnte der Abschluss der Umrüstung gemeldet werden. Das JaboG 36 in Hopsten/Rheine erhielt seine erste F-4F im November 1974 und das JaboG 35 in Pferdsfeld am 26. April 1975. Die letzte F-4F (38+75) wurde am 22. April 1976 als *»Spirit of Cooperation«* an das JaboG 35 ausgeliefert. Bei

Am 31. Januar 2002 wurde das JG 72 »Westfalen« aufgelöst und als Fluglehrzentrum F-4F neu aufgestellt. Die Flugzeuge wurden zum größten Teil übernommen. Die »37+29« des FlLehrZ F-4F trägt den Tarnanstrich nach Norm 90J, der schon stark verwittert ist.

der Auslieferung führten alle Phantoms den damals üblichen olivgrün-grauen Standard-Tarnanstrich. Die mit der F-4F ausgerüsteten Geschwader hatten jeweils eine Zweitrolle zu erfüllen. So übten die Jagdgeschwader Bodeneinsätze und die Jagdbomber wurden im Bereich der Luftverteidigung eingesetzt.

Ab 1976 erhielten erste Maschinen zur Erprobung ein neues Tarnschema (»Graue Mäuse«), dessen endgültige Einführung – nach zahlreichen Versuchsanstrichen – erst Ende 1980 erfolgte. Die Entscheidung fiel auf einen Tarnanstriche mit verschiedene hellen Grautönen, der besonders für die Anfangjagd geeignet war. Nach und nach erhielten alle Maschinen diesen Anstrich.

Unter dem Programmnamen »*Peace Rhine*« begannen 1980 erste Modifizierungen der F-4F. Diese Arbeiten wurden bei MBB in Manching durchgeführt. Dazu gehörte der Einbau eines neuen, digitalen Waffencomputers sowie modernerer Navigationsgeräte und ECM-Systeme. Ebenso wurden die Maschinen für den Einsatz von Raketen AIM-9L Sidewinder und AGM-65 Maverick vorbereitet. Dazu gehörte auch der Austausch des Radarschirms in der hinteren Kanzel gegen ein modernes TV-Display. Im November 1980 konnte das JG 74 »Mölders« die erste modernisierte F-4F wieder übernehmen. Ende 1984 wurde das Umrüstprogramm abgeschlossen.

Da sich die Einführung des neuen Jagdflugzeugs, des Eurofighter »Typhoon«/Jäger 90, immer mehr verzögerte, wurde eine weitere Kampfwertsteigerung (KWS) eines Teils der bei den beiden Jagdgeschwader im Einsatz stehenden F-4F unter der Bezeichnung »ICE« *(Improved Combat Efficiency)* beschlossen. Die Forderungen der Luftwaffenführung wurden im Oktober 1983 bekannt gegeben und die Konzeptphase bis Mitte 1984 abgeschlossen. MBB erhielt im Juni 1986 den Auftrag drei Musterflugzeuge, die die Bezeichnung F-4F KWS erhielten, umzurüsten. Die F-4F wurden unter anderem mit dem APG-65 Radar von Hughes ausgerüstet, das auch in der F-/A-18 Hornet eingebaut ist. Das neue Radar hat eine Reichweite von etwa 80 km und kann mehrerer Ziele gleichzeitig verfolgen. Dazu kamen eine leistungsgesteigerte IFF-Ausrüstung (Freund-Feind Erkennungsgerät), ein Radarwarnempfänger ALR-68(V)-2 von Litton, eine neue digitale Trägheitsnavigationsanlage, neue Bildschirme im Cockpit, raucharme Triebwerke und Abschuss-Schienen für vier AIM-120 AMRAAM Luft-Luft-Lenkflugkörper. Als erste Maschine wurde die 37+15 der WTD 61 bei MBB in Manching umgebaut. Alle drei F-4F verlegten für den Zeitraum September 1991 bis September 1992 nach Point Mugu in den USA, wo die US-Marine ein Raketentestzentrum unterhält. Der erste scharfe Schuss mit einer AIM-120 wurde dort am 22. November 1991 durchgeführt, wobei eine BQM-34S-Drohne abgeschossen wurde. Dies war auch das erste Mal, dass eine AMRAAM-Rakete von einem nichtamerikanischen Flugzeug abgeschossen wurde. Parallel zur Erprobung ab März 1990 begannen MBB in Manching und die Luftwaffenwerft 62 in Jever mit der Umrüstung. Insgesamt wurden 110 F-4F Abfangjäger umgerüstet. Bei weiteren 43 Flugzeugen der Jagdbombergeschwader wurde das APG-65-Radar nicht eingebaut, so dass diese den AMRAAM-Lenkflugkörper AIM-120 nicht einsetzen können. Diese Maschinen erhielten eine lasergestützte Trägheitsplattform (LINS) und einen digitalen Luftdatenrechner. Die KWS-Maschinen erhielten auch einen neuen Tarnanstrich mit zwei Grautönen und einer grauen Rumpfnase. Die erste umgerüstete F-4F KWS ging im März 1992 an das JG 71 »R« in Wittmund. Das JG 74 »M« in Neuburg/Donau und das JaboG 36 in Rheine/Hopsten erhielten ihre ersten Flugzeuge im Sommer 1994. Den Abschluss bildete 1995 das JaboG 35. Ende 1996 wurde die Umrüstung der F-4F abgeschlossen.

1997 wurden die zur Ausbildung in den USA eingesetzten F-4E der 20. FS des Fliegerischen Ausbildungszentrum der Luftwaffe auf dem US-Luftwaffenstützpunkt Holloman außer Dienst gestellt. Sie wurden durch 16 F-4F ersetzt. Zum 31. Januar 2002 wurde die 1./JG 72 »W« in Rheine/Hopsten aufgelöst, die 2. Staffel wurde in Fluglehrzentrum F-4F umbenannt und führte die Ausbildung der Besatzungen bis zur Auflösung im Dezember 2005 fort. Am 27. März 2002 wurde die 2./JG 73 »S« in Laage mit ihren F-4F außer Dienst gestellt. Die endgültige Außerdienststellung der F-4F der Luftwaffe ist für das Jahr 2012 geplant.
Die McDonnell Douglas F-4F Phantom II der Luftwaffe führen die Kennzeichen 37+01 bis 38+75.

Technische Daten McDonnell Douglas F-4F Phantom II	
Verwendungszweck:	Jagdflugzeug
Besatzung:	2
Spannweite in m:	11,70
Länge in m:	19,20
Höhe in m:	5,02
Flügelfläche in m^2:	49,24
Leermasse in kg:	13.757
Startmasse in kg:	28.030
Höchstgeschwindigkeit in km/h:	2450
Marschgeschwindigkeit in km/h:	1000
Steigleistung in m/s:	253
Aktionsradius in km:	1266
Gipfelhöhe in m:	18.975
Triebwerk:	2 x General Electric J-79-GE-17A
Schub in kN:	2 x 79,65 mit Nachbrenner
Bewaffnung: 1 x M61A1 20-mm-Kanone, 4 x AIM-9 Sidewinder, 4 x AIM-7 Sparrow oder AIM-120 AMRAAM, Bomben, Waffenbehälter	

Ab 1974 wurde mit der Umschulung der Piloten bei der 35. TFW auf der George AFB in Kalifornien begonnen. Dafür standen zunächst zwölf F-4F zur Verfügung. Das deutsche Kennzeichen für die »72-1119« lautet »37+09«.

Dassault-Brequet/Dornier Alpha Jet

Einsatz: 1978 – 1997
Stückzahl: 175
Hersteller: Dornier
Dassault-Brequet

Seit 1967 beschäftigte sich Dornier mit Untersuchungen über ein neues Schulflugzeug für die bundesdeutsche Luftwaffe. Daraus entstand das Projekt Do P 375. Dieses zeichnete sich besonders durch die Modulbauweise aus. Geplant waren zwei Versionen, eine für Flüge im Unterschall- und

Alpha Jet »41+40« des JaboG 43 im Tiefflug in der Nähe von Friedrichshafen am Bodensee.

Kampfflugzeuge

In den ersten Sonnenstrahlen nach einem Gewitter präsentiert sich hier die »40+81« des JaboG 41 auf dem amerikanischen Luftwaffenstützpunkt Spangdahlem.

eine im Überschallbereich, was durch gleiche Rumpfauslegung jedoch mit verschiedenen Tragflächen erreicht werden sollte. Im Oktober 1968 entschied man sich bei Dornier für ein Unterschallflugzeug und 1969 erhielt der Hersteller einen Auftrag für die Entwicklung eines Strahltrainers mit sekundärer Eignung für den Erdkampf. Auch in Frankreich arbeitete Breguet an dem Entwurf eines Strahltrainers mit der Bezeichnung Br.126 für die *Armée de l´Air*. Im Januar 1969 entschlossen sich Breguet und Dornier die Entwicklung gemeinsam durchzuführen. Die Arbeiten wurden unter der Bezeichnung TA 501 (*Trainer Attack Breguet* 126 und Do P 375 = TA 501) weitergeführt.

Im Mai 1969 wurde von Frankreich und Deutschland ein Wettbewerb für ein entsprechendes Flugzeug ausgeschrieben, am dem sich neben Breguet/Dornier mit der TA 501 auch noch MBB/Aérospatiale mit dem Entwurf E 650 Eurotrainer und ab Februar 1970 VFW/Fokker mit der T 291 beteiligten. Den Wettbewerb konnte Dassault-Breguet und Dornier für sich entscheiden und am 23. Juli 1970 erhielten die beiden Firmen den Auftrag für weitere Voruntersuchungen über die Auslegung des neuen Flugzeuges. Frankreich benötigte als Ersatz für die Lockheed T-33A und die Fouga Magister einen reinen Strahltrainer für die Anfangs- und Waffenschulung; die BRD ein Nachfolgemuster für die Fiat G.91/R3 und T/3 als Luftnahunterstützungs- und Schulflugzeug. Die Lebensdauer wurde für die Schulversion auf 10.000 und für die LNU-Version auf 5000 Flugstunden festgelegt. Das Startgewicht sollte 4500 kg nicht überschritten.

Probleme gab es zunächst mit der Auswahl des Triebwerks. Von französischer Seite wurde das Turboméca/SNECMA Larzac 02 vorgeschlagen, während die deutsche das General Electric J85 forderte. Das J85 erbrachte eine Leistung von 12,15 kN, während das Larzac 02 nur 10 kN Schub erzeugte. Beide Seiten einigten sich dann aber auf eine Weiterentwicklung des Larzac-Triebwerks mit 12,75 kN Schub.

Am 16. Februar 1972 ging die Bestellung über die Fertigung und Erprobung von vier Prototypen, einer Bruchzelle für Ermüdungstests und einer Bruchzelle für statische Versuche ein. Für die *Armée de l´Air* wurden 175 Alpha Jet E (E = *Ecole*/Schulung) und für die bundesdeutsche Luftwaffe 175 Alpha Jet A (A = *Attaque*/Angriff) bestellt.

Im Unterschied zur französischen Trainerversion verfügt die deutsche LNU-Variante über ein steuerbares Bugrad, ein verstärktes Radbremssystem, einen Fanghaken und vier statt zwei Unterflügelstationen, an denen BL755 Bomben, 12,7-mm-MG-Behälter mit 250 Schuss, Spreng-, Streu- und Napalmbomben sowie Behältern mit Luft-Boden-Raketen mitgeführt werden. Die Außenlast betrug maximal 2235 kg. Zur Reichweitenerhöhung war die Mitnahme eines abwerfbaren 310-Liter-Zusatzbehälters unter jedem Flügel (Station 1 und 6) möglich. Des weiteren konnte der Alpha Jet mit einem Waffenbehälter unter dem Rumpf ausgerüstet werden, in dem

Die Wehrtechnische Dienststelle 61 in Manching setzte den Alpha Jet für viele Aufgaben ein.

eine IWKA-Mauser BK 27-Kanone 27 mm mit 150 Schuss eingebaut war. Die Kadenz dieser Kanone liegt bei 1700 Schuss/min. Auch die Avionik wurde erweitert. Dazu gehörte ein Head-up Display, eine der Bewaffnungsmöglichkeiten angepasste Waffenelektronik, ein Radar-Höhenmesser sowie ein Radar-Warnempfänger, eine Doppler-Navigationsanlage und ein System zur Fluglagen- und Flugrichtungsbestimmung. Des weiteren waren noch TACAN, VOR/ILS, Marker und Kurskreisel vorhanden. Für den Funksprechverkehr war eine UHF/VHF-Anlage eingebaut.

Während bei den Maschinen für die französische Luftwaffe Martin-Baker Mk.10 Zero/Zero-Schleudersitze eingebaut wurden, erhielten die deutschen Alpha Jet bei MBB gebaute Stenzel S-IIIS Zero/Zero-Schleudersitze. Neben der Luftnahunterstützung kam der Alpha Jet bei der Bundeswehr auch im Bereich Erdkampf und Aufklärung und später noch bei der Hubschrauberjagd zum Einsatz. Normalerweise wurden der Alpha Jet A einsitzig geflogen, die für die Einsatzschulung verwendet Maschinen waren mit einem zweiten Schleudersitz und mit Doppelsteuer ausgerüstet. Die Produktion wurde wie folgt aufgeteilt: Dassault-Breguet war für die Fertigung des Rumpfvorderteils, Rumpfmittelteils und für die Rumpfmontage verantwortlich. Dornier baute die Flügel, das Leitwerk und das Rumpfhinterteil. SABCA aus Belgien fertigte den Rumpfbug und die Landeklappen. Die Endmontage der Serienflugzeuge erfolgte sowohl bei Dornier als auch bei Dassault-Breguet. Für den Antrieb wurden zwei Turboméca/SNECMA Larzac 04-C6 vorgesehen. An der Fertigung der Triebwerke waren auch MTU in München und KHD in Köln beteiligt. Der Prototyp 01 (F-ZJTS/D-9593) des Alpha Jets wurde in St. Cloud im Juni 1973 erstmals offiziell vorgestellt. Anschließend wurde er ins französische Flugversuchszentrum Istres gebracht, wo er am 26. Oktober 1973 mit Jean-Marie Saget am Steuer seinen 46 minütigen Erstflug erfolgreich absolvierte. Dabei wurde bereits eine Höchstgeschwindigkeit von 560 km/h sowie eine Flughöhe von 6000 m erreicht. Mit der »01« wurde die fliegerische Erprobung und die Leistungsermittlung durchgeführt. Später wurde sie bei Turboméca/SNECMA für Versuche mit dem Larzac 04 Triebwerk eingesetzt.

Der zweite bei Dornier gefertigte Prototyp (D-9594/F-ZWRU) flog mit Dieter Thomas in der Kanzel am 9. Januar 1974 in Oberpfaffenhofen zum ersten Mal. Dieser Flug dauerte 35 Minuten. Zur weiteren Flugerprobung wurde die »02« am 17. Januar 1974 nach Istres überführt. Hier startete dann am 6. Mai 1974 wieder unter der Führung von Dieter Thomas der bei Dassault-Bréquet gebaute Prototyp 03 (F-ZWRV) zu seinem Jungfernflug. Diese Maschine war das Ausgangsmuster der deutschen Luftnahunterstützungsversion (LNU), was schon durch den deutschen Tarnanstrich und die Luftwaffenkennung 40+01 deutlich wurde. Äußerlich war sie am spitzen Rumpfbug mit Staurohr zu erkennen. Später kam diese Maschine zur E-Stelle 61 in Manching, wo im September 1975 die Erprobung des Fanghakens

Beim JaboG 49 in Fürstenfeldbruck erfolgte die Waffensystemausbildung und die Ausbildung von Kampfbeobachtern auf dem Alpha Jet.

durchgeführt wurden. Die Endmontage des vierten und letzten Prototyps (D-9595/F-ZWRX) fand wieder bei Dornier in Oberpfaffenhofen statt, wo am 11. Oktober 1974 auch der Erstflug stattfand. Die 04 entsprach der französischen Trainerversion und wurde für Struktur- und Systemversuche eingesetzt. Sie stürzte am 23. Juni 1976 nach Bodenberührung in Mont-de-Marsan ab.

Am 15. Juni 1975 beschloss der Bundestag die Beschaffung von insgesamt 175 Alpha-Jet und am 30. September 1975 wurden die Verträge zur Aufnahme der Serienproduktion für die bundesdeutsche Luftwaffe unterzeichnet.

Die erste französische Serienmaschine, ein Alpha Jet E flog am 4. November 1977 in Istres. 1978 erhielt die Erprobungsstelle der französischen Luftwaffe CEAM sechs Maschinen für die Truppenerprobung. Als erster Verband übernahm die GE 314 in Tours den Alpha Jet im Mai 1979. Im gleichen Jahr rüstete auch die Kunstflugstaffel *Patrouille de France* vom der Fouga Magister auf den Alpha Jet um. Der erste Alpha Jet A aus deutscher Fertigung startete am 12. April 1978. Den deutschen Alpha Jet wurden die Kennungen 40+01 bis 41+75 zugeteilt. Ab Januar 1979 führte die Technischen Gruppe in Leipheim mit 20 Maschinen eine Truppenerprobung durch. Im Anschluss daran gab der Führungsstab der Luftwaffe am 7. November 1979 die Einführung des Alpha Jet bei der Luftwaffe frei.

Als erster Verband der Luftwaffe übernahm das JaboG 49 in Fürstenfeldbruck am 8. Januar 1980 zunächst vier Alpha Jet. Die Umrüstung des JaboG 49 von der Fiat G.91T/3 auf den Alpha Jet konnte bis zum 20. März 1980 abgeschlossen werden. Insgesamt wurden 50 Flugzeuge in Fürstenfeldbruck stationiert. Bei diesem Geschwader erfolgte die Ausbildung der zukünftigen Alpha Jet-Piloten und die taktische Einweisung von Kampfbeobachtern, die später auf dem Tornado fliegen sollten. Zweiter Verband war das JaboG 43 in Oldenburg. Hier begann die Umrüstung von der Fiat G.91R/3 auf den Alpha Jet im Februar 1981 und konnte bereits zum Jahresende abgeschlossen werden. Als letztes Geschwader erhielt das JaboG 41 den Alpha Jet. Die erste Maschine des Geschwaders, die 41+41, landete am 4. Januar 1982 in Husum. Sie wurde von Hauptmann Klaus-Dieter Schneider aus Leipheim überführt. Alle drei Jagdbombergeschwader wurden mit je 51 Flugzeugen ausgerüstet, von denen 14 als Schulflugzeuge mit einem zweiten Schleudersitz eingesetzt wurden. Auch das Deutsche Ausbildungskommandos in Beja/Portugal erhielt den Alpha Jet. Im Krisenfall sollte das Deutsche Ausbildungskommando zum JaboG 44 mit Heimatstandort Leipheim werden. Die Aufgabe dieses Verbandes war die Einweisung neuer Besatzungen in das Waffensystem. Mit der Übergabe des 175. Alpha Jet (41+75) am 26. Januar 1983 in Oberpfaffenhofen endete die Fertigung des Alpha Jets für die deutsche Luftwaffe.

Das JaboG 43 gehörte zum deutschen Kontigent der Krisenreaktionskräfte (KRK). Im Rahmen dieser Aufgabe verlegte das Geschwader 1991 während des Golfkrieges 18 Alpha Jets nach Erhac in die Türkei.

Bereits Ende 1974 wurde Dornier vom BMFT mit der Entwicklung eines so genannten *superkriti-*

schen Flügels beauftragt, wobei untersucht werden sollte, wie sich ein transonischer Tragflügel auf die Leistung von Kampfflugzeugen auswirkt. Der Tragflügel erhielt ein superkritisches Profil und Manöverklappen an den Vorder- und Hinterkanten, wobei der sogenannte Sägezahn in den Vorderkanten entfiel. Die Flügelwurzeln wurden bis in den Bereich der hinteren Cockpithaube vorgezogen. Für die Erprobung des TST kam der Alpha Jet mit der Kennung 98+33 zum Einsatz. In CFK-Bauweise (Kohlefaserkunststoff) hergestellten Höhen- und Seitenruder wurden mit dem mit dem Prototyp 03 und der 41+45 erprobt. Auch für Flugversuche zur Erprobung der direkten Seitenkraftsteuerung (DFSC = *Direct Side Forces Control*) diente ein Alpha Jet als Erprobungsträger und zwar die 98+55. Durch die direkte Seitenkraftsteuerung sollte eine seitliche Versetzung des Flugzeugs ohne Lageänderungen ermöglicht werden. Damit sollte eine Erhöhung der Treffergenauigkeit im Luft-Boden-Einsatz erreicht und im Luft-Luft-Einsatz die Manövriereigenschaften erweitert werden. 1979 fanden Versuche zur Hubschrauberbekämpfung mit dem Alpha Jet statt. Als »Gegner« diente eine CH-53 der Heeresflieger, die eine Mil Mi-24 darstellen sollte. Weitere Modifikationen wurden ab 1981 durchgeführt. Dabei wurden die Alpha Jets mit einer Enteisungsanlage für die Triebwerkseinläufe und einem lasergestützten Doppler-Navigationssystem ausgerüstet. Eine Anlage zum Ausstoß von Düppel-Täuschkörpern wurde ab 1985 im Heckkonus eingebaut. 1990 wurden die deutschen Alpha Jet A mit den leistungsstärkeren Triebwerke Larzac 04-C20 mit je 1440 kp Schub ausgerüstet. Dies wurde erforderlich, da es sich unter Einsatzbedingungen zeigte, dass das alte Triebwerk nicht genügend Leistung erbrachte. Geplant war außerdem noch die Flugzeuge mit AIM-9L Sidewinder, AIM-132 ASRAAM und AGM-88 HARM Anti-Radar-Flugkörper auszurüsten. Dazu kam es jedoch nicht mehr, da aus Kostengründen und im Rahmen der Abrüstungsverhandlungen die Geschwader aufgelöst und der Alpha Jet außer Dienst gestellt wurde. Das JaboG 41 wurde am 31. März 1993 aufgelöst, das JaboG 43 am 30. September 1993 und das JaboG 49 am 31. März 1994. Letzter Verband war die Fluglehrgruppe Fürstenfeldbruck, die die Nachfolge des JaboG 49 antrat und noch 30 Alpha Jet bis 1997 flog. Aufgabe der Fluglehrgruppe war die taktische Grundausbildung von Tornado-Besatzungen und deren Eingewöhnung an die europäischen Verhältnisse nach ihrer Ausbildung in den USA. Einige Alpha Jets wurden für die technische Ausbildung des Bodenpersonals an die Einsatzgeschwader abgegeben.

Bei Dornier wurden noch zwei Versuchsflugzeuge umgerüstet. Ein Alpha Jet erhielt einen superkritischen Tragflügel, ein anderer wurde mit CFK (Kohlefaserkunststoff)-Komponenten und Seitenkraftsteuerung ausgerüstet.

Bis Anfang 1994 übernahm die portugiesische Luftwaffe 50 deutsche Alpha Jets. Die *Royal Air Force* erwarb 1999 zwölf Alpha Jet (ZJ645 bis ZJ656) für das Erprobungszentrum DERA in Boscombe Down, die ab Februar 2000 eingesetzt wurden. Fünf der Flugzeuge dienen als Ersatzteilspender. Des weiteren übernahm die thailändische Luftwaffe 25 Maschinen. Die restlichen Flugzeuge sind in Fürstenfeldbruck eingelagert. 2002 erwarb die Firma *Red Bull* zwei ehemalige Alpha Jets der Luftwaffe für ihre Flugstaffel.

Insgesamt verlor die Luftwaffe sieben Alpha Jet, was den Alpha Jet zu einem der sichersten Flugzeuge im Einsatz bei der Luftwaffe machte. Bis 1983 konnten insgesamt 503 Maschinen ausgeliefert werden.

Technische Daten
Dassault-Brequet/Dornier Alpha Jet A

Verwendungszweck:	Jagdbomber und Waffentrainer
Besatzung:	2
Spannweite in m:	9,11
Länge in m:	13,23
Höhe in m:	4,19
Flügelfläche in m²:	17,50
Leermasse in kg:	3345
Startmasse in kg:	5000
Höchstgeschwindigkeit in km/h:	995
Reisegeschwindigkeit in km/h:	850
Steigleistung in m/s:	57
Aktionsradius in km:	583
Gipfelhöhe in m:	14.630
Triebwerk:	2 x SNECMA/Turboméca Larzac 04-C6
Schub in kN:	2 x 13,24
Bewaffnung:	

1 x 27 mm IWKA-Mauserkanone in einer Gondel unter dem Rumpf und bis zu 2500 kg externe Lasten an vier Aufhängepunkten unter den Tragflächen

Panavia Tornado IDS

Einsatz: 1980 – heute
Stückzahl: 322
Hersteller: Panavia Aircraft GmbH
Alenia, Italien;
British Aerospace, Großbritannien;
EADS, Deutschland

Als endgültig feststand, dass das so genannte AVS-Projekt aufgrund einer geänderten NATO-Konzeption nicht weiterverfolgt werden würde, begann man 1967 mit der Planung des *Neuen Kampfflugzeugs (NKF)*. Auch dieses Projekt wurde nicht verwirklicht. Aber auch andere europäischen Länder stellten zur gleichen Zeit ähnliche Untersuchungen an. Am 5. März 1968 trafen sich die Luftwaffenchefs Belgiens, der Bundesrepublik, Italiens, Kanadas und der Niederlande, um ein Pflichtenheft über die Auslegung des Starfighter-Nachfolgemusters auszuarbeiten. Im Mai 1968 einigte man sich über ein Programm zur gemeinsamen Entwicklung des Mehrzweck-Kampfflugzeugs MRCA 75 *(Multi Role Combat Aircraft)*.

Beim AG 51 »Immelmann« ersetzten die Tornados die MDD RF-4E Phantom II.

Kampfflugzeuge

An dieser Konferenz beteiligten sich auch einige Beobachter der Royal Air Force.
Am 17. Juli 1968 unterzeichneten die BRD, Großbritannien, Italien und die Niederlande einen Vertrag über die Zusammenarbeit bei der Entwicklung des europäischen Kampfflugzeugs. Belgien und Kanada beteiligten sich nicht mehr daran, im Sommer 1969 schieden auch die Niederlande aus. Am 16. März 1969 wurde mit in München die Panavia Aircraft GmbH gegründet, die die

Auch das JaboG 38 »Friesland« wurde bereits 2005 wieder aufgelöst. Ein Teil der Flugzeuge wurde an das JaboG 33 in Büchel abgegeben, wo diese Aufnahme entstand.

Ein Tornado des JaboG 31 »B« während eines Übungsfluges.

Kampfflugzeuge

Bevor das JaboG 32 zum reinen ECR-Verband wurde, gehörten auch Tornado IDS zur Ausrüstung.

Das JaboG 34 »Allgäu« in Memmingen flog von Oktober 1987 bis zu seiner Auflösung Ende 2002 den Tornado.

übernationale Systemführung übernahm.

In der Triebwerksfrage entschied man sich für das Rolls-Royce RB.199. Die Weiterentwicklung wurde von der Turbo-Union Ltd. durchgeführt, eine Kooperation zwischen Rolls-Royce, MTU und Fiat. Dritter Hauptauftragnehmer war IWKA-Mauser. Das Ganze wurde von der regierungsseitigen Organisation NAMMA *(NATO MRCA Development and Production Management Agency)* überwacht. Mit Beginn der entgültigen Planungen wurde Anfang 1969 die Bezeichnung MRCA 75 in

Für die Ausbildung der Besatzungen wurde auf dem englischen Fliegehorst RAF Cottesmore das gemeinsame Trinational Tornado Training Establishment (TTTE) aufgestellt.

Panavia 100 für den Einsitzer und Panavia 200 für den Doppelsitzer geändert. Beide Varianten waren fast baugleich und verfügten über nahezu die gleichen Leistungsmerkmale. Am 24. März 1970 fiel die Entscheidung, dass die Panavia 100 nicht mehr weiter verfolgt werden solle und dass man sich auf die Entwicklung der Panavia 200 konzentrieren würde. Haupteinsatzgebiet für das neue Flugzeug war die Bekämpfung feindlicher Luftstreitkräfte am Boden und in der Luft »*Offensive Counter Air*« (OCA) sowie die Abriegelung des Gefechtsfeldes »*Air Interdiction*« (AI). Es sollte zu jeder Tageszeit eine volle Allwettertauglichkeit aufweisen und im extremen Tiefflug bei hohen Geschwindigkeiten mit Hilfe eines Terrainfolgeradar seine Einsätze fliegen können. Außerdem sollte es taktische Luftaufklärung und Luftüberlegenheits- und Abfangjagdeinsätze durchführen können.

Die Firma British Aircraft Corporation war für die Entwicklung des Rumpfvorder- und -hinterteils verantwortlich und hatte einen Anteil von 42,5 Prozent am Gesamtprogramm. Ebenfalls 42,5 Prozent hatte MBB, wo das Rumpfmittelteil und der Flügelmittelkasten entwickelt wurde. Aeritalia übernahm die Entwicklung des Tragwerks (Anteil 15 Prozent). Für die Triebwerksentwicklung wurde am 01. Juni 1969 die Turbo Union gegründet. Rolls-Royce und MTU waren zu je 40 Prozent und Fiat Aviazione zu 20 Prozent beteiligt. Der Tornado wurde als zweistrahliger Schulterdecker mit Tragflächen mit variabler Pfeilung ausgelegt. Die Tragflächen können in einem Bereich von 25° bis 67° geschwenkt werden. Unter dem abklappbaren Radom am Bug ist oben die Antenne des GMA *(Ground Mapping Radar)* und unten die Antenne des TFR *(Terrain Following Radar)* untergebracht. Mit dem GMA können Panoramabilder des vor der Maschine befindlichen Geländes erstellt werden. Mit dem TFR wird die Maschine automatisch auf einer Höhe von minimal 70 Meter über Grund gehalten. Dies erlaubt der Besatzung mit hohen Geschwindigkeiten dem Profil der Erdoberfläche in geringen Höhen zu folgen. Für Pilot und Kampfbeobachter waren jeweils ein Martin Baker Mk.10A Zero-Zero-Schleudersitz eingebaut. Der Besatzung stehen ein Geländefolgebildschirm, *Head-up Displays*, Navigationsdatenanzeige, Radarwarnanzeige und Rollkartendarstellung zur Verfügung. Die Streckenführung des Fluges wird auf dem Planungssystem DIPLAS festgelegt und auf einem Datenträger gespeichert. Im Flugzeug können diese Daten in den Rechner eingegeben werden und stehen dem

Seit dem 1. Mai 1996 werden die Tornado-Besatzungen beim »Fliegerischen Ausbildungszentrum der Luftwaffe« (FlgAusbZLw) auf dem Fliegerhorst Holloman in den USA ausgebildet.

WSO während des Fluges zur Verfügung. Die Steuerung erfolgt durch elektrische Signale *(Fly-By-Wire)*. Der Ausleger für die Luft-Luft-Betankung ist abnehmbar und an der rechten Seite des Rumpfvorderteils montiert. Ein Teil der Treibstofftanks befindet sich im Rumpfmittelteil. Die Treibstofftanks sind in den Tragflächen integriert. Das gesamte Tankvolumen des Tornado liegt bei 6392 Liter. Die beiden Triebwerke, das Hilfsstromaggregat (APU) und die Stromgeneratoren fanden Platz im hinteren Rumpf, an dessen Unterseite noch ein Fanghaken platziert wurde. Die Entscheidung für den Einbau der beiden Turbo-Union RB.199 Triebwerke mit einer Leistung mit je 3610 kp ohne und 6850 kp Schub mit Nachbrenner fiel am 4. September 1969. Das erste RB.199 lief am 17. September 1971 auf dem Prüfstand und im April 1973 wurde es unter einer Avro Vulcan erprobt. Das Triebwerk ist mit einer Schubumkehranlage bestehend aus zwei schalenförmigen Klappen ausgerüstet, die in den Abgasstrahl geschwenkt werden können und diesen nach vorne umlenken. Die ersten Tornados aus der Serie erhielten das RB.199 Mk.101, bei späteren Baulosen kamen die leistungsstärkeren Mk.103 und Mk.105 zu Einbau.

Die Bewaffnung besteht aus zwei Mauser-Bordkanonen BK 27 mit je 180 Schuss. Für die Aufnahme von Außenlasten sind sieben Stationen vorgesehen. An diesen können BL.755 Kleinbombenbehälter, Mk.83 Sprengbomben, AIM-9L Sidewinder Luft-Luft-Raketen, AIM-120A (AMRAAM), AGM-65B und D Maverick Luft-Boden-Raketen und AGM-88 HARM Antiradarraketen mitgeführt werden. Außerdem die speziell für die Tornado entwickelte Mehrzweckwaffe MW-1 gegen gehärtete Ziele und einen taktischen Atomsprengkörper B61. Die Tornados der Marine sind für die Mitnahme von bis zu vier Luft-See-Raketen Kormoran ausgerüstet.

Die Selbstverteidigung ist heute eine wichtiger Punkt in der militärische Luftfahrt. In diesem Bereich stehen den Tornado Besatzungen ein Cerberus III ECM-Störsender von Telefunken sowie der in Schweden entwickelte und gebaute Infrarottäuschkörper- und Düppelbehälter BOZ-101 zur Abwehr von Infrarot-gelenkten Waffen zur Verfügung. Außerdem ein Radarwarnempfänger ERWE II und der TSP *(Tornado Self Protection Jammer)*.

Im November 1970 wurde mit dem Bau der Prototypen begonnen. Für die Erprobung wurden neun Prototypen und sechs Vorserienflugzeuge bestellt. Der erste Prototyp P.01 (D-9591) startete am 14. August 1974 in Manching unter der Führung von Paul Millett (BAC) und Nils Meister (MBB) zu seinem 33 minütigen Jungfernflug. Die Maschine erhielt später die Kennung 98+04. Sie

Der Tarnanstrich der ersten Tornados der Marine setzte sich aus den Farben Basaltgrau und Hellgrau zusammen. Im Bild die »43+82« des MFG 1 beim Start in Jagel.

war mit einer auffälligen rot-weißen Lackierung versehen. Beim sechsten Flug am 12. September 1974 wurde in 10.675 m Höhe Mach 1,15 erreicht. Die offizielle Vorstellung erfolgte am 21. September 1974 in Manching. Den zweiten Prototyp P.02 (XX946) fertigte BAC. Er startete mit Paul Millett und Pietro Trevisan (Aeritalia) in der Kanzel am 30. Oktober 1974 in Warton zu seinem Erstflug. Auch der dritte Prototyp P.03 (XX947) wurde bei BAC gebaut und flog am 5. August 1975 zum ersten Mal. Er verfügte über das Doppelsteuer der Trainerversion. Der vierte Prototyp, die P.04 (D-9592) wurde wieder bei MBB gefertigt. Er absolvierte seinen Erstflug am 2. September 1975. Die P.04 erhielt später das Kennzeichen 98+05 und wurde mit einem Marinetarnanstrich am 15. September 1977 beim MFG 1 in Jagel vorgestellt. Als Bewaffnung führte sie vier Luft-See-Lenkwaffen Kormoran mit sich. Der fünfte Prototyp P.05 (X-586) kam von Aeritalia und flog erstmals am 5. Dezember 1975 mit Pietro Trevisan in der Kanzel. Bei einer harten Landung am 23. Januar 1976 wurde die P.05 schwer beschädigt und konnte die Erprobung erst Ende 1977 wieder aufnehmen. Den sechste Prototyp, die P.06 (XX918), fertigte wieder BAC. Der Erstflug erfolgte am 20. Dezember 1976. Als erster Tornado verfügte sie über die beiden 27-mm-Kanonen IWKA-Mauser BK.27. Die P.07 (98+06) absolvierte am 30. März 1976 in Manching ihren Jungfernflug, die P.08 (XX949) am 15. Juli 1976 in Warton und der letzte Prototyp, die P.09 (X-587), am 5. Februar 1977 in Caselle. Das erste Vorserienflugzeug, die P.11 (98+01), startete am 5. Februar 1977 in Manching zum Erstflug, der 69 Minuten dauerte. In der Kanzel saßen Hans-Friedrich Rammensee und Manfred Schreiber. Im Sommer 1977 wurde mit der P.11 Tiefflugerprobung im Überschallbereich über der Nordsee durchgeführt. Während dieser Zeit war sie beim MFG 1 in Jagel stationiert und absolvierte bis zu drei Flüge täglich.

Ende 1974 ging das BMVg noch von der Beschaffung von 422 MRCA aus. Nach Einführung der McDonnell Douglas F-4F Phantom II wurde die Stückzahl auf 324 Maschinen reduziert. 210 Serienflugzeuge und zwei Vorserienflugzeuge, die auf Serienstandard gebracht wurden, waren für die Luftwaffe bestimmt. 55 Maschinen erhielten für die Ausbildung der Piloten Doppelsteuer. Für die Marineflieger waren 122 Flugzeuge vorgesehen, davon zwölf mit Doppelsteuer. Die Einsatzmaschinen haben vor der Werknummer die Buchstaben »GS« *(German Strike)* und die mit Doppelsteuer »GT« *(German Trainer)*. Im März 1976 erhielt das neue Waffensystem die Bezeichnung »Tornado«.

Kampfflugzeuge

Seit der Auflösung des MFG 2 Anfang 2005 haben die Marineflieger keine Strahlflugzeuge mehr im Bestand.

Im Juli 1976 wurde das erste Fertigungslos von 40 Tornado IDS freigegeben, in dessen Rahmen drei Tornado (GS) und 14 Tornado (GT) gefertigt wurden. Im Sommer 1977 wurde das zweite Baulos genehmigt. Davon erhielt die Luftwaffe 16 Jagdbomber und acht Trainer und die Marineflieger elf Kampfflugzeuge und fünf Trainer. Am 6. Juni 1979 hatte der ersten in Deutschland produzierten Serien-Tornado, die 43+01, in Manching seinen Roll-out. Er startete am 27. Juli 1979 zu seinem Erstflug.

Die Flugzeuge der Luftwaffe erhielten einen dreifarbigen Tarnanstrich in den Farben dunkelgrün, dunkelgrau und mittelgrün, die der Marine in basaltgrau und hellgrau. Die Kennungen lauten 43+01 bis 46+22.

Für das Besatzungstraining wurde in RAF Cottesmore das gemeinsame *Trinational Tornado Training Establishment (TTTE)* aufgestellt, das Anfang Juli 1980 die ersten Flugzeuge übernahm.

Nach der Ausbildung auf dem RAF-Fliegerhorst Cottesmore kamen die Piloten zum LVR 1 nach Erding. Hier fand die waffensystemspezifische Ausbildung der bundesdeutschen Piloten statt, da auf nationaler Ebene unterschiedliche Waffen benutzt werden. Zu diesem Zweck wurde am 16. Februar 1982 das Waffenausbildungskommando (WaKo) aufgestellt. Das Kommando war zunächst der Technischen Gruppe 11 des LwVersRgt 1 unterstellt. Das WaKo führte die Ausbildung bis zum 27. Juni 1983 durch. Ab dem 01. Juli 1983 verlegte es nach Jever und wurde dort zum JaboG 38, als Nachfolgeverband der WaSLw 10. Bei den ersten Einsatzeinheiten, an die die Tornados ausgeliefert wurden, handelte es sich ausschließlich um Jagdbomberstaffeln. Ihnen wurde die Tornado IDS *(Interdiction/Strike)* zugeteilt. Die Bezeichnung IDS wurde Anfang 1977 eingeführt, da jetzt auch die Abfangjagdversion ADV *(Air Defence Version)* der RAF zum Einsatz kam. Die Aufgabe der Tornado IDS ist die Gefechtsfeldabriegelung *(Battle Field Interdiction)*, Gesamtabriegelung des Kampfgebietes *(Interdiction/Strike)*, Bekämpfung von Luftstreitkräften am Boden *(Counter Air)*, Luftnahunterstützung für eigene Bodentruppen *(Close Air Support)* und Luftaufklärung *(Reconnaissance)*.

Das JaboG 31 »Boelcke« übernahm mit der 43+93 am 26. Juli 1983 seinen ersten Tornado IDS. Ihm folgte das JaboG 32 in Lechfeld. Hier landete die die erste Tornado (44 +35) am 27. Juli 1984. Der Flugbetrieb mit dem neuen Waffensystem wurde offiziell am 1. August aufgenommen. Am 2. September 1985 übernahm das JaboG 33 in Büchel als drittes Jagdbombergeschwader der Luftwaffe den Tornado. Letzter Verband war das JaboG 34 »Allgäu« in Memmingen, dessen Tornados ab Oktober 1987 eintrafen. Das JaboG 34 wurde Ende 2002 aufgelöst. Der letzte

Mit der »46+10« erprobte die WTD 61 die Abstandswaffe Matra Apache.

Einsatzflug eines Tornados des JaboG 34 »Allgäu« fand am 17. Dezember 2002 statt.
Nach der Auflösung des MFG 1 übernahm die Luftwaffe den Fliegerhorst Jagel und stellte dort das AG 51 »Immelmann« zum 1. Januar 1994 neu auf. Das Geschwader übernahm den größten Teil der Tornados des MFG 1. Für die Aufklärer des AG 51 »Immelmann« wurden seit Januar 1994 neue Aufklärungsbehälter entwickelt. Diese sind mit dem Kamera-System LHOV- TRb 60/24 für horizontale, schräge und vertikale Aufnahmen, der Hochgeschwindigkeits-Tiefflug-Kamera LLDC-KRb 6/24 für Tag- und Nachteinsatz, einem Infrarot (IR)-Zeilenabtaster von Honeywell für Wärmebilder auf Film und einem digitalen Informationssystem zur Steuerung der Funktionen der im Behälter mitgeführten Geräte und zur Aufzeichnung aller Sensor- und Flugdaten ausgerüstet. 40 dieser Aufklärungsbehälter wurden bestellt. Ab August 1995 flogen Tornados des AG 51 »I«, die dem EG 1 in Piacenza zugeteilt waren, im Rahmen des offensiven NATO-Unternehmens *»Deliberate Force«* Aufklärungs- und Überwachungseinsätze über Bosnien-Herzegowina. Die 41 beim AG 51 »I« stationierten Tornados werden als Tornado RECCE *(Reconnaissance)* bezeichnet.
Bei den deutschen Marineflieger übernahm das MFG 1 in Jagel am 2. Juli 1982 die ersten zwei von 48 Tornados. Das MFG 1 flog den Tornado bis zu seiner Auflösung am 31. Dezember 1993. Das MFG 2 in Eggebek erhielt den Tornado ab dem 11. September 1986. Die Außerdienststellung des MFG 2 erfolgte Anfang 2005. Somit haben die Marineflieger keine Strahlflugzeuge mehr in ihrem Bestand.
Zur Reichweitenvergrößerung wurde das *Buddy-Buddy*-Betankungsverfahren entwickelt. Dabei wird ein Tornado mit einem Zusatztank (Fassungsvermögen 1168 Liter) ausgerüstet und als Tanker eingesetzt. Über einen 18 Meter langen ausfahrbaren Schlauch wird die zweite Maschine im Flug mit Treibstoff versorgt. Darüber hinaus kann auch Treibstoff aus den Standardtanks an die zu betankende Maschine abgegeben werden. Um den Tornado auf dem neusten Stand zu halten, wurden – bzw. werden – verschiedene Programme zur Kampfwertanpassung (KWA) durchgeführt. Dazu gehört ein neuer leistungsfähiger Hauptcomputer mit der Computersprache ADA sowie ein anderer Datenbus MIL STD 1760, die Verbesserung der Navigationsanlage und der Einbau einer FLIR-Anlage *(Forward Looking Infra-Red)*. Bei der Bewaffnung erfolgte die Anpassung an die Abstandswaffe DASA/Matra Apache. Ab Anfang 1983 erfolgte die Ausrüstung mit dem Mehrfach-Waffenträgersystem MWCS *(Multiple Weapons Carrier System)*, das es ermöglichte, alle gebräuchlichen Abwurflasten und Flugkörper mitzuführen. Mitte der 80er Jahre begann die Entwicklung des Mehrzweck-Waffensystems

MW-1. Die Bodenerprobung erfolgte im Sommer 1989 bei der WTD 91 in Meppen; die Einsatzerprobung beim JaboG 31 »B«.

Die Marineflieger erhielten die zweite Generation des Luft-See-Flugkörpers, die Kormoran 2 mit einer Reichweite von 60 km. Die Kormoran 2 verfügt über ein modifiziertes Radar und ist gegen ACM-Abwehr besser abgeschirmt. Auch wurden die Tornados der Marine für die Aufnahme der Antiradar-Rakete HARM *(Hight Speed Anti Radiation Missile)* vorbereitet. Diese haben eine Reichweite von 25 km und werden gegen Schiffsradargeräte eingesetzt. Im Oktober 1989 flog in Manching die 45+29 der WTD 61 erstmals mit einer Mischbewaffnung aus HARM und Kormoran 1-Flugkörpern.

Da die Ausbildung von Tornado-Besatzungen bei der TTTE in Cottesmore im März 1999 zu Ende ging, plante die Luftwaffenführung ein neues Ausbildungszentrum aufzustellen, das Taktische Ausbildungskommando der Luftwaffe USA. Der erste Ausbildungsflug fand bereits am 23. April 1996 statt. Die offizielle Indienststellung erfolgte zum 1. Mai 1996 auf der Holloman *Air Force Base* (AFB, Luftwaffenstützpunkt), wo nun die Besatzungen für die F-4F Phantom II und die Tornado bei der 1. Deutsche Luftwaffenausbildungsstaffel parallel ausgebildet werden. Ende 1996 standen der Einheit zwölf Tornados zur Verfügung.

Zum 1. Juli 1999 erfolgte die Umbenennung in »Fliegerisches Ausbildungszentrum der Luftwaffe« (FlgAusbZLw). Bis Ende 2001 wuchs der Bestand auf 30 Flugzeuge an. Am 5. Dezember 2005 konnte das FlgAusbZLw die 40.000. Tornado-Flugstunde melden.

Um die Möglichkeit zum Einlagern von Tornados zu testen, wurden Ende der 90er Jahre zwei Maschinen, die 43+74 und die 43+95, zum *Aerospace Maintenance and Regeneration Center (AMARC)* auf die Davis Monthan AFB überführt und, mit einer Kunststofffolie überzogen, eingemottet. Zu den weiteren Maßnahmen der Kampfwerterhaltung zählte die Einrüstung der *Avionik System Software Tornado* in »ADA« (ASSTA 1A) Ende der 90er Jahre. Dazu gehörte der Laserzielbeleuchter Rafael Litening für lasergelenkten Paveway-III-Bomben, ein Display-Video-Recorder, ein schnellerer Zentralrechner mit erweiteter Speicherkapazität und ein ein GPS-gestütztes Laserkreiselsystem (GLINS).

Voraussichtlich werden das JaboG 31 »B« in Nörvenich ab 2009 und das JaboG 33 in Büchel ab 2012 auf den Eurofighter Typhoon umrüsten. Das AG 51 »I« in Jagel mit seinen Aufklärer-Tornados und das JaboG 32 in Lechfeld mit dem ECR-Tornado sollen bis 2020 im Einsatz bleiben.

Technische Daten
Panavia Tornado IDS

Verwendungszweck:	Jagdbomber und Aufklärungsflugzeug
Besatzung:	2
Spannweite in m	25 Grad geschwenkt 11,70 67 Grad geschwenkt 8,60
Länge in m:	16,72
Höhe in m:	5,95
Flügelfläche in m²:	26,60
Leermasse in kg:	13.890
Startmasse in kg:	27.951
Höchstgeschwindigkeit in km/h:	2338
Marschgeschwindigkeit in km/h:	
Steigleistung in m/s:	76,2
Aktionsradius in km:	1390
Gipfelhöhe in m:	15.240
Triebwerk:	2 x Turbo Union RB-199-34R Mk.103-Mantelstromtriebwerke
Schub in kN:	2 x 66,0 mit Nachbrenner
Bewaffnung: 2 xi MK27-Bordkanonen von Mauser mit je 180 Schuss; über 9000 kg verschiedener Zuladungen (54 Waffenarten), an Flügeln können Luft-Luft-Lenkwaffen AIM-9L Sidewinder mitgeführt werden	

Panavia Tornado ECR

Einsatz: 1990 – heute
Stückzahl: 35
Hersteller: Panavia Aircraft GmbH
Alenia, Italien;
British Aerospace, Großbritannien;
EADS, Deutschland

Der Tornado ECR ist die für die elektronische Gefechtsfeldaufklärung *(Electronic Combat & Reconnaissance Version)* entwickelte Variante. Durch ihren Einsatz sollen eigene Flugzeuge gegen Boden-Luft-Raketen geschützt werden, indem das feindliche Radar aus der Luft gestört wird und die eigenen Jagdbomber die Stellungen anschließend zerstören. Auf den Einbau der beiden Mauser-Bordkanonen wurde verzichtet, damit die umfangreichen elektronischen Systeme untergebracht werden können. Der Tornado ECR ist in den Flügelwurzeln mit einem ELS-System *(Emitter Location System)* ausgerüstet, mit dem die Position des Radartransmitters erfasst werden kann. Eingehende Signale werden über zwei CEDAM-Bildschirme *(Combined Electronic Display And Map)* dargestellt. Für die Geländedarstellung steht ein FLIR *(Forward Looking Infra-Red)* und ein IIS-System *(Infrared Imaging Sys-*

Als erster Verband der Bundesluftwaffe erhielt das JaboG 38 den ECR-Tornado.

Für den Einsatz über dem Kosovo erhielten die Tornados einen hellgrauen Tarnanstrich.

tem) zur Verfügung. Das *Operational Data Interface*-Datalinksystem (ODIN) ist voll digitalisiert und gibt die Daten an andere Flugzeuge oder an die Bodenstationen ohne Zeitverzögerung weiter. Zudem kann ein *Active Electronic Counter Measures Pod* für ECM-Aufgaben mitgeführt werden. Alle Daten können bei Tornado ECR auf einem Bildschirm und einem CRPMD *(Combined Radar and Projected Map Display)* abgerufen werden. Die Bewaffnung besteht aus bis zu vier AGM-88A HARM-Raketen *(Highspeed Anti Radiation Missile)* mit einer Reichweite von 25 km unter dem Rumpf und an den beiden inneren Pylonen. Als Defensivbewaffnung stehen zwei AIM-9L Sidewinder zur Verfügung. Als Antrieb kam das leistungsstärkere RB.199 Mk.105 zum Einbau. Dieses Triebwerk hat einen um 15 Prozent höheren Schub als das Mk.103 des Tornado IDS.

Die Beschaffung von 35 Tornado ECR wurde im Mai 1986 beschlossen. Für Entwicklung und Erprobung zeichnete MBB in Manching verantwortlich. Als Erprobungsflugzeuge dienten das Vorserienflugzeug mit dem Kennzeichen 98+03 (c/n P.16) und eine Serienmaschine 98+79 (ex 45+75, c/n GS217).

Als erster Tornado ECR flog am 18. August 1988 die 98+03. Noch im selben Jahr wurde mit dem

Technische Daten
Panavia Tornado ECR

Verwendungszweck:	Kampf- und Aufklärungsflugzeug
Besatzung:	2
Spannweite in m:	25 Grad geschwenkt 11,70 67 Grad geschwenkt 8,60
Länge in m:	16,72
Höhe in m:	5,95
Flügelfläche in m^2:	26,60
Leermasse in kg:	13.890
Startmasse in kg:	27.951
Höchstgeschwindigkeit in km/h:	2338
Marschgeschwindigkeit in km/h:	
Steigleistung in m/s:	76,2
Aktionsradius in km:	1390
Gipfelhöhe in m:	15.240
Triebwerk:	2 x Turbo Union RB-199-34R Mk.105-Mantelstromtriebwerke
Schub in kN:	2 x 66,0 mit Nachbrenner

Bewaffnung:
1 x 27 mm Kanone IWKA Mauser im Rumpf und an Außenstationen am Rumpf 2 x AGM-88 HARM Anti-Radar-Lenkwaffen. Unter den Flügeln können Luft-Luft-Lenkwaffen AIM-9L Sidewinder mitgeführt werden

Bau der 35 Flugzeuge begonnen. Die WTD 61 übernahm die erste Maschine am 3. Mai 1990. Die Flugerprobung mit den HARM-Flugkörpern wurde im Oktober 1989 erfolgreich abgeschlossen. Die Steuerung der Betriebsarten, die Zielzuweisung sowie der Abschuss der Flugkörper wird von der neuen ADA-Software überwacht. Die Tornado ECR führen die taktischen Kennzeichen 46+23 bis 46+57. Der Anstrich bei der Auslieferung entsprach den damals üblichen grün-braunen Farbtönen. Die neu aufgestellte 2. Staffel des JaboG 38 in Jever konnte Ende Mai 1990 die erste Einsatzmaschine in Dienst stellen. Ein Jahr später, im Mai 1991, übernahm das JaboG 32 in Lechfeld die ihm zugeteilten Flugzeuge. Sie wurden zunächst der 4. Staffel zugeteilt. Um eine optimale Nutzung des Tornado ECR zu erreichen, wurden alle Flugzeug beim JaboG 32 zusammengezogen und auf die 1. und 2. Staffel verteilt. Die Tornado IDS dieser beiden Staffeln wurden an das JaboG 38 abgegeben und die 4. Staffel/-JaboG 32 aufgelöst. Die letzte Maschine mit dem taktischen Kennzeichen 46+57 wurde am 28. Januar 1992 der Luftwaffe übergeben.

Im August 1995 wurde das deutsche Einsatzgeschwader 1 in Piacenca in Italien aufgestellt. Im unterstellt waren sechs Tornado-Aufklärer des AG 51 »I« und acht Tornado ECR des Jabo G 32, die Unterstützung von UN- und NATO-Einsätzen im Rahmen des Unternehmens »Operation Deliberate Force« über dem ehemaligen Jugoslawien flogen. Der erste »scharfe« Einsatz von drei Tornado ECR über Bosnien erfolgte am 7. August 1995. Am 24. März 1999 während eines Fluges über dem Kosovo bekämpften ECR-Tornados mit HARM-Lenkflugkörpern serbische Raketenstellungen. Fünf der acht Tornado ECR kehren am 2. Juli 1999 nach Lechfeld zurück. Drei verblieben in Piacenca, um den Waffenstillstand im ehemaligen Jugoslawien überwachen zu helfen. Sie kehrten nach der Auflösung des EG 1 im Juli 2001 ebenfalls zurück. Die ECR-Tornados des JaboG 32 in Lechfeld sollen bis 2020 im Einsatz bleiben.

Die »98+79« diente als Erprobungsträger für die ECR-Version des Tornados.

Mikojan-Gurewitsch MiG-29A / MiG-29G

NATO-Codename »Fulcrum«
Einsatz: 1990 – 2004
Stückzahl: 20
Hersteller: Staatliches Flugzeugwerk Nr. 84
Staatliches Flugzeugwerk Nr. 21

Die MiG-29 wurde von amerikanischen Satelliten im November 1977 in Ramenskoje, dem Erprobungszentrum der sowjetischen Luftwaffe, entdeckt. Bis sie einen Konstruktionsbüro zugeordnet werden konnte, erhielt sie die Bezeichnung »RAM-L«. Elf Prototypen wurden gebaut, von denen der erste (Produkt 9-01) am 6. Oktober 1977 mit Alexander Fedotow in der Kanzel zum Jungfernflug startete. Der erste Doppelsitzer, die MiG-29 UB, startete 1981 zum Erstflug. Ab Oktober 1983 erfolgte die Indienststellung der MiG-29 bei den Frontfliegerkräften. Als erstes übernahmen die Regimenter in Kubinka und Ros die MiG-29.

MiG-29G »29+15« des JG 73 »Steinhoff« mit dem Norm 90J-Luftüberlegenheitsanstrich beim Start in Neuburg/Donau.

Bei der WTD 61 wurde unter anderem die MiG-29A »98+08« erprobt.

In Mitteldeutschland, auf dem Gebiet der ehemaligen DDR, wurde zunächst das Jagdfliegerregiment der 16. Luftarmee der WGT (Westgruppe der Sowjetischen Truppen) in Wittstock mit MiG-29 ausgerüstet. Von der NATO wurde der MiG-29 der Codename »Fulcrum« zugeteilt.

Bei der MiG-29A handelt es sich primär um einen allwettertauglichen Luftüberlegenheitsjäger, der aber auch als Jagdbomber und Aufklärer eingesetzt werden kann. Ausgelegt ist das Muster für den Einsatz von unbefestigten Flugplätzen aus. Die Bewaffnung der MiG-29A besteht aus einer einläufigen 30-mm-Kanone GSch30-1 mit 150 Schuss und einer Feuergeschwindigkeit von 1500-1800 Schuss pro Minute. Die Kanone ist im linken LERX eingebaut. Die beim JG-73 »S« fliegenden Maschinen können außerdem an den inneren Tragflächenpylonen noch zwei radargelenkte halbaktive R-27 (AA-10 Alamo A) Luft-Luft-Lenkwaffen und an den äußeren Flügelstationen bis zu vier Infrarotraketen R-60 (AA-8 Aphid) oder IR-ansteuernde R-73 (AA-11 Archer) mitführen. Bei der R-73 kann der Suchkopf mit Hilfe des integrierten Helmvisiers +/- 60 Grad zu jeder Seite ausgelenkt werden.

Wie üblich, entschieden sich die auch meisten Mitgliedsländer des Warschauer Paktes für die Einführung der MiG-29 bei ihren Luftstreitkräften, so auch die LSK der ehemaligen DDR, die den Russen 1980 eine Bestellung über 20 MiG-29A und vier MiG-29UB übergaben. Als erstes Geschwader wurde das JG-3 »Wladimir Komarow« in Preschen mit dem neuen Flugzeug ausgerüstet. Im Mai 1988 landeten die ersten beiden deutschen Flugzeuge, die »615« und »628«, in Preschen. Als letzte Maschine traf die »778« im Januar 1989 ein.

Die geplante Ausrüstung des JG-1 in Holzdorf mit der MiG-29 kam nicht zustande, da die Sowjetunion auf Grund der sich abzeichnenden Wiedervereinigung der beiden deutschen Teilstaaten diese Flugzeuge nicht mehr auslieferte. Bis zur Auflösung der LSK der DDR am 3. Oktober 1990 konnten die Piloten des JG-3 nur noch wenige Flugstunden absolvieren. Der Einsatzflugbetrieb mit der Abfangjagd und in der Zweitrolle als Jabo begann im September 1990. Die durchschnittliche Flugstundenzahl je MiG-29 betrug bei der Übernahme zwischen 200 und 250 Stunden. In der Nacht vom 2. auf den 3. Oktober erhielten die Flugzeuge das Eiserne Kreuz und die Luftwaffen-Kennung 29+01 bis 29+21, die Kennung 29+13 wurde nicht vergeben. Am 26. November 1990 wurde der eingeschränkte (nicht taktische) Bereitschaftsflugbetrieb über Mitteldeutschland wieder aufgenommen. Zunächst war es nicht beabsichtigt, Kampfflugzeuge der DDR-LSK in den Bestand der Bundeswehr zu übernehmen. Grund dafür waren unter anderem Befürchtungen, durch die Ersatzteillieferungen zu stark von Russland abhängig zu werden und zu hohe Betriebskosten. Ab Ja-

nuar 1991 absolvierte jedes Flugzeuge zunächst pro Woche mindesten drei Flugstunden.
Zur Ermittlung der Flugeigenschaften übernahm die WTD 61 im zwei MiG-29A (29+20 und 29+21) und zwei MiG-29UB (29+22 und 29+25). Der Flugbetrieb bei der WTD 61 mit der MiG-29 wurde am 19. Oktober 1990 aufgenommen. Die Erprobung der MiG-29 verlief sehr positiv. Sie bestätigte die guten Flugleistung der Maschine. Das Flugverhalten der MiG-29 war gutmütig und die Bedienung einfach. Die Wirksamkeit der Luft-Luft-Raketen war gut. Nachteile zeigten sich in der zu erwartende kurzen Lebensdauer von Triebwerk und Radar. Auch die geringe Reichweite erwies sich als negativ. Auf Grund dieser Erprobung fiel jedoch Ende Juli 1991 die Entscheidung, die MiG-29 für die nächsten zwölf Jahre einzusetzen. Die USAF testete ebenfalls eine Maschine. Die 29+06 befand sich dafür vom 11. Januar 1991 bis 11. November 1992 in den USA, anschließend wurde sie wieder an die deutsche Luftwaffe übergeben. Vom 4. bis 27. März 1991 verlegten vier MiG-29 zum JG 71 »Richthofen« nach Wittmund, wo sie von Piloten des JG 71 »R«, des JG 72 und des JG 74 »M« geflogen wurden, um Erfahrungen im Luftkampf mit den kampfwertgesteigerten MDD F-4F Phantom II zu sammeln.

September 1994 in Spangdahlem: MiG-29A »29+18« mit dem Wappen des Erprobungsgeschwader MiG-29.

Zum 1. April 1991 erfolgte die Aufstellung des Erprobungsgeschwaders MiG-29. Im selben Monat sah man bereits fünf deutsche MiGs am Himmel über Decimommanu auf Sardinien, wo sie gegen die Flugzeuge befreundeter Nationen antraten. Hier wurden auch die Leistungen der Luft-Luft-Raketen AA-10 Alamo und AA-11 Archer getestet. Die Anzahl der Flugstunden war immer noch begrenzt. Es waren nur 70 Stunden pro Jahr und Pilot genehmigt.
Am 25. Juli 1991 fiel die Entscheidung, dass die MiG-29 von der Bundeswehr übernommen wird. 1993 erfolgte die Umbenennung des Erprobungsgeschwaders MiG-29 in JG 73. Im Oktober 1994 verlegte das Geschwader von Preschen nach Laage, wo später noch als 2. Staffel die F-4F des früheren JaboG 35 hinzukamen. Nachdem sich das BMVtg für den weiteren Einsatz der MiG-29 bei der Luftwaffe entschieden hatte, mussten die Maschinen auf NATO-Standard gebracht werden. Die Umrüstung mit der Bezeichnung ICAO-I erfolgte bei der DASA in Zusammenarbeit mit MiG MAPO in Manching zwischen November 1992 und Oktober 1994. Im Rahmen dieser Arbeiten erhielten die Maschinen einen neuen Tarnanstrich in Luftüberlegenheitsgrau entsprechend der Norm 90J. Gleichzeitig wurden die kyrillischen Beschriftungen entfernt und englische angebracht sowie Antikollisionslichter eingebaut. Die Anzeigen im Cockpit wurden dem westlichen Standard angepasst. So erfolgt die Entfernungsanzeige jetzt in

nautischen Meilen, die Höhenangabe in Fuß und Geschwindigkeitsanzeige in Knoten und Einbau. Bei der Avionik gab es folgende Änderungen: Austausch des Funkgerätes gegen ein VHF/UHF-Gerät mit freier Frequenzwahl, Einbau eines XT-2000 Notfunkgerätes, einer TACAN Navigationsanlage, eines neuen IFF/SIF-Transponders und eines leistungsstarken GPS. Ein zweites Umrüstprogramm (ICAO-II) wurde ab 1996 durchgeführt. Zu Versuchszwecken wurde zuerst die 29+08 umgerüstet. Sie erhielt zwei Unterflügeltanks mit je 1150 Liter und den dazugehörigen neuen Leitungen und das GPS wurde mit der Trägheitsnavigationsanlage (INS) der MiG-29 gekoppelt. Die Maschine wurde am 6. Juni 1996 zur Erprobung an die WTD 61 übergeben. Nach dem erfolgreichen Abschluss der Erprobung entschied das BMVg jedoch, nur noch sechs weitere MiG-29A modifizieren zu lassen. Diese Arbeiten wurden bei der Luftwaffenwerft in Cottbus durchgeführt und im September 1999 abgeschlossen. Nach den Umrüstarbeiten wurden die MiGs als MiG-29G und MiG-29GT bezeichnet. Am 25 Juni 1996 ging die 29+09 durch Absturz verloren.

Zur Teilnahme an der Übung »Red Flag« auf der Nellis AFB verlegten erstmals MiG-29 der deutschen Luftwaffe am 01. Oktober 1999 in die USA. Weitere Verlegungen nach Decimonmannu, in die USA und sogar in die Schweiz sollten folgen. Letztmals im September 2003 verlegten die MiG-29 nach Decimonmannu. Zusammen mit F-4F Phantom II des JG 71 »R« absolvierten sie ein Luftkampftraining gegen fünf Boeing F-15I und fünf F-15D der israelischen Luftwaffe.

Am 26. September 2003 haben die polnischen Luftstreitkräfte die ersten fünf deutschen MiG-29 zum symbolischen Preis von € 1,– je Flugzeug übernommen. Es handelte sich um die MiG-29G mit den Kennungen 29+07, 29+11, 29+14 und 29+17 sowie die MiG-29GT mit der Kennung 29+24. Sie wurden zum Reparaturwerk Nr. 2 in Bydgoszcz (Bromberg) geflogen, wo eine Überholung durchgeführt wurde. Fünf weitere Maschinen folgten im Dezember 2003. Der letzte reguläre Flugbetrieb mit der MiG-29 beim JG 73 »S« fand am 26. Juli 2004 statt. Am 4. August 2004 verließen die letzten neun MiG-29 den Flugplatz Laage Richtung Polen, wo sie nach einer Grundüberholung bei der *41. Eskadra Lotnictwa Taktycznego* in Malborg (Marienburg) fliegen sollen. Insgesamt absolvierten die deutschen MiG-29 rund 33.500 Flugstunden. Oberstleutnant Udo Sadzulewski brachte es mit 1557 h auf die meisten Flugstunden auf einer deutschen MiG-29. Eine MiG-29G, die 29+03, verblieb in Laage, da sie nicht mehr flugklar gemacht werden konnte.

Technische Daten
Mikojan-Gurewitsch MiG-29G

Verwendungszweck:	Jagdflugzeug
Besatzung:	1
Spannweite in m:	11,36
Länge in m:	16,28
Höhe in m:	4,73
Flügelfläche in m^2:	38,00
Leermasse in kg:	10.900
Startmasse in kg:	18.500
Höchstgeschwindigkeit in km/h:	2440
Marschgeschwindigkeit in km/h:	1250
Steigleistung in m/s:	330
Aktionsradius in km:	2100
Gipfelhöhe in m:	18.000
Triebwerk:	2 x Klimow RD-33
Schub in kN:	2 x 81,0 mit Nachbrenner

Bewaffnung:
1 x 30 mm Kanone Grjasew-Schipunow GSch-30-I, 2 x radargelenkte R-27R, bis zu 6 x R-73 oder R-60MK Luft-Luft-Lenkwaffen oder bis zu 2000 kg Bomben

Eurofighter Typhoon

Einsatz: 2005 – heute
Stückzahl: 180 (geplant)
Hersteller: Eurofighter GmbH
Alenia, Italien;
British Aerospace, Großbritannien;
CASA, Spanien;
EADS, Deutschland

Erste Überlegungen über ein Nachfolgemuster für die MDD F-4F Phantom II wurden Ende der 70er Jahre bekannt. Der Führungsstab der bundesdeutschen Luftwaffe gab die Anforderungen an ein taktisches Kampfflugzeug für die 90er Jahre, das TKF 90, bekannt. 1980 entstand eine Studie für das so genannte *European Combat Aircraft (ECA)*, dessen Entwicklung von der BRD, England und Frankreich durchgeführt werden sollte. Die bundesdeutsche Luftwaffe meldete einen Bedarf von 400 Flugzeugen. Nach einer vorübergehenden Trennung der drei Partnerländer einigte sich die drei im April 1982 auf die gemeinsame Entwicklung eines Luftüberlegenheits- und Abfangjägers, des »*Agile Combat Aircraft*« *(ACA)*. Das erste Modell wurde auf der Luftfahrtschau in Farnborough September 1982 vorgestellt. Im Dezember 1983 fanden erneut Gespräche zwischen Regierungsvertretern der BRD, Englands, Frankreichs und Italiens statt, um ein Konzept für das »*European Fighter Aircraft*« *(EFA)*, wie die Maschine jetzt genannt wurde, aufzustellen. Im Juli 1985 schied Frankreich aus der Gemeinschaft aus und wandte sich der Entwicklung eines eigenen Projekts zu, der Dassault Rafale. Zum Nachweis verschiedener Technologien für den Eurofighter baute BAe den Technologieträger EAP *(Experimental Aircraft Programm)*, der am 16. April 1986 seinen *Roll-out* hatte und am 8. August zum Erst-

flug startete. Bis Anfang 1988 konnten 128 Flüge absolviert werden, bei denen Geschwindigkeiten bis Mach 1,6 erreicht wurden. Auch die Ergebnisse aus der Erprobung der X-31A flossen in die Entwicklung mit ein. Bei MBB wurde eine F-104G für das CCV-Programm umgerüstet. Der Eurofighter wird sowohl als Einsitzer wie auch als Doppelsitzer gebaut. Für die Tragflächen wurde eine Delta-Konfiguration ausgewählt. Unterhalb des Cockpits wurden Entenvorflügel *(Canards)* angeordnet. Um eine größere Wendigkeit zur erzielen, wurde das Flugzeug aerodynamisch instabil ausgelegt und mit einer *Fly-By-Wire*-Steuerung ausgerüstet. Aeritalia, British Aerospace und MBB gründeten im Juni 1986 in München die Eurofighter Jagdflugzeug GmbH. Am 1. Februar 1987 wurde in München zur Programmsteuerung bei der Entwicklung des neuen Flugzeugs die NEFMA *(NATO European Fighter Aircraft Development and Logistic Management Agency)* gegründet. Die Definitionsphase konnte am 31. Dezember 1987 abgeschlossen werden. Am 4. Mai 1988 beschloss der deutsche Verteidigungsausschuss die Weiterführung der Arbeiten und am 16. Mai wurde von den Verteidigungsministern Younger, Wörner und Zazone in Bonn der Entwicklungsvertrag unterzeichnet. Die Anteile der Partner verteilen sich wie folgt: Alenia 19,5 Prozent, BAE Systems 37,5 Prozent und die EADS 43 Prozent. Am 9. September 1988 stieß dann noch Spanien zu dem Konsortium. Startschuss für die Eurofighter-Entwicklung erfolgt am 23. November 1988 in München. An diesem Tag vergab die NEFMA offiziell die Entwicklungsaufträge an die Eurofighter Jagdflugzeug GmbH und die Eurojet Turbo GmbH. Die Verträge traten rückwirkend zum 1. Januar 1988 in Kraft. Steigende Kosten und politische Auseinandersetzungen verzögerten das Programm um mehrere Jahre. Zunächst war die Fertigung von 765 Flugzeugen geplant. In der Zwischenzeit wurde die Anzahl aber auf 620 Einheiten reduziert. Großbritannien wird 232 Flugzeuge übernehmen, Deutschland 180, Italien 121 und Spanien 87.

Für die Erprobung wurden sieben Prototypen *(Development Aircraft, DA)* gebaut, zwei als Doppelsitzer. Die ersten beiden Prototypen erhielten als Antrieb noch das Turbo Union-RB199, wie es auch im Tornado eingebaut ist. Sie wurden später auf das neu entwickelte Triebwerk Eurojet EJ200 umgerüstet. Des weiteren traten für das Entwicklungsprogramm noch fünf Vorserienflugzeuge mit einer Flugtest-Instrumentierung hinzu. Zwei weitere Flugzeugzellen wurden für statische und dynamische Versuche zum Nachweis der Strukturfestigkeit und -lebensdauer verwendet. Die statischen Versuche wurden in 18.000 simulierten Flugstunden seit 1993 bei der IABG (Industrieanlagen-Betriebsgesellschaft) in Ottobrunn durchgeführt. Der Ermüdungsversuch (MAFT = *Major Airframe Fatigue Test)* konnte am 4. September 1998 erfolgreich abgeschlossen werden. Damit wurde eine Lebensdauer von 6000 Stunden – was ungefähr 30 Dienstjahren entspricht – nachgewiesen. Bei den Tests registrierten 450 Sensoren an über 70 Stellen die Reaktion der Zellenstruktur auf die Belastungen von 17 verschiedenen Einsatzprofilen.

Die Bewaffnung besteht aus einer 27-mm-Bordkanone Mauser BK 27 mit 180 Schuss sowie vier AIM-120 AMRAMM und sechs AIM-132 ASRAAM-Luft-Luft-Lenkflugkörpern.

Als erstes einsitziges Eurofighter-Einsatzflugzeug traf am 8. April 2005 die »30+09« in Laage ein.

Als Antrieb kommen zwei Eurojet EJ 200-Triebwerke mit je 90 kN Schub mit Nachbrenner zum Einbau. Dieses Triebwerk absolvierte am 25. Oktober 1990 seinen ersten Probelauf.

In Ottobrunn begann am 25. Oktober 1991 die Endmontage des Prototypen DA1. Die Teile wurden aus Augsburg (Rumpfmittelteil), Turin (Rumpfheck) und von der British Aerospace (Rumpfbug) zugeliefert. Die Flügel sind eine spanisch-englisch-italienische Gemeinschaftsarbeit. Ab dem 10. Februar 1992 wird das Flugzeug als »Eurofighter 2000« bezeichnet. Der fertiggestellte Prototyp DA1 wurde am 11. Mai 1992 auf der Straße von Ottobrunn nach Manching gebracht. Beide Prototypen, DA1 und DA2, sind bereit für den Erstflug. Dieser verzögerte sich aber um 18 Monate. Grund dafür ist der Absturz des Prototyps der Lockheed Martin YF-22 und einer Saab JAS 39 Gripen, die auf mangelhaft programmierte Flugsteuersoftware zurückzuführen sind. Darauf hin wird die komplette Flugsteuersoftware des Eurofighters überprüft und verbessert. Am 8. Januar 1993 fliegt das in den Bug einer modifizierten BAC 1-11 eingebaute Radar GEC-Marconi ECR 90 zum ersten Mal. Den einzelnen Prototypen wurden folgende Flugerprobungsaufgaben zugeordnet:

■ DA1 (98+29).

Erstflug am 27. März 1994 in Manching mit Peter Weger im Cockpit. Hergestellt von EADS. Gleichzeitig mit der Umrüstung auf das EJ200 wurde ein Martin-Baker Mk.16 Schleudersitz eingebaut. Er steht für die Triebwerksentwicklung, die Erprobung der Flugeigenschaften und für Roll- und Bremsversuche zur Verfügung. Die Maschine absolvierte ihren letzten Flug am 21. Dezember 2005. Sie soll an ein Museum übergeben werden.

■ DA2 (ZH588).

Startete am 6. April 1994 in Warton mit Testpilot Chris Yeo zum Erstflug. Hersteller British Aerospace (BAe). Eingesetzt zur Ermittlung des Flugbereichs und für Triebwerksversuche. Nachträglich mit einer Luftbetankungssonde und einem Notaggregat für die Triebwerke ausgerüstet.

■ DA3 (MMX-602).

Gebaut bei Alenia in Italien. Startete mit Napoleone Bragagnolo am 4. Juni 1995 in Caselle zum Erstflug. Diese Maschine war als erste mit dem EJ200 ausgerüstet und wird für die Integration des Triebwerks, Außenlastabwurf und Schießver-

Die Bodenmannschaft trifft letzte Startvorbereitungen.

suche mit der Kanonen eingesetzt. Zuletzt wurden Versuche mit Zusatztanks durchgeführt, wobei mit zwei 1000-Liter-Tanks Überschallgeschwindigkeit erreicht wurde.

■ DA4 (ZH590).
Der erste Doppelsitzer; gebaut bei BAe. Die Maschine hob mit Derek Reeh am Steuer als letzter der sieben Prototypen am 14. März 1997 zum Jungfernflug ab. Aufgaben: Ermittlung der Flugeigenschaften des Doppelsitzers sowie die Integration und Entwicklung des Radars. Die DA4 war das erste Flugzeug mit voller Avionikausstattung.

■ DA5 (98+30).
Erstflug mit Wolfgang Schirdewahn am 24. Februar 1997; gebaut von EADS. Aufgaben: Avionikintegration, Autopilotfunktionen, Radartests und Waffensystemintegration. Die DA5 war der erste Prototyp mit den neuen ECR90-Radar, allerdings noch mit der Entwicklungs-Software. Diese Maschine vereinigte als erste alle Schlüsselkomponenten in sich. Sie wurde 2001 mit einer neuen Avionik ausgerüstet.

■ DA6 (XCE.16-01).
Sechster Prototyp und zweiter Doppelsitzer; gefertigt bei EADS/CASA in Getafe. Jungfernflug mit Alfonso de Miguel Gonzalez am 31. August 1996. Aufgaben: Avionik- und Systemerprobung für die Doppelsitzer sowie Leistungsmessungen, Tests bei extremen Umweltbedingungen, MIDS-Integration, Integration des Helmvisiers. 2001 ebenfalls mit neuer Avionik und Radar ausgestattet. Die DA6 stürzte am 21. November 2002 nach einen Strömungsabriss der Turbinen in 45.000 Fuß Höhe bei einer Geschwindigkeit von 0.7 Mach in Spanien ab. Die Maschine war mit zwei EJ200 Triebwerken des früheren Entwicklungsstandards (03A-Standard) ausgestattet.

■ DA7 (MMX-603).
Gebaut bei Alenia. Erstflug unter Napoleone Bragagnolo am 27. Januar 1997 in Caselle bei Turin. Aufgaben: Erprobung des Navigation/Kommunikationssystems, des FLIR sowie Ermittlung der Leistung und zur Waffenintegration. Darunter auch Versuch mit der neuen Mittelstrecken-Luft-Luft-Lenkwaffe AIM-120. Die Waffenintegration und die Versuche mit Außenlasten fanden in Decimomannu auf Sardinien statt.

Im Januar 1996 kündigt Deutschland die Beschaffung von 180 Maschinen an. Zuerst werden 140 Jagdflugzeuge gefertigt, danach 40 Flugzeuge mit zusätzlichen Luft-Boden Kapazitäten als Tornado-Ersatz. Auf der ILA 96 in Berlin wird der Eurofighter erstmals der Öffentlichkeit vorgestellt. Das erste ECR90-Radar wird im Juni 1996 ausgeliefert.

DA5 durchbricht im Mai 1997 erstmals die Schallmauer und erreicht Mach 1,2. Am 11. Juli 1997 gibt der Haushalt 1998 die Mittel für die Produktion frei. Den 500. Flug eines Eurofighter absolviert DA5 am 21. Oktober 1997. Der Bundestag gibt am 26. November 1997 grünes Licht für den Eurofighter. DA7 schießt als erster Eurofighter am 15. Dezember 1997 eine Sidewinder-Luft-Luft-Rakete ab und DA2 erreicht am 23. Dezember 1997 über der irischen See die doppelte Schallgeschwindigkeit und absolviert erfolgreich Auftankversuche in der Luft. Am 29. und 30. Januar 1998 werden die Rahmenverträge für die Produktion *(Supplement 1 Production Investment, Production and Support Contract)* von 620 Eurofighter unterzeichnet; am 18. September 1998 in München der Vertrag über das erste Los mit 148 Flugzeugen und 363 Triebwerken. Im September 1998 erhält der Eurofighter EF2000 für den Export den Namen »Typhoon«. Dieser Name wird 2002 von den Engländern übernommen. In Augsburg wird im März 1999 mit der Montage des ersten Rumpfmittelstücks für die Serienfertigung begonnen. DA3 fliegt mit zwei 1000-Liter-Zusatztanks Mach 1,6. Im April 1999 erreicht DA2 eine Flughöhe von 50.000 ft. DA4 und DA5 fliegen mit neuer Flugkontrollsoftware, die den Einsatz von Autopilot und Autoschub-Funktionen erlaubt. Beide Flugzeug fliegen mit der Serienversion des ECR90-Radars. Am 18. Mai 1999 absolviert DA5 den 1000 Testflug der Eurofighter-Versuchsflotte. Beim 75. Flug von DA4 im Februar 2000 erreicht die Eurofighter-Flotte die 1000. Flugstunde. Bei BAE Systems in Warton beginnt im Herbst 2000 die Endmontage des ersten Serienflugzeugs, des Doppelsitzers PT001. Der Rumpf der Maschine wird am 6. September 2000 von EADS in Manching geliefert. Die PT001 startete am 31. August 2001 zu ihrem Erstflug. Nach der Übergabe an das britische Verteidigungsministerium wird das Flugzeuge für Testzwecke eingesetzt. Insgesamt sollen fünf Flugzeuge der Partnerländer für die Truppenerprobung eingesetzt werden. Bei Alenia wird mit der Endmontage des ersten italienischen Serienflugzeuges im November 2001 begonnen. Bei EADS Deutschland beginnt die Endmontage des ersten Serienflugzeuges im Dezember 2001 und bei EADS/CASA in Spanien im März 2002. Das EJ200-Serienaggregat mit dem 03A-Standard erhält am 8. März 2001 seine Zertifizierung und wird am 1. Juni zur Installation in IPA1 ausgeliefert. Der Eurofighter erreicht

mit einer Bewaffnung von sechs Lenkflugkörpern mit diesem Triebwerk auch ohne eingeschalteten Nachbrenner Überschallgeschwindigkeit.
Gegenüber den Prototypen fliesen bei den Serienflugzeuge folgende Änderungen ein:
- Änderung der Befestigung der Windschutzscheibe, damit ein besserer Zugang zu den Instrumenten gegeben ist.
- Modernerer Rechner.
- Einbau von drei 15 x 15 cm großen Flüssigkristalldisplays von Smiths Industries.
- Steigerung der Triebwerksleistung um bis 15 Prozent.
- Erhöhung der Leistung der internen Datenbussen um rund 100 Prozent.

Die sieben bei den Partnerländern Deutschland, Großbritannien, Italien und Spanien fliegenden Prototypen haben bis Anfang 2002 fast 2000 Flüge ohne Zwischenfälle hinter sich gebracht.

Die fünf Vorserienflugzeuge führen die Bezeichnungen IP1 bis IP5. IP1 ist ein Doppelsitzer und wurde von BAe gebaut. Das Aufgabengebiet ist Erprobung des *Defensive Aids Subsystems (DASS)*. IP2 ist ebenfalls ein Doppelsitzer, der bei Alenia gebaut wurde. Er kommt für die Boden-Waffenintegration und die Integration der Sensordaten zum Einsatz. Von EADS kommt ein weiterer Doppelsitzer, die IP3. Mit ihm erfolgt die Luft-Luft-Waffenintegration. IP4 kommt von EADS/CASA und ist ein Einsitzer. Er dient der Boden-Waffenintegration und für Tests bei extremen Umweltbedingungen. Auch IP5 von BAe ist ein Einsitzer für die Luft-Luft- und Luft-Boden Waffenintegration.

Der erste voll instrumentierten Serien-Eurofighter, IP2, der von Alenia gebaut wurde, startete am 5. April 2002 um 12:40 Uhr zum Erstflug in Caselle/Turin. Geflogen wurde das Flugzeug vom Alenia-Cheftestpilot Comte Maurizio Cheli, der nach 25 Minuten wieder sicher landet. Am 8. April 2002 startete in Manching mit Chris Worning am Steuer der erste deutsche Eurofighter aus der Vorserie, ein Doppelsitzer mit dem Kennzeichen 98+03, zum 31 minütigen Jungfernflug. DA6 stürzte am 21. November 2002 nach dem Ausfall beider Triebwerke 100 km südlich von Madrid ab. Das Flugzeug hatte in 362 Einsätzen 326 Flugstunden absolviert. Um die Erprobung hier weiterzuführen, verlegte am 8. April 2003 der Prototyp DA1 von Manching nach Getafe. Die erste Serienmaschine 98+31/GT001 startete am 13. Februar 2003 in Manching zum Erstflug. In der Kanzel Heinz Spoelgen von EADS Military Aircraft und OTL Robert Hierl von der deutscher Luftwaffe. Diese Maschine wird später mit dem Kennzeichen 30+01 der TSLw 1 in Kaufbeuren für die Ausbildung des technischen Personals übergeben. In Anwesenheit des Verteidigungsministers der Bundesrepublik Deutschland und der stellvertretenden Ressortchefs aus Großbritannien, Italien und Spanien wird am 30. Juni 2003 in Manching die internationale Typenzulassung für den »Typhoon« erteilt. In Getafe fliegt am 27. August 2003 die DA1 erstmals mit IRIS-T Kurzstrecken-Luft-Luft-Raketen. Bei BAE SYSTEMS in Warton beginnen am 1. Oktober 2003 mit Anpassungstests die Integration der METEOR Luft-Luft-Rakete. Die Integration von Luft-Boden-Waffen beginnt am 2. Dezember 2003.

Die ersten Serienmaschinen waren noch mit einer integrierten Telemetrieanlage versehen und nahmen am laufenden Flugtestprogramm teil, während gleichzeitig die Ausbildung der Fluglehrer des ersten umzurüstenden Einsatzverbandes, das Jagdgeschwader 73 »Steinhoff« in Laage bei Rostock, erfolgte. Bei der WTD 61 fliegen zwei Doppelsitzer aus der Serie, die 98+32 (GT002) und 98+33 (GT 003).

Am 30. April 2004 um 11:30 Uhr rollen die ersten für das JG 73 »S« bestimmten Eurofighter vor der Halle 222 des Fliegerhorstes Laage aus. Der Inspekteur der Luftwaffe, Generalleutnant Klaus-Peter Stieglitz, und der Kommodore des Jagdgeschwader 73 »Steinhoff«, Oberst Peter »Pitt« Hauser, ziehen den letzten *»Remove before Flight«-Safety-Pin* aus dem Eurofighter. Damit geben sie Grünes Licht für die Inbetriebnahme des Eurofighters in der 2./JG 73 »S«, die für die zentrale Ausbildung der nächsten Eurofighter-Piloten zuständig ist. In Hallbergmoos unterzeichnet die Eurofighter GmbH und NETMA am 13. Dezember 2004 die Typenzulassung für das zweite Los *(Batch 2)*. Die Unterschrift erlaubt die Auslieferung der ersten einsitzigen Serienmaschinen an Deutschland, England, Italien und Spanien. Batch 2 markiert erhebliche Steigerungen in der Funktionalität. Erstmals sind DASS *(Defensive Aids Sub-System)*, MIDS Datenlink *(Multiple Information Distribution System)*, *Direct Voice Input* (DVI) und externe Treibstofftanks sowie AMRAAM-Raketen für den Flugbetrieb zugelassen. Am folgenden Tag wird auch der Produktionsvertrag für weitere 236 Eurofighter im Rahmen des *Tranche 2/Supplement 3*-Vertrages unterzeichnet. EADS liefert am 14. Februar 2005 den ersten einsitzigen Eurofighter aus der deutschen Serienproduktion an die Luftwaffe aus. Insgesamt sind bis zu diesem mehr als 30 Serienflugzeuge an die Luftstreitkräfte in Deutschland, Großbritannien, Italien und Spanien übergeben worden. Das erste einsitzige Eurofighter-Einsatzflugzeug (30+09) ist am 8. April 2005 an das JG 73 »S« in Laage übergeben worden. Im Februar 2006 nimmt die EADS in Manching die Erprobung mit Paveway II-Bomben auf. Zum Einsatz kommt die 98+03 (IPA 3). Nach dem JG 73 »S« rüstete das JG 74 in Neuburg/Donau 2006 auf den Taifun/Typhoon um. Die Umrüstung beim JaboG 31»B« in Nörvenich soll 2009, beim JG 71»R« in Wittmund 2010 und beim JaboG 33 in Büchel 2012 erfolgen. Dem Eurofighter Typhoon wurden die Kennzeichen ab 30+01 aufwärts zugeteilt.

Technische Daten
Eurofighter Typhoon

Verwendungszweck:	Abfang- und Luftüberlegenheitsjagdflugzeug
Besatzung:	1
Spannweite in m:	10,95
Länge in m:	15,96
Höhe in m:	5,28
Flügelfläche in m^2:	50,00
Leermasse in kg:	10.995
Startmasse in kg:	23.000
Höchstgeschwindigkeit in km/h:	2020
Marschgeschwindigkeit in km/h:	1900
Steigleistung in m/s:	213
Aktionsradius in km:	1390
Gipfelhöhe in m:	16.765
Triebwerk:	2 xi Eurojet EJ200-Mantelstromtriebwerk
Schub in kN:	2 x 90,0 mit Nachbrenner
Bewaffnung:	
1 x 27 mm Mauserkanone mit 180 Schuss im Rumpf sowie 6 x Kurzstrecken-Luft-Luft-Lenkwaffen AIM-132 und 4 x Mittelstrecken-Luft-Luft-Lenkwaffen AIM-120, 2 x IR-Lenkflugkörper IRIS-T	

Einführung des Eurofighter beim JG 74 in Neuburg/Donau am 25. Juli 2006.

Aufklärungsflugzeuge

Republic RF-84F Thunderflash

Einsatz: 1958 – 1966
Stückzahl: 108
Hersteller: Republic

Die F-84-Serie gehörte zu den bedeutendsten westlichen Flugzeugentwicklungen der 50er Jahre. Der erste Prototyp, die XP-84 Thunderjet, mit der s/n 45-59475 (PS-475) absolvierte am 28. Februar 1946 in Muroc seinen Jungfernflug. Die Weiterentwicklung YF-84F Thunderstreak (s/n 49-2430) mit Allison-J35-Triebwerk startete am 3. Juni 1950 zum Erstflug. Es folgten zwei Vorserienflugzeuge mit Curtiss-Wright YJ65-W-1 Strahltriebwerk. Das erste Vorserienflugzeug be-

Eine RF-84F der WaSLw 50 in Erding. Aus der WaSLw 50 gingen die beiden mit RF-84F ausgerüsteten Aufklärungsgeschwader der Luftwaffe hervor.

saß einen zentralen Lufteinlauf, der durch den Einbau des neuen Triebwerks erheblich vergrößert werden musste. Diese Maschine mit der s/n 51-1344 flog am 14. Februar 1951 zum ersten Mal. Der Ausbruch des Koreakrieges gab den Anstoß für die Aufnahme der F-84F-Serienfertigung. Die Auslieferung der ersten einsatzreifen Thunderstreaks an das *Tactical Air Command (TAC)* der *US Air Force* begann 1954. Beim zweite Vorserienflugzeug (s/n 51-1345) gestaltete man das Rumpfvorderteil neu und verlegte die Lufteinläufe in die verdickten Flügelwurzeln. Damals hatte man vor, diese Anordnung zur Standardausführung zu machen. Diese Variante wurde wegen zu schwacher Leistungen für die Jagdbomberversion verworfen, sie bildete jedoch die Grundlage für den taktischen Aufklärer RF-84F Thunderflash. Bis auf das neue Rumpfvorderteil entsprach der Aufbau der RF-84F weitgehend dem der F-84F. Der Prototyp YRF-84F (s/n 51-1828) hob im Februar 1952 zum Erstflug ab. Die ersten Serienmaschinen wurden im März 1954 ausgeliefert.

Diese Republic RF-84F Thunderflash wurde in Erding in den Farben des AG 52 restauriert.

Die RF-84F Thunderflash entstand aufgrund von Forderungen des SAC und TAC nach einem taktischen Aufklärer. Sie war das erste Strahlflugzeug, das speziell als Aufklärer entwickelte wurde und setzte damit neue Maßstäbe auf dem Gebiet der taktischen Luftaufklärung. Zur Reichweitenvergrößerung konnten vier 870 Liter oder zwei 1700 Liter Zusatztanks mitgeführt werden. Außerdem konnte ein Teil der Flugzeuge in der Luft aufgetankt werden, so dass sie über eine große Reichweite verfügte.

Der Bug nahm sechs Kameras, die in zwei getrennten Kammern eingebaut waren, die elektronische Ausrüstung und als Defensivbewaffnung im oberen Bereich vier 12,7-mm-MG Colt-Browning auf. In der vorderen Kammer war eine Vorwärts-Geneigtkamera für Aufnahmen in Flugrichtung und der Trimeterogen-Kamerasatz, bestehend aus drei Kameras für Horizont zu Horizont-Panoramaaufnahmen, untergebracht. In der hinteren Kammer waren eine Links-Geneigtkamera für Schrägstrichaufnahmen und eine Hauptsenkrechtkamera eingebaut. Neben 15 Standardkameras standen noch spezielle Nachtkameras zur Verfügung. Die Anordnung der Kameras im Bug ermöglichte einen leichten Zugang zu den Kamerasystemen und einen schnellen Wechsel der Filmkassetten, so dass kurze Bodenzeiten für Laden und Entladen der Kameramagazine erzielt werden konnten. Der richtige Bildausschnitt wurde über ein Periskop ausgewählt, das den Geländeausschnitt auf einen Bildschirm im Instrumentenbrett projizierte. Der Pilot konnte jede Kamera über das zentrale Kontrollbrett innerhalb der Kabine einzeln steuern. Ein Rechner wertete die Lichtverhältnisse, Geschwindigkeit und Höhe aus und sorgte automatisch für die richtige Einstellung der Kameras. Ein Aufzeichnungsgerät speicherte die durch den Piloten kommentierte Beobachtungen während des Fluges.

Im Januar 1958 lief die Produktion nach 715 gebauten Maschinen aus, von denen 386 an neun Luftstreitkräfte in befreundeten Ländern geliefert wurden, darunter Belgien, BRD, Frankreich, Griechenland, Holland, Italien und die Türkei. Die bundesdeutsche Luftwaffe übernahm insgesamt 108 RF-84F und wurde damit der größte Nutzer der Thunderflash außerhalb der USA. Die Flugzeuge waren mit J65-W-7-Triebwerken ausgerüstet. Diese Triebwerke wurden jedoch später gegen die Version W-3 der F-84F ausgetauscht. Die Flugzeuge wurden wie die F-84F an Bord von Flugzeugträgern nach Bremen gebracht und bei Weserflug entmottet für den Einsatz hergerichtet.

Als erster Verband der jungen Bundeswehr wurde die Waffenschule der Luftwaffe 50 mit der RF-84F Thunderflash ausgerüstet. Die WaSLw 50 wurde am 1. Februar 1958 in Erding aufgestellt. Die beiden ersten RF-84F wurden am 17. März 1958 von amerikanischen Piloten nach Erding überführt. Der erste Flug mit deutschen Piloten erfolgte am 10. Mai 1958. Die Flugzeuge erhielten die Kennungen BD-101 bis BD-126 und BD-231 bis BD-257. Die beiden aufzustellenden Aufklärungsgeschwader der Luftwaffe hatten ihre Keimzelle in der WaSLw 50 und übernahmen von ihr ihre Einsatzflugzeug. Der Schule verblieben deshalb nur noch weinige RF-84F, darunter die BD-701 und BD-702. Für jedes Geschwader waren 36 Einsatzflugzeuge vorgesehen.

Als erstes Aufklärungsgeschwader wurde am 7. Juli 1959 das AG 51 in Erding in Dienst gestellt, von wo aus es am 5. Mai 1960 nach Manching verlegte. Das Geschwader übernahm einen Teil der Flugzeuge der WaSLw 50. Den RF-84F des AG 51

Aufklärungsflugzeuge

RF-84F des AG 51 »Immelmann« jetzt mit Tarnanstrich und Eule am Leitwerk bei einem Übungsflug über Süddeutschland.

wurden die Kennungen EA-101 bis EA-126 und EA+231 bis EA-257 zugeteilt. Während der Umrüstung auf die RF-104G wurden die Maschinen in einer 3. Staffel zusammengezogen und mit EA-301 bis EA-363 gekennzeichnet. Im Mai 1960 verlegte das Geschwader nach Manching. Beim »Royal Flash«, einem Aufklärerwettbewerb der NATO, der im Mai 1961 durchgeführt wurde, beteiligte sich auch das AG-51 »I« und konnte den Wettbewerb als erfolgreichstes Gästeteam beenden. Ab November 1963 erfolgte die Umrüstung auf die Lockheed RF-104G Starfighter. Die letzte RF-84F Thunderflash wurde beim AG 51 »Immelmann« im Juni 1965 außer Dienst gestellt. Vier Flugzeuge des AG 51 »I« erhielt die *42. Smaldeel* der belgischen Luftwaffe. Hierbei handelte es sich um die EA-303, EA-305, EA-311 und EA-334.

Ebenfalls in Erding wurde am 12. Dezember 1959 das AG 52 durch den Inspekteur der Luftwaffe, General Kammhuber, in Dienst gestellt. Zu erkennen waren die Flugzeuge des Geschwaders an den Kennungen EB-101 bis EB-126 und EB-231 bis EB-256. Mit der Umrüstung auf den Starfighter wurden den RF-84F die Kennungen EB-301 bis EB-369 zugeteilt. Das Geschwader verlegte im November 1960 zunächst nach Eggebek. Auch das AG 52 beteiligte sich 1963 am »Royal Flash«.

Es konnte hier den 1. Preis im Mittelstreckenbereich erringen. 1965 verlegte das Geschwader nach Leck. Im gleichen Jahr begann auch hier die Umrüstung auf die RF-104G. Als letzte RF-84F verließ die mit einer Sonderbemalung versehene EB-357 das AG 52 am 31. August 1966 mit Ziel Erding. Führer der Maschine war Feldwebel Schmidt. Insgesamt verlor die Luftwaffe 17 RF-84F. Nach der Außerdienststellung wurde ein Teil der Flugzeuge in die Türkei und nach Griechenland geliefert.

Technische Daten	
Republic RF-84F Thunderflash	
Verwendungszweck:	Aufklärer
Besatzung:	1
Spannweite in m:	10,25
Länge in m:	14,48
Höhe in m:	4,57
Flügelfläche in m^2:	30,23
Leermasse in kg:	6362
Startmasse in kg:	12.700
Höchstgeschwindigkeit in km/h:	1160
Reisegeschwindigkeit in km/h:	870
Steigleistung in m/s:	51,6
Aktionsradius in km:	2898
Gipfelhöhe in m:	14.600
Triebwerk:	1 x Wright J65-W-7
Schub in kN:	32,13
Bewaffnung:	
4 x 12,7 mm MG Browning M3 in den Tragflügeln	

Lockheed RF-104G Starfighter

Einsatz: 1963 – 1986
Stückzahl: 189
Hersteller: Lockheed
Fiat (Lizenzbau)
Fokker (Lizenzbau)

Bereits die USAF plante den Einsatz des Starfighters als unbewaffnetes Aufklärungsflugzeug unter der Typenbezeichnung RF-104A. Da es in der Anfangsphase des Programms zu technischen Problemen kam, wurde die Bestellung von 18 taktischen Aufklärern wieder storniert. Mit der Einführung der F-104G bei der Bundesluftwaffe fiel auch die Entscheidung, in der Luftaufklärungsrolle die Republic RF-84F Thunderflash durch die Aufklärerversion RF-104G zu ersetzen.
Bei der RF-104G entfiel die Bewaffnung. Die Kanonenmündung wurde mit einer aerodynamischen Abdeckung verschlossen. Dadurch konnte die Kameraausrüstung im früheren Hülsenraum hinter dem Fahrwerkschacht des Bugrades eingebaut werden. Von außen erkennbar an einer flachen Ausbuchtung. Die Kamerafenster wurden mit Jalousien verschlossen. Die Kameraausrüstung bestand aus drei 70-mm-Reihenbildkameras (Trimetrogon), die dafür ausgelegt waren, die Fotos im Tiefflug bei Höchstgeschwindigkeit zu erstellen. Nachteilig war, dass Aufklärungseinsätze nur am Tag geflogen werden konnten und bedingt durch die Kameraanordnung nur eine gering Geländeabdeckung erfolgte. Durch den Ausbau der Bordkanone konnte auch der Munitionsraum für eine zusätzliche Nutzung gewonnen werden. Hier wurde ein Tank mit einem Fassungsvermögen von 455 Liter eingebaut. Der gesamte Treibstoffvorrat einschließlich der beiden Zusatztanks unter den Tragflächen und der beiden *Tiptanks* erhöhte sich dadurch auf insgesamt 5600 Liter.
Neben Deutschland übernahmen auch die Luftstreitkräfte von Holland, Italien, Kanada und Norwegen die RF-104G. Die Maschinen dieser Länder erhielten jedoch eine andere Ausrüstung. Sie führten an der *Centerlinestation* einem externen *Pod* für mehrere Aufklärungssensoren mit sich. Insgesamt wurden 189 Flugzeuge gefertigt. Die erste RF-104G flog im Oktober 1963. Sie wurde auf derselben Fertigungsstraße gebaut wie die F-104G.
Ausgerüstet mit der RF-104G wurde das AG 51 »Immelmann« in Manching und das AG 52 in Leck sowie die 1. Staffel des MFG 2. Die beiden Geschwader übernahmen die ersten RF-104 Ende 1963 (AG 51«I«) und Anfang 1964 (AG 52). Diese waren allerdings noch nicht mit einer Kamera ausgerüstet. Der Kameraeinbau erfolgte erst zu einem späteren Zeitpunkt. Bei der 1./MFG 2 traf die RF-104G am 17. März 1965 auf den Fliegerhorst Eggebek ein und löste dort die Sea Hawk ab. Die Maschine kam aus der Fertigung bei Fiat in Turin-Caselle. Eggebek war erst kurz vorher vom AG 52 übernommen worden. Das erst Los umfasste 27 Flugzeuge, die bei Fiat in

Die »EA+105« gehörte zu den ersten RF-104G des AG 51 »Immelmann«.

Aufklärungsflugzeuge

Die »24+57« des AG 52 bei Wartungsarbeiten auf dem Vorfeld.

Turin gebaut wurden und die taktischen Kennzeichen VB+201 bis VB+227 zugeteilt bekamen. Später kamen von der 2./MFG 2 noch weitere sieben Flugzeuge hinzu, die vom Jagdbomber zum Aufklärer umgebaut worden waren. Auch von der WaSLw 10 wurde eine RF-104G (24+33)

Die »21+26« des MFG 2 rollt am 2. Juni 1980 in Eggebek zum Start.

an die 1./MFG 2 abgegeben. Am 28. April 1967 verlor die Staffel mit der VB+205 (c/n 6641) ihre erste Maschine.

1967 entschloss sich die Bundesluftwaffe, den Starfighter in der Aufklärerrolle zu ersetzen. Lockheed baute zwei RF-104G zu RF-104G-1 um, die bis Juni 1968 in Palmdale und Manching erprobt wurden. Da die Luftwaffe jedoch einen doppelsitzigen Aufklärer bevorzugte, schlug Lockheed die RTF-104G vor, welche die gleiche Ausrüstung wie die RF-104G-1 erhalten sollte. Die RTF-104G kam über das Entwurfsstadium nicht hinaus und auch die RF-104G-1 ging nicht in Serie. Statt dessen

wurde die McDonnell Douglas RF-4E Phantom II bestellt. Bei Lockheed in Palmdale wurden zwei Musterflugzeuge (EB+121 und EB+122) zu RF-104G-1 umgebaut und bis Juni 1968 erprobt. Die Maschinen hatten einen um 1,05 m verlängerten Rumpfbug. Als Ausrüstung wurden drei Luftbildkameras, ein Terrainfolgeradar in einer zentralen Rumpfgondel und ein APQ-102-Seitensichtradar vorgesehen. Eine zusätzliche Schrägsicht-Panoramakamera war hinter dem Piloten geplant.

Bei den Marinefliegern blieb die RF-104G aber noch im Einsatz. Auf Grund neuer Einsatzplanungen der NATO, die ein allwettertaugliches Aufklärungssystem forderten, wurde ab 1976 ein umfangreiches Modernisierungsprogramm bei MBB in Manching durchgeführt. Im Rahmen dieser Arbeiten wurden die Trimetrogon-Kameras ausgetauscht. Zum Einbau kam nun eine LLC Weitwinkelkamera Krb 6/24 *(Low Level Camera)* und eine IRLS-RS 710 Infrarotkamera. Die Krb 6/24 war speziell für Fotos im Tiefflug bei Höchstgeschwindigkeit entwickelt worden, während mit der IRLS-RS 710 Wärmequellen sichtbar gemacht werden konnten. Für Abstandsaufklärung neu eingebaut wurde eine SOC KS-87b *(Side Oblique Camera)* mit langer Brennweite. Der Raum für diese Kamera befand auf der linken Seite unterhalb der Kanzel. Es handelte sich hier um dieselbe Kamera, die in der MDD RF-4E Phantom II eingebaut war. Die erste umgerüstete RF-104G landete am 19. Dezember 1978 in Eggebek.

Für den Selbstschutz wurden später die noch 24 im Einsatz stehenden Aufklärer mit einem Düppelwerfer AN/ALE 40 ausgerüstet. Diese Arbeiten führte die in Manching beheimatete Lw Schleuse 11 durch. In den letzten Jahren ihrer Dienstzeit wurde die RF-104G nochmals aufgerüstet. Sie konnten nun wie die Jagdbomber der 2. Staffel zwei Luft-Schiff-Flugkörper AS.30 oder Kormoran an Flügelpylonen mitführen. Bis zum 20. Juni 1985 konnten über 10.000 Aufklärungseinsätze geflogen werden.

Am 11. September 1986 landeten die ersten für das MFG 2 bestimmten Panavia Tornado in Eggebek, so dass auch hier die Einsatzzeit des Starfighters zu Ende ging.

Technische Daten	
Lockheed RF-104G Starfighter	
Verwendungszweck:	Aufklärer
Besatzung:	1
Spannweite in m:	6,69
Länge in m:	16,70
Höhe in m:	4,11
Flügelfläche in m^2:	18,22
Leermasse in kg:	6387
Startmasse in kg:	9387
Höchstgeschwindigkeit in km/h:	2092
Reisegeschwindigkeit in km/h:	780
Steigleistung in m/s:	254
Aktionsradius in km:	507
Gipfelhöhe in m:	16.764
Triebwerk:	1 x General Electric J79-GE-11A
Schub in kN:	46,5

Als Ersatz für die RF-104G schlug Lockheed die RF-104G-1 in der Aufklärerrolle vor.

Aufklärungsflugzeuge

Dassault-Breguet Br. 1150 Atlantic

Einsatz: 1966 – heute
Stückzahl: 20
Hersteller: Dassault-Breguet

Die Breguet Br.1150 Atlantic war der Gewinner des im März 1958 von der NATO ausgeschriebenen Wettbewerbs für ein neues Seeüberwachungsflugzeug *(Maritime Patrol Aircraft – MPA)*.

Bei der Auslieferung an das MFG 3 führten die Atlantic noch die alten Kennungen, bestehend aus zwei Buchstaben (UC) und drei Ziffern.

Dieses wurde notwendig, da in Frankreich und den Niederlande die Lockheed P2V Neptune ersetzt werden musste und die BRD und Italien noch nicht über ein entsprechendes Flugzeug verfügten. Dazu kam, dass die weltweit operierende sowjetische U-Boot-Flotte immer mehr Aufmerksamkeit erforderte. Insgesamt reichten 26 Firmen aus acht Ländern 18 Vorschläge bis zum Juni 1958 ein. Die Entscheidung der NATO für die Breguet Atlantic fiel im Januar 1959. Den offiziellen Startschuss für die Entwicklung gab die französische Regierung am 11. Februar 1959. Die entsprechenden Verträge über die Entwicklung des Flugzeugs mit der SECBAT *(Société d´ Etude et de Construction du Breguét Atlantic)*, dem

Konsortium für die Entwicklung unter Federführung von Breguét, konnten am 7. Dezember 1959 unterzeichnet werden. Die Finanzierung des Programms teilten sich Belgien (7,8 Prozent), Deutschland (19,1 Prozent), Frankreich (57,8 Prozent) und Holland (15,3 Prozent). Der Basisentwurf kam von Breguet. Weitere beteiligte Firmen waren ABAP *(Association Belge pour l'Avion Patrouiller)* aus Belgien, das deutsche Konsortium »Seeflug«, das im April 1962 gegründet wurde und aus den Firmen Dornier und Siebel ATG bestand, und Fokker aus Holland. Aeritalia stieß 1968 dazu.

Die Atlantic wurde als zweimotoriger Mitteldecker in Ganzmetallschalenbauweise ausgelegt. Der Rumpf hat die Form einer Acht und ist im oberen Bereich druckbelüftet. In ihm untergebracht sind die Arbeitsplätze und ein Ruheraum mit Kojen für die Besatzung. Die Standardbesatzung bei der Atlantic besteht in der Regel aus zwölf Mann, vier Offizieren und acht Unteroffizieren, dem *Aircraft Commander (AC)*, dem Copilot, dem Flugingenieur, dem *Tactical Coordinator (TACCO)*, dem Navigator, dem Bordfunker und aus bis zu sechs Unter- und Überwasser-Operateuren. Normalerweise werden die Maschinen immer von den gleichen Stammbesatzungen geflogen, die hervorragend aufeinander eingespielt sind. Die Atlantic ist das größte Waffensystem der Bundeswehr. Der untere Teil ist nicht druckbelüftet. Hier befindet sich der 9 m lange Waffenschacht, in dem Minen, Torpedos Mk.44 und Wasserbomben Mk.54 mitgeführt werden können. Neben den bereits erwähnten Waffen können zur Seezielbekämpfung noch A.S.20 Luft-Boden-Flugkörper mitgeführt werden.

Außerdem befindet sich im Waffenschacht noch das Suchradar und eine Hilfsturbine. Im Heck ist die Auswurfanlage für die Sonarbojen untergebracht. Die Tragflächen sind in Wabenbauweise hergestellt. Hier befinden sich auch die Treibstofftanks mit einem Fassungsvermögen von 20.000 Litern. Die Tragflächen können mittels pneumatisch betätigten Gummiwülsten an den Vorderkanten enteist werden. Als Antrieb finden zwei Rolls-Royce Tyne Mk.21 Propellerturbinen Verwendung, die eine Leistung von je 4144 kW (5600 WPS) aufweisen. Neben Rolls-Royce beteiligten sich Hispano-Suiza, MAN Turbo Union und Fabrique Nationale (FN) an der Fertigung des Triebwerks. Für die Überwasserortung ist die Atlantic mit dem AP/APS-134 Radar ausgerüstet, das nach unten aus dem Rumpf ausgefahren wird. Dieses Radar ist sehr leistungsfähig, so dass selbst auf große Distanzen kleine Objekte, wie aus dem Wasser ragende U-Boot-Antennen, -Periskope oder Schnorchel entdecken werden können. Im fünf Meter langen Heckstachel befindet sich der MAD-Sensor *(Magnetic Anormaly Detection)*. Dieser Sensor stellt Abweichungen im Magnetfeld der Erde fest, die durch den Einfluss eines eisenhaltigen Körpers, wie die Hülle eines getauchten U-Bootes, hervorgerufen werden. Der MAD-Sensor hat allerdings eine geringe Reichweite. Er wird deshalb nur zur Bestätigung der aktuellen U-Boot Position vor dem Waffeneinsatz eingesetzt.

Zur Ortung von getauchten U-Booten kommen Sonarbojen zum Einsatz. Diese Bojen werden nach dem Abwurf durch einen kleinen Fallschirm oder einen Propeller abgebremst. Sie bestehen aus einem Schwimmkörper, einem Sender und einem Hydrophon (Unterwassermikrofon). Nach dem Eintauchen der Boje ins Wasser wird dies an einem langen Kabel auf eine zuvor eingestellte Tiefe abgelassen. Die von dem passiven Unterwasserortungssysteme erfassten U-Boot-Geräusche werden über Funk ans Flugzeug übermittelt. Zur genauen Positionsbestimmung des getauchten U-Bootes werden mindestens drei dieser passiven Sonobojen benötigt. Die Reichweite der Bojen ist von der Ausbreitung der Schallwellen und deren Beeinflussung durch Wasserschichten, Wassertemperatur, Salzgehalt und Meerestiefe abhängig.

ABAP fertigte den Flügelkasten und die Landeklappen, Breguet das Rumpfvorderteil mit Kanzel und den mittleren Rumpfabschnitt. Das Heck mit dem Leitwerk kam von Dornier und Siebel und das Tragflächenmittelstück einschließlich der Triebwerksgondeln von Fokker. Sud Aviation war für die Außenflügel verantwortlich. Die einzelnen Baugruppen wurden zu Breguet geliefert, wo die Endmontage und der Einflug erfolgte. Später trat Aeritalia aus Italien dem Firmenverbund bei. Bei Aeritalia wurden daraufhin die Unterschale des Rumpfhecks mit der Einstiegstür und die Seiten- und Höhenruder gefertigt. Alle diese Teile wurden zuvor bei Dornier und Siebel produziert. Die Produktionsrate lag bei drei Flugzeugen pro Monat.

Der Erstflug des Prototyps 01 (F-ZWWA, später UC+301, 61+00) erfolgte am 21. Oktober 1961 in Toulouse-Blagnac. Dabei war die Maschine 42 Minuten in der Luft. Am 3. November 1961 wurde das Flugzeug offiziell vorgestellt. Der zweite Prototyp flog am 23. Februar 1962. Er ging aber

Im September 1992 besuchte die »61+05« das AG 51 »Immelmann« in Bremgarten.

bereits am 19. April 1962 nach nur 50 Flugstunden durch Absturz verloren. Ab dem dritten Prototyp, der seinen Erstflug am 25. Februar 1963 absolvierte, wurde das Rumpfvorderteil um 0,91 m verlängert und der Flügelkasten im Bereich des Mittelflügels verstärkt. Er verfügte bereits über die vollständige elektronische Ausrüstung. Prototyp 4 absolvierte seinen Erstflug am 10. September 1964. Neben den vier Prototypen wurden noch je eine Zelle für die statische und dynamische Erprobung gebaut, denen die Werknummern 05 und 06 zugeteilt wurden. Deutschland bestellte 20 Einsatzflugzeuge, Frankreich 40, Holland 9 und Italien 18.

Am 15. Juli 1965 landete der erste Prototyp der Breguet 1150 Atlantic, die Werknummer 01/A mit dem Kennzeichen UC+301 (später 61+00), in Nordholz. Diese Maschine diente später der Technikerschulung bei der Marineflieger-Lehrgruppe in Westerland auf Sylt. Die erste Serienmaschine (UC+310; Werknummer 2) wurde am 10. Dezember 1965 in Nîmes/Südfrankreich an die Bundesmarine übergeben. Am selben Tag übernahm auch die französische Marine das erste von 40 bestellten Flugzeugen. Die Fertigung endete am 1. Februar 1967.

Die UC+310 landete am 26. Januar 1966 beim MFG 3 »Graf Zeppelin« in Nordholz. Sie diente mit drei weiteren Flugzeugen der Einsatzerprobung, die auch Kältetests in Kanada und Flüge von bis zu 20 Stunden über den Atlantik mit einschloss. Die letzte der 20 Br.1150 Atlantic für die deutschen Marineflieger wurde am 30. Mai 1967 an das MFG 3 in Nordholz ausgeliefert. Die ersten 18 Maschinen erhielten die Kennzeichen UC+310 bis UC+327 und ab 1968 die Kennzeichen 61+01 bis 61+18. Die beiden letzten Maschinen (61+19 und 61+20) trafen erst 1970 in Nordholz ein. In diesem Jahr musste ein großer Teil der Flugzeuge vorübergehend stillgelegt werden, da durch den Einfluss salzhaltiger Seeluft starke Korrosionsschäden festgestellt wurden. Die Kosten für die Reparatur lagen bei umgerechnet 250.000 Euro pro Flugzeug, wobei auch gleichzeitig das Fahrwerk überarbeitet wurde. Eine erste Modifizierung der Atlantic wurde bis 1972 abgeschlossen. Am 25. April 1978 verunglückte die 61+07 bei der Landung und musste abgeschrieben werden.

Bereits 1970 plante die französische Marine die Weiterentwicklung der Atlantic zur Atlantic ATL 2. Dabei sollte vor allem die Ausrüstung modernisiert und das Flugzeug an die neueste Waffentechnologie angepasst werden. 1978 begann man bei Dassault-Breguet mit der Entwicklung der Atlantique 2, wobei die beiden Prototypen aus zwei Br. 1150 umgerüstet wurden. Der Erstflug erfolgte am 8. Mai 1981 bzw. am 26. März 1982. Bei der deutschen Marine stießen die französische Vorschläge auf kein besonderes Interesse. Die Ablehnung wurde mit hohen Ersatzteilkosten und hohen Personalbedarf durch die zwölfköpfige Besatzung begründet. Die deutschen Marineflieger hätten lieber die Lockheed P-3C Orion oder die Lockheed S-3A Viking in Dienst gestellt. Diese Wünsche gingen damals jedoch nicht in Erfüllung.

Für ELINT- (*Electronics Intelligence* – Elektronische Aufklärung) und COMINT/SIGINT-Einsätze (*Communication/Signal Intelligence* – Elektronische Kampfführung) wurden im Rahmen des streng geheimen Programms »Peace Peek« ab 1969 fünf Maschinen (61+02, 61+03, 61+06, 61+18 und 61+19) bei der amerikanischen Firma E-Systems umgerüstet. Dabei wurde auch eine Signalantenne in einem Zusatzbehälter unter dem Rumpf eingebaut. Mit der zusätzlichen Ausrüstung können elektromagnetische Signale aller Art angepeilt und ausgewertet sowie militärische Funkfrequenzen abgehört werden. Äußerlich kann man diese Flugzeuge an den HF-Antennen unter den Tragflächen und den ESM-Flügelspitzenpods sowie dem schwarzen Rumpfbehälter erkennen.

Um ihre Aufgaben weiter erfüllen zu können, mussten die Maschinen der bundesdeutschen Marineflieger modernisiert werden. Ende 1978 begann man mit den Planungen für die »Kampfwertsteigerung« (KWS), die zwischen 1982 bis 1984 an 14 Br. 1150 Atlantic bei Dornier durchgeführt wurde. Nach der Umrüstung wurden diese Maschinen mit Br. 1150 (KWS) bezeichnet. Sie erhielten ein passives elektronisches Meßsystem ESM (*Electronic Support Measures*) zur Lokalisierung von Radarsignalen. Das ESM wurde in Behältern an den Flügelspitzen untergebracht. Die Navigationsausrüstung wurde durch eine DECCA-gestützte Trägheitsnavigationsanlage LN33 erweitert und das absenkbare Suchradar AN/APS-134 modifiziert. Der Bojenwerfer wurde gegen ein neues, von Dornier entwickeltes Gerät ausgetauscht. Neben der Modernisierung der Ausrüstung musste auch eine Verbesserung des Korrosionsschutzes erfolgen, der bei der Atlantic immer ein Problem darstellte. Außerdem wurde die Lebensdauer der Zelle auf 10.000 Stunden erhöht. Die Erprobung der neuen Ausrüstung erfolgte mit der 61+04, die Ende Oktober 1982 einen über sechs Stunden dauernden Testflug zur Prüfung des passiven Ortungssystems (*Electronic Support Measures, ESM*) durchführte. Bei der Entwicklung des ESM-System kam es zu unerwarteten Problemen, was zu erheblichen Lieferverzögerungen führte. Die letzte der 14 Breguet Atlantic konnte dadurch erst im September 1987 an das MFG 3 ausgeliefert werden.

Die 61+05 musste am 3. Mai 1985 in der Nähe von Nordholz notlanden. Sie konnte jedoch wieder instandgesetzt werden. 1995 wurde die 61+02 als erste Atlantic außer Dienst gestellt und verschrottet.

Zu Beginn der neunziger Jahre wurde eine weitere Nutzungsdauerverlängerung von zwölf Seeaufklärern (MPA) und der vier SIGINT-Maschinen beschlossen. Das Modifizierungsprogramm betraf die Kommunikation- und Navigationsausrüstung. Die Modernisierung der Kommunikationsausrüstung erfolgte bei Dornier in Oberpfaffenhofen und der Navigationsausrüstung bei Raytheon Systems in den USA. Im Bereich der Kommunikationsanlage wurde die HF-Anlage erneuert und ein UKW-Seefunksystems mit der Komponente GMDSS (Global Maritime Distress Safety System) in Verbindung mit INMARSAT-C eingebaut. Als Erprobungsträger für die Systeme diente die 61+09. Der Umbau des Flugzeugs wurde Mai 1995 abgeschlossen. Bereits am 19. März 1998 konnte die letzte Maschine wieder an das MFG 3 übergeben werden.

Auch für den Mustereinbau der Navigationsausrüstung kam die 61+09 wieder zum Einsatz. Dazu wurde die Maschine Ende 1996 nach Greenville in Texas überführt. Nach Abschluss der Arbeiten landete die Atlantic am 15. Mai 1997 wieder in Nordholz. Die Serieneinrüstung begann im Herbst 2000. Zum Modernisierungsprogramm gehörte der Einbau einer Infrarot-Ortungsanlage für SAR-Rettungseinsätze (*Search and Rescue*). Mit dieser Anlage können kleinste Ziele bei jeder Witterung und bei Nacht bis auf zehn Meter identifiziert und verfolgt werden. Außerdem wurde die Radaranlage mit TWS (*Track While Scan*) zur Mehrzielerfassung erweitert, so dass bis zu 32 Ziele erfasst und verfolgt werden können. Die Navigationsanlage erhielt zwei redundanten Laserträgheitsnavigationsplattformen mit integriertem GPS und einem ADC (*Air Data Computer*). Das ESM-System wurde dem Stand der Technik angepasst. Die Funkanlage wurde mit einem HF- und Seefunkgerät ergänzt. Zusätzlich eingebaut wurde noch ein 360°-Infrarotsystem von STN-Atlas. Dadurch ist die Besatzung in der Lage in der Nacht und bei jeder Wetterlage kleinste Ziele bis auf eine Entfernung von rund 20 km zu identifizieren und zu verfolgen. Bis zum Sommer 1998 waren die Flugzeuge des MFG 3 rund 162.000 Stunden in der Luft.

Im Rahmen von Einsätzen zur Überwachung des Embargos gegen Restjugoslawien waren drei Atlantic in Elmas auf Sardinien stationiert und wurden von dort zur Seeraumüberwachung über der Adria eingesetzt. Auch nach dem Zusammenstoß der Tupolew Tu-154 der Flugbereitschaft mit einer Lockheed C-141B Starlifter der USAF vor der Küste Namibias kam eine Atlantic auf der Suche nach eventuellen Überlebenden zum Einsatz. Das MFG 3 beteiligte sich mit seinen Flugzeugen auch an der Antiterror-Operation »Enduring Freedom«, zunächst in Kenia und später auch in Dschibuti. Dabei wurden unter extremen Belastungen rund 3200 Flugstunden ohne größere Probleme absolviert.

Der Aufgaben der Atlantic waren beim MFG 3 auf zwei Staffeln verteilt. Die 1./MFG 3 hatte einen Bestand von 13 Flugzeugen, die allgemeine Aufgaben wie die U-Boot-Jagd, Seefernaufklärung und SAR-Einsätze ausführen. Außerdem gehörten dazu das Abwerfen von Bojen, Minen, Torpedos und Wasserbomben. Bei der 2./MFG 3 fliegen die für SIGINT-Einsätze ausgerüsteten vier Flugzeuge Elektronische Aufklärung.

2005 begann die Bundeswehr mit der Verschrottung der ersten Flugzeuge. Acht Lockheed P-3C Orion, die zuvor bei der holländischen Marine flogen, lösten ab 2006 die Br.1150 Atlantic beim MFG 3 ab. Zwei Atlantic, die 61+03 und 61+06, in der SIGINT-Version werden voraussichtlich bis zum Januar 2010 in Dienst bleiben. Ab 2010 sollen diese Flugzeuge dann von dem unbemannten Langstreckenaufklärer EURO HAWK abgelöst werden. Die 61+14 wurde als Ausstellungsexemplar am 16. September 2005 an das Aeronauticum übergeben und im Juni 2005 erhielt das Luftwaffenmuseum in Berlin-Gatow die 61+17.

Im Jahr 2000 flog die »61+13« versuchsweise mit einem neuen Tarnanstrich, der aus zwei Grautönen bestand.

Technische Daten	
Dassault-Breguet Br. 1150 Atlantic	
Verwendungszweck:	Seefernaufklärer und U-Jagdflugzeug
Besatzung:	12
Spannweite in m:	36,30
Länge in m:	31,75
Höhe in m:	11,30
Flügelfläche in m^2:	120,34
Leermasse in kg:	24.000
Startmasse in kg:	46.000
Höchstgeschwindigkeit in km/h:	658
Reisegeschwindigkeit in km/h:	500
Steigleistung in m/s:	12,5
Aktionsradius in km:	7677
Gipfelhöhe in m:	10.000
Triebwerk:	2 x Rolls-Royce/SNECMA Type Mk.21
Leistung in kW:	2 x 4550
Bewaffnung:	
Der untere Waffenschacht kann alle Standardbomben und Torpedos der NATO aufnehmen. An den Flügelstationen können Lenkwaffen mitgeführt werden	

McDonnell Douglas RF-4E Phantom II

Einsatz: 1970 – 1995
Stückzahl: 88
Hersteller: McDonnell Douglas

Schon früh wurde eine Aufklärerversion der Phantom II entwickelt. Ausgangsmuster war die F4H-1 (F-4B) der US Navy, aus der die F4H-1P abgeleitet wurde. Ab 1962 wurde die Typenbezeichnung in RF-4B geändert. Äußerlicher Unterschied zur F-4B war die um 840 mm nach vorn verlängerte Rumpfspitze zur Aufnahme der Kameraausrüstung. Der Erstflug erfolgte am 12. März 1965. Die RF-4B löste bei der amerikanischen Marine die Vought RF-8A Crusader ab. Die USAF beschaffte im Herbst 1964 die RF-4C als Ersatz für die MDD RF-101C Voodoo. Für die Erprobung wurden zwei F-4B umgebaut, von denen die erste unter der Bezeichnung YRF-4C (s/n 62-12200) am 20. August 1963 in St. Louis zum Jungfernflug abhob. Die erste aus der Serienfertigung stammende RF-4C (s/n 63-7740) flog am 18. Mai 1964 und am 8. Oktober 1964 wurden die ersten Flugzeuge dem *Tactical Air Reconnaissance Center (TARC)* auf dem Luftwaffenstützpunkt Shaw übergeben.

In ihrer Zweitrolle sollten die RF-4E auch als Jagdbomber eingesetzt werden. Die »35+11« mit BL-755-Schüttbomben wurde am 10. Oktober 1980 in Bremgarten fotografiert.

Aufklärungsflugzeuge

RF-4E Phantom II des AG 52 aus Leck. Die Aufnahme zeigt die »35+66« im Tarnanstrich nach Norm 72, der sich aus den Farben RAL 6014, RAL 7012, RAL 9006 und RAL 9005 zusammensetzte.

Als die deutsche Luftwaffe einen Ersatz für die Lockheed RF-104G Starfighter suchte, fiel die Entscheidung zu Gunsten der RF-4E aus. Bereits am 6. April 1966 hatten Bundeswehr-Angehörige die Gelegenheit, sich in Nörvenich mit einer RF-4C vertraut zu machen. Am 7. November 1968 wurde der Vertrag zur Beschaffung von 88 RF-4E Phantom unterzeichnet. Mit diesen Flugzeugen wurden das AG 51 »Immelmann« in Bremgarten und des AG 52 in Leck ausgerüstet. Zwei Maschinen gingen an die ESt 61 in Manching und eine an die Technische Schule der Luftwaffe 1 in Kaufbeuren. Die restlichen Flugzeuge dienten als Kreislaufreserve. Die Oberseiten der RF-4E waren in Olivgrün und Dunkelgrau gehalten, die Unterseite war silbern. Die Flugzeuge erhielten die Kennungen 35+01 bis 35+88.

Bei MBB und Dornier wurden verschiedene Teile der RF-4E wie Außenflügel, Quer- und Seitenruder, Triebwerkszugangsklappen, Rumpfheck und Seitenruder gefertigt. Bei MTU wurden General Electric J79-GE-17 Triebwerke gefertigt. Die RF-4E entspricht in ihrer Aufklärungsausrüstung weitgehend der RF-4C. Für die Geländedarstellung kam bei der RF-4E das AN/APQ-99 Radar von Texas Instruments zum Einbau, das das AN/APQ-72 der F-4C ersetzte, da dieses in seinen Einbaumassen zu groß war. Für die seitliche Erfassung des Geländes wurde das AN/APQ-102 SLAR *(Side Looking Airborne Radar)* von Goodyear ausgewählt. Den Infrarot-Rüstsatz AN/AAS-18A lieferte Texas Instruments. Die Kameraausrüstung war in einem klimatisierten Kameraraum im Bug eingebaut. Sie bestand aus einer KA-56E Tiefflug-Panoramakamera von Fairchild und drei KS 87B-Luftbildstandardkameras. Für Nachtaufnahmen war im Rumpfheck eine Blitzlichtanlage LA-307/308A eingebaut, mit dem Blitzlichtbomben ausgestoßen werden konnten, die für drei Minuten eine Lichtstärke von zwei Millionen Kerzen erzeugten. MDD fertigte insgesamt 138 Maschinen, die außer an Deutschland noch an den Iran, an Israel und an Japan geliefert wurden. Angetrieben wird die RF-4E von zwei J79-GE-17A mit einem Nachverbrennungsschub von je 8120 kp. Der Erstflug der s/n 69-7448, der späteren 35+01 fand am 15. September 1970 in St. Louis statt und am 20. Januar 1971 trafen die ersten vier RF-4E beim AG 51 »I« ein. Zuvor wurden aber neun Besatzungen bei der USAF auf der Shaw AFB ausgebildet. Sie flogen dort die RF-4C. In Leck landete mit der 35+13 am 26. August 1971 die erste RF-4E des AG 52. Jedes der beiden Geschwader erhielt 36 Flugzeuge. Die Umrüstung von der RF-104G auf die RF-4E wurde im Herbst 1972 abgeschlossen.

Für die Selbstverteidigung durch elektronische Gegenmaßnahmen wurden die RF-4E in den 70er Jahren noch für die Mitführung des Stör- und Täuschsenders ALQ-101 vorbereitet. Außerdem wurde ein Radarwarnempfänger und ein Düppelwerfer eingebaut.

Die »35+01« war die letzte RF-4E, die außer Dienst gestellt wurde. Zuletzt flog sie bei der WTD 61 in Manching.

Ab Ende der 70er Jahre sollten die Aufklärer eine Doppelrolle übernehmen und auch als Jagdbomber eingesetzt werden können. MBB begann 1978 mit dem Umbau der Flugzeuge, die jetzt mit Unterflügelstationen zur Mitnahme von 2270 kg Bomben ausgerüstet wurden. Dazu gehörten BL-755-Streuwaffenbehälter mit Hohlladungs- und Splitterbomben. Mitte 1979 erhielt das AG 51 »I« die erste umgerüstete RF-4E zur Truppenerprobung. Drei Jahre später, im Sommer 1982, war die Umrüstung abgeschlossen.

Die RF-4E wurden teilweise mit dem neuen SLAR-Bordsystem AN-APD 11 ausgerüstet. Da dieses System bis zur Einsatzreife bei der Truppe erprobt wurden, konnten erst 1979 zwei mit SLAR ausgerüstete Maschinen des AG 51 »I« der NATO zur Verfügung gestellt werden. Ab Januar 1986 standen sechs Flugzeuge zur Verfügung. Die mit dem neuen SLAR ausgerüsteten Flugzeuge kamen zur Überwachung des grenznahen Bereiches am Eisernen Vorhang zum Einsatz. Anfang der 80er Jahre wurden die alten Selbstschutzgeräte gegen neue ausgetauscht. Es kam jetzt der Radarwarnempfänger AN/ALR 68 und der Ausstoßbehälter für Düppel- und Infrarottäuschkörper AN/ALE 40 zum Einbau. Auch an der RF-4E wurden Anfang der 80er Jahre verschiedene Tarnanstriche erprobt, was 1983 zur Einführung des Sichtschutzes nach Norm 83 führte.

Mit der Auflösung des AG 51 »I« am 25. September 1992 begann die Ausmusterung der RF-4E. Das AG 52 stand noch 15 Monate länger im Einsatz, aber auch hier kam 1994 das Aus.

Am 12. Januar 1994 verließ die letzte RF-4E des AG 52 den Fliegerhorst Leck. Das Geschwader ging im neu aufgestellten AG 51 »I« auf, das mit der Aufklärerversion des Tornado ausgerüstet ist.

Technische Daten	
McDonnell Douglas RF-4E Phantom II	
Verwendungszweck:	Taktischer Aufklärer
Besatzung:	2
Spannweite in m:	11,70
Länge in m:	19,20
Höhe in m:	4,96
Flügelfläche in m^2:	49,20
Leermasse in kg:	13.350
Startmasse in kg:	26.310
Höchstgeschwindigkeit in km/h:	2450
Reisegeschwindigkeit in km/h:	1000
Steigleistung in m/s:	253
Aktionsradius in km:	1400
Gipfelhöhe in m:	11.500
Triebwerk:	2 x General Electric J-79-GE-17A
Schub in kN:	2 x 79,65
Bewaffnung: 6 x Schüttbomben BL 755	

Lockheed Martin P-3C CPU Orion

Einsatz: 2006 – heute
Stückzahl: 8
Hersteller: Lockheed Martin

Lange Zeit suchte die Bundesmarine nach einem Ersatz für die jetzt über 40 Jahre alten Breguet Br. 1150 Atlantic. Zunächst wollte die Bundesrepublik Deutschland gemeinsam mit Partnern ein neues MPA-System beschaffen. Dieses Projekt scheiterte jedoch am fehlenden Geld. Nachdem sich die Niederlande 2003 entschieden hatten, den MPA-Betrieb einzustellen und die dafür eingesetzten Lockheed P-3C Orion zu verkaufen, ergab sich für die Bundeswehr die Gelegenheit, diese Flugzeuge günstig zu erwerben. Am 11. November 2004 stimmte der Haushaltsausschuss des Deutschen Bundestages der Beschaffung dieser P-3C Orion der *Koninklijke Marine* zu. Für 295 Millionen Euro erhält die deutsche Marine acht Seeaufklärungsflugzeuge, die gerade auf den neuesten Stand der Aufklärungstechnik gebracht worden sind. Neben den Flugzeugen umfasst das Beschaffungspakete einen Flugsimulator, Ersatzteile und Bodengeräte sowie die Ausbildung der deutschen Besatzungen. Die zukünftige Einsatzdauer liegt bei mindestens noch 20 bis 25 Jahren.

Die für die deutsche Marine bestimmten Orion wurden bei Lockheed-Martin im Rahmen eines Modernisierungsprogramm *(Capabilities Upkeep Program – CUP)* aufgerüstet. Das Programm beinhaltete eine Verbesserung der Luft-Boden-Überwachungsfähigkeit. Dazu gehört ein neues *Data Management System (DMS)*, das nicht nur die einzelnen Arbeitsplätze im Flugzeug miteinander verbindet, sondern das auch Informationen über UHF *(Ultra High Frequency)* und Satellitenverbindungen mit anderen Einheiten austauschen kann. Neu ist auch das ESM-System *(Electronic Support Measures – elektronische Unterstützungsmaßnahmen)* AN/ALR-95. Die damit erstellten Daten können mittels DMS digital und verschlüsselt aus dem Flugzeug an die Kommandostellen der eigenen Streitkräfte als auch befreundeter Kräfte übermittelt werden.

Das AN/APS-137B(V)5-Radar verfügt über *Synthetic Aperture Radar (SAR)*- und *Imaging SAR (ISAR)*-Fähigkeiten.

Der Eigenschutz besteht aus dem Radarwarnempfänger AN/AAR 47 und dem Täuschkörpersystem AN/ALE 47. Für die U-Boot-Abwehr *(Anti-Submarine-Warfare – ASW)* kamen neue Rechneranlagen und hochauflösende Bildschirme zum

Die frühere »303« der holländischen Marine, jetzt mit dem deutschen Erprobungskennzeichen »98+01« im Landeanflug auf Valkenburg.

Einbau. Im Unterschied zur Atlantic wird die Orion nur noch von elf anstelle von zwölf Besatzungsmitgliedern bemannt. Die Aufgabe des Funkers wird vom Navigator übernommen. Neu ist der Bordelektroniker, der als Operator den Zentralrechner bedient.

Als Bewaffnung verfügen die P-3C über Mk 46-Torpedos. Nach einer entsprechenden Aufrüstung können jedoch im internen Schacht und an zehn Rumpf- und Flügelstationen bis zu neun Tonnen unterschiedlichste Waffen mitgeführt werden, dazu gehören auch Lenkflugkörper AGM-84 Harpoon.

Als erste Maschine wurde das Flugzeug mit der holländischen taktischen Kennung »303« (Bu-Nr. 161371) umgerüstet. Die CUP-Umrüstung im Lockheed-Martin-Werk Marietta dauerte 341 Tage. Die Maschine kehrte am 16. November 2005 wieder nach Valkenburg zurück. Es war geplant, dass das Flugzeug noch im selben Monat mit dem taktischen Kennzeichen 60+01 versehen in den Bestand des MFG 3 »GZ« übergehen sollte. Technische Probleme verhinderten dies jedoch, erst am 28. Februar 2006 ging mit der »303« die erste P-3C Orion in deutschen Besitz über. Der erste Flug mit einer rein deutschen Besatzung fand am 15. Februar statt. Bei Lackierarbeiten erhielt das Luftfahrzeug am 8. März 2006 das vorläufige Kennzeichen »98+01«. Am 17. März 2006 startete es dann zum ersten Einsatzflug, der fünf Stunden dauerte. Alle Orions verblieben bis zur Schließung der Basis im Juni 2006 zu Ausbildungszwecken in Valkenburg und wurden erst dann nach Nordholz überführt. Die Flugzeuge, die dem MFG 3 »Graf Zeppelin« in Nordholz unterstellt wurden, behalten den Tarnanstrich der *Koninklijke Marine* zunächst bei und erhielten die deutschen Hoheitsabzeichen und die Kennungen 60+01 bis 60+08.

Technische Daten	
Lockheed Martin P-3C CPU Orion	
Verwendungszweck:	Seeraumüberwachungsflugzeug
Besatzung:	11
Spannweite in m:	30,37
Länge in m:	35,61
Höhe in m:	10,27
Flügelfläche in m^2:	120,77
Leermasse in kg:	27.890
Startmasse in kg:	64.410
Höchstgeschwindigkeit in km/h:	761
Reisegeschwindigkeit in km/h:	608
Steigleistung in m/s:	9,9
Aktionsradius in km:	3835
Gipfelhöhe in m:	8625
Triebwerk:	4 x Allison T56-A-14
Leistung in kW:	4 x 3661
Bewaffnung:	Torpedos Mk. 46

Am 27. August 2006 konnten die Besucher des Tag der offenen Tür in Nordholz die P-3C CPU »60+05« besichtigen.

Transport- und Verbindungsflugzeuge

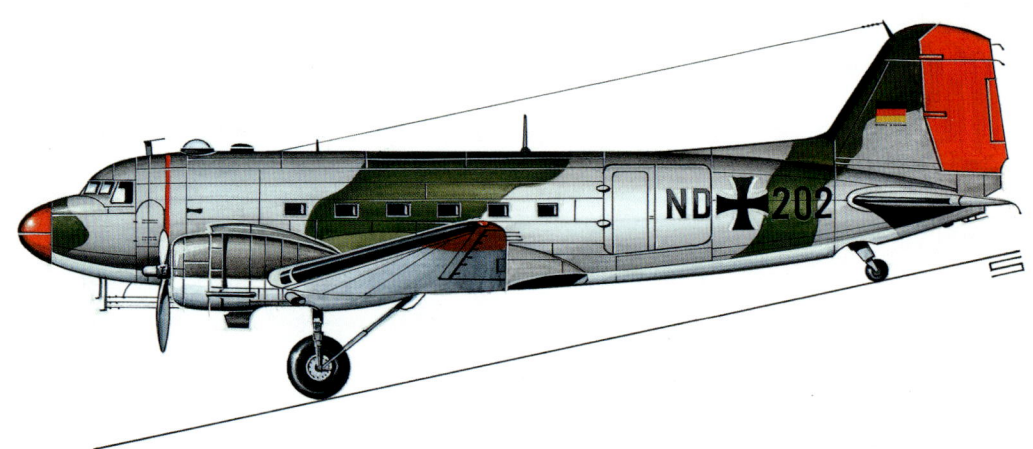

Douglas C-47D Skytrain

Einsatz: 1956 – 1976
Stückzahl: 20
Hersteller: Douglas

Die DC-3 in ihren zivilen und militärischen Versionen gehört neben der legendären Junkers Ju 52 zu den bekanntesten Flugzeugen, die jemals ge- baut wurden. Es gibt kaum eine Fluggesellschaft oder Luftwaffe, die dieses bewährte Muster nicht eingesetzt hat. Die erste DC-3 startete am 17. Dezember 1935 vom Clover Field in Santa Monica zu ihrem Jungfernflug. Die DC-3 war als zweimotoriger Ganzmetall-Tiefdecker mit einziehbarem Fahrwerk ausgelegt. Mit ihr konnten bis zu 21 Passagiere befördert werden. Die in der Literatur angegebene Anzahl aller gebauten DC-3/C-47 schwankt zwischen 10.655 und 10.926. In der Sowjetunion wurden durch Lisunow über 2000 Li-2 (PS-84) gebaut und auch in Japan erreichte

Die Douglas C-47D der 4./FmL/ VsuRgt 61. Die Maschine ging am 26. Juni 1975 durch Absturz bei Kaufering am Lech verloren.

Die »CA+015« diente bei der FlBerBMVg als Reiseflugzeug.

die Fertigung insgesamt 485 Exemplare. Das *US Army Air Corps* stellte die ersten militärischen Modelle im Oktober 1938 in Dienst. Die C-47 Skytrain wurde ab 1940 zunächst in einer Stückzahl von 545 Flugzeugen bestellt. Die Auslieferung begann im Februar 1942. Gegenüber der Passagierausführung verfügte die C-47 unter anderem anstelle der Sessel nur über Klappsitze und einen verstärkten Kabinenboden. Die Spannweite wurde vergrößert und leistungsstärkere Pratt & Whitney R-1830-92 Sternmotoren mit je 1200 PS eingebaut. Bei der Bundeswehr flog die C-47 aber nur als Platzhalter, da die Indienststellung der Nord 2501 Noratlas nicht zeitgerecht erfolgte. Hier half dann die amerikanische Regierung aus, die der Bundeswehr 20 Douglas C-47D Skytrain schenkte, die zum Teil zuvor bei den Engländern unter der Bezeichnung Dakota Mk.IV geflogen waren. Mit diesen Flugzeugen konnte dann das LTG 61 ausgerüstet werden. Bei den Maschinen handelte es sich um C-47B, die gerade aus der Überholung von der Firma Fields kamen und bei dieser Gelegenheit auf den Stand der C-47D gebracht worden waren.

Beim Materialübernahme-Kommando in Erding trafen im März 1957 die ersten zwei Flugzeuge ein und wurden dort auf den Einsatz bei der Luftwaffe vorbereitet. Die restlichen 18 folgten am

Da es bei der Auslieferung der Noratlas zu Verzögerungen kam, erhielt das LTG 61 zunächst die alte C-47D.

Transport- und Verbindungsflugzeuge

Zur Überprüfung der TACAN-Anlagen setzte die 4./FmL/VsuRgt 61 die »XA+118« ein.

31. Mai 1957. Am 24. August 1957 war es dann soweit. An diesem Tag wurde das LTG 61 in Erding in Dienst gestellt. 18 C-47D mit den Kennung GA+101 bis GA+118 bildeten die Ausrüstung der 1. Staffel. Die Flugzeuge trugen zunächst keinen Tarnanstrich, sondern waren metallisch blank. Erst im Rahmen der ersten periodischen Instandsetzung, die zunächst bei bei LTU

Die »14+11« der 4./FmL/VsuRgt 61 als NASARR-Trainer mir Starfighter-Bugspitze.

in Köln/Wahn und später dann bei der Lufthansa in Hamburg durchgeführt wurde, erhielten die Flugzeuge einen neuen Anstrich. Die Tragflächen, die Rumpfunterseite und das Leitwerk wurden silbern, die Rumpfoberseite weiß. Neben dem LTG 61 erhielt die Flugbereitschaft BMVg noch zwei C-47D mit den Kennungen CA+011 und CA+012.

Mitte 1958 konnte dann das LTG 61 seine ersten Nord 2501 Noratlas übernehmen. Zehn frei werdene C-47D wurden an die FFS »S« abgegeben. Dort erhielten die Flugzeuge die Kennungen AS+581 bis AS+590. Allerdings kehrten sie 1959 wieder zum LTG 61 zurück, um dort fehlende Transportkapazität bereitzustellen. Da der Num-

mernblock der GA-Kennung jetzt für die Noratlas vergeben waren, wurden die Kennungen in »GR« (Reserveflugzeuge der Transportgeschwader) abgeändert. So führten die 16 verbliebenen C-47D jetzt die Kennungen GR+101 bis GR+106 und GR+109 bis GR+118. Je eine weitere Maschine erhielt Anfang 1960 die FFS »A« in Landsberg (AA+588) und eine die FFS »B« (AB+590). Die C-47D der FFS »B« ging später als BD+590 an die WaSLW 50 in Fürstenfeldbruck.

1962 konnte das LTG 61 die C-47D endlich abgeben. Die Flugbereitschaft BMVg erhielt vier weitere Flugzeuge, denen die Kennungen CA+014 bis CA+017 zugeteilt wurden. Zwei wurden an das Luftwaffenkommando Süd in Karlsruhe (ND+105 und ND+106) und zwei an das Luftwaffenkommando Nord in Münster (ND+201 und ND+202) abgegeben. Je eine Maschine wurde nochmals an die FFS »A« (AA+589) und die FFS »B« (AB+590) überstellt, wobei Letztere ebenfalls wieder an die WaSLW 50 (BD+591) ging. Die letzten sechs C-47D (XA+111 bis XA+116) übernahm die 1. Flugvermessungsstaffel 612 Kaufbeuren. Als erste Maschine traf die XA+111 am 12. April 1961 in Kaufbeuren ein. Am 7. November 1961 verlegte die Einheit nach Lechfeld und wurde am 1. Juli 1964 in 4./Fernmelde-, Lehr- und Versuchsregiment 61 umbenannt. Dort erhielten sie auch einen grau-grünen Tarnanstrich und zum besseren Erkennen orangerote Streifen am Rumpf und der Motorverkleidung. Das Seitenruder war komplett in orangerot bemalt. Aufgabe der Staffel war es, die GCA, ILS und TACAN-Anlagen auf den Flugplätzen der Luftwaffe zu überprüfen und zu vermessen. Weitere Einsatzgebiete waren die Fernmelde-Aufklärung (COMMINT), die elektronische Fernmelde-Aufklärung (SIGINT) und die elektronische Aufklärung (ELINT). Für diese Aufgaben wurden die Flugzeuge mit einer umfangreichen Sonderausrüstung versehen. Für die ELINT-Einsätze ausgerüstet waren die XA+111 und XA+114, für die COMINT-Einsätze die XA+119 und XA+120.

Für die Ausbildung der Starfighter-Piloten wurde eine C-53DO beschafft. Diese Maschine mit der s/n 42-4911 erhielt die Kennung XA+117. Sie wurde am 12. Januar 1962 geliefert. Zuvor war sie bei Lockheed in Burbank mit einer kompletten F-104-Avionik ausgerüstet worden. 1968 wurde diese Maschine verkauft und erhielt das zivile Kennzeichen N3101Q. Vier der bereits bei der Luftwaffe fliegenden C-47D, die XA+112, XA+113, XA+115 und XA+116, wurden beim Hamburger Flugzeugbau (HFB) zu Hörsaalflugzeugen umgebaut. Deutlich zu erkennen waren diese fünf Flugzeuge an ihrer »Starfighternase« mit dem NASARR *(North American Search and Range Radar)*. Nach der Umstellung der Kennzeichnungsystems Anfang 1968 erhielten die noch im Einsatz stehenden C-47D die neuen Kennungen 14+01 bis 14+11. Als letzte C-47D wurde am 26. März 1976 die 14+01 in Lechfeld außer Dienst und am 14. April 1976 nach Hamburg überführt. Nach ihrer Restauration bei der Lufthansa wurde das Flugzeug dem Deutschen Museum in München übergeben und ist heute in der Flugwerft in Oberschleißheim ausgestellt. Die meisten der anderen Maschinen wurden in die USA verkauft.

Drei Flugzeuge gingen während der Einsatzzeit verloren. Nach einen Kopfstand am 04. Oktober 1966 musste die AS+581 verschrottet werden. Die 14+05 stürzte am 12. Februar 1969 bei Husum ab und die 14+07 am 26. Juni 1975 bei Kaufering.

Technische Daten	
Douglas C-47D Dakota	
Verwendungszweck:	Transportflugzeug und Elektronikaufklärer
Besatzung:	2 + 21 Passagiere
Spannweite in m:	28,96
Länge in m:	19,66
Höhe in m:	5,16
Flügelfläche in m^2:	91,69
Leermasse in kg:	8038
Startmasse in kg:	12.701
Nutzmasse in kg:	2300
Höchstgeschwindigkeit in km/h:	381
Reisegeschwindigkeit in km/h:	312
Steigleistung in m/s:	5,43
Aktionsradius in km:	2430
Gipfelhöhe in m:	6675
Triebwerk:	2 x Pratt & Whitney R-1830-90C
Leistung in kW:	2 x 888

Transport- und Verbindungsflugzeuge

Dornier Do 27A/B
Einsatz: 1957 – 1980
Stückzahl: 428
Hersteller: Dornier

Zum Zeitpunkt der Aufnahme gehörte die Dornier Do 27B-5 »56+87« zur Sportfluggruppe des HFTrpRgt 25 in Laupheim.

Die Do 27A-3 »CA+046« übernahm bei der FlBerBMVg VIP-Transporte.

Bereits im Februar 1951 beschäftigte sich in Madrid das *Oficinas Técnicas Dornier (OTEDO)* unter Leitung von Diplom-Ingenieur Claudius Dornier jr. mit der Entwicklung von Flugzeugen. Zu diesem Zeitpunkt suchten die spanischen Streitkräfte ein leichtes Verbindungs- und Beobachtungsflugzeug, das kurze Start- und Landestrecken benötigte und gute Langsamflugeigenschaften aufweisen sollte. Auf Grund dieser Ausschreibung entstand die Do 25 zwischen Herbst 1953 und Frühjahr 1954 bei OTEDO und bereits am 25. Juni 1954 hob die Do 25P-1 mit der spanischen Musterbezeichnung XL-9 in Sevilla-Tablada vom Boden ab. Ausgerüstet war sie mit einem 150 PS Elizalde Tigre G-IV-B. Beide Prototypen, die Do 25 P-1 und P-2 wurden bei CASA gebaut. Am 26. August 1955 wurde die Do 25P-2 erstmals in Deutschland – und zwar in Oberpfaffenhofen – vorgeführt. Der größte Teil der Konstruktionsarbeiten für die Do 27 wurden noch in Spanien fertiggestellt. Abweichend zur Do 25 kam das leistungsstärkere Lycoming GO-480-B1A6 Triebwerk zum Einbau. Der einteilige Tragflügel wurde in zwei Baugruppen hergestellt und die Tanks in den Tragflächen integriert. Geändert wurden die Seitenflosse und das Seitenruder sowie die Form der Türen.

Die Bundeswehr erteilte im Februar 1956 einen Auftrag über 469 Do 27, der jedoch 1957 auf 428 Flugzeuge gekürzt wurde. Die Bestellung umfasste 322 Do 27A und 106 Do 27B.

Als erstes wurde eine Bruchzelle für statische Versuche mit der Werknummer 101 gebaut. Der erste Do 27-Prototyp, die Werknummer 102 mit der Zulassung D-EKER flog am 17. Oktober 1956 in Oberpfaffenhofen mit Heinrich Schäfer als Testpilot. Der zweite Do 27-Prototyp, eine Do 27B-1 (Werknummer 103, D-ENAT) war die erste Ma-

Dornier Do 27A-4 der 1./HTG 64 in Landsberg.

Transport- und Verbindungsflugzeuge

Transport- und Verbindungsflugzeuge

Die Dornier Do 27B-1 »SC+711« gehörte von 1958 bis 1965 zur Marineseenotstaffel in Kiel, die 1963 in MFG 5 umbenannt wurde.

schine, die von der Bundeswehr übernommen wurde. Sie wurde am 14. Januar 1957 als PA+101 an die Heeresfliegerstaffel 811 in Niedermending übergeben. Die offizielle Übergabefeier fand am 19. Januar 1957 in Oberpfaffenhofen statt. An diesem Tag übernahm die Flugzeugführerschule »S«, die in Memmingen stationiert war, die AS+901 (Werknummer 104). Der erste Fertigungsblock umfaßte zehn Do 27B-1 (Werknummer 104 bis 113). Bei der Bundeswehr flogen die Ausführungen Do 27A-1, A-3, A-4 und A-5 sowie die Do 27B-1, B-2, B-3 und B-5.
Diese unterscheiden sich wie folgt:

Dornier Do 27A-1 »55+42« beim LTG 61 in Landsberg.

Do 27A-1: Grundversion für sechs Personen mit luftgekühltem 6-Zylinder-Boxermotor, Lycoming GO-480B1A6 mit 203 kW (274 PS), Hartzell Zweiblatt-Verstell-Metallluftschraube mit 2,48 m Durchmesser, Spurweite 2,28 m, Haupträder Goodyear 8,5 x 6.
Do 27A-3: Ausführung mit verstärktem Rumpfaufbau und auf 1750 kg erhöhtem Fluggewicht. Neue Haupträder Dunlop 8.5 x 10.
Do 27A-4: Ausführung für militärische und zivile Zwecke, für Verbindungsaufgaben, Beobachtung, Sanitäts- und Rettungseinsatz. Haupträder wie bei A-3, Federbeine unter 22 Grad montiert, jedoch mit auf 2,72 m vergrößerter Spurweite. Maximales Abfluggewicht auf 1850 kg erhöht.
Do 27A-5: Auf Do 27A-4 Standard gebrachte A-3.
Do 27B-1: Ausführung wie A-1, jedoch mit Doppelsteuer als Schulflugzeug.
Do 27B-2: Ausführung wie B-1, jedoch mit zusätzlichen Bremsen für den zweiten Piloten.

Do 27B-3: Ausführung wie A-3, jedoch mit Doppelsteuer als Schulflugzeug.

Do 27B-5: Auf Standard Do 27A-4 gebrachte B-3.

Wenn man sich die Bestandslisten der einzelnen Verbände der Bundeswehr ansieht, wird man feststellen, dass es wohl kaum einen fliegenden Verband bei den Heeresfliegern, der Luftwaffe oder auch der Marine gab, wo die Do 27 nicht in Dienst stand. 1959 wurde die letzte Do 27 an die Bundeswehr ausgeliefert. Den größten Anteil davon übernahmen die Heeresflieger. Hier diente die Do 27 als Nahaufklärer und Verbindungsflugzeug, während sie bei der Luftwaffe als Schul- und Verbindungsflugzeug eingesetzt wurde.

Die beiden Heeresfliegerbataillone HFB 200 und HFB 300 erhielten jeweils fünf Do 27. Die Heeresfliegerstaffeln 1 bis 12 wurden mit je zwölf Do 27 ausgerüstet. Auch die Heeresfliegerinstandsetzungsstaffeln erhielten die Do 27 zugeteilt. Die Heeresfliegerwaffenschule in Bückeburg übernahm insgesamt 38 Maschinen. Durch einen Sturm am 20. Oktober 1964 wurde ein großer Teil der in Bückeburg stationierten Do 27 zerstört.

Eine Do 27B-1 (PC+110; Werk-Nr. 261) der HFSt 3 wurde 1961 mit einem geländegängigen Bonmartini-Doppelradfahrwerk erprobt.

Bei der Luftwaffe waren die Hauptnutzer die FFS »S« und das Fluganwärterregiment. Aber auch bei den FFS »A« und FFS »B« sowie bei der WaSLw 30 und der WaSLw 50, bei den verschiedenen Kampfverbänden und bei den Transportgeschwadern flog die Do 27. Die Flugbereitschaft BMVg hatte fünf Flugzeuge mit den Kennungen CA+045 bis CA+047, CA+926 und CA+927 im Bestand. Die drei Lw-Rettungs- und Verbindungsstaffeln LRuVSt setzten insgesamt 54 Do 27 ein. Bei der 4./FmLVsuRgt 61 flogen die XA+121 und XA+122, beim Lehr- und Übungsschwarm die XB+901 und auch die Erprobungsstelle 61 in Manching flog die Do 27. Die ersten vier erhielten die Kennungen YA+001 bis YA+004. Später waren es die Kennungen YA+901 bis YA+914, wobei die ersten Maschinen mit in diese Reihe aufgenommen wurden.

Am 28. Juli 1958 landete die erste Do 27 der Marineflieger bei der Marinesanitätsstaffel in Kiel. Diese Maschine erhielten zunächst die Kennungen SC+701 bis SC+715 und SC+718. Nachdem die MSnSt in das MFG 5 eingegliedert worden war, wurden die Flugzeuge mit den Kennungen SE+521 bis SE+535 umregistriert. Bei der Marinefliegergruppe 1, dem späteren MFG 1, flogen sechs Do 27 mit den Kennungen SA+111 bis SA+116 (Werk-Nr. 116, 117, 119, 149, 268 und 411). Drei Maschinen erhielten die Kennungen SA+721 (Werk-Nr. 149), SA+722 (Werk-Nr. 119) und SA+723 (Werk-Nr. 268). Die MFGp 2 – später MFG 2 – erhielt vier Flugzeuge, die teilweise vom MFG 1 übernommen wurden. Dies waren die SB+731 (Werk-Nr. 116), SB+732 (Werk-Nr. 117), SB+733 (Werk-Nr. 386) und SB+734 (Werk-Nr. 411). Letzte Do 27 bei den Marinefliegern war die 55+10 (Werk-Nr. 116), die bis 1972 beim MFG 5 flog. Sie wurde von der spanischen Luftwaffe als L.9-57 übernommen.

1967 wurde bei der Bundeswehr ein neues Kennzeichnungs-System eingeführt. So erhielten die noch im Einsatz stehenden Do 27 ab dem 13. November 1967 neue Kennzeichen (55+01 bis 57+65) zugeteilt. Zum Schluss ihrer Dienstzeit flogen die Do 27 nur noch bei den Bundeswehrsportfluggruppen. Anfang 1980 führte die Luftwaffenschleuse 61 in Oldenburg die letzte Jahresüberprüfung an einer Do 27 durch. Die endgültige Außerdienststellung erfolgte zum 31. März 1980.

Die überzähligen Flugzeuge wurde an zivile Halter verkauft. Ein Teil ging aber auch an andere Luftwaffen. So erhielt Israel mindesten 30, Nigeria 20 und Portugal 109 Flugzeuge. Von den portugiesischen Beständen übernahmen später die Streitkräfte von Mozambique eine Anzahl Maschinen. Die spanische Luftwaffe übernahm 26 Do 27 aus Bundeswehrbeständen, der Sudan drei, Togo zwei und die Türkei fünf Maschinen.

Technische Daten	
Dornier Do 27 A-4	
Verwendungszweck:	Schul- und Verbindungsflugzeug
Besatzung:	1 + 5 Passagiere
Spannweite in m:	12,00
Länge in m:	9,60
Höhe in m:	2,80
Flügelfläche in m^2:	19,40
Leermasse in kg:	1100
Startmasse in kg:	1850
Höchstgeschwindigkeit in km/h:	250
Reisegeschwindigkeit in km/h:	215
Steigleistung in m/s:	3,4
Aktionsradius in km:	1100
Gipfelhöhe in m:	3300
Triebwerk:	1 x Lycoming GO-480-B1A6

De Havilland DH.114 Heron 2D

Einsatz: 1957 – 1963
Stückzahl: 2
Hersteller: de Havilland

Zur Erstausrüstung der am 1. April 1957 in Nörvenich aufgestellten Flugbereitschaft BMVg gehörten zwei de Havilland DH. 114 Heron Mk.2D. Die Heron 1, angetrieben von vier Reihenmotoren de Havilland Gypsy Queen 30 Mk.2 mit je 186 kW (250 PS), hob am 10. Mai 1950 zu ihrem Erstflug ab. Die Heron Mk.1 war noch mit einem starren Dreibeinfahrwerk ausgerüstet, das bei der Heron Mk.2 durch ein voll einziehbares Fahrwerk ersetzt wurde.

Die Besatzung der DH. 114 Heron bestand aus zwei Piloten und sie konnte 17 Passagiere über eine Entfernung von rund 1500 km befördern. Die Bestellung für die beiden Flugzeuge erhielt de Havilland 1956. Bereits am 1. Februar 1957 konnte die Flugbereitschaft BMVg die erste Heron Mk.2D mit der Kennung CA+001 (c/n 14018) in Dienst stellen. Die CA+002 (c/n 14124) folgte am 18. April 1958. Die CA+001 stand bis zum 28. Februar 1963 im Einsatz. In dieser Zeit absolvierte sie über 400 VIP-Flüge mit über 1300 Flugstunden. Sie wurde als G-ASFI nach England verkauft. Die

CA+002 verließ die Flugbereitschaft bereits im August 1962 und erhielt die zivile Zulassung G-ASCX. Später wurden beide Flugzeuge nach Australien weiterverkauft, wo ihnen die Zulassungen VH-CLW und VH-CLV zugeteilt wurden. Abgelöst wurden die beiden de Havilland DH. 114 Heron Mk.2D bei der Flugbereitschaft BMVg durch drei Lockheed C-140A JetStar.

Technische Daten
De Havilland D.H. 114 Heron Mk.2D

Verwendungszweck:	Verbindungs- und Reiseflugzeug
Besatzung:	2 + 14 Passagiere
Spannweite in m:	21,80
Länge in m:	14,80
Höhe in m:	4,75
Flügelfläche in m^2:	46,40
Leermasse in kg:	3680
Startmasse in kg:	5890
Nutzmasse in kg:	1440
Höchstgeschwindigkeit in km/h:	345
Reisegeschwindigkeit in km/h:	295
Steigleistung in m/s:	5,5
Aktionsradius in km:	1250
Gipfelhöhe in m:	5700
Triebwerk:	4 x de Havilland Gipsy Queen 30
Leistung in kW:	4 x 188

Die beiden de Havilland DH.114 Heron flogen bei der Flugbereitschaft BMVg ab Februar 1957.

Hunting Pembroke C.Mk.54

Einsatz: 1957 – 1972
Stückzahl: 34
Hersteller: Hunting

Die Pembroke war eine Weiterentwicklung aus der für die *Royal Navy* gebauten Sea Prince C.Mk.1 für die RAF, die ihren Erstflug am 24. März 1950 absolvierte. Einen Prototyp gab es nicht. Der Erstflug der Pembroke (WV698) erfolgte am 20. November 1952 in Luton. Diese Maschine stürzte während eines Erprobungsfluges am 11. Mai 1955 ab. Die *Royal Air Force* bestellte 46 Pembroke C.Mk.1. Außer als Verbindungsflugzeug flog sie auch als Fotoaufklärer. Die Pembroke wurde noch an die Luftstreitkräfte folgender Länder geliefert: Belgien, Schweden, Dänemark, Finnland, BRD, Sudan, Rhodesien und Sambia.
Die Pembroke transportierte als zweimotoriger Hochdecker bis zu 2000 kg Fracht oder bis zu acht Passagiere. Als Antrieb wählte Hunting zwei 9-Zylinder-Sternmotoren Alvis Leonides Mk.12701 mit einer Leistung von je 411 kW (560 PS). In den Tragflächen waren vier Treibstofftanks mit einem Fassungsvermögen von insgesamt 1080 Liter eingebaut. Die vierköpfige Besatzung setzte sich aus den beiden Piloten, einem Bordmechaniker und einem Navigator/Funker zusammen.
Für die Bundeswehr wurden 34 Pembroke C.Mk.54 bestellt, die für eine Vielzahl von Aufgaben bei allen drei Teilstreitkräften eingesetzt wurden. 25 Flugzeuge übernahm die Luftwaffe, sechs erhielten die Marineflieger und drei die Heeresflieger.
Die erste Bundeswehr-Maschine war die AS-551 (Werk-Nr. 091), die am 22. Juni 1957 an die TSLw 3 in Faßberg übergeben wurde, wo die Ausbildung des technischen Personals erfolgte. Bei der TSLw 3 erhielt sie dann die Kennung BF-560. Zunächst wurden alle Pembroke mit einem silbernen Anstrich und weißer Oberseite ausgeliefert.

Die »5429« gehörte zur 4./FmL/Vsu Rgt 61 in Lechfeld. Die zusätzliche VHF/UHF-Antenne am Bug diente zur Überwachung des militärischen Sprechfunkverkehrs.

Transport- und Verbindungsflugzeuge

Vor 1967 führten die Flugzeuge des FmL/Vsu Rgt 61 die Kennung »XA«. Die »XA-109« befindet sich heute im Luftwaffenmuseum Berlin-Gatow.

Die letzte Maschine wurde am 11. April 1959 übergeben. Vier Pembroke flogen als Fotoflugzeuge mit einer verglasten Bugnase.
Bei der 2. Ausbildungsstaffel der FFS »S« in Memmingen wurden Transporterpiloten ausgebildet. Zu diesem Zweck erhielt die Schule neun Flugzeuge mit den Kennungen AS-552 bis AS-560. Die Flugbereitschaft BMVg in Köln/Wahn setzte zwei Maschinen mit den Zulassungen CA-021 und CA-022 ein, die später einen weißen Anstrich mit einem blauen Längsstreifen erhielten. Als weitere Pembrokes der Flugbereitschaft flo-

Zur Ausrüstung der Marineseenotstaffel gehörten sechs Hunting Pembroke. Hier die »SC-305« während eines Abnahmefluges in England.

gen die CA-025, CA-551, CA-552 und CA-553. Auch das LTG 61 in Neubiberg hatte eine Maschine (GA-361) im Bestand, ebenso das LTG 62 (GB-361). Mit einer der größten Betreiber war die 1. Flugvermessungsstaffel 612 in Kaufbeuren, die über acht Flugzeuge verfügte. Die Einheit wurde später in 4./FmLVsuRgt 61 umbenannt und nach Lechfeld verlegt. Nachdem die Flugzeuge 1960 mit einem Tarnanstrich versehen worden waren, konnte man die Pembrokes dieser Einheit an ihren leuchtorangen Markierungen deutlich erkennen. Sie wurden als Vermessungsflugzeuge für Flugplatznavigationsanlagen eingesetzt. Bei der 4./FmLVersRgt 61 flog die Pembroke am längsten. Sie wurde erst Ende 1974 ausgemustert. Weitere Betreiber waren die TSLw 1 in Kaufbeuren, wo die Navigationsausbildung erfolgte. Hier flogen fünf Maschinen.
Die ersten drei Pembroke mit den Kennungen SC-301 bis SC-303 flogen bei der Marinedienst-

Die FlBerBMVg verfügte über mehrere Pembroke, die zunächst bei der 3./LTG 62 flogen.

und Seenotstaffel. Später kamen nochmals drei (SC-304 bis SC-306) hinzu. Ihre Einsatzzeit lag zwischen März 1958 und August 1959. Mit der Überstellung an das MFG 5 wurde die Kennzeichnung in SE-514 und SE-516 bis SE-520 geändert. Mit der Kennung SE-515 flog auch die frühere CA-022 beim MFG 5. Im Juni 1972 wurden die Pembroke ausgemustert und durch Dornier Do 28D-2 ersetzt.

Die Heeresflieger betrieben zunächst drei Pembroke bei der HFlgTrspStff 822 und 823 in Celle. Zwei Flugzeuge, die PA+222 und die PA+223, wurden am 25. April 1958 von den Marinefliegern übernommen. Auch bei der Heeresflieger-Transport- und Lehrstaffel 827 in Mendig soll eine Maschine geflogen sein.

Im Rahmen der Umstellung auf neue Kennungen erhielten die Pembroke 1968 die Kennungen 5401 bis 5429. Nach ihrer Außerdienststellung wurden die Flugzeuge zum Teil an zivile Halter verkauft. Fünf Flugzeuge wurden noch in Deutschland registriert. Vier Maschinen sind heute noch in Museen zu finden, und zwar im Auto+Technik Museum in Sinsheim (5401), im Luftwaffenmuseum in Gatow (5407), im Luftfahrtmuseum Hermeskeil (5421) und im Marinemuseum in Nordholz (5408). Ob die 5417 im Technik- und Bauernmuseum in Seifertshofen noch steht, ist dem Verfasser nicht bekannt. Mindestens zwei Pembroke wurden in den Sudan verkauft, darunter mit Sicherheit die c/n 1009.

Technische Daten	
Hunting P.66 Pembroke C.Mk.54	
Verwendungszweck:	Transport- und Verbindungsflugzeug
Besatzung:	4 + 8 Passagiere
Spannweite in m:	19,66
Länge in m:	14,02
Höhe in m:	4,88
Flügelfläche in m²:	37,16
Leermasse in kg:	4160
Startmasse in kg:	6125
Nutzmasse in kg:	1958
Höchstgeschwindigkeit in km/h:	360
Reisegeschwindigkeit in km/h:	320
Steigleistung in m/s:	3,67
Aktionsradius in km:	6100
Gipfelhöhe in m:	1850
Triebwerk:	2 x Alvis Leonides Mk.12-701
Leistung in kW:	2 x 412

Den Heeresfliegern wurden insgesamt vier Pembroke zugeteilt. Die Aufnahme der »PA-223« entstand auf dem Flugplatz Mendig.

Transport- und Verbindungsflugzeuge

Nord 2501 Noratlas

Einsatz:	1958 – 1980
Stückzahl:	187 (Nord 2501 Noratlas)
	2 (Nord 2508 Noratlas)
Hersteller:	Nord Aviation
	Hamburger Flugzeugbau (HFB)
	(Lizenzbau)

Am 10. September 1949 startete der Prototyp N.2500 (F-WFKL) zum Erstflug. Er war mit zwei Sternmotoren Gnôme-Rhone 14R zu je 1212 kW (1625 PS) ausgerüstet. Die Serienflugzeuge N.2501 erhielten dann zwei bei SNECMA in Lizenz gebaute Motoren Bristol Hercules 739. Die erste Maschine aus der Serie (F-WFRG) flog am 28. November 1950. Nord baute 267 Flugzeuge, von denen die *Armée de l'Air* 200 übernahm, die israelischen Streitkräften erwarben 30, die portugiesische Luftwaffe zwölf und die bundesdeutsche Luftwaffe 25 Einheiten. Weitere 162 Maschinen wurden bei HFB in Deutschland für die Luftwaffe in Lizenz gebaut. Zehn dieser Flugzeug wurden an Nigeria geliefert. An Bau beteiligt waren noch Weserflug, wo die beiden Leitwerksträger einschließlich der Triebwerksaufhängung entstanden, und Siebel, wo der Außenflügel und das Leitwerk gefertigt wurden. Der Vertrag über die Lieferung der Flugzeuge an die Luftwaffe wurde am 15. Juni 1956 unterzeichnet.

Am 5. August 1958 hob die erste in Deutschland gebaute Noratlas mit der Kennung GB+102 in Hamburg zum Erstflug ab. Die Übergabe der ersten deutschen Noratlas an die Luftwaffe erfolgte am 5. September 1958. Abgeschlossen wurde die Auslieferung im Juli 1964.

Erster Verband, der die Noratlas in Dienst stellte, war die FFS »S« in Memmingen, wo die Pilotenausbildung stattfand. Die erste Maschine traf am 17. Dezember 1956 dort ein; sie stammte noch aus französischer Fertigung. Bei der FFS »S« war die Noratlas der Ausbildungsgruppe B zugeteilt. Nach einer kurzen Verlegung nach Neubiberg kam die Gruppe im Oktober 1958 nach Wunstorf. Die

Die Nord 2501 Noraltas »52+92« des LTG 61 lässt ihre Triebwerke warmlaufen.

Die »GC+233« wartet auf die Rollfreigabe zum Start, während der Flugzeugwart noch einen letzten Blick auf die Maschine wirft, ob alles in Ordnung ist.

Ausmusterung der Noratlas bei der FFS »S« begann mit der Landung der ersten Transall C-160D der Schule am 22. Mai 1969 in Wunstorf.
Als erster Einsatzverband wurde das am 24. August 1957 in Dienst gestellte LTG 61 in Erding mit der Noratlas ausgerüstet. Die 2. Staffel des Geschwaders wurde am 14. Dezember 1957 mit der Noratlas aufgestellt. Die 1. Staffel flog zunächst noch die Douglas C-47, rüstete später aber auch auf die N.2501 um. Die Flugzeuge des LTG 61 führten die Kennungen »GA+...«. Das LTG 61 verlegte am 22. April 1958 nach Neubiberg. Am 24. Juli 1959 stürzte die GA+243 bei Bursa in der Türkei ab. Eine weitere Maschine, die 52+79, ging am 19. November 1970 bei Wolfratshausen verloren. Eine erneute Verlegung, diesmal nach Penzing, erfolgte am 27. April 1971. Von dort aus erfolgte am 30. Juni 1971 der letzte Flug einer Noratlas des LTG 61. Nachfolgemuster war die Transall C-160D. Über 120.000 Flugstunden konnte das LTG 61 auf der Noratlas verbuchen.
Das zweite Lufttransportgeschwader der Bundeswehr, das LTG 62, wurde am 1. Dezember 1959 in Celle mit Noratlas in Dienst gestellt. Zunächst bestand der Verband nur aus der 1. Staffel. Die Flugzeuge des Geschwaders konnte man an den Kennungen »GB+...« erkennen. Ende 1959 wurde in Köln-Wahn der Geschwaderstab aufgestellt, worauf im Januar 1960 die 1. Staffel ebenfalls nach Wahn verlegte. Die Aufstellung der 2. Staffel erfolgte im April 1960 in Celle. Aus ihr entstand später das LTG 63. Nach der Zwischenstation in Köln-Wahn kam das LTG 62 im Februar 1963 nach Ahlhorn. Ende 1969 konnte das LTG 62 auf 100.000 Flugstunden zurückblicken. Im Januar 1970 flogen die Noratlas im

Das Wappen der FFS »S« stellte Wilhelm Buschs Unglücksraben »Hans Huckebein« dar, hier unter dem Cockpit der »AS+574« zu erkennen.

Zwei Nord 2508 mit Strahltriebwerken an den Tragflächenenden wurden in Manching erprobt.

Rahmen eines Hilfseinsatz nach einer Flutkatastrophe in Tunesien.

Auch das dritte Lufttransportgeschwader, das LTG 63, erhielt die Noratlas. Das Geschwader entstand aus der 2. Staffel des LTG 62, die am 15. November 1961 in 1./LTG 63 umbenannt wurde. Heimatstandort war Celle. Im Oktober 1967 verlegte das Geschwader nach Hohn. Bis zu diesem Zeitpunkt hatte das LTG 63 über 70.000 Flugstunden mit seinen 43 Noratlas absolviert. Die letzte Noratlas verließ das Geschwader Anfang 1970.

Die Flugzeuge aller Geschwader wurden auch bei Hilfsflügen im Ausland eingesetzt. Dazu gehörten

Die WaSLw 50 setzte die »53+39« als Hörsaalflugzeug für Waffensystemoffiziere ein.

Einsätze nach einem schweren Erdbeben im März 1960 in Agadir/Marokko sowie Hilfsflüge nach Niamey/Niger. Aber auch in Deutschland leisteten die Flugzeuge 1962 während der Sturmflut-Katastrophe in Hamburg Hilfe.

Auch bei der ESt 61 in Manching fanden Noratlas Verwendung. Darunter befanden sich zwei Maschinen, die 1963 mit der Typenbezeichnung Nord N.2508 übernommen wurden. Diese wurden von Pratt & Whitney CB17 R2800 Kolbenmotoren angetrieben. Zur Leistungssteigerung waren sie an den Tragflächenenden noch mit je einer Strahlturbine Turboméca Marboré II zu je 3,62 kN (400 kp) ausgerüstet. Die Flugzeuge führten die Kennungen YA+034 und YA+035. Die YA+034 wurde 1968 zur 53+58 und nach ihrer Ausmusterung an Griechenland verkauft. Die YA+035 wurde später verschrottet. Einsatzgebiet für beide Flugzeuge war die Erprobung von Ausrüstungskomponenten für die Transall.

Der Elefant war das Wappentier des LTG 62. Hier ziert er die »53+55«.

Fünf Noratlas standen der WaSLw 50 in Fürstenfeldbruck als Hörsaalflugzeuge zur Verfügung. Mit ihnen erfolgte die Ausbildung der Kampfbeobachter, die später auf der MDD RF-4E und F-4F Phantom II eingesetzt wurden. Abgelöst wurde in dieser Aufgabe die Noratlas 1974 durch die Dornier Do 28D-2. Für die Erprobung des Navigationssystem SETAC des Tornados setzte die 4. FmL/VersRgt 61 in Lechteld ab Juni 1968 zwei Noratlas ein. Ende 1968 erfolgte die Umregistrierung der Flugzeuge. Der Noratlas wurden jetzt die neuen Kennungen 52+01 bis 53+57 zugeteilt. Die bei der Luftwaffe ausgemusterten Noratlas wurden vorrübergehend in Diepholz abgestellt. Einige Maschinen wurden an die griechische Luftwaffe verkauft. Ebenso erhielten die Luftwaffen von Nigeria, Portugal und Israel Flugzeuge aus Bundeswehr-Beständen. Die Firma Elbeflug in Lübeck wollte eine Frachtfluggesellschaft mit ausgemusterten Noratlas aufbauen und erwarb zu diesem Zweck eine größere Anzahl von Flugzeugen, die auch alle zivile deutsche Kennzeichen erhielten. Der Flugbetrieb wurde aber nicht aufgenommen.

Als Zieldarsteller für die Marine setzte das Bundesamt für Wehrtechnik und Beschaffung zwischen 1964 und 1973 zwei Noratlas mit den Kennungen D-9512 und D-9513 ein. Diese wurden durch die D-9570 und D-9580 ersetzt und noch durch eine dritte Maschine, die D-9579 ergänzt. Die Kennungen wurden später in 99+13 bis 99+15 geändert. Im Frachtraum der drei Noratlas waren zwei Winden mit je einen 4000 m langen Stahlseil eingebaut, an dessen Ende sich der als Ziel dienende Schleppsack befand. Den letzen Flug führte die 99+14 am 16. Dezember 1980 durch. Es war der Überführungsflug ins Luftwaffenmuseum nach Uetersen. Nach dem Umzug des Museums nach Berlin-Gatow ist die Noratlas heute dort zu besichtigen.

Die Bundeswehr verlor von 1958 bis 1970 zehn Noratlas.

Technische Daten	
Nord 2501D Noratlas	
Verwendungszweck:	Transportflugzeug
Besatzung:	5 + max. 42 Passagiere
Spannweite in m:	32,50
Länge in m:	21,90
Höhe in m:	6,00
Flügelfläche in m^2:	101,20
Leermasse in kg:	13.350
Startmasse in kg:	21.800
Nutzmasse in kg:	5500
Höchstgeschwindigkeit in km/h:	398
Reisegeschwindigkeit in km/h:	325
Steigleistung in m/s:	4,75
Aktionsradius in km:	1500
Gipfelhöhe in m:	7500
Triebwerk:	2 x SNECMA/Bristol Hercules 739
Leistung in kW:	2 x 1521

Convair 440 Metropolitan

Einsatz: 1959 – 1974
Stückzahl: 6
Hersteller: Convair

Convair begann Mitte der 40er Jahre mit der Entwicklung eines zweimotorigen Kurz- und Mittelsteckenverkehrsflugzeugs. Das erste Modell, die Convair 110, startete am 8. Juli 1946 zum Erstflug. Ihr folgten die Convair 240 und 340. Letzte Version war die für 50 Passagiere ausgelegte Convair 440. Ihre Abmessungen entsprachen denen der Convair 340, aber durch viele Detailverbesserungen konnten die Leistungen nochmals deutlich gesteigert werden. Die Flugerprobung begann am 6. Oktober 1955.

Die Convair 440 »12+04« der FlBerBMVg im Endanflug.

Für den Aufbau der Flugbereitschaft BMVg entschied sich die Luftwaffe zum Erwerb der Convair 440. Sie sollte auf Kurz- und Mittelstrecken Personen und Material transportieren. Insgesamt wurden sechs gebrauchte Maschinen beschafft. Am 25. März 1959 trafen die ersten beiden Flugzeuge auf dem Flughafen in Köln-Wahn ein. Beide standen zuvor in den USA im Einsatz. Nach ihrer Ankunft wurden sie in den Farben der Flugbereitschaft lackiert und erhielten die Kennungen CA+031 und CA+032. Die Übernahme der restlichen Flugzeuge erfolgte ab Mai 1962. Auch die CA+033 kam aus den USA, die CA+034 und CA+035 wurden jedoch von der Swissair übernommen, wo sie zuvor als HB-IMB und HB-IMR registriert waren. Die letzte Maschine, die CA+036, wurde als Convair 340-68A gebaut und in den 50er Jahren zur Convair 440 umgebaut. Auch sie kam aus den USA und traf im November

1962 bei der Flugbereitschaft BMVg ein. Die Wartung der Flugzeuge erfolgte bei der Lufthansa in Hamburg-Fuhlsbüttel, da die Lufthansa ebenfalls Flugzeuge diesen Typs betrieb.

Mit der Einführung der neuen Kennungen bei der Bundeswehr wurden auch die Convairs umregistriert. Da die Kennungen in der Reihenfolge der Werknummer vergeben wurden, erhielt die CA+036 mit der c/n 148 nun die Kennung 12+01. Die anderen flogen als 12+02 bis 12+06.

Ab 1971 übernahm die Flugbereitschaft BMVg ihre ersten HFB-320 Hansa, so dass die Convairs außer Dienst gestellt wurden. Die 12+01 wurde in die USA verkauft. Die 12+02 und 12+03 gingen nach Jugoslawien, wo die 12+03 am 17. Dezember 1971 verunglückte. Die 12+05 erhielt zunächst die Kennung D-AGWA und wurde dann als OO-VGW nach Belgien verkauft. Als letzte Maschine verließ die 12+04 am 6. Dezember 1974 die Flugbereitschaft BMVg. Sie wurde als LN-MAM nach Norwegen veräußert.

Technische Daten	
Convair 440	
Verwendungszweck:	Reise- und Transportflugzeug
Besatzung:	2 + 44 - 52 Passagiere
Spannweite in m:	32,10
Länge in m:	24,14
Höhe in m:	8,58
Flügelfläche in m²:	89,0
Leermasse in kg:	14.750
Startmasse in kg:	22.540
Nutzmasse in kg:	5100
Höchstgeschwindigkeit in km/h:	590
Reisegeschwindigkeit in km/h:	455
Steigleistung in m/s:	7,0
Aktionsradius in km:	1750
Gipfelhöhe in m:	9300
Triebwerk:	2 x Pratt & Whitney R-2800-CB17
Leistung in kW:	2 x 1863

Die Convair 440 »CA+031« in der Kennzeichnug vor 1968.

Grumman HU-16A/B Albatross

Einsatz: 1959 – 1971
Stückzahl: 8 (HU-16A)
5 (HU-16B)
Hersteller: Grumman

Die Grumman Albatross wurde für den militärischen Fracht- und Personaltransport sowie für Seenotrettungsflüge entworfen und in vier Hauptversionen gebaut. Die HU-16A war für den Seenotrettungsdienst bei der USAF vorgesehen. Die HU-16B verfügte über eine vergrößerte Spannweite und verbesserte Flugleistungen. Alle HU-16A wurden auf HU-16B-Standard gebracht. Die HU-16C stand bei der US Navy und der US Coast Guard im Einsatz. Letzte Version war die HU-16D für die US Navy, von der auch sechs Maschinen nach Japan geliefert wurden. Am 24. Oktober 1947 flog die erste, damals noch als XJR2F-1 Albatross bezeichnet. Angetrieben wurde das Flugboot von zwei Sternmotoren Wright R-1820-76B. Für Starts und Landungen auf befestigten Pisten verfügte es über ein Bugradfahrwerk. Zur Verkürzung der Startstrecke konnten vier Hilfsraketen am Heck montiert werden. Die HU-16 Albatross konnte bis zu 22 Stunden in der Luft bleiben. Die Besatzung bestand aus zwei Piloten, einem Navigator, einem Funker und zwei Beobachtern. Insgesamt fertigte Grumman 418 Flugzeuge. Griechenland war der letzte Betreiber der HU-16 Albatross.

Beim Aufbau der Bundeswehr war klar, dass die Marineflieger über eine Seenotrettungsstaffel verfügen sollte. Diese wurde am 1. Januar 1958 in Kiel-Holtenau aufgestellt. Als Erstausrüstung erhielt die Staffel Hubschrauber vom Typ Bristol B.171 Sycamore, deren Leistungsfähigkeit und Reichweite sehr begrenzt waren. Als Ergänzung und Ersatz fiel die Wahl auf die Grumman HU-16B Albatross, von der die Marineflieger fünf Einheiten bestellten. Die Maschinen kamen von der US Navy. Bei der Übergabe am 1. Juni 1959 führten die Flugboote die Kennzeichen RE+501 bis RE+505 (ex BuNo. 146426 bis 146430). Die Seenotstaffel wurde am 16. Juli 1959 in Marinedienst- und Seenotstaffel und am 1. Oktober 1961 in Marinedienst- und Seenotgeschwader umbenannt. Am 1. Oktober 1963 wurde der Verband dann zum MFG 5. Hier erhielten die Flugboote im Februar 1965 zunächst die Kennzeichen SC+101 bis SC+105, später dann SC+301 bis SC+305. Im Zuge der Einführung neuer Kennzeichen wurden die Kennungen ab dem 13. November 1967 in 60+04 bis 60+07 geändert.

Die Wartung der Flugzeuge übernahm VFW in Bremen. Hier wurde Anfang der 60er Jahre eine Modernisierung durchgeführt, nach deren Abschluss sie mit HU-16D bezeichnet wurden.

Die HU-16 Albatross erhielten einen silbernen Anstrich. Der Bug bis hinter die Kanzel war orangerot mit blauer Aufschrift »SAR«. Hinter den Tragflächen befand sich am Rumpf ein orangerotes Band.

Auf Grund des hohen Wartungsaufwandes standen nie alle fünf Maschinen zugleich zur Verfügung. Dies führte zur Beschaffung weiterer drei HU-16A, die gebraucht von der USAF zwischen Juni und August 1968 übernommen wurden. Obwohl die drei Flugboote schon die Kennzeichen RE+506 bis RE+508 führten, kamen sie nicht mehr zum Einsatz. Die vorgesehenen neuen Kennzeichen 60+01 bis 60+03 wurden nicht mehr angebracht.

Alle acht Maschinen wurden am 30. September 1971 offiziell außer Dienst gestellt. Die Überführung zu VFW in Bremen, wo die Maschinen zunächst eingelagert wurden, fand zwischen dem 27. April und dem 9. Mai 1972 statt. Bis dahin hatten es die fünf eingesetzten HU-16D auf zusammen 15.323 Flugstunden gebracht. Die RE+506 wurde auf Grund ihres technischen Zustands verschrottet, die anderen sieben an die Consolidated Aero Export Corporation in Kalifornien verkauft. Von dort fanden sie ihren Weg zur indonesischen Marine, wo sie bei der 5. Staffel in Semarang flogen.

Technische Daten
Grumman HU-16B Albatross

Verwendungszweck:	Seenot-Rettungsflugboot
Besatzung:	6
Spannweite in m:	29,46
Länge in m:	19,15
Höhe in m:	7,87
Flügelfläche in m^2:	96,15
Leermasse in kg:	10.380
Startmasse in kg:	17.010
Höchstgeschwindigkeit in km/h:	380
Reisegeschwindigkeit in km/h:	277
Steigleistung in m/s:	5,95
Aktionsradius in km:	5578
Gipfelhöhe in m:	7165
Triebwerk:	2 x Wright R1860-76A Cyclone
Leistung in kW:	2 x 1062

Am Bodensee war die Grumman HU-16 Albatross ein eher seltener Gast.

Dornier Do 28A-1

Einsatz: 1961 – 1970
Stückzahl: 1
Hersteller: Dornier

Aus der Do 27 leitete Dornier die Do 28, ein zweimotoriges Mehrzweckflugzeug, ab. Es bot Platz für sechs Passagiere. Rund 80 Prozent der Bauteile der Do 27 konnten verwendet werden. Die Do 28 sollte als Reiseflugzeug bis zu acht Passagiere befördern können. Der Prototyp der Do 28 entstand aus einer Do-27-Zelle, die einem verkleideten Rumpfbug erhielt. Die beiden Kolbenmotoren Lycoming 0-360-A1A mit einer Leistung von je 132 kW (180 PS) waren an Stummelflügel links und rechts am Rumpf montiert. Die Motoren trieben zwei Zweiblatt-Verstellpropeller an. Der Erstflug erfolgte am 29. April 1959.

Durch das Einfügen eines Flügelmittelstücks wurde die Spannweite bei der Serienausführung um 1,80 m vergrößert. Das zentral unter die Motorengondeln angeordnete und stromlinienförmig verkleidete Fahrwerk erhielt symmetrische Gabeln für die Radaufhängung. Auch kamen jetzt zwei leistungsstärkere luftgekühlte 6-Zylinder-Boxermotoren Lycoming 0-540-A1D mit je 186 kW (255 PS) zum Einbau. Die erste Maschine, die der Serienausführung entsprach, flog am 20. März 1960.

Als persönliches Reiseflugzeug für Verteidigungsminister Franz Josef Strauß beschaffte die Bundeswehr 1961 eine Do 28A-1, die von der Flugbereitschaft BMVg mit der Kennung CA+041 (Werk-Nr. 3015) betreut wurde. Während ihrer Zugehörigkeit zur Flugbereitschaft erhielt die Maschine den Spitznamen »Vogel Strauß«. Das Flugzeug wurde später der Luftwaffengruppe Süd als Reise- und Verbindungsflugzeug zugeteilt. Hier erhielt es die Kennung ND+108 und ab September 1968 die Kennung 15+01. Nach der Außerdienststellung wurde es als D-ILPB an die Rheinbraun-Kohlenwerke AG verkauft.

Technische Daten	
Dornier Do 28A-1	
Verwendungszweck:	Reiseflugzeug
Besatzung:	2 + 7 Passagiere
Spannweite in m:	13,80
Länge in m:	9,04
Höhe in m:	3,16
Flügelfläche in m^2:	24,40
Leermasse in kg:	1640
Startmasse in kg:	2330
Höchstgeschwindigkeit in km/h:	275
Reisegeschwindigkeit in km/h:	248
Steigleistung in m/s:	6,8
Aktionsradius in km:	1150
Gipfelhöhe in m:	5900
Triebwerk:	2 x Lycoming 0-540-A1D
Leistung in kW:	2 x 191

Die FlBerBMVg gab die Do 28A-1 an die Luftwaffengruppe Süd als Reise- und Verbindungsflugzeug ab, wo sie später die Kennung »15+01« erhielt.

Douglas DC-6B

Einsatz: 1962 – 1969
Stückzahl: 4
Hersteller: Douglas

Die Douglas DC-6 ist die Weiterentwicklung der DC-4/C-54. Hauptmerkmale sind der verlängerte Rumpf mit Druckkabine und die leistungsstärkeren Triebwerke Pratt & Whitney R-2800-CB17 Douple Wasp mit je 1764 kW (2400 PS). Der Prototyp führte die Bezeichnung XC-112A und startete am 15. Februar 1946 zum Erstflug. Die Weiterentwicklung DC-6B absolvierte am 10. Februar 1951 den Jungfernflug. Militärische Ableitungen waren die C-118A Liftmaster für die *USAF* und die R6D-1 für die *US Navy*. Die Produktion der DC-6 wurde 1958 eingestellt. Bis dahin hatten 704 Maschinen die Werkshallen verlassen.

Für den Langstreckeneinsatz bei der Flugbereitschaft BMVg suchte die Bundeswehr Anfang der 60er Jahre ein geeignetes Flugzeug. Von der amerikanischen Fluggesellschaft Western Airlines konnten 1961 zwei gebrauchte DC-6B erworben werden. Bei ihrer Indienststellung im Januar 1962 erhielten sie die Kennzeichen CA+034 und CA+035, wurden aber später auf CA+021 und CA+022 umregistriert. Da entsprechender Transportbedarf bestand, kaufte die Bundeswehr zwei weitere DC-6B von der Sabena, die im Mai und im Juni 1965 übernommen wurden. Ihre Kennungen lauteten CA+023 und CA+024. Im Vergleich mit den DC-6B von Western Airlines fehlten bei den Flugzeugen der Sabena die Verkleidung der Propellernaben. Alle vier Maschinen wurden bei der Sabena gewartet.

Neben dem allgemeinen Transport von Regierungsmitgliedern bedienten die Flugzeuge in der Hauptsache die Transatlantikstrecken nach den USA, über die deutsche Soldaten zu Ausbildungszwecken ins »Land der unbegrenzten Möglichkeiten« befördert wurden.

Die Douglas DC-6B »13+01« flog früher bei Western Airlines. Im Unterschied zu den beiden von der Sabena übernommenen Flugzeugen waren ihre Propellernaben verkleidet.

Transport- und Verbindungsflugzeuge

Wie alle Luftfahrzeuge der Bundeswehr wurden auch den DC-6B Anfang 1968 neue Kennzeichen zugeteilt; hier 13+01 bis 13+04. Mit der Zeit stießen auch die DC-6B an ihre Leistungsgrenzen. Als Ersatz fiel die Entscheidung auf die Boeing 707-320C, die dann 1968 die DC-6B bei der Flugbereitschaft BMVg ersetzte. Die 13+01 und 13+02 wurden im Juni 1969 an die dänische Fluggesellschaft Sterling verkauft. Zuvor hatten die 13+03 und 13+04 im November 1968 die Flotte der Flugbereitschaft BMVg verlassen und wurden als 5U-AAE und 5U-AAF im zentralafrikanischen Niger zugelassen. 1980 wurde die 13+04 zu einem Wasserbomber umgebaut und flog noch einige Jahre bei der französischen *Securité Civile* zur Waldbrandbekämpfung.

Technische Daten

Douglas DC-6B

Verwendungszweck:	Reise- und Transportflugzeug
Besatzung:	3 + 68 bis 102 Passagiere
Spannweite in m:	35,86
Länge in m:	32,10
Höhe in m:	6,70
Flügelfläche in m2:	135,80
Leermasse in kg:	27.250
Startmasse in kg:	48.535
Nutzmasse in kg:	9600
Höchstgeschwindigkeit in km/h:	595
Reisegeschwindigkeit in km/h:	475
Steigleistung in m/s:	6,5
Aktionsradius in km:	4100
Gipfelhöhe in m:	8250
Triebwerk:	4 x Pratt & Whitney R-2800-CB17
Leistung in kW:	4 x 1838

Oben: *Im Mai und im Juni 1965 übernahm die FlBerBMVg zwei weitere DC-6B von der Sabena. Darunter die »CA+024«.*

Unten: *Die »CA+034« wurde 1962 in Dienst gestellt und später als »CA+021« registriert.*

Lockheed C-140A JetStar

Einsatz: 1962 – 1986
Stückzahl: 4
Hersteller: Lockheed

Die C-140 ist die militärische Variante der Lockheed 1329 Jet Star. Der Prototyp startete am 4. September 1957 zum Erstflug. Die USAF beschaffte 16 Flugzeuge. Die Fertigung lief 1980 aus. Bis zur Einstellung der Produktion wurden 204 JetStar gebaut. Die Luftwaffe beschaffte für die Flugbereitschaft BMVg drei JetStar 6 mit den Kennungen CA+101 bis CA+103 als schnelle Kurz- und Mittelstrecken-Flugzeuge für den VIP-Transport. Die JetStar war das erste strahlgetriebene Flugzeug der Flugbereitschaft. Sie wurde von vier Strahltriebwerken Pratt & Whiney JT12A-6 mit je 1360 kp Leistung angetrieben Die ersten beiden Maschinen wurden 1962 übernommen, die dritte folgte 1965. Die Ausbildung der Besatzungen fand bei Lockheed statt. Die Wartung der Flugzeuge übernahm VFW in Lemwerder.

Die CA+102 ging am 16. Januar 1968 nach dem Zusammenstoß mit einer Piaggio P.149D der Lufthansa in der Nähe von Bremen verloren. Das Flugzeug konnte wohl in Lemwerder notlanden, war aber so stark beschädigt, dass es abgeschrieben werden musste. Ersetzt wurde das Flugzeug durch eine JetStar 8, die zuvor mit dem zivilen Kennzeichen N7666S (c/n 5121) geflogen war.

Die CA+101 und CA+103 wurden in September 1968 neu als 11+01 und 11+03 registriert. Die für die CA+102 vorgesehene Kennung 11+02 wurde nach der Auslieferung des neuen Flugzeuges übernommen. Alle drei JetStar standen bis zur Ablösung durch die Canadair Cl-601 Challenger im Dienst und wurden 1986 nach Ägypten verkauft.

Technische Daten

Lockheed C-140A Jet Star	
Verwendungszweck:	Reise- und Transportflugzeug
Besatzung:	2 + 10 Passagiere
Spannweite in m:	16,59
Länge in m:	18,41
Höhe in m:	6,22
Flügelfläche in m^2:	50,40
Leermasse in kg:	11.294
Startmasse in kg:	20.185
Höchstgeschwindigkeit in km/h:	880
Reisegeschwindigkeit in km/h:	817
Steigleistung in m/s:	21,33
Aktionsradius in km:	4820
Gipfelhöhe in m:	13.105
Triebwerk:	4 x Garrett TFE 731-3
Schub in kN:	4 x 16,47

Als schnelle Kurz- und Mittelstrecken-Flugzeuge erhielt die Flugbereitschaft BMVg drei JetStar 6.

Transport- und Verbindungsflugzeuge

Transall C-160D

Einsatz: 1965 – heute
Stückzahl: 110
Hersteller: Aérospatiale, Frankreich;
VFW-Fokker und MBB, Deutschland

Mit der Transall C-160 entstand erstmals in der Geschichte des Flugzeugbaus ein Großflugzeug in der Zusammenarbeit zweier Staaten. Der Name Transall ist die Abkürzung von TRANSporter ALLianz, womit die Firmen HFB (Hamburger Flugzeugbau), VFW (Vereinigte Flugtechnische Werke) und Nord-Aviation (Melun-Villaroche/Frankreich) gemeint sind, die das Flugzeug in Gemeinschaftsarbeit entwickelten und bauten. Die Entstehung der Transall geht auf die zweite Hälf-

Der Erprobungsstelle 61 in Manching (heute WTD 61) standen mehrere C-160D, teils leihweise, für die verschiedensten Aufgaben zur Verfügung. Die »50+75« gehört jedoch zum festen Bestand der Dienststelle.

te der 50er Jahre zurück, als man sowohl in Frankreich als auch in Deutschland einen Nachfolger für die Noratlas suchte. Die Maschine sollte auf Mittelstrecken zum Einsatz kommen, über Kurzstart- und Kurzlandeeigenschaften verfügen sowie mit einer Nutzlast von 8000 kg von halbbefestigten Pisten starten können. 1957 begannen unabhängig voneinander in deutschen und französischen Konstruktionsbüros die Planungsarbeiten. Am 28. November 1957 beschlossen die Regierungen von Frankreich und der Bundesrepublik Deutschland die gemeinsame Entwicklung eines Transportflugzeuges. Die Deutschen wünschten einen Mittelstrecken-STOL-Kampfzonentransporter und die Franzosen einen Transporter, der auch für strategische Einsätze taugte. Beide Parteien einigten sich am 30. Mai 1958 auf ein mittleres Transportflugzeug mit einer Nutzlast von acht Tonnen. Die Gründung der deutsch-französische Arbeitsgemeinschaft »Transall« erfolgte am 28. Januar 1959. Die Aufteilung wurde wie folgt vereinbart: HFB, Nord und VFW bauen jeweils

einen Prototyp. Außerdem bauen VFW eine dynamische und HFB eine statische Bruchzelle. Die ersten beiden Nullserien-Flugzeuge fertigt Nord.
1961 wurde den beiden Luftwaffen eine Attrappe vorgestellt, die bereits das heutige Aussehen der Maschine hatte. Kurz darauf begann der Bau von drei Prototypen (V1, V2, V3), die 1963 fertiggestellt wurden.
Im Cockpit mit Druckausgleich setzt sich die Besatzung aus einem Flugzeugführer, einem Copiloten, einem Navigator, einem Bordtechniker und einem Ladungsmeister zusammen. Der Rumpf der Transall ist eine konventionelle Konstruktion in Ganzmetall-Halbschalenbauweise. Der Laderaum verfügt ebenfalls über Druckausgleich, hat eine

Die Ausbildung der Transall-Besatzungen erfolgte bei der FFS »S

Länge von 17,21 m, eine Breite von 3,15 m und ist 2,98 m hoch. Das Frachtvolumen liegt bei 140 m³. Eine Innenwinde hilft beim Be- und Entladen von schwerer Lasten. Der Rumpf lässt sich durch eine Hydraulikmechanik absenken. Die Heckklappe ist geteilt. Der untere Teil kann hydraulisch auf die Höhe einer LKW Ladefläche abgesenkt werden, während sich der obere bis auf die Höhe des

C-160D des LTG 61 aus Penzing vor der Burg Hohenzollern.

Transport- und Verbindungsflugzeuge

Dass diese Transall des LTG 62 schon viele Einsätze hinter sich hat, zeigt der verwitterte Tarnanstrich.

Frachtraumdaches hochfahren lässt. Eine weitere Ladeklappe findet sich auf der Backbordseite des vorderen Rumpfabschnitts. Auf beiden Rumpfseiten befindet sich hinter den Gondeln für das Hauptfahrwerk je eine Tür zum Absetzen von Fallschirmtruppen. Auf Segeltuchsitzen im Laderaum finden bis zu 93 Soldaten Platz. Beim Transport von Fallschirmjägern verringert sich die Zahl der Plätze auf 61. Beim Einsatz als Sanitätsflugzeug können 62 Tragen und vier Sanitäter befördert werden.

Das Bugrad hat eine Doppelbereifung. Das Hauptfahrwerk ist in Ausbuchtungen an den Rumpfseiten untergebracht. Es besteht aus zwei Paar Tandemrädern mit je vier Rädern pro Seite. Niederdruckreifen erlauben den Einsatz von halbbefestigten Pisten aus. Die Tragflächen sind in zweiholmiger Bauweise ausgeführt. Sie haben außerhalb der Triebwerke eine V-Stellung von 3 Grad 26 Minuten. Zwei Drittel der Flügelhinterkante beanspruchen hydraulisch betätigte Doppelspaltklappen, das letzte Drittel die Querruder. Durch das Ausfahren mehrfach geteilten Flügelklappen (FLAPS) kann die auftriebserzeugende Fläche erheblich vergrößert werden.

Angetrieben wird die C-160 von zwei Rolls-Royce Tyne Mk. 22 mit 4549 kW (6100 WPS). Die Luftschrauben von Ratier-Figeac haben einem Durchmesser von 5,50 m und erlauben ein Rückwärtsmanövrieren ohne Flugzeugschlepper.

Noch bevor die Flugerprobung begann, bestellten beide Regierungen am 11. Januar 1962 eine Null-Serie von sechs Maschinen A-01 bis A-06. Je drei Maschinen wurden dann von den beiden Luftwaffen übernommen. Deutschland erhielt die A-01 (50+03), A-03 (50+04) und die A-05 (50+05).

Der erste Prototyp konnte am 9. November 1962 fertiggestellt werden. Vor dem Erstflug wurden die elektrischen, pneumatischen und hydraulischen Systeme sowie die Triebwerke, die Kraftstoffanlage, die Funkausrüstung und die Druckbelüftung am Boden getestet. Der Erstflug der V1 erfolgte am 25. Februar 1963 in Melun-Villaroche. Die V2 absolvierte ihren Jungfernflug am 25. Mai 1963 in Bremen und die V3 startete am 19. Februar 1964 in Hamburg zum Jungfernfllug. Die Flugerprobung der drei Prototypen erfolgte im Erprobungszentrum Istres. Offiziell wurde am 5. Mai 1963 in Istres die erste Transall den Verteidigungsministern der beiden Staaten vorgestellt. Am 23. Oktober 1963 beschloss die Bundesregierung die Einführung der Transall C-160 und am 23. September 1964 unterzeichneten beide Staaten den Vertrag über die Beschaffung von 160 Flugzeugen. Für die deutsche Luftwaffe wurden 110 C-160D mit den taktischen Kennzeichen 50+06 bis 51+15 und für die *Armée de l'Air* 50 C-160F gefertigt. Davon baute MBB (HFB) 40 Flugzeuge, VFW-Fokker 43 und Aerospatiale 27.

Der ESt 61 in Manching standen für die Mustererprobung drei Prototypen (D-9507 bis 9509) und die sechs Vorserien-Flugzeuge (D-9524 bis 9529) zur Verfügung. Die erste Serienmaschine aus deutscher Endmontage startete am 2. November 1967 zu ihrem Jungfernflug. Auf dem Fliegerhorst Ahlhorn fand am 26. April 1968 die offizielle Übergabe der Transall C-160 an die Luftwaffe und die *Armée de l'Air* statt. Die Fertigung lief am 26. Oktober 1972 mit der Lieferung der 178. Serienmaschine von Aérospatiale an VFW-Fokker in Lemwerder aus.

Als es sich herausstellte, dass die Bundeswehr nur 90 Flugzeuge benötigte, wurden 1972 im Rahmen einer Militärhilfe 20 Transall unter der

Bezeichnung C-160T an die Türkei abgegeben. Es handelte sich dabei um die Maschinen mit den folgenden Kennzeichen: 50+11 bis 50+16, 50+18 bis 50+28 und 50+30 bis 50+32.
Drei Geschwader rüsteten auf die Transall C-160D um. Es waren dies das LTG 61 in Landsberg, das LTG 63 in Hohn und die Flugzeugführerschule »S« in Wunstorf.
Für die Erprobung wurde bei LTG 61 die Truppenversuchsstaffel Transall (3./LTG 61) aufgestellt. Die erste C-160D traf am 16. Juni 1970 beim LTG 61 ein, das zu diesem Zeitpunkt noch in Neubiberg stationiert war. Die Umschulung der Piloten auf das neue Muster erfolgte ab April 1971 in Beja (Portugal). Der letzte Einsatz mit der Noratlas erfolgte 30. Juni 1971 und die Umschulung auf die Transall konnte im Dezember 1971 abgeschlossen werden. Beim LTG 63 landete die Transall erstmals am 8. August 1968. Die Umrüstung wurde am 18. März 1970 beendet. An diesem Tag wurde die letzte Noratlas des Geschwaders an die griechische Luftwaffe abgegeben. Am 22. Mai 1969 übernahm die Flugzeugführerschule »S« in Wunstorf mit der »50+17« ihre erste C-160D. Die FFS »S« wurde am 1. Oktober 1978 in LTG 62 umbenannt. Das alte LTG 62 war in Ahlhorn stationiert und wurde mit der Abgabe seiner letzten Noratlas am 30. September 1971 aufgelöst.
Während ihrer Einsatzzeit verlor die Luftwaffe bisher drei Transall C-160D. Als erste stürzte die 50+63 des LTG 63 am 9. Februar 1975 auf Kreta ab. Beim Landeanflug streifte sie einen Berg und zerschellte. Dabei fanden sieben Besatzungsmitglieder und 35 Angehörige des FlaRakBtl 39 den Tod. Bei Bordeaux ging eine Transall der LTG 61 am 2. Juli 1988 verloren. Der letzte Unfall ereignete sich am 11. Mai 1990, als die 50+39 des LTG 62 in ein Waldgebiet bei Lohr im Main-Spessart-Gebiet stürzte. Dabei fanden zehn Besatzungsmitglieder den Tod.
Im Rahmen eines internationalen Hilfsprogramms für Biafra stellte Deutschland im Herbst 1968 die A-03 dem Roten Kreuz für vier Monate zur Verfügung. Die A-03 mit dem taktischen Kennzeichen 50+04 gehörte damals zum LTG 63. In Villaroche erhielt sie den Anstrich des Internationalen Roten Kreuzes und das Zivilkennzeichen D-ABYG. Während des Einsatzes in Biafra wurde sie von der Schweizer Fluggesellschaft Balair mit dem Kennzeichen HB-ILN betrieben.
Zwischen dem 15. August 1981 und dem 18. Mai 1982 flogen zwei C-160D in Indonesien. Bei 1058 Einsätzen wurden rund 2400 Flugstunden absolviert. Im Rahmen dieser Einsätze wurden 38.000 Indonesier mit ihrer persönlicher Habe von Java nach Sumatra gebracht.
Vom 4. November 1984 bis zum 20. Dezember 1985 setzte das Lufttransportkommando (LTKdo) mehrere Transall aller drei Geschwader für Hilfseinsätze in Äthiopien und im Sudan ein. Zunächst verlegten am 4. November 1984 zwei Flugzeuge des LTG 63 nach Dire Dawa in Äthiopien. Bereits ab dem 6. November begannen die Hilfsflüge. Vorrübergehend wurde die Aktion am 31. August 1985 beendet. Nach Khartum im Sudan verlegten zwei C-160D des LTG 61 und 62 am 28. Mai 1985 und flogen dort ab dem 31. Mai Hilfseinsätze. Bald darauf kam noch eine fünfte Transall nach Afrika. Die Wiederaufnahme der Hilfsflüge in Äthiopien erfolgte am 14. Oktober 1985 durch Transall des LTG 63. Am 16. Dezember wurden die Hilfseinsätze eingestellt.
Am 7. Dezember 1990 erreichte das Lufttransportkommando der Einsatzbefehl für den Transport von Hilfsgütern nach Iwanowo in der Sowjetunion. Jedes der drei Geschwader war mit je zwei Flugzeugen beteiligt. Um die sprachlichen Probleme zu lösen, wurden den Transall-Besatzungen Piloten der Transportfliegerstaffel 24 der LSK/NVA aus Dresden zur Seite gestellt. Außerdem flogen noch russische Soldaten mit, die die Navigation und den Funkverkehr abwickelten. Die Flüge wurden am 18. und 19. Dezember 1990 ab Wunstorf durchgeführt.
Bei der Einführung der Transall ging die Bundeswehr von einer Nutzungsdauer von etwa 4000 Flugstunden aus, was einer durchschnittlichen Einsatzzeit von 15 Jahren entsprach. 1980 wurden Inspektionen an drei Maschinen mit sehr hohem Dienstalter durchgeführt. Dabei zeigte es sich, dass durch entsprechende technische Maßnahmen die Einsatzzeit auf über 10.000 Flugstunden erhöht werden kann, das heißt bis zum Jahr 2010. Dies führte zu den »Lebensdauerverlängerungsmaßnahmen« (LEDA), die bei MBB in Lemwerder durchgeführt wurden. Das Programm bestand aus 80 Modifizierungen. Die wichtigste Maßnahme war die Verstärkung der Tragflächen im Mittelteil zwischen Triebwerken und Außenflügel. Gleichzeitig erhielten die C-160D neuen Korrosionsschutz und Tarnanstrich. Im März 1980 traf die erste C-160D bei MBB in Lemwerder ein und konnte am 16. Oktober 1984 wieder an das LTG 62 ausgeliefert werden. Die Arbeiten an den Flugzeugen dauerten bis 1989. Ab Sommer 1988 erfolgte die Modernisierung der Avionik- und Funkausrüstung, wobei die Analog-Geräte durch

Für humanitäre Einsätze bereitgestellte Maschinen führ(t)en oft einen weißen Anstrich. Bei der »50+69« des LTG 63 heben roten Kreuze den Charakter der Verwendung zusätzlich hervor.

moderne Digital-Geräte ersetzt wurden. Im Rahmen dieser Arbeiten wurde ein Kurzwellen-Funkgerät HF ARC-190 von Collins eingebaut. Mit der neuen Datenübertragungsanlage können über eine Kodier-/Dekodiereinrichtung schriftliche Texte übermittelt werden. Die Kurzwellenanlage bekam einen SELCAL-Vorsatz, über den die Leitstelle in Münster eine Besatzung während des Fluges anrufen kann, ohne dass diese in ständiger Hörbereitschaft ist. Außerdem erhielten die Maschinen ein neues Wetter- und Navigations-Radar.

Einsätze in Bosnien zur Unterstützung der dort im Einsatz stehenden deutschen Kontigente und der Zivilbevölkerung wurden ab 1992 geflogen. Durch die Vorfälle bei den Hilfsflügen in Bosnien wurden zwölf Maschinen mit Kevlarmatten im Cockpit und im vorderen Laderaum ausgekleidet. Diese Matten können Geschosse bis 7,62 mm abhalten. Dazu kam noch ein Eloka-System mit einem Radarwarnempfänger ALR 68, ein Raketenanflugwarngerät sowie ein *Chaff-Flare-Dispenser*. Unter der Projektbezeichnung ANA-FRA wurde eine neue autonome Navigationsanlage (ANA) von Rockwell Collins und eine Flugregleranlage (FRA) auf Laserbasis von Honeywell eingebaut. Standard Elektrik Lorenz lieferte das *Global Positioning System (GPS)*. Grundlage für das neue *Flight-Management-System* ist der Datenbus MIL STD 1553B. Die beiden Anzeige- und Kontrollsysteme CCD-840 ersetzten einige alte Instrumente und ermöglichten durch das Berühren des Bildschirms die Auslösung einer Funktion. Durch diese Maßnahme konnte der Navigations-

Funker eingespart werden. Dieses Modernisierungsprogramm konnte bis Ende 1999 abgeschlossen werden. Am 31. Oktober 2001 konnte das Lufttransportkommando die 750.000 Flugstunden auf der Transall C-160D feiern. Ab Januar 2002 wurden mehr als 1000 deutsche Soldaten als Teil der internationalen Schutztruppe ISAF *(International Security Assistance Force)* in Afghanistan stationiert. Zu ihrer Versorgung wurden mehrere C-160D in Termez in Usbekistan stationiert, da die A310 der Flugbereitschaft aus sicherheitstechnischen Gründen nicht in Kabul landen können. Die aus Deutschland ankommende Fracht wird in Termez in die C-160D der umgeladen und von dort nach Kabul geflogen.

Technische Daten	
Transall C-160D	
Verwendungszweck:	Transportflugzeug
Besatzung:	3 + 93 Soldaten
Spannweite in m:	40,00
Länge in m:	32,40
Höhe in m:	11,65
Flügelfläche in m^2:	160,10
Leermasse in kg:	28.758
Startmasse in kg:	49.100
Nutzmasse in kg:	16.000
Höchstgeschwindigkeit in km/h:	513
Reisegeschwindigkeit in km/h:	454
Steigleistung in m/s:	7,3
Aktionsradius in km:	4400
Gipfelhöhe in m:	8230
Triebwerk:	2 x Rolls-Royce Tyne RTy20 Mk.22-Turboprop-Triebwerke
Schub in kW:	2 x 4549

Boeing 707-320C

Einsatz: 1968 – 1999
Stückzahl: 4
Hersteller: Boeing

Boeing startete 1952 die Entwicklung eines neuen Transport- und Verkehrsflugzeugs unter der Bezeichnung Model 367-80. Aus der »Dash-80«, wie sie auch noch hieß, entstanden die Baureihen 707 und 717, wobei das Modell 717 unter seiner militärischen Typenbezeichnung C-135 bzw. KC-135 viel bekannter ist.
Am 15. Juli 1954 startete die Maschine mit der Kennung N70700 in Renton mit Tex Johnston am Steuerknüppel zum Erstflug. Angetrieben wurde die 367-80 von vier Strahltriebwerken Pratt & Whitney JT3P mit je 42,5 kN (4309 kp) Schub. Auffällig an der Auslegung waren die Tragflächen mit einer Pfeilung von 35 Grad und die darunter in Gondeln an vier freitragenden Pylonen aufgehängten Triebwerke vom Typ Pratt&Whitney JT3. Auf Basis des Model 367-80 bestellte die USAF am 5. Oktober 1954 zunächst 29 Flugzeuge mit der Bezeichnung KC-135A. Im Laufe der Erprobung erhielt die Maschine im Heck einen Tankausleger zur Abgabe von Treibstoff in der Luft. Nachdem die ersten Vorserienmaschinen der KC-135A in die Flugerprobung mit einbezogen werden konnten und die USAF die Genehmigung erteilt hatte, das Flugzeug auch für zivile Zwecke einzusetzen, stellte Boeing die 367-80 auch verschiedenen Fluggesellschaften vor. Dabei stellte sich heraus, das für den kommerziellen Einsatz der Rumpfdurchmesser mit 3,53 m nicht den Forderungen der Fluggesellschaften entsprach. Da

Am 12. September 1993 landete die Boeing 707 »10+01« der FlBerBMVg in Nörvenich.

Zu 30jährigen Dienstjubiläum erhielt die Boeing 707 »10+03« eine Sonderlackierung.

die USAF einer Vergrößerung des Rumpfdurchmessers auf 3,66 m zustimmte, war es möglich die Rümpfe für die militärische wie die zivile Variante auf der gleichen Fertigungslinie zu bauen.
Die erste Fluggesellschaft, die die Boeing 707-120 bestellte, war Pan Am. Der Auftrag über sechs Einheiten wurde am 13. Oktober 1955 unterzeichnet. Die erste Maschine aus dieser Bestellung flog am 20. Dezember 1957. Die Boeing 707-120 war für den Einsatz auf Mittelstrecken ausgelegt. Für Langstrecken entwickelte Boeing die Boeing 707-320 Intercontinental, mit der es möglich war, den regelmäßigen Luftverkehr über den Atlantik aufzunehmen. Der Rumpf wurde um 2,03 m verlängert und die Spannweite um 3,53 m gestreckt. Die Maschine bot 189 Passagieren Platz. Für den Antrieb sorgten vier Pratt & Whitney JT4A-3 mit einer Leistung von je 70,72 kN. Der Erstflug fand am 11. Januar 1959 statt. Sie war die erfolgreichste Version der Boeing 707-Baureihe. Wiederum war es Pan Am, die am 10. Oktober 1959 mit dieser Version den Liniendienst aufnahm.
Die Weiterentwicklung Boeing 707-320B wies verschiedene Modifikationen sowie leistungsstärkere Turbofan-Triebwerke auf. Die Boeing 707-320C Convertible ist als reines Frachtflugzeug oder Fracht- und Passagierflugzeug mit einer Frachttür und einem von Boeing entwickelten Ladesystem ausgerüstet und kann im Oberdeck bis zu 13 Typ-A-Container transportieren. Der Unterflurfrachtraum hat ein Volumen von 48,14 m^3. Die Passagierkapazität umfasst bis zu 219 Personen. Die maximale Abflugmasse beträgt 152.540 kg. Die Fertigung der zivilen Boeing 707 lief bis 1981.

Endgültig eingestellt wurde die Produktion im Mai 1991, wobei in den letzten zehn Jahren nur noch die militärischen Versionen E-3 Sentry und E-6 gebaut wurden. Die gesamte Produktion der Boeing 707 Baureihen umfasste 1830 Flugzeuge. Als Ersatz für die bei der Luftwaffe auf der Langstrecke eingesetzten Douglas DC-6B wurde die Boeing 707-320C Anfang 1967 ausgewählt. Für den Antrieb sorgten Pratt & Whitney JT-3D-3B Triebwerke. Die Kosten für die Beschaffung der vier Flugzeuge beliefen sich auf 17 Millionen DM. Die Umrüstung auf die verschiedenen Aufgabenbereiche, wie VIP-Beförderung, Truppen- oder Frachttransport, ließ sich in kurzer Zeit bewerkstelligen. Für die Be- und Entladung mit Fracht erhielten die Flugzeuge große Frachttüren und Bodenplatten mit Kugelrollen.
Als erste Maschine wurde die 10+01 am 30. September 1968 an die Flugbereitschaft BMVg in Köln-Wahn ausgeliefert. Am 8. November 1968 wurde dieses Flugzeug auf den Namen »Otto Lilienthal« getauft. Die Auslieferung der 10+02 »Hans Grade« erfolgte 15. Oktober 1968, der 10+03 »August Euler« am 31. Oktober 1968 und zuletzt kam die 10+04 »Hermann Köhl« am 18. November 1968. Die Flugzeuge betrieb die 2. Lufttransportstaffel der Flugbereitschaft BMVg. Die Wartung übernahm die Lufthansa Technik in Hamburg.
Neben der Beförderung von Politikern zu Staatsbesuchen im Ausland dienten die Flugzeuge hauptsächlich als Truppentransporter zu den Übungs- und Schießplätzen in den USA, Kanada, auf Kreta und Sardinien sowie in Portugal. Sie übernahmen aber auch weltweite Hilfsflüge in Katastrophengebiete, darunter Angola, Armenien, Bangladesh, Nicaragua, Pakistan und Somalia.
Um den neuen Lärmvorschriften zu entsprechen, wurden die Triebwerke Mitte der 80er Jahre mit

HUSH-*Kits* zur Lärmreduzierug versehen. Lange Zeit wurde nach einem Nachfolger für die Boeing 707-320C der Flugbereitschaft BMVg gesucht, da diese mit der Zeit nicht mehr wirtschaftlich zu betreiben waren. Auf Grund der hohen Anschaffungskosten wurde das Vorhaben aber immer wieder verschoben. Auch das Angebot von SNECMA im Jahre 1986, die Flugzeuge auf wirtschaftlicher Triebwerke umzurüsten, wurde nicht wahrgenommen. Ein weiteres Angebot von Airbus Industrie vom Sommer 1989, wobei vorgeschlagen wurde, die Boeing 707-320C durch Airbus A310-300 zu ersetzen, wurde nicht umgesetzt.

Nach der deutschen Wiedervereinigung konnten Anfang der neunziger Jahre die drei Airbus A310-304 der Interflug günstig erworben werden. Daraufhin wurden die 10+01 und die 10+04 Ende 1996 ausgemustert. Nach ihrer Außerdienststellung bei der Luftwaffe gingen die beiden Flugzeuge nach Geilenkirchen, wo sie für die Schulung von Besatzungen, die auf Boeing E-3A Sentry der NATO fliegen sollen, eingesetzt werden.

Bei der 10+02 und 10+03 wurde jedoch noch eine Grundüberholung durchgeführt, wobei die Flugzeuge auch einen neuen Anstrich erhielten. Die letzten Hilfsflüge wurden 1999 mit der 10+03 in den Kosovo durchgeführt. Die 10+02 wurde im Frühjahr 1999 nach Atlanta zu Northrop Grumman überführt. Hier wurde sie zu einer E-8 Joint Stars für die USAF umgebaut. Am 4. November 1999 führte die 10+03 den letzten Flug bei der deutschen Luftwaffe durch.

Sie wurde anschließend an die Air Gulf Falcon in den Vereinigten Arabischen Emiraten verkauft. Die vier Boeing 707-320C der Flugbereitschaft BMVg erreichten bei 46.675 Einsätzen insgesamt 146.435 Flugstunden.

Technische Daten

Boeing 707-320C

Verwendungszweck:	Reise- und Transportflugzeug
Besatzung:	3 bis 4 + 144 bis 189 Passagiere
Spannweite in m:	44,42
Länge in m:	46,61
Höhe in m:	12,93
Flügelfläche in m²:	283,35
Leermasse in kg:	64.002
Startmasse in kg:	151.318
Nutzmasse in kg:	40.300
Höchstgeschwindigkeit in km/h:	1009
Reisegeschwindigkeit in km/h:	885
Steigleistung in m/s:	11,67
Aktionsradius in km:	7700
Gipfelhöhe in m:	11.890
Triebwerk:	4 x Pratt & Whitney JT3D-7
Schub in kN:	4 x 84,3

Die »10+04« auf dem Vorfeld des Flughafens in Stuttgart.

MBB HFB 320 Hansa Jet

Einsatz: 1968 – 1990
Stückzahl: 8
Hersteller: Messerschmitt-Bölkow-Blohm (Hamburger Flugzeugbau)

Die HFB-320 wurde als Geschäftsreise- und Zubringerflugzeug von der Firma Hamburger Flugzeugbau entworfen. Ungewöhnlich ist der mit 15 Grad nach vorne gepfeilte Flügel, der mit Flügelspitzentanks ausgerüstet ist. Die Entwicklungsgruppe begann mit den Arbeiten am 15. März 1961. Partner bei der Entwicklung waren CASA, Fokker, Hispano-Suiza. Für statische Versuche baute HFB zwei Bruchzellen und für die Flugerprobung zwei Prototypen. Der erste Prototyp, die HFB 320 V1 (D-CHFB), hatte am 18. März 1964 seinen *Roll-out*. Der Erstflug erfolgte am 21. April 1964 in Hamburg-Finkenwerder mit Loren W. Davis in der Kanzel. Der zweite Prototyp (D-CLOU) absolvierte seinen Jungfernflug am 19. Oktober 1964. Am 12. Mai 1965 stürzte der erste Prototyp in Spanien ab, wodurch eine Verzögerung in der Erprobung eintrat. Am 2. Februar 1966 startete die erste Serienmaschine zum Jungfernflug. Die Entscheidung zur Aufnahme der Serienfertigung fiel am 10. September 1963. Aber die HFB-320 wurde kein Verkaufserfolg. Nur 47 Flugzeuge konnten verkauft werden. Die ersten 15 Maschinen erhielten General Electric CJ 610-1-Triebwerke mit 12,69 kN (1293 kp). Die nächste Serie von 20 Flugzeugen erhielt CJ 610-5-Triebwerke (13,13 kN/1338 kp). Später kamen noch CJ 610-9-Triebwerke mit 13,80 kN (1406 kp) zum Einbau.

Die Bundesluftwaffe bekundete bereits 1964 Interesse an der HFB 320 und zeichnete eine Option über fünf Flugzeuge. Im Januar 1965 führte HFB die V2 in Wahn vor. Piloten der Luftwaffe erhielten am 18. Oktober 1965 Gelegenheit, die HFB 320 zu fliegen. Daraufhin erfolgte Anfang 1966 die Bestellung über insgesamt acht Flugzeuge. Insgesamt übernahm die Luftwaffe 16 Maschinen, die bei der Flugbereitschaft BMVg, der Erprobungsstelle für Luftfahrzeuge 61 und bei der 3. FlgStff/JaboG 32 zum Einsatz kamen. Die ersten sechs Flugzeuge, die ab 1968 ausgeliefert wurden, gingen an die Flugbereitschaft BMVg in Köln/Bonn und erhielten die Kennungen 16+01 bis 16+06. Es folgten zwei Maschinen mit den Kennungen D-9536 und D-9537, die bei der ESt61 in Manching eingesetzt wurden. Diese wurden später als 16+07 und 16+08 registriert. Alle acht Flugzeuge hatten einen weißen Anstrich mit blauem Kabinenstreifen in Höhe der Fensterreihe. Die Hansa Jet der Flugbereitschaft BMVg wurden ab 1987 außer Dienst gestellt und durch sieben Canadair Challenger ersetzt. Der letzte Hansa Jet der Flugbereitschaft BMVg wurde 1990 außer Dienst gestellt.

Die »16+08« verblieb nach der Außerdienststellung bei der WTD 61 und wird für die Ausbildung von Flugzeugmechanikern verwendet.

Technische Daten
MBB HFB-320M Hansa Jet

Verwendungszweck:	Reiseflugzeug
Besatzung:	2 + 10 bis 12 Passagiere
Spannweite in m:	14,49
Länge in m:	16,61
Höhe in m:	4,76
Flügelfläche in m^2:	30,15
Leermasse in kg:	4450
Startmasse in kg:	8210
Höchstgeschwindigkeit in km/h:	815
Reisegeschwindigkeit in km/h:	720
Steigleistung in m/s:	21,58
Aktionsradius in km:	2650
Gipfelhöhe in m:	11.900
Triebwerk:	2 x General Electric CJ610-5
Schub in kN:	2 x 12,74

Dornier Do 28D-1/D-2 Skyservant

Einsatz: 1971 – 1995
Stückzahl: 125
Hersteller: Dornier

Die Dornier Do 28D unterschied sich von ihren Vorgängermuster Do 28A/B erheblich und war im Grund eine Neukonstruktion. Mit der Entwicklung begann Dornier Mitte der 60er Jahre, wobei das Grundkonzept beibehalten wurde. Die Do 28D bot in ihrem rechteckigen Rumpf, Bodenfläche 5,25 m2, bis zu zwölf Passagieren Platz. In der Frachtausführung konnten maximal 1200 kg befördert werden. Angetrieben wurde das Flugzeug durch zwei Lycoming-Kolbenmotoren IGSO-540 A1E mit je 380 PS. Zunächst baute Dornier im Werk im Neuaubing bei München ab Mitte 1965 drei Prototypen. Die Serienflugzeuge wurde später jedoch in Oberpfaffenhofen gefertigt.

Der Prototyp startete am 23. Februar 1966 mit dem Dornier-Versuchspiloten Drury Wood in der Kanzel zum Erstflug. Von der Do 28D wurden nur sieben Flugzeuge gebaut, dann erfolgte die Umstellung der Produktion auf die Version D-1. Am 19. April 1967 bekam die Do 28D-1 die FAA-Zulassung und 1970 die militärische Zulassung. Die Do 28D-1 stellte am 15. März 1972 sechs FAI-Weltrekorde in der Klasse C1e auf. Ab 1981 änderte Dornier die Typenbezeichnungen für ihre Flugzeuge. Die mit Kolbenmotoren (Lycoming IGSO 540 A1E) ausgerüsteten Flugzeuge erhielten die Bezeichnung Dornier 128-2, die von Propellerturbinen angetriebenen Maschinen Dornier 128-6. Prototyp der Do 128-6 war die Do 28D-5X (D-IBUF).

Für die Luftwaffe und Marine wurden 125 Flugzeuge bestellt. Die ersten vier Maschinen waren noch Do 28D-1, die bald wieder an zivile Halter verkauft wurden. Bei den restlichen Flugzeugen handelte es sich um Do 28D-2, von denen die ersten 101 Flugzeuge (58+05 bis 59+05) auf die verschiedenen Verbände der Luftwaffe als leichtes Transport- und Verbindungsflugzeug verteilt wurden. Die letzten 20 Do 28D-2 (59+06 bis 59+25) erhielt die 1./MFG 5 in Kiel. Die Do 28D-2 wies gegenüber der Do 28D-1 verschiedene aerodynamische Verbesserungen, eine um 150 kg erhöhte maximale Abflugmasse und eine vergrößerte Treibstoffkapazität auf. Die Auslieferung der Do 28D-2 begann Ende 1971. Der Bau der Flugzeuge für die Marineflieger wurde vorgezogen, da hier ein dringender Bedarf an einem leichten Transport- und Verbindungsflugzeug bestand. Die erste Do 28D-2 traf beim MFG 5 im Sommer 1972 ein. Mit der Übergabe der letzten Do 28D-2 an die Luftwaffe am 16. Januar 1974 endete die Fertigung für die Bundeswehr.

Die vier Do 28D-1 erhielten eine weiß-blaue Lackierung und kamen ab dem 27. Januar 1970 mit den Kennungen 58+01 bis 58+04 bei der Flugbereitschaft BMVg zum Einsatz. Sie wurden 1974 durch vier Do 28D-2 (59+00 bis 59+03) ersetzt. Zwei weitere Do 28D-2, die 59+04 und 59+05, übernahm ebenfalls die Flugbereitschaft. Diese beiden Flugzeuge wurden, mit Bildmessgeräten und Kameras ausgerüstet, für Fotogrammetrieflüge eingesetzt. Sie ließen sich an den orangeroten Rumpfbändern erkennen. Im Kabinenboden fand sich eine 1,60 m lange und 0,50 m breite Öffnung für die fernbedienten Reihenbildkameras und Vermessungsgeräte.

Bei der Luftwaffe verfügte die 7. Staffel des FmLVsuRgt 61 in Kaufbeuren mit zwölf Flugzeugen über den größten Bestand an Do 28D-2. Diese wurden für die Schulung von Flugsicherheitspersonal eingesetzt. Als die Staffel am 31. Januar 1980 aufgelöst wurde, übernahm das LTG 62 die Flugzeuge. An der Aufgabe änderte sich jedoch nichts. Neben den Einsatzgeschwadern erhielten auch die Transportverbände, die FFS »S« sowie die WSLw 10 und WSLw 50, die Do 28D-2. Drei Flugzeuge gingen nach Manching zur ESt 61.

1980 wurde eine Do 28D-2 mit Avco-Lycoming-Turboladertriebwerken ausgerüstet, deren Erprobung positiv verlief, worauf alle Bundeswehr-Do-28D-2 dieses Triebwerk erhielten. Aufgrund von Sparmaßnahme wurden 43 Do 28D-2 der Bundeswehr 1983 außer Dienst gestellt. Davon wurden 18 Maschinen an die Türkei und 15 Flugzeuge an Griechenland abgegeben.

Nach Beendigung des ersten Golf-Krieges beteiligte sich die BRD an den »Aufräumarbeiten«. Dazu verlegten die Marineflieger die beiden Öl-

Die Spinner dieser Do 28D-2 des JaboG 36 waren weiß-rot gestreift.

überwachungsflugzeuge Do 28OU (59+19 und 59+25) an den Golf. Für diesen Einsatz erhielten sie einen weißen Anstrich. Die beiden Do 28OU starteten am 22. April 1991 von Kiel/Holtenau aus zu einem mehrtägigen Überführungsflug, der über Graz, Saloniki, Kreta, Kairo und Dschidda nach Manama/Bahrain führte. Vom 29. April bis zum 13. Mai 1991 wurde in zehn Einsätzen mit insgesamt 30 Flugstunden ein Großteil des Persischen Golfes nach Ölverschmutzungen abgesucht.

1993 begann die endgültige Ausmusterung der Dornier Do 28D-2 Skyservant. Die Flugzeuge wurden nach Leipheim überführt und dort eingelagert und anschließend teilweise an zivile Halter verkauft. Als letzte Maschine traf die 58+29 des AG 52 am 1. Juli 1993 von Leck kommend in Leipheim ein. Nur zwei Maschinen, die 59+19 und 59+25, blieben zunächst noch für zwei Jahre im Bundeswehr-Einsatz. Diese Flugzeuge waren mit speziellen Geräten zur Überwachung von Meeresverschmutzungen ausgerüstet. Dazu gehörten ein Seitensicht-Radar (SLAR) von Ericson, ein Mikrowellen-Radiometer (MWR), das Rundumsuchgerät Dädalus sowie eine TV-Kamera mit Restlichtverstärker (LLLTV) zur Dokumentation von Umweltsünden. Nach ihrer Umrüstung für die neue Aufgabe konnten diese beiden Flugzeuge ihren Dienstbetrieb ab dem 15. Januar 1986 aufnehmen. Die Flugzeuge führten nun die Ty-

penbezeichnung Do 28D-2/OU *(Oil unit)*. Ab dem 13. September 1994 gingen die Maschinen von der 2./MFG 5 in den Bestand des MFG 3 über und wurden im Auftrag des Bundesministeriums für Verkehr betrieben. Die Aufgabe wurde 1995 von einer Fairchild Dornier 228 übernommen, so dass auch die beiden letzten Do 28D-2 außer Dienst gestellt wurden.

Die »58+54« flog beim AG 51 »Immelmann« in Bremgarten.

Das MFG 5 setzte eine Do 28D-2 M(OU) zur Überwachung von Ölverschmutzungen auf See ein.

Technische Daten

Dornier Do 28D-2 Skyservant

Verwendungszweck:	Mehrzweck- und Verbindungsflugzeug
Besatzung:	2 + 12 Passagiere
Spannweite in m:	15,55
Länge in m:	11,41
Höhe in m:	3,90
Flügelfläche in m^2:	28,60
Leermasse in kg:	2304
Startmasse in kg:	3862
Höchstgeschwindigkeit in km/h:	320
Reisegeschwindigkeit in km/h:	272
Steigleistung in m/s:	6
Aktionsradius in km:	2020
Gipfelhöhe in m:	7680
Triebwerk:	2 x Lycoming IGSO 540A-1E
Leistung in kW:	2 x 281

Transport- und Verbindungsflugzeuge

Am 30. Juli 1978 besuchte die »58+57« des JaboG 33 den Flugtag in Ramstein.

Die Do 28D-2 des JaboG 34 führten die Aufschrift »Allgäu Express«.

Do 28D-2 des JaboG 35 mit dem Schriftzug »Schinderhannes Airlines« auf der Triebwerksverkleidung.

Der Flugbereitschaft BMVg wurden vier Do 28D-2 Skyservant für VIP-Flüge zugeteilt. Außerdem flogen noch zwei mit Tarnanstrich und mit Fotogrammetrie-Ausrüstung versehene Maschinen bei der Flugbereitschaft BMVg.

Transport- und Verbindungsflugzeuge

Transport- und Verbindungsflugzeuge

Oben: **Die Aufnahme der »58+48« des LTG 61 entstand am 17. September 1982 in Landsberg.**

Unten: **Die »58+85« des JG 74 »Mölders«, aufgenommen in Neuburg/Donau.**

VFW-Fokker VFW 614

Einsatz: 1977 – 1998
Stückzahl: 3
Hersteller: VFW-Fokker

Die VFW-Fokker 614 geht auf ein Projekt für ein stahlgetriebenes Kurzstreckenverkehrsflugzeug aus dem Jahr 1962 zurück, an dem sich die Firmen Weser Flugzeugbau, Focke Wulf und Hamburger Flugzeugbau beteiligten. 1965 schlossen sich der Weser Flugzeugbau und Focke Wulf zu den Vereinigten Flugtechnischen Werken zusammen. Unter Leitung von VFW wurde am 1. August 1968 mit dem Bau des Prototypen begonnen. Der Entwurf zeigte als besonderes Merkmal, dass die Triebwerke auf den Tragflächen montiert

Drei VFW 614 flogen bis 1998 bei der Flugbereitschaft BMVg. Nach Außerdienststellung wurden alle Flugzeuge nach Schweden verkauft.

waren. Dies sollte das Risiko des Ansaugens von Staub, Schnee oder Fremdkörpern vermindern und den Lärmteppich verringern. Der speziell für die Luftwaffe geplante Entwurf mit einem aufklappbaren Bug kam nicht zur Ausführung. Die Wahl des Antriebs fiel auf zwei Mantelstromtriebwerke Rolls-Royce SNECMA M45H mit einem einen Schub von je 33,3 kN. Die Unabhängigkeit von Bodengeräten wurde durch den Einbau einer APU erreicht. Die Maschine bot 40 bis 44 Passagieren Platz.

Die offizielle Vorstellung des ersten Flugzeuges mit der Kennung D-BABA (c/n G1) erfolgte am 5. April 1971. Nach einer ausgiebigen Bodenprobung startete der Prototyp am 14. Juli 1971 zum 31 minütigen Jungfernflug mit Leif Nielsen und Hans Bardill in der Kanzel. Am 1. Februar 1972 stürzte die D-BABA bei Bremen ab. Hans Bardill kam dabei ums Leben. Grund für den Absturz waren Flattererscheinungen des Höhenruders. Die Zulassung durch das Luftfahrtbundesamt konnte am 23. August 1974 erteilt werden. Die erste Serienmaschine absolvierte am 25. April 1975 ihren Jungfernflug. Die erste Maschine für den Linienverkehr wurde an die dänische Fluggesellschaft Cimber Air ausgeliefert. Insgesamt wurden nur 16 Flugzeuge gebaut und die Fertigung 1978 eingestellt.

Die Luftwaffe suchte zu dieser Zeit einen Nachfolger für die Convair CV-440 der Flugbereitschaft BMVg. Zunächst fiel die Entscheidung auf die Boeing 737, die sich aber nicht als geeignet erwies. In der Auswahl standen jetzt die Fokker F.28 und die VFW 614. Die Entscheidung fiel dann Ende 1975 zugunsten der VFW 614, von der drei Flugzeuge bestellt wurden. Den Flugzeugen wurden die Kennungen 17+01, 17+02 und 17+03 zugeteilt. Die 17+01 (c/n G14) startete am 16. März 1977 zum Erstflug und wurde am 29. April 1977 der Flugbereitschaft BMVg übergeben. Die offizielle Inbetriebnahme der VFW 614 erfolgte am 3. Mai 1977. Die 17+02 traf am 30. Juni 1977 und die 17+03 am 26. August 1977 in Köln/Bonn ein. Die Flugzeuge der Flugbereitschaft unterschieden sich in ihrer Ausrüstung kaum von der zivilen Ausführung. Nur in Bereich der Avionik wurden Geräte ergänzt. So wurden neue Funkgeräte für die militärischen Kommunikation und ein Litton LTV-72 Trägheitsnavigationssystem eingebaut. Die VFW 614 flog bis 1998 bei der Flugbereitschaft BMVg. Nach der Außerdienststellung wurden alle drei Flugzeuge nach Schweden verkauft. Die 17+01 erhielt das zivile Kennzeichen N614GB. Sie ist heute auf der Zuschauerterrasse des Flughafens Bremen ausgestellt. Die 17+02 erhielt das zivile Kennzeichen D-AXDC und befindet sich seit August 2003 im Nordholzer Aeronauticum.

Technische Daten	
VFW-Fokker VFW 614	
Verwendungszweck:	Reise- und Transportflugzeug
Besatzung:	2 + 44 Passagiere
Spannweite in m:	21,50
Länge in m:	20,60
Höhe in m:	8,55
Flügelfläche in m^2:	64,0
Leermasse in kg:	12.700
Startmasse in kg:	20.866
Nutzmasse in kg:	4300
Höchstgeschwindigkeit in km/h:	735
Reisegeschwindigkeit in km/h:	660
Steigleistung in m/s:	16,0
Aktionsradius in km:	2400
Gipfelhöhe in m:	7600
Triebwerk:	2 x Rolls-Royce M-45H
Schub in kN:	2 x 33,3

Fairchild Dornier 228-201/228LM/228LT

Einsatz: 1986 – heute
Stückzahl: 5
Hersteller: Fairchild Dornier

Am 27. November 1979 begann Dornier mit Entwicklungsstudien für ein modernes, einfach gebautes Mehrzweckflugzeug mit STOL-Eigenschaften für 19 Passagiere, oder eine entsprechende andere Nutzlast. Das Ergebnis war die Dornier 228. Es handelte sich um die konsequente Weiterentwicklung der Dornier Do 28D-2 Skyservant, Dornier 128-2 und Dornier 128-6. Viele der bewährten Merkmale blieben erhalten, darunter der Kabinenquerschnitt und die tragende Konstruktion. Auffälligstes Merkmal der Dornier 228 ist die Verwendung des »Tragflügel Neuer Technologie« (TNT). Diese, von Dornier im Rahmen eines vom Bundesministerium für Forschung und Technologie (BMFT) geförderten Programms entwickelte Flügelkonstruktion, ähnelt in der aerodynamischen Profilgebung dem so genannten *superkritischen Profil*, das für die neue Generation von Stahlverkehrsflugzeugen entwickelt wurde. Für die Erprobung erhielt eine Do 28D einen verlängerten Rumpf und als Antrieb zwei Propellerturbinen Garrett/AiResearch TPE331-5. Das am 14. Juni 1979 aufgenommene Flugerprobungsprogramm mit dem Dornier TNT-Experimentalflugzeug (D-IFNT) ergab, dass der neue Flügel die Leistung konventioneller zweimotoriger Flugzeuge um mehr als 25 Prozent erhöhen kann. Der »Tragflügel Neuer Technologie« bietet durch den Einbau von Spaltklappen mit Fowler-Effekt und einer entsprechenden Randbogengestaltung, die eine größtmögliche Verringerung des induzierten Widerstandes bewirkt, eine beachtliche Verbesserung besonders bei Starts und Landungen. Die daraus resultierenden Gesamtleistungen ermöglichen sowohl eine entsprechende Nutzlasterhöhung und Reichweitensteigerung als auch eine Senkung des Kraftstoffverbrauchs und damit eine wesentliche Steigerung der Wirtschaftlichkeit des Flugzeugs. Auch technisch erwies sich die Dornier 228 als außerordentlich verlässlich. Sie kann bei vollem Abfluggewicht von bis zu 3050 m hoch gelegenen Plätzen aus eingesetzt werden.

Für die Fertigung des Flugzeugs wurde ein Teil der Baugruppen aus der laufenden Fertigung übernommen. Einige Sektionen des Rumpfes und das Leitwerk kamen aus der Do 28D-Produktion. Das Fahrwerk stellt eine Weiterentwicklung des Alpha-Jet-Fahrwerks dar. Die drei Tanks sind in der Tragfläche eingebaut und haben ein Fassungsvermögen von 2386 Liter.

Am 28. März 1981 startete auf dem Dornier-Werkflugplatz Oberpfaffenhofen der Prototyp der für 15 Fluggäste ausgelegten Dornier 228-100 (D-IFNS) zu seinem erfolgreichen Erstflug. Bereits am 9. Mai 1981 folgte der Erstflug des zweiten Prototypen, der Dornier 228-200 (D-ICDO), mit einem um 1,53 m auf 16,6 m verlängerten Rumpf, der 19 bis 21 Fluggästen Platz bietet. Bereits im Dezember des selben Jahres erhielt die Dornier 228-100 die Musterzulassung vom Luftfahrtbundesamt (LBA). Die der Dornier 228-200 folgte ein Jahr später. Die Fertigung der Dornier 228 wurde 1998 nach 240 gebauten Einheiten eingestellt.

Die Dornier 228-201LM »57+01« setzt das MFG 3 zur Luftüberwachung von Meeresverschmutzungen ein.

Für die Bundeswehr war die Dornier 228 zunächst nicht vorgesehen. Insgesamt standen jedoch fünf Dornier 228-200 im Dienst: Die 57+01 (ex 98+77), 57+02, 57+03 und 57+04 fliegen beim MFG 3 und helfen dort im Rahmen des Umweltschutzes bei der Küstenüberwachung. Die fünfte Maschine, die 98+78, flog zuerst beim MFG 5, kam dann zur Flugbereitschaft und ist heute bei der WTD 61.

Bereits ab dem 10. Januar 1986 wurde parallel zu den beiden Do 28D-2OU, die als Überwachungsflugzeuge gegen Ölverschmutzung eingesetzt wurden, eine Dornier 228-201 mit dem Kennzeichen 98+78 (Werk-Nr. 8086) beim MFG 5 erprobt. Die Erprobung dauerte bis zum 3. Oktober 1986. In dieser Zeit wurden bei rund 1100 Einsätzen 945 Flugstunden absolviert. Neben Überwachungsflügen fanden auch Transport- und Verbindungsflüge statt. Nach dem Abschluss der Erprobung wurde das Flugzeug an die Flugbereitschaft des BMVg übergeben, wo es als Reise- und Verbindungsflugzeug bis zum 30. März 1987 eingesetzt wurde. Heute ist die Maschine bei der WTD 61 in Manching als Messträger stationiert.

Als die vom MFG 5 seit 1986 betriebenen Do 28D-2OU, die dem Aufspüren von Ölverschmutzungen dienten, außer Dienst gestellt wurden, suchte das Bundesministerium für Verkehr ein Nachfolgemodell. Dornier erhielt am 19. Juli 1989 den Auftrag, eine Dornier 228 als Musterflugzeug mit einem Luftüberwachungssystem der zweiten Generation umzurüsten. Das Bundesministerium für Verkehr übernahm die Anschaffungskosten; um Betrieb und Unterhalt kümmerte sich das Bundesministeriums der Verteidigung. Zum Umbau gelangte eine Dornier 228-201 mit einem erhöhtem Abfluggewicht von 6400 kg und zwei Propellerturbinen Garrett/AiReseach TPE 331-5A mit je 574kW (776 WPS). Ausgerüstet wurde das Flugzeug mit einem Seitensichtradar SLAR (Side Looking Airborne Radar), Laser-Fluorosensor LFS, IR/UV-Abtastsensoren (Infrarot/Ultraviolett) und einem Mikrowellenradiometer MWR. Durch den LPN (Luftprobennehmer) wird Außenluft zugeführt, die dann über Filter auf Verunreinigung untersucht wird. Die Besatzung besteht aus drei Mann, zwei Piloten und dem Operationsunteroffizier.

Die Flugerprobung wurde im Juli 1990 aufgenommen. Das Flugzeug erhielt die Kennung 98+77. Die Einsatzerprobung erfolgte beim MFG 5 in Kiel-Holtenau, wo das Flugzeug im Dezember 1990 eintraf und auf 57+01 umregistriert wurde. Bei der Bundeswehr führt diese Version die Bezeichnung Dornier 228-201LM (Luftüberwachung Meeresverschmutzung). Gemeinsam mit den beiden Do 28D-2/OU flog nun die Dornier 228-201LM ab Anfang 1991 Überwachungseinsätze. Am 13. September 1994 übernahm das MFG 3 »Graf Zeppelin« in Nordholz die Meeresüberwachung vom MFG 5, wodurch das Geschwader, das bisher nur die Breguet Br.1150 Atlantic flog, noch die zwei Do 28D-2/OU (Öl-Überwachung) und die Dornier 228-201LM in seinen Bestand aufnahm. Die Flugzeuge wurden der 2. Staffel zugeteilt. Mit der Ausmusterung der Do 28D-2 ging den Marineflieger die entsprechende Transportkapazität verloren. Im August 1995 wurde die Beschaffung von zwei Dornier Do 228-212LT (Lufttransport) beantragt und im September 1995 genehmigt. Bereits im Januar 1996 traf die erste Maschine mit der Typenbezeichnung Dornier 228-212LT und der Kennung 57+02 beim MFG 3 »Graf Zeppelin« in Nordholz ein. Das zweite Flugzeug, die 57+03, folgte im Juni 1996. Beide Maschinen wurden für Transport- und Verbindungsflüge eingesetzt und Ende 2005 außer Dienst gestellt. Eine weitere Dornier 228-201LM mit dem Kennzeichen 57+04 wurde im Mai 1998 für die Meeresüberwachung übernommen. Sie erhielt modifizierte Propellerturbinen Garrett/AiReseach TPE331-10 und ein neues GPS GNS XLS; maximales Abfluggewicht 6600 kg.

Technische Daten	
Fairchild Dornier 228-212	
Verwendungszweck:	Mehrzweck- und Ölüberwachungsflugzeug
Besatzung:	2 + bis 19 Passagiere
Spannweite in m:	16,97
Länge in m:	16,56
Höhe in m:	4,86
Flügelfläche in m²:	32,0
Leermasse in kg:	3900
Startmasse in kg:	6400
Nutzmasse in kg:	2661
Höchstgeschwindigkeit in km/h:	434
Reisegeschwindigkeit in km/h:	400
Steigleistung in m/s:	9,0
Aktionsradius in km:	843
Gipfelhöhe in m:	9000
Triebwerk:	2 x Garrett TPE331-5A-252D-Propellerturbinen
Schub in kW:	2 x 570

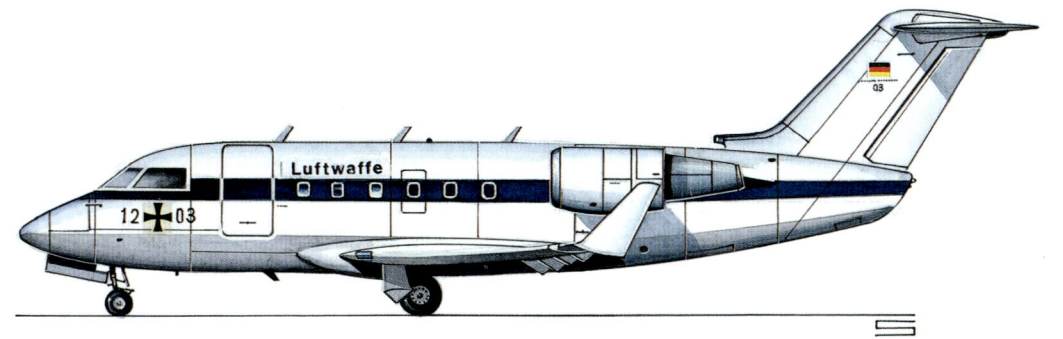

Canadair CL-601 Challenger

Einsatz: 1986 – heute
Stückzahl: 7
Hersteller: Bombardier Aerospace (Canadair)

Die Challenger fußt auf einem Entwurf von Bill Lear, der bereits die erfolgreichen Lear Jet-Geschäftsflugzeuge entwickelt und gebaut hatte. Im April 1976 verkaufte er die Pläne an den kanadischen Flugzeughersteller Canadair. Hier wurde der Entwurf überarbeitet und im Oktober 1976 unter dem Namen Canadair CL-600 Challenger vorgestellt.
Die CL-600 Challenger hob am 8. November 1978 zu ihrem Erstflug ab. Anfang 1981 wurden die ersten Serienmaschinen ausgeliefert. Als Antrieb dienten zwei Mantelstromtriebwerke ALF-502L Avro Lycoming mit je 33,58 kN (3400 kp) Standschub. Die Weiterentwicklung CL-601 startete am 10. April 1982 zum Jungfernflug. Der Hauptunterschied zur CL-600 besteht im Antrieb. Bei der CL-601 werden leistungsstärkere General Electric CF34-A1-Mantelstromtriebwerke mit einer Leistung von je 38,5 kN (3924 kp) verwendet. Ein weiteres Merkmal sind die an den Tragflächenenden installierten so genannten *Winglets*. Die FAA-Zulassung für die neue Version wurde am 25. Februar 1983 erteilt.
Mit maximaler Treibstoffzuladung hat die Challenger eine Reichweite von 6500 Kilometern und er-

Zur Beförderung von Regierungsmitgliedern auf Mittelstrecken betreibt die Flugbereitschaft BMVg die Canadair Challenger.

reicht dabei eine Reisegeschwindigkeit von 820 km/h. Die Dienstgipfelhöhe liegt bei 12.500 m. Neben Pilot, Copilot und Bordmechaniker finden bis zu 16 Passagiere in der Luftwaffenversion Platz. Die Bestuhlung kann aber auch in Konferenzanordnung für zwölf Personen vorgesehen werden.

Anfang der 80er Jahre suchte die Flugbereitschaft BMVg für die Lockheed C-140A JetStar und die HFB 320 Hansa ein Nachfolgemodell. Zur Auswahl standen die Dassault-Brequet Falcon 900 und die Canadair CL-601 Challenger. Die Entscheidung zu Gunsten der Challenger fiel im August 1984. Die Anschaffungskosten für die sieben zu bestellenden Flugzeuge beliefen sich auf 162 Millionen Euro. Die erste Challenger mit der Werknummer 3031 traf am 21. Januar 1986 bei Dornier in Oberpfaffenhofen ein. Dornier war für die Anpassungen der Flugzeuge an die Forderungen der Flugbereitschaft und die zukünftige Wartung verantwortlich. So wurden die Maschinen mit einem neuen Avioniksystem ausgerüstet, so dass die bei jedem Wetter eingesetzt werden konnten. Außerdem erhielten die Challenger einen neuen Anstrich. Zwischen April 1986 und Anfang 1988 wurden die CL-601 der Flugbereitschaft BMVg übergeben. Ihnen wurden die Kennungen 12+01 bis 12+07 zugeteilt. Zunächst mussten die ersten Maschinen noch für einige Wochen am Boden bleiben, da ihre technischen Handbücher Übersetzungsfehler aufwiesen. Nach der Richtigstellung der Handbüchern konnten auch die Flugzeuge eingesetzt werden.

Neben der Beförderung von Politikern werden die Challenger als MEDEVAC-Flugzeuge *(Medical Evacuation)* für den Transport von Kranken und Verwundeten eingesetzt. Dafür wurden drei Sanitätseinbausätze beschafft, darunter Sauerstoffbeatmung und Überwachung der Kreislauffunktion mittels EKG.

Die 12+01 wurde im April 2000 als VP-CCF auf die Kaiman-Inseln verkauft.

Da die Flugzeuge nicht mehr dem neusten Standard entsprachen, erteilte das Bundesamt für Wehrtechnik und Beschaffung Anfang 2006 der RUAG Aerospace in Oberpfaffenhofen den Auftrag zur Modernisierung der Avionik der Challenger. Ausgerüstet werden die Flugzeuge mit einem neuen Wetterradar, einem Bodenannäherungswarnsystem (EGWPS) und neuen elektronischen Bildschirmanzeigeinstrumenten (EFIS) von Honeywell. Die Umrüstung der sechs Flugzeuge soll bis zum Herbst 2007 abgeschlossen sein. Die Challenger sollen noch bis 2012 bei der Flugbereitschaft BMVg fliegen.

Technische Daten	
Canadair CL-601 Challenger	
Verwendungszweck:	Reiseflugzeug
Besatzung:	2 + 19 Passagiere
Spannweite in m:	19,65
Länge in m:	20,85
Höhe in m:	6,30
Flügelfläche in m^2:	41,82
Leermasse in kg:	12.080
Startmasse in kg:	20.457
Nutzmasse in kg:	2435
Höchstgeschwindigkeit in km/h:	851
Reisegeschwindigkeit in km/h:	819
Aktionsradius in km:	6980
Gipfelhöhe in m:	12.500
Triebwerk:	2 x General Electric CF34-3A1-Mantelstromtriebwerke
Schub in kN:	2 x 40,6

Am 30. Januar 2005 weilte die »12+02« zu Besuch in Zürich.

Antonow An-26

NATO-Codename »Curl«
Einsatz: 1990 – 1994
Stückzahl: 12
Hersteller: Staatliches Flugzeugwerk Nr. 473

Die Antonow An-26 ist eine Weiterentwicklung der An-24. Der Prototyp der An-24, die als Nachfolger für die Iljuschin Il-14 gebaut wurde, flog erstmals am 20. Dezember 1959. Von der An-24 gab es mehrere Ausführungen. In der Variante An-24RT verfügte dieser Transporter über eine Heckladeluke und ein Hilfstriebwerk RU-19. Beides kam auch in der An-26 zum Einbau. Rund 80 Prozent der Bauteile der An-24 konnten bei der An-26 übernommen werden. Der Erstflug der An-26 fand 1968 statt und 1969 wurde sie im Westen auf dem Aero Salon in Paris-Le Bourget vorgestellt. Als Antrieb dienten zwei Propellerturbinen Iwtschenko AI-24WT mit einer Leistung von je 2074 kW (2515 WPS). Das Hilfstriebwerk Tumanski RU-19A-300 mit einer Leistung von 7,85 kN half beim Anlassen der beiden Haupttriebwerke, regelte die Energieversorgung der Laderampe und des Ladegeschirrs und half bei der Verkürzung der Startstrecke. Es wurde im hinteren Bereich der rechten Triebwerkgondel eingebaut.

Die Hauptvariante war die An-26T. Mit ihr konnten Lasten bis zu 5,5 t über eine Entfernung von 1000 km transportiert werden. Sie hatte vier Besatzungsmitglieder und konnte bis zu 39 Soldaten, 30 Fallschirmspringer oder 24 Verwundete auf Tragen und zwei Begleiter aufnehmen. Neben der Fracht im Laderaum konnten auch noch seitlich am Rumpf an abnehmbaren Befestigungspunkten verschiedene Abwurflasten oder Bomben mitgeführt werden. Die Maschine ließ sich über eine große Heckladeluke, die auch als Auffahrt diente, be- und entladen. Die An-26 verfügte über einen bordeigenen Kran und ein am Boden verlaufendes Transportband.

Die Luftstreitkräfte der NVA übernahmen zwischen Dezember 1980 und April 1986 zwölf An-26, die bei der TS-24 in Dresden-Klotzsche flogen. Sie führten die Kennungen 364, 359, 367 bis 369, 371 bis 376 und 384. Acht Maschinen waren An-26T. Drei An-26S dienten in der NVA für VIP-Flüge. Sie hatten die Kennungen 359, 375 und 376. In der vorderen Rumpfhälfte befanden sich sechs Sitze und ein Tisch; auf gegenüberliegenden Seite eine Couch und ein kleiner Schrank. Im hinteren

Nach der Auflösung des LTG 65 übernahm die 3./JaboG 32 die »52+09« zur Überprüfung von Navigationsanlagen auf verschiedenen Luftwaffenplätzen.

Transport- und Verbindungsflugzeuge

Teil des Rumpfes konnte das Gepäck oder weiteres Personal transportiert werden. Auch ein PKW fand hier Platz. Mitte der 80er Jahre wurden zwei davon wieder zu An-26T umgerüstet. Für die Kontrolle der Flugsicherungsanlagen am Boden kam die 396 zum Einsatz. Sie führte sie Typenbezeichnung An-26M. Die 373 wurde 1986 für die funkelektronische Aufklärung ausgerüstet. Äußerlich war dieses Flugzeug an den zusätzlichen Antennen und durch das nach außen gewölbten Fenster zu erkennen.

Mit der Wiedervereinigung am 3. Oktober 1990 wurde die TS-24 in die Bundeswehr integriert, die alle zwölf An-26 übernahm. Die An-26 schloss die Kapazitätslücke zwischen der Do 28D-2 und der Transall. Bei der Luftwaffe erhielten die An-26 die neuen Kennungen 52+01 bis 52+12. Das am Seitenleitwerk geführte Staffelabzeichen wurde 1990 eingeführt. Der Schriftzug im Wappen lautete zunächst »TS-24«, er wurde 1992, nach Eingliederung in das LTG 65, in »LTGrp LTG 65« geändert.

Zunächst blieben sie noch in Dresden-Klotzsche stationiert. Als am 1. Oktober 1991 das LTG 65 in Neuhardenberg aufgestellt wurde, wurden die An-26 diesem Geschwader unterstellt; wobei die An-26-Komponente als Lufttransportgruppe Dresden-Klotzsche bezeichnet wurde. Ihre Hauptaufgabe waren Flüge für das Bundeswehrkommando Ost. Bis Dezember 1992 flog die An-26 bei der Bundeswehr. Zum 31. März 1993 wurde die Lufttransportgruppe aufgelöst. Im Januar 1992 wurde die 52+10 bei einer harten Landung in Friedrichshafen beschädigt. Da sich die Rumpfstruktur verändert hatte, musste die Maschine ausgemustert werden. Wichtige Teile wurden der Ersatzteilgewinnung zugeführt. Der Bug gelangte ins Schwäbische Bauern- und Technikmuseum in Seifertshofen. Es war der einzige Verlust einer An-26 während der gesamten Einsatzzeit bei NVA und der Bundeswehr.

Ende 1992 wurden zehn An-26 außer Dienst gestellt, da eine industrielle Instandsetzung im Herstellerwerk in Kiew bevorstand und die Luftwaffenführung die Entscheidung traf, diese Instandsetzung nicht mehr durchzuführen. Nur die 52+09 blieb noch bis Mitte 1994 im Einsatz. Nach der Auflösung des LTG 65 im Juni 1993 wurde die Maschine an die 3./JaboG 32 in Lechfeld abgegeben. Von hier aus startete sie zur Überprüfung der Navigationsanlagen in Holzdorf, Laage, Manching, Neuhardenberg und Preschen. Neben dem Wappen der LTGrp LTG 65 führte sie noch das Wappen des JaboG 32 am Seitenleitwerk. Heute ist sie im Luftwaffenmuseum in Berlin-Gatow zu besichtigen.

Sieben Maschinen, die 52+01 bis 52+03, 52+06 und 52+07 sowie die 52+11 und 52+12, wurden im April 1993 an Komiaviatrans in Russland verkauft. Von hier aus wurde eine an die Luftstreitkräfte Namibias verkauft, wo sie die Kennung NAF-3-344 erhielt. Je eine An-26 erhielt die Flugzeugausstellung in Hermeskeil (52+08), das Schwäbische Bauern- und Technikmuseum in Seifertshofen bei Schwäbisch-Gmünd (52+05) und das Technik Museum in Speyer (52+04).

Technische Daten	
Antonow An-26	
Verwendungszweck:	Taktisches Transportflugzeug
Besatzung:	4 + bis 39 Passagiere
Spannweite in m:	29,20
Länge in m:	23,80
Höhe in m:	8,57
Flügelfläche in m²:	74,98
Leermasse in kg:	15.020
Startmasse in kg:	24.000
Nutzmasse in kg:	5500
Höchstgeschwindigkeit in km/h:	540
Reisegeschwindigkeit in km/h:	435
Steigleistung in m/s:	8,0
Aktionsradius in km:	900
Gipfelhöhe in m:	8100
Triebwerk:	2 x Iochenko AI-24T Propellerturbinen
Schub in kW:	2 x 2103

Iljuschin IL-62M

NATO-Codename »Classic«
Einsatz: 1990 – 1993
Stückzahl: 3
Hersteller: Staatliches Flugzeugwerk Kazan

Die Iljuschin Il-62 wurde für den Einsatz auf internationalen Langstrecken entworfen. Der Prototyp startete im Januar 1963 unter der Leitung von W.K. Kokinaki zum Jungfernflug. Als Antrieb kamen vier Strahltriebwerke mit einer Leistung von je 73,9 kN (7500 kp) zum Einbau. Nach erheblichen Problemen bei der Entwicklung der Triebwerke kamen die für die Serie vorgesehenen Kuznjetzow NK-8-Mantelstromtriebwerke erstmals beim dritten Prototyp ab 1965 zum Einbau. Diese hatten eine Leistung von je 93,2 kN. Ab 1967 setzte Aeroflot die Il-62 im Liniendienst ein. Interflug nahm den Betrieb mit der Il-62 in Jahr 1970 auf. Die Weiterentwicklung Il-62M flog 1969 zum ersten Mal. Sie wurde im Westen auf dem Aerosalon in Paris-Le Bourget im Mai 1971 vorgestellt. Die Il-62M erhielt die leistungsstärkeren Mantelstromtriebwerke Solowjew D-30KU mit je 112,8 kN Standschub. Der in der Seitenflosse eingebaute 5000-Liter-Integraltank steigerte die Reichweite erheblich. 244 Flugzeuge aller Versionen verließen bis zur Produktionseinstellung 1990 die Fertigungsstraßen.

Die LSK der NVA übernahmen ab November 1978 fünf Il-62M, die von der 4. Staffel des TG-44 betrieben wurden. Stationiert waren sie in Diepensee auf der Südseite des Flughafens Berlin-Schönefeld. Bei der NVA hatten sie die taktischen Nummern 121 und 122, ziviles Kennzeichen DDR-SEK und DDR-SEL. Diese Maschinen wurden im November 1984 und im Dezember 1987 an die Interflug abgegeben. Die drei anderen Il-62M führten die taktischen Nummern 108, 120 und 136 bzw. die zivilen Kennzeichen DDR-SEV, DDR-SEn und DDR-SEP. Die taktischen Nummern wurden nie an den Flugzeugen angebracht. Zum Zeitpunkt der Auflösung der NVA standen noch drei Flugzeuge im Einsatz, die von der Bundeswehr mit den Kennungen 11+20 bis 11+22 übernommen wurden. Am 1. Oktober 1991 gehörten sie zum LTG 65 in Neuhardenberg, wurden aber von der Flugbereitschaft BMVg betrieben. Ende 1992 wurden die drei Maschinen in Manching abgestellt und im Mai 1993 außer Dienst gestellt.
Im August 1993 wurden alle drei Il-62M an Uzbekistan Airways verkauft. Die 11+20 erhielt das zivile Kennzeichen UK-86933, die 11+21 wurde zur UK-86932 und die 11+22 zur UK-86934. 1994 erwarb die ägyptische Fluggesellschaft ALIM Air-

Die Flugbereitschaft BMVg setzte von 1990 bis 1993 drei IL-62M ein.

lines die Flugzeuge. Die ehemalige 11+20 und die 11+21 wurden in Taschkent/Usbekistan abgestellt. Nur die 11+22 erhielt das neue Kennzeichen SU-ZDA. Aber auch sie wurde 1997 in Taschkent abgestellt.

Technische Daten	
Iljuschin IL-62M	
Verwendungszweck:	Reise- und Transportflugzeug
Besatzung:	2 + 8 + bis 186 Passagiere
Spannweite in m:	43,20
Länge in m:	53,12
Höhe in m:	12,35
Flügelfläche in m^2:	279,6
Leermasse in kg:	71 500
Startmasse in kg:	167 000
Nutzmasse in kg:	23 500
Höchstgeschwindigkeit in km/h:	900
Reisegeschwindigkeit in km/h:	860
Steigleistung in m/s:	15,0
Aktionsradius in km:	8800
Gipfelhöhe in m:	12 000
Triebwerk:	4 x Solowjew D-30KU Turbofan-Triebwerke
Schub in kN:	4 x 112,8

Die IL-62M »11+21« wird in Berlin-Schönefeld für den nächsten Flug vorbereitet.

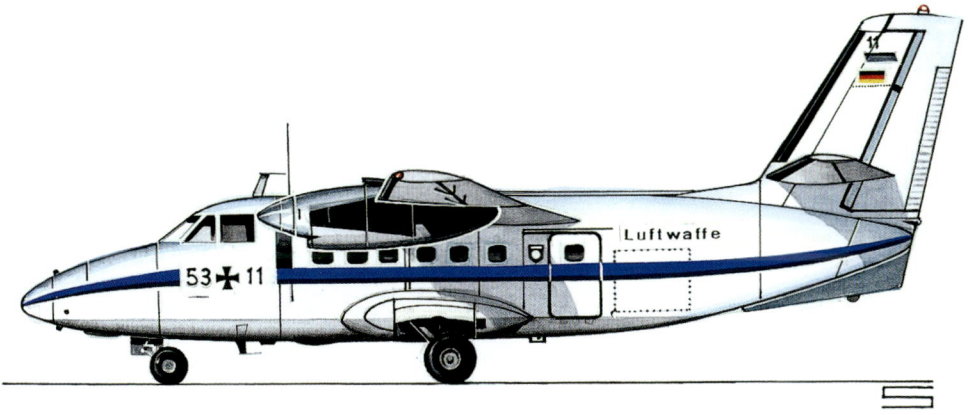

Let L-410UPV Turbolet

Einsatz: 1990 – 2000
Stückzahl: 12
Hersteller: Let

Die L-410 wurde im staatlichen Flugzeugwerk LET in Kunovice entwickelt und gebaut. Ausgelegt für 15 Passagiere, flog der Prototyp (OK-YKE) am 16. April 1968 erstmals. Anschließend wurden drei Vorserienflugzeuge gefertigt. Diese wie auch die folgenden 27 Flugzeuge der Ausführungen L-410A, AB, AF, AS und AG erhielten kanadische PT6A-27-Propellerturbinen zu je 526 kW (715 WPS). Zwölf L-410A und fünf L-410AS gingen zur Erprobung in die Sowjetunion. Ab 1973 baute Let die L-410M, die von zwei Walter-M601A-Triebwerken mit einer Startleistung von je 515 kW (701 WPS) angetrieben wurden. Der Erstflug der L-410M erfolgte im Juli 1973.

Hauptversion ist die L-410UVP mit einem um 80 cm verlängertem Rumpf; sie verfügt über Kurzstart- und Kurzlandeeigenschaften. In der Kabine fanden jetzt 19 Passagiere Platz. Das Flugzeug wurde in Ganzmetall-Halbschalenbauweise gefertigt. Im Bug befindet sich die Avionikausrüstung. Geflogen wird die Maschine von zwei Piloten. Auf der linken Seite befindet sich eine 125 x 146 cm große Frachttüre. Das Hauptfahrwerk ist in seitlichen Rumpfwülsten untergebracht. In den Tragflächen sitzen sechs Treibstofftanks mit ei-

Nach der Übernahme der L-410 durch die Bundesluftwaffe gehörten die NVA-Flugzeuge zunächst zum Bestand des LTG 65.

nem Fassungsvermögen von 1270 Liter. Die erste Maschine dieser Version startete am 1. November 1977. Das leistungsgesteigerte Triebwerk M601B mit Wassereinspritzung lieferte 544 kW (740 WPS). Die Serienproduktion begann 1979. Ab 1984 baute Let die L-410UVP-E (E für ökonomisch), die von neuen 5-Blatt-Luftschrauben Avia V 510 mit einem Durchmesser von 2,30 m und zwei Walter-M601E-Triebwerken zu je 560 kW (762 WPS) Leistung angetrieben wurden. Die Maschine startete am 30. Dezember 1984 zum Erstflug. Bis zur Einstellung der Fertigung verließen über 1000 Let L-410 die Werkshallen. Den größten Teil übernahm die Aeroflot als Ersatz für die Antonow An-2. Bei der NVA standen zwölf und bei Interflug sechs L-410UVP im Einsatz. Die L-410UVP der NVA/LSK wurden 1980 bei zwei Staffeln in Dienst gestellt. Dies waren die Verbindungsflieger-Staffel-14 (VS-14) in Straußberg und die Transportflieger-Ausbildungsstaffel-45 (TAS-45) in Kamenz bei Dresden. Bei beiden Einheiten diente sie als leichtes Transportflugzeug, sowohl für Fracht und Passagiere, und als Schulflugzeug. Bei der VS-14 flogen die Maschinen mit den Bordnummern 317 bis 320, bei der TAS-45 mit den Bordnummern 313, 316, 321, 323 bis 327.

Nach Auflösung der NVA/LSK wurden die Flugzeuge von der Bundeswehr übernommen. Die L-410UVP der TAS 45 erhielten die Kennungen 53+01 bis 53+08, die der VS-14 die Kennungen 53+09 bis 53+12. Sie wurden zunächst vom neu aufgestellten LTG 65 bis zu dessen Auflösung 1992 betrieben. Acht der Flugzeuge wurden bald darauf verkauft. Zwei davon, die 53+07 und 53+08) gingen an die Aztec Aviation in Miami/Florida. Die 53+01 bis 53+06 erhielten 1993 die Regierungen der nun selbstständigen baltischen Staaten Estland, Lettland und Litauen.

Die vier L–410UVP mit der Salonausstattung (53+09 bis 53+12) setzte die Flugbereitschaft BMVg bis zum Jahr 2000 ein. Für diese Aufgabe erhielten sie einen blau-weißen Anstrich, entsprechend den anderen bei der Flugbereitschaft fliegenden Maschinen. Nach ihrer Außerdienststellung konnte man wiederum eine Maschine an die Aztec Aviation verkaufen, eine zweite erhielt die East Air Company in der Slowakei. Die 53+11 erwarb im Jahr 2001 die Delta Beach Company in den USA und die 53+10 wurde dem Luftwaffen-Museum in Berlin-Gatow übergeben.

Technische Daten
Let L-410UPV

Verwendungszweck:	leichter Mehrzwecktransporter
Besatzung:	2 + 15 Passagiere
Spannweite in m:	19,48
Länge in m:	14,47
Höhe in m:	5,38
Flügelfläche in m²:	35,20
Leermasse in kg:	3700
Startmasse in kg:	5800
Höchstgeschwindigkeit in km/h:	368
Reisegeschwindigkeit in km/h:	310
Steigleistung in m/s:	7,8
Aktionsradius in km:	400
Gipfelhöhe in m:	6000
Triebwerk:	2 x Walter M-601B-Propellerturbinen
Schub in kW:	2 x 544

Die Flugbereitschaft BMVg setzte vier L-410UVP mit der Salonausstattung ein.

Tupolew Tu-134A

NATO-Codename »Crusty«
Einsatz: 1990 – 1992
Stückzahl: 3
Hersteller: Staatliches Flugzeugwerk Nr. 135

Die Tu-134 war eines der am meisten verbreiteten Strahlverkehrsflugzeuge aus der ehemaligen UdSSR. Sie wurde Ende 1961 aus der Tu-124 für den Kurz- und Mittelstreckenbereich entwickelt und bot in den ersten Versionen bei einer maximalen Startmasse von 44.000 kg 68 Passagieren Platz. Zwei Rümpfe der Tu-124 wurden aus der Fertigung genommen und für Versuche verwendet. Hinter der Kanzel verlängerte man den Rumpf um zwei Meter. Außer dem Rumpf hatte die Tu-134 mit der Tu-124 jedoch nichts mehr gemeinsam, obwohl sie ursprünglich noch als Tu-124A bezeichnet wurde. Als Antrieb kamen zwei Solowjew D-30 mit je 66,7 kN (6800 kp) Standschub zum Einbau. Die Tu-134 war das letzte Flugzeug, das noch von A.N. Tupolew mitentwickelt wurde. Es handelt sich um einen freitragenden Tiefdecker in Schalenbauweise. Der Rumpf weist einen Durchmesser von 2,9 Metern auf und ist druckbelüftet. Der druckbelüftete Bereich erstreckt sich vom Cockpit bis auf die Höhe des Niederdruckverdichters der Triebwerke. Die Kabine hat eine Länge von 13,85 m, eine Breite von 2,71 m und eine Höhe von 1,95 m. Bei der Tu-134A beträgt die Kabinenlänge 16,0 m. Markantes Merkmal ist die negative V-Stellung der Tragflächen und der verglaste Rumpfbug. Das Hauptfahrwerk mit insgesamt zehn Rädern wird in große Radkästen an der Tragflächenhinterkante eingezogen. Die Tu-134 verfügt über zwei Fracht-räume mit einem Volumen von 14,5 m³. Diese befinden sich vor und hinter der Passagierkabine. Der Treibstoff ist in sechs Flügeltanks untergebracht.

Der mit voller Aeroflot-Bemalung versehene erste Prototyp mit der Zulassung CCCP-45075 startete am 7. Dezember 1963 zum Jungfernflug mit Versuchspilot A. D. Kalina am Steuer. Der Prototyp war noch mit zwei Solowjew-D-20P-Triebwerken ausgerüstet. Am 16. Dezember 1963 flog dann der zweite Prototyp (CCCP-45076). An der Flugerprobung beteiligten sich auch 15 Vorserienflugzeuge, die mit dem leistungsstärkeren Solowjew D-30 ausgerüstet waren, das auch bei der Serie eingebaut wurde. Die erste Vorserienmaschine (CCCP-65600) kam im Frühjahr 1965 aus der Fertigung in Charkow. Die Erprobung in Shukowskij übernahm das Flugforschungsinstitut LII. Auf der Luftfahrtschau in Le Bourget im Juli 1965 landete der Prototyp der Tu-134 erstmals im

Die drei Tu 134A waren in Marxwalde stationiert und wurden von der Flugbereitschaft BMVg zum Beamtentransport zwischen Bonn und Berlin eingesetzt.

Westen. Bevor die Tu-134 bei der Aeroflot in den Liniendienst übernommen wurde, flog sie zwei Jahre nur Luftfracht. Am 26. August 1967 legte die CCCP-65600 den ersten Linienflug auf der Strecke von Moskau nach Murmansk zurück. Der erste Linienflug ins westliche Ausland führte am 11. September 1967 nach Stockholm. Auch bei den anderen Fluggesellschaften des ehemaligen Ostblocks wurde sie ab 1968 zum Standardverkehrsflugzeug. Mit 36 Flugzeugen hatte Interflug die größte Anzahl an Tu-134 außerhalb Sowjetrusslands. Ab 1969 kam das verbesserte Triebwerk D-30 Serie II, das mit einer pneumatischen STM-10-Startvorrichtung und einer Schubumkehrvorrichtung ausgerüstet war. Die Schubumkehrvorrichtung bestand aus zwei schließbaren Innenklappen und Umlenkgittern.

Die Tu-134A mit einem um 2,10 Meter verlängerten Rumpf und einer maximalen Startmasse von 49.000 kg flog erstmals im April 1970. Als Prototyp diente die Tu-134 CCCP-65624. Den Erstflug führte Nikolai Charitonow durch. Sie konnte bis zu 76 Passagiere befördern. Um der erhöhten Startmasse Rechnung zu tragen, musste das Hauptfahrwerk verstärkt werden. Die Haupträder und das Bremssystem übernahm man von der Iljuschin Il-18. Um auf den Flugplätzen von Bodenaggregaten unabhängig zu werden, erhielt die Tu-134A das TA-8 Hilfsaggregat (APU). Die Tankkapazität beträgt 13.000 Liter. Ab November 1970 flog sie bei der Aeroflot im Liniendienst. Später gebaute und umgerüstete Tu-134A, die mit dem leistungsstärkeren Triebwerk D-30 Serie III ausgerüstet waren, das über eine zusätzlichen Turbinenstufe verfügte, erhielten die Bezeichnung Tu-134A-3.

Eine Überarbeitung des Entwurfs fand ab 1980 statt. Das Ergebnis war die Tu-134B. Das markante Merkmal der Tu-134, der verglaste Bug, ersetzte eine Kunststoffabdeckung, hinter der sich das von der Tu-154 übernommene Radarsystem befand. Die Auslegung der Kanzel wurde modernisiert, so dass die Anzahl der Besatzungsmitglieder von fünf auf drei verringert werden konnte. Durch den Einbau des neuen leistungsfähigen Radars war auch die Anwesenheit eines Navigators nicht mehr notwendig. Zur Verbesserung der Manövrierfähigkeit der Tu-134B am Boden wurde die Bugradlenkung modifiziert. Gegenüber der Tu-134A konnte bei der Tu-134B der Tankinhalt auf 18.000 Liter gesteigert werden. Wie bei der Tu-134A gibt es auch bei der Tu-134B eine Version, die mit dem D-30 Serie III-Triebwerk ausgerüstet ist. Diese Version führt die Bezeichnung Tu-134B-3. Insgesamt wurde von der Tu-134 bis zur Produktionseinstellung Anfang 1985 insgesamt 853 Flugzeuge gebaut.

Bei einigen Luftwaffen flog die Tu-134 als VIP-Transporter und Regierungsflugzeug. Die NVA setzte bei der Regierungsstaffel von 1969 bis 1974 vier Tu 134 ein, die noch über eine verglaste Bugkanzel verfügten. Drei Flugzeuge flogen in den Farben der Interflug mit ziviler Kennung. Nur eine Maschine hatte ein militärische Hoheitszeichen am Leitwerk und führte die Bordnummer 177. Ab 1971 setzte die NVA weitere 21 Tu-134A ein, die vom TG-44 betrieben wurden. Diese wurden bis 1978 ebenfalls mit einer verglasten Bugspitze ausgeliefert, ab 1978 mit Radarnase.

Am 3. Oktober 1990, dem Tag der Übernahme durch die Bundeswehr, befanden sich noch drei Tu 134A im Bestand des TG-44. Diese Flugzeuge wurden mit den Kennungen 11+10 bis 11+12 von der Flugbereitschaft BMVg übernommen, blieben aber in Marxwalde stationiert. Die Hauptaufgabe bis zur Außerdienststellung war der Beamtentransport zwischen Bonn und Berlin. Alle drei Maschinen wurden Ende 1992 stillgelegt und 1993 nach Russland verkauft.

Technische Daten	
Tupolew Tu-134A	
Verwendungszweck:	Reise- und Transportflugzeug
Besatzung:	4 + 96 Passagiere
Spannweite in m:	29,0
Länge in m:	27,05
Höhe in m:	9,14
Flügelfläche in m^2:	127,3
Leermasse in kg:	29.050
Startmasse in kg:	47.000
Nutzmasse in kg:	7700
Höchstgeschwindigkeit in km/h:	900
Reisegeschwindigkeit in km/h:	800
Steigleistung in m/s:	14,5
Aktionsradius in km:	1890
Gipfelhöhe in m:	11.890
Triebwerk:	2 x Solowjow D-30-II Mantelstromtriebwerke
Schub in kN:	2 x 66,69

Tupolew Tu-154M

NATO-Codename »Careless«
Einsatz: 1990 – 1999
Stückzahl: 2
Hersteller: Staatliches Flugzeugwerk Nr. 18

Als Nachfolgemuster für die Tu-104A entstand Mitte der 60er Jahre die Tu-154. Die ersten Informationen über das neue Flugzeug wurden 1966 bekannt. Wie bei der Tu-134 weisen auch bei der Tu-154 die Tragflächen eine negative V-Stellung auf. Ein weiteres Merkmal der Tupolew-Flugzeuge, der verglaste Bug, fehlte bei der Tu-154. Stattdessen erhielt sie von Beginn an eine Bugabdeckung aus Kunststoff, hinter der das Wetterradar Platz fand. Die erste Ausführung bot 144 Passagieren Platz und brachte es auf eine maximale Startmasse von 86.000 kg. Die Reichweite lag bei 3800 km. Drei Mantelstromtriebwerke Kuznjetzow NK-8-2 mit je 93,16 kN (9500 kp) Standschub stellten den Antrieb dar. Die Tu-154 kann sogar von Kies- oder Erdpisten starten bzw. landen.

Der Erstflug des Prototyps mit dem Kennzeichen CCCP-85000 erfolgte am 3. Oktober 1968 unter der Leitung von Juri V. Sukhanow. Später beteiligten sich an der Flugerprobung noch weitere fünf Prototypen und Vorserienflugzeuge. Ihr Debüt im Westen gab sie im Juni 1969 auf dem Aerosalon in Le Bourget. Ab Juli 1971 ging die siebte Tu-154 bei der Aeroflot in die Streckenerprobung, zuerst im Frachtdienst und ab dem 9. Februar 1972 erfolgte der Einsatz im Liniendienst. Am 1. August 1972 wurde die erste internationale Strecke nach Prag beflogen. Ihr folgte im Linieneinsatz ab April 1974 die Tu-154A, deren maximale Startmasse auf 90.000 kg erhöht wurde. Der Erstflug erfolgte Ende 1973. Sie erhielt einen zusätzlichen Treibstofftank im Tragflügelmittelstück. Bei der ab 1976 ausgelieferten Tu-154B konnte die Startmasse dank der leistungsstärkeren Kuznjetzow-Triebwerke NK-8-4 mit einem Standschub von je 103 kN nochmals um 6000 kg auf 96.000 kg erhöht werden.

Als letzte Version kam ab 1984 die zuerst als Tu-164 bezeichnete Tu-154M zur Auslieferung. Die Serienfertigung wurde Ende 1983 aufgenommen; Aeroflot erhielt die beiden ersten Serienmaschinen am 27. Dezember 1984. Ab 1985 wurde die Maschine auch für den Export freigegeben.

Die Tu-154M ist die modernste Serienausführung und weist gegenüber den früheren Varianten zahlreiche technische Verbesserungen auf. An den Tragflächen wurden größere Spoiler und kleinere *Slats* angebaut sowie die Form der Kanten an der Tragflächennase geändert. Die Triebwerksverkleidungen für das leistungsstärkere Solowjew D-30KU-154 mit 107,9 kN (11.500 kp) Standschub übernahm man von der Il-62M. Auch die gesamte Schubumkehrvorrichtung stammt von der Il-62M. Die neuen Triebwerke verbrauchen 20 Prozent weniger Treibstoff als die bisherigen, wodurch sich die Reichweite um 1000 km erhöhte. Die Ansaugöffnung für das Hilfsaggregat wurde in die Rumpfseitenwand verlegt. Der Bremsschirm entfiel, so dass auch die dafür vorgesehene Verkleidung an der Wurzel der Seitenflosse nicht mehr benötigt wurde. Bei der Fertigung wurden neue Methoden eingeführt und die Ruderflächen mit Wabenkern hergestellt. Die alten

Bei so genannten Open Skies-Missionen kam die Tu-154M/OS zum Einsatz. Sie stieß am 13. September 1997 mit einer C-141B der USAF vor der Küste Namibias zusammen und stürzte ab.

Cockpit-Geräte wurden durch moderne Avionik ersetzt, was zur Folge hatte, dass man die Besatzung von fünf auf drei Mann reduzieren konnte. Die Kabine wurde für maximal 180 Passagiere ausgelegt. Die Tu-154M kann Entfernungen bis zu 5000 km zurücklegen.

Bei der Tu-154 handelt es sich um einen Tiefdecker in Ganzmetallbauweise. Der Rumpf hat einen Durchmesser von 3,8 m, eine Länge von 27 m, eine Breite von 3,60 m und eine Höhe von 2,02 m. Im unteren Rumpfbereich befinden sich fünf Frachträume mit einem Volumen von 39 m³. Die Tankkapazität beträgt bei den frühen Modellen 40.000 Liter, bei der Tu-154M 49.625 Liter. Die Hydraulikanlage besteht aus drei unabhängigen Kreisen und die Steuerung wird von Servogeräten unterstützt. Das Hauptfahrwerk hat je Einheit sechs Rädern und das Bugfahrwerk Doppelbereifung.

Von der Tu-154 wurden insgesamt 700 Maschinen gebaut von denen rund 100 Flugzeuge ins Ausland verkauft wurden. Das TG-44 der NVA in Marxwalde betrieb zwei Tu-154M, wovon die erste im April und die zweite im September 1989 ausgeliefert wurden. Beide Maschinen wurden nach der Wiedervereinigung zunächst von der Flugbereitschaft BMVg übernommen und wie die Tu-134A für den Beamten-Shuttle eingesetzt. Die Bundeswehr teilte ihnen die Kennungen 11+01 und 11+02 zu. Die 11+01 wurde 1999 stillgelegt und in Dresden zunächst abgestellt. Im Februar 2000 wurde sie mit dem zivilen Kennzeichen EP-MPL in den Iran verkauft.

Die 11+02 wurde für den Einsatz als Beobachtungsflugzeug im Rahmen der OSZE-Vereinbarung „Open Skies", die am 24. März 1992 am Rande des vierten KSZE-Folgetreffens in Helsinki unterzeichnet wurde, umgebaut. Für diese Arbeiten wurde sie Anfang 1993 zu den Elbe-Flugzeugwerken nach Dresden überführt. Die Umrüstarbeiten begannen im Oktober 1993 und wurden im Oktober 1994 abgeschlossen. Das Flugzeug erhielt die ergänzende Typbezeichnung Tu-154M/OS.

In der ersten Umbauphase wurden im vorderen Frachtraum drei Einzelbildkameras LMK 2015 der Fa. Carl Zeiss Jena und drei Videokameras VOS 60 von Carl Zeiss Cochem eingebaut. Je eine der Kameras wurde senkrecht, die beiden anderen unter einem Winkel von 33 Grad nach links und nach rechts installiert. Des Weiteren erhielt das Flugzeug noch ein Seitensichtradar und verschiedene Sensoren. Der Umbau kostete rund 23 Millionen Euro. Nach einer mehrwöchigen Erprobung wurde die 11+02 am 19. April 1995 an das in Geilenkirchen beheimatete Zentrum für Verifikationsaufgaben der Bundeswehr (ZVBw) übergeben und bei der Flugbereitschaft in Köln-Wahn stationiert. Kurz darauf absolvierte die Maschine ihren ersten *Open Skies*-Testflug über Spanien, dem noch im selben Jahr Flüge über Portugal, den USA, Kanada, der Ukraine, Polen und Russland folgten. Vorgesehen waren auch Unterstützungsflüge bei Katastrophen. Erste Erfahrungen konnte man während des Hochwassers an Oder und Neiße im Juli 1997 sammeln. Mit Hilfe der Tu-154M/OS wurden Luftbilder der Überschwemmungsgebiete erstellt, die es den deutschen und polnischen Einsatzstäben erlaubten, sich ein genaues Bild von der Lage zu machen, so dass diese die Hilfsmaßnahmen besser koordinieren konnten. In einer zweiten Umbauphase sollte Ende 1997 noch eine Panoramakamera, ein Infrarot-Zeilenabtastgerät und das in Zusammenarbeit mit Russland entwickelte Kulon ROSSAR-Radar eingebaut werden. Doch dazu kam es nicht mehr. Während eine Fluges nach Kapstadt stieß die 11+02 am 13. September 1997 vor der Küste Namibias mit einer Lockheed C-141B Starlifter der USAF zusammen und stürzte ab. Bei diesem Unglück kamen alle Insassen der beiden Maschinen, 24 Deutsche und neun Amerikaner, ums Leben.

Technische Daten	
Tupolew Tu-154M	
Verwendungszweck:	Reise- und Transportflugzeug
Besatzung:	3 + 86 + bis 175 Passagiere
Spannweite in m:	37,55
Länge in m:	48,00
Höhe in m:	11,40
Flügelfläche in m²:	201,45
Leermasse in kg:	58.800
Startmasse in kg:	100.000
Nutzmasse in kg:	19.300
Höchstgeschwindigkeit in km/h:	990
Reisegeschwindigkeit in km/h:	880
Steigleistung in m/s:	10,0
Aktionsradius in km:	4800
Gipfelhöhe in m:	12.800
Triebwerk:	3 x Solowjew D-30KU-154-III-Mantelstromtriebwerke
Schub in kN:	3 x 103,0

Airbus A310-300/MRT/MRTT

Einsatz: 1991 – heute
Stückzahl: 7
Hersteller: Airbus Industrie

Auf Anregungen mehrerer Fluggesellschaften begann Airbus Industrie im Juli 1978 mit der Entwicklung des A310, einer verkleinerten Ausführung des A300. Lufthansa und Swissair waren die so genannten *Launching Customer* dieses Projekts. Der A310 bedeutete den ersten Schritt in Richtung einer Airbus-Flugzeugfamilie. Der Rumpfquerschnitt des A310 entspricht dem A300, jedoch wurde der Rumpf gegenüber dem Vorgängermodell A300 um 13 Spanten, was sieben Meter entspricht, verkürzt und bietet je nach Ausführung 178 bis 280 Passagieren Platz. Der Rumpf weist je Seite nur noch zwei Passagiertüren auf. Die neuen Tragflächen mit einer kleineren Spannweite wurden bei British Aerospace entwickelt und mit neuen Triebwerksaufhängungen ausgerüstet. Die äußeren Querruder an den Tragflügeln entfielen. Durch die neuen Tragflächen konnte gegenüber dem A300 eine Treibstoffeinsparung von 20 Prozent erreicht werden. Durch die Verwendung von CFK-Bauteilen wurden rund 500 kg Gewicht eingespart. Zu den weiteren Unterschieden gehören außerdem Änderungen am Fahrwerk und am Heckteil. Das Leitwerk wurde ebenfalls verkleinert. Der Frachtraum in den Unterflurladeräume des A310 umfasst 60 m³. Es können 14 LD-3-Container oder drei Paletten und sieben Container darin untergebracht werden. Die Treibstofftanks des A310-200 fassen maximal 55.000 Liter, die des A310-300 bis zu 61.100 Liter, wobei sich hier der Tankinhalt durch Einbau eines Zusatztanks bis auf 68.100 Liter erhöhen lässt.

Der A310 entstand in vier Ausführungen: der A310-200 (Basismodell) und der A310-200C (*Convertible*, gemischte Passagier/Frachtversion) mit einem Frachttor im vorderen Kabinenbereich. Innerhalb von 15 Stunden lässt sich der A310-200C zu einem Vollfrachter mit 40 Tonnen Nutzmasse umrüsten, dem A310-200F. Der A310-300 stellt eine Passagierversion mit erhöhter Reichweite und angehobenem Startgewicht, Trimmtank in der Höhenflosse und optionalen Zusatztanks für extreme Reichweiten dar.

Der erste A310 mit dem Kennzeichen F-WZLH (Werknummer 162) hatte am 16. Februar 1982 seine offizielle Vorstellung und startete am 3. April 1982 in Toulouse zum Erstflug. Er wurde am

Der A310-300 »10+22« mit der im August 2003 auf Wunsch des damaligen Bundespräsidenten Johannes Rau eingeführten neuen Lackierung und der Aufschrift »Bundesrepublik Deutschland«.

21. März 1984 von der Swissair als HB-IPE übernommen. Als zweite Maschine flog die F-WZLI (Werknummer 172) am 13. Mai 1982, die 1986 als F-GEMF von der Air France übernommen wurde. Die dritte mit dem Testkennzeichen F-WZLJ (Werknummer 191) ging am 9. März 1984 als D-AICA an die Lufthansa.

Für den gemischten Passagier-/Fracht-Einsatz kam der A310-200C (Combi) mit einem Frachttor im vorderen Kabinenbereich zur Auslieferung. Martinair übernahm im Dezember 1984 den ersten A310-200C. Nach der Ablieferung von 85 Einheiten wurde die Fertigung des A310-200 eingestellt.

Als Nachfolger erschien der A310-300 mit einem auf 157.000 kg erhöhten Startgewicht; er kommt auf Interkontinentalstrecken zum Einsatz. Der A310-300 unterscheidet sich von den früheren Versionen durch einen zusätzlichen, 6100 Liter fassenden Treibstofftank in der Höhenflosse, eine aus CFK gefertigte Heckflosse, *Winglets* zur Reduzierung des Luftwiderstandes und eine überarbeitete Cockpitauslegung. Der Trimmtank im Leitwerk dient nicht nur zur Vergrößerung der Treibstoffmenge, sondern auch zum optimalen Austrimmen des Flugzeugs im Flug. Zur Vergrößerung der Reichweite besteht die Möglichkeit, einen Zusatztank im hinteren Laderaumbereich einzubauen, so dass insgesamt 68.100 Liter zur Verfügung stehen. Trotz des um 11.000 kg höheren Abfluggewichts konnte das Gewicht der Zelle auf den Werten der früheren Mustern gehalten werden. Der erste A310-300 hob am 8. Juli 1985 zum Jungfernflug ab. Wiederum war es die Swissair, die im Februar 1986 damit als erste Fluggesellschaft den Liniendienst aufnahm. Auch bei den Luftwaffen von Belgien, Deutschland, Frankreich, Kanada, Spanien und Thailand fliegt der A310. Die deutsche Luftwaffe übernahm 1990 nach der Wiedervereinigung die drei A310 der Interflug, die nach und nach die Boeing 707-320C ersetzten. Diese Flugzeuge sind mit General-Electric-Triebwerken CF6-80C2A2 mit einem Schub von je 237 kN bestückt. Sie wurden bei der Lufthansa Technik in Hamburg entsprechend der Forderungen der Luftwaffe ausgerüstet und im August 1991 von der Flugbereitschaft BMVg

Diese Aufnahme entstand während eines Abnahmefluges des neuen Multi Role Transport-Tankers A310 MRTT bei der WTD 61. Die »10+27« bedient gerade zwei Panavia Tornados der Wehrtechnischen Dienststelle.

übernommen. Ihnen wurden folgende Kenzeichen und Namen zugeteilt 10+21 »Konrad Adenauer«, 10+22 »Theodor Heuss« und 10+23 »Kurt Schumacher«. Die 10+21 und 10+22 erhielten eine VIP-Ausrüstung für insgesamt 89 Passagiere, während die 10+23 bis zu 222 Fluggästen Platz bietet. Vier weitere A310 mit den Kennzeichen 10+24 »Otto Lilienthal«, 10+25, 10+26 und 10+27 »August Euler« wurden zwischen 1996 und 1998 von der Lufthansa übernommen. Diese Flugzeuge wurden ab Mitte 1998 modifiziert. Zunächst wurden alle vier zu A310MRT *(Multi Role Transporter)* umgebaut und in einem grauen Tarnanstrich lackiert. Die Arbeiten teilten sich die Firmen EADS-Elbe Flugzeugwerke und Lufthansa Technik. Die Flugzeuge erhielten eine große Frachtluke und im Boden Rollkugelmatten, so dass das Be- und Entladen zügig durchgeführt werden kann. Auf dem Oberdeck finden 57 Passagiere und zwölf Frachtcontainer Platz. Für die MEDEVAC-Verwendung *(Medical Evacuation)* wurde ein spezielles VUK-Modul (Verwundeten- und Krankentransport) entwickelt, mit dem sich das Flugzeug in kürzester Zeit bestücken lässt. Als erster A310MRT wurde die 10+24 im März 1999 wieder in Dienst gestellt und kam bereits im folgenden Monat auf Hilfsflügen in den Kosovo zum Einsatz. Auch nach dem Bombenattentat auf der tunesischen Insel Djerba im April 2002 und bei der Flutkatastrophe in Ostdeutschland im August 2002 flogen A310MRT. Diese vier Flugzeuge wurden auch für den Umbau zum A310 MRTT *(Multi Role Transport Tanker)* vorgesehen. Der Umbau beinhaltet die Verstärkung des oberen und unteren Frachtraumbodens für vier Zusatztanks im unteren Frachtraum sowie der Tragflächen, damit an diesen je ein Mk. 32B-907-Betankungsbehälter der Firma Cobham montiert werden kann. Diese Betankungsbehälter verfügen über Schlauch- und Korb-Technologie und sind in der Lage, an zwei Flugzeuge gleichzeitig 1500 Liter Kerosin pro Minute abzugeben. Die Operatorstation für die Luftbetankung befindet sich hinter der Kanzel und verfügt über Monitore und Kontrolleinrichtungen für Treibstoffmanagement, Luftbetankungsausrüstung und Beleuchtung.
Die 10+27 wurde im Oktober 2002 nach Dresden zu den EADS-Elbe Flugzeugwerken überführt und wurde als erste der beiden Maschinen modifiziert. Die Vorstellung nach dem Umbau erfolgte am 9. Dezember 2003 und am 20. Dezember 2003 hob die Maschine zu ihrem dreieinhalbstündigen Erstflug ab. Die drei noch folgenden Flugzeuge wurden bzw. werden bei der Lufthansa Technik in Hamburg umgerüstet.
Vor der Übergabe des A310MRTT an die Luftwaffe absolvierte die WTD 61 in Manching ein umfangreiches Erprobungsprogramm, wobei in 56 Flügen 174 Flugstunden geflogen wurden. Am 12. März 2004 flog die 10+27 erstmals mit den Betankungsbehälter. Der erste Luftbetankungsflug fand im Juli 2004 über der Nordsee statt. Dabei wurden Tornados der deutschen Luftwaffe und F/A-18 Hornet der Schweizer Luftwaffe im Flug betankt. Bereits im Sommer 2004 konnte das Luftfahrtbundesamt die zivile Zulassung des A310 MRTT erteilen. Die militärische Zulassung erfolgte im September 2004, so dass die Luftwaffe den ersten MRTT bereits am 29. September 2004 übernehmen konnte. Im Mai 2005 wurde die komplett bei der Lufthansa Technik in Hamburg umgebaute 10+25 fertiggestellt und der Luftwaffe übergeben. Ende Oktober folgte die 10+24 und im Dezember 2005 die Modifikations-Liegezeit der 10+26. Im August 2003 wurde die 10+21 »Konrad Adenauer« mit einer neuen Lackierung vorgestellt. Auf Wunsch des damaligen Bundespräsidenten Rau erhielt das Flugzeug einen Längsstreifen in den Farben Schwarz-Rot-Gold und die Aufschrift »Bundesrepublik Deutschland«

Technische Daten	
Airbus A310-300/MRT/MRTT	
Verwendungszweck:	Reise-, Transport- und Tankflugzeug
Besatzung:	2 +5 + bis 214 Passagiere
Spannweite in m:	43,90
Länge in m:	46,66
Höhe in m:	15,81
Flügelfläche in m²:	219,0
Leermasse in kg:	77.130
Startmasse in kg:	157.000
Nutzmasse in kg:	34.000
Höchstgeschwindigkeit in km/h:	904
Reisegeschwindigkeit in km/h:	840
Steigleistung in m/s:	13,0
Aktionsradius in km:	11.000
Gipfelhöhe in m:	12.550
Triebwerk:	2 x General Electric CF6-80C2A2
Schub in kN:	2 x 262,4

Airbus Military A400M

Einsatz: ab 2010
Stückzahl: 60 (geplant)
Hersteller: Airbus Military

Belgien, Deutschland, Frankreich, Großbritannien, Italien, Spanien und die Türkei haben sich für Beschaffung der A400M entschieden. Die Entscheidung fiel auf dem Aerosalon in Le Bourget, als die sieben Staaten den Vorvertrag zur Entwicklung und zum Bau des A400M unterzeichneten. Nach Plan sollte der A400M eigentlich schon ab 2007 die Lockheed C-130 Hercules und die Transall C-160 ablösen. Insgesamt waren es ursprünglich acht Nationen, die den A400M in einer Gesamtstückzahl von 196 Maschinen einzuführen gedachten. Die Aufträge sollten sich wie folgt verteilen: sieben Flugzeuge für Belgien (ab 2018), 73 für Deutschland (ab 2009), 50 für Frankreich (ab 2008), 25 für Großbritannien (ab 2008), drei für Portugal (ab 2016), 27 für Spanien (ab 2010), zehn für die Türkei (ab 2008) und eine Maschine für Luxemburg (2013). Italien wollte ursprünglich 16 A400M haben, scherte jedoch Ende 2001 aus der Gemeinschaftsentwicklung aus und entschied sich für die Beschaffung weiterer Lockheed C-130J Hercules sowie der Alenia C-27J Spartan.

Erste Überlegungen für einen Nachfolger der Hercules und der Transall unter der Bezeichnung »FIMA« *(Future International Military Airlifter)* stellten Aerospatiale, British Aerospace, Lockheed und MBB bereits 1982 an. Der Transporter sollte über eine Nutzlast von 20 bis 30 Tonnen und über eine Reichweite von 2000 bis 2500 Seemeilen verfügen. 1985 setzten acht europäische Regierungen eine Arbeitsgruppe für das jetzt mit »FLA« *(Future Large Aircraft)* bezeichnete Projekt ein. 1987 traten Alenia aus Italien und CASA aus Spanien dem FIMA-Konsortium bei, während Lockheed bald darauf aus dem Firmenverbund ausschied und sich für die Weiterentwicklung der Hercules zur C-130J entschied. Somit war der FLA zu einem reinen europäischen Projekt geworden. Die verbliebenen Partner firmierten ab 1991 als EUROFLAG *(European FLA Group)* und errichteten in Rom ihren Firmensitz. Im selben Jahr konkretisierten die Luftwaffen von acht Staaten (Belgien, Deutschland, Frankreich, Großbritannien, Italien, Portugal, Spanien und die Türkei) ihre Anforderungen an das zukünftige Transportflugzeug. Die Forderungen sahen einen Transporter mit vier Turboprop-Triebwerken vor, der eine Reisegeschwindigkeit von 0,72 Mach und eine Reichweite von 2800 bis 3900 Seemeilen haben sollte, so dass ohne Zwischenhalt Einsatzziele außerhalb Europas erreicht werden können. Frankreich und Großbritannien regten an, das FLA-Programm in das Airbus-System zu integrieren. So wurde das »FLA Core Team« mit Sitz in Toulouse gegründet. Im Herbst 1997 wurde das *»FLA Core Team«* von sieben Nationen zu einer Angebotserstellung aufgefordert, das am 29. Januar 1999 abgegeben wurde. Die Leistung eines neuen Transporters wurde innerhalb eines Forderungskataloges *(ESR – European Statt Requirement)* von verschiedenen NATO-Mitgliedstaaten (Belgien, Frankreich, Deutschland, Italien, Spanien, Türkei und Großbritannien) festgelegt und war die Grundlage für die Angebotsaufforderung. Aus dem *»FLA Core Team«* wurde zwischenzeitlich die Airbus Military Company, zu der neben Airbus Industrie als Mehrheitsgesellschafter Alenia (Italien), BAE Systems (Großbritannien), CASA (Spanien), DaimlerChrysler Aerospace Airbus (Deutschland), Tusas Aerospace Industries (Türkei), OGMA (Portugal) und das belgische Industriekonsortium Flabel gehören.

In Deutschland werden Rumpfmittel- und Heckteile sowie das Seitenleitwerk gebaut. Frankreich wird für die Heckrampe und die Kanzel sowie die Systemintegration der Flugsteuerung verantwortlich sein. Der Bau der Tragflächen wird in Großbritannien und Deutschland (Tragflächenbeplankung) erfolgen. Die Klappen, Vorflügel und Verkleidungen kommen von Flabel aus Belgien, TAI aus der Türkei und aus Spanien. CASA ist für das Höhenleitwerk sowie die Triebwerksverkleidung zuständig und wird im Werk von San Pablo bei Sevilla die Endmontage vornehmen.

Die Entwicklung des A400M beruht auf Erfahrungen, die Airbus Industrie beim Bau ziviler Modelle gesammelt hat. Dazu gehören *Fly-by-wire*-Technik, moderne aerodynamische Tragflügel und der Einsatz von Verbundwerkstoffen wie Kohlefaser für das Rumpfmittelstück und die Tragflächenbeplankung. Das Cockpit soll dem des A340 entsprechen, ergänzt durch die notwendigen militärischen Zusatzinstrumente. Vorgesehen sind sieben austauschbare Mehrzweckanzeigen *(Multifunction Displays – MFD)*. Dazu gehört die primäre Fluginstrumentenanzeige *(Primary Flight Display – PFD)* und die Navigationsanzeigen, welche über eine Bodendarstellung mit Einblendung bekannter Gefahrenstellen verfügen soll. Die

Kanzel verfügt über zwei *Head-up Displays* – HUD zur Darstellung der primären Flugdaten und wird für die Nutzung von Nachtsichtgeräten ausgerüstet sein. Erstmalig verfügt der A400M als neuer Militärtransporter über einen so genannten *Sidestick*. Auch bei der automatischen Triebwerksteuerung *(Full Authority Digital Engine Control – FADEC)* wird auf bewährte Technologie der Airbus-Flugzeuge zurückgegriffen, die mittels der vollelektronischen Flugsteuerung die Einhaltung der Flugbereichslimitierungen überwacht.

Mit einer Rumpflänge von 42,2 m wird der A400M größer als die Hercules und die Transall ausfallen. Über das T-Leitwerk gemessen erreicht er eine Höhe von 14,7 m. Der vier Meter breite und 3,85 m hohe Frachtraum weist ein Volumen von 356 m^3 auf und fasst eine Nutzmasse von 37 Tonnen. Der Kabinenboden hat eine Länge von 17,71 m und erlaubt durch die Nutzung der 5,4 m langen Rampe die Aufnahme von neun 88 x 108-inch-Containern. Im Frachtraum kann ein Lastkran für fünf Tonnen eingebaut werden, was eine selbstständige Beladung erlaubt. Transportiert werden können wahlweise sechs 4 x 4 Pkw mit Anhängern, zwei Angriffshubschrauber, ein Transporthubschrauber von der Größe eines Cougars, ein leichter Kampfpanzer, ein mobiler Kran oder zwei Fünftonner mit zwei 105-mm-Geschützen. Platz finden auch bis zu neun Transportpaletten oder bis zu 120 vollausgerüstete Soldaten. Beim Einsatz als Sanitätsflugzeug bietet der A400M Platz für 66 liegend zu transportierende Verletzte. Das Hauptfahrwerk lässt sich zum Beladen absenken. Es verfügt auf jeder Seite über drei einzelne, doppelt-bereifte Fahrwerksbeine, die eine geringe Bodenbelastung verursachen und somit den Betrieb von schlecht befestigten Landeflächen ermöglichen. Für den Einsatz als Tankflugzeug können im Frachtraum Tankbehältern mit einem Fassungsvermögen von 12 t mit zusätzlichem Kraftstoff mitgeführt werden. Innerhalb von zwei Stunden lassen sich die Tanksonden unter den Tragflächen installieren, die 1200 kg Kraftstoff pro Minute abgeben.

Aufgrund seiner gepfeilten Tragflächen soll der A400M eine Reisegeschwindigkeit von 420 Knoten (0,72 Mach) erreichen und mit einer Nutzmasse von 20 Tonnen ohne Zwischenlandung die amerikanische Ostküste erreichen können. Nach Firmenangaben von Airbus Military liegt die Reichweite mit einer Nutzmasse von 20 Tonnen bei 3550 Seemeilen, mit einer Nutzmasse von 30 Tonnen bei 2450 Seemeilen. Als Überführungsreichweite werden 4900 Seemeilen angegeben. Außerdem besteht noch die Möglichkeit der Luft-

Grafische Darstellung des A400M. Er wird die C-160D bei den Lufttransportgeschwadern ablösen.

betankung. Der Tankstutzen ist oberhalb des Cockpits angeordnet. Am 6. Mai 2003 entschied sich Airbus Military für die Verwendung des vom europäischen Konsortium EuroProp International (EPI) vorgeschlagenen Triebwerks TP400-D6 mit einer Leistung von 10.000 WPS (7500 kW). Dabei handelt es sich um ein völlig neu zu entwickelndes Triebwerk auf Basis bewährter Technologie in 3-Wellen-Konstruktion. Zu EPI gehören Rolls-Royce, Snecma Moteurs, MTU Aero Engines und Industria de Turbopropulsores (ITP). Das Dreiwellen-Triebwerk kann innerhalb von zwölf Mannstunden ausgetauscht werden. Zur Reduktion der Wärmesignatur wird dem Heißstrahl des Triebwerks Kühlluft beigemischt, so dass die Maschine von hitzesuchenden Raketen schwerer zu erfassen ist. Für das Testprogramm sind rund 7500 Stunden vorgesehen und der Zulassungstermin ist für den 30. Oktober 2007 festgesetzt.

Die A400M wird über Eigenschutzsysteme wie Täuschfackelwerfer verfügen. Das modulare Verteidigungsmittelsystem DASS *(Defensive Aids Sub-System)* meldet die Informationen der Radar-, Raketen- und Laserwarnsensoren in die Kanzel, wo dann entsprechende Gegenmaßnahmen eingeleitet werden können. Außerdem können geschleppte Täuschziele *(Towed Radar Decoys)* mitgeführt werden. Von EADS Defence Electronics kommt das neu entwickelte und auf modernster Infrarot-Technologie basierende Flugkörperwarnsystem MIRAS. MIRAS beruht auf den modernen Superlattice-Infrarot-Detektoren, die von AIM Infrarot-Module GmbH entwickelt wurden. MIRAS *(Multi-Color Infra-Red Alerting Sensor)* ist das weltweit erste Flugkörperwarnsystem, das die Mehrfarben-Infrarot-Detektionstechnologie verwendet, mit deren Hilfe eine neuartige Kombination aus Entdeckungswahrscheinlichkeit, Detektionsreichweite und geringer Falschalarmrate erreicht wird. Mit dem Flugkörperwarner MIRAS verfügt das europäische Transportflugzeug A400M dann über das weltweit modernste Selbstschutzsystem, das die Einsatzwirksamkeit sowie die Sicherheit der Besatzung ganz entscheidend erhöht.

Die Cockpitscheiben und die Pilotensitze verfügen über eine Panzerung, die Schutz gegen Projektile bis 12,7 mm bietet.

Die letzten Monate vor dem Programm-Start waren von einer laufenden Abnahme der Bestellzahl gekennzeichnet. Ursprünglich waren für die Kooperationspartner einmal 288 Exemplare vorgesehen. Mitte 2001, nach der Reduktion der türkischen Stückzahl, sah der Beschaffungsplan nur noch 213 Einheiten vor. Schließlich zogen sich Italien und Portugal vollständig zurück und brachten die Gesamtflugzeugzahl nahe an die kritische Größe von 180 heran, die als Mindestzahl für den Programmstart angesehen wurde.

Am 27. Mai 2003 fiel der entgültige Startschuss für den Bau der A400. Der Beschaffungsvertrag über 180 Flugzeuge wurde am 27. Mai 2003 in Bonn zwischen Airbus Military und der gemeinsamen europäischen Beschaffungsorganisation OCCAR *(Organisation Conjointe de Coopération en matiére d'Armement)* als Vertreter der Erstkunden unterzeichnet. Die Auslieferungen sollen 2009 beginnen. Der Erstflug ist für 2008 in Sevilla vorgesehen. Das LTG 62 soll als erster Verband 2010 auf die A400M umrüsten. Als nächstes Geschwader ist das LTG 63 vorgesehen, während das LTG 61 aufgelöst werden soll.

Die Bestellungen verteilen sich derzeit wie folgt: Belgien 7, Deutschland 60, Frankreich 50, Großbritannien 25, Luxemburg 1, Malaysia 4, Spanien 27, Südafrika 8 und die Türkei 10.

Hubschrauber

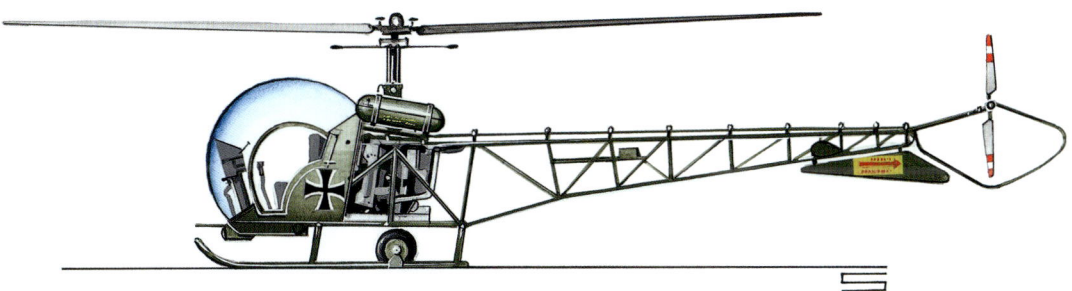

Bell 47G-2

Agusta Bell AB-47G-2
Einsatz: 1956 – 1974
Stückzahl: 14 (Bell 47G-2)
31 (Agusta Bell AB 47G-2)
Hersteller: Bell
Agusta (Lizenzbau)

Die Bell 47 stand bei der Neuaufstellung der Bundeswehr als einer der ersten Hubschrauber für Verbindungs- und Beobachtungseinsätze sowie für die Ausbildung zur Beschaffung an. Zur Erprobung wurden zunächst 14 Bell 47G-2 bei Bell bestellt. Diese Version verfügte über einen Lycoming VO-435-A1D-Sechszylinder-Boxermotor mit einer Leistung von 191 kW. Die Einweisung der Piloten, die später als Fluglehrer ihren Dienst taten, erfolgte in Fort Rucker. Während der Erprobung zeigte es sich, dass die Bell 47 für die ihr bei der Bundeswehr zugedachten Aufgaben nicht geeignet war. Nur bei der Ausbildung leistete sie gute Dienste. Die ersten Maschinen trafen Ende 1956 bei der FFS »S« in Memmingen ein und wurden der AusbStff »C« zugeteilt. Im Oktober 1958 verlegte die Staffel als 3. Staffel/FFS »S« nach Faßberg. 1958 wurden der in Fürstenfeldbruck aufgestellten Luftrettungs- und Verbin-

Für die Ausbildung von Hubschrauberpiloten setzte die 3. Staffel der FFS »S« in Faßberg die Bell 47G-2 »7410« ein.

Die Luftrettungs- und Verbindungsstaffel HRVSt 1 erhielt 1958 acht Bell 47G-2.

dungsstaffel HRVSt 1 acht Maschinen zugeteilt. Mit diesen Hubschrauber wurde parallel noch die Gebirgsflugausbildung durchgeführt. Die Ausbildung begann am 1. April 1960. Am 4. Januar 1965 wurden die acht Bell 47 nach Faßberg zur 3. Staffel/FFS »S« abgegeben. Eine Bell 47G-2 ging an die ESt 61 in Oberpfaffenhofen. Bei den Heeresfliegern gingen die Bell 47G-2 an die Heeresfliegerstaffel 811 in Mendig, die am 1. Juli 1957 aufgestellt worden war. Der erste Hubschrauber traf schon am 8. April 1957 in Mendig ein. Ab 1959 ersetzte die Alouette II bei den Heeresfliegern die Bell 47G-2. Die HFlgStff 811 übergab ihre fünf noch im Einsatz stehenden Maschinen der Luftwaffe, die sie für die Pilotenausbildung weiter verwendete. Weitere 31 Hubschrauber mit der Bezeichnung Agusta Bell AB 47G-2 wurden aus der Lizenzproduktion von Agusta erworben.

Die offizielle Außerdienststellung erfolgte am 25. April 1974. Während der Dienstzeit gingen insgesamt neun Hubschrauber durch Absturz verloren. Die 7402, 7418, 7420 und 7435 gingen an die Streitkräfte von Malta.

Technische Daten	
Bell 47G-2	
Verwendungszweck:	Schul- und Verbindungshubschrauber
Besatzung:	2
Rotorkreisdurchmesser in m:	10,69
Länge in m:	9,59
Höhe in m:	2,83
Rotorkreisfläche in m^2:	90
Leermasse in kg:	660
Startmasse in kg:	1111
Höchstgeschwindigkeit in km/h:	155
Reisegeschwindigkeit in km/h:	150
Steigleistung in m/s:	4,08
Reichweite in km:	200
Gipfelhöhe in m:	3800
Triebwerk:	1 x Lycoming VO-435-A1D
Leistung in kW:	147

Saunders Roe Skeeter Mk.50 / Mk.51

Einsatz: 1956 – 1960
Stückzahl: 10
Hersteller: Saunders Roe

Ebenfalls ein Hubschrauber der ersten Generation ist die Saunders Roe Skeeter. Die Entwicklung begann bei der später durch Saunders Roe übernommenen Cierva Autogiro Company. Der Prototyp, die Skeeter Mk.1, flog erstmals am 10. Oktober 1948 in Eastleig. Die leistungsstärkere Ausführung Skeeter Mk.2 mit einem de Havilland Gipsy-10-Triebwerk absolvierte den Erstflug am 15. November 1949. Die *Royal Army* setzte die Maschine als leichten Beobachtungs- und Verbindungshubschrauber ein. Die Fertigung wurde 1960 eingestellt. In dieser Zeit wurden nur 77 Skeeter gebaut. Für den Einsatz bei den deutschen Heeresfliegern wurden 1956 sechs Skeeter Mk.50 und für die Marineflieger vier Skeeter Mk.51 bestellt. Gebaut wurden sie in Cowes. Die sechs Skeeter Mk.50 für die Heeresflieger wurden zwischen März und Dezember 1958 ausgeliefert. Sie erhielten die taktischen Kennungen PC+117 bis PC+122. Später wurden sie in PF+155 bis PF+160 umregistriert. Wie die S.O. 1221 Djinn wurden auch die Skeeter ab März 1960 wieder ausgemustert. Die vier Skeeter Mk.51 der Marineflieger wurden ebenfalls 1958 ausgeliefert. Sie flogen mit den Kennungen SC+501 bis SC+504 bei der Seenotstaffel in Kiel-Holtenau. Für diese Aufgabe waren die Skeeter denkbar ungeeignet und wurden deshalb bereits im März 1959 außer Dienst gestellt. Im Juni 1961 übernahmen die portugiesischen Streitkräfte die zehn Hubschrauber.

Technische Daten	
Saunders Roe Skeeter Mk.50	
Verwendungszweck:	Schul- und Verbindungshubschrauber
Besatzung:	2
Rotorkreisdurchmesser in m:	9,75
Länge in m:	8,66
Höhe in m:	2,30
Rotorkreisfläche in m^2:	74,70
Leermasse in kg:	738
Startmasse in kg:	1000
Höchstgeschwindigkeit in km/h:	167
Reisegeschwindigkeit in km/h:	163
Steigleistung in m/s:	2,17
Reichweite in km:	390
Gipfelhöhe in m:	3900
Triebwerk:	1 x de Havilland Gipsy Major 30
Leistung in kW:	135

Die Heeresflieger erhielten 1958 sechs Skeeter Mk.50, die sich jedoch nicht bewährten.

S.N.C.A.S.O. (Sud-Ouest) S.O. 1221 Djinn

Einsatz: 1957 – 1961
Stückzahl: 6
Hersteller: Sud-Ouest

Der Djinn gehörte zu den Hubschraubern der ersten Generation, die bei der Bundeswehr eingeführt wurden. Der Prototyp hob am 16. Dezember 1953 zum Erstflug ab. Die erste Serienmaschine flog am 5. Januar 1956. Am 23. März 1957 konnte ein Djinn in Melun-Villaroche mit 8458 m den internationalen Höhenrekord für Hubschrauber aufstellen.

Als Antrieb diente eine Palouste-Gasturbine. In ihr wurde die angesaugte Luft verdichtet und aus Düsen, die an den Enden der Rotorblätter montiert waren, wieder ausgeblasen. Bei dieser Auslegung entstand kein Drehmoment, so dass auf den Einbau eines Heckrotor verzichtet werden konnte. Die französischen Streitkräfte stellen rund 100 S.O. 1221 Djinn in Dienst. Die Fertigung wurde nach 180 gebauten Hubschraubern eingestellt. Im November 1957 übernahm die am 1. Juli 1957 aufgestellte Heeresfliegerstaffel 812 in Fritzlar sechs S.O. 1221 Djinn als Verbindungs- und Beobachtungshubschrauber. Darüber hinaus konnten sie auch für Krankentransporte eingesetzt werden.

Nach einer Notlandung des S.O. 1221 Djinn »PB+119« in der Nähe von Neuburg/Donau brachte die Boeing Vertol H-21C »PA-215« Techniker und Werkzeuge heran, um die »PB+119« wieder flugklar zu machen.

Den Maschinen wurden die Kennungen PB+117 bis PB+122 zugeteilt. Die PB+117 ging am 29. Januar 1959 verloren. Am 1. September 1959 wurde die HFlgStff 812 in HFlgStff 2 umbenannt. Das hatte auch zur Folge, das die Hubschrauber neue Kennungen erhielten. Diese lauteten jetzt PB+156 bis PB+160. Mit der PB+157 verunglückte am 15. März 1960 die zweite S.O. 1221 Djinn. Mit der Zeit genügten die Hubschrauber nicht mehr den Anforderungen, so dass sie am 10. Dezember 1960 ausgemustert wurden. 1961 kaufte Sud Aviation die verblieben vier Maschinen zurück.

Technische Daten	
SNCASO S.O. 1221 Djinn	
Verwendungszweck:	Beobachtungs- und Verbindungshubschrauber
Besatzung:	2
Rotorkreisdurchmesser in m:	11,0
Länge in m:	5,3
Höhe in m:	2,6
Rotorkreisfläche in m²:	95,03
Leermasse in kg:	330
Startmasse in kg:	760
Höchstgeschwindigkeit in km/h:	145
Reisegeschwindigkeit in km/h:	100
Steigleistung in m/s:	3,5
Reichweite in km:	245
Gipfelhöhe in m:	5000
Triebwerk:	1 x Turboméca Palouste IV
Leistung in kW:	176

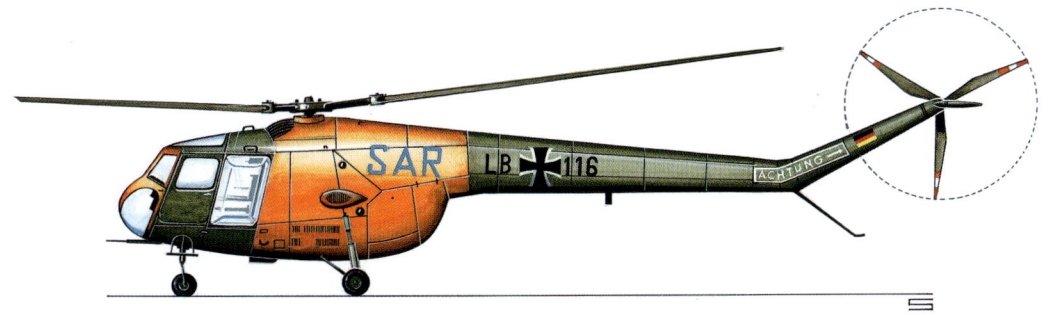

Bristol B.171 Sycamore Mk.52

Einsatz: 1957 – 1969
Stückzahl: 50
Hersteller: Bristol

Die Sycamore ist eine Entwicklung des Flugzeugherstellers Bristol und führte dort die Bezeichnung Typ 171. Sie sollte als leichter Verbindungs- und Beobachtungshubschrauber zum Einsatz kommen. Der Erstflug des Prototyps (VL958) erfolgte am 27. Juli 1947; angetrieben von einem Pratt&Whitney-Sternmotor R-985 Wasp Junior von 450 PS. Der Motor befand sich hinter der Passagierkabine. Erste Serienversion war die Sycamore H.C.Mk.10. Es handelte sich um einen Rettungshubschrauber, der einem Piloten, einem Sanitäter und zwei Tragbahren, die quer zur Flugrichtung untergebracht waren, Platz bot. Um die Tragbahren unterbringen zu können, mussten

Bristol 171 Sycamore »SC+201« des Marinefliegerdienst- und Seenotgeschwaders. Die Maschine steht heute im Hubschraubermuseum Bückeburg.

seitlich zwei Ausbuchtungen angebracht werden. Als Antrieb kam jetzt ein Alvis Leonides 524/1 Mk.173 mit 399 kW (520 PS) zum Einbau. Die britische Luftwaffe und das britische Heer setzten ab 1949 verschiedene Versionen der Sycamore als Aufklärungs-, Rettungs-, Transport- und Verbindungshubschrauber ein. Die Hauptversion war die mit Detailverbesserungen gefertigte Sycamore H.R.Mk.14. Sie kam ab 1954 zur Auslieferung und verfügte über verschiedene Rüstsätze. Neben dem Piloten fanden noch bis zu vier Passagiere Platz. Die Produktion wurde 1959 eingestellt.

Die Exportversion der Sycamore H.R.Mk.14, die an die Bundeswehr ausgeliefert wurde, führte die Bezeichnung Sycamore Mk.52. Der Auftrag über 50 Hubschrauber wurde 1956 erteilt. Die Maschinen waren für die Luftwaffe und die Marineflieger vorgesehen. Die ersten beiden Sycamore mit einem braun-grünen Tarnanstrich trafen am 31. Mai 1957 in Faßberg ein. Bald darauf wurden sie zur Flugzeugführerschule »S« in Memmingen überführt, wo zunächst die zentrale Ausbildung der Hubschrauberpiloten der Bundeswehr durchgeführt wurde. Die letzte Sycamore wurde im März 1959 übernommen. Im Herbst 1958 wurde die Hubschrauberausbildung nach Faßberg verlegt. Bis zum Sommer 1963 fanden dort bei der FFS »S« insgesamt zehn Sycamore Verwendung. Sie führten die taktischen Kennungen AS+321 bis AS+330. Haupteinsatzgebiet der Sycamore bei der Bundeswehr waren Rettungs- und Verbindungsflüge. Zu diesem Zweck waren bei der Luftwaffe zwei Luftrettungs- und Verbindungsstaffeln aufgestellt worden. Im Süden war die 2. Luftrettungs- und Verbindungsstaffel mit bis zu 16 Sycamore in Lechfeld stationiert, von wo aus auch Einsätze im Gebiet der Alpen geflogen wurden. Den Maschinen dieser Staffel wurden Kennungen mit den Buschstaben LB+... zugeteilt. Faßberg war die Einsatzbasis für die 3. Luftrettungs- und Verbindungsstaffel, die den nördlichen Bereich abdeckte. Später verlegte die Staffel nach Ahlhorn. Die Zugehörigkeit zur 3. LRetVerbStff ließ sich an den Kennzeichen mit LC+... erkennen. Am 1. Oktober 1966 wurde das HTG 64 in Landsberg aufgestellt. In ihm ging die 2. LRetVerbStff auf. Am 1. Januar 1968 erfolgte auch die Eingliederung der 3. LRetVerbStff. Alle Maschinen des HTG 64 führten Kennungen, die mit GD+... begannen. Das HTG 64 setzte die Sycamore bis zum 31. Mai 1969 ein. Sie wurde durch die Bell UH-1D ersetzt.

Weitere Verbände, denen Sycamore zugeteilt wurden, waren die WaSLW 10, 30 und 50, das JaboG 31 und 32, das LTG 61 und 62. Auch bei der Flugbereitschaft BMVg flogen zwei Sycamore mit den Kennungen CA+327 und CA+328 für zwei Jahre. Sie hatten einen weißen Anstrich mit blauen Längsstreifen und die Kabine verfügte über eine VIP-Ausstattung. Die Marineflieger übernahmen vier Sycamore (SC+201 bis SC+204). Diese landeten am 18. Juni 1958 in Kiel-Holtenau und wurden der Marine-Seenotstaffel zugeteilt, die

Sycamore »LB+101« der 2. Luftrettungs- und Verbindungsstaffel in Fürstenfeldbruck.

Eine Sycamore des HTG 64 startet zu einem Transportflug.

am 1. Januar 1958 aufgestellt worden war. Auf Grund ihrer begrenzten Reichweite konnte die Sycamore allerdings nur im Küstenbereich operieren. Ab Mai 1960 wurden die Maschinen der FlBerBMVg von der Marine-Dienst- und Seenotgruppe, wie der Verband seit dem 16. Juli 1959 hieß, übernommen. Ihnen wurden als neue Kennungen SC+205 und SC+206 zugeteilt. Zwei weitere Sycamore kamen im Juli 1960 von der FFS »S« und im Februar 1961 nochmals zwei. Die zuletzt zum Verband gestoßene SC+210 ging am 25. Mai 1961 verloren. Die beiden ehemaligen Sycamore der FlBerBMVg wurden 1961 wieder abgegeben und die Marineflieger erhielten dafür von der Luftwaffe zwei andere Hubschrauber, die aber die Kennungen der abgegeben Maschinen übernahmen. Die Marine-Dienst- und Seenotgruppe wurde am 1. Oktober 1963 in MFG 5 umbenannt. Ab 1965 erhielten die Sycamore des MFG 5 anstelle der SC+...-Kennung die Buchstabengruppe »WE« zugeteilt.

Da die Sycamore wegen ihrer geringen Reichweite von 460 km nur bedingt für den Seenotrettungseinsatz (SAR) taugte, erhielt das Geschwader ab 1966 die Sikorsky H-34G. Am 30. Mai 1967 wurde die Sycamore nach 8886 Flugstunden bei den Marinefliegern offiziell außer Dienst gestellt. Das HTG 64 setzte die Sycamore noch drei Jahre ein. Hier wurde der letzte Hubschrauber erst am 31. Mai 1969 außer Dienst gestellt. Nachfolger wurde die Bell UH-1D.

Während ihrer Einsatzzeit bei der Bundeswehr gingen 13 Sycamore verloren. Die verbliebenen 37 Maschinen wurden nach ihrer Außerdienststellung an zivile Betreiber verkauft oder gingen an Museen. Ein Teil wurde auch verschrottet.

Technische Daten	
Bristol 171 Sycamore Mk.52	
Verwendungszweck:	SAR- und Verbindungshubschrauber
Besatzung:	2 + 3 Passagiere
Rotorkreisdurchmesser in m:	14,81
Länge in m:	14,07
Höhe in m:	3,07
Rotorkreisfläche in m²:	160
Leermasse in kg:	1850
Startmasse in kg:	2449
Höchstgeschwindigkeit in km/h:	219
Reisegeschwindigkeit in km/h:	130
Steigleistung in m/s:	2,13
Reichweite in km:	460
Gipfelhöhe in m:	4780
Triebwerk:	1 x Alvis Leonides Mk. 73
Leistung in kW:	386

Hubschrauber

Boeing-Vertol H-21C (V-43) Shawnee

Boeing-Vertol V-44B
Einsatz: 1957 – 1972
Stückzahl: 31 (Boeing-Vertol H-21C)
1 Boeing-Vertol V-44B)
Hersteller: Boeing-Vertol

Bei der »8332« handelte es sich um eine Boeing-Vertol V-44B, die von der belgischen Fluggesellschaft Sabena übernommen wurde. Die Maschine steht heute am Kasernentor in Mendig.

Die Geschichte der H-21 geht auf die Piasecki PV-17 zurück, ein Hubschrauber mit zwei Rotoren, den die US-Firma Piasecki Ende der 40er Jahre entwickelt und gebaut hatte. Die verbesserte und leistungsstärkere Version mit der Werksbezeichnung PD-22 bestellte die USAF als H-21 als Rettungshubschrauber für Einsätze in der Arktis. Der Prototyp absolvierte seinen Erstflug am 11. April 1952. Die USAF bestellte zunächst 18 Vorserienhubschrauber YH-21, denen im Oktober 1953 dann 32 H-21A folgten. Auch die kanadische Luftwaffe *(RCAF)* erhielt sechs H-21A.

Angetrieben wurde der Hubschrauber von einem Wright R-1820-103 Sternmotor, der auf 1050 kW (1150 WPS) gedrosselt war. Er saß im Heck und

Die ersten fünf H-21C erhielt die FFS »S« in Memmingen, die sie zur Pilotenschulung einsetzte.

übertrug seine Leistung über ein Y-Antriebswellensystem und ein Untersetzungsgetriebe auf die Rotoren. Die beiden Piloten saßen nebeneinander im verglasten Rumpfbug. In der Kabine fanden 14 Soldaten oder zwölf Tragbahren Platz. Bei den Weiterentwicklungen H-21B und H-21C leistete der Motor 1425 WPS. Sie dienten dem Truppen- und Frachttransport. Die USAF erhielt 148 Exemplare, die RCAF wieder sechs und die französischen Heeresflieger 33. Für das US-Heer wurden 201 H-21C gebaut, deren Auslieferung 1956 begann.

Nachdem Piasecki 1956 von Vertol übernommen worden war, änderte sich die Werksbezeichnung in V-43. Die folgende Version V-44 wurde in erster Linie für den zivilen Bedarf gebaut, kam aber auch bei der französischen und schwedischen Marine sowie der RCAF zum Einsatz. Vertol wiederum wurde 1960 von Boeing übernommen.

Als die Bundeswehr einen mittleren Transporthubschrauber suchte, fiel die Wahl auf die Ausführung H-21C (V-43), von der zunächst 26 Maschinen bestellt wurden, die zwischen Mai 1957 und Mai 1958 an die Verbände ausgeliefert wurden. Im März 1960 wurden nochmals fünf H-21C und eine V-44B, die zuvor von der belgischen Sabena als Zubringerhubschrauber im Einsatz war, übernommen. Die Auslieferung der Hubschrauber erfolgte zwischen Mai 1957 und Mai 1958 und zwischen Juli 1960 und August 1960. Sie wurden in Baugruppen zerlegt mit dem Schiff nach Bremen transportiert, bei Weserflug montiert und von Vertol-Werkspiloten eingeflogen. Nach der Endmontage wurden die deutschen Hoheitszeichen und Kennungen angebracht. Die Wartung der Hubschrauber erfolgte bei Weserflug in Bremen und bei Dornier in Oberpfaffenhofen. Die ersten fünf H-21C gingen nicht an die Heeresflieger, obwohl diese später die Hauptnutzer waren, sondern an die Flugzeugführerschule »S« der Luftwaffe in Memmingen. Ihnen wurden die taktischen Kennzeichen AS+301 bis AS+305 zugeteilt. Am 2. Mai 1958 ging die AS+302 durch Absturz verloren. Zwischen Oktober 1960 und Mai 1961 gab die FFS »S« die verbliebenen vier Hubschrauber an die 1. Luftrettungs- und Verbindungsstaffel in Fürstenfeldbruck ab. Dort erhielten sie die taktischen Kennzeichen LA+121 bis LA+124. Sie wurden 1964 vom HFB 300 übernommen. Bei den Heeresflieger trafen im September 1957 die ersten H-21C ein. Diese gingen an die Heeresfliegertransportstaffel 822 in Fritzlar. Insgesamt erhielt die Staffel 21 Maschinen mit den taktischen Kennzeichen PA+201 bis PA+221. Am 16. März 1959 wurde die HFlgTrspStff 822 in HFlgTrspStff 102 umbenannt. Ende Juni 1959 verlegte die Staffel nach Achum. Drei H-21C waren in der Zwischenzeit an die HFlgTrsp(Lehr)Stff 827 abgegeben worden, die am 15. September 1958 aufgestellt worden war. Neben der H-21C setzte diese Staffel noch die Sikorsky H-34G und Bell OH-13G ein. Als die HFlgTrsp(Lehr)Stff 827 nach Achum verlegte, blieben die H-21C in Mendig. Mit ihnen wurde die HFlgTrsp(Lehr)Stff 303 aufgestellt, die dann im März 1960 die bereits erwähnten fünf neuen H-21C und die V-44B übernahm. Die V-44B verfügte über einen wasserdichten Rumpfboden und drei

Als erste Heeresfliegereinheit wurde die HFlTrsp-Stff 822 in Fritzlar mit der H-21C ausgestattet. Die Hubschrauber erhielten die Kennungen »PA-201« bis »PA-221«.

Schwimmsäcke am Fahrwerk. Mit ihr wurden im Herbst 1960 umfangreiche Versuche in Kiel-Holtenau bei Wasserstarts- und Landungen durchgeführt.

Während ihren Einsatzzeit bei der HFlgTrsp(Lehr)Stff 303 führte sie die Kennung QK+571. Zwischen 1962 und 1967 flog sie als VIP-Hubschrauber bei der Flugbereitschaft BMVg. Aus der HFlgTrspStff 303 entstand 1962 in Mendig das Heeresfliegerbataillon 300, das am 1. Juli 1971 in mittleres Heeresfliegertransportregiment 35 umbenannt wurde. Das HFlBtl 300 übernahm alle noch verfügbaren H-21C. Ab 1968 wurden die alten Kennungen durch eine vierstellige Ziffernkennung ersetzt. Den noch im Einsatz stehenden H-21C wurden die Kennungen 8301 bis 8331, der V-44B die Kennung 8332 zugeteilt. Zum 30. März 1971 wurde das HFlBtl 300 aufgelöst und die Hubschrauber vom – am 1. April 1971 neu aufgestellten – mittleren Heeresfliegertransportregiment 35 übernommen. Der letzte Flug einer H-21C der Bundeswehr erfolgte am 8. Dezember 1972.

Insgesamt verlor die Bundeswehr sechs H-21C durch Unfälle. Als erste stürzte die AS+302 (c/n WG 2) - wie schon erwähnt - am 2. Mai 1958 ab.

Am 3. Oktober 1958 ging die PA+220 (c/n WG 25), am 14. Januar 1959 die PA+217 (c/n WG 22), am 7. April 1962 die QF+465 (c/n WG 12), am 3. Dezember 1963 die QF+466 (c/n WG 13) und am 27. Juni 1969 die 83+04 (c/n WG 4) verloren. Sechs H-21C sind noch erhalten geblieben und in verschiedenen Museen ausgestellt. Die V-44B dient in Mendig als Gate Guard.

Technische Daten

Boeing Vertol H-21C Shawnee

Verwendungszweck:	Transporthubschrauber
Besatzung:	2 + 22 Passagiere
Rotorkreisdurchmesser in m:	13,42
Länge in m:	26,24
Höhe in m:	4,70
Rotorkreisfläche in m^2:	280,00
Leermasse in kg:	3926
Startmasse in kg:	6100
Nutzmasse in kg:	2190
Höchstgeschwindigkeit in km/h:	204
Reisegeschwindigkeit in km/h:	163
Steigleistung in m/s:	5,33
Reichweite in km:	450
Gipfelhöhe in m:	2900
Triebwerk:	1 Curtiss Wright R-1820-103
Leistung in kW:	1063

Sikorsky H-34 Choctaw

Einsatz: 1957 – 1974
Stückzahl: 145
Hersteller: Sikorsky

Anfang der 50er Jahre entschloss sich die US Navy, einen U-Jagdhubschrauber zu beschaffen und gab im Juni 1952 die entsprechenden Anforderungen heraus. Sieger der Ausschreibung wurde der Entwurf von Sikorsky, den dann auch die US Army als Transporthubschrauber einführte. Der Prototyp XHSS-1 hob am 8. März 1954 zum Jungfernflug ab. Das Serienmodell folgte am 20. September 1954. Die Produktion bei Sikorsky endete Mitte der 60er Jahre nach 1821 gebauten Maschinen. Weitere Maschinen bauten Sud Aviation in Frankreich und Westland in Großbritannien. Der Rumpf wurde in Halbschalenbauweise hergestellt und bot 18 Passagieren Platz. Als Antrieb kam ein Neun-Zylinder-Sternmotor Curtiss-Wright Cyclon R-1820 mit einer Leistung von 1129 kW (1525 WPS) zum Einbau, der einen vierblättrigen Rotor antrieb.

Auch die deutsche Bundeswehr entschied sich 1957 für Beschaffung der H-34 und bestellte 145

Bei der »81+09« handelte es sich um einen Sikorsky H-34G-III. Nach der Außerdienststellung wurde die Maschine dem Hubschraubermuseum in Bückeburg übergeben.

Die »LA+111« der 1. LRetVerbStff aus Fürstenfeldbruck trug zusätzlich den Schriftzug »LUFTWAFFE«.

Maschinen der Versionen H-34G I, G II und G III, deren erste noch im selben Jahr geliefert wurden. Zum Einsatz kam die H-34G bei Heeresfliegern, Luftwaffe und Marine. Zwei Bestellungen über jeweils 26 und 25 Hubschrauber erteilte die Bundeswehr direkt an Sikorsky. Das erste Los

Die HFlgStff 823 in Celle erprobte den H-34G.

wurde 1957 und das zweite 1959 ausgeliefert. Die restlichen 94 wurden im Rahmen des MAP-Programms 1962 über die US Navy geliefert. Noch während der Umrüstung der Heeresfliegerverbände wurden 22 H-34G-3 und zwei SH-34G-1 direkt an Israel übergeben. Für die Truppenerprobung wurden 1957 der Heeresfliegertransportstaffel 823 in Celle 21 H-34G zugeteilt. Die Truppenerprobung wurde nach zwölf Monaten erfolgreich abgeschlossen. Die Heeresfliegerstaffel (Lehr) in Rheine-Bentlage erhielt eine größere Anzahl H-34G, denen die Kennungen QB+461 bis

QB+479 zugeteilt wurden. Bei der HFS 2 flogen 14 H-34 mit den Kennungen PB+201 bis PB+214, bei der HFS 3 (PC+...), bei der HFS 4 (PD+012, PD+201 bis PD+208), bei der HFS 5 (PE+201 bis PE+208), bei der HFS 6 (PF+...), bei der HFS 8 (PH+261 bis PH+270) und bei der HFS 10 (PJ+361 bis PJ+366).

1961 wurden die Heeresflieger neu in Heeresfliegerbataillone gegliedert. Den HFlBtl auf Divisionsebene wurden zwölf H-34G zugeteilt, den HFlBtl auf Korpsebene 21. Anfang der 70er Jahre wurden die H-34 bei den Heeresfliegern ausge-

H-34G »QA+475« der 4./100 HFlgTrspStff mit leuchtend orangefarbenen Markierungen.

Die »WE+554« gehörte zum MFG 5. In den Anfangsjahren flogen die H-34G des Marinefliegerdienst- und Seenotgeschwaders noch mit einem silbernen Anstrich.

Hubschrauber

mustert und durch Bell UH-1D und Sikorsky CH-53G ersetzt. Bei der HFlgWaS in Bückeburg flog die H-34 bis 1973. Erster Verband bei der Luftwaffe war die 3. Staffel der FFS »S« in Memmingen, die 1957 zunächst fünf H-34G zur Ausbildung der Piloten übernahm. Diese Maschinen trugen die Kennungen AS+341 bis AS+345. Ab Oktober 1958 wurde die Schulung nach Faßberg verlegt. Im Januar 1965 übernahm die 1. Luftrettungs- und Verbindungs-Staffel in Fürstenfeldbruck die H-34G der FFS »S«. Zwei H-34G, die CA+350 und die CA+351 flogen für die Flugbereitschaft BMVg in Köln-Wahn. Bereits 1966 wurden neun H-34 an das neuaufgestellte HTG 64 in Penzing übergeben. Sie führten die Kennungen GD+231 bis GD+239. Ab 1968 wurden sie durch die Bell UH-1D abgelöst. Die jetzt außer Dienst gestellten H-34G gingen zum größten Teil an die Heeresflieger. Der Luftwaffe verblieben noch zwei H-34G, die bis 1974 eingesetzt wurden. Die Marine setzte die Sikorsky SH-34G erst ab April 1963 ein. Sie löste hier beim MFG 5 die Bristol 171 Sycamore als Seenotrettungshubschrauber ab. Standorte waren Borkum, Helgoland und Sylt. Sie führten zunächst die Kennungen SC+251 bis SC+258. Später wurden sie als WE+551 bis WE+572 neu registriert. Das MFG 5 setzte die H-34G bis zum 1. April 1975 ein. Sie wurde von der Westland Sea King Mk. 41 abgelöst. Am 1. September 1963 wurde die 1.Staffel/MFG 4 aufgestellt. Administrativ war die Staffel allerdings dem MFG 5 unterstellt. Aufgabe der 1./MFG 4 war die U-Bootjagd sowie die Minensuche und -räumung. Am gleichen Tag landeten auch die beiden ersten Hubschrauber H-34G-III mit den Kennungen WD+401 und WD+402. Sie übernahmen die Minensuche und -räumung. Die beiden H-34G III verfügten über eine Schleppvorrichtung unter dem Rumpf, an der die Minensuch- und Räumgeräte befestigt waren. Als U-Jagdhubschrauber erhielt die Staffel fünf SH-34J mit den Kennungen SC+263 bis SC+267. Die SH-34J verfügte über ein absenkbares Sonargerät AN/AQS-5 und war mit zwei Torpedos Mk.43 bewaffnet. Für die Aufnahme des Sonargeräts musste der vordere Treibstofftank ausgebaut werden. Die Torpedos waren an Halterung auf beiden Seiten des Rumpfes befestigt.

Die 1./MFG 4 wurde im Sommer 1968 aufgelöst und die Hubschrauber an das MFG 5 abgegeben, wo sie dann als SAR-Helikopter eingesetzt wurden. Beim MFG 4 erreichten die SH-34 über 4300 Flugstunden. 1968 erhielten die noch im Einsatz stehenden H-34 der Bundeswehr neue Kennungen (80+01 bis 82+05). Während ihrer Einsatzzeit gingen 14 Hubschrauber verloren. Nach der Außerdienststellung wurde der größte Teil an zivile Halter, in erster Linie in den USA verkauft. Die 80+34 steht heute im Luftwaffenmuseum in Berlin-Gatow, die 80+35 steht in Rheine-Bentlage am Tor, die 80+59 beim MFG 5 in Kiel-Holtenau und die 80+73 in der Flugwerft des Deutschen Museums in Oberschleißheim. Das Hubschraubermuseum in Bückeburg ist stolzer Besitzer der 81+09.

Technische Daten	
Sikorsky H-34G	
Verwendungszweck:	Transport-, U-Jagd-, SAR-Hubschrauber
Besatzung:	2 + 18 Passagiere
Rotorkreisdurchmesser in m:	17,07
Länge in m:	14,38
Höhe in m:	4,32
Rotorkreisfläche in m^2:	229
Leermasse in kg:	3429
Startmasse in kg:	5900
Nutzmasse in kg:	1814
Höchstgeschwindigkeit in km/h:	200
Reisegeschwindigkeit in km/h:	162
Steigleistung in m/s:	5,83
Reichweite in km:	300
Gipfelhöhe in m:	2900
Triebwerk:	1 x Curtiss Wright R-1820-103
Leistung in kW:	1050

Bölkow Bo 102 Heli-Trainer

Einsatz: 1959 – Ende 60er Jahre
Stückzahl: 4
Hersteller: Bölkow-Apparatebau GmbH

Auf Anregung von Ludwig Hofmann, dem früheren Testpilot der Flettner-Werke, entstand 1957 bei Bölkow Entwicklungen unter der Projektnummer P 102 ein bodengebundenes Hubschrauber-Übungsgerät. Dieses war mit einem Heinkel-Zweizylinder-Zweitakt-Motor mit einer Leistung von 13 kW verbunden, der einen Einblattrotor mit 5,5 m Durchmesser antrieb. Das Rotorblatt bestand aus glasfaserverstärktem Kunststoff (GfK), der hier erstmals für ein Rotorblatt verwendet wurde. Der Hubschraubertrainer war voll steuerbar. Steuerung und Motorbedienung entsprachen denen eines Hubschraubers. Ein auf dem Boden befestigtes Gestell bzw. ein Schwimmring verhinderten jedoch das Abheben. Der Prototyp wurde 1958 an den Deutsche Helikopter-Dienst geliefert. Die guten Erfahrungen, die mit dem Prototyp gemacht wurden, führten zur Serienausführung Bo 102 Heli-Trainer. Die Bo 102 VO wurde Mitte 1959 fertiggestellt. Die Serienfertigung erfolgte bei der Bölkow-Apparatebau GmbH in Nabern. Eine verbesserte Version, die Bo 102B, konnte auf dem Bodengestell Bewegungen um Längs- und Hochachse in begrenztem Umfang ausführen. Diese Neuerung floss ab der Werknummer V14 in die Fertigung ein. Einige ältere Heli-Trainer wurden auf diesen Stand nachgerüstet.

Insgesamt 18 Bo 102 wurden ab 1959 an die Streitkräfte in der Bundesrepublik Deutschland, England, Frankreich, Italien, Jugoslawien und Spanien geliefert. 1962 wurde die Fertigung eingestellt. Der Prototyp des Bodentrainers P 102 aus dem Jahre 1957, auch »Urtrainer« genannt, befindet sich noch in Firmenbesitz, eine Bo 102B steht im Hubschraubermuseum in Bückeburg.

Technische Daten	
Bölkow Bo 102	
Verwendungszweck:	Bodentrainer
Besatzung:	1
Rotorkreisdurchmesser in m:	6,58
Länge in m:	5,68
Höhe in m:	2,96
Leermasse in kg:	325
Gesamtmasse in kg:	770
Triebwerk:	1 x ILO-Dreizylinder-Zweitaktmotor L-3
Leistung in kW:	30

Die Bundeswehr beschaffte vier Hubschraubertrainer Bo 102.

Aérospatiale S.E. 3130 / SA.318C Alouette II

Einsatz: 1959 – 2006
Stückzahl: 224
Hersteller: Aérospatiale

Bei der Alouette II handelt es sich um eine der erfolgreichsten Hubschrauberkonstruktionen. Die Entwicklung stand unter der Leitung von Charles Marchetti. Es wurden zwei Prototypen (S.E. 3130) gebaut, von denen der erste am 12. März 1955 flog. 1956 folgten noch drei Vorserienmuster, bevor die Fertigung aufgenommen wurde. Die französische Musterzulassung wurde am 2. Mai 1956 erteilt. Als Antrieb diente eine Wellenturbine Turboméca Artouste II C6 mit einer Leistung von 390 kW. Der Aufbau der Alouette II war recht einfach gehalten. An die Vollsichtkanzel schloss sich ein unverkleidetes Rumpfgerüst aus zusammengeschweißten Stahlrohren an, an dessen Ende sich der zweiblättrige Heckrotor befand. Die Alouette II erhielt ein Landegestell aus zwei Kufen mit hochziehbaren Rädern für eine größere Beweglichkeit auf dem Boden. Für die Landung auf dem Wasser ließen sich pneumatische Schwimmer anbauen, die in der Luft aufgeblasen werden. Erprobt wurde auch ein Radfahrwerk, das sich aber nicht durchsetzen konnte.

Nach dem Zusammenschluss der beiden Luftfahrzeughersteller Sud-Est und Sud-Aviation änderte sich die Bezeichnung in S.E. 313B. Bis zum 1. Januar 1962 konnten 810 Bestellungen ver-

Die »7526« in Rheine-Bentlage mit dem Wappen der HFlgStff 7.

bucht werden, davon 365 für die französischen Streitkräfte, die ihre ersten Maschinen Mitte 1957 übernahmen. Es gab einige Weiterentwicklungen, die aber keine Erfolge erzielten. Erst die mit einer Astazou-IIA-Turbine ausgerüstete S.A. 318C konnte wieder in größeren Stückzahlen abgesetzt werden. Der Erstflug dieser Version erfolgte am 31. Januar 1960; die Auslieferung begann 1965. Von beiden Varianten konnten bis 1975, dem Jahr der Produktionseinstellung 1305 Maschinen verkauft werden.

Als die Bundeswehr einen leichten Transport- und Beobachtungshubschrauber suchte, wurden ab Mai 1957 bei der HFlgStff 811 sechs Bell 47G-2, bei der HFlgStff 812 sechs S.O. 1221 Djinn und bei der HFlgStff 813 sechs Saunders Roe Skeeter erprobt. Keiner dieser Hubschrauber konnte die Forderungen erfüllen. So kam es im Sommer 1958 in Niedermendig zu einem weiteren Ver-

Ende 1989 führte die HFlgWaS in Bückeburg ein neues Wappen ein, das einen schwarzen Falken in einem roten Schild zeigt.

gleichsfliegen zwischen der Agusta Bell 47J Ranger, der Westland Widgeon und der S.E. 3130 Alouette II, woraus Letztere als Siegerin hervorging. Das Truppenamt - Abteilung Heeresflieger - gab die Entscheidung am 19. Juni 1958 bekannt. Der Kaufvertrag über 130 S.E. 3130 wurde am 24. März 1959 unterzeichnet. Bereits am 15. August 1958 übernahmen die Heeresflieger ihre erste Alouette II mit dem taktischen Kennzeichen PA-131 (Werk-Nr. 1166) bei der Lehr- und Ver-

Im Juli 1983 machte die Alouette II »7657«der HFlgStff 12 in Lechfeld beim JaboG 32 einen Zwischenhalt.

Hubschrauber

Fotos von Hubschraubern des HFlgRgt 15 mit dem Regimentswappen sind verhältnismäßig selten. Hier die Alouette II »7740« des HFlgRgt 15.

suchsgruppe. Zunächst konnte man anhand des Kennzeichens die Maschinen keinem bestimmten Verband zuordnen. Ab dem 15. März 1960

Das Wappen der HFlgStff 10 zeigt eine Eule mit ausgebreiteten Flügeln und einer stilisierten »10« als Augen.

wurden die Kennzeichen den einzelnen Staffeln in alphabetischer Reihenfolge zugeteilt. Die HFlgStff 1 bis 11 erhielten die Kennbuchstaben »PA« bis »PL«, wobei »PI« und »PM« nicht vergeben wurden. Außerdem gab es noch die Kennbuchstaben PN, PO, PP, PX, PY, PZ, QA, QB und QK. Die Alouette II flog bei allen Heeresfliegerverbänden. Für jede Heeresfliegerverbindungsstaffel waren zwölf Do 27 und zwölf Alouette II vorgesehen. Die Industriewartung der Alouette II erfolgte ab Sommer 1959 beim Henschel-Werk in Kassel-Mittelfeld. Weitere 117 Alouette II wurden

Ende 1961 bestellt, deren Auslieferung bis 1964 erfolgte.

Vom 14. bis 17. November 1962 führte die Heeresflieger-Lehr- und Versuchsstaffel 700 Schießversuche mit SS-11-Panzerabwehrraketen durch. Diese Versuche fanden bei der Heeresflieger-Lehr- und Versuchsstaffel 700, der späteren HFlgStff 900 statt. Sie zeigten jedoch, dass die Alouette II keine geeignete Waffenplattform war. Auch wurde ein MG 1, Kaliber 7,62 mm, in eine Alouette II eingebaut und erprobt.

Außer dem Panzerabwehrhubschrauber Bo 105P setzte das HFlgRgt 36 in Fritzlar die Alouette II als Verbindungshubschrauber ein.

20 der bestellten Alouette II übernahm die III./Flugzeugführerschule »S« der Luftwaffe in Faßberg, die später von der Hubschrauberführer-

Bis Sommer 1989 flogen die Alouette II der HFlgStff (L) 900 mit diesem Wappen.

Bis Sommer 1974 flog die Alouette II bei der Hubschrauberführerschule der Luftwaffe (HFSLw) in Faßberg.

schule der Luftwaffe übernommen wurden. Die Alouette II der Luftwaffe führten die Kennbuchstaben »AS«. 54 weitere S.A. 318C mit der leistungsstärkeren Turboméca Astazou-Turbine, die einen geringeren Treibstoffverbrauch aufwies, wurden 1968 angeschafft. Ab 1968 wurde ein neues Kennzeichnungssystem eingeführt. In der Reihenfolge der Werknummern wurden nun fortlaufend die taktischen Kennungen 7501 bis 7724 für die S.E 3130 und 7725 bis 7778 für die S.A. 318C vergeben.

Bei den Einsatzstaffeln der Heeresflieger wurde die Alouette II durch die MBB Bo 105 ersetzt. Rund 15 Hubschauber standen Anfang 2006 noch bei der HFlgWaS in Bückeburg für die fliegerische Grundausbildung im Einsatz. Sie wurden in der Zwischenzeit durch Eurocopter EC 135 SHS ersetzt. Während ihrer Einsatzzeit bei der Bundeswehr gingen 33 SA.313 und vier SA.318C durch Absturz verloren. Mindestens 25 SA.318C übernahm der Bundesgrenzschutz, elf SA.313 Alouette II wurden 1984 an die portugiesischen Streitkräfte verkauft, wo sie die Kennungen 9208 bis 9218 erhielten und bis 1991 flogen; 18 SA.318C fliegen heute noch bei der türkischen Polizei. Am 31. März 2006 ging die Aera der Alouette II in der Bundeswehr endgültig zu Ende. An diesem Tag stellte die HFWS in Bückeburg die letzte Maschine außer Dienst, nachdem sie zuvor noch einen Abschiedsflug zu allen aktiven und ehemaligen Heeresfliegerplätzen unternommen hatte.

Technische Daten	
Aérospatiale S.E. 3130 Alouette II	
<6<Verwendungszweck:	leichter Mehrzweckhubschrauber
Besatzung:	1 + 4 Passagiere
Rotorkreisdurchmesser in m:	10,20
Rotorkreisfläche in m^2:	81,70
Länge in m:	9,70
Höhe in m:	2,75
Leermasse in kg:	875
Startmasse in kg:	1600
Nutzmasse in kg:	525
Höchstgeschwindigkeit in km/h:	180
Reisegeschwindigkeit in km/h:	170
Steigleistung in m/s:	4,2
Reichweite in km:	565
Gipfelhöhe in m:	4000
Triebwerk:	1 x Wellenturbine Turboméca Artouste II C
Leistung in kW:	302

Sikorsky/Weserflug S-64 Skycrane

Einsatz: 1962 – 1968
Stückzahl: 2
Hersteller: Sikorsky

Um auch schwerste Lasten befördern zu können, entwickelte Sikorsky Mitte der 50er Jahre die S-64. Mit beteiligt an der Konstruktion waren Ingenieure von Weserflug. Dieser Großhubschrauber startet am 9. Mai 1962 in Stratford zu seinem Jungfernflug. Bei der US Army erhielt der Hubschrauber die Typenbezeichnung CH-54A Tarhe. Die Konstruktion sah keine Kabine vor. Die Kanzel war mit dem Heck über einen Rumpfträger verbunden. An diesem waren auch die Triebwerke, das Fahrwerk und der Haupt- und Heckrotor montiert. Unter dem Rumpfträger ließ sich zur Aufnahme von Fracht und Passagieren eine 8,36 m x 2,89 m x 1,98 m große Kabine an strukturell verstärkten Aufhängepunkten befestigen. Ohne diese Kabine war es möglich, große und sperrige Lasten bis zu zehn Tonnen zu befördern. Den 6-Blatt-Hauptrotor trieben zwei Pratt&Whitney-Wellenturbinen T73P-1 mit einer Leistung von je 3020 kW an.

Die Bundeswehr zeigte schon früh Interesse an der S-64. Für erste Informationen und die Truppenbrauchbarkeitsuntersuchung besuchten Techniker von Weserflug sowie HFw Uhlig und Fw Trester von den Heeresfliegern die Firma Sikorsky. Die Abschlussbesprechung fand im Dezember 1962 statt. Sikorsky übergab den zweiten und dritten Prototypen (Werknummer 64-002 und 64-003) 1962 zur Erprobung an die Bundeswehr. In Einzelteile zerlegt, wurden die Maschinen nach Bremen verschifft, wo sie bei Weserflug montiert und eingeflogen wurden. Bei der Bundeswehr sollte die S-64 eine Vielzahl von Aufgaben übernehmen. Neben dem Transporthubschrauber

Technische Daten

Sikorsky/Weserflug S-64 Skycrane	
Verwendungszweck:	schwerer Transporthubschrauber
Besatzung:	5
Rotorkreisdurchmesser in m:	21,95
Rotorkreisfläche in m^2:	380,0
Länge in m:	26,70
Höhe in m:	7,4
Leermasse in kg:	7820
Startmasse in kg:	17.200
Höchstgeschwindigkeit in km/h:	190
Reisegeschwindigkeit in km/h:	170
Steigleistung in m/s:	7,7
Reichweite in km:	360
Gipfelhöhe in m:	3200
Triebwerk:	2 x Wellenturbine Pratt & Whitney JFTD 12-A-2
Leistung in kW:	2 x 3487

Die »LA+112« wird hier gerade mit einem Fünftonner Daimler-Benz LG 315/46 beladen. Die Aufnahme entstand am 9. Juli 1966 in Lechfeld.

waren noch Varianten als Seenothubschrauber, Sanitätshubschrauber, Bergungshubschrauber und Kampfhubschrauber angedacht. Nach der Montage erfolgten bei Weserflug die ersten Flüge und im Sommer 1963 übernahm die Heeresfliegerwaffenschule in Bückeburg die beiden Hubschrauber. In diesem Zeitraum führten sie die Kennungen D-9510 und D-9511. Auf Grund neuer Forderungen sahen die Verantwortlichen keinen Bedarf mehr für einen Großhubschrauber und brachen die Erprobung nach drei Wochen ab.

Eine weitere Erprobung führte die Luftwaffe in Fürstenfeldbruck und in Oberpfaffenhofen durch. Diese dauerte bis zum 30. September 1965. Anschließend wurden die Maschinen der 1. Hubschrauber Rettungs- und Verbindungsstaffel in Fürstenfeldbruck übergeben. Dort erhielten sie die Kennungen LA+112 und LA+113. Die 1./HR-VSt nutzte die S-64 bis 1968. Nach ihrer Außerdienststellung gingen beide Hubschrauber wieder zurück in die USA.

Die »D-9510« beim Transport eines gepanzerten Mannschaftstransporters.

Sikorsky S-64 »LA+113« der 1. Hubschrauber Rettungs- und Verbindungsstaffel auf der Luftfahrtschau in Hannover.

Bell UH-1D Iroquois

Einsatz: 1967 – heute
Stückzahl: 350
Hersteller: Bell
Dornier (Lizenzbau)

Aus dem Modell 204, das am 22. Oktober 1956 erstmals flog, entwickelte Bell das Modell 205, was äußerlich durch den verlängerten Rumpf deutlich wird, der bis zu zwölf Soldaten oder

Auch die für SAR-Einsätze vorgesehenen Hubschrauber zeigten die orangerote Bemalung an den Türen. Die »71+63« des LTG 61 befindet sich hier im Anflug auf den Heeresflugplatz Neuhausen ob Eck.

Hubschrauber

Für Einsätze im Rahmen der Allied Command Europe Mobile Force (AMF) stellte das HFlRgt 30 in Niederstetten die 1./Fliegende Abteilung 301 auf. Das AMF-Wappen prangt am Bug, an der Tür befindet sich das Wappen des HFlRgt 30.

Zum so genannten Fly-out anlässlich der Außerdienststellung des HFlgRgt 35 kam die UH-1D »70+81« des LTG 63 am 1. Juli 2003 nach Mendig.

sechs Tragbaren Platz zu bietet. Unter der Bezeichnung YUH-1D bestellte die US Army sieben Hubschrauber für die Erprobung. Der Prototyp flog am 16. August 1961. Als Antrieb diente eine Lycoming-Wellenturbine T-53-L-11 mit 810 kW (1100 WPS). Über 2000 UH-1D wurden bei Bell gebaut. In der Produktion wurde die UH-1D von der UH-1H abgelöst. Von dieser Grundversion gibt es viele Untervarianten, so zum Beispiel die EH-1H für ECM/ELINT-Aufgaben oder auch die UH-1V für Rettungseinsätze und Krankentransporte. In Kanada führt die UH-1H die Bezeich-

Hubschrauber

Eine UH-1D des HTG 64 mit den Schriftzug »Luftwaffe«.

nung CH-118. Das Modell 205 (UH-1D/H) steht bei über 45 Streitkräften im Einsatz. In Italien baute Agusta sie als AB 205. Dornier fertigte 352 UH-1D für die Bundeswehr, AIDI in Taiwan 118 UH-1H für die nationalchinesischen Streitkräfte. In Japan baute Fuji die UH-1 in Lizenz. Insgesamt verließen über 10.000 Exemplare die Fertigungsstraßen.

Der Rumpf der UH-1D setzt sich aus der Kabine und dem in Halbschalenbauweise gefertigten Heckausleger zusammen. An der Kabine sind das Triebwerk und das Landegestell befestigt. Die großen Schiebetüren auf beiden Seiten der Kabine erlauben einen schnellen Ein- und Ausstieg. Für die Piloten sind zwei separate Türen vorhanden. Im Heckausleger befindet sich der Kraftstofftank. An ihn angebaut ist die Seitenflosse mit dem Heckrotor. Die Turbine treibt den zweiblättrigen Hauptrotor an. Geflogen wird der Hubschrauber von zwei Piloten und einem Bordmechaniker. Die Kabine weist ein Fläche von 6,23 m^2 auf und bietet bis zu zwölf Mann Platz. In der Sanitätsausführung können sechs Tragbahren und das Begleitpersonal transportiert werden. Haupteinsatzfeld der UH-1D bei der Bundeswehr

Die Flugbereitschaft BMVg konnte auf mehrere UH-1D zurückgreifen.

Im Standardanstrich der 70er Jahre und mit farbigem Regimentswappen steht hier die »73+82« des HFlgRgt 10 auf dem Vorfeld in Ahlhorn.

ist der Truppen-, Verwundeten- und Materialtransport. Hinzu kommen SAR- und Feuerlöscheinsätze sowie Erkundung und ABC-Aufklärung. Für SAR-Einsätze über Land ist die UH-1D mit einem Zusatztank, zwei Krankentragen, einem vollständigen SAN-Gerätesatz und Bergungswerkzeugen ausgerüstet. Über See kommen eine an den Landekufen fixierte Notschwimmausrüstung hinzu, eine Rettungswinde, ein kompletter Seenotrettungssatz, bestehend aus einem Schlauchboot für sechs Mann, der entsprechenden Notausstattung und Kälteschutzanzügen.

Die Bundeswehr suchte ab 1964 als Ersatz für die vorhandenen Hubschrauberflotte ein neues modernes Einsatzmuster. In der Endauswahl standen die Aerospatiale SA 330 Puma und die Bell UH-1D. Einer der Hauptgründe für die Einführung der UH-1D war die Zustimmung von Bell, den

Die Hubschraubertransportstaffel des LTG 62 war mit UH-1D ausgerüstet.

Auf dieser Aufnahme ist das Wappen des HFlgRgt 20 aus Neuhausen ob Eck noch in vollen Farben zu sehen. Später wurden die Wappen nur noch in Tarnfarben angebracht.

Hubschrauber in Deutschland unter Lizenz zu bauen. Die Lizenzfertigung übernahm Dornier in Oberpfaffenhofen. Zunächst war geplant, insgesamt 406 UH-1D bei allen drei Teilstreitkräften einzuführen. Aus Kostengründen wurde die Zahl der zu beschaffenden Hubschrauber dann aber reduziert. Die UH-1D der Bundeswehr werden von dem leistungsstärkeren Lycoming T53-L-13 mit 1044 kw Leistung angetrieben. Die Erprobung wurde 1963 bei der Erprobungsstelle 61 in Manching mit zwei von Bell gelieferten Hubschraubern (c/n 8001 und 8002, die später die Kennung 70+01 und 70+02 erhielten) aufgenommen. Anfang 1966 stießen für die Flugtests noch vier weitere UH-1D aus amerikanischer Fertigung hinzu. Diese wurden in Baugruppen an Dornier geliefert und dort endmontiert. Sie trugen die Überführungskennzeichen KL+101, KL+102, KL+103 und KL+104. 1968 wurden die Kennzeichen in 70+37, 70+38, 70+39 und 70+40 geändert. Parallel dazu liefen bei der Heeresfliegerwaffenschule in Bückeburg Untersuchungen für den Einsatz bei den Heeresfliegern. Dazu gehörten Versuche mit der drahtgesteuerten Panzerabwehrrakete Nord Aviation SS-11 sowie der Ausrüstung mit Maschinengewehren. Die gesamte Erprobung bei der HFlWaS umfasste 275 Flugstunden. Nach dem erfolgreichen Abschluss fiel am 5. April 1965 die Entscheidung für die Beschaffung von 204 Bell UH-1D für die Heeresflieger. Auch bei der Luftwaffe fiel die Entscheidung positiv aus, nur die Marine entschied sich gegen die UH-1D. Die Anzahl der zu beschaffenden Hubschrauber wurde auf 350 reduziert. Der Lizenzbau von 344 Hubschrauber bei Dornier begann 1967. Dornier übergab am 17. August 1967 in Oberpfaffenhofen die erste UH-1D aus deutscher Fertigung an die Bundeswehr. Am 19. Januar 1971 übernahmen die Heeresflieger mit der 73+84 ihre letzte UH-1D.

Auch für die Triebwerke konnten die Lizenzrechte erworben werden. Die Fertigung erfolgte bei Klöckner Humboldt-Deutz. Die erste bei Dornier gebaute UH-1D wurde am 17. August 1967 übergeben. Die Serienproduktion lief mit der Übergabe der letzten UH-1D an die Bundeswehr im Januar 1981 aus. 140 UH-1D mit den Kennungen 70+41 bis 71+80 gingen an die Luftwaffe, die Kennungen 70+81 bis 73+84 an die Heeresflieger. Die Kennungen 70+03 bis 70+36 wurden nicht belegt.

Als erster Verband der Heeresflieger erhielt die HFlgWaS in Bückeburg am 20. August 1967 die UH-1D. Es folgten das HFlgBtl 6 in Itzehoe. Hier trafen die ersten UH-1D im November 1968 ein. Danach wurden das HFlgBtl 8 in Oberschleißheim und das HFlgBtl 12 in Niederstetten beliefert.

Truppenversuche mit Lenkflugkörpern des Typs TOW mit der Bell UH-1D brachten 1971 sehr gute Ergebnisse und die Bestätigung dafür, dass der PAH dem Panzer im Gefecht weit überlegen ist. Mit der Heeresstrukturänderung zum 1. April

Die HFlgWaS in Bückeburg übernahm am 20. August 1967 ihre erste UH-1D. Das Foto entstand am 21. Februar 1986 und zeigt die »71+94« mit dem alten Wappen der Schule.

1971 wurde auch die Organisation der Heeresflieger geändert. Die Heeresfliegerbataillone wurden aufgelöst und drei leichte Heeresfliegertransportregimenter aufgestellt, die jeweils 48 UH-1D erhielten. Es waren dies das leHFlgTrspRgt 10 in Celle, das leHFlgTrsptRgt 20 in Roth und das leHFlgTrsptRgt 30 in Fritzlar. Das Heeresfliegerbataillon 6 wurde zum HFlgTrsptRgt 6 mit 24 UH-1D. Die Übergabe der UH-1D an die Luftwaffe erfolgte ab Februar 1968. Hier war das HTG 64 in Penzing das erste Geschwader, das den neuen Hubschrauber einsetzte. Insgesamt wurden dem Geschwader 70 UH-1D zugeteilt. Neben Penzing, wo die 1. und 2. Staffel stationiert waren, verfügte das HTG 64 noch über zwei weitere Standorte. Ahlhorn (3. Staffel) und Diepholz (4. Staffel). Außerdem wurde auf verschieden Fliegerhorsten der Luftwaffe (Bremgarten, Hopsten, Jever, Neuburg/Donau, Nörvenich und Pferdsfeld) eine UH-1D als SAR-Hubschrauber stationiert. 1971 verlegte das HTG 64 von Penzing nach Ahlhorn. In Penzing verblieb eine verstärkte Staffel mit 40 UH-1D, die 1979 dem LTG 61 unterstellt wurde. Bis zum 1. November 1978 brachten es die UH-1D des HTG 64 auf über 250.000 Flugstunden. Allein in diesem Jahr wurden 49.231 Passagiere und 455.000 kg Material befördert und 5820 SAR-Einsätze geflogen. Im Herbst 1994 wurde das HTG 64 aufgelöst und die Hubschrauber an das LTG 62, das LTG 63 und die Flugbereitschaft abgegeben. Während des Bestehens des HTG 64 absolvierte das Geschwader über 500.000 Flugstunden mit der UH-1D, wobei rund 450.000 Personen und 5800 Tonnen Fracht befördert wurden. Bei Rettungseinsätzen konnten 120.000 Verletzte geborgen werden.

Zwischen 1970 und 1972 erprobte Dornier mit der 70+40 eine Turbine von Daimler-Benz, die DB720F, mit einer Leistung von 735 kW. Die 70+40 war die vierte UH-1D, die vorab aus der amerikanischen Produktion an die Bundeswehr geliefert wurde. Wegen der Getriebeanschlüsse des DB 720 musste der Luftein- und -auslass verlegt werden. Das Projekt wurde aber nicht weiter verfolgt.

1996 standen noch 177 UH-1D im Dienst. Ab 1998 wurden 124 UH-1D für eine Nutzungsdauerverlängerung bereitgestellt. Im Rahmen der NDV wurde die Zelle verstärkt und Teile des Kabinenbodens ausgetauscht. Aluminium-Gussteile des Rotorkopfes wurden durch Magnesiumteile ersetzt und neuen Rotorblätter eingebaut. Für 88 dieser verbesserten Hueys wurde zusätzlich ein

Technische Daten

Bell UH-1D Iroquois

Verwendungszweck:	Leichter Transport- und SAR-Hubschrauber
Besatzung:	2 + 8 Passagiere
Rotorkreisdurchmesser in m:	14,63
Rotorkreisfläche in m2:	168,11
Länge in m:	12,77
Höhe in m:	4,82
Leermasse in kg:	2242
Startmasse in kg:	4310
Nutzmasse in kg:	1759
Höchstgeschwindigkeit in km/h:	234
Reisegeschwindigkeit in km/h:	201
Steigleistung in m/s:	8,0
Reichweite in km:	510
Gipfelhöhe in m:	3840
Triebwerk:	1 x Wellenturbine Lycoming T-53-L-11
Leistung in kW:	1030

Nacht-Tiefflug-Programm (NTF) begonnen, wobei das Cockpit teilweise erneuert wurde. Für den Einsatz mit Bildverstärkerbrillen musste die Instrumentenbeleuchtung den neuen Gegebenheiten angepasst und ein neues Kartenlesegerät mit LDNS-Navigationsanloge eingebaut werden. Außerdem erhielten die Maschinen ein neues UHF-Funkgerät. Die nicht modifizierten UH-1D wurden bis Ende 1999 außer Dienst gestellt. Die Ermüdungserscheinungen des Materials machten in den letzten Jahren eine Begrenzung der Nutzlast auf 800 kg notwendig.

Bei der HFSLw in Faßberg erfolgte die Ausbildung der Hubschrauberbesatzungen. Um die Schulmaschinen im Flug besser erkennen zu können, wurden große Flächen orangerot gestrichen.

Sikorsky CH-53G/GS

Einsatz: 1972 – heute
Stückzahl: 112
Hersteller: Sikorsky

Die unter der Firmenbezeichnung S-65 für die US Marines (USMC) entwickelte CH-53 (BuNo. 151613) flog am 14. Oktober 1964 zum ersten Mal. Der Rumpf wurde für den Transport von bis zu 63 voll ausgerüsteten Soldaten, 24 Tragbahren oder 4000 kg Fracht ausgelegt. Zwei General-Electric-Wellenturbinen T64-GE-6 mit je 2850 WPS (2125 kW) Leistung treiben den sechsblättrigen Hauptrotor mit einem Durchmesser von 21,95 m an. Die Serienversion CH-53A wurde ab September 1966 bei den US-Marines und der US Navy in Dienst gestellt. Als erste Staffel übernahm die HMH-463 des USMC in Santa Ana am 20. September 1966 die CH-53A. Ab dem 13. Januar 1967 flog die HMH-463 von der Marble Mountain Air Facility südlich Da Nang aus die ersten Einsätze auf dem Kriegsschauplatz in Südostasien. Nächste Version war die HH-53B Super Jolly, ein Such- und Rettungshubschrauber der US-Luftwaffe (USAF). Von der Hauptversion CH-53D, einem Kampfzonentransporter, wurden 124 Exemplare gebaut. Die CH-53E ist eine vergrößerte Ausführung der CH-53D mit einem dritten Triebwerk, verstärkter Transmission und sieben anstelle der sechs Rotorblätter. Der Rotor hat einen Durchmesser von 24,08 m.

Als Nachfolger der Sikorsky H-34 und der Vertol H-21C als mittleren Transporthubschraubern kamen bei der Bundeswehr die Agusta A.101G, die Boeing-Vertol CH-47A Chinook, die Sikorsky S-61 und S-65A sowie die Sud Aviation S.A. 321 Super Frelon in der engeren Wahl. In die Endauswahl schafften es die Sikorsky CH-53A und die Boeing-Vertol CH-47A Chinook. Die CH-47A wurde im März 1966 in Fort Rucker erprobt. Anschließend erfolgte die Erprobung der CH-53 beim US Navy Air Test Center in Patuxent River. Die deutsche Erprobungsgruppe stand unter der Leitung von Oberst Schütt. Am 27. Oktober 1966 erging der Antrag auf die Beschaffung von 135 CH-53 als Ersatz für die Sikorsky H-34 der Heeresflieger an den Verteidigungsausschuss des deutschen Bundestages. Dabei wurde eine zweite Erprobung gefordert, die im Mai 1967 durchgeführt wurde und erneut zu Gunsten der CH-53 ausfiel. Der Verteidigungsausschuss stimmte am 27. Juni 1968 der Beschaffung der CH-53 zu. Der Haushaltsausschuss genehmigte am 14. November die Bestellung. Allerdings wurde die Anzahl der zu beschaffenden Hubschraubern von 135 auf 112 reduziert. Nichtsdestoweniger waren und sind die deutschen Heeresflieger sind die größten Betreiber der CH-53 außerhalb der USA.

Der Rumpf der CH-53G wurde als Schalenkonstruktion ausgelegt, deren tragende Teile aus einer Aluminiumlegierungen gefertigt wurden. Titan- und Stahllegierungen wurden bei hoch belasteten Teilen verwendet. In den beiden seitlichen Wülsten sind das einziehbare Hauptfahrwerk und die Treibstofftanks untergebracht. Der Rumpf ist wasserdicht, so dass der Hubschrauber bei einer Wellenhöhe von einem Meter bis zu zwei Stunden schwimmfähig bleibt. Es können 36 vollausgerüstete Soldaten oder 24 Verletzte auf Tragbahren sowie vier Sanitäter transportiert werden; alternativ bis zu 7,2 Tonnen Außenlast am Haken. Für den Antrieb sorgen zwei General-Electric-Triebwerke T64-7. Der Hauptrotor hat sechs, der Heckrotor vier Blätter. Die Rotorblätter des Hauptrotors können zusammengefaltet und der Heckrotorträger nach vorne umgeklappt werden. Geflogen wird die CH-53G von einer dreiköpfigen Besatzung - Pilot, Copilot und Bordmechaniker. Die Sitze des Piloten und Copiloten sind gepanzert.

Der erste der beiden für Deutschland vorgesehenen CH-53D, die 84+01, startete am 31. März 1969 bei Sikorsky zum Erstflug. Zusammen mit der 84+02 wurde sie am 25. September 1969 von der US Nvy an die Bundeswehr übergeben. Es handelte sich dabei um die BuNo.154885 bzw. 154886, die zuvor bei der US Navy flogen und später bei Sikorsky entsprechend den deutschen Forderungen umgebaut wurden. Ein Schiff brachte die beiden Hubschrauber von New York nach Bremen. Bei VFW in Lemwerder wurden sie wieder flugklar gemacht und am 3. November 1969 zur Erprobungsstelle 61 (heute WTD 61) nach Manching geflogen, wo sie noch heute für die Systemerprobung eingesetzt werden.

Ab 1971 montierte VFW-Fokker in Speyer zunächst 20 Hubschrauber mit der Bezeichnung CH-53G aus in Amerika gefertigten Teilen. Diese erhielten die Zulassungen 84+03 bis 84+22. Die folgenden 90 Maschinen montierte VFW-Fokker aus Teilen, die zu 50 Prozent aus deutscher Produktion stammten. Diese Maschinen erhielten die Kennungen 84+23 bis 85+12. Die erste CH-53G aus deutscher Fertigung startete am 11. Oktober 1971 zum Erstflug. Nach dem Bau der 110. CH-53G endete 1975 die Fertigung in Speyer. MTU in München erhielt den Auftrag zum Bau der Triebwerke. Neben VFW-Fokker als Hauptauftragnehmer waren noch Dornier und MBB an der Fertigung verschiedener Komponenten beteiligt.
Zur Ausbildung des technischen Personal erhielt die TSLw 3 in Faßberg am 30. November 1971 die 84+03. Die Auslieferung der Serienmaschinen begann am 1. Dezember 1971. Die offizielle Übergabe der CH-53G (84+04) an die HFlgWaS in Bückeburg erfolgte erst am 26. Juli 1972. Der HFlgWaS in Bückeburg stehen für die Ausbildung zwölf Maschinen zur Verfügung. Das mHFlgTrsRgt 15 in Rheine-Bentlage übernahm 32 CH-53G. Auch die beiden anderen mittleren Heeresfliegertransportregimenter erhielten jeweils 32 CH-53G zugeteilt. Beim mHFlgTrsRgt 35 in Mending trafen die 84+22 und 84+23 am 27. Februar 1973 ein. Die Ausstattung des mHFlgTrsRgt 25 in Laupheim mit den ersten CH-53G folgte im Oktober 1973. Die beiden CH-53D (84+01 und 84+02) erhielt die ESt 61 in Manching als Erprobungsträger.

Eine in Speyer mit einem autonomen bodenunabhängigen Navigationssystem (BNS) ausgerüstete CH-53G wurde Anfang März 1976 an die ESt 61 übergeben. Dieses System errechnet die Entfernungsdaten zu festgelegten Wegepunkten und Flugzielen. Dadurch wurden die Besatzung insbesondere bei Schlechtwetterflügen erheblich entlastet. Anfang der 80er Jahre war noch geplant, die CH-53D bis zum Jahre 2010 einzusetzen. So wurden zwischen 1984 und 1988 die Zellen verstärkt und gegen Korrosion geschützt. In einem Modernisierungsprogramm wurden ab Anfang der 90er Jahre die Rotorblätter ausge-

Bei der HFWS in Bückeburg erfolgte die Systemerprobung der CH-53GS.

30 Jahre Heeresflieger am Standort Laupheim war der Anlass für diese Sonderbemalung der CH-53G »84+62« des HFlgRgt 25.

tauscht. Die derzeitige Planung (2006) sieht den Einsatz von 97 CH-53G/GS bis 2030 vor. Nach der Einführung des NHI NH 90 soll die Flotte auf 80 Maschinen reduziert werden.

DIe CH-53G der Heeresflieger sind in den letzten Jahren zunehmend für humanitäre Aufgaben und friedensbildende Maßnahmen eingesetzt worden, wodurch sich die Flugstundenzahl der einzelnen Maschinen stark erhöhte. Im Rahmen dieser Einsätze erfolgten 1991 Hilfsflüge für kurdische Flüchtlinge im Grenzgebiet Irak-Türkei. 1993 flogen die Hubschrauber in Somalia, 1996 im Irak für die UN-Sonderkommission. Weitere humanitäre Einsätze erfolgten im eigenen Land 1997 und 2002 während der Hochwasserkatastrophen in Mitteldeutschland. Eine CH-53G wird als »fliegende Intensivstation« in ständiger Einsatzbereitschaft gehalten.

Durch die Teilnahme der Heeresflieger an Einsätzen in Restjugoslawien (IFOR und SFOR), im Kosovo (KFOR) und in Afghanistan (ISAF) wurde ein erneutes Kampfwertsteigerungsprogramm notwendig. Die Entscheidung dafür fiel Anfang 1996 und das Programm wurde in der Zwischenzeit abgeschlossen. Im Rahmen dieser Umbauarbeiten, die Eurocopter in Donauwörth durchführte, wurden insgesamt 20 Hubschrauber modernisiert. Diese Maschinen führen nun die Bezeichnung CH-53GS. Äußerlich zu erkennen

Für Auslandseinsätze im Auftrag der Vereinten Nationen erhielten einige CH-53G einen weißen Anstrich.

Bei Manövern wurden russische Kampfhubschrauber Mi-24 Hind durch CH-53G dargestellt. Die hierfür eingesetzten Maschinen waren an roten Markierungen zu erkennen, wie hier die »84+93« des HFlgRgt 35.

sind sie an den beiden je 2460 Liter fassenden Zusatztanks links und rechts des Rumpfs. Sie erhöhen den Einsatzradius auf rund 1300 km. Für den Nachttiefflug erhielten die Besatzungen Bildverstärkerbrillen (BiV). Deren Verwendung setzte den Einbau blendfreier Instrumenten- und Cockpitbeleuchtungen voraus. Im unteren Bugbereich wurden außerdem zwei ausklappbare Suchscheinwerfer mit IR-Anteil installiert. Zum Selbstschutz der Maschinen wurden das Radar-/Laserwarnsystem SPS-65 der israelischen Firma ELISRA und zum Erkennen von Raketenangriffen das amerikanische AN/AAR 47 von Loral eingebaut. Auf zwei Bildschirmen werden den Piloten die Anflugrichtung der Lenkflugkörpern angezeigt, so dass sie entsprechende Gegenmaßnahmen einleiten können. Für diese Gegenmaßnahmen wurden die CH-53GS mit so genannten Chaff/Flare-Dispensern ausgerüstet. Der Ausstoß der Täuschkörper erfolgt automatisch, entsprechend der Gefahrenlage. Erprobt wurden Fremdkörperabscheider bzw. Sandfilter EAPS (Engine Air Particle Seperator) für die beiden Triebwerke. Geprüft wurde auch die Beschaffung moderner leistungsstärkerer Triebwerke General Electric T-64, da es sich in Afghanistan zeigte, dass die bisherigen Triebwerke bei hohen Temperaturen und in dünner Luft überbeansprucht werden. Unter europäischen Bedingungen mussten die Triebwerke alle 1200 Flugstunden ausgewechselt werden, in Afghanistan bereits nach 100(!) Stunden. Die erste »aufgefrischte« CH-53GS wurde im August 1999 wieder an die Heeresflieger übergeben. Für die nicht im Rahmen des KWS-Programms modernisierten CH-53G wurden ebenfalls Nachrüstungen beschlossen. So erhielt Eurocopter, nachdem die Erprobung der neuen Ausrüstung bei der GWE (Gruppe Weiterentwicklung) der HFlgWaS mit der CH-53GS »85+07« erfolgreich abgeschlossen werden konnte, den Auftrag, je 19 CH-53G und CH-53GS für Flüge unter Instrumentenflugbedingungen auszurüsten. In diesem Zusammenhang wurden zwei Multifunktionsdisplays für die Piloten eingebaut und die Funkanlage um ein zweites Gerät mit zivilen Frequenzen ergänzt. Das militärische TACAN-Navigationssystem wurde durch ein Entfernungsmessgerät, ein GPS und ein DKG-3-Kartenlesegerät ersetzt. Die erste so umgerüstete CH-53GS, 84+51, erhielt das HFlRgt 25 am 10. Oktober 2002.

Die GWE erprobte mit der CH-53GS »84+66« weitere Nachrüstungen. Dies sind eine HF-Funkanlage mit Antenne auf dem linken hinteren Rumpfrücken sowie eine bewegliche Konstruktion im Heckbereich, die das schnelle Abseilen von Spezialkräften aus dem schwebenden Hubschrauber ermöglicht. Bis 2005 erhielten alle CH-53G/GS einen Flecktarnanstrich in den Farben Waldgrün (FS34079), Olivgrün (RAL6003) und

Die beiden ersten CH-53D der Bundeswehr flogen 2006 immer noch bei der WTD 61 in Manching.

Schwarzgrau (RAL 7021) sowie eine Hohlraumversiegelung.

Im April 2002 wurden drei CH-53GS an Bord von zwei Antonow An-124 nach Afghanistan überführt. Dort fliegen sie für die ISAF (Internationalen Afghanistan-Schutztruppen/International Security Assistance Force). Zu ihren Aufgaben gehören der Transport von schnellen Eingreiftruppen zu Krisenherden, die Sicherstellung von Transportkapazitäten für den Falle einer Evakuierungen der ISAF-Truppen und der Angehörigen deutsche Botschaft in Kabul, die Luftaufklärung und die ständige Bereitstellung eines Rettungshubschraubers. In Afghanistan besteht die Besatzung der CH-53GS aus sieben Mann: Pilot, Copilot, Flugingenieur, Lademeister sowie zusätzlich zwei Bordschützen und ein Beobachter auf der Heckrampe, um eventuelle Angriffe von hinten zu melden. Die Hubschrauber sind mit zwei MG 3 (Kal. 7,62) links und rechts in den Fenstern hinter der Kanzel ausgerüstet. Bei einem tragischen Absturz einer CH-53GS, fünf Kilometer vom deutschen Lager entfernt, kamen am 21. Dezember 2002 alle sieben Besatzungsmitglieder ums Leben.

Am 3. Juli 2003 wurde das HFlRgt 35 in Mendig aufgelöst. Die CH-53G des Regiments gingen an das HFlRgt 15 in Rheine-Bentlage und an das HFlRgt 25 in Laupheim. Am 13. Januar 2006 meldete das Einsatzgeschwader der Bundeswehr im usbekischen Termez die 4000. Flugstunde von CH-53GS in Afghanistan. In 1400 Einsätzen wurden 17.275 Personen und 670 Tonnen Fracht befördert. Die CH-53D/G/GS führen die Kennungen 84+01 bis 85+11.

Technische Daten

Sikorsky CH-53G

Verwendungszweck:	mittlerer Transporthubschrauber
Besatzung:	4 + 38 Soldaten oder 24 Tragbahren mit vier Sanitätern
Rotorkreisdurchmesser in m:	21,95
Rotorkreisfläche in m^2:	378,0
Länge in m:	20,47
Höhe in m:	7,95
Leermasse in kg:	10.440
Startmasse in kg:	19.050
Nutzmasse in kg:	9070
Höchstgeschwindigkeit in km/h:	315
Reisegeschwindigkeit in km/h:	278
Steigleistung in m/s:	9,25
Reichweite in km:	455
Gipfelhöhe in m:	5100
Triebwerk:	2 x General-Electric-Wellenturbinen T64-MTU-7
Leistung in kW:	2 x 2890 kW

Westland Sea King Mk.41

Einsatz: 1973 – heute
Stückzahl: 22
Hersteller: Westland

Anfang der 60er Jahre schrieb die *US Navy* einen Nachfolger für die Sikorsky HSS-1, die als U-Jagdhubschrauber diente, aus. Wie schon bei der HSS-1 konnte auch diesmal Sikorsky die Ausschreibung für sich entscheiden. Firmenintern wurde der neue Hubschrauber als S-61 bezeichnet. Bei der *US Navy* lautete die Bezeichnung zunächst HSS-2, später im Rahmen einer Umstellung der Typenbezeichnungen dann SH-3. Die erste HSS-2 flog am 11. März 1959. Als Antrieb dienten zwei General-Electric-Turbinen T58-GE-6, die ihre je 777 kW (1050 WPS) auf einen Fünfblattrotor übertrugen. Für die Landung auf dem Wasser war der Rumpf im unteren Teil als Schwimmkörper ausgelegt und verfügte auf jeder Seite über einen Stützschwimmer. Die *US Navy* hatte 245 Maschinen bestellt, deren Auslieferung im September 1961 begann. Westland erwarb von Sikorsky die Lizenzrechte für den Nachbau der SH-3 für die britischen Streitkräfte. Sikorsky lieferte vier Mustermaschinen der Version SH-3D, die als Grundlage für die Fertigung bei Westland dienten. Auch das Triebwerk wurde in Lizenz bei Rolls-Royce als Gnome H.1400 gebaut. Die erste von Sikorsky gelieferte SH-3D traf am 8. September 1967 in Yeovil ein. Der erste Serienhubschrauber, die Westland Sea King HAS.Mk.1 »XV 642«, flog am 7. Mai 1969. Die von Westland gefertigte Sea King unterscheidet sich von der SH-3D durch ein automatisches Flugsteuerungssystem, ein Sonar mit großer Reichweite, ein A.W.391-Suchradar auf der Rumpfoberseite und ein Doppler-Navigationssystem Marconi AD580. Bei der Sea King HAS.Mk.2 kamen zwei leistungsstärkere Gnome-H.1400-1-Triebwerke mit 1228 kW (1660 WPS) zum Einbau. Anstelle des Fünfblatt-Heckrotors erhielt diese Version einen Sechsblatt-Heckrotor.

Als Rettungshubschrauber entwickelte Westland für die RAF die Sea King HAR.Mk.3. Auf dieser Grundlage entstand dann die Sea King Mk.41 für die Marineflieger der Bundeswehr. Die SAR-Hubschrauber verfügen über eine Rettungswinde über der Schiebetür auf der rechten Rumpfseite. Die Erprobung der ersten Sea King Mk.41 fand zwischen Februar 1972 und März 1973 statt.

Die beim MFG 5 eingesetzten 22 Sea King Mk.41 stehen in erster Linie für SAR-Aufgaben, aber auch für Kampfeinsätze zur Verfügung. Sie wurden als Ersatz für die Sikorsky H-34G und die Grumman HU-16 Albatros beschafft. Der Kauf wurde im Juni 1969 vom Verteidigungsausschuss beschlossen. Die ersten beiden Sea King Mk.41 landeten am 20. März 1974 in Kiel-Holtenau, dem Standort des MFG 5. Den Sea KIng wurden die taktischen Kennzeichen 89+50 bis 89+71 zugeteilt. Ab dem 1. April 1975 waren die Hubschrauber einsatzklar, so dass der SAR-Betrieb aufgenommen werden konnte. Für Seenotrettungseinsätze stehen die Außenstellen Borkum, Helgoland, Warnemünde und Westerland/Sylt zur Verfügung. Die Besatzung besteht aus einem Pilot, einem Co-Pilot, einem SAR-Operationsoffizier und einem Bordmechaniker. Die Sea King ist mit einem AFCS-Stabilisierungssystem ausgerüstet, das die Flughöhe und den vorgegeben Kurs automatisch hält. Damit die Maschine bei einer Rettungsaktion exakt in Position bleibt, steht dem Bordmechaniker ein so genannter *Hover Trim Controller* zur Verfügung. Hinter dem Hauptrotorkopf befindet sich die MEL-ARI-5995 Radarantenne, die einen Bereich von 330 Grad abdeckt. In der

Kabine finden 19 Passagiere oder sechs Verletzte auf Krankentragen Platz. Die Treibstofftanks fassen 3737 Liter, was dem Hubschrauber erlaubt, bis zu sechs Stunden und 30 Minuten in der Luft zu bleiben. Anfang der 80er Jahre beschloss die Bundesmarine, ihre Sea King zur Bekämpfung von Überwasserstreitkräften zu bewaffnen. Ausgewählt wurde der Antischiff-Flugkörper Sea Skua von British Aerospace. Um das Flugverhalten erproben zu können, wurde zunächst die 89+58 mit Sea-Skua-Attrappen und einem provisorischen Bugradar ausgerüstet. Zur Lenkung des Flugkörpers entschied sich die Marine für das Sea-Spray Mk.3-Radarsystem von Ferranti. Den Einbau übernahm MBB in Speyer. Die Firma rüstete 1984 zunächst drei Sea King Mk.41 um. Die Erprobung der kampfwertgesteigerten Sea King dauerte bis 1987. Die Startschienen für vier Sea-Skua-Flugkörper wurden neben den beiden Fahrwerksgondeln platziert. An den Bug unterhalb der linken Cockpitscheibe kam eine zusätzliche Antenne, die eine volle 360-Grad-Abtastung ermöglicht. Die neue Antenne hat noch einen positiven Nebeneffekt. Wegen der besseren Auflösung des Radarbildes können jetzt auch Ret-

Nachdem die Sea King der Marine auch für Kampfeinsätze ausgerüstet worden waren, erhielten sie einen neuen Tarnanstrich.

tungseinsätze bei Nacht und bei schlechter Witterung unter besseren Voraussetzungen geflogen werden. Die Abschuss- und Kontrollanlage für die Sea Skua wurde dem Arbeitsplatz des Luftfahrzeugoperationsoffiziers anvertraut. Außerdem erfolgte der Einbau eines so genannten *Over-the-Horizon-Targeting-Systems (OTHT)*, mit dem gleichzeitig mehrere Ziele erfasst werden können. Die Umrüstungen waren 1992 abgeschlossen.

Nach dem Ende des ersten Irakkrieges 1991 verlegten drei Sea King, die 89+64, 89+68 und die 89+69, zur Unterstützung von UN-Waffeninspektoren nach Bahrain. Mit beteiligt waren die beiden Ölüberwachungsflugzeuge Do28D-2OU des MFG 5. Alle fünf Luftfahrzeuge erhielten einen weißen Anstrich. Hauptaufgaben der Sea King waren Minensuche und Transportflüge. Insgesamt wurden bis zur Beendigung des Einsatzes am 22. Juli 1991 über 280 Flugstunden absolviert. Für mögliche Kampfeinsätze wurde es erforderlich, an Deck von Schiffen mit der Sea King zu landen. Seit 1997 ist dies möglich und wird im Rahmen der neuen Aufgaben durchgeführt. So kommen die Sea King auf den Einsatzgruppenversorgern (EGV) der Berlin-Klasse als Bordhubschrauber zum Einsatz.

Am 17. November 1998 sollte die flugunfähige 89+59 als Außenlast unter einer CH-53G von

Helgoland zur Reparatur nach Kiel überführt werden. Während des Fluges schaukelte die Sea King so stark auf, dass aus Sicherheitsgründen das Transportseil gekappt werden musste und der Hubschrauber ins Meer stürzte.

Im Zuge von »Antiterror-Einsätzen« des multinationalen Einsatzverbandes *Task Force 150* flogen insgesamt fünf Sea King der Marineflieger bei der Operation »Enduring Freedom« von Februar bis Dezember 2002 in Dschibuti. Zu ihren Aufgaben gehörten Überwachungs-, Transport- und SAR-Flüge, wobei 715 Flugstunden absolviert wurden. Die beiden zuletzt eingesetzten Sea King (89+50 und 89+51) kehrten am 5. Dezember 2002 an Bord einer Airbus A300-608ST Beluga nach Kiel-Holtenau zurück.

Pläne sehen vor, die Sea King Mk.41 mit neuer Avionik zu versehen. Dazu gehören eine Wärmebildkamera, neue Sprechfunkgeräte und eine neue Navigationsanlage, so dass die Hubschrauber bis zur mutmaßlichen Einführung des NHI NH 90 im Jahre 2012 einsatzklar bleiben.

Technische Daten
Westland Sea King Mk.41

Verwendungszweck:	Mehrzweck- und SAR-Hubschrauber
Besatzung:	4
Rotorkreisdurchmesser in m:	18,90
Rotorkreisfläche in m^2:	280,47
Länge in m:	22,15
Höhe in m:	5,13
Leermasse in kg:	9300
Nutzmasse in kg:	1134
Höchstgeschwindigkeit in km/h:	226
Reisegeschwindigkeit in km/h:	204
Steigleistung in m/s:	10,3
Reichweite in km:	1482
Gipfelhöhe in m:	3050
Triebwerk:	2 x Wellenturbine Rolls-Royce Gnome H.1400-1
Leistung in kW:	2 x 1044
Bewaffnung: 4 x zielsuchende Torpedos Mk.46 oder 4 x Wasserbomben Mk.11	

Die beim MFG 5 eingesetzten Sea King Mk.41 standen bei ihrer Indienststellung in erster Linie für SAR-Aufgaben bereit. Die Aufnahme zeigt die »89+65« während einer Vorführung in Bremgarten im Juli 1984.

Eurocopter (MBB) Bo 105M (VBH)

Einsatz: 1979 – heute
Stückzahl: 100
Hersteller: Messerschmitt-Bölkow-Blohm

Der Entwurf des leichten Mehrzweckhubschraubers Bo 105 entstand im Juli 1962. Es entstanden zunächst drei Prototypen, mit denen die teilweise neue Technik, wie zum Beispiel der gelenklose Rotorkopf aus Titan und die glasfaserverstärten Rotorblätter, getestet werden sollten. Parallel dazu wurde die Erprobung des neuen Rotors mit einer Alouette aufgenommen. Im August 1966 begannen die Bodentests mit dem ersten Prototypen, der Bo 105 V1, den zwei Allison-T63-Wellenturbinen antrieben und der noch einen konventionellen Gelenkrotor aufwies. Dieser war, um Zeit zu sparen, von einem Westland Scout übernommen worden. Die Bo 105 V1 ging im September 1966 bei Versuchen aufgrund von Bodenresonanzen allerdings verloren. Der zweite Prototyp, die Bo105 V2 (D-HECA), startete mit Versuchspilot Wilfried von Engelbach am 17. Februar 1967 zum Erstflug. Als Antrieb dienten zwei Allison-250C18-Wellenturbinen. Die Bo105 V2 war bereits mit dem neuen Rotorsystem ausgerüstet. Der dritte Prototyp absolvierte seinen Erstflug am 20. Dezember 1967. Mit ihm wurden die MAN-Wellenturbinen Turbo 6022A-3 mit einer Leistung von jeweils 195 kW getestet. Später wurde die V3 noch mit MAN-Turbinen mit jeweils 206 kW und 250 kW erprobt. Die Zulassungsflüge für das LBA wurden mit der Bo 105 V4 durchgeführt. Den fünften Prototyp mit der Zulassung N197F erhielt Boeing-Vertol; er stürzte am 3. Juni 1970 in Newport/USA bei einer Demonstrationstour ab. Die V6 wurde als Bruchzelle für die statische Erprobung eingesetzt.

Nach der Musterzulassung durch das Luftfahrtbundesamt im Oktober 1970 begann MBB mit der Serienfertigung der Bo 105. Die ersten fünf Hubschrauber wurden in Ottobrunn endmontiert; einige weitere Exemplare in Manching. Später wurde die gesamte Fertigung ins ehemalige SIAT-Werk nach Donauwörth verlegt.

Im Frühjahr 1970 suchten die deutschen Heeresflieger einen geeigneten Nachfolger für die Alouette II. MBB schlug die Bo 105 vor, von der dann auch 100 Maschinen als Verbindungs- und Beobachtungshubschrauber (VBH) bestellt wurden.

Die Bo 105M »80+28« gehört zum Bestand der HFlgWaS in Bückeburg.

Ebenfalls für die Heeresflieger wurden 212 Bo 105P als Panzerabwehrhubschrauber unter der Bezeichnung PAH-1 gebaut. Erste Versuche der Bundeswehr begannen 1971 mit der Bo 105A (Werknummer S2 / D-9573 / 98+07) und der Bo 105C (Werknummer S7/D-9574/98+09). Anschließend wurde in Celle eine Versuchsstaffel mit zehn Bo 105C aufgestellt. Ab Anfang September 1974 nahm die damalige Erprobungsstelle 61, heute WTD 61, in Manching die Erprobung der Bo 105 auf. Die Variante für die deutschen Heeresflieger wurde aus der zivilen Bo 105CB abgeleitet. Die unbewaffnete Ausführung mit der Bezeichnung Bo 105M bzw. Bo 105VBH, von der

Die »80+54« gehörte 1984 zum HFlgRgt 16 in Celle.

Die HFlgStff 4 lag in Mitterharthausen und wurde 1994 aufgelöst.

Hubschrauber

Die HFlgStff 10 aus Neuhausen ob Eck gehörte zu den wenigen Einheiten, die bunte Wappen an ihren Hubschrauber anbrachten.

die Bundeswehr 1976 für die Heeresflieger 100 Maschinen bestellte, fand Verwendung als Ausbildungs-, Verbindungs- und Beobachtungshubschrauber. Die Auslieferung erfolgte zwischen Dezember 1979 und Sommer 1984. Die Bo 105M und P unterscheiden sich von den zivilen Modellen vor allem durch verstärkte Komponenten im Bereich des Antriebs, ein selbstabdichtendes Kraftstoff-System und verbesserte Landekufen. Ebenso wurde die Elektronik und Avionik entsprechend den Wünschen der Heeresflieger modifiziert. Die Bo 105VBH führten die taktischen Kennzeichen 80+01 bis 81+00 sowie 82+90 bis 82+99, wobei es sich bei den Letzteren um die Bo 105C der Versuchsstaffel handelt. Über den Verbleib dieser Maschinen ist nichts bekannt. Die Bo 105 (D-HABV) wurde mit einer auf einem Mast montierten Ophelia-Plattform mit TV-Anlage, Wärmebildsensoren und Laser-Entfernungsmesser als Gefechtsfeldaufklärer erprobt. Diese als Kampfwertsteigerung gedachte Modernisierung der Bo 105VBH kam jedoch nicht zum Tragen. 2001 begann das Heer mit der stufenweisen Ausmusterung der Bo 105M. Ersetzt werden sie teilweise durch die Bo 105P, die je nach Zulauf des Eurocopter Tiger bei den Kampfhubschrauberregimentern ausgemustert und auf VBH-Standard zuruckgerüstet werden. 2005 flog die Bo 105M noch bei der Heeresfliegerunterstützungsstaffel (HFlUstgStff) 1 in Holzdorf, der HFlUstgStff 7 in Mendig, der HFlUstgStff 10 in Laupheim, der HFlUstgStff 13 in Niederstetten und bei der HFWS Ausbildungszentrum C in Bückeburg.

Technische Daten	
Eurocopter (MBB) Bo 105M (VBH)	
Verwendungszweck:	Verbindungshubschrauber
Besatzung:	1 + 4 Passagiere
Rotorkreisdurchmesser in m:	9,84
Rotorkreisfläche in m^2:	75,74
Länge in m:	11,87
Höhe in m:	3,80
Leermasse in kg:	1276
Startmasse in kg:	2100
Nutzmasse in kg:	800
Höchstgeschwindigkeit in km/h:	270
Reisegeschwindigkeit in km/h:	210
Steigleistung in m/s:	8,7
Reichweite in km:	575
Gipfelhöhe in m:	5120
Triebwerk:	2 x Wellenturbine Allison-250-C-20B-III
Leistung in kW:	2 x 313

Eurocopter (MBB) Bo 105P (PAH-1)

Einsatz: 1980 – heute
Stückzahl: 212
Hersteller: Messerschmitt-Bölkow-Blohm

Die Bundeswehr bestellte am 13. Dezember 1978 für die Heeresflieger 212 Panzerabwehrhubschrauber der 1. Generation, die Bo 105P bzw. Bo 105PAH-1. Von der zivilen Version unterscheidet sich der PAH-1 durch modifizierte Avionik und Elektronik, einem selbstabdichtenden Kraftstoffsystem und verstärkte Komponenten im Bereich des Antriebs. Bevor es jedoch zu der Bestellung kam, stellte das Heer am 1. April 1973 die "Versuchsstaffel PAH" in Celle auf. Die Staffel erhielt zehn Bo 105C, die die Zulassungen D-9581 bis D-9590 (spätere Kennungen waren 98+10 bis 98+19 und 82+90 bis 82+98) trugen. Die Versuche dauerten bis zum Januar 1977. In diesem Zeitraum wurden über 10.000 Flugstunden geflogen. Als erste für den Abschuss von HOT-Lenkflugkörper ausgerüstete Bo 105 flog die D-9574 (98+09). Mit dieser Maschine wurden im November 1973 auf dem Schießplatz bei der E-Stelle 61 in Meldorf die ersten zehn Versuchsabschüsse durchgeführt. Eine zweite Serie von 45 Beschussversuchen folgte in Bourges. Bei der HFlgWaS fanden im Winter 1976/1977 weitere Tests statt. So wurde eine Bo 105 mit einem MG 3 in Schwenklafette bestückt. Alternativ wurde eine sechsläufige Revolverkanone Emer-

Die Bo 105P »86+17« findet bei verschiedenen Entwicklungsprogrammen Verwendung. Sie gehört nicht zum festen Bestand der WTD 61, sondern wurde von den Heeresfliegern ausgeliehen.

Oben: **Bei der Heeresfliegerwaffenschule sind alle bei den Heeresfliegern im Einsatz stehenden Hubschraubertypen stationiert. So auch die Bo 105P »86+20«.**

Unten: **Diese Bo 105P »87+39« gehörte zum HFlgRgt 36 aus Fritzlar.**

Eine Bo 105P des HFlgRgt 26, aufgenommen 1996 auf ihrem Heimatflugplatz Roth. In Hintergrund steht der Nachfolger Eurocopter Tiger.

son-Electric Minigun erprobt, die unter den Rumpf montiert wurde. Die D-9574 wurde mit einer 20-mm-Maschinenkanone Rheinmetall RH 202 erprobt.

Der Prototyp des PAH-1 flog im Spätsommer 1977 zum ersten Mal. Der erste PAH-1 wurde Ende 1979 ausgeliefert, der letzte am 7. September 1984. Den Bo 105PAH wurden die taktischen Kennzeichen 86+01 bis 88+12 (Werknummer 6001 bis 6212) zugeteilt. Die Heeresfliegerwaffenschule in Bückeburg erhielt die ersten zwölf PAH-1 Ende 1979 und nahm ab Januar 1980 die Schulung auf dem neuen Muster auf. Das HFlgRgt 16 in Celle erhielt als erster Einsatzverband den PAH-1 ab dem 4. Dezember 1980. Weitere Heeresfliegereinheiten mit PAH-1 sind – bzw. waren – das HFlgRgt 6 in Itzehoe, das HFlgRgt 26 (heute KHR 26) in Roth und das HFlgRgt 36 (KHR 36) in Fritzlar. Jedes Regiment verfügt über 56 Bo 105 PAH-1, die auf jeweils zwei Staffeln verteilt sind. Eine Ausnahme bildete das HFlgRgt 6, das nur 21 Panzerabwehrhubschrauber betrieb. Außerdem fliegen noch einige Bo 105PAH bei der HFlgWaS in Bückeburg und der zweite Prototyp die Bo 105PAH V2 bei der WTD 61 in Manching. Am 5. Juli 1984 traf die 56. und somit letzte Bo 105P des HFlgRgt 26 in Roth ein. Die Stadt Roth übernahm die Patenschaft für diesen Hubschrauber.

Anfang Juni 1986 wurden die mit der Bo 105PAH ausgerüsteten Regimenter offiziell der NATO unterstellt. Ausgerüstet sind die Hubschrauber mit sechs drahtgelenkten Panzerabwehrraketen der deutsch-französische Gemeinschaftsentwicklung HOT. Diese von Euromissile hergestellten Lenkflugkörper können gepanzerte Fahrzeuge auf Entfernungen bis zu 4000 Metern wirksam bekämpfen. Die Feuergeschwindigkeit beträgt etwa drei Schuss pro Minute. Die Fluggeschwindigkeit der 1,30 m langen Rakete beträgt 240 m/s. Ein 3000 m entferntes Ziel wird 13 sec nach dem Abfeuern erreicht. Bei der HOT-2 beträgt die Fluggeschwindigkeit 280 m/s. Die Zielansprache erfolgt über das optische Direktsichtvisier APX M397 der Firma SFIM, das der Hubschrauberkommandant auf dem linken Platz bedient. Das Visier ist mit einem Infrarot-Ortungsgerät verbunden, das die jeweilige Abweichung des Raketenkurses in Bezug auf die optische Achse vom Hubschrauber zum Ziel misst. Die Ausrüstung ist auf den Einsatz bei Tage beschränkt. Der PAH-1 verfügt als Waffenplattform über Vibrationsdämpfer. Dies sind Flatterdämpfer, die an den Hauptrotorblättern beweglich angeschlossen sind. Sie werden durch die Fliehkraft der rotierenden Rotorblätter aufgerichtet und wirken somit den destabilisierenden Blattschwingungen entgegen.

Da sich die Indienststellung des PAH-2 Tiger von Eurocopter immer mehr verzögerte, wurden an den Bo 105PAH einige kampfwertsteigernde Maßnahmen (KWS) durchgeführt. So kam bereits ab 1983 der Radarwarnempfänger AN/APR-39 zum Einbau. Am 27. Dezember 1987 wurde der Vertrag zur Kampfwertsteigerung unterzeichnet. Diese sollte in zwei Stufen durchgeführt werden. In der ersten Phase ab 1990 wurde das Lenkwaffensystem HOT-1 durch HOT-2 mit digitalisierter Feuerleitanlage ersetzt und der PAH mit einem auf dem Kabinendach montierten Visier ausgerüstet. Damit war der Einsatz der Lenkflugkörper zu jeder Tageszeit gewährleistet. Zweite Maßnahme in der ersten Phase war der Einbau leistungsstärkerer Triebwerke (Allison/MTU 250-C-20R/3) sowie von Rotorblättern neuer Technologie. Die umgerüsteten Bo 105 werden mit PAH-1A1 bezeichnet.

Die zweite Phase ab 1993 umfasste die Ausstattung beider Besatzungsmitglieder mit dem Nachtsichtsystem ELVIS von Leitz-Eltro und MBB. Diese Maschinen werden als PAH-1-A2 bezeichnet.

Eine weitere Aufgabe der Bo 105P war die Verwendung als Begleitschutzhubschrauber (BSH). Zwischen Februar und Juni 1989 führte unter der Leitung des ATV-Stabes der HFlgWaS die Heeresfliegerversuchsstaffel 910 in Celle Erprobungen durch, um die von einen Begleitschutzhubschrauber zu erfüllenden Forderungen festzulegen. Dabei war die Ausrüstung der Maschinen mit Stinger-Luft-Luft-Flugkörpern, Reichweite 5000 m bei einer Geschwindigkeit von 680 m/s, vorgesehen. Die Lenkflugkörper werden mittels eines Infrarotsensors zum Ziel geführt. Am 30. Juli 1991 übernahm das HFlgRgt 26 den ersten kampfwertgesteigerten Bo 105P. Die Bo 105BSH kamen ab 1992 zur Truppe. Mit dem Zulauf des Eurocopter Tiger werden die Bo 105P auf VBH-Standard zurückgerüstet.

Technische Daten

Eurocopter (MBB) Bo 105P (PAH-1)	
Verwendungszweck:	Panzerabwehrhubschrauber
Besatzung:	2
Rotorkreisdurchmesser in m:	9,84
Rotorkreisfläche in m^2:	75,74
Länge in m:	11,87
Höhe in m:	3,80
Leermasse in kg:	1673
Startmasse in kg:	2400
Nutzmasse in kg:	691
Höchstgeschwindigkeit in km/h:	241
Reisegeschwindigkeit in km/h:	219
Steigleistung in m/s:	9,8
Reichweite in km:	570
Gipfelhöhe in m:	4267
Triebwerk:	2 x Allison-250-C-20B-III-Wellenturbinen
Leistung in kW:	2 x 313
Bewaffnung: 6 x drahtgelenkte Flugkörper Euromissile HOT	

Die Bo 105P des KpfhubschrRgt 26 werden bald vom Eurocopter Tiger abgelöst.

Agusta Westland Sea Lynx Mk.88/Mk.88A

Einsatz: 1981 – heute
Stückzahl: 26
Hersteller: Westland

Die Sea Lynx wurde aus der französisch-britischen Gemeinschaftsentwicklung Lynx für maritime Verwendung abgeleitet. Auf französischer Seite war Aérospatiale mit 35 Prozent und auf britischer Westland mit 65 Prozent beteiligt. Der Bau erfolgt(e) bei Westland in Yeovil. Bei der *Armeé de Terre* und der *Royal Army* fliegt der Lynx (Luchs) als Transport- und Kampfhubschrauber. Die *Aeronavale* und die *Royal Navy* nutzen die Sea Lynx als U-Jagdhubschrauber. Der erste von 13 Prototypen (XW 835) flog am 21. März 1971. Der sechste Prototyp (XX469) entsprach den Anforderungen der Royal Navy. Er absolvierte seinen Erstflug am 25. Mai 1972. Die Serienfertigung begann Ende 1975. Die Serienausführung der englischen Marine führte die Bezeichnung Lynx HAS.Mk.2 und startete am 10. Februar 1976 zum Jungfernflug. Die Lynx HAS.Mk.2 war mit BAe Sea-Skua-Lenkflugkörpern und mit dem Sea-Spray-Radar von Ferranti ausgerüstet. Bei den französischen Marinefliegern nahm die Lynx am 28. September 1978 ihren Dienst auf. Die Bundesmarine beschaffte die Agusta Westland Sea Lynx als Bordhubschrauber für die neuen Fregatte 122 der Bremen-Klasse in der Verwendung als U-Jagdhubschrauber, für Rettungseinsätze und im taktischen Lufttransport. In der engeren Wahl standen noch die Augusta AB 212ASW und die Karman SH-2F Seasprite. Mit ausschlaggebend für ihre Beschaffung war, dass die Sea Lynx kurzfristig geliefert werden konnte und bei mehreren europäischen Streitkräften bereits im Einsatz stand. Die für die Bundesmarine gebauten Hub-

Technische Daten
Agusta Westland Sea Lynx Mk.88A

Verwendungszweck:	leichter Mehrzweckhubschrauber, U-Jagd-Hubschrauber
Besatzung:	2 + 10 Passagiere
Rotorkreisdurchmesser in m:	12,80
Rotorkreisfläche in m^2:	128,71
Länge in m:	15,16
Höhe in m:	3,48
Leermasse in kg:	3339
Startmasse in kg:	4875
Nutzmasse in kg:	1361
Höchstgeschwindigkeit in km/h:	232
Reisegeschwindigkeit in km/h:	130
Steigleistung in m/s:	10,1
Reichweite in km:	629
Gipfelhöhe in m:	4000
Triebwerk:	2 x Rolls Royce Gem Mk. 1011/1017
Leistung in kW:	2 x 835

Bewaffnung:
1 x 12,7-mm-MG M3M, Torpedos, Wasserbomben, 4 x Lenkflugkörper

Hubschrauber

Im Vergleich mit den ersten Ausführungen sind die Super Sea Lynx Mk.88A aus dem dritten Los mit FLIR (Forward Looking Infra-Red), bis zu vier Lenkflugkörpern Sea Skua und dem 360-Grad-Rundumsichtradar Sea Spray 3000 ausgerüstet.

schrauber erhielten die Typenbezeichnung Sea Lynx Mk.88. Sie werden von zwei Rolls-Royce-Triebwerken Gem Mk.1011 mit einer Leistung von je 835 kW (1136 WPS) angetrieben. Die Treibstofftanks fassen insgesamt 985 Liter. Bei der Navigation können die Piloten auf das dopplergestützte *Tactical Air Navigation System (TANS)* von Decca und ein UHF-Zielflugnavigationsgerät von Rockwell zugreifen. Des Weiteren steht eine TACAN-Anlange von Collins und die Kommunikationsanlage AN/ARN 188, ebenfalls von Collins, zur Verfügung. Außerdem gehören zur Avionik-Ausrüstung eine Freund-Feind-Kennung von Siemens, eine ADF-Anlage von Marconi und eine Doppler-Anlage von Racal. Zum Abfangen des Hubschraubers bei harten Landestöße ist das Fahrwerk mit Öldruckstoßdämpfern ausgerüstet, die eine Aufsetzgeschwindigkeiten bis maximal 2,3 m/s erlauben. An den Fahrwerksauslegern sind aufblasbare Schwimmkörper montiert, die den Hubschrauber im Fall einer Notwasserung über Wasser halten sollen. Zum Orten getauchter U-Boote steht die tiefenvariable Sonaranlage AN-AQS-18 von Bendix zur Verfügung. Für die Stabilisierung des Hubschraubers im Schwebeflug ist eine Flugregelanlage von Elliott eingebaut. Die Antenne des Sea-Spray-Radars von Ferranti befindet sich im Radom am Bug. Zur Bekämpfung der georteten U-Boote befinden sich Torpedos der Typen DM 4 oder Mk. 46 Mod 2 an Bord.

Zunächst bestellte die Bundesmarine 1979 ein erstes Los von zwölf Hubschraubern der Version Mk.88. Die Ausbildung der ersten Besatzungen und Techniker erfolgte bei der holländischen Marine in De Kooy. Später wurde die Ausbildung in Nordholz weitergeführt. Die Besatzung besteht aus zwei Piloten und einem Sonar-Operator. Die erste der für die deutsche Marine bestimmten Sea Lynx Mk.88 startete am 26. Mai 1981 in Yeovil zum Jungfernflug. Die ersten drei Sea Lynx Mk.88 übernahm die neu aufgestellte 3. Staffel des MFG 3 »Graf Zeppelin« am 1. Oktober 1981; Heimatstandort Nordholz. Die zwölf Sea Lynx Mk.88 erhielten die taktischen Kennungen 83+01 bis 83+12 und den üblichen grauen Tarnanstrich der Marineflieger. Im Mai 1982 wurde die erste der acht bestellten F122 von der Marine in Dienst gestellt und im Juli 1982 landete erstmals eine Sea Lynx auf dem Hubschrauberdeck der Fregatte »Bremen«. Die Auslieferung der Hubschrauber aus dem ersten Los wurde 1983 beendet. Mit der 1988 getroffenen Entscheidung, vier weitere Fregatten, diesmal vom Typ F123 der Klasse »Brandenburg«, zu beschaffen, wurde es auch notwendig, die Anzahl der Bordhubschrauber zu erhöhen. So bestellte die Marine weitere sieben

Sea Lynx Mk.88 bei Westland. Als Triebwerke sind zwei modifizierte Rolls-Royce Gem Mk.1017 mit einer Leistung von je 835 kW (1136 PS) eingebaut. Die taktischen Kennungen der Helikopter lauten 83+13 bis 83+19. Die Auslieferung begann 1989. Ein drittes Los von nochmals sieben Hubschraubern der verbesserten Version Super Sea Lynx Mk.88A wurde 1996 bestellt; die Auslieferung begann 1999. Die Kennungen der neuen Maschinen sind 83+20 bis 83+26. Gegenüber den ersten Hubschraubern sind die Mk.88A mit FLIR *(Forward Looking Infra-Red)*, bis zu vier Lenkflugkörpern Sea Skua und dem 360-Grad-Rundumsichtradar Sea Spray 3000 am Bug ausgerüstet. Die Rotorblätter sind jetzt aus Verbundwerkstoffen gefertigt und der Rotorkopf optimiert.

Da die Sea Lynx häufig im Auslandsauftrag der NATO und der UN eingesetzt werden, wurden sie 2002 zusätzlich mit MG bewaffnet. Die Sea Lynx Mk.88 wurden bis 2003 auf den neuen Stand nachgerüstet.

Bis 2006 verloren die Marineflieger vier Sea Lynx. Die 83+01 wurde am 3. Dezember 1993 bei der Kollision mit einer Stromleitung zerstört, die 83+16 stürzte am 30. Januar 1994 vor Südamerika ins Meer, die 83+08 ging am 30. Oktober 1999 und die 83+14 am 16. Februar 2000 durch Unfall verloren.

Rechts: **Die Sea Lynx Mk.88 »83+02« kurz vor der Landung in Nordholz.**

Unten: **Die Sea Lynx Mk.88 gehören zur 3. Staffel des MFG 3 »Graf Zeppelin« und werden als Bordhubschrauber eingesetzt.**

Mil Mi-2

NATO-Codename »Hoplite«
Einsatz: 1990 – 1992
Stückzahl: 25
Hersteller: WSK Swidnik

Die Mi-2 ist eine Weiterentwicklung der Mi-1 und wird anstelle des Kolbenmotors von zwei Wellenturbinen angetrieben. Im September 1961 hob der Prototyp zum Erstflug ab. Nach Abschluss der Entwicklung übergaben die Russen die Unterlagen an die polnische Firma WSK-PZL in Swidnik, wo die Serienfertigung des Hubschraubers unter der Bezeichnung SM-2 anlief. Die erste in Polen endmontierte Mi-2 flog am 26. August 1965, die erste komplett dort gebaute Mi-2 am 4. November 1965. Die Produktion lief bis 1991. Bis dahin wurden über 5250 Mi-2 gefertigt. Die Zelle der Mi-2 entstand in Ganzmetall-Halbschalenbauweise. Die Kabine nahm bis zu sieben Passagiere oder vier Verletzte auf Tragen auf. Der Zugang erfolgte über je eine große Türe auf jeder Seite. Den Rotorantrieb übernahmen zwei Isotow-Wellenturbinen GTD-350 mit einer Leistung von je (294 kW) 400 WPS.

Die deutsche NVA übernahm 48 Maschinen, die sie ab April 1972 einsetze. Die »386« der NVA erhielt eine Sonderausrüstung für funkelektronische Aufgaben. Die Maschinen wurden auf die Verbände THG-34, HAG-35, KHG-3, KHG-5 und HS-16 verteilt. Am 1. Oktober 1990 waren noch 40 Mil Mi-2 vorhanden. Davon wurden 25 Maschinen an die Bundeswehr übergeben. Diese erhielten die Kennungen 94+50 bis 94+66, 94+70 bis 94+73 und 94+80 bis 94+83, wobei es sich bei den Kennungen 94+64 bis 94+70 und 94+80 um die Ausführung Mil Mi-2F handelte, die 94+73 und 94+83 waren Mil Mi-2See. Die Hubschrauber wurden zunächst vom THG 34 eingesetzt, das später in der Lufttransportgruppe Brandenburg-Briest des LTG 65 aufging. Im Januar 1991 gab die HFlgStff 80 ihre vier Mi-2 an das THG 34 nach Briest ab. Die Mi-2 dienten in erster Linie als Rettungshubschrauber. Zum 31. Dezember 1992 stellte die Bundeswehr alle Mi-2 außer Dienst. Die 94+50 erwarb das Schwäbische Bauern- und Technikmuseum in Seifertshofen, die 94+56 ein Museum in Merseburg, die 94+57 steht in Peenemünde und die 94+63 im Luftwaffenmuseum Berlin-Gatow.

Technische Daten	
Mil Mi-2	
Verwendungszweck:	Mehrzweckhubschrauber
Besatzung:	2 + 6 bis 8 Passagiere
Rotorkreisdurchmesser in m:	14,56
Länge in m:	11,94
Höhe in m:	3,75
Rotorkreisfläche in m^2:	165,50
Leermasse in kg:	2365
Startmasse in kg:	3700
Höchstgeschwindigkeit in km/h:	210
Reisegeschwindigkeit in km/h:	190
Steigleistung in m/s:	4,5
Reichweite in km:	580
Gipfelhöhe in m:	4000
Triebwerk:	2 x Isotow GTD-350
Leistung in kW:	295
Bewaffnung: 4 x MG PKT (7,62 mm), 1 x MG PKT (Tür), 2 x UB-16 Raketenwerfer, 2 x 100 kg Bomben	

Diese Mi-2 wartet auf ihren nächsten Flugauftrag.

Mil Mi-8T / Mi-8TB / Mi-8S / Mi-8PS / Mi-9

NATO-Codename »Hip«
Einsatz: 1990 – 1991
Stückzahl: 39 (Mi-8T)
36 (Mi-8TB)
11 (Mi-8S)
13 (Mi-8PS)
8 (Mi-9)
Hersteller: Staatliches Flugzeugwerk Nr.387
Staatliches Flugzeugwerk Nr.99

Während der Luftparade in Tuschino am 9. Juli 1961 wurde der mit einer Soloview-Turbine (2015 kW) ausgerüstete Versuchshubschrauber W-8 öffentlich vorgeführt. Die Mi-8 flog erstmals am 17. September 1962 und zeigte jetzt zwei Triebwerke. Im März 1965 wurde die Entwicklung abgeschlossen und Ende 1965 begann die Serienproduktion. Der Antrieb bestand aus zwei Isotow-Triebwerken TW 2-117A mit einer Leistung von je 1104 kW. Mehr als 12.000 Hubschrauber wurden an 42 Luftwaffen geliefert.

Die NVA setzte ab 1968 die für Transportaufgaben vorgesehene Mi-8T in einer Stückzahl von 52 Exemplaren beim THG-34 ein. Zunächst waren diese Hubschrauber unbewaffnet, ab 1971 konnten sie aber ungelenkte S-5 Raketen mitführen.

Technische Daten

Mil Mi-8T

Verwendungszweck:	Transporthubschrauber
Besatzung:	3 + 22 Passagiere
Rotorkreisdurchmesser in m:	21,29
Länge in m:	18,31 (ohne Rotor)
Höhe in m:	5,65
Rotorkreisfläche in m^2:	355,81
Leermasse in kg:	7160
Startmasse in kg:	12.000
Höchstgeschwindigkeit in km/h:	250
Reisegeschwindigkeit in km/h:	225
Steigleistung in m/s:	4,5
Reichweite in km:	930
Gipfelhöhe in m:	4500
Triebwerk:	2 x Isotow TW-2-117A
Leistung in kW:	2 x 1104
Bewaffnung:	
4 x Behälter mit je 16 ungelenkten Raketen S-5	

Die Salonvariante Mi-8PS flog bei der Flugbereitschaft BMVg in der attraktiven weiß-blauen Bemalung. Die »93+51« steht heute im Luftwaffenmuseum in Gatow.

Die Mi-8TB »93+64« mit der leuchtorangen Markierung für SAR-Einsätze. Sie wurde im Dezember 1994 außer Dienst gestellt und anschließend verschrottet.

Vom Kampfhubschrauber Mi-8TB (Hip-E) beschaffte die NVA 39 Einheiten. Die Mi-8TB flog erstmals 1975 und verfügte über eine vielfältige Bewaffnung an sechs Außenstationen. Im Bug befand sich ein 12,7-mm-MG. Die NVA übernahm die erste Maschine dieser Version im Februar 1977. Einsatzverbände waren das KHG-3, das KHG-5 und das MFG-18. Als Passagierhubschrauber für das Regierungsgeschwader wurden ab 1969 von der so genannten Salonvariante Mi-8S elf Maschinen und von der Mi-8PS 13 Einheiten beschafft. Sie flogen beim TFG-44 und beim HAG-35. Die Mi-8S bot bis zu elf Passagieren Platz und war an ihren rechteckigen Seitenfenster zu erkennen. Nach dem Erreichen einer bestimmten Flugstundenzahl wurden diese Hubschrauber an die Einsatzverbände abgegeben. Die fliegende Kommandozentrale Mi-9 (Hip-G) ist äußerlich an zusätzlichen Antennen im Heckbereich erkennbar. Acht Mi-9 gehörten seit 1984 zum Bestand der NVA und waren den KHG-3 und KHG-5 zugeteilt. Am Tag der Wiedervereinigung waren noch 39 Mi-8T, elf Mi-8S und 13 Mi-8PS, 36 Mi-8TB sowie die acht Mi-9 einsatzklar. Diese wurden von allen drei Teilstreitkräften der Bundeswehr eingesetzt. Für die bei der Luftwaffe eingesetzten Maschinen wurden die Kennungen 93+01 bis 93+12, 93+14 bis 93+20, 93+30 bis 93+36, 93+39, 93+40, 93+43 bis 93+46, 93+50 bis 93+55 und 94+16 bis 94+24 vergeben. Bei der 93+36, 93+40, 93+43 bis 93+46 und 93+50 bis 93+55 handelt es sich um Mi-8PS, bei der 93+39, 94+16 und 94+17 um Mi-8S. Alle anderen waren Mi-8T.

Nach der Wiedervereinigung gingen die Mi-2 und Mi-8 des HAG-35 »Lambert Hörn« in den Bestand des THG 34 »Werner Seelenbinder« über. Das THG-34 wurde von der Luftwaffe übernommen, das wiederum ein Jahr später in der Lufttransportgruppe (LTGrp) Brandenburg-Briest des LTG 65 in Neuhardenberg aufging. Am 1. Januar 1993 wurde die LTGrp Brandenburg dem LTG 62 in Wunstorf angegliedert. Die LTGrp stellte mit ihren Hubschraubern ein flächendeckendes Luftrettungssystem im Osten der Bundesrepublik sicher. Die Hubschrauber waren auf acht Rettungszentren in Brandenburg, Bad Saarow, Magdeburg, Senftenberg, Pirna/Dresden, Zwickau, Schwerin und Greifswald sowie auf vier SAR-Kommandos in Brandenburg, Laage, Holzdorf und Erfurt verteilt. Die Besatzungen führten bis zur Auflösung der Gruppe über 5000 Rettungseinsätze und Krankentransporte durch.

Zur Außerdienststellung der Mi-8T der LTGrp wurde die 93+03 mit einer Sonderbemalung als »Rote Adler« in den Farben Brandenburgs versehen. Zum Schluss verfügte die LTGrp noch über zwölf einsatzfähige Mi-8 der Versionen Mi-8T (Transport) und Mi-8S (Salonvariante). Nach der Außerdienststellung des LTG 65 am 30. Juni 1993 wurden die Mi-8PS und Mi-8S an die neu aufgestellte 3. Staffel der Flugbereitschaft BMVg abgegeben. Betrieben wurden diese Hubschrauber aber schon seit 1990 von der Flugbereitschaft BMVg. Die Dienstzeit endete hier im Oktober 1997.

Die Marineflieger übernahmen die 93+38, 93+41, 94+01 bis 94+12, 94+14 und 94+15. Die 93+38 und 93+41 waren Mi-8PS, die 94+01 und 94+15 Mi-8S, die 94+02 und 94+03 Mi-8T. Bei den restlichen handelte es sich um Mi-8TB. Die Mi-8 wurden der Marinefliegerhubschraubergruppe in Parow bis 1994 als Transport- und Rettungshubschrauber eingesetzt.

Mi-8T »93+10« des LTG 62 beim Start in Wunstorf 1994.

Die Mi-8 der Heeresflieger erhielten die Kennungen 93+37, 93+42, 93+60 bis 93+76, 93+80 bis 93+98. Aufgeteilt auf die verschiedenen Versionen waren die 93+37, 93+42 und 93+60 Mi-8PS und die 93+91 bis 93+98 Mi-9. Bei den übrigen handelte es sich um Mi-8TB.

Ausgerüstet wurden bei den Heeresflieger die HFlgStff 80, die aus dem KHG-5 »Adolf von Lützow« und der HSFA-5 der NVA entstand, die HFlgStff 70 und die HFlgStff Ost in Cottbus und Basepohl. Die den Staffeln zugeteilten Mi-8TB wurden zur unbewaffneten Transportvariante Mi-8T umgerüstet. Danach wurde die Mi-8T nur noch für Personaltransporte im Auftrag des Wehrbereichskommando VIII in Neubrandenburg eingesetzt. Die Mi-8T schloss eine Transportlücke zwischen den Hubschraubern Bell UH-1D und Sikorsky CH-53G. Seit der Wiedervereinigung brachte es die Staffel auf über 12.100 Flugstunden und transportierte dabei über 11.500 Passagiere.

Auch bei den Heeresfliegern wurden die Mi-8 im Jahr 1994 außer Dienst gestellt. Zum »Fly Out« aus Anlass der Auflösung der HFlgStff 80 in Basepohl am 14. September 1994 erhielt die Mi-8T 93+71 einen Sonderanstrich. Der Flugbetrieb mit den letzten fünf flugfähigen Mi-8T wurde noch bis zum 31. Oktober 1994 aufrecht erhalten. Anschließend wurden die Hubschrauber zum Flugplatz Drewitz überführt, wo sie für die Abgabe an die Luftstreitkräfte Lettlands vorbereitet wurden.

Alle acht Mi-9A der NVA übernahm die Bundeswehr. Die »93+93« wurde 1994 außer Dienst gestellt.

Mil Mi-14PL / Mi-14BT

NATO-Codename »Haze«
Einsatz: 1990 – 1991
Stückzahl: 8 (Mi-14PL)
6 (Mi-14BT)
Hersteller: Staatliches Flugzeugwerk Nr. 387

Die Mi-14 ist die Marineversion der Mi-8 mit einem wasserdichten Bootsrumpf und Stützschwimmer. An den Seiten befanden sich aufblasbaren Gummi-Schwimmkörper, welche die Schwimmfähigkeit gewährleisten sollten. Außerdem erhielt sie ein neues voll einziehbares Vierrad-Fahrwerk. An der Bugunterseite ist ein Radargerät und im Heckausleger eine Sonarboje installiert. Als Antrieb kamen zwei Isotow TW 2-117A Triebwerke mit einer Leistung von je 1267 kW zum Einbau, die später bei den Serienmaschinen durch das leistungsstärkere TW 3-117M ersetzt wurden. Die Leistung dieses Triebwerks betrug 1900 WPS. Der Erstflug des Prototyps erfolgte 1973, die erste Serienmaschine hob 1976 ab und die Auslieferung an die sowjetische Marine begann 1977. Drei Versionen der Mi-14 sind bekannt: Der U-Boot-Jäger Mi-14PL (Haze-A), der Minenabwehrhubschrauber Mi-14BT (Haze-B)

Die Mil Mi-14PL »95+08« erprobte die Wehrtechnische Dienststelle 61 in Manching.

und der Seenot-Rettungs-Hubschrauber Mi-14PS (Haze-C). Die Mi-14PL verfügte über Zieldatenrechner, Magnetortungsgeräte und einen Empfänger für Funkbojensignale. Bewaffnet war sie mit Wasserbomben und Torpedos, die in einem Rumpfschacht untergebracht waren. Die Mi-14BT unterschied sich äußerlich durch zusätzliche Heckfenster, das fehlende Magnetortungsgerät und eine längliche Verkleidung an der rechten Rumpfseite über den zwei vorderen Fenstern. Dahinter befand sich die Belüftungs- und Beheizungsanlage für die Kabine.

Die NVA setzte die Mi-14 ab 1979 beim MHG-18 »Kurt Barthel« in Parow ein. Die ersten drei Mi-14PL trafen am 31. Oktober 1979 ein. Insgesamt erhielt das MHG-18 neun Mi-14PL. Ende 1985 folgten dann noch sechs Mi-14BT. Die Mi-14BT mit der Kennung »646« wurde 1990 für SAR-Einsätze umgerüstet. Bei der Übernahme durch die Bundeswehr waren noch 14 Hubschrauber vorhanden, eine Mi-14PL ging im Juli 1984 verloren. Die Bundeswehr teilte den Maschinen die Kennungen 95+01 bis 95+10 sowie 95+14 und 95+15 zu. Sie flogen bei der neu aufgestellten Marinefliegerhubschraubergruppe als Transport- und Seenotrettungshubschrauber; Heimatstandort blieb Parow.

Das US-Heer übernahm 1991 zwei Mi-14 mit den Kennungen 95+07 und 95+08. Die 95+07 erhielt jetzt die s/n 91-3790 und wurde durch die

Die Mi-14BT »95+11« gehörte zur neu aufgestellten Marinefliegerhubschraubergruppe in Parow, wo sie als Transport- und Seenotrettungshubschrauber flog.

OPTEC/OTSA eingesetzt, während die 95+08 zur Ersatzteilversorgung diente.
Am 20. Dezember 1991 stellte die Bundeswehr die Mi-14 außer Dienst. Die 95+09 bis 95+12 wurden an die Firma Aerotec verkauft und zu Feuerlöschhubschraubern umgebaut. Sie wurden in Sao Tome zugelassen. Die 95+01 erhielt das Luftwaffenmuseum Berlin-Gatow, die 95+02 das Luftfahrtmuseum Hermeskeil und die 95+09 das Technik Museum Speyer.

Technische Daten

Mil Mi-14BT

Verwendungszweck:	Minenabwehrhubschrauber
Besatzung:	4
Rotorkreisdurchmesser in m:	21,29
Länge in m:	18,37 (ohne Rotor)
Höhe in m:	6,94
Rotorkreisfläche in m^2:	355,92
Leermasse in kg:	8800
Startmasse in kg:	14.400
Höchstgeschwindigkeit in km/h:	230
Reisegeschwindigkeit in km/h:	165
Reichweite in km:	400
Gipfelhöhe in m:	4000
Triebwerk:	2 x Isotow TW-3-117M
Leistung in kW:	1636
Bewaffnung:	Spezialausrüstung zum Minenräumen

Eine Mi-14BT bei Wartungsarbeiten.

Mil Mi-24D / Mi-24P

NATO-Codename »Hind«
Einsatz: 1990 – 1992
Stückzahl: 42 (Mi-24D)
12 (Mi-24P)
Hersteller: Staatliches Flugzeugwerk Nr. 116
Staatliches Flugzeugwerk Nr. 168

Die Entwicklung der Mi-24 auf Basis der Mi-8 begann 1966. 1969 konnte ein Prototyp mit der Bezeichnung W-24 vorgestellt werden. Die Serienfertigung wurde vermutlich 1972 aufgenommen. 1973/1974 stellten die Russen die ersten Mi-24 in Dienst. Die Entwicklung der Mi-24D begann 1974. Sie verfügte über je eine separate Kanzel für Pilot und Waffensystemoffizier. Die Avionik der Mi-24D bestand aus einem Peilempfänger ARK-15 für Lang- und Mittelwellenbereich und einem ARK-ZU für den UKW-Bereich, einer Doppler-Navigationsanlage und einer IFF-Anlage für die Freund-Feinderkennung. Für die Selbstverteidigung standen Düppelwerfer zur Verfügung. Im Frachtraum fanden acht Soldaten oder bis zu 1500 kg Fracht Platz. Die Mi-24P wurde zusätzlich mit einer Zwillingskanone GSch-30-II mit bis zu 250 Schuss ausgerüstet. Außerdem konnte sie vier Panzerabwehrraketen Schturm 9M114, vier Raketenwerfer für 32 ungelenkte S-5-Raketen oder 20 S-8-Raketen mitführen.

Die NVA stellte 42 Mi-24D ab August 1978 und ab Dezember 1989 zwölf Mi-24P in Dienst. Die Mi-24D flogen beim KHG-3 und KHG-5, die Mi-24P nur beim KHG-5. Zwischen 1980 und 1984 gingen drei Mi-24D durch Absturz verloren, so dass bei der Auflösung der NVA am 30. September 1990 noch 39 Mi-24D und die zwölf Mi-24P einsatzklar waren. Die Mi-24D erhielten die Kennungen 96+01 bis 96+39 und die Mi-24P die Kennungen 96+40 bis 96+51. Sie wurden der in Basepohl stationierten Heeresfliegerstaffel 80 zugeteilt. Zur Erhaltung der Betriebsbereitschaft wurden die Mi-24 monatlich rund eine Stunde geflogen. Ihre Einsatzdauer bei der Bundeswehr war nur kurz; im Juli 1992 wurden sie außer Dienst gestellt. Ein großer Teil der ausgemusterten Mi-24 ging an die ungarischen Streitkräfte. Dabei handelte es sich um 14 Mi-14D und sechs Mi-24P. Polen übernahm 17 Mi-24D.

Die WTD 61 in Manching erprobte ab Februar 1991 zwei Mi-24D und zwei Mi-24P. Es handelte sich dabei um die 96+22, 96+39, 96+40 und 96+47, denen nach der Übernahme durch die WTD 61 die Erprobugskennzeichen 98+31, 98+32, 98+33 und 98+34 zugeteilt wurden. Der US Army wurden die Mi-24D mit der Kennung 96+30 und die Mi-24P mit der Kennung 96+51 übergeben. Sie erhielten die amerikanischen Serien-Nummern 88-0616 und 92-2270.

Am 22. Juli 1992 war der letzten Bundeswehrflug einer Mi-24P geplant. Zu diesem Anlass versahen die Techniker der HFlgStff 80 in Basepohl die »96+45« mit einem Sonderanstrich in den Landesfarben Mecklenburg-Vorpommerns. Leider kam es nicht mehr zu diesem Flug, da der Außerdienststellungsbefehl für diesen Hubschraubertyp dem Ereignis zuvor kam. So war der 3. Juli

Bei der Mi-24D »96+04« fehlten zum Zeitpunkt der Aufnahme noch die Eisernen Kreuze. Diese wurden später angebracht.

Die Wehrtechnische Dienststelle in Manching unterzog die Mi-24P »96+47« einer umfangreichen Erprobung.

1992 der Tag, an dem die letzten deutschen Mil Mi-24 flogen. Sie begaben sich u.a. als Formation zu fünf Mi-24P (96+41, +43, +45, +48 und +50) in die Luft. Bis zur ihrer weiteren Verwendung wurden die 51 Mi-24 der Versionen Mi-24D und P bei der HFlgStff 80 in Basepohl und bei der HFlgStff 70 in Cottbus eingelagert. Die 96+43 kann im Luftwaffenmuseum Berlin-Gatow, die 96+49 im Hubschraubermuseum Bückeburg und die 96+50 in der Luftfahrtausstellung Hermeskeil besichtigt werden. Die drei in Manching erprobten Mi-24 erhielt das Flugplatzmuseum in Cottbus (98+32), die Wehrtechnische Sammlung in Koblenz (98+33) und das Technik Museum in Speyer (98+34). Am Kasernentor des LTG 62 in Holzdorf steht die 98+31 mit ihrer ehemaligen NVA-Kennung »408«. Weitere vier Maschinen gingen an Museen im Ausland.

Technische Daten

Mil Mi-24D

Verwendungszweck:	Kampfhubschrauber
Besatzung:	2 bis 3
Rotorkreisdurchmesser in m:	17,30
Länge in m:	17,51 (ohne Rotor)
Höhe in m:	6,94
Rotorkreisfläche in m^2:	335,00
Leermasse in kg:	8260
Startmasse in kg:	11.500
Höchstgeschwindigkeit in km/h:	330
Reisegeschwindigkeit in km/h:	260
Reichweite in km:	250
Gipfelhöhe in m:	4500
Triebwerk:	2 x Isotow TW-3-117A III.Serie
Leistung in kW:	1636

Bewaffnung:
1 x Vierlings-MG JakB 12,7 mm im Bug, 4 x PALR 9M17P, 4 x UB-32 für 32 ungelenkte Luft-Boden-Raketen S-5 (57 mm), bis 1500 kg Bomben

Eurocopter AS 532U2 Cougar

Einsatz: 1997 – heute
Stückzahl: 3
Hersteller: Eurocopter

Der SA 330 Puma wurde als mittlerer Transporthubschrauber für die französischen Streitkräfte entwickelt. Der Erstflug erfolgte am 15. April 1965. 1967 wählte auch die *Royal Air Force* den Puma aus, was zu einer Gemeinschaftsproduktion von Eurocopter mit Westland führte. Als Musterflugzeug wurde von Aerospatiale die XW 241 an Westland übergeben. Der erste britische Puma HC.MK.1 flog im Dezember 1970. Das Muster SA 330 Puma wurde in vielen Ausführungen gebaut. Über 700 Exemplare standen bzw. stehen bei mehr als 25 Luftwaffen im Einsatz. Die Weiterentwicklung AS 332 flog erstmals am 13. September 1978. Sie unterscheidet sich von der SA 330 äußerlich durch ein Bugradom und eine Kielflosse am Heck, die Avionik wurde durch ein integriertes Navigationssystem mit Wetterradar erweitert. Neue Werkstoffe flossen in den Bau ein; so entstanden die Rotoren aus beschusssicheren Glasfaserverbundstoffen. Bei der AS 332L wurde der Rumpf um 76 cm verlängert. Sie startete am 10. Oktober 1980 zum Erstflug.

Im Januar 1990 wurden die militärischen Varianten in AS 532 Cougar umbenannt. Ihren Erstflug absolvierte die AS 532 Cougar am 7. Juni 1990. Neueste Modelle sind die AS 532UL und AS 532UC Cougar als Kampfzonentransporter, die mit 20-mm-Kanonen und Raketen ausgerüstet werden können. Für Seestreitkräfte werden die AS 532MC für SAR-Einsätze und die AS 532SC für die U-Jagd angeboten.

Zwei Wellenturbinen Turboméca Makila 1A2 mit je 1573 kW Startleistung treiben den Vierblatthaupt- und den Heckrotor an. Wie bei der AS 332 bestehen die Rotoren aus Glasfaserverbundstoffen, die nach entsprechenden Beschussschäden noch 40 Stunden betriebsfähig bleiben können.

Bei der 3. Lufttransportstaffel der Flugbereitschaft in Berlin-Tegel stehen drei AS 532U2 Cougar im Einsatz. Sie wurden 1997 übernommen. Die VIP-Version wird von einer dreiköpfigen Besatzung geflogen und verfügt über zwölf Sitzplätze. In erster Linie sind die drei Hubschrauber als Politikertaxis unterwegs, stehen aber auch für Truppen- und Verwundetentransporte zur Verfügung. Sie tragen die Kennungen 82+01 bis 82+03.

1997 übernahm die 3. Lufttransportstaffel der Flugbereitschaft in Berlin-Tegel drei AS 532U2 Cougar.

Technische Daten	
Eurocopter AS 532U2 Cougar	
Verwendungszweck:	Transporthubschrauber
Besatzung:	2 + 12 Passagiere
Rotorkreisdurchmesser in m:	16,20
Rotorkreisfläche in m^2:	191,13
Länge in m:	19,5
Höhe in m:	4,50
Leermasse in kg:	5256
Startmasse in kg:	10.400
Nutzmasse in kg:	4850
Höchstgeschwindigkeit in km/h:	324
Reisegeschwindigkeit in km/h:	275
Steigleistung in m/s:	8,7
Reichweite in km:	871
Gipfelhöhe in m:	5900
Triebwerk:	2 x Wellenturbine Turboméca Makila 1 A2
Leistung in kW:	2 x 1400

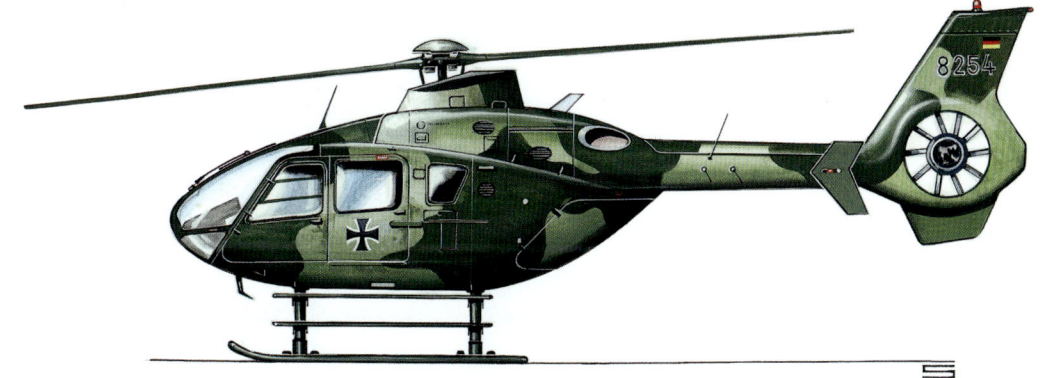

Eurocopter EC 135 SHS

Einsatz: 2000 – heute
Stückzahl: 15
Hersteller: Eurocopter

Als die Alouette II nicht mehr den Anforderungen einer modernen Hubschrauberpilotenausbildung entsprach, hielten die Heeresflieger Ausschau nach Ersatz. Ihre Wahl fiel auf die EC 135 von Eurocopter. Die EC 135 baut auf der MBB Bo 108 auf, die Mitte der 80er Jahre als reiner Erprobungshubschrauber aus der Bo 105 entwickelt wurde. Mit diesem Hubschrauber wurden neue Systeme, Technologien und Bauteile getestet. MBB baute zwei Prototypen der Bo108, die zwei Allison-Turbinen 250-C20R3 mit einer Leistung von je 336 kW in die Luft hoben. Die erste Maschine startete am 15. Oktober 1988 zum Jungfernflug. Die Erprobung verlief sehr erfolgreich, so dass sich Eurocopter dafür entschied, die Bo 108 unter der Bezeichnung EC 135 zur Serienreife weiter zu entwickeln. (Das Unternehmen Eurocopter entstand durch den Zusammenschluss der beiden Hubschrauberbereiche von Aerospatiale und MBB).

Der Rumpf der EC 135 besteht größtenteils aus Kohlefaser-Kunststoff, was erheblich zur Gewichtsreduzierung beiträgt. Der Hubschrauber bietet zwei Piloten und sechs Passagieren Platz. Für die EC 135 SHS der Heeresflieger wurde die Frontverglasung aus verschleißarmen Materialien gefertigt und die Landkufen um 35 cm erhöht, um eine größere Bodenfreiheit im Gelände zu erreichen. Das digitale Glas-Cockpit ist mit modernsten Instrumenten ausgerüstet. Alle wichtigen Flugüberwachungsanzeigen wie Kompassanzeige, Horizont und Höhenmesser werden auf Farbmonitoren angezeigt, ebenso die Triebwerksüberwachungsdaten. Die EC 135 ist für den Betrieb unter Instrumentenbedingungen SPIFR *(Single Pilot Instrument Flight Rules)* mit einem Piloten zugelassen. Das für die Hubschrauber der Bundeswehr ausgewählte digitale Cockpitsystem *(Avionique nouvelle)* entspricht in vielen Bereichen jenem des Eurocopter Tiger und des NHI NH90, die beide bei der Bundeswehr eingeführt werden. Dazu gehören ein digitaler Autopilot, ein *Cockpit-Voice-Flight-Data-Recorder,* BiV-kompatible Innen- und Außenbeleuchtung, GPS, ein taktisches Funkgerät und ein Navigations-Management-System. Die Kabine bietet bis zu sechs Passagieren Platz. Bei Rettungseinsätzen können neben den beiden Piloten noch zwei Rettungssanitäter und zwei Verletzte auf Tragen befördert werden. Zwei Triebwerke standen zur Auswahl, das Pratt & Whitney PW206B mit 546 kW (732 WPS) und das Turboméca Arrius 2B1 mit 560 kW (750 WPS). Die Heeresflieger haben sich für das Turboméca entschieden, allerdings mit auf 519 kW reduzierter Leistung. Bei den EC 135 SHS sind an den Ansaugöffnungen der Triebwerke Sandfilter angebaut. Rotormast und Rotornabe sind aus einem Stück geschmiedet. Der Hauptrotorkopf ist nicht mehr mit Blattlager ausgerüstet. Die Verstellung der Rotorblätter wird durch eine elastische Verformung der Kunststoff-Blattwurzeln erreicht. Der ummantelte Zehn-Blatt-Heckrotor ist eine Entwicklung von Aerospatiale, die unter der Bezeichnung »Fenestron« bekannt wurde. Für den Einsatz unter schlechten Witterungsbedingungen wurde zusammen mit DSS (Dornier-Satelliten-Systeme) ein lasergestütztes Hinderniswarnsystem entwickelt. Weitere mögliche Zusatzausrüstung sind Wärmebildkameras, Suchscheinwerfer und Rettungswinden.

Am 15. Februar 1994 konnte der mit zwei Turboméca-Triebwerken TM319-1B1 ausgerüstete Prototyp in Ottobrunn seinen Erstflug absolvieren. Der zweite Prototyp erhielt Pratt & Whitney-Triebwerke und flog erstmals am 16. April 1994.

Die im Rahmen des neuen Heeresfliegerschulungskonzept bestellten 15 Eurocopter EC 135 SHS (Schulungshubschrauber) sollten ab dem 1. Juli 1998 ausgeliefert werden. Die ersten trafen aber erst im September 2000 bei der HFWS in Bückeburg ein. Die 82+54 wurde am 13. September 2000 als erste EC 135 SHS übernommen. Die Maschinen tragen die Kennzeichen 82+51 bis 82+65. Zunächst wurden die Fluglehrer umgeschult und im August 2001 mit der Grundausbildung der zukünftigen Hubschrauberpiloten begonnen. Zum Ausbildungsprogramm gehören auch neu beschaffte Flugsimulatoren. Die fliegerische Grundausbildung beinhaltet das Fliegen unter Instrumentenflugbedingungen (IFR), den Gebrauch von Nachtsichtbrillen sowie digitaler Cockpitsysteme. Die angehenden Piloten verbringen 140 Stunden im Simulator und 60 Stunden auf der EC 135 SHS.

Technische Daten	
Eurocopter EC 135 SHS	
Verwendungszweck:	Schulungshubschrauber
Besatzung:	2 + 6 Passagiere
Rotorkreisdurchmesser in m:	10,20
Länge in m:	12,16
Höhe in m:	3,86
Leermasse in kg:	1370
Startmasse in kg:	2500
Nutzmasse in kg:	1296
Höchstgeschwindigkeit in km/h:	278
Reisegeschwindigkeit in km/h:	257
Steigleistung in m/s:	11,7
Reichweite in km:	705
Gipfelhöhe in m:	6000
Triebwerk:	2 x Gasturbine Turboméca Arrius 2B
Leistung in kW:	2 x 519

Der EC 135 SHS ersetzt die Alouette II bei der Ausbildung der Hubschrauberpiloten.

Eurocopter Tiger

Einsatz: 2005 – heute
Stückzahl: 212
Hersteller: Eurocopter

Am 16. Oktober 1979 unterzeichneten der französische und der deutsche Verteidigungsminister ein »Memorandum of Understanding« über die gemeinsame Entwicklung eines Kampf- und Panzerabwehrhubschraubers. Der Entwicklungsauftrag ging an Aérospatiale und MBB. Dabei gingen die Vertragspartner von einem Bedarf von insgesamt rund 600 Maschinen aus. Im Frühjahr 1981 wurde die 18-monatige Definitionsphase beendet. Paralell dazu entwickelten VFW-Fokker und Westland unter der Bezeichnung P.277 ebenfalls einen Panzerabwehrhubschrauber. Dieser kam aber über die 1:1-Rumpfattrappe nicht hinaus. Die Ergebnisse flossen jedoch später in die Entwicklung bei MBB mit ein. Bei erneuten Gesprächen auf Regierungsebene am 25. November 1983 wurde der Bedarf auf jeweils 200 Kampfhubschrauber reduziert. Hauptauftragsnehmer wurde MBB, Unterauftragsnehmer Aérospatiale. Mit der Entwicklung des Triebwerks wurde MTU-Turboméca beauftragt. Später stieß Rolls-Royce hinzu. In einer weiteren gemeinsamen Vereinbarung vom 29. Mai 1984 wurde beschlossen, drei Versionen zu entwickeln. Für das französische Heer waren dies der Kampf- und Unterstützungshubschrauber *Hélicoptère d'Appui Protection (HAP)* und der *Hélicoptère Anti-char 3me Generation (HAG 3G)*. Bei den deutschen Heeresfliegern wird der Tiger die Nachfolge der MBB Bo 105P (PAH-1/Panzerabwehrhubschrauber) antreten.

Am 18. September 1985 wurde die Eurocopter GmbH mit Sitz in Ottobrunn gegründet, die im Bereich Hubschrauberbau die Nachfolge von Aérospatiale und MBB antrat. Nach weiteren Gesprächen einigten sich die Vertragspartner auf einen gemeinsamen Panzerabwehrhubschrauber PAH-2/HAC 3G und einen daraus abzuleitenden Unterstützungs- und Begleitschutzhubschrauber (BSH-2/HAP), der auf die gleiche Zellenstruktur aufbaut. Hierfür wurde die vorläufige Bezeichnung CATH *(Common Anti-Tank Helicopter)* gewählt. Der Rumpf wird zu 75 Prozent aus Verbundwerkstoffen gefertigt. Um die Zelle gegen elektromagnetische Strahlen abzuschirmen, wurden große Teile davon mit einem Kupfer-Bronze-Gitter versehen. Als Antrieb kommen zwei Gasturbinen MTU/Rolls-Royce/Turboméca MTR 390 mit je 1285 WPS (958 kW) zum Einbau. Auf dem Rotorkopf sitzt ein OSIRIS-Mastvisier mit IRCCD-Wärmebildkamera, TV-Kamera, Infrarotsensor und Laser-Entfernungsmesser. Im Bug befindet sich drehbares FLIR (Nachtsichtgerät). Alle Ausführungen sind mit GPS, Radarwarner, EloKa-System und Doppler-Navigationssystem ausgerüstet und voll nachtflugtauglich. Am 8. Dezember 1987 konnte die Vorentwicklungsphase abgeschlossen werden und am 28. September 1988 wurde der offizielle Entwicklungsvertrag zwischen dem BWB und Eurocopter unterzeichnet. Bei MBB erfolgt die Entwicklung des Hauptrotors, des Rumpfvorderteils einschließlich des Cockpits und des Rumpfhecks. Aérospatiale zeichnet für den Heckrotor, das mittlere Rumpfsegment mit zwei MTR 390 und die Kraftstoff-Anlage verantwortlich. Als Bewaffnung des UHT/HAG 3G sind acht HOT-2-Panzerabwehrlenkwaffen sowie zur Selbstverteidigung Stinger-Flugkörper vorgesehen. Für die Zukunft ist noch der Einsatz des Waffensystems Trigat von Euromissile Dynamics geplant. Der HAP wird eine 30-mm-Maschinenkanone GIAT 781 mit 450 Schuss, ungelenkten 68-mm-Raketen und Mistral-Luft-Luft-Lenkflugkörper mitführen. Die notwendigen Informationen für das Schützenvisier liefern drei Sensoren, ein IR-Kanal, ein TV-Kanal und ein direkter optischer Kanal.

Der Kampfhubschrauber erhielt Anfang 1990 den Namen »Tiger«. Zur Erprobung wurden fünf

Prototypen bestellt. Der erste Prototyp (PT1) konnte am 27. April 1991 zum Erstflug starten. Die Prototypen PT2 und PT3 wurden ebenfalls in der Grundausführung gebaut. Sie erhielten später eine der jeweiligen Aufgabe angepasste Avionik. Der Erstflug erfolgte am 22. April, bzw. am 19. November 1993. Prototyp PT4 entsprach dem HAP (Erstflug 15. Dezember 1994) und Prototyp PT5 dem UHT/HAC. Der PT 5 nahm die Erprobung am 21. Februar 1996 auf. Hauptstützpunkt für die Erprobung ist Istres in Südfrankreich, wo auch die WTD 61 eine ständige Außenstelle unterhält.

Deutschland meldete einen Bedarf von 212 Eurocopter Tiger an, von denen aber bis 2006 nur 80 fest bestellt waren. Frankreich plant die Beschaffung von 115 HAP und 100 HAC. Australien bestellte 22 und Spanien 24 Tiger.

Auf Grund geänderter Anforderungen der Heeresflieger, die den Hubschrauber jetzt nicht nur noch als Panzerabwehrhubschrauber einsetzen möchten, sondern auch für bewaffnete Begleit- und Aufklärungsflüge, erhielt er in Deutschland die neue Bezeichnung »UHT« (Unterstützungshubschrauber Tiger). Die Bewaffnung des UHT besteht aus HOT-2-Panzerabwehrwaffen, Luft-Luft-Raketen Stinger und ungelenkten 68-mm-Raketen. Das Selbstschutzsystem des UHT beinhaltet Täuschkörperwerfer, Radar-/Laserwarnempfänger und Flugkörperwarnempfänger.

Der erste Serienhubschrauber für die deutschen Heeresflieger wurde am 22. März 2002 in Donauwörth der Öffentlichkeit vorgestellt. Am 1. Juli 2003 wurde in Le Luc in Frankreich das »D/F HFlgAusbZ Tiger« in Dienst gestellt. Hier erfolgt die gemeinsame Ausbildung der französischen und deutschen Tiger-Besatzungen. Der Verband verfügt über 28 Hubschrauber und 16 Simulatoren. Erster deutscher Einsatzverband soll das Kampfhubschrauberregiment (KHR) 36 in Fritzlar werden; gefolgt vom KHR 26 in Roth. Als Kennungen für den Tiger wurden die Zahlenkombinationen ab 74+01 ansteigend festgelegt.

Technische Daten	
Eurocopter Tiger UHT	
Verwendungszweck:	Mehrzweck-Panzerabwehrhubschrauber
Besatzung:	2
Rotorkreisdurchmesser in m:	13,00
Rotorkreisfläche in m^2:	132,73
Länge (Rumpf) in m:	14,08
Länge über alles in m:	15,8
Höhe in m:	3,81
Höhe mit Mastvisier in m:	5,20
Leermasse in kg:	3300
Startmasse in kg:	5925
Nutzmasse in kg:	1650
Höchstgeschwindigkeit in km/h:	315
Reisegeschwindigkeit in km/h:	280
Steigleistung in m/s:	11,5
Reichweite in km:	800
Gipfelhöhe in m:	3960
Triebwerk:	2 x Gasturbine MTU/RR/Turboméca MTR 390
Leistung in kW:	2 x 958
Bewaffnung: 8 x Panzerabwehrlenkwaffen HOT/Trigat, 2 x 22 ungelenkte 68-mm-Raketen, 2 x starre 12,7 mm MG, Luft-Luft-Lenkwaffen Stinger	

Start des ersten Serien-Unterstützungshubschraubers UH-Tiger am 6. April 2005 in Donauwörth zum deutsch-französischen Heeresflieger-Ausbildungszentrums in Le Luc.

NHI NH90 TTH/NFH

Einsatz: 2007 (geplant)
Stückzahl: 264 (geplant)
Hersteller: NH Industries

Für die Entwicklung und den Bau eines Transporthubschrauber der 3. Generation (TH 3) bzw. eines neuen Mehrzweckhubschraubers beschlossen Aérospatiale, Agusta, MBB und Westland zusammenzuarbeiten. Im Juni 1975 unterzeichneten die vier Hubschrauber-Hersteller einen entsprechenden Vertrag. Der Hubschrauber sollte ein Startgewicht von 7500 kg haben und ab den 90er Jahren in Dienst gestellt werden. Im Juli 1981 forderte die NATO einen »NATO-Fregatten-Hubschrauber« (NFH). Dieser sollte als schiffsgestütztes Waffensystem zur U-Boot- und Schiffsbekämpfung eingesetzt werden. Er sollte so dimensioniert sein, dass er auf Fregatten eingesetzt werden kann. Die Auslegung des NFH erlaubt ASW-Einsätze (U-Boot-Bekämpfung), ASUW-Einsätze (Seezielbekämpfung), SAR-Einsätze sowie Transportflüge. Die für Heer und Luftwaffe vorgesehene Version wurde als »Taktischer Transporthubschrauber« (TTH) bezeichnet.

Um Kosten zu sparen, wurde im September 1983 beschlossen, einen Hubschrauber zu entwickeln, der sowohl des Anforderungen des Heeres, der Luftwaffe und der Marine der europäischen Länder gerecht wird. In der nun folgenden Definitionsphase wurde ein gemeinsamer Forderungskatalog erarbeitet. Die Partnerländer, in der Zwischenzeit war auch Fokker aus Holland hinzugestoßen, einigten sich auf einen Helikopter mit der Bezeichnung »NATO-Hubschrauber NH90« und ein maximales Startgewicht von 9000 kg. Erste Berechnungen ergaben 1985 einen Bedarf von 700 Maschinen, der 1988 auf 620 reduziert wurde. Im November 1986 konnte der erste Entwurf vorgestellt werden. Im April 1987 schied Westland aus der Arbeitsgruppe aus. Die endgültigen Planungsarbeiten begannen am 15. Juni 1987 und konnten bis September 1988 abgeschlossen werden. Dabei wurde auch die Aufteilung der Kosten und Produktionsanteile beschlossen. Sie verteilten sich zu je 35 Prozent auf Frankreich und Italien, 25 Prozent auf Deutschland und 5 Prozent auf Holland. 1988 wurden mehrere Varianten für das Heer und die Marine untersucht. Dazu gehörten auch Maschinen für ECM- und ELINT-Aufga-

Technische Daten	
NHI NH90 TTH	
Verwendungszweck:	taktischer Transporthubschrauber
Besatzung:	3 + 20 Passagiere
Rotorkreisdurchmesser in m:	16,30
Rotorkreisfläche in m^2:	208,7
Länge in m:	19,56
Länge über alles in m:	15,88
Höhe in m:	5,44
Leermasse in kg:	6400
Startmasse in kg:	10.600
Nutzmasse in kg:	2500
Höchstgeschwindigkeit in km/h:	305
Reisegeschwindigkeit in km/h:	260
Steigleistung in m/s:	11,0
Reichweite in km:	910
Gipfelhöhe in m:	6000
Triebwerk:	2 x Gasturbine Rolls Royce-Turboméca RTM322-01/9
Leistung in kW:	2 x 1788

ben, *Combat Search and Rescue (CSAR)* und SAR, wobei bis zu zwölf Verwundete auf Tragbahren und natürlich Sanitätspersonal transportiert werden können. Als Variante TTH sollte der Hubschrauber bis zu 20 ausgerüstete Soldaten oder Fahrzeuge der LL-Truppe befördern. Die zu transportierende Außenlast liegt bei 3000 kg. Ferner besteht die Möglichkeit, Verteidigungswaffen und Angriffswaffen wie Bomben, Lenkflugkörper, Minen und Torpedos mitzuführen. Den faltbaren Vierblatt-Hauptrotor sowie den Heckrotor treiben zwei Gasturbinen Rolls-Royce Turboméca RTM 332-01/9 oder zwei General-Electric-Turbinen T700-T6E mit je 1680 WPS (1253 kW) an. Der NH90 verfügt über GPS, Radarhöhenmesser sowie ein Kommunikations- und Identifikationssystem (CIS), außerdem eine *Fly-by-wire*-Flugsteuerung mit Autopilot, ein integriertes Diagnosesystem und eine Hilfsturbine (APLI) für die Bordenergieversorgung ohne Triebwerke. Für den TTH ist ein FLIR und ein Wetterradar vorgesehen und für den NFH ein Suchradar. Die für die deutsche Luftwaffe vorgesehenen Hubschrauber sollen mit einem CSAR-System ausgerüstet werden. Dazu gehören eine Selbstschutzausrüstung mit Luft-Luft-Flugkörpern vom Typ Stinger, Düppel, Infrarotfackeln und ein taktisch-operatives Kommunikationssystem, sowie die Möglichkeit zur Luftbetankung.

Der erste von fünf Prototypen (F-ZWTH; c/n PT1) des NH90 absolvierte am 18. Dezember 1995 seinen Erstflug. Es handelte sich hier um die Basisausführung mit minimaler Avionik. Im Juli 1998

Den NH90 sollen alle drei Teilstreitkräfte der Bundeswehr erhalten.

wurden erste Decklandeversuche mit dem PT1 durchgeführt. Im Juni 2001 wurde der Hubschrauber nach 400 Flügen mit insgesamt 365 Flugstunden stillgelegt und dient jetzt nur noch als Ausstellungsmodell. Der zweite Prototyp, die F-ZWTI; c/n PT2, flog erstmals am 19. März 1997. Mit ihm wurde ab dem 2. Juli 1997 das *Fly-by-Wire*-System getestet und am 15. Mai 1998 begannen Versuche mit einem digitalen *Fly-by-Wire*-System. Außerdem wurde das Flugverhalten mit Lenkflugkörpern, Torpedos und Zusatztanks erprobt. Der PT3 (F-ZWTJ) absolvierte seinen Erstflug am 27. November 1998. Es handelte sich um den ersten NH90 mit voller Avionik und mit Bildschirm-Cockpit. In seiner Auslegung entsprach er der TTH-Version. Im Frühjahr 2001 wurden mit ihm Enteisungsversuche durchgeführt und anschließend Heißwettertests. Am 31. Mai 1999 startete der vierte Prototyp in Ottobrunn mit dem deutschen Kennzeichen 98+90 (c/n PT4) zum Erstflug. Die Besatzung bestand aus Herbert Graser, Andrew Warner und Denis Hamel. PT4 entsprach dem TTH-Standard und ist mit einem umfassenden EloKA-System ausgerüstet. Mit dem PT4 erfolgte die Qualifikation der Heckrampe. Der fünfte Prototyp führt die italienische Kennung MMX-613. Der Erstflug erfolgte am 22. Dezember 1999. Er ist mit dem NFH-Missionssystem für die Marineversion ausgerüstet. Erste Decklandeversuche erfolgten im Mai 2001.

Bei Agusta und bei Eurocopter in Donauwörth (Deutschland) begann die Serienfertigung im Oktober 2002. Die ersten Serienmaschinen fliegen seit Sommer 2004. Am 31. März 2006 erfolgte die technische Qualifikation des NH90 TTH für die Heeresflieger. Deutschland meldete einen Bedarf

von 120 TTH für die Heeresflieger, 114 TTH für die Luftwaffe und 50 MH 90 für die Marine an. Bei den Heeresfliegern und der Luftwaffe sollen die UH-1D, bei der Marine die Sea King Mk.41 und Sea Lynx Mk.88A ersetzt werden. Erster Verband wird die Heeresfliegerwaffenschule (HFWS) in Bückeburg sein, die den NH90 erhält. Anschließend werden die Transporthubschrauberregimenter (THR) 10 in Fassberg und 30 in Niederstetten ihre UH-1D durch NH90 ersetzen. Das bei der Luftwaffe neuaufzustellende Hubschraubergeschwader wird mit seinen NH90 in Schönwalde stationiert werden.

Ein NH90 während eines Testfluges.

Die »98+93« bei der HFWS in Bückeburg.

Flugzeuge für Sonderaufgaben

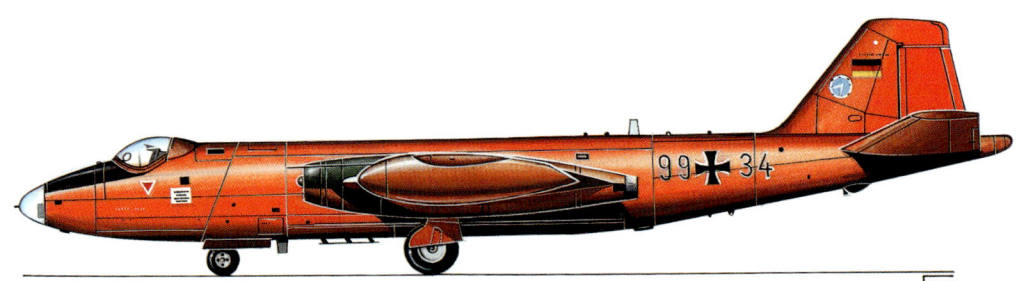

English Electric Canberra B.Mk.2

Einsatz: 1966 – 1993
Stückzahl: 3
Hersteller: English Electric
(British Aircraft Corporation)

Die Bundeswehr erwarb im Sommer 1964 drei Canberra B.Mk.2. Vor der Übernahme überholte die britische Firma Marshall die Flugzeuge und passte sie den deutschen Wünschen an. Im Oktober 1966 gelangten die Maschinen zur Auslieferung an die ESt 61 in Manching, die sie als Erprobungsträger für funk- und radargestützte Navigationssysteme einsetzte. Weitere Erprobungen wurden für die Entwicklung von Aufklärungs- und Waffenleitsysteme mit der Canberra geflogen. Die Canberras erhielten zunächst die Kennungen YA+151, YA+152 und YA+153. Zu diesem Zeitpunkt waren die Maschinen mit einem silbernen Anstrich versehen. Nach der Umstellung auf das neue Kennzeichnungssystem 1968 wurde den Flugzeugen die Kennungen 00+01, 00+02 und 00+03 zugeteilt. Die 00+01 ging 1970 an die DFVLR und erhielt dort die Zulassung D-9569. Für Flüge in großen Höhen, wie sie bei der DFVLR durchgeführt wurden, wurde die Maschine bei RFB in Mönchengladbach modifiziert. Die DFVLR setzte die Maschine bis zu ihrer Ausmusterung im Jahr 1983 ein. Die beiden anderen Canberras gingen 1970 an das MilGeoAmt und flogen jetzt mit den Kennung D-9566 und D-9567. Eine erneute Umregistrierung erfolgte Anfang 1977. Die neuen Kennzeichen lauteten 99+34, 99+35 und 99+36. Angeblich sollen zwei Flugzeuge für Überwachungsflüge entlang des »Eisernen Vor-

Technische Daten	
English Electric Canberra B.Mk.2	
Verwendungszweck:	Flugvermessung, Aufklärung, Erprobung
Besatzung:	2 + 2
Spannweite in m:	19,50
Länge in m:	19,95
Höhe in m:	4,72
Flügelfläche in m²:	89,19
Leermasse in kg:	12.678
Startmasse in kg:	24.925
Höchstgeschwindigkeit in km/h:	871
Steigleistung in m/s:	17,26
Aktionsradius in km:	1297
Gipfelhöhe in m:	14.630
Triebwerk:	2 x Rolls Royce Avon 109
Leistung in kN:	33,37

hangs« eingesetzt worden sein. Da die 99+34 und 99+35 später vom Militärgeographische Amt in Köln/Wahn für die Erstellung von Luftbildern für kartographische Zwecke eingesetzt wurden und somit über die technische Ausrüstung für Luftaufnahmen verfügten, liegt die Vermutung nahe, dass an den Gerüchten etwas Wahres ist. Zu Beginn der 90er Jahre kehrten die beiden Maschinen zur WTD 61 nach Manching zurück, wo sie wieder als Erprobungsflugzeuge verwendet wurden. 1991 musste die 99+34 nach einem Triebwerksbrand in Manching notlanden. Der Brand beschädigte die Tragfläche erheblich, so dass sie durch eine neue ersetzt werden musste.

Die neuen Tragflächen verliehen dem Flugzeug ein unverwechselbares Aussehen, da diese von einer als Zielschlepper eingesetzten Canberra stammten und ihre Unterseiten schwarz-gelb gestreift waren. Den letzten Flug einer deutschen Canberra absolvierte die 99+34 am 27. Oktober 1993 im Manching.

Die Canberra B.Mk.2 »99+34« landete am 19. September 1987 in Landsberg beim LTG 61. Am Bug führte sie das Wappen des Militärgeographischen Amtes.

Die »YA+153« noch mit der alten Zulassung der ESt 61 in Manching.

Rockwell (North American) OV-10B Bronco

Einsatz: 1971 – 1994
Stückzahl: 18
Hersteller: Rockwell (North American)

Als Ersatz für den leichten bewaffneten Aufklärer North American T-28 Trojan suchte das *US Marine Corps (USMC)* Anfang der 60er Jahre ein Nachfolgemodell. Die Ausschreibung für ein LARA *(Light Armed Reconnaissance Aircraft)* entschied North American Rockwell im August 1964 für sich. Die erste Bestellung lautete auf sieben YOV-10A Prototypen, von denen der erste mit der BuAerNo. 152879 am 16. Juli 1965 flog. Die Leistungen entsprachen jedoch nicht den Anforderungen und die Flugzeuge mussten mit leistungsstärkeren Triebwerken nachgerüstet werden. Die erste Serienmaschine flog am 6. August 1967. Von der OV-10A wurden 114 Flugzeuge für das USMC und 157 für die USAF gebaut. Ihre Feuertaufe erhielt die Bronco in Vietnam. Im April 1969 wurde die Produktion der OV-10 Bronco eingestellt. Exportversionen waren die OV-10C, OV-10E und OV-10F. Die USAF bestellte 157 OV-10A als FAC-Flugzeuge *(Forward Air Control,* VB-Artilleriebeobachtung), die in Vietnam zum Einsatz kamen. Auch in Sembach wurde eine Staffel OV-10A stationiert. Als letzte Ausführung wurde die OV-10D speziell für Nachteinsätze entwickelt. Die Fertigung endete 1969. Insgesamt verließen 271 Broncos die Fertigungshallen bei North American. Die Bundeswehr setzte in den 60er Jahren die Hawker Sea Fury als Zielschlepper ein. Als Ersatz für diesen Typ beschaffte sie 1969 die North American Rockwell OV-10B Bronco. Sie unterschied sich von der OV-10A durch ein verglastes abschwenkbares Rumpfheck, aus dem der dort sitzende Beobachter das Schleppziel bedienen konnte. Zunächst wurden sechs OV-10B bestellt; später kamen noch weitere zwölf Maschinen hinzu. Die Flugzeuge wurden zwischen 1971 und 1972 ausgeliefert und erhielten die MBL-Kennungen (Materialprüfstelle der Bundeswehr für Luftfahrtgerät) D-9545 bis D-9562. Die Umregistrierung auf die neuen Kennzeichen 99+16 bis 99+33 erfolgte 1975. Im Zug der Neuregistrierung wurden dann auch das Hoheitsabzeichen mit dem Eisernen Kreuz angebracht. Den olivgrünen Grundanstrich ergänzten die orangerot gespritzten Bugnase, Motorverkleidung, Flügelenden und Seitenruder, so dass die Flugzeuge leichter zu erkennen waren. Mindestens eine Maschine, die D-9546, flog zeitweise in einem hellgrauen Anstrich. Betrieben wurden die Broncos zunächst vom Deutschen Luftfahrt Beratungsdienst, später von der Rhein-Flugzeugbau GmbH in Mönchengladbach. Geflogen wurden sie von zivilen Piloten. Stationiert waren sie auf dem Flugplatz Lübeck-Blankensee.

Zur Leistungssteigerung wurde bei der OV-10B ein General Electric J85-GE-4 Strahltriebwerk mit einer Leistung von 13,12 kN auf dem Mittelstück der Tragfläche erprobt. Die Geschwindigkeit konnte dadurch von 480 km/h auf 620 km/h gesteigert werden. Da die Leistungen überzeugten, wurden die Flugzeuge beim Rhein-Flugzeugbau umgerüstet. Die Bronco wurde anschließend mit OV-10B(Z) bezeichnet. Auf Grund des hohen Treibstoffverbrauchs wurden die Strahltriebwerke später aber wieder abgebaut. Die OV-10B Bronco stand bis 1994 im Einsatz und wurde dann von der Pilatus PC-9 ersetzt. Die Bundeswehr verlor

Flugzeuge für Sonderaufgaben

Vorrübergehend wurden die Broncos mit einem zusätzlichen Strahltriebwerk auf dem Rumpfrücken ausgestattet.

Technische Daten	
Rockwell OV-10B Bronco	
Verwendungszweck:	Zieldarstellungsflugzeug
Besatzung:	2
Spannweite in m:	12,19
Länge in m:	13,41
Höhe in m:	4,62
Flügelfläche in m^2:	27,03
Leermasse in kg:	3127
Startmasse in kg:	6552
Höchstgeschwindigkeit in km/h:	463
Steigleistung in m/s:	13,46
Aktionsradius in km:	167
Gipfelhöhe in m:	9145
Triebwerk:	2 x Propellerturbine Garett T76-416/417
Schub in kW:	2 x 533

insgesamt drei Broncos. Museumsmaschinen finden sich heute im Luftwaffenmuseum Gatow und im Internationalen Luftfahrtmuseum Villingen-Schwenningen. Eine weitere wurde nach Frankreich verkauft und fliegt dort in ihrer originalen Bemalung als gern gesehener Gast auf vielen Flugveranstaltungen. Mindestens zwei gingen nach England, wo sie wieder flugfähig gemacht wurden.

Für die Darstellung von Flugzielen setzte die Bundeswehr 18 OV-10B Bronco ein.

265

Erprobungs- und Experimental-Luftfahrzeuge

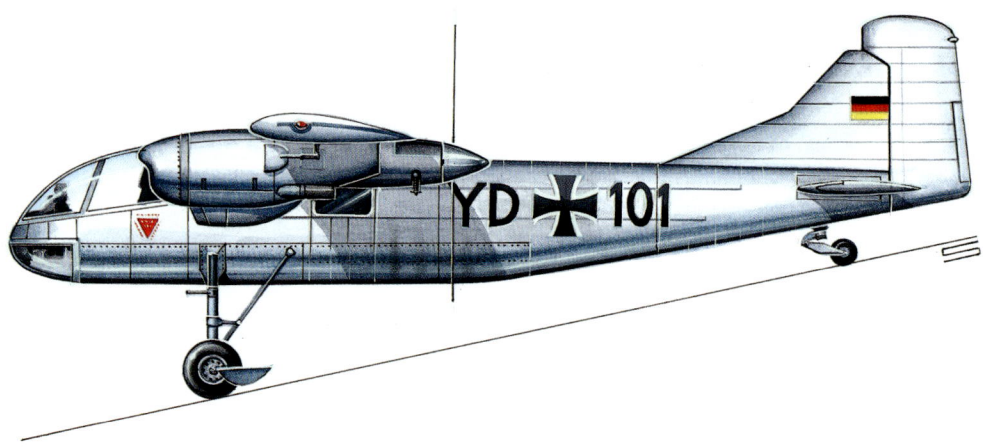

Dornier Do 29
Einsatz: 1958 – 1964
Stückzahl: 2
Hersteller: Dornier

Die Entwicklungsarbeiten im Auftrag des Bundesverteidigungsministeriums für die Do 29 begannen 1957. An der Entwicklung beteiligte sich die Deutsche Versuchsanstalt für Luftfahrt (DVL). 70 Prozent der Bauteile konnten von der Do 27 übernommen werden. Angetrieben wurde die Do 29 von zwei Lycoming GO-480-B1A6 mit je 201 kW. Die beiden Dreiblatt-Druckschrauben konnten um 90 Grad nach unten geschwenkt werden. Die Schwenkbewegung wurde bei Start und Landung durchgeführt, so dass die Start- und Landestrecke deutlich verkürzt werden konnte. Die Landeklappenstellung wurde automatisch verändert. Winkelgetriebe und eine Querwelle synchronisierten beide Triebwerkswellen miteinander. Beim Ausfall eines Triebwerkes trieb die Querwelle beide Luftschrauben weiter an. Dieses neuartige Propeller-Wellen-Schwenksystem kam in der Do 29 weltweit erstmals zum Einsatz. Außerdem erhielt die Do 29 gegenüber der Do 27

Flugerprobung der Dornier Do 29V1 in Oberpfaffenhofen.

eine vergrößerte Vollsichtkabine mit einem Martin Baker-Schleudersitz und ein um 30 Prozent größeres Leitwerk. Die Landegeschwindigkeit betrug 70 km/h, die Startstrecke über eine Höhe von 15 Meter 170 m, die Landestrecke 150 m. Die theoretisch mögliche Mindestgeschwindigkeit lag bei 30 km/h. Um diesen Wert tatsächlich zu erreichen, wäre aber eine komplette Überarbeitung der Steueranlage notwendig gewesen. Geplant war der Bau von drei Flugzeugen, es wurden jedoch nur zwei Maschinen fertiggestellt, denen die Kennungen »YD+101« und »YD+102« zugeteilt wurden. Der dritte Prototyp wurde nicht mehr fertiggestellt, da das Verteidigungsministerium Anfang der 60er Jahre das Interesse an dem Projekt verlor. Am 21. Dezember 1958 startete Heinrich Schäfer mit der Do 29V-1 in Oberpfaffenhofen zum Erstflug. Die Do 29V-2 unterschied sich von der V-1 durch die Luftschrauben. Die V-1 war mit Luftschrauben der Firma Ratier mit einem Durchmesser von 2,90 m, die V-2 mit Luftschrauben von Hartzell mit einem Durchmesser von 2,50 m ausgerüstet. Außerdem wurden die Propeller nicht mehr durch eine Querwelle miteinander verbunden. Die V-2 diente der Untersuchung des einseitigen Schubausfalls bei Start und Landung. Die Do 29 V-2 überschlug sich nach einem Erprobungsflug bei der Landung. Auf Grund der schweren Beschädigungen lohnte eine Reparatur nicht mehr und die Maschine wurde verschrottet. 1964 wurde die Erprobung eingestellt. Die Flugversuche waren bei der Erprobungsstelle 64 in Oberpfaffenhofen durchgeführt worden.
Die Do 29V-1 blieb erhalten und ist heute mit der Kennung »YA+101« im Luftwaffenmuseum in Berlin-Gatow ausgestellt.

Technische Daten	
Dornier Do 29	
Verwendungszweck:	Experimentalflugzeug
Besatzung:	1
Spannweite in m:	13,20
Länge in m:	9,50
Höhe in m:	2,70
Flügelfläche in m^2:	21,60
Leermasse in kg:	2180
Startmasse in kg:	2490
Höchstgeschwindigkeit in km/h:	330
Reisegeschwindigkeit in km/h:	285
Aktionsradius in km:	400
Gipfelhöhe in m:	6500
Triebwerk:	2 x Lycoming GO-480-B1A6
Leistung in kW:	2 x 201

Die Do 29 noch ohne Kennungen beim Probelauf der Triebwerke.

Merckle SM 67

Einsatz: 1959 – 1962
Stückzahl: 3
Hersteller: Merckle Flugzeugwerke GmbH

1957 erteilte das Bundesverteidigungsministerium den Süddeutschen Flugzeugwerken von Karl Erwin Merckle den Auftrag über die Entwicklung des ersten deutschen Hubschraubers mit Turbinenantrieb. Er sollte fünf Personen Platz bieten. Der Hubschrauber erhielt die Typenbezeichnung SM 67. (S = Süddeutsche Flugzeugwerke, M = Merckle, 67 = laufende Nummer). Karl Erwin Merckle entwickelte zusammen mit den Diplomanten Kurt Pfleiderer und Emil Weiland diesen Helikopter. Durch Probleme bei der Materialbeschaffung kam es aber zu zeitlichen Verzögerungen, die nicht aufgeholt werden konnten. Der Prototyp erhielt eine Gasturbine Turboméca Artouste II B mit 265 kW Startleistung und flog erstmals am 7. Juli 1959. Am Steuer saß der deutsche Flugpionier Dipl.-Ing. Flugkapitän Carl Bode, der schon in den 30er und 40er Jahren als Versuchspilot zahlreich Starr- und Drehflügler erprobt hatte und über einen kaum zu überbietenden Erfahrungsschatz verfügte*.

Die Flugerprobung verlief zunächst problemlos. Am 13. August 1959 kam es beim ersten Absetzen auf Betonboden zu starken Schwingungen, so dass der Hubschrauber zerstört wurde. Der erste Prototyp führte kein Kennzeichen. Mit dem zweiten Prototyp wurde ab September 1960 die Bodenerprobung aufgenommen. Der dritte Prototyp, die SM 67 V3 mit dem Kennzeichen D-9506, absolvierte mit Flugkapitän Krüger seinen Erstflug am 12. April 1961. Er wurde von einer leistungsstärkeren Turbine Tourboméca Artouste II C mit 300 kW Startleistung angetrieben. Die V3 stürzte am 14. April 1962 bei Oedheim ab. Da die Bundeswehr einen vier- bis fünfsitzigen Verbindungshubschrauber benötigte, bestellte das Bundesamt für Wehrtechnik und Beschaffung die bereits in der Serienfertigung stehende Alouette II. Dies bedeutete das Aus für die SM 67. Aus Teilen der V2 und V3 wurde eine SM 67 wieder aufgebaut. Sie befindet sich heute im Hubschraubermuseum Bückeburg.

* A.d.L.: Ausführlich dazu Steve Coates: *Deutsche Hubschrauber 1930-1945*. Motorbuch Verlag, Stuttgart 2004.

Technische Daten	
Merkle SM 67	
Verwendungszweck:	Versuchshubschrauber
Besatzung:	1 + 4 Passagiere
Rotorkreisdurchmesser in m:	10,50
Länge in m:	10,02
Höhe in m:	2,80
Rotorkreisfläche in m²:	86,59
Nutzmasse in kg:	665
Höchstgeschwindigkeit in km/h:	200
Reisegeschwindigkeit in km/h:	190
Steigleistung in m/s:	5,9
Reichweite in km:	196
Gipfelhöhe in m:	2500
Triebwerk:	1 x Gasturbine Turboméca Artouste IIB
Leistung in kW:	265

Die SM 67 bei der Flugerprobung.

Bölkow Bo 103

Einsatz: 1961 – 1962
Stückzahl: 1
Hersteller: Bölkow Entwicklungen GmbH

Die Bo 103 wurde aus dem Heli-Trainer Bo 102 entwickelt. Sie entstand auf Grund der Forderungen der Bundeswehr für einen einsitzigen Helikopter und sollte als Beobachtungshubschrauber und zur Befehlsübermittlung eingesetzt werden. Der Entwicklungsauftrag erging im August 1960. Für den Bau der Bo 103 wurde ein Großteil der Komponenten der Bo 102 verwendet. Der Erstflug erfolgte am 14. September 1961 in Neubiberg. Dabei flog Werner Kunz vom Deutschen Helikopterdienst eine volle Platzrunde. Dem Hubschrauber wurde die Kennung D-9505 zugeteilt. Die Flugversuche in Neubiberg dauerten bis Anfang Dezember 1961. Im April 1962 konnte eine Geschwindigkeiten von 90 km/h erreicht werden. Durch hartes Aufsetzen nach einer Autorotationslandung wurde der Hubschrauber beschädigt, konnte aber bis zur Luftfahrtschau in Hannover im Mai 1962 wieder instandgesetzt werden. Auf dieser Veranstaltung wurde die Bo 103 der Öffentlichkeit vorgestellt. Zu diesem Zeitpunkt führte sie das zivile Kennzeichen D-HECA. Außerdem wurden ihre Fähigkeiten anschließend bei der HFlgWaS in Bückeburg demonstriert. Nachdem die Heeresflieger ihr Interesse an dem Einmann-Hubschrauber verloren hatten, wurden die Arbeiten Mitte 1962 eingestellt, so dass außer dem Prototyp keine weitere Exemplare gebaut wurden. Die Bo 103 steht heute im Hubschraubermuseum Bückeburg.

Technische Daten	
Bölkow Bo 103	
Verwendungszweck:	Versuchshubschrauber
Besatzung:	1
Rotorkreisdurchmesser in m:	6,66
Höhe in m:	2,41
Leermasse in kg:	268
Startmasse in kg:	390
Nutzmasse in kg:	122
Höchstgeschwindigkeit in km/h:	100
Steigleistung in m/s:	5,7
Reichweite in km:	100
Triebwerk:	1 x Vierzylinder-Boxermotor Agusta GA 70 V
Leistung in kW:	60

Von der Bo 103 wurde nur ein Versuchsmuster gebaut.

Dornier Do 32E

Einsatz: 1962 – 1963
Stückzahl: 1
Hersteller: Dornier

Anfang der 60er Jahre suchte die Bundeswehr einen einsitzigen Kleinhubschrauber für Beobachtungs- und Verbindungsaufgaben. Daraufhin entwickelte die Firma Dornier den faltbaren Einmann-Hubschrauber Do 32E (E = Einmann) mit einem Reaktionsrotor. Verantwortlich für die Entwicklung zeichnete Dr. Theodor Laufer. Der Zweiblattrotor wurde durch verdichtete Luft angetrieben, die an den Blattspitzen austrat. Der Motor musste mit einer Handkurbel gestartet werden. Der Hubschrauber ließ sich zusammengeklappt auf einem Einachshänger transportieren. Insgesamt entstanden drei Prototypen. Die Do 32E absolvierte ihren Erstflug am 13. September 1962. 1963 fanden mehrere Vorführungen für die Bundeswehr statt, auf der Hardthöhe beim Verteidigungsministeriums und auf dem Heeresfliegerflugplatz Bückeburg. Die Auslieferung sollte ab Herbst 1964 beginnen. Da sich in der Zwischenzeit die Anforderungen der Bundeswehr geändert hatten – es wurden mehrsitzige Hubschrauber gefordert – wurde die Fertigung nicht aufgenommen. Dornier stellte 1964 auf der Luftfahrtschau Hannover das Modell der zweisitzigen Version Do 32Z (Z = Zweimann) vor. Die Do 32Z verfügte über eine voll verglaste Kabine mit zwei hintereinander liegenden Sitzen. Aber auch hier fand sich kein Abnehmer. Im Auftrag des Verteidigungsministeriums wurde ab 1964 noch einer der drei Do-32E-Prototypen zum unbemannten ferngesteuerten Hubschrauber Do 32U (U = unbemannt) umgebaut. Dieser wurde im Juni 1966 Angehörigen der Bundeswehr im Flug vorgeführt. Dabei gab der am Boden stehende Pilot die Steuerkommandos über ein Kabel an den Helikopter. Aber auch diese Entwicklung wurde nicht weiter verfolgt. Eine weiter Variante war die Fesselplattform Do 32K (K = kabelverbunden), die 1967 entwickelt wurde. Diese konnte von einer fahrbaren Bodenstation senkrecht an einem Kabel bis auf 200 m hochgelassen werden. Die damit gewonnen Erfahrungen schlugen sich in der Entwicklung der Do 34 Kiebitz nieder.

Technische Daten

Dornier Do 32E	
Verwendungszweck:	Versuchshubschrauber
Besatzung:	1
Rotorkreisdurchmesser in m:	7,50
Länge ohne Rotor in m:	3,20
Höhe in m:	1,89
Rotorkreisfläche in m^2:	44,0
Leermasse in kg:	147
Startmasse in kg:	320
Nutzmasse in kg:	173
Höchstgeschwindigkeit in km/h:	120
Reisegeschwindigkeit in km/h:	100
Steigleistung in m/s:	4,0
Reichweite in km:	90
Triebwerk:	1 x BMW Gasturbine 6012 L
Leistung in kW:	66

Von der Do 32E mit der Kennung D-9514 war kein Foto aufzuspüren. Die Aufnahme zeigt einen der drei Prototypen, die D-HOPA.

Heinkel/Potez CM.191

Einsatz: 1962
Stückzahl: 2
Hersteller: Heinkel Flugzeugwerke

Die CM. 191 stellt eine viersitzige Weiterentwicklung des zweisitzigen Strahltrainers CM.170 R Magister dar, der bei der Bundeswehr in großer Stückzahl flog. Die französische Firma Air-Fouga begann 1957 im Auftrag des Bundesverteidigungsministeriums mit ersten Projektarbeiten. Die Konstruktion und die Fertigung der Prototypen erfolgten bei Heinkel in Speyer. Das Aufgabengebiet sollte die Umschulung auf Strahlflugzeuge, das Training für fortgeschrittene Flugzeugführer, die Blindflug- und Nachtflug-Schulung, Navigationstraining, Verbindungs- und Kurierflüge sowie Aufklärung umfassen. Zivil sollte die CM.191 als Geschäfts- und Reiseflugzeug eingesetzt werden.

Tragwerk, Leitwerk und Fahrwerk wurden von der Fouga Magister übernommen. Der Rumpf stellte eine komplette Neukonstruktion von Heinkel dar. Der Prototyp wurde auf den Aero-Salon in Paris-Le Bourget 1961 erstmals der Öffentlichkeit vorgestellt. Der Erstflug der D-9504 erfolgte am 19. März 1962 in Toulouse.

Auf der Luftfahrtschau 1962 in Hannover war sie mit der zivilen Zulassung D-IHAM zu sehen. Im Oktober 1962 flog sie wieder als D-9504 bei der ESt 61 in Manching. Vom zweiten Prototyp, der D-9532 (c/n V2) ist nur bekannt, dass er für Strömungstests der ESt 61 übergeben wurde. Diese Maschine soll nie geflogen sein. Sie ist heute im Besitz des Technik Museums in Speyer.

Technische Daten

Heinkel/Potez CM.191

Verwendungszweck:	Schulflugzeug
Besatzung:	2 + 2 Passagiere
Spannweite in m:	12,02
Länge in m:	9,93
Höhe in m:	3,20
Flügelfläche in m^2:	18,83
Leermasse in kg:	2260
Startmasse in kg:	4076
Höchstgeschwindigkeit in km/h:	684
Reisegeschwindigkeit in km/h:	680
Steigleistung in m/s:	13,4
Aktionsradius in km:	1860
Gipfelhöhe in m:	12.200
Triebwerk:	2 x Turboméca Marboré VI
Schub in kN:	2 x 48

Die Heinkel/Potez CM.191 V1 mit der Kennung D-9504 wird für den Start vorbereitet.

Erprobungs- und Experimental-Luftfahrzeuge

EWR Süd VJ 101C

Einsatz: 1962 – 1971
Stückzahl: 2
Hersteller: Entwicklungsring Süd
Messerschmitt-Bölkow-Blohm

In der Bundesrepublik begann die Entwicklung von senkrecht startenden und landenden Flächenflugzeugen im September 1956. Zunächst allerdings nur in Form eines Überschalljagdflugzeuges mit sehr kurzen Startbahnen und einer hohen Steigleistung. Die Forderung nach einem Flugzeug mit VTOL-Eigenschaften kam erst 1959. Nachdem Heinkel, Messerschmitt und Bölkow zunächst eigene Entwicklungen vorgelegt hatten, beschlossen die traditionsreichen Firmen 1958 die Gründung einer Arbeitsgemeinschaft namens

Bevor der VJ 101C-X2 zum ersten freien Flug abheben durfte, wurden am Boden mittels der Teleskopsäule umfangreiche Versuche durchgeführt.

Entwicklungsring Süd (EWR). Die entsprechenden Verträge wurden am 23. Februar 1959 unterschrieben. Der Entwurf der Firma Heinkel erhielt jetzt die Bezeichnung VJ 101A, jener der Firma Messerschmitt VJ 101B. Die Buchstaben »VJ« standen für »Vertikal startendes Jagdflugzeug«. Mitte 1959 entschied sich der EWR Süd für die VJ 101C, die die Vorteile beider Projekte in sich vereinigte. Der EWR beschritt mit seiner Lösung weltweit Neuland, da während der Start- und Landephase das Flugzeug nur durch die Schubänderung der Triebwerke gesteuert wurde. Die Steuerflächen des Flugzeuges lagen bei der Schwebephase nicht im Abluftstrom der Triebwerke und waren daher wirkungslos. Diese Technik wurde mit einer stationären Einrichtung, der so genannten Wippe, erprobt. Ab Mai 1960 kam noch ein Schwebegestell mit drei RB.108-Triebwerken dazu, das zunächst noch auf einer Teleskopsäule montiert war. Die ersten Schwebeflüge erfolgten ab dem 13. März 1962 mit George Bright, einem amerikanischen Versuchspiloten. Im Herbst 1962 konnten die Arbeiten an der VJ 101C-X1 abgeschlossen werden. Heinkel in Speyer baute Tragflächen und Leitwerk, Messerschmitt in Augsburg Rumpf und Fahrwerk. Die Endmontage erfolgte im EWR-Süd Werk in Manching.

Bevor jedoch die Flugerprobung aufgenommen wurde, testeten die Ingenieure das Flugzeug intensiv auf einem Teleskop. Die Erprobung zeigte, dass im Bereich der Avionik weitere Verbesserungen notwendig waren. Als ein Problem erwies sich die Bodenerosion. Der Triebwerkstrahl beschädigte den Untergrund stark, was die Gefahr von Triebwerkschäden durch aufgewirbelte Bodenteile mit sich brachte. Nichtsdestoweniger konnte der erste Schwebeflug am 10. April 1963 durchgeführt werden. Am 31. August 1963 führte die VJ 101C-X1 mit der Kennung »D-9517« ihren ersten aerodynamische Flug mit konventionellen Start durch. Am 8. Oktober gelang die erste *Transition*, das heißt der Übergang vom Senkrechtflug zum Geradeausflug – und umgekehrt. Am 29. Juli 1964 erreichte die VJ 101-X1 als erstes VTOL-Flugzeug der Welt mit Mach 1,04 Schallgeschwindigkeit. Einen erheblichen Rückschlag gab es am 14. September 1964. Bei einem konventionellen Start geriet die VJ 101-X1 in eine nicht mehr zu beherrschende Lage und stürzte ab. Den Absturz löste ein falsch gepolter Regelkreisel aus. George Bright konnte in letzter Sekunde mit dem Schleudersitz aussteigen. Die Gesamtflugzeit der VJ 101-X1 belief sich auf 15 Stunden und 26 Minuten.

Auch die ersten Tests der VJ 101C-X2 mit der Kennung »D-9518« erfolgten auf dem Teleskop. Die VJ 101C-X2 verfügte im Unterschied zur X1 über eine *Fly-By-Wire*-Steuerung, einen größeren Kraftstoffvorrat und ein Nachbrennertriebwerk des Typs Rolls-Royce RB.145R, wodurch sich die Schubleistung von 12,4 kN auf 15,8 kN erhöhte. Der erste Schwebeflug konnte am 12. Juni 1965 durchgeführt werden. Als weitere Erprobungen folgten im Juli der erste aerodynamische Flug, am 19. Oktober der erste Schwebeflug mit Nachbrenner und am 22. Oktober die erste Start- und Landetransition mit Nachbrenner. Die Verwendung der Nachbrenner während des Senkrechtstarts verursachte neue Probleme. Bedingt durch die Rezirkulation fiel der Schub ab und die Flugzeugzelle heizte stark auf. Bei einer daraus resultierenden harten Landung ging das Fahrwerk zu Bruch und die Triebwerke wurden beschädigt. Dieses Problem bekamen die Ingenieure mit einem rollenden Senkrechtstart in den Griff. Dabei rollte das Flugzeug einige Meter und hob dann ab. Das Erprobungsprogramm mit der VJ 101C-X2 wurde am 27. Mai 1971 eingestellt.

Im Rahmen der Testreihe fanden 325 Versuche statt, wobei das Flugzeug insgesamt 14 Stunden und 21 Minuten in der Luft war. Es flog am 21. April 1971 zum letzten Mal. Im Cockpit saß Niels Meister. Auf ihrem Abschiedsflug erreichte die VJ 101C-X2 nochmals eine Geschwindigkeit von Mach 1,14. Heute befindet sich dieses Pionierflugzeug im Besitz des Deutschen Museums und kann in der Flugwerft Oberschleißheim besichtigt werden.

Technische Daten	
EWR Süd VJ 101X-2	
Verwendungszweck:	Experimentalflugzeug
Besatzung:	1
Spannweite in m:	6,61
Länge in m:	15,60
Höhe in m:	4,13
Flügelfläche in m^2:	18,60
Leermasse in kg:	4420
Startmasse in kg:	7650
Höchstgeschwindigkeit in km/h:	1320
Steigleistung in m/s:	86,00
Triebwerk:	6 x Rolls-Royce RB.145R
Leistung in kN:	6 x 16,9

Grumman OV-1B/C Mohawk

Einsatz: 1963
Stückzahl: 2
Hersteller: Grumman

Zuerst als Gemeinschaftsprojekt des *US Marine Corps* und der *US Army* für ein Flugzeug zur taktischen Beobachtung und Gefechtsfeldüberwachung geplant, flog die Mohawk später nur bei der US Army. Der Erstflug der YAO-1A mit Ralph Donnell erfolgte am 14. April 1959. Die Maschine erhielt später die neue Bezeichnung YOV-1A. Für die Erprobung baute der Hersteller neun Vorserienflugzeuge, die die US Army 1957 in Auftrag gegeben hatte und die bis Ende 1959 ausgeliefert wurden. Erste Serienmaschinen folgten 1961; es handelte sich um 64 Stück der Ausführung OV-1A. Die OV-1B (90 Flugzeuge gebaut) wies eine um 1,83 m verlängerte Spannweite auf. Sie war mit einem AN/APS-94 SLAR ausgerüstet, eingebaut in einem 5,50 m langen Behälter rechts unter dem Rumpf. Von der OV-1C entstanden 129 Flugzeuge. Es folgte die OV-1D, von der nur 37 gefertigt wurden. 111 frühere Modelle wurden zusätzlich auf diesen Standard modifiziert. 36 Maschinen wurden zu RV-1D umgerüstet. Die letzte Version war die als Eloka-Aufklärer eingesetzte EV-1E, von der 17 Maschinen umgerüstet wurden. Insgesamt lieferte Grumman 329 Flugzeuge an die *US Army*.

Auch die deutschen Heeresflieger erprobten die OV-1 Mohawk, da geplant war, jedem Heeresflieger-Korpsbataillon eine Aufklärungsstaffel zu unterstellen. Das BMVg stellte am 26. März 1962 bei der *US Army Military Assistance Advisory Group* den Antrag, zwei Mohawks für die Flugerprobung zu bekommen. Diesem Antrag wurde stattgegeben. Über die Herkunft der beiden Flugzeuge gibt es unterschiedliche Erklärungen. Angeblich wurden die beiden Mohawks zuerst von den französischen Heeresflieger erprobt und dann nach Deutschland überführt. Eine andere Variante ist, dass die Flugzeuge mit dem Schiff am 3. Juli 1963 in Bremerhaven eintrafen und bei der *US Army* auf dem Flugplatz Bremerhaven-Lehe flugklar gemacht wurden. Von dort wurden sie am 6. und 7. Juli 1963 nach Mannheim-Sandhofen überführt. Bei den beiden Flugzeugen handelte es sich um eine OV-1B mit dem Kennzeichen »QW+801« und eine OV-1C mit dem Kennzeichen »QW+802«. Am 8. Juli 1963 wurden beide Maschinen der Heeresfliegerwaffenschule in Bückeburg übergeben. Bei der Truppenerprobung wurden die Angehörigen der HFlgWaS von einer 23 Mann starken US-Gruppe unterstützt. Die Erprobung begann am 15. Juli 1963. Als Erprobungspiloten traten Oberst Schnek und Hauptmann Eggers in Erscheinung. Als weiteres Besatzungsmitglied wird HFw Porath genannt. Bei der Ausbildung in den USA kam OFw Watzenberg beim Absturz einer Mohawk ums Leben. Ob die geplante Gebirgserprobung ab dem Fliegerhorst Oberschleißheim durchgeführt wurde, ist nicht

Die »QW+802« wird für einen Flug vorbereitet. Die Fahrzeuge lassen darauf schließen, dass die Aufnahme auf einem amerikanischen Flugplatz entstand.

sicher. Da jedoch Major Roeper, der ehemalige Staffelkapitän der HFlgStff 8 (Geb), mit in die Erprobung eingebunden worden war, dürfte dies der Fall gewesen sein. Auf amerikanischer Seite waren *Captain* Mikula als Pilot sowie die Majore Barkley und Dull beteiligt. Bei einem Bundeswehr-Manöver konnten beide Mohawks am 16. und 17. September 1963 ihre Leistungsfähigkeit unter Beweis stellen. Während der Erprobungsphase bei der HFlgWaS, die sich über drei Monate bis zum 15. Oktober 1963 hinzog, waren die Maschinen 385 Stunden in der Luft. Das Flugstundenaufkommen verteilt sich auf die OV-1B »QW+801« mit 222 Stunden und die OV-1C »QW+802« mit 163 Stunden. Die Einsatzbereitschaft lag bei 95 Prozent. Nur zwölf von 248 Flügen konnten auf Grund technischer Probleme nicht stattfinden. Nach Abschluss der Truppenerprobung sollen beide Mohawks der US Army in Hanau übergeben worden sein. Die Erprobung konnte mit sehr guten Ergebnissen und mit der Empfehlung zur Beschaffung des Typs abgeschlossen werden. Die Heeresflieger meldeten einen Bedarf von 50 OV-1 Mohawk an. Zur Beschaffung kam es jedoch nicht. Die Gründe sind zwiespältig. Eine Quelle spricht von wirtschaftlichen und politischen Gründen, eine andere von Kompetenzstreitigkeiten zwischen Luftwaffe und Heeresfliegern, aus denen die Luftwaffe als Sieger hervorging.

Technische Daten	
Grumman OV-1B Mohawk	
Verwendungszweck:	Truppenerprobung, Aufklärung
Besatzung:	2
Spannweite in m:	14,64
Länge in m:	12,50
Höhe in m:	3,86
Flügelfläche in m^2:	33,50
Leermasse in kg:	5020
Startmasse in kg:	8722
Höchstgeschwindigkeit in km/h:	478
Steigleistung in m/s:	12,0
Aktionsradius in km:	323
Gipfelhöhe in m:	5190
Triebwerk:	2 x Lycoming T-53L-7
Leistung in WPS:	2 x 1100

Die OV-1C »QW+802« während Erprobung bei Grumman in den USA.

Bölkow Bo 46

Einsatz: 1964
Stückzahl: 1
Hersteller: Bölkow-Apparatebau GmbH

Im März 1961 erhielt die Fa. Bölkow Entwicklungen vom Bundesverteidigungsministerium einen Forschungsauftrag über zwei Versuchshubschrauber mit schwenkbaren Rotoren. Dieses Rotorsystem sollte Fluggeschwindigkeiten von über 500 km/h ermöglichen. Im Windkanal von Daimler-Benz wurden mehrere Versuche mit Schwenkrotoren durchgeführt. Den Rumpf der zweisitzigen Bo 46 bauten die Siebelwerke in Donauwörth. Der Fünfblattrotor maß 10 m im Durchmesser. Im September 1962 wurde ein Prüfstand für die Dauererprobung des Heckrotors in Betrieb genommen. Dieser bestand aus dem hinteren Rumpfteil der Bo 46 und einem BMW V8-Motor mit einer Leistung von 73 kW. Die Siebelwerke übergaben die erste Zelle im Februar 1963. Die Endmontage erfolgte bei der Industrie-Anlagen und Betriebsgesellschaft (IABG) in Ottobrunn. Für die Freigabe zum Erstflug bestand die Forderung nach einer Laufzeit des Rotorsystems von 500 Stunden auf dem Prüfstand und nochmals 20 Stunden Bodenlauf im fertiggestellten Hubschrauber. Der erste Experimentalhubschrauber, die Bo 46 V1 mit dem Kennzeichen D-9514, startete am 30. Januar 1964 in Neubiberg mit Wilfried v. Engelhardt zum Erstflug. Dabei gelang es nicht, den Hubschrauber in eine stabile Fluglage zu bringen. Weitere Schwebeflüge fanden in Ottobrunn statt. Technische Schwierigkeiten mit Schwingungen im Rotorsystem und die Zerstörung des auf dem Prüfstand im Dauerbetrieb laufenden Rotors führten zur Einstellung der Arbeiten.

Die Bölkow Bo 46 V1 (D-9514) wurde am 7. Juni 1972 dem Hubschraubermuseum in Bückeburg übergeben. Was aus der Bo 46 V2 (D-9515) wurde, konnte nicht in Erfahrung gebracht werden. Angeblich war das Kennzeichen D-9516 für eine dritte Bo 46 reserviert.

Technische Probleme führten zur Einstellung der Versuche mit der Bo 46 V1.

Technische Daten	
Bölkow Bo 46	
Verwendungszweck:	Versuchshubschrauber
Besatzung:	2
Rotorkreisdurchmesser in m:	10,0
Startmasse in kg:	2400
Höchstgeschwindigkeit in km/h:	504
Triebwerk:	1 x Wellenturbine Turboméca Turmo III b
Leistung in kW:	584

Dornier Do 31E

Einsatz: 1967 – 1969
Stückzahl: 2
Hersteller: Dornier

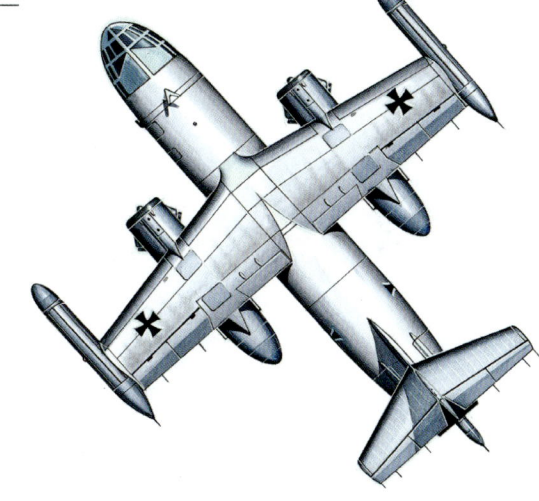

Die Do 31 war der erste senkrechtstartende Strahltransporter der Welt. Die Anfänge der Entwicklung reichen bis in das Jahr 1955 zurück. Damals wurde bei Dornier das Projekt P 333 untersucht, ein senkrechtstartendes kommerzielles Transportflugzeug mit zwei Propellerturbinen und vier schwenkbaren Luftschrauben. Da die errechneten Leistungen zu gering waren, wurden die Untersuchungen 1957 mit dem Projekt P 338 mit Strahlantrieb fortgeführt. Im September 1957 legte Dornier den Entwurf dem BMVg vor. Ab April 1959 begann die Firma daher mit der Konzeption der Do 31 als Kampfzonentransporter. Die Konzeptions- und Definitionsphase konnte bis zum 31. Dezember 1961 abgeschlossen werden.
Auf Grund neuer NATO-Forderungen wurde das Projekt überarbeitet. Der Rumpfdurchmesser musste vergrößert und zusätzliche Hubtriebwerke in Gondeln unter den Tragflächen eingebaut werden. Der Antrieb erfolgte über zwei Hub-/Schubtriebwerke Rolls-Royce Pegasus 5-2. Um 120 Grad drehbare Austrittsdüsen lieferten den Antrieb

In den Gondeln der Do 31 E1 waren noch keine Hubtriebwerke eingebaut. Die Maschine startete konventionell, sie diente der Erprobung des aerodynamischen Fluges.

277

für den normalen Flug und den Auftrieb für Senkrechtstart und -landung. Bei Start und Landung wurden die Marschtriebwerke von acht in den Gondeln an den Flügelenden montierten Hubtriebwerken vom Typ Rolls-Royce RB-162-4D unterstützt. Je vier Hubtriebwerke befanden sich in einer Gondel, die sich für den konventionellen Flugbetrieb demontieren ließ. Die Do 31 beschleunigte durch Schwenken der Marschtriebwerke innerhalb von etwa 20 Sekunden auf 250 km/h. Nach Erreichen dieser Geschwindigkeit wurden die Hubtriebwerke abgeschaltet und die Do 31 flog dann wie ein konventioneller Strahltransporter weiter.

Auf dieser Grundlage beauftragte das Bundesministerium der Verteidigung Dornier 1962 mit der Entwicklung des V/STOL-Transporters. Dafür baute Dornier ein Reglerversuchsgestell, dessen Erprobung am 21. April 1964 begann. Zum Einbau kamen vier Rolls-Royce-Hubtriebwerke RB-162. Mit dem RVG wurden 243 Freiflüge durchgeführt. Es folgte ein Schwebegestell, das bereits mit zwei Marsch- und Hubtriebwerken Rolls-Royce Pegasus-5-2 ausgerüstet war und auch die äußere Kontur der Do 31 erkennen ließ. Die Vorstellung des Schwebegestells fand am 30. Juni 1965 auf dem Dornier-Werksflugplatz in Oberpfaffenhofen statt. Der erste Schwebeflug konnte am 7. Februar 1965 durchgeführt werden. Der erste freie Flug des SG erfolgte am 11. Januar 1967. Beim zweiten Flug am 8. Februar 1967 hob das SG nach einer Rollstrecke von 50 m ab und flog 100 m weit. Mit dem SG wurden 31 Freiflüge durchgeführt. Für Festigkeitsversuche baute Dornier noch eine Bruchzelle (E 2).

Der erste Prototyp, die Do 31 E1 (D-9530) hatte am 30. November 1965 seine offizielle Vorstellung und hob erstmals am 10. Februar 1967 mit Versuchspilot Drury W. Wood auf konventionelle Weise ab. Er wurde für die Erprobung des aerodynamischen Fluges eingesetzt und verfügte deshalb noch über keine Hubtriebwerke. Die dafür vorgesehenen Triebwerksgondeln waren mit Ballast gefüllt. Das Flugzeug wurde am 8. Juni 1967 zum Aérosalon nach Le Bourget überführt und dort am Boden und im Flug vorgestellt. Bis zum 31. Dezember 1967 startete die Do 31 E1 zu insgesamt 103 Testflügen. Das Flugzeug war während der Flugversuche insgesamt 59 Stunden und 21 Minuten in der Luft.

Der Erstflug des zweiten Prototyps, der Do 31 E3 (D-9531) wieder unter der Führung von Drury W. Wood, erfolgte am 14. Juli 1967. Zum ersten Senkrechtstart kam es am 22. November 1967; dabei erreichte die Maschine eine Höhe von 15 Metern, in der sie einige Minuten schwebte, bevor sie wieder senkrecht landete. Am 16. Dezember 1967 gelang erstmals der Übergang vom Senkrecht- in den Horizontalflug. In der Kanzel saßen die beiden Testpiloten Drury Wood und Franz Rodel. Am 21. Dezember 1967 drehte das Flugzeug seine erste Platzrunde mit Senkrechtstart und -landung. Am 27. Mai 1969, während des Überführungsfluges der E3 von Oberpfaffenhofen nach Paris zum Aérosalon in Le Bourget, konnten die Piloten Drury W. Wood und Dieter Thomas in der Klasse für Senkrechtstarter fünf Rekorde aufstellen. Die Do 31 E3 absolvierte insgesamt 154 Flüge mit 74 konventionellen Starts und 36 Landungen, 65 Senkrechtstarts und 112 Senkrechtlandungen sowie 15 Kurzstarts und sechs Kurzlandungen.

Die Entwicklung der Do 31 wurde nicht auf Grund technische Probleme beendet, sondern angeblich wegen neuer Verteidigungskonzepte, die den Einsatz dieser Technologie nicht mehr vorsahen. Offiziell eingestellt wurde das Testprogramm der Do 31 in Deutschland am 31. Oktober 1969. Bis zum April 1970 führte die NASA in den USA mit der E3 weitere Flugversuche durch. Im Mai 1970 wurde die Do 31 E3 auf der Luftfahrtausstellung in Hannover ein letztes Mal vorgeflogen.

Die Do 31 E1 steht in Oberpfaffenhofen und der Prototyp Do 31 E3 ist heute in der Außenstelle des Deutschen Museums, der Flugwerft Oberschleißheim, zu besichtigen.

Technische Daten

Dornier Do 31 E3

Verwendungszweck:	Experimentalflugzeug
Besatzung:	2
Spannweite in m:	18,06
Länge in m:	20,88
Höhe in m:	8,53
Flügelfläche in m^2:	57,00
Leermasse in kg:	13.900
Startmasse in kg:	27.500
Höchstgeschwindigkeit in km/h:	690
Reisegeschwindigkeit in km/h:	650
Steigleistung in m/s:	19,2
Aktionsradius in km:	1500
Gipfelhöhe in m:	11.750
Triebwerk:	2 x Bristol-Siddeley Pegasus 5-2 und 8 x Rolls-Royce RB 162-4D
Leistung in kN:	2 x 68,69 und 8 x 19,62

Dornier System DS 10 Fledermaus

Einsatz: 1967 – 1971
Stückzahl: 3
Hersteller: Dornier System

Zur Erweiterung der Transportkapazität von Hubschraubern entwickelte die Fa. Dornier System im Auftrag des Bundesverteidigungsministeriums den Paragleiter-Transporter (PAT) DS 10 Fledermaus. Drei Maschinen wurden gebaut, denen die Kennungen D-9533 (c/n 1), D-9534 (c/n 2) und D-9535 (c/n 3) zugeteilt wurden. Der Paragleiter-Transporter bestand aus einem Tragflügel, den eine flexible Bespannung aus einem luftundurchlässigen beschichtetet Kunststoffgewebe bildete, die sich zwischen drei starren Holmen aufwölbte. Das Bespannungsmaterial machte den Paragleiter-Transporter weitgehend unempfindlich gegen Beschuss und Radarortung. Unterhalb des Tragflügels wurde der Lastträger eingehängt, in dem Treibstoff, Waffen, Munition, Ersatzteile usw. befördert werden konnten. Der Lastträger war mit einem Fahrwerk mit vier Rädern und Niederdruckreifen ausgerüstet und für den Einsatz zusammen mit der Alouette II ausgelegt. Bei der Erprobung kam aber ein Sikorsky H-34 zum Einsatz.

Der Paragleiter-Transporter konnte etwa das Fünffache der entsprechenden Hubschraubernutzlast transportieren. Für die Landung sah man drei Möglichkeiten vor:
1. Der Hubschrauber landet zusammen mit dem Paragleiter-Transporter. Dabei verringert der Hubschrauber seine Geschwindigkeit in rund 10 m Höhe bis zur Aufsetzgeschwindigkeit des PAT und klinkt diesen nach dem Aufsetzen aus.
2. Der PAT wird kurz vor dem Landeplatz ausgeklinkt. Ein ausfahrbarer Bodenfühler leitet vor dem Aufsetzen den Abfangvorgang durch Änderung der Trimmung ein; das Fluggerät setzt weich auf.
3. Ausklinken in rund 1500 m Höhe. Die erforderliche Kurssteuerung erfolgt entweder vom Hubschrauber oder vom Boden aus. Die Erprobung fand in Friedrichshafen statt.

Die D-9534 befindet sich heute im Luftwaffenmuseum in Berlin-Gatow. Die D-9535 wurde im Juni 1971 außer Dienst gestellt. Über den Verbleib der dritten Maschine ist nichts bekannt.

Die D-9534 Fledermaus 2 wird für einen Erprobungsflug vorbereitet.

VFW H-3 Sprinter

Einsatz: 1969 – 1972
Stückzahl: 2
Hersteller: Vereinigte Flugtechnische Werke (VFW)

Die Vereinigten Flugtechnischen Werke begannen 1963 mit der Entwicklung eines Leichthubschraubers. Das erste Projekt, die H-1, stammte noch aus der Zeit der Weser Flugzeugbau GmbH. Ihm lagen die Forderungen der Bundeswehr nach einem einsitzigen Hubschrauber zugrunde. Nach einer Änderung der Anforderungen kam dieses Projekt, wie bei den anderen Hubschrauberherstellern, zum Erliegen. Aus der H-1 entwickelte VFW den Tragschrauber H-2 als Versuchsträger. Diesen trieb ein McCulloch-Zweitaktmotor mit 70 kW Leistung an. Im April 1965 startete die H-2 auf dem Flugplatz Lemwerder zum Erstflug. Aufbauend auf die Erfahrungen mit der H-1 und H-2 entwickelte VFW ab 1968 den dreisitzigen Versuchs-Flugschrauber VFW H-3 Sprinter mit zwei seitlich angebrachte Mantelschrauben, die nur für den Vortrieb vorgesehen waren. Der erste Prototyp, die D-9543 (c/n E1), hatte seinen Roll-out am 6. Oktober 1968 in Bremen. Der Erstflug als Flugschrauber erfolgte im Sommer 1969. Nach einigen Modifikationen flog die D-9543 dann wieder im Mai 1970. Das zweite Versuchsmuster, die D-9544 (c/n E2), nahm die Erprobung im Januar 1971 auf. Bei der Erprobung der beiden Maschinen waren diese insgesamt 75 Stunden in der Luft. Es wurden nur drei Prototypen hergestellt, wobei es über die dritte H-3 keine näheren Informationen gibt. Einer wurde bei Lastversuchen zerstört. Die H-3 hatte mit allen Hubschrauberentwürfen dieser Zeit eines gemeinsam – die Entwicklungen wurden eingestellt.

Die D-9543 befindet sich heute im Hubschraubermuseum Bückeburg und die D-9544 in Tschechien in Privatbesitz.

Technische Daten	
VFW H-3 Sprinter	
Verwendungszweck:	Versuchshubschrauber
Besatzung:	1 + 2 Passagiere
Rotorkreisdurchmesser in m:	8,70
Länge in m:	9,30
Höhe in m:	2,50
Rotorkreisfläche in m^2:	50,0
Leermasse in kg:	500
Startmasse in kg:	968
Reisegeschwindigkeit in km/h:	250
Steigleistung in m/s:	8,0
Reichweite in km:	500
Gipfelhöhe in m:	2900
Triebwerk:	1 x Allison 250-C20
Leistung in kW:	294

Der zweite Prototyp des H-3 Sprinter bei der Flugerprobung.

Rhein-Flugzeugbau RFB X-113Am

Einsatz: 1970
Stückzahl: 1
Hersteller: Rhein-Flugzeugbau GmbH

Bei der X-113Am handelt es sich um ein so genanntes Bodeneffekt-Luftfahrzeug. Der Flugpionier Alexander Lippisch hatte schon 1960 beim Hydrodynamischen Labor der Collins Radio Corporation ein Fluggerät mit der Bezeichnung X-112 entwickelt, das sich den Bodeneffekt zu Nutze machte, der auf einem bei der Bewegung in Bodennähe entstehenden Luftkissen beruht. Die als N5961V registrierte X-112 absolvierte im Herbst 1963 ihren Erstflug. 1966 gründete Alexander Lippisch die Lippisch Research Corporation, wo die ersten Entwürfe für die X-113A entstanden. Zusammen mit Hanno Fischer vom Rheinflugzeugbau in Mönchengladbach, wo das Luftfahrzeug gebaut wurde, arbeitete Alexander Lippisch Ende der 60er Jahre an seinem Entwurf weiter. Die Arbeiten fanden beim BMVg Interesse und wurden finanziell unterstützt. Rumpf und Tragflächen des Fluggerät entstanden aus glasfaserverstärkten Kunststoffen (GfK), waren mit Styropor gefüllt und daher nahezu unsinkbar. An den Enden der Deltatragfläche befanden sich kleine Auftriebskörper zur Stabilisierung im Wasser. An diesen waren wiederum *Winglets* in einem Winkel von 45 Grad angebracht. Das Leitwerk war als T-Leitwerk ausgebildet. Den Antrieb stellte ein luftgekühlter Zweizylinder Nelson H63-CP mit Zweiblatt-Holzluftschraube; befestigt hinter dem Cockpit auf einem Gestell. Die Muster-Prüfstelle der Bundeswehr teilte dem Prototyp X-113Am V1 das Kennzeichen D-9568 zu. Die erste Erprobungsphase begann im Oktober 1970 auf dem Bodensee. Die zweite Phase folgte von Oktober 1971 bis Januar 1972. Später fanden auch Flüge in der Weser-Mündung statt. Während der Erprobung wurde deutlich, dass die einsitzige X-113Am bei geringem Seegang keine Starts und Landungen durchführen konnte, was sich sehr nachteilig auswirkte, da sie später in der Ostsee eingesetzt werden sollte. Dies führte dann zur größeren X-114.

Technische Daten

Rhein-Flugzeugbau RFB X-113Am

Verwendungszweck:	Bodeneffekt-Luftfahrzeug
Besatzung:	1
Spannweite in m:	5,89
Länge in m:	8,55
Höhe in m:	2,40
Leermasse in kg:	240
Startmasse in kg:	360
Höchstgeschwindigkeit in km/h:	140
Mindestgeschwindigkeit in km/h:	62
Aktionsradius in km:	250
Gipfelhöhe in m:	800
Triebwerk:	1 x Zweizylinder Nelson H63-CP
Leistung in kW:	1 x 36

Das Bodeneffekt-Luftfahrzeug RFB X-113Am auf der Internationalen Luftfahrtschau in Hannover im Jahr 1974.

Erprobungs- und Experimental-Luftfahrzeuge

VFW-Fokker VAK 191B
Einsatz: 1971 – 1975
Stückzahl: 3
Hersteller: VFW-Fokker

Im Sommer 1961 schrieb die NATO einen Nachfolger für die Fiat G.91 als Erdkampfflugzeug aus, der über Kurz- bzw. Senkrechtstartfähigkeiten verfügen sollte. Später wurden die Anforderungen noch um die Aufgabenstellung »Aufklärer« erweitert. In Deutschland beteiligten sich die Firmen Focke Wulf mit der Fw 1262 und der Entwicklungsring Süd mit der EK 421 an der Ausschreibung; auf italienischer Seite Fiat mit der G.95/4. Ab 1963 wurden folgende Typenbezeichnungen vergeben: VAK 191 B für das Projekt von Focke Wulf, VAK 191 C für den Entwurf vom EWR-Süd und VAK 191 D für die Entwicklung von Fiat. Die Buchstaben »VAK« standen für »Vertikal startendes Aufklärungs- und Kampfflugzeug«. Focke Wulf konnte mit der VAK 191 B die Aus-

Diese Aufnahme zeigt die VAK 191 B V2 bei einer der wenigen aerodynamischen Flüge.

schreibung für sich entscheiden. Zum 1. Januar 1964 schlossen sich Focke Wulf und Weserflug zu den Vereinigten Flugtechnischen Werken zusammen, denen sich 1965 noch Heinkel anschloss. Das BMVg bestellte drei Erprobungsflugzeuge und eine Bruchzelle. Fiat sollte drei Doppelsitzer bauen. Nach dem Ausstieg von Fiat aus dem Programm wurden diese Fugzeuge nicht gebaut.

Um erste Erfahrungen mit der neuen Technologie zu sammeln, entstand das Schwebegestell SG 1262 mit zwei Rolls-Royce-Triebwerken RB 108, das auf einer Teleskopsäule erprobt wurde. Damit führte Ludwig Obermeier am 5. August 1966 den ersten freien Schwebeflug durch. Auf der Luftfahrtschau in Hannover 1968 stellte Obermeier das Schwebegestell erstmals der Öffentlichkeit vor. Im Herbst 1966 begann die Endmontage des ersten Prototyps. Die offizielle Vorstellung der VAK 191 B V1 »D-9563« erfolgte am 25. April 1970 in Bremen. Nach einer Erprobung auf der Teleskopsäule startete Ludwig Obermeier am 10. September 1971 zum ersten Schwebeflug. Dabei erreichte er eine Höhe von 35 m. Der Flug dauerte drei Minuten. Die VAK 191 B V2 »D-9564« absolvierte am 2. Oktober 1971 ihren Erstflug. Sie verfügte über eine *Fly-by-wire*-Steuerung und erreichte beim vierminütigen Erstflug eine Höhe von 40 m und eine Geschwindigkeit von 60 km/h. Für die weitere Erprobung wurden die V2 und V3 zur Erprobungsstelle 61 nach Manching verlegt. Hier startete dann auch die V3 »D-9565« am 17. Februar 1972 zum Jungfernflug. Die V1 verblieb zunächst bei VFW in Bremen und traf im April 1972 in Manching ein. Im September 1972 erzielte sie eine Höchstgeschwindigkeit von 400 km/h. Der erste Flug mit Transition erfolgte am 26. Oktober 1972. Bereits Ende 1972, nach nur 31 Flügen mit 3,5 Flugstunden, wurde das Erprobungsprogramm zunächst eingestellt. Die gewonnenen Daten flossen in die Entwicklung der Panavia Tornado, damals noch als MRCA bezeichnet, ein.

Im Februar 1974 kam es noch zu einer Vereinbarung mit der *US Navy,* wobei ein weiteres Testprogramm angesetzt wurde, dessen Kosten zu 80 Prozent die USA übernahmen. Die Flugerprobung wurde am 4. Juni 1974 mit der VAK 191 B V2 wieder aufgenommen. Später beteiligte sich auch noch die V1 an den Flügen. Der 50. Freiflug mit der VAK 191B V1 fand am 27. November 1974 statt. Nach der Notlandung eines der beiden Flugzeuge am 4. September 1975 konnte dieses auf Grund fehlender Ersatzteile nicht mehr flugfähig gemacht werden und die Testreihe wurde nach 60 Flügen mit einer Gesamtdauer von 8,5 Stunden abgebrochen.

Alle drei Maschinen sind erhalten geblieben. Die V1 im Besitz des Deutschen Museums ist in der Flugwerft Oberschleißheim ausgestellt, die V2 im Wehrtechnischen Museum in Koblenz und die V3 steht als Gate Guard in Manching.

Technische Daten
VFW-Fokker VAK 191B

Verwendungszweck:	Experimentalflugzeug
Besatzung:	1
Spannweite in m:	6,16
Länge in m:	14,72
Höhe in m:	4,30
Flügelfläche in m^2:	12,50
Leermasse in kg:	5305
Startmasse in kg:	7995
Höchstgeschwindigkeit in km/h:	1175
Reisegeschwindigkeit in km/h:	750
Aktionsradius in km:	900
Gipfelhöhe in m:	14.500
Triebwerk:	1 x Rolls-Royce RB.193,12 und 2 x Rolls-Royce RB 162-81F-08
Leistung in kN:	1 x 46,9 und 2 x 26,5

Dornier Do 34 »Kiebitz«

Einsatz: 1974 – 1981
Stückzahl: 2
Hersteller: Dornier

Auf Grund deutsch-französischer militärischer Forderungen kam es zur Gemeinschaftsentwicklung der Aufklärungsplattform ARGUS (Autonomes Radar-Gefechtsfeld-Überwachungs-System). Aus dem Experimental-Kiebitz auf Basis der Do 32 entstand 1973 die gefesselte Rotorplattform Do 34 Kiebitz als Träger eines Gefechtsfeldradars mit rund 60 km Reichweite. Die Rotorplattform war als Sensorenträger ausgelegt und konnte eine Nutzlast von 140 kg aufnehmen. Diese bestand aus dem Radargerät ORPHEE von der französischen Firma LCT. Die Do 34 sollte zur Gefechtsfeldaufklärung, Zielortung, Tiefliegererfassung, als Fernmelde-Relaisstation, Richtfunkanlage und zur Seezielüberwachung eingesetzt werden. Eine Allison-Turbine 250-C 20 B trieb den Zweiblatt-Reaktionsrotor (Durchmesser 8,0 m) mit Kaltstrahlantrieb an. Später wurde die Rotorplattform auf das schubstärkere Allison-Triebwerk 250 C 50 B umgerüstet. Die Rotorplattform Kiebitz verband ein Fesselseil mit der Bodenstation.

Der zweite Prototyp der gefesselten Rotorplattform Do 34 im Mai 1985 auf der Luftfahrtschau in Hannover.

Diese enthielt alle zu Transport, Start und Betrieb nötigen Geräte, Anlagen und Ausrüstungen, den Landetisch, die Seilwinde, den Lenkstand und die Kraftstofftanks. Die Steuerung des Bordradars und die Auswertung der Signale erfolgte über eine besondere Radarauswertestation. Dabei wurde das Fesselseil als störungssichere Datenverbindung genutzt. Die Steigzeit auf 300 m Höhe betrug fünf Minuten, das Einziehen konnte in zwei Minuten erfolgen.

Es wurden zwei Prototypen mit den Kennungen 98+23 und 98+24 gebaut. Nach den Anfang der 70er Jahre mit Erfolg durchgeführten Versuchen mit dem kleineren Kiebitz-Experimentalgerät begannen die ersten Freiflüge im Rahmen der weiteren Versuchsreihe mit den Prototypen des operationellen Kiebitz am 1. Februar 1978. Am 3. März 1978 stieg einer der beiden Prototypen der Do 34 Kiebitz auf seine Maximal-Flughöhe von über 300 m. Der Nachweis, dass diese Lösung technisch realisierbar war und dass ein späteres Seriengerät die geforderte Leistung erbringen würde, wurde 1979 und 1980 in umfangreichen Flugversuchen erbracht. Nach mehreren Truppendemonstrationskampagnen und einem dreimonatigen Versuchsprogramm wurde Ende Oktober 1980 die letzte Versuchsreihe bei der Erprobungsstelle 91 in Meppen beendet. Während des gesamten Erprobungsprogramms absolvierte der Kiebitz bis Ende September 1981 in 166 Flugstunden mehr als 550 Flüge, davon 47 in mehr als 300 m Höhe.

Technische Daten	
Dornier Do 34 Kiebitz	
Verwendungszweck:	Gefechtsfeldüberwachungssytem
Rotorkreisdurchmesser in m:	8,00
Leermasse in kg:	350
Startmasse in kg:	550
Nutzmasse in kg:	140
Steigzeit auf 300 m in min:	6
Gipfelhöhe in m:	300
Triebwerk:	1 x Allison 250 C 20 B
Leistung in kW:	300

Rhein-Flugzeugbau RFB X-114

Einsatz: 1977
Stückzahl: 1
Hersteller: Rhein-Flugzeugbau GmbH

Da die X-113Am sich für den Einsatz in der Ostsee nicht eignete, wurde die größere X-114 entwickelt. RFB nahm Mitte der 70er Jahre den Bau der X-114 auf. Wie bei der X-113 entschieden sich die Konstrukteure für einen Deltaflügel mit zwei großen Schwimmkörpern an dessen Enden. Der Rumpf bot sechs Personen Platz. Das Leitwerk wurde in T-Form ausgelegt. Ein Vierzylinder-Lycoming 10-360 mit 180 kW trieb einen ummantelten Dreiblatt-Verstellpropeller an. Dank ihres Einziehfahrwerks konnte die X-114 auch auf befestigten Flugplätzen landen.

Anfang 1977 stellte RFB die X-114 P01 »Airfoil« fertig und im April 1977 hob sie zu ihrem ersten Flug ab. Ihr wurde das Erprobungskennzeichen 98+29 zugeteilt. Die Erprobung fand in der Eckernförder Bucht statt. Erneut zeigte sich, dass sich hoher Seegang auf das Flugverhalten negativ auswirkt. Auftretende Schwingungen konnten durch den Einbau ausfahrbarer *Hydrofoils* an den Schwimmkörpern verringert werden. Die so umgerüstete Maschine wurde als X-114H bezeichnet. Während eines Erprobungsfluges zur Untersuchung des Verhalten bei symmetrischen und asymmetrischen Wasserberührungen unterschnitt die X-114 bei einer Geschwindigkeit von 150 km/h einseitig die Wasseroberfläche und ging zu Bruch. Auf Grund der GfK-Bauweise blieb sie jedoch schwimmfähig und der Pilot konnte gerettet werden.

Die X-114 sollte in der Serienausführung als Patrouillenflugzeug im Küstenbereich zum Einsatz kommen. Durch ihre stabile Lage im Bodeneffektflug hätte sie sich auch als Waffenplattform geeignet. Weitere Vorteile waren die minimale Wärmeabstrahlung und die kleine Radarrückstrahlfläche sowie die geringe Geräuschentwicklung. Trotz der guten Ergebnisse, die während der Erprobung erzielt wurden, verlor das BMVg das Interesse an der Entwicklung und ließ die Versuche einstellen.

Technische Daten	
Rhein-Flugzeugbau RFB X-114	
Verwendungszweck:	Bodeneffekt-Luftfahrzeug
Besatzung:	1
Spannweite in m:	8,77
Länge in m:	12,83
Höhe in m:	2,92
Höchstgeschwindigkeit in km/h:	200
Mindestgeschwindigkeit in km/h:	80
Aktionsradius in km:	2000
Gipfelhöhe in m:	800
Triebwerk:	1 x Vierzylinder Lycoming 10-360
Leistung in kW:	1 x 180

Die RFB X-114 P01 bei einem Testflug in der Eckernförder Bucht.

Schweiger Firebird M1

Einsatz: 1983
Stückzahl: 1
Hersteller: Schweiger

Für Sondereinsätze hinter der Front erprobte im Frühjahr 1983 die Wehrtechnische Dienststelle 61 in Manching das einsitzige Ultraleicht-Fluggerät Schweiger Firebird M1. Das UL führte das Erprobungskennzeichen 98+56. Die Firma Schweiger baute seit 1975 Drachen. Später rüstete Fritz Schweiger seine Drachen mit einem Motor aus. Eines der bei der Firma Schweiger hergestellten Modelle war die Firebird M1; ein abgestrebter Schulterdecker mit einem zweiteiligen Dracon-Tragflächensegel in Entenbauweise. Die an den Flächenenden angebrachten Verzögerungsruder und das Höhenruder am Bug wurden über Seile durch einen Steuerknüppel betätigt. Ein offenes Alu-Gestell mit Pilotensitz und Motoraufhängung bildeten den Rumpf. Das dreirädrige Fahrwerk war mit luftgefederten Kunststoffrädern und einem lenkbaren Bugrad ausgerüstet. Als Antrieb kam ein König Dreizylinder-Zweitaktmotor mit 430 ccm mit einer Dreiblatt-Holzluftschraube zum Einbau.

Der Firebird M1 eignete sich nicht für einen militärischen Einsatz bei der Bundeswehr.

Die Bundeswehr überprüfte die Möglichkeit, die Firebird M1 als Fluggerät bei den Fernspähern und bestimmten Kampftruppen des Heeres einzusetzen. Als nachteilig für eine militärische Verwendung erwies sich die niedrige Geschwindigkeit, der fehlende Schutz für den Piloten und die geringe Tragkraft. Da die Maschine bei einem Einsatz nur in geringer Höhe geflogen wäre, war auch die Gefährdung durch Bodenbeschuss mit Handwaffen sehr hoch. Die Firebird M1 befindet sich heute in der Wehrtechnischen Studiensammlung in Koblenz.

Technische Daten	
Schweiger Firebird M1	
Verwendungszweck:	UL-Flugzeug
Besatzung:	1
Startmasse in kg:	200
Höchstgeschwindigkeit in km/h:	70
Überziehgeschwindigkeit in km/h:	45
Triebwerk:	1 x König-Dreizylinder-Zweitaktmotor mit 430 ccm

Rhein-Flugzeugbau Fantrainer 400/600

Einsatz: 1985
Stückzahl: 3
Hersteller: Rhein-Flugzeugbau GmbH

Für die Piaggio P.149D suchte die Luftwaffe Anfang der 70er Jahre ein geeignetes Nachfolgemuster. Zur Auswahl standen Pilatus PC-7 und Beech T-34C; von deutscher Seite beteiligte sich Rheinflugzeugbau mit dem Fantrainer. Der Fantrainer geht auf den als ziviles Sport- und Reiseflugzeug entwickelten RFB Fanliner zurück, den ein ummantelter Druckpropeller antrieb, wie er dann auch im Fantrainer eingebaut wurde. Erste Erfahrungen mit diesem Antriebssystem konnte RFB mit der X-114 sammeln. Die Erprobung des Fanliner verlief wohl erfolgreich, aber er konnte sich am Markt nicht durchsetzen, so dass es bei einem Prototypen blieb. Das BMVg erteilte der Fa. Rheinflugzeugbau im März 1975 den Auftrag über die Entwicklung eines Schulflugzeuges mit jetähnlichen Eigenschaften für die Grund- und Fortgeschrittenen-Ausbildung. Es entstanden zwei Versionen, die AWI-2 und die ATI-2. Die Abkürzungen bedeuten »A« Anfangstrainer, »W« Wankelmotor, »T« Turbine und die »2« steht für zweisitzig. Die AWI-2 wurde von zwei NSU-Wankelmotoren angetrieben, die eine Leistung von je 110 kW erbrachten. Die Sitze für den Flugschüler und den Fluglehrer waren hintereinander angeordnet. Die AWI-2 startete am 27. Oktober 1977 zum Erstflug, das Kennzeichen 98+30 führend. Am 29. März 1978 begann die Flugerprobung bei der Erprobungsstelle 61 in Manching. Ende 1978 wurde die Maschine auf Allison-Wellenturbinen umgerüstet. Die Truppenerprobung erfolgte 1985 und umfasste 241 Flugstunden. Die erste ATI-2 absolvierte den Jungfernflug am 31. Mai 1978. Ihre hölzerne Fünfblatt-Mantelschraube wurde von zwei Allison-Wellenturbinen 250-C20B mit einer Leistung von 313 kW (420 WPS) angetrieben. Bezeichnet wurde das Muster auch als Fantrainer 400. Die mit zwei Allison-Wellenturbinen 250-C30 ausgerüstete Maschine führte die Typenbezeichnung Fantrainer 600. Dieses Triebwerk leistete 485 kW (600 WPS). Es sind drei Kennungen bekannt: Zwei Fantrainer 600 mit den Kennungen 98+75 (c/n 001, ex D-EATR), 98+76 (c/n 005, ex D-EIWZ) und ein Fantrainer 400 mit der Kennung 98+77 (c/n 011, ex D-EATP).

Die 98+76 musste am 13. August 1985 während der Truppenerprobung beim JaboG 31 »B« infolge von Triebwerksproblemen notlanden. Die drei

Die beiden Fantrainer 600 präsentieren sich gemeinsam dem Fotografen.

Maschinen wurden 1998 von Peter Adrian und Ralph Thomas aus Trier-Föhren ersteigert. Die Werknummer 011 führt heute wieder ihr altes ziviles Kennzeichen D-EATP. Über den Verbleib der beiden anderen Maschinen konnte nichts in Erfahrung gebracht werden.

Obwohl die Ergebnisse der Erprobung positiv ausfielen und sich der Fantrainer gegenüber Beech und Pilatus durchsetzen konnte, kam es zu keiner Beschaffung. Grund dafür war die Entscheidung, die Erst- und Fortgeschrittenenausbildung in den USA durchzuführen, sowie Sparmaßnahmen der Bundesregierung.

Die bei der 3./JaboG 49 in Fürstenfeldbruck fliegenden P.149D wurden modernisiert und standen bis Anfang 1990 im Dienst. Im August 1982 bestellte die thailändische Luftwaffe 31 Fantrainer 400 und 16 Fantrainer 600, von denen die ersten beiden Maschinen im Oktober 1984 ausgeliefert wurden.

Technische Daten
Rhein-Flugzeugbau Fantrainer 600

Verwendungszweck:	Truppenerprobung, Schulflugzeug
Besatzung:	2
Spannweite in m:	9,70
Länge in m:	9,00
Höhe in m:	2,90
Flügelfläche in m^2:	13,9
Leermasse in kg:	1060
Startmasse in kg:	2300
Höchstgeschwindigkeit in km/h:	430
Marschgeschwindigkeit in km/h:	370
Steigleistung in m/s:	16,0
Aktionsradius in km:	1390
Gipfelhöhe in m:	7150
Triebwerk:	1 x Gasturbine Allison 250-C30
Leistung in WPS:	1 x 600

Die mit einem Wankelmotor ausgerüstete AWI-2 mit der Kennung »98+30« während eines Erprobungsfluges.

Suchoj Su-20

NATO-Codename: Fitter-C
Einsatz: 1985 – 1990
Stückzahl: 2
Hersteller: Suchoj

Bei der Suchoj Su-20 handelt es sich um die Exportversion der Suchoj Su-17 Fitter-C. Die Su-20 unterschied sich nur in wenigen Details von der Fitter-C der sowjetischen Luftwaffe. Sie war auch mit demselben Triebwerk ausgerüstet. 1985 erwarb das BMVg zwei Su-20 in Ägypten. Sie erhielten die Erprobungskennzeichen 98+61 und 98+62. Die Flugerprobung der 98+61 erfolgte zwischen 1985 und 1990 bei der Erprobungsstelle 61 in Manching.

Die 98+61 befindet sich heute im Luftwaffenmuseum in Berlin-Gatow. Die 98+62 ist vermutlich nie geflogen und soll kurzeitig der USAF übergeben worden sein. Sie befindet sich heute auf dem Fliegerhorst Leeuwarden in den Niederlanden.

Technische Daten	
Suchoj Su-20	
Verwendungszweck:	Jagdbomber
Besatzung:	1
Spannweite in m:	13,80
Länge in m:	18,75
Höhe in m:	5,0
Flügelfläche in m^2:	37,0
Startmasse in kg:	19.500
Höchstgeschwindigkeit in km/h:	2200
Steigleistung in m/s:	230
Aktionsradius in km:	2300
Gipfelhöhe in m:	19.500
Triebwerk:	1 x NPO Saturn (Lyulka) AL-21F-3
Leistung in kN:	1 x 110,3 mit Nachbrenner
Bewaffnung: 2 x 30 mm Kanonen NR-30 mit je 70 Schuss, UV-16-57 und UV-32-57-Raketenwerfer für 55 mm Raketen S-5, 240 mm Raketen S-24; 250 kg sowie 500 kg Bomben	

Die Su-20 »98+61« wurde zwischen 1985 und 1990 in Manching erprobt.

Suchoj Su-22M-4

NATO-Codename: Fitter-K
Einsatz: 1991 – 1998
Stückzahl: 6
Hersteller: Suchoj

Die Su-17 ist eine Weiterentwicklung der Su-7B mit variabler Flügelgeometrie. Getestet wurde diese Technik an der Su-7IG, die ab dem 2. August 1966 erprobt wurde und deren äußere Flügelsektionen auf eine Länge von 3,96 m beweglich gestaltet waren. Vorgestellt wurde die Maschine bei der Luftparade in Moskau-Domodedowo im Juli 1967. Als der Serienbau unter der Bezeichnung Su-17 aufgenommen wurde, hatte man noch ein neues Triebwerk, das AL-21F-3, eine neue Kabinenabdeckung sowie neue Avionik installiert. Gegenüber der Su-7 wies die Su-17 eine doppelte Nutzlast und eine um 30 Prozent höhere Reichweite auf. Die Su-17 wurde 1971 in Dienst gestellt und in mehreren Versionen gefertigt. Bei der Su-17 (Fitter-C) handelte es sich um die erste Serienversion für die sowjetischen Streitkräfte. Dieser folgte die Su-17M (Fitter-D) mit verlängertem Rumpf zur Aufnahme eines Terrainfolgeradars und Laser-Zielsuchgerät. Die Schulversion mit nur einer Kanone auf der rechten Seite wurde als Su-17UM (Fitter-E) bezeichnet. Die Su-20 stellte die Exportversion der Su-17 mit einer einfacheren Ausrüstung dar. Nächste Entwicklung war die Su-22M-2 (Fitter-J); erkennbar an dem schlankeren, eckigen Seitenleitwerk und dem verdickten Rumpfwulst. Die letzte Variante flog als Su-22M-4 (Fitter-K) mit weiteren Verbesserungen hinsichtlich der Avionikgeräte und der Ausrüstung für die elektronische Kampfführung. Gegenüber den früheren Versionen unterschied sie sich äußerlich durch die vorn an der Seitenflossenwurzel befindliche Antenne des Radarwarnempfängers, der zuvor an der Tragflügelvorderkante angebaut war. Unter dem Bug befand sich eine Elektronikgondel. Die Bewaffnung bestand aus zwei NR-30-Maschinenkanonen mit je 80 Schuss, von denen jeweils eine je Seite in der Flügelwurzeln eingebaut war. Die externe Bewaffnung konnte an zehn Stationen mitgeführt werden. Dazu gehörten Luft-Luft-Raketen AA-2 Atoll, UB-16- und UB-32-Raketenwerfer sowie Aufklärungsbehälter. Für die Rettung des Piloten im Notfall wurde ein Zero-Zero-Schleudersitz K-36 eingebaut. Angetrieben wurde die Fitter-K von einem Strahltriebwerk Tumansky R-29B mit einer Leistung von 76,5 kN (7795 kp) ohne und 110 kN (11209 kp) mit Nachbrenner. Die internen Treibstofftanks fassten insgesamt 4590 Liter. Extern konnten bis zu vier Zusatztanks mit je 1160 Liter mitgeführt werden.

Zwischen 1984 und 1987 stellten die LSK der NVA 48 Su-22M-4 in Dienst. Gleichzeitig mit der Su-22M-4 übernahmen die LSK acht Schulflugzeuge Su-22UM-3K (Fitter-G). Betrieben wurden die Maschinen vom JBG-77 und vom MFG-28, beide in Laage stationiert. Jedem Geschwader wurden 24 Su-22M-4 und vier Su-22UM-3K zugeteilt. Die ersten Maschinen trafen 1984 an Bord einer Antonow An-22 in Rothenburg ein, von wo sie später nach Laage überführt wurden. Während ihrer Einsatzzeit gingen zwei Maschinen verloren.

Mit der Auflösung der LSK/NVA der DDR am 3. Oktober 1990 gingen die 46 Su-22M4 in den

Kurz vor Ihrer Außerdienststellung erhielt die Su-22M-4 »98+14« der WTD 61 noch diesen Tiger-Anstrich. Die Aufnahme entstand am 26. Juni 1998 in Manching.

Besitz der Bundeswehr über. Die Kennzeichen der LSK/NVA wurden durch die Kennungen 25+01 bis 25+46 der Bundeswehr ersetzt. Als sich die Bundeswehr gegen eine weitere Nutzung der Su-22 entschieden hatte, wurden das MFG-28 und das JBG-77 Ende 1990 aufgelöst und in einem neuen Verband, dem Nachkommando JBG-77/MFG-28 unter Oberst Roske zusammengelegt. Das Nachkommando in Laage führte an den abgestellten Flugzeugen zunächst alle notwendigen Wartungsarbeiten durch und konservierte sie.

Die USAF zeigte ebenfalls Interesse an der Su-22. Zwei Su-22M4, die 25+25 (ex 380) und die 25+33 (ex 724), wurden in Laage für die Überführung vorbereitet. Die Einweisungsflüge für die Piloten wurden mit der Su-22UM3K 25+53 und 25+54 in Laage durchgeführt. Am 27. März 1991 überführten Hauptmann Lange und Kapitänleutnant Schneider die beiden Maschinen nach Ramstein. In zerlegten Zustand erhielt die USAF am 25. April 1993 die 25+36 und am 2. September 1993 die 25+22.

Zwischen April 1991 und März 1992 übernahm die WTD 61 in Manching sechs Su-22M-4 und zwei Su-22UM-3K. Die für die Erprobung vorgesehen Flugzeuge erhielten neue Kennungen, die mit »98« begannen. Die Su-22M4 mit den Erprobungskennzeichen 98+14 und 98+15 sowie die Su-22UM-3K (98+11) wurden ausführlich im Flug erprobt und für verschiedene Testprogramme eingesetzt. Schwerpunkte der Erprobung bildeten die Navigationsanlage, die elektronischen Störmaßnahmen und die gesamte Waffenpalette. Im Sommer 1994 endete zunächst die Erprobung und die Flugzeuge wurden außer Dienst gestellt. Dann fiel aber die Entscheidung, die Erprobung weiterzuführen. Dabei kamen die 98+14 und 98+17 zum Einsatz. Beide wurden 1995 und 1996 im polnische Flugzeugwerk WZL-2 in Bromberg (Bydgoszcz) einer 24-monatigen Depotinstandsetzung unterzogen. Zwischen dem 26. Juni und 11. Juli 1996 wurden bei der 98+14 in Bromberg eine ATM-Anlage für die Flugdatenauswertung eingebaut und zwischen dem 7. Oktober und dem 20. November 1997 eine 100-Stunden-Kontrolle durchgeführt.

Den letzten Erprobungsflug für die WTD 61 absolvierte die 98+14 am 02. Oktober 1998 mit OTL Müller am Steuer. Mit der 98+14 wurden insgesamt 740 Übungseinsätze geflogen. Die 98+15, 98+16 und 98+17 befinden sich auch heute noch in Manching, allerdings wurden die Kennungen entfernt. An der 98+17 wird noch eine Minimalwartung durchgeführt, damit sie für weitere Versuche am Boden zur Verfügung steht. Die 98+09 wurde am 26. Mai 1993 nach Monte Marsan überführt und der Armeé de l´Air übergeben. Es war ihr letzter Flug. Heute ist sie dort in einem Museum zu besichtigen. Nur vier Monate gehörte die 98+10 zum Bestand der WTD 61. Sie flog zum letzten Mal am 8. August 1991 und wurde dann dem A&AEE der RAF in Boscombe Down übergeben. Am 14. Januar 1999 wurde die 98+14 von OTL Hierl nach Scampton überflogen und an die »Old Flying Machine Company« in Duxford abgegeben. Für die Übergabe waren noch drei weitere Flüge notwenig, so dass die 98+14 auf insgesamt 743 Flüge kam, wobei sie 767 Stunden in der Luft war. Insgesamt blieben 29 deutsche Su-22M-4 erhalten und befinden sich in verschiedenen Museen. 13 Su-22M-4 wurden in Laage verschrottet.

Technische Daten	
Suchoj Su-22M-4	
Verwendungszweck:	Jagdbomber
Besatzung:	1
Spannweite	
63 Grad geschwenkt in m:	10,03
30 Grad geschwenkt in m:	13,68
Länge in m:	19,03
Höhe in m:	5,13
Flügelfläche in m^2: (63 Grad geschwenkt)	34,45
Leermasse in kg:	10.667
Startmasse in kg:	19.430
Höchstgeschwindigkeit in km/h:	1850
Marschgeschwindigkeit in km/h:	1200
Steigleistung in m/s:	230
Aktionsradius in km:	460
Gipfelhöhe in m:	15.200
Triebwerk:	1 x NPO Saturn (Lyulka) AL-21F-3
Leistung in kN:	1 x 110,3 mit Nachbrenner
Bewaffnung: 2 x 30 mm Kanonen NR-30 mit je 80 Schuss, an Außenlaststationen können folgende Waffen mitgeführt werden: 2 x R-60 (AA-8 Aphid) Luft-Luft-Lenkwaffen, ungelenkte Raketen 57 mm bis 330 mm, wie S-5, S-8, S-24, und S-25 sowie Kh-25 (AS-10 Karen und AS-12 Kegler), Kh-29 (AS-14 Kedge) und Kh-58E (AS-11 Kilter)	

Suchoj Su-22UM-3K
NATO-Codename: Fitter-G
Einsatz: 1991 – 1998
Stückzahl: 2
Hersteller: Suchoj

Für die Ausbildung der Piloten der Fitter-C entwickelte Suchoj die doppelsitzige Ausführung Fitter-E. Diese Maschine trug nur eine Kanone in der rechten Flügelwurzel. Für den Export entstand aus

Technische Daten	
Suchoj Su-22UM-3K	
Verwendungszweck:	Übungskampfflugzeug
Besatzung:	2
Spannweite	
63 Grad geschwenkt in m:	10,03
30 Grad geschwenkt in m:	13,68
Länge in m:	19,03
Höhe in m:	5,13
Flügelfläche in m^2: (63 Grad geschwenkt)	34,45
Leermasse in kg:	10.800
Startmasse in kg:	18.900
Höchstgeschwindigkeit in km/h:	1900
Marschgeschwindigkeit in km/h:	1200
Steigleistung in m/s:	230
Aktionsradius in km:	400
Gipfelhöhe in m:	15.500
Triebwerk:	1 x NPO Saturn (Lyulka) AL-21F-3
Leistung in kN:	1 x 110,3 mit Nachbrenner

Bewaffnung:
1 x 30 mm Kanone NR-30 mit 80 Schuss, an Außenlaststationen können folgende Waffen mitgeführt werden: 2 x Luft-Luft-Lenkraketen R-60 (AA-8 Aphid), ungelenkte Raketen von 57 mm bis 330 mm, wie S-5, S-8, S-24 und S-25, sowie Kh-25 (AS-10 Karen und AS-12 Kegler), Kh-29 (AS-14 Kedge) und Kh-58E (AS-11 Kilter)

der Fitter-E die Fitter-G, die sich kaum von dem Originalmodell unterschied. Auch sie war mit dem Tumansky-Strahltriebwerk R-29B ausgerüstet. Die beiden Flugzeugführer saßen hintereinander. Die Kanzel deckten zwei getrennte, nach oben öffnende Kabinenhauben ab. Bei der Su-22UM-3K wurde die maximale Waffenzuladung auf 3000 kg reduziert und auch sie erhielt nur eine Bordkanone. Die deutschen LSK der NVA stellten zwischen 1984 und 1987 die Suchoj Su-22M-4 in Dienst. Zur Schulung wurden gleichzeitig acht doppelsitzige Su-22UM-3K übernommen. Nach der Übernahme der Flugzeuge durch die Bundeswehr erhielten die Su-22UM-3K die taktischen Kennungen 25+47 bis 25+54. Zusammen mit sechs Su-22M-4 erhielt die WTD 61 in Manching zwei Su-22UM-3K mit den Erprobungskennzeichen 98+11 und 98+16. Die 98+11 traf im April 1991 in Manching ein und die 98+16 im Juli 1991. Zum ersten Übungsflug startete die 98+11 am 26. Juni 1991. An Bord befanden sich OTL Funke und Major Römer, beide ehemalige NVA-Piloten. Die Su-22UM-3K wurden bei Einweisungs- und Zieldarstellungsflügen eingesetzt.
Nach ihrer Außerdienststellung wurde die 98+11 am 16. Juni 1999 dem Museum in Cottbus übergeben, die 98+16 blieb in Manching. Keine der Su-22UM-3K wurde verschrottet. Sie fanden alle einen Ausstellungsplatz in einem Museum.

Die Su-22UM-3K setzte die Bundeswehr für Einweisungs- und Zieldarstellungsflüge ein.

Eurocopter BK 117AVT

Einsatz: 1995
Stückzahl: 1
Hersteller: Eurocopter (MBB)

Ein BK 117 wurde mit der Kennung 98+22 wurde 1995 bei der Wehrtechnischen Dienststelle 61 in Manching erprobt. Er führte die Bezeichnung BK 117AVT (Ausrüstungsversuchsträger) und diente, wie der Name vermuten lässt, als Versuchsträger für ein Programm zur Entwicklung von Technologien auf dem Hubschrauber-Ausrüstungssektor. Dazu gehörten neue Helmsysteme, Kartengeräte, Funkgeräte und Hinderniswarnsysteme.

Dieser BK 117 diente als Versuchsträger für neue Hubschrauberausrüstungen.

Technische Daten	
Eurocopter BK 117	
Verwendungszweck:	Mehrzweckhubschrauber
Besatzung:	1 + 8-12 Passagiere
Rotorkreisdurchmesser in m:	11,0
Länge in m:	9,91
Höhe in m:	3,36
Leermasse in kg:	1727
Startmasse in kg:	3200
Höchstgeschwindigkeit in km/h:	278
Reisegeschwindigkeit in km/h:	248
Steigleistung in m/s:	9,7
Reichweite in km:	570
Gipfelhöhe in m:	5300
Triebwerk:	2 x Textron Lycoming LTS101-750B-1
Leistung in kW:	2 x 441,5

EADS Barracuda

Einsatz: 2006
Stückzahl: 1
Hersteller: EADS Militärflugzeuge

EADS begann 2003 mit der Entwicklung des Drohnen-Versuchsträgers »Barracuda«. Mit dieser Entwicklung möchte EADS den Anschluss bei der Entwicklung unbemannter Aufklärer und Kampfflugzeuge gewährleisten. Der Versuchsträger dient der Weiterentwicklung von Technologien und Fähigkeiten, die für zukünftige einsatzreife Drohnen oder UAVs (Unmanned Aerial Vehicles) benötigt werden. Die Finanzierung erfolgte aus Eigenmitteln der EADS und der beteiligten Zulieferfirmen. Erstmals wurde die Drohne auf der ILA 2006 in Berlin der Öffentlichkeit vorgestellt. Die Zelle entstand vollständig aus Kohlefaser-Verbundwerkstoffen (CFK). Dafür kam ein spezielles Vakuum-unterstütztes Verfahren (VAP – Vakuum Assisted Process) zur Anwendung, das von EADS patentiert wurde. Die Trag- und Steuerflächen wurden ebenfalls weitgehend in Kompositbauweise gefertigt. Aus Metall bestehen lediglich die Beschläge des Hauptfahrwerks sowie die Aufhängungen und die tragende Struktur der Tragflächen. Fahrwerk und die Bugradsteuerung stammen von der Agusta SIAI S.211. Die Flugsteuerungs- und Navigationsanlage ist dreifach ausgelegt. Den Flugsteuerungsrechner entwickelte MTU Aero Engines. Die Stellantriebe der Fly-by-wire-Steuerung arbeiten elektromechanisch. Nur beim Fahrwerk und der Bugfahrwerk-Steuerung kommt Hydraulik zum Einsatz. Als Antrieb dient ein JT15D-5C-Turbofan von MTU/Pratt & Whitney Canada mit einer Leistung von 14 kN. Der Barracuda kann eine Vielzahl von Sensoren als Nutzlast mit einem Gewicht von maximal 300 kg transportieren. Dazu gehören so genannte Synthetic Aperture-Radarsysteme (SAR), Laser-Zielmarkierungssysteme, Infrarot- sowie elektrooptische Kameras und Detektoren für radiomagnetische Strahler (Emitter Locator Systems, ELS). Eine – wenn auch untergeordnete – Rolle spielte die Tarnkappen(Stealth)-Technologie, mit der eine möglichst geringe Radarsignatur erreicht werden soll. Aus diesem Grund wurde der Triebwerkseinlauf auf der Rumpfoberseite angeordnet und die allgemeine Formgebung so ausgelegt, dass alle Kanten und Winkel gleich ausgerichtet sind, was die Radar-Reflektion vermindert und damit die Sichtbarkeit auf Radarschirmen reduziert. Anfang 2004 wurde mit der Herstellung der Zelle im EADS-Werk in Augsburg begonnen. Diese Arbeiten konnten bereits nach rund einem Monat abgeschlossen werden. Die Trag- und Steuerflächen fertigte das spanische EADS-Werk in Getafe und lieferte sie im Winter 2004 nach Augsburg. Flugsteuerungsrechner, Laser-Höhenmesser und Missionscomputer wurden Ende 2004 in einer Dornier 228 in Manching im Fluge erprobt. Bei dieser Erprobung kam auch die

Im Geheimen entwickelt: Die Drohne Barracuda von EADS.

Bodenstation zum Einsatz, um die Multilink-Datenübertragung zu erproben. Im März 2005 brachte ein Tieflader das komplett ausgerüstete UAV von Augsburg nach Manching. Eine zweite Flugerprobung der Avionik an Bord der Dornier 228 fand im April 2005 statt. Der dritte und letzte Flug mit der Dornier 228 erfolgte in Murcia, wobei die schon beim Erstflug dabei gewesene Ausrüstung des Barracuda an Bord war. Anfang August 2005 wurde das Triebwerk eingebaut. Der erste Probelauf in der Manchinger Lärmschutzhalle erfolgte am 12. August. Die Rollversuche wurden am 6. Januar 2006 in Manching aufgenommen, wobei sich der Versuchsträger selbstständig entlang von vordefinierten Wegpunkten bewegte. Sie konnten erfolgreich abgeschlossen werden. An Bord einer Transall C-160D wurden der UAV-Demonstrator samt Kontrolleinrichtungen und Bodenstation zum spanischen Luftwaffenstützpunkt San Javier bei Murcia überführt, wo die Flugerprobung begann. Für den Transport mussten die Tragflächen abgebaut werden. Die Demontage dauerte nur eine Stunde.

In San Javier wurden zunächst weitere Roll- und Systemtests durchgeführt, die alle erfolgreich verliefen. Daraufhin gaben am 1. April die deutschen und spanischen Behörden grünes Licht für die Aufnahme der Flugerprobung. Bereits am 2. April 2006 startete der Barracuda mit der Kennung 99+80 zum ersten Flug, der rund 20 Minuten dauerte. Der Flug erfolgte vom Start bis zur Landung völlig selbstständig auf einem vorprogrammierten Kurs und wurde nur von der Bodenkontrollstation aus überwacht. Damit wurde erstmals in Europa eine derart komplexe und große Drohne im Flug erprobt.

Nach Abschluss der ersten Testphase wurde der UAV-Erprobungsträger wieder zurück nach Manching gebracht. Im Rahmen der zweiten Testphase erfolgten ab dem 19. September 2006 weitere Hochgeschwindigkeits-Rollversuche in San Javier. Bei der Rückkehr von ihrem zweiten Flug stürzte der Barracuda am 23. September 2006 unmittelbar vor der Landung auf dem spanischen Fliegerhorst San Javier ins Meer.

Technische Daten	
EADS Barracuda	
Verwendungszweck:	Versuchsträger
Spannweite in m:	7,22
Länge in m:	8,25
Höhe in m:	2,40
Leermasse in kg:	2300
Startmasse in kg:	3250
Nutzmasse in kg:	300
Triebwerk:	1 x Pratt & Whitney/MTU JT15D-15-Turbofan
Leistung in kN:	14,2

Zusammen mit einem Eurofighter Typhoon steht hier die Barracuda in Manching.

Anhang – Flugplätze der Bundeswehr

Stand 1976

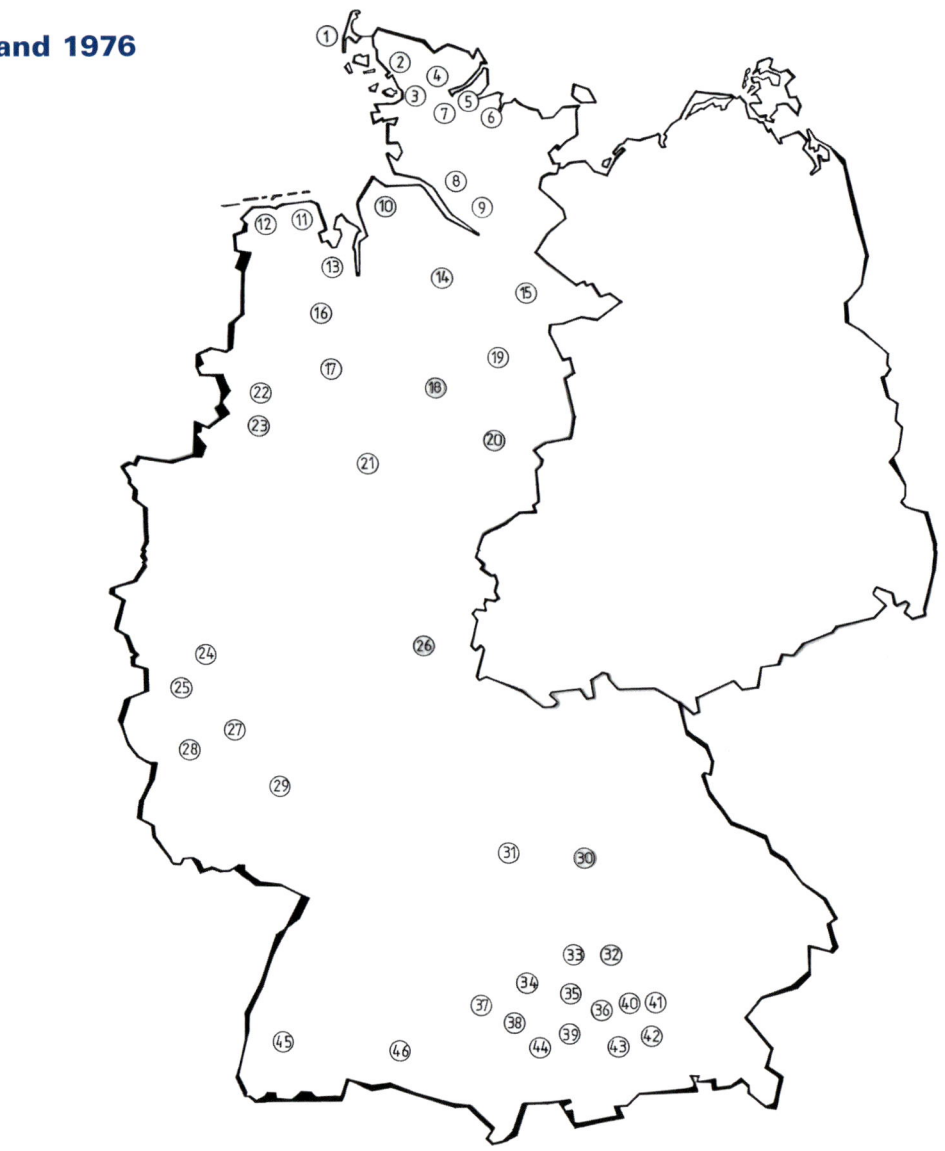

1	Westerland/Sylt	12	Wittmundhafen	24	Köln-Wahn	36	Fürstenfeldbruck
2	Leck	13	Oldenburg	25	Nörvenich	37	Laupheim
3	Husum	14	Rotenburg	26	Fritzlar	38	Memmingen
4	Eggebek	15	Faßberg	27	Niedermendig	39	Landsberg/Penzing
5	Schleswig/Jagel	16	Ahlhorn	28	Büchel	40	Oberschleißheim
6	Kiel	17	Diepholz	29	Pferdsfeld	41	Erding
7	Hohn	18	Wunsdorf	30	Roth	42	Neubiberg
8	Itzehoe/Hungriger Wolf	19	Celle	31	Niederstetten	43	Oberpfaffenhofen
9	Uetersen	20	Hildesheim	32	Manching	44	Kaufbeuren
10	Nordholz	21	Bückeburg	33	Neuburg/Donau	45	Bremgarten
11	Jever	22	Rheine-Hopsten	34	Leipheim	46	Neuhausen ob Eck
		23	Rheine-Bentlage	35	Lechfeld		

Stand 1990

Flugplätze der Bundeswehr

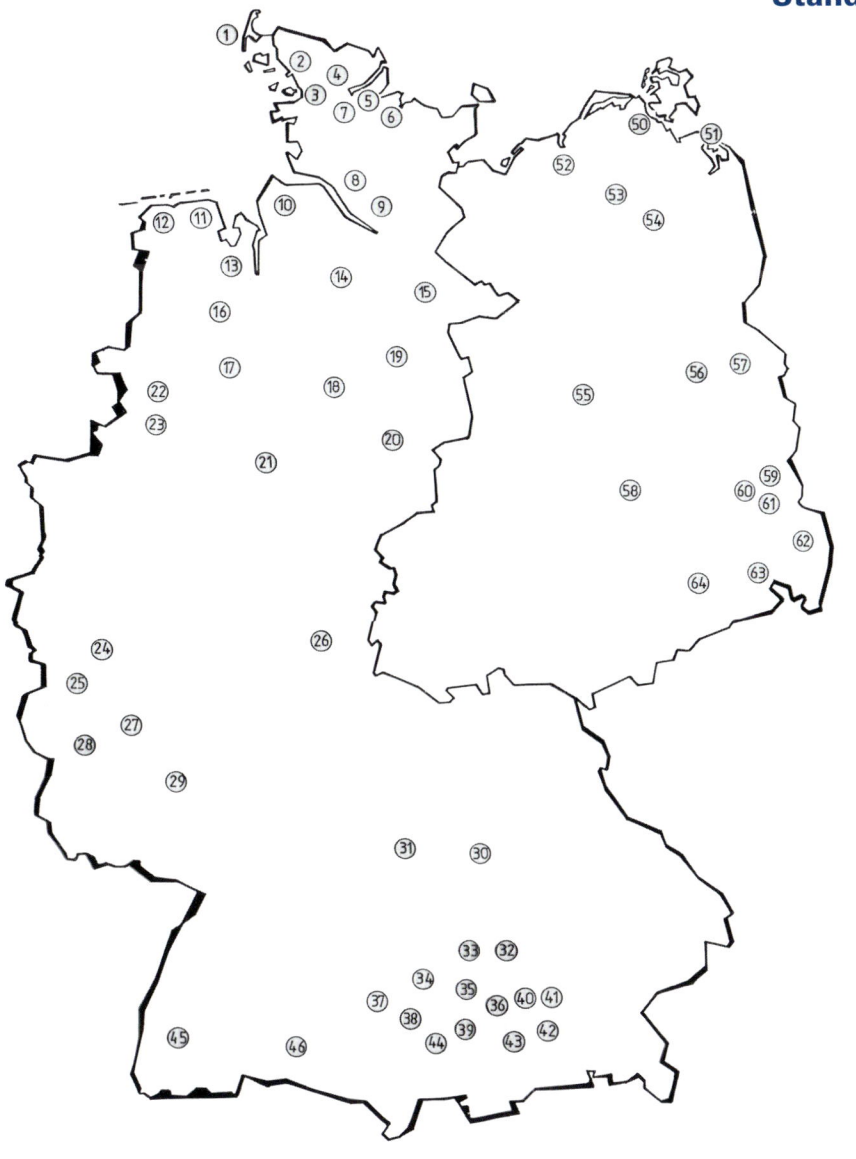

1	Westerland/Sylt	15	Faßberg	31	Niederstetten	51	Peenemünde
2	Leck	16	Ahlhorn	32	Manching	52	Laage
3	Husum	18	Wunsdorf	33	Neuburg/Donau	53	Basepohl
4	Eggebek	19	Celle	35	Lechfeld	54	Trollhagen
5	Schleswig/Jagel	21	Bückeburg	36	Fürstenfeldbruck	55	Brandenburg-Briest
6	Kiel	22	Rheine-Hopsten	37	Laupheim	56	Straußberg
7	Hohn	23	Rheine-Bentlage	38	Memmingen	57	Marxwalde
8	Itzehoe/Hungriger Wolf	24	Köln-Wahn	39	Landsberg/Penzing	58	Holzdorf
10	Nordholz	25	Nörvenich	41	Erding	59	Drehwitz
11	Jever	26	Fritzlar	42	Neubiberg	60	Cottbus
12	Wittmundhafen	27	Niedermendig	44	Kaufbeuren	61	Preschen
13	Oldenburg	28	Büchel	45	Bremgarten	62	Rothenburg
14	Rotenburg	29	Pferdsfeld	46	Neuhausen ob Eck	63	Kamenz
		30	Roth	50	Parow	64	Dresden-Klotsche

Stand 2006

Flugplätze der Bundeswehr

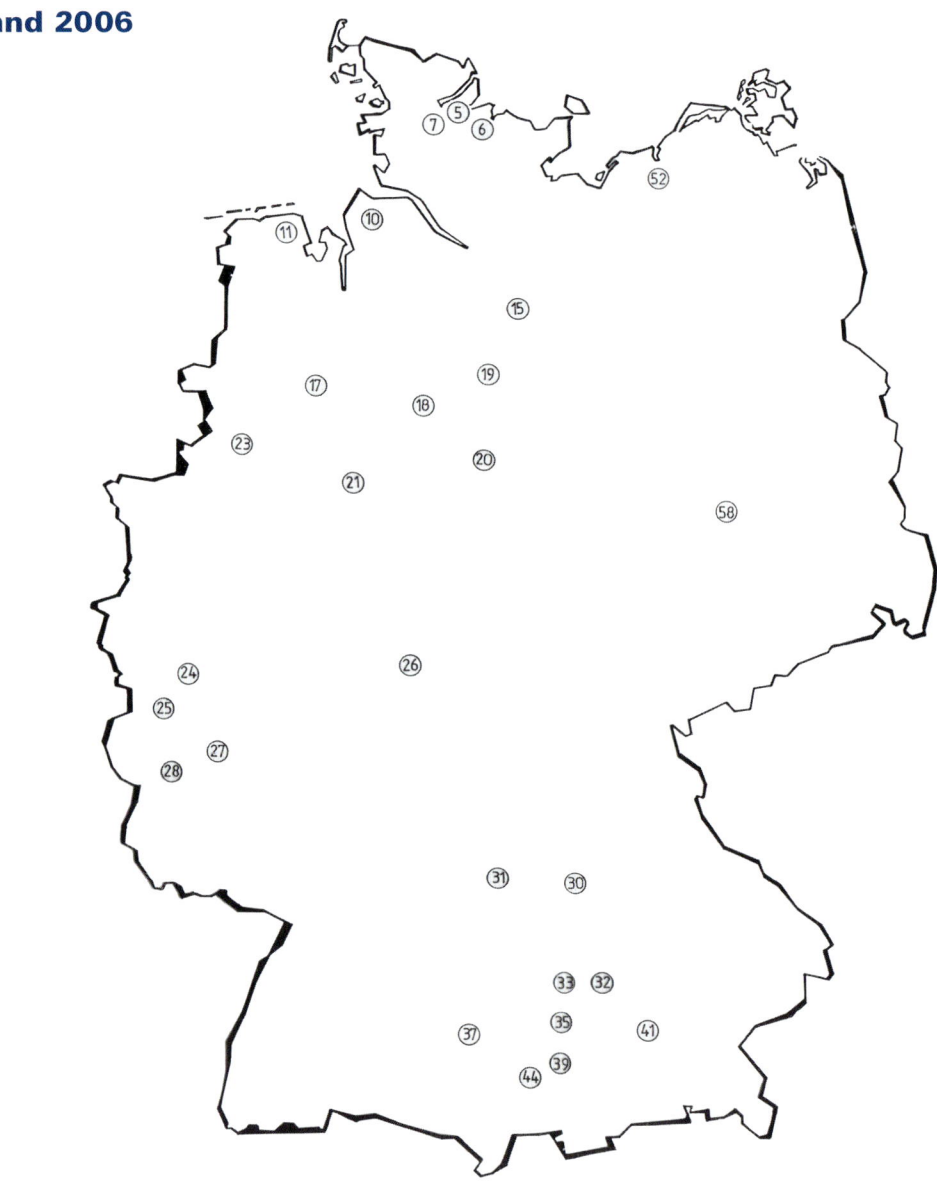

5	Schleswig/Jagel	25	Nörvenich	44	Kaufbeuren
6	Kiel	26	Fritzlar	52	Laage
7	Hohn	27	Niedermendig	58	Holzdorf
10	Nordholz	28	Büchel		
12	Wittmundhafen	30	Roth		
15	Faßberg	31	Niederstetten		
16	Ahlhorn	32	Manching		
17	Diepholz	33	Neuburg/Donau		
18	Wunsdorf	35	Lechfeld		
19	Celle	36	Fürstenfeldbruck		
21	Bückeburg	37	Laupheim		
23	Rheine-Bentlage	39	Landsberg/Penzing		
24	Köln-Wahn	41	Erding		

Vebandskennungen 1956 – 1968

AA	Flugzeugführerschule »A«		(FFS »A«)
AB	Flugzeugführerschule »B«		(FFS »B«)
AC	Flugzeugführerschule »C«		(FFS »C«)
AS	Flugzeugführerschule »S«		(FFS »S«)
BA	Waffenschule der Luftwaffe 30		(WaSLw 30)
BB	Waffenschule der Luftwaffe 10		(WaSLw 10)
BD	Waffenschule der Luftwaffe 50		(WaSLw 50)
BF	Technische Schule der Luftwaffe 1		(TSLw 1)
BR	Reserveflugzeuge Waffenschule der Luftwaffe		
CA	Flugbereitschaft Bundesministerium der Verteidigung		(Flugbereitschaft BMVg)
CB	Rettungs- und Verbindungsstaffel 2		(RVSt 2)
CC	Rettungs- und Verblndungsstaffel 3		(RVSt 3)
DA	Jagdbombergeschwader 31 »Boelke«		(JaboG 31 »B«)
DB	Jagdbombergeschwader 32		(JaboG 32)
DC	Jagdbombergeschwader 33		(JaboG 33)
DD	Jagdbombergeschwader 34		(JaboG 34)
DE	Jagdbombergeschwader 35		(JaboG 35)
DF	Jagdbombergeschwader 36		(JaboG 36)
DG	Jagdbombergeschwader 41		(JaboG 41)
DH	Jagdbombergeschwader 42		(JaboG 42)
DR	Reserveflugzeuge Jagdbombergeschwader		
EA	Aufklärungsgeschwader 51 »Immelmann«		(AG 51 »I«)
EB	Aufklärungsgeschwader 52		(AG 52)
EC	Aufklärungsgeschwader 53		(AG 53)
ED	Aufklärungsgeschwader 54		(AG 54)
ER	Reserveflugzeuge Aufklärungsgeschwader		
GA	Lufttransportgeschwader 61		(LTG 61)
GB	Lufttransportgeschwader 62		(LTG 62)
GC	Lufttransportgeschwader 63		(LTG 63)
GD	Hubschraubertransportgeschwader 64		(HTG 64)
GR	Reserveflugzeuge Lufttransportgeschwader		
JA	Jagdgeschwader 71 »Richthofen«		(JG 71 »R«)
JB	Jagdgeschwader 72		(JG 72)
JC	Jagdgeschwader 73		(JG 73)
JD	Jagdgeschwader 74 »Mölders«		(JG 74 »M«)
JE	Jagdgeschwader 75		(JG 75)
JR	Reserveflugzeuge Jagdgeschwader		
KA	Werkscode Hamburger Flugzeugbau/VFW		
KB	Werkscode Focke Wulf		
KC	Werkscode Fiat		
KD	Werkscode Dornier		
KE	Werkscode Messerschmitt		
KF	Werkscode Lockheed		
KG	Werkscode Fokker		
KH	Werkscode SABAC		
KL	Werkscode Dornier		
KM	Werkscode VFW		
LA	Rettungs- und Verbindungsstaffel 1		(RVSt 1)
LB	Rettungs- und Verbindungsstaffel 2		(RVSt 2)
LC	Rettungs- und Verbindungsstaffel 3		(RVSt 3)
MA	leichtes Kampfgeschwader 41		(leKG 41)
MB	leichtes Kampfgeschwader 42		(leKG 42)
MC	leichtes Kampfgeschwader 43		(leKG 43)
MD	leichtes Kampfgeschwader 44		(leKG 44)
MR	Reserveflugzeuge leichte Kampfgeschwader		
ND+1..			Luftwaffengruppe Süd
ND+2..			Luftwaffengruppe Nord
NL	Luftwaffe Sportfluggruppe		(LwSGrp)
PA	Heeresfliegerstaffel 1		(HFS 1)
PB	Heeresfliegerstaffel 2		(HFS 2)
PB	Heeresfliegerstaffel 823		(HFlgStff 823)
PB	Heeresfliegertransportstaffel 102		(HFlgTrspStff 102)
PC	Heeresfliegerstaffel 3		(HFS 3)
PC	Heeresfliegertransportstaffel 103		(HFlgTrspStff 103)
PC	Heeresfliegerstaffel 8 (Gebirge)		(HFlgStff 8 (Geb))
PD	Heeresfliegerstaffel 4		(HFS 4)
PE	Heeresfliegerstaffel 5		(HFS 5)
PE	Heeresfliegertransportstaffel 103		(HFlgTrspStff 103)
PE	HFlgTrspStff (Lehr) 102		
PE	HFlgTrspStff (Lehr) 303		
PF	Heeresfliegerstaffel 6		(HFS 6)
PF	Heeresfliegerbataillon 6		(HFlgBtl 6)
PF	HFlgTrspStff (Lehr) 303		
PF	Heeresfliegertransportstaffel 103		(HFlgTrspStff 103)
PF	4./Heeresfliegertransportbataillon 100		(4./HFlgTrspBtl 100)
PG	Heeresfliegerstaffel 7		(HFS 7)
PH	Heeresfliegerstaffel 8		(HFS 8)
PH	3./Heeresfliegerbataillon 10		(3./HFlgBtl 10)
PJ	Heeresfliegerstaffel 10		(HFS 10)
PJ	Heeresfliegerbataillon 200		(HFlgBtl 200)
PJ	Heeresfliegerstaffel (Luftlande) 9		(HFlgStff (LL) 9)
PK	Heeresfliegerstaffel 11		(HFS 11)
PL	Heeresfliegerstaffel 12		(HFS 12)
PL	Heeresfliegerbataillon 12		(HFlgBtl 12)
PM	Heeresfliegerinstandsetzungsstaffel		(HFIS)
PN	Heeresfliegerinstandsetzungsstaffel		
PO	Heeresfliegerinstandsetzungsstaffel		
PP	Heeresfliegerinstandsetzungsstaffel		
PQ	Heeresfliegerinstandsetzungsstaffel		
PR	Heeresfliegerinstandsetzungsstaffel		
PS	Heeresfliegerinstandsetzungsstaffel		
PT	Heeresfliegerinstandsetzungsstaffel		
PX	Heeresfliegerbataillon 300		(HFB 300)
PY	Heeresfliegerbataillon 200		(HFB 200)
PZ	Heeresfliegerbataillon 100		(HFB 100)
PZ	4./(L)Heeresfliegerbataillon 100		(4./(L)HFlgBtl 100)
QA	Heeresfliegerbataillon 100		(HFlgBtl 100)
QA	4./100 Heeresfliegertransportstaffel		(4./100 HFlgTrspStff)
QA	3./100 Heeresfliegertransportstaffel		(3./100 HFlgTrspStff)
QA	Heeresfliegertransportstaffel(Lehr)102		(HFlgTrspStff (Lehr)102)
QB	Heeresfliegerbataillon 200		(HFlgBtl 200)
QB	Heeresfliegerwaffenschule		(HFlgWaS)
QB	3./100 Heeresfliegertransportstaffel		(3./100 HFlgTrspStff)

299

QB	Heeresfliegertransportstaffel 103	(HFlgTrspStff 103)	
QB	4./100 Heeresfliegertransport-staffel	(4./100 HFlgTrspStff)	
QC	3./100 Heeresfliegertransport-staffel	(3./100 HFlgTrspStff)	
QC	4./Heeresfliegerbataillon 100	(4./HFlgBtl 100)	
QC	3./Heeresfliegerbataillon 10	(3./HFlgBtl 10)	
QE	Heeresfliegerbataillon 200	(HFlgBtl 200)	
QE	Heeresfliegerwaffenschule	(HFlgWaS)	
QE	3./Heeresfliegerbataillon 10	(3./HFlgBtl 10)	
QK	Heeresfliegertransport-staffel (San) 855	(HFlgTrspStff (San) 855)	
QW	Heeresfliegerwaffenschule	(HFlgWaS)	
QZ	Heeresflieger Sportgruppe	(HFSpGrp)	
RB+2..	1. Marinefliegergruppe		
RB	Marinefliegergeschwader 1	(MFG 1)	
RB+3..	2. Marinefliegergruppe		
RB	Marinefliegergeschwader 2	(MFG 2)	
RE	Marinefliegergeschwader 5	(MFG 5)	
SA	Marinefliegergeschwader 1	(MFG 1)	
SB	Marinefliegergeschwader 2	(MFG 2)	
SC	Marinefliegerdienst- und Seenotgeschwader		
SC	bis 1964 1. und 2. Marinefliegergruppe		
SC	Marinefliegergeschwader 5	(MFG 5)	
SE	Marinefliegergeschwader 5	(MFG 5)	
TA	Marinefliegergeschwader 1	(MFG 1)	
TB	Marinefliegergeschwader 2	(MFG 2)	
UA	Marinefliegergeschwader 3	(MFG 3)	
UC	Marinefliegergeschwader 3	(MFG 3)	
VA+2..	1. Marinefliegergruppe		
VA	Marinefliegergeschwader 1	(MFG 1)	
VB+1..	2. Marinefliegergruppe		
VB	Marinefliegergeschwader 2	(MFG 2)	
WD	Marinefliegergeschwader 4	(MFG 4)	
WE	Marinefliegergeschwader 5	(MFG 5)	
XA	Fernmelde-Lehr- und Versuchsregiment 61	(FLVRgt 61)	
XB	Lehr- und Versuchsschwarm	(LVS)	
YA	Erprobungsstelle 61	(ESt 61)	
YD	Erprobungsstelle 64	(ESt 64)	

Flugzeugkennungen

Aérospatiale S.E. 3130 Alouette II

Kennzeichen	c/n
AS-351	1855
AS-352	1856
AS-353	1857
AS-354	1858
AS-355	1860
AS-356	1861
AS-357	1862
AS-358	1863
AS-359	1864
AS-360	1865
AS-361	1868
AS-362	1869
AS-363	1870
AS-364	1871
AS-365	1872
AS-366	1873
AS-367	1876
AS-368	1877
AS-369	1878
AS-370	1879
AS-371	1880
PA-131	1166
PA-132	1178
PA-132	1301
PA-133	1180
PA-133	1324
PA-134	1179
PA-134	1362
PA-135	1188
PA-135	1363
PA-136	1191
PA-136	1364
PA-137	1192
PA-137	1299
PA-137	1478
PA-138	1193
PA-138	1300
PA-139	1194
PA-139	1388
PA-139	1446
PA-139	1560
PA-140	1195
PA-140	1561
PA-141	1655
PA-141	1733
PA-142	1656
PA-142	1737
PA-142	1747
PA-201	1286
PA-202	1300
PA-203	1301
PA-204	1324
PA-205	1362
PA-206	1363
PA-207	1364
PA-208	1478
PA-209	1561
PA-210	1733
PA-211	1747
PB-131	1286
PB-131	1389
PB-132	1287
PB-132	1390
PB-133	1299
PB-133	1402
PB-133	1450
PB-134	1403
PB-135	1416
PB-136	1417
PB-137	1432
PB-138	1433
PB-139	1449
PB-140	1461
PB-140	1562
PB-141	1623
PB-141	1722
PB-142	1641
PB-142	1749
PB-201	1390
PB-203	1416
PB-204	1417
PB-205	1432
PB-206	1433
PB-207	1450
PB-208	1533
PB-209	1562
PB-211	1749
PC-131	1274
PC-131	1300
PC-132	1275
PC-132	1301
PC-133	1276
PC-133	1337
PC-134	1277
PC-134	1389
PC-135	1287
PC-135	1390
PC-136	1288
PC-136	1391
PC-137	1289
PC-137	1392
PC-138	1313
PC-139	1448
PC-139	1563
PC-140	1564
PC-141	1672
PC-141	1734
PC-142	1673
PC-142	1748
PC-201	1274
PC-202	1276
PC-203	1277
PC-204	1287
PC-205	1288
PC-206	1289
PC-207	1313
PC-208	1563
PC-209	1564
PC-210	1734
PC-211	1748
PD-131	1196
PD-131	1338
PD-132	1215
PD-132	1339
PD-133	1277
PD-133	1340
PD-134	1310
PD-134	1349
PD-135	1311
PD-135	1350
PD-136	1326
PD-136	1351
PD-137	1352
PD-138	1361
PD-139	1529
PD-140	1530
PD-141	1625
PD-141	1721
PD-142	1627
PD-142	1737
PD-201	1338
PD-202	1339
PD-203	1340
PD-204	1349
PD-205	1350
PD-206	1351
PD-207	1352
PD-208	1361
PD-209	1529

PD-210	1530	PG-131	1196	PJ-331	1447	PN-135	1655	
PD-211	1737	PG-131	1274	PJ-331	1640	PN-136	1610	
PE-131	1216	PG-132	1215	PJ-331	1658	PN-136	1656	
PE-131	1511	PG-132	1275	PJ-332	1464	PN-137	1657	
PE-132	1217	PG-133	1276	PJ-332	1188	PN-138	1673	
PE-132	1512	PG-133	1574	PJ-333	1446	PN-139	1674	
PE-133	1166	PG-133	1693	PJ-333	1672	PN-140	1675	
PE-133	1180	PG-134	1362	PJ-334	1192	PN-141	1694	
PE-133	1257	PG-134	1575	PJ-334	1817	PN-143	1707	
PE-134	1179	PG-135	1363	PJ-335	1580	PN-144	1708	
PE-134	1312	PG-135	1593	PJ-336	1590	PN-145	1709	
PE-135	1313	PG-136	1364	PJ-337	1630	PN-145	1816	
PE-135	1591	PG-136	1608	PJ-338	1678	PO-131	1464	
PE-136	1327	PG-136	1735	PJ-339	1712	PO-132	1638	
PE-136	1592	PG-137	1388	PJ-340	1718	PO-133	1706	
PE-137	1613	PG-137	1674	PJ-340	1194	PO-134	1764	
PE-137	1751	PG-137	1776	PJ 341	1547	PO-135	1765	
PE-138	1622	PG-138	1675	PK-131	1547	PO-136	1836	
PE-138	1760	PG-138	1777	PK-132	1548	PO-137	1839	
PE-139	1659	PG-139	1678	PK-133	1578	PO-138	1840	
PE-139	1761	PG-139	1778	PK-134	1579	PO-139	1841	
PE-140	1690	PG-1?0	1692	PK-135	1611	PO-140	1854	
PE-140	1788	PG-1?0	1779	PK-135	1659	PP-131	1404	
PE-141	1638	PG-141	1814	PK-136	1612	PP-131	1832	
PE-141	1789	PG-142	1815	PK-136	1660	PP-132	1418	
PE-142	1790	PG-201	1196	PK-137	1657	PP-133	1431	
PE-201	1180	PG-202	1215	PK-137	1689	PP-134	1195	
PE-202	1511	PG-203	1560	PK-138	1658	PP-134	1463	
PE-203	1512	PG-204	1575	PK-138	1690	PP-134	1477	
PE-204	1591	PG-205	1593	PK-139	1691	PP-135	1178	
PE-205	1592	PG-206	1693	PK-140	1692	PP-135	1465	
PE-206	1751	PG-207	1735	PN-141	1694	PP-136	1193	
PE-207	1760	PG-208	1776	PK-141	1697	PP-136	1466	
PE-208	1761	PG-209	1777	PK-142	1698	PP-137	1479	
PE-209	1788	PG-210	1778	PK-143	1705	PP-138	1480	
PE-210	1789	PG-211	1779	PK-144	1706	PP-139	1531	
PE-211	1790	PH-131	1265	PK-145	1712	PP-139	1533	
PF-131	1288	PH-132	1266	PK-201	1325	PP-139	1774	
PF-131	1391	PH-133	1267	PK-202	1326	PP-139	1842	
PF-132	1289	PH-134	1324	PK-203	1327	PP-140	1532	
PF-132	1392	PH-135	1325	PK-204	1337	PP-141	1642	
PF-133	1298	PH-201	1191	PK-205	1481	PP-141	1732	
PF-133	1405	PH-202	1216	PK-206	1482	PP-142	1643	
PF-134	1338	PH-203	1217	PK-207	1493	PP-142	1750	
PF-134	1406	PH-204	1266	PK-208	1527	PP-143	1660	
PF-135	1339	PH-205	1267	PK-209	1528	PP-143	1762	
PF-135	1419	PH-206	1298	PK-210	1719	PP-144	1763	
PF-136	1340	PH-207	1310	PK-211	1746	PP-145	1775	
PF-136	1420	PH-208	1311	PL-131	1325	PQ-131	1166	
PF-137	1349	PH-209	1312	PL-132	1326	PQ-131	1513	
PF-137	1434	PH-210	1718	PL-133	1327	PQ-132	1178	
PF-138	1350	PH-211	1721	PL-134	1337	PQ-132	1465	
PF-138	1437	PH-231	1191	PL-135	1493	PQ-133	1179	
PF-139	1351	PH-232	1194	PL-136	1494	PQ-133	1514	
PF-139	1450	PH-233	1216	PL-137	1481	PQ-134	1180	
PF-139	1549	PH-234	1217	PL-138	1482	PQ-135	1188	
PF-140	1352	PH-235	1266	PL-139	1527	PQ-135	1515	
PF-140	1462	PH-236	1267	PL-140	1528	PQ-136	1192	
PF-140	1559	PH-236	1718	PL-141	1630	PQ-136	1516	
PF-141	1361	PH-237	1298	PL-141	1719	PQ-137	1193	
PF-141	1720	PH-238	1310	PL-142	1632	PQ-137	1466	
PF-142	1639	PH-239	1311	PL-142	1746	PQ-137	1689	
PF-142	1736	PH-240	1312	PL-201	1548	PQ-138	1195	
PF-143	1833	PH-241	1764	PL-202	1578	PQ-138	1477	
PF-144	1834	PH-242	1765	PL-203	1579	PQ-139	1196	
PF-145	1835	PH-243	1267	PL-204	1659	PQ-139	1543	
PF-336		PH-246	1718	PL-205	1660	PQ-140	1215	
PF-201	1405	PJ-201	1188	PL-206	1690	PQ-140	1544	
PF-202	1406	PJ-202	1194	PL-207	1691	PQ-141	1257	
PF-203	1419	PJ-203	1391	PL-208	1692	PQ-142	1265	
PF-204	1420	PJ-204	1547	PL-209	1697	PQ-143	1299	
PF-205	1434	PJ-205	1580	PL-210	1698	PQ-931	1513	
PF-206	1437	PJ-206	1590	PL-211	1705	PQ-933	1514	
PF-207	1549	PJ-207	1630	PN-131	1545	PQ-935	1515	
PF-208	1559	PJ-208	1658	PN-132	1546	PQ-936	1516	
PF-209	1720	PJ-209	1672	PN-133	1576	PQ-939	1543	
PF-210	1833	PJ-210	1678	PN-134	1577	PQ-940	1544	
PF-211	1834	PJ-211	1712	PN-135	1609	PS-701	1853	

Flugzeugkennungen

Kennzeichen	c/n
PX-201	1178
PX-202	1193
PX-203	1195
PX-204	1389
PX-205	1418
PX-206	1431
PX-207	1479
PX-208	1480
PX-209	1532
PX-210	1732
PX-211	1762
PX-212	1832
PX-213	1842
PU-336	
PY-201	1275
PY-203	1638
PY-204	1706
PY-205	1764
PY-206	1765
PY-207	1817
PY-208	1836
PY-209	1839
PY-210	1840
PY-211	1841
PY-212	1854
PZ-201	1545
PZ-202	1546
PZ-203	1576
PZ-204	1577
PZ-205	1655
PZ-206	1656
PZ-207	1657
PZ-208	1673
PZ-209	1674
PZ-210	1694
PZ-213	1816
QA-201	1257
QA-202	1266

Aérospatiale SA. 318C Alouette II

Kennzeichen	c/n
7725	2008
7726	2015
7727	2016
7728	2017
7729	2027
7730	2031
7731	2032
7732	2040
7733	2041
7734	2042
7735	2047
7736	2054
7737	2055
7738	2056
7739	2061
7740	2062
7741	2069
7742	2070
7743	2071
7744	2076
7745	2077
7746	2084
7747	2085
7748	2086
7749	2091
7750	2092
7751	2098
7752	2099
7753	2100
7754	2101
7755	2105
7756	2106
7757	2107
7758	2108
7759	2113
7760	2114
7761	2115
7762	2116
7763	2118
7764	2119
7765	2120
7766	2121
7767	2122
7768	2123
7769	2128
7770	2129
7771	2130
7772	2131
7773	2132
7774	2134
7775	2135
7776	2136
7777	2137
7778	2138

Agusta-Bell AB-47G-2

Kennzeichen	c/n
AS+050	249
AS+051	250
AS+052	251
AS+053	253
AS+054	254
AS+055	255
AS+056	256
AS+057	257
AS+058	258
AS+059	259
AS+060	260
AS+061	261
AS+062	262
AS+063	263
AS+064	228
AS+064	264
AS+066	265
AS+066	266
AS+067	267
AS+068	268
AS+373	251
AS+374	253
AS+375	254
AS+376	261
AS+377	262
AS+378	264
AS+379	266
AS+380	268
AS+383	239
AS+385	236
AS+389	222
AS+389	249
AS+390	223
AS+391	224
AS+392	225
AS+393	226
AS+394	227
AS+395	228
AS+396	229
AS+396	237
AS+397	238
LA+101	249
LA+102	251
LA+103	253
LA+104	254
LA+105	261
LA+106	262
LA+107	264
LA+109	266
LA+110	268
74+01	224
74+02	225
74+03	226
74+04	228
74+05	236
74+06	237
74+07	238
74+08	239
74+09	249
74+10	250
74+11	251
74+12	253
74+13	254
74+14	255
74+15	256
74+16	257
74+17	259
74+18	260
74+19	261
74+20	262
74+21	263
74+22	264
74+23	265
74+24	266
74+25	267
74+26	268

Agusta Westland Sea Lynx Mk.88/Mk.88A

Kennzeichen	c/n
83+01	220
83+02	223
83+03	225
83+04	231
83+05	246
83+06	252
83+07	258
83+08	261
83+09	263
83+10	266
83+11	269
83+12	272
83+13	326
83+14	327
83+15	341
83+16	342
83+17	343
83+18	344
83+19	345
83+20	388
83+21	389
83+22	391
83+23	392
83+24	394
83+25	396
83+26	397

Airbus A310-300/MRT/MRTT

Kennung	Werk-Nr.	Name
10+21	498	»Konrad Adenauer«
10+22	499	»Theodor Heuss«
10+23	503	»Kurt Schumacher«
10+24	434	»Otto Lilienthal«
10+25	484	
10+26	522	
10+27	523	»August Euler«

Antonow An-26

Kennung	Werk-Nr.
52+01	10404
52+02	10405
52+03	10407
52+04	10409
52+05	10509
52+06	10605
52+07	10607
52+08	10706
52+09	11402
52+10	14208
52+11	14307
52+12	14308

Armstrong Whitworth Seahawk Mk.100 / Mk.101

Kennzeichen	c/n
RB+240	6687
RB+241	6688
RB+242	6689
RB+243	6690
RB+244	6691
RB+245	6692
RB+246	6693
RB+247	6694
RB+248	6695
RB+249	6696
RB+250	6697
RB+251	6698
RB+252	6699
RB+253	6700
RB+254	6701
RB+255	6702
RB+256	6703
RB+360	6704
RB+361	6705
RB+362	6706
RB+363	6707
RB+364	6708
RB+365	6709
RB+366	6710
RB+367	6711
RB+368	6712
RB+369	6713
RB+370	6714
RB+371	6715
RB+372	6716
RB+373	6717
RB+374	6718
RB+375	6719
RB+376	6720
VA+220	6653
VA+221	6654
VA+222	6655
VA+223	6656
VA+224	6657
VA+225	6658
VA+226	6659
VA+227	6660
VA+228	6661
VA+229	6662
VA+230	6663
VA+231	6664
VA+232	6665
VA+233	6666
VA+234	6667
VA+235	6668
VA+236	6669
VB+120	6670
VB+121	6671
VB+122	6672
VB+123	6673
VB+124	6674
VB+125	6675
VB+126	6676
VB+127	6677
VB+128	6678
VB+129	6679
VB+130	6680
VB+131	6681
VB+132	6682
VB+133	6683
VB+134	6684
VB+135	6685
VB+136	6686

Bell 47G-2 Sioux

Kennzeichen	c/n
AS+381	1617
AS+382	1619
AS+384	1621

Kennzeichen	c/n	s/n
AS+385	1967	
AS+386	1968	
AS+387	1969	
AS+388	1970	
AS+389	1620	
AS+390	1986	
AS+394	1991	
AS+395	1992	
AS+398	2006	
AS+399	2007	
LA+108	1970	
PA+117	1986	
PA+118	1620	
PA+118	1988	
PA+120	1992	
PA+122	2006	
PB+117	1991	
PB+122	2007	
QB+459	2006	
QB+460	2007	
QF+458	1620	
QF+459	1986	
QF+460	1991	
QW+755	1620	
QW+756	1986	
QW+757	1991	
QW+758	1992	
QW+759	2006	
QW+760	2007	
YA+031	1992	
YA+032	2006	
74+27	1617	
74+28	1619	
74+29	1620	
74+30	1621	
74+31	1968	
74+32	1969	
74+33	1970	
74+34	1986	
74+35	1991	
74+36	1992	
74+37	2006	
74+38	2007	

Bell UH-1D Iroquois

Kennzeichen	c/n	s/n
KL+101	4368	64-13661
KL+102	4369	64-13662
KL+103	4513	64-13806
KL+104	4588	64-13881
KL+105	8101	
KL+106	8102	
KL+109	8103	
KL+110	8104	
KL+112	8304	
QW+303	8303	
QW+304	8304	
US+801	8001	
US+802	8002	
US+803	4368	64-13661
US+804		
US+805		
US+806	4588	64-13881
70+01	8001	
70+02	8002	
70+37	4368	64-13661
70+38	4369	64-13662
70+39	4513	64-13806
70+40	4588	64-13881
70+41		8101
70+42		8102
70+43		8103
70+44		8104
70+45		8105
70+46		8106
70+47		8107
70+48		8108
70+49		8109
70+50		
70+51		
70+52		
70+53		
70+54		
70+55		
70+56		
70+57		
70+58		
70+59		
70+60		
70+61		
70+62		
70+63		
70+64		
70+65		
70+66		
70+67		
70+68		
70+69		
70+70		
70+71		
70+72		
70+73		
70+74		
70+75		
70+76		
70+77		
70+78		
70+79		
70+80		
70+81		
70+82		
70+83		
70+84		
70+85		
70+86		
70+87		
70+88		
70+89		
70+90		
70+91		
70+92		
70+93		
70+94		
70+95		
70+96		
70+97		
70+98		
70+99		
71+00		
71+01		
71+02		
71+03		
71+04		
71+05		
71+06		
71+07		
71+08		
71+09		
71+10		
71+11		
71+12		
71+13		
71+14		
71+15		
71+16		
71+17		
71+18		
71+19		
71+20		
71+21		
71+22		
71+23		
71+24		
71+25		
71+26		
71+27		

8110	71+28	
8111	71+29	
8112	71+30	
8113	71+31	
8114	71+32	
8115	71+33	
8116	71+34	
8117	71+35	
8118	71+36	
8119	71+37	
8120	71+38	
8121	71+39	
8122	71+40	
8123	71+41	
8124	71+42	
8125	71+43	
8126	71+44	
8127	71+45	
8128	71+46	
8129	71+47	
8130	71+48	
8131	71+49	
8132	71+50	
8133	71+51	
8134	71+52	
8135	71+53	
8136	71+54	
8137	71+55	
8138	71+56	
8139	71+57	
8140	71+58	
8141	71+59	
8142	71+60	
8143	71+61	
8144	71+62	
8145	71+63	
8146	71+64	
8147	71+65	
8148	71+66	
8149	71+67	
8150	71+68	
8151	71+69	
8152	71+70	
8153	71+71	
8154	71+72	
8155	71+73	
8156	71+74	
8157	71+75	
8158	71+76	
8159	71+77	
8160	71+78	
8161	71+79	
8162	71+80	
8163	71+81	
8164	71+82	
8165	71+83	
8166	71+84	
8167	71+85	
8168	71+86	
8169	71+87	
8170	71+88	
8171	71+89	
8172	71+90	
8173	71+91	
8174	71+92	
8175	71+93	
8176	71+94	
8177	71+95	
8178	71+96	
8179	71+97	
8180	71+98	
8181	71+99	
8182	72+00	
8183	72+01	
8184	72+02	
8185	72+03	
8186	72+04	
8187	72+05	
8188	72+06	
8189	72+07	
8190	72+08	
8191	72+09	
8192	72+10	
8193	72+11	
8194	72+12	
8195	72+13	
8196	72+14	
8197	72+15	
8198	72+16	
8199	72+17	
8200	72+18	
8201	72+19	
8202	72+20	
8203	72+21	
8204	72+22	
8205	72+23	
8206	72+24	
8207	72+25	
8208	72+26	
8209	72+27	
8210	72+28	
8211	72+29	
8212	72+30	
8213	72+31	
8214	72+32	
8215	72+33	
8216	72+34	
8217	72+35	
8218	72+36	
8219	72+37	
8220	72+38	
8221	72+39	
8222	72+40	
8223	72+41	
8224	72+42	
8225	72+43	
8226	72+44	
8227	72+45	
8228	72+46	
8229	72+47	
8230	72+48	
8231	72+49	
8232	72+50	
8233	72+51	
8234	72+52	
8235	72+53	
8236	72+54	
8237	72+55	
8238	72+56	
8239	72+57	
8240	72+58	
8301	72+59	8379
8302	72+60	8380
8303	72+61	8381
8304	72+62	8382
8305	72+63	8383
8306	72+64	8384
8307	72+65	8385
8308	72+66	8386
8309	72+67	8387
8310	72+68	8388
8311	72+69	8389
8312	72+70	8390
8313	72+71	8391
8314	72+72	8392
8315	72+73	8393
8316	72+74	8394
8317	72+75	8395
8318	72+76	8396
8319	72+77	8397
8320	72+78	8398
8321	72+79	8399
8322	72+80	8400
8323	72+81	8401
8324	72+82	8402
8325	72+83	8403
8326		
8327		
8328		
8329		
8330		
8331		
8332		
8333		
8334		
8335		
8336		
8337		
8338		
8339		
8340		
8341		
8342		
8343		
8344		
8345		
8346		
8347		
8348		
8349		
8350		
8351		
8352		
8353		
8354		
8355		
8356		
8357		
8358		
8359		
8360		
8361		
8362		
8363		
8364		
8365		
8366		
8367		
8368		
8369		
8370		
8371		
8372		
8373		
8374		
8375		
8376		
8377		
8378		

Flugzeugkennungen

72+84	8404	73+62	8482	CB+011	13486	LC+105	13486
72+85	8405	73+63	8483	CB+012	13487	LC+106	13487
72+86	8406	73+64	8484	CB+013	13492	LC+107	13492
72+87	8407	73+65	8485	CB+014	13493	LC+108	13479
72+88	8408	73+66	8486	CB+015	13496	LC+108	13493
72+89	8409	73+67	8487	CB+016	13497	LC+109	13496
72+90	8410	73+68	8488	CB+017	13499	LC+110	13411
72+91	8411	73+69	8489	CB+018	13500	LC+110	13497
72+92	8412	73+70	8490	CB+019	13503	LC+111	13416
72+93	8413	73+71	8491	CB+020	13462	LC+111	13499
72+94	8414	73+72	8492	CB+021	13459	LC+112	13503
72+95	8415	73+73	8493	CB+022	13442	LC+113	13461
72+96	8416	73+74	8494	CB+023	13443	LC+114	13463
72+97	8417	73+75	8495	CB+024	13445	LC+115	13473
72+98	8418	73+76	8496	CB+025	13446	LC+116	13442
72+99	8419	73+77	8497	CB+026	13458	LC+117	13446
73+00	8420	73+78	8498	CC+061	13488	LC+118	13480
73+01	8421	73+79	8499	CC+062	13489	LC+119	13481
73+02	8422	73+80	8500	CC+063	13490	LC+120	13445
73+03	8423	73+81	8501	CC+064	13491	SC+201	13478
73+04	8424	73+82	8502	CC+065	13494	SC+202	13479
73+05	8425	73+83	8503	CC+066	13495	SC+203	13480
73+06	8426	73+84	8504	CC+067	13498	SC+204	13481
73+07	8427			CC+068	13501	SC+205	13446

Boeing 707-307C

Kennzeichen	c/n	Name
10+01	19997	»Otto Lilienthal«
10+02	19998	»Hans Grade«
10+03	19999	»August Euler«
10+04	20000	»Hermann Köhl«

Bölkow Bo 46

Kennzeichen	c/n
D-9514	V1
D-9515	V2
(D-9516)	V3

Bölkow Bo 103

Kennzeichen	c/n
D-9505	V1
D-9506	V2

Bristol 171 Sycamore Mk.52

Kennzeichen	c/n
AS+317	13443
AS+318	13446
AS+319	13458
AS+320	13461
AS+321	13411
AS+322	13439
AS+322	13466
AS+322	13463
AS+323	13416
AS+324	13440
AS+324	13467
AS+324	13475
AS+324	13484
AS+325	13464
AS+325	13476
AS+325	13485
AS+326	13439
AS+326	13465
AS+327	13469
AS+328	13470
AS+329	13472
AS+330	13473
BA+176	13442
BA+177	13443
BA+178	13445
BB+176	13466
BB+177	13467
BD+177	13482
BD+178	13483
BF+319	13472
BF+322	13439
CA+327	13463
CA+328	13475

73+08	8428			
73+09	8429			
73+10	8430			
73+11	8431			
73+12	8432			
73+13	8433			
73+14	8434			
73+15	8435			
73+16	8436			
73+17	8437			
73+18	8438			
73+19	8439			
73+20	8440			
73+21	8441			
73+22	8442			
73+23	8443			
73+24	8444			
73+25	8445			
73+26	8446			
73+27	8447			
73+28	8448			
73+29	8449			
73+30	8450			
73+31	8451			
73+32	8452			
73+33	8453			
73+34	8454			
73+35	8455			
73+36	8456			
73+37	8457			
73+38	8458			
73+39	8459			
73+40	8460			
73+41	8461			
73+42	8462			
73+43	8463			
73+44	8464			
73+45	8465			
73+46	8466			
73+47	8467			
73+48	8468			
73+49	8469			
73+50	8470			
73+51	8471			
73+52	8472			
73+53	8473			
73+54	8474			
73+55	8475			
73+56	8476			
73+57	8477			
73+58	8478			
73+59	8479			
73+60	8480			
73+61	8481			

CC+069	13502	SC+205	13463
CC+070	13461	SC+206	13458
CC+071	13476	SC+206	13465
CC+072	13477	SC+206	13475
CD+085	13466	SC+207	13442
CD+086	13467	SC+208	13445
CD+087	13482	SC+209	13466
CD+088	13483	SC+210	13467
DB+391	13484	WE+541	13442
DB+392	13485	WE+542	13445
GA+247	13459	WE+543	13446
GD+101	13482	WE+544	13465
GD+102	13483	WE+545	13466
GD+103	13477	WE+546	13478
GD+104	13501	WE+547	13479
GD+105	13489	WE+548	13480
GD+106	13439	WE+549	13481
GD+107	13491	78+01	13411
GD+108	13494	78+02	13416
GD+109	13470	78+03	13439
GD+110	13472	78+04	13442
GD+111	13443	78+05	13443
GD+112	13475	78+06	13445
GD+113	13476	78+07	13446
GD+114	13465	78+08	13459
GD+115	13466	78+09	13461
GD+116	13484	78+10	13462
GD+117	13493	78+11	13463
LB+101	13482	78+12	13465
LB+102	13483	78+13	13466
LB+103	13477	78+14	13470
LB+104	13488	78+15	13472
LB+104	13501	78+16	13473
LB+105	13489	78+17	13475
LB+106	13439	78+18	13476
LB+106	13490	78+19	13477
LB+107	13491	78+20	13478
LB+108	13494	78+21	13479
LB+109	13470	78+22	13480
LB+109	13495	78+23	13481
LB+110	13472	78+24	13482
LB+110	13498	78+25	13483
LB+111	13443	78+26	13484
LB+111	13500	78+27	13485
LB+112	13502	78+28	13486
LB+113	13469	78+29	13487
LB+114	13470	78+30	13489
LB+115	13475	78+31	13491
LB+116	13476	78+32	13492
LC+101	13478	78+33	13493
LC+101	13484	78+34	13494
LC+102	13485	78+35	13496
LC+103	13459	78+36	13501
LC+104	13462	78+37	13503

Canadair CL-13A Sabre Mk.5

Kennzeichen	c/n
BB+101	792
BB+102	794
BB+103	797
BB+104	798
BB+105	801
BB+105	816
BB+106	807
BB+107	810
BB+108	817
BB+109	822
BB+110	834
BB+111	835
BB+112	819
BB+113	841
BB+113	969
BB+114	845
BB+115	904
BB+116	943
BB+117	960
BB+118	964
BB+119	877
BB+120	880
BB+121	881
BB+122	883
BB+122	955
BB+123	901
BB+124	921
BB+125	934
BB+126	967
BB+127	968
BB+128	971
BB+129	981
BB+130	838
BB+131	931
BB+131	1111
BB+132	1095
BB+133	986
BB+134	973
BB+134	1117
BB+135	984
BB+136	1138
BB+137	815
BB+138	8168
BB+138	820
BB+139	833
BB+140	838
BB+141	840
BB+142	8462
BB+143	849
BB+144	8514
BB+145	852
BB+146	854
BB+147	8607
BB+149	866
BB+149	871
BB+150	895
BB+151	897
BB+152	913
BB+153	914
BB+154	915
BB+155	916
BB+156	917
BB+157	922
BB+162	932
BB+163	948
BB+164	955
BB+165	963
BB+166	969
BB+167	972
BB+168	973
BB+169	974
BB+170	975
BB+171	977
BB+171	981
BB+172	982
BB+173	984
BB+174	986
BB+174	989
BB+175	990
BB+231	977
BB+232	989
BB+233	815
BB+234	1138
BB+235	1117
BB+236	990
BB+237	1111
BB+238	833
BB+239	840
BB+240	846
BB+241	849
BB+242	854
BB+243	897
BB+244	913
BB+245	914
BB+246	926
BB+247	916
BB+248	852
BB+249	860
BB+250	895
BB+251	915
BB+252	917
BB+253	927
BB+254	928
BB+255	929
BB+257	871
BB+256	851
BB+258	974
BB+259	948
BB+260	932
BB+261	982
BB+262	963
BB+263	972
BB+264	975
YA+005	819

Canadair CL-13B Sabre Mk.6

Kennzeichen	c/n
BB-160	1620
BB-160	1671
BB-161	1591
BB-162	1592
BB-163	1593
BB-164	1594
BB-165	1595
BB-166	1596
BB-167	1597
BB-168	1598
BB-169	1599
BB-169	1660
BB-170	1600
BB-171	1601
BB-172	1602
BB-172	1665
BB-172	1655
BB-173	1603
BB-174	1604
BB-175	1790
BB-176	1784
BB-177	1788
BB-178	1783
BB-179	1777
BB-180	1772
BB-181	1771
BB-182	1688
BB-183	1722
BB-184	1665
BB-185	1666
BB-186	1664
BB-187	1802
BB-188	1807
BB-189	1808
BB-190	1810
BB-191	1811
BB-192	1812
BB-193	1813
BB-194	1814
BB-266	1740
BB-267	1789
BB-268	1762
BB-269	1614
BB-269	1779
BB-270	1773
BB-271	1765
BB-272	1764
BB-273	1636
BB-273	1759
BB-274	1763
BB-275	1605
BB-276	1606
BB-277	1607
BB-278	1608
BB-279	1609
BB-279	1639
BB-280	1610
BB-281	1611
BB-282	1643
BB-283	1613
BB-284	1614
BB-284	1675
BB-285	1615
BB-286	1616
BB-287	1617
BB-288	1618
BB-289	1652
BB-290	1663
BB-291	1658
BB-292	1654
BB-293	1659
BB-294	1650
BB-295	1653
BB-296	1656
BB-297	1661
BB-298	1669
BB-299	1809
BB-359	1619
BB-362	1592
BB-363	1593
BB-364	1594
BB-365	1595
BB-366	1596
BB-367	1597
BB-368	1598
BB-369	1599
BB-370	1600
BB-371	1601
BB-372	1602
BB-373	1603
BB-374	1604
BB-375	1605
BB-376	1606
BB-377	1607
BB-378	1608
BB-379	1609
BB-380	1610
BB-381	1611
BB-382	1612
BF-121	1609
BF-121	1655
BF-122	1620
BR-164	1594
JA-101	1647
JA-102	1805
JA-103	1806
JA-104	1804
JA-105	1797
JA-106	1799
JA-107	1621
JA-108	1622
JA-109	1623
JA-110	1624
JA-111	1625
JA-112	1626
JA-113	1800
JA-114	1803
JA-115	1798
JA-116	1630
JA-117	1787
JA-118	1801
JA-119	1774
JA-120	1769
JA-121	1631
JA-121	1676
JA-121	1796
JA-231	1638
JA-231	1640
JA-232	1645
JA-233	1646
JA-234	1657
JA-235	1667
JA-236	1677
JA-237	1687
JA-238	1697
JA-239	1651
JA-239	1707
JA-240	1717
JA-241	1727
JA-242	1737
JA-243	1747
JA-244	1757
JA-245	1751
JA-246	1776
JA-247	1778
JA-248	1780
JA-249	1785
JA-250	1794
JA-251	1795
JA-301	1647
JA-302	1805
JA-303	1806
JA-304	1804
JA-305	1797
JA-306	1799
JA-307	1621
JA-308	1622
JA-309	1623
JA-310	1624
JA-311	1625
JA-312	1626
JA-313	1800
JA-314	1803
JA-315	1798
JA-316	1630
JA-317	1787
JA-318	1801
JA-319	1774
JA-320	1769
JA-321	1631
JA-331	1638
JA-332	1645
JA-333	1646
JA-334	1657
JA-335	1667
JA-336	1677
JA-337	1687
JA-338	1697
JA-339	1651
JA-340	1717
JA-341	1727
JA-342	1737
JA-343	1747
JA-344	1757
JA-345	1751
JA-346	1776
JA-347	1778
JA-348	1780
JA-349	1785
JA-350	1794
JA-351	1795

Flugzeugkennungen

Kennung	Werk-Nr.	Kennung	Werk-Nr.	Kennung	Werk-Nr.	Kennung	Werk-Nr.	Kennung	Werk-Nr.
JA-360	1670	JB-248	1655	JC-120	1723	JD-116	1652		
JA-361	1668	JB-248	1752	JC-121	1681	JD-117	1663		
JA-362	1662	JB-249	1718	JC-121	1719	JD-118	1658		
JA-363	1641	JB-250	1632	JC-231	1686	JD-119	1654		
JA-364	1633	JB-250	1753	JC-231	1688	JD-120	1659		
JA-365	1634	JB-251	1724	JC-232	1721	JD-121	1650		
JA-366	1631	JB-252	1652	JC-233	1712	JD-231	1653		
JA-367	1635	JB-253	1656	JC-234	1695	JD-232	1642		
JA-368	1627	JB-254	1661	JC-234	1722	JD-233	1649		
JA-369	1644	JB-255	1617	JC-235	1716	JD-234	1651		
JA-370	1629	JB-360	1596	JC-236	1720	JD-235	1644		
JA-371	1638	JB-360	1634	JC-237	1715	JD-236	1638		
JA-372	1642	JB-361	1608	JC-238	1619	JD-237	1636		
JA-373	1649	JB-361	1642	JC-238	1713	JD-238	1643		
JB-101	1792	JB-362	1598	JC-239	1707	JD-239	1641		
JB-102	1749	JB-362	1641	JC-239	1711	JD-240	1637		
JB-102	1790	JB-363	1644	JC-240	1704	JD-241	1639		
JB-103	1740	JB-363	1777	JC-241	1706	JD-242	1633		
JB-103	1793	JB-364	1771	JC-242	1709	JD-243	1629		
JB-104	1773	JB-365	1802	JC-243	1701	JD-244	1634		
JB-104	1791	JB-366	1807	JC-244	1702	JD-245	1635		
JB-105	1670	JB-367	1808	JC-245	1703	JD-246	1631		
JB-105	1743	JB-368	1810	JC-246	1708	JD-247	1632		
JB-105	1789	JB-369	1811	JC-246	1765	JD-248	1627		
JB-106	1742	JB-370	1812	JC-247	1705	JD-249	1628		
JB-106	1784	JB-371	1611	JC-248	1699	JR-101	1671		
JB-107	1732	JB-371	1813	JC-249	1615	JR-102	1722		
JB-107	1788	JB-373	1740	JC-249	1633	JR-103	1773		
JB-108	1786	JB-373	1762	JC-249	1700	JR-104	1762		
JB-109	1738	JB-374	1643	JC-250	1667	JR-105	1614		
JB-109	1783	JB-375	1809	JC-250	1694	JR-106	1663		
JB-110	1643	JC-101	1671	JC-250	1789	JR-116	1610		
JB-110	1734	JC-101	1696	JC-251	1693	JR-117	1655		
JB-110	1777	JC-101	1750	JC-360	1619	JR-118	1616		
JB-111	1750	JC-102	1691	JC-360	1644	JR-248	1752		
JB-111	1772	JC-102	1722	JC-361	1678	JR-250	1789		
JB-112	1775	JC-102	1749	JC-361	1782	JR 360	1634		
JB-113	1760	JC-103	1685	JC-361	1805	JR-361	1642		
JB-114	1730	JC-103	1740	JC-362	1673	KE-102	1605		
JB-115	1781	JC-103	1773	JC-362	1717	KE-104	1675		
JB-116	1731	JC-104	1648	JC-363	1685	KE-105	1659		
JB-116	1782	JC-104	1732	JC-363	1769	KE-201	1605		
JB-117	1741	JC-104	1762	JC-364	1774	KE-202	1617		
JB-117	1771	JC-104	1782	JC-365	1696	YA-005	1591		
JB-117	1809	JC-104	1806	JC-365	1803	YA-041	1598		
JB-118	1770	JC-105	1614	JC-366	1691	YA-041	1604		
JB-119	1766	JC-105	1689	JC-366	1794	YA-041	1716		
JB-120	1735	JC-105	1743	JC-367	1689	YA-042	1613		
JB-120	1762	JC-106	1663	JC-367	1776	YA-043	1593		
JB-121	1662	JC-106	1682	JC-367	1785	YA-044	1664		
JB-121	1744	JC-106	1742	JC-368	1625	YA-046	1746		
JB-122	1595	JC-107	1674	JC-368	1780	YA-047	1760		
JB-123	1610	JC-107	1735	JC-369	1751	YA-049	1711		
JB-124	1783	JC-108	1679	JC-370	1778	D-9522	1601		
JB-125	1790	JC-108	1739	JC-371	1801	D-9523	1784		
JB-231	1728	JC-109	1690	JC-372	1630	D-9538	1600		
JB-231	1779	JC-109	1738	JC-372	1737	D-9539	1603		
JB-232	1739	JC-110	1698	JC-373	1638	D-9540	1666		
JB-232	1773	JC-110	1734	JC-373	1720	D-9541	1710		
JB-233	1761	JC-111	1692	JC-374	1799	D-9542	1740		
JB-234	1754	JC-111	1729	JC-375	1804	0101	1591		
JB-235	1745	JC-112	1684	JC-376	1727	0102	1593		
JB-236	1767	JC-112	1741	JC-376	1814	0103	1605		
JB-237	1768	JC-113	1683	JD-101	1676	0104	1613		
JB-238	1736	JC-113	1728	JD-102	1670	0105	1659		
JB-239	1729	JC-114	1714	JD-103	1675	0106	1664		
JB-239	1765	JC-115	1680	JD-104	1671	0107	1668		
JB-240	1710	JC-115	1731	JD-105	1668	0108	1711		
JB-240	1764	JC-116	1610	JD-106	1660	0109	1715		
JB-241	1719	JC-116	1673	JD-107	1671	0110	1740		
JB-241	1759	JC-116	1710	JD-108	1666	0111	1746		
JB-242	1726	JC-117	1655	JD-109	1665	0112	1760		
JB-242	1763	JC-117	1678	JD-110	1655	0113	1675		
JB-243	1756	JC-117	1726	JD-111	1662				
JB-244	1755	JC-118	1616	JD-112	1664				
JB-245	1748	JC-118	1631	JD-113	1669				
JB-246	1746	JC-118	1725	JD-114	1661				
JB-247	1758	JC-119	1733	JD-115	1656				

Canadair CL-601 Challenger

Kennung	Werk-Nr.
12+01	3031

Kennz.	US-s/n	c/n
12+02		3040
12+03		3043
12+04		3049
12+05		3053
12+06		3056
12+07		3059

CCF Harvard Mk. IV

Kennz.	US-s/n	c/n
AA+050	53-4619	CCF-4-538
AA+052	52-8548	CCF-4-469
AA+053	52-8562	CCF-4-483
AA+054	53-4615	CCF-4-534
AA+055	53-4629	CCF-4-548
AA+056	52-8559	CCF-4-480
AA+057	52-8571	CCF-4-492
AA+058	52-8590	CCF-4-511
AA+059	52-8599	CCF-4-520
AA+060	52-8589	CCF-4-510
AA+061	53-4627	CCF-4-546
AA+062	52-8564	CCF-4-485
AA+064	52-8608	CCF-4-529
AA+065	52-8577	CCF-4-498
AA+066	53-4628	CCF-4-547
AA+067	52-8569	CCF-4-490
AA+068	52-8592	CCF-4-513
AA+069	53-4626	CCF-4-545
AA+070	52-8583	CCF-4-504
AA+071	52-8582	CCF-4-503
AA+072	52-8581	CCF-4-502
AA+073	52-8550	CCF-4-471
AA+074	52-8607	CCF-4-528
AA+075	52-8591	CCF-4-512
AA+076	52-8547	CCF-4-468
AA+077	52-8600	CCF-4-521
AA+078	52-8596	CCF-4-517
AA+079	52-8565	CCF-4-486
AA+080	52-8610	CCF-4-531
AA+081	52-8556	CCF-4-477
AA+081	52-8572	CCF-4-493
AA+601	52-8584	CCF-4-505
AA+602	52-8549	CCF-4-470
AA+603	52-8593	CCF-4-514
AA+604	52-8595	CCF-4-516
AA+605	52-8611	CCF-4-532
AA+606	52-8495	CCF-4-416
AA+607	52-8497	CCF-4-418
AA+608	52-8498	CCF-4-419
AA+609	52-8499	CCF-4-420
AA+610	52-8500	CCF-4-421
AA+611	52-8519	CCF-4-440
AA+612	52-8535	CCF-4-456
AA+613	52-8602	CCF-4-523
AA+614	53-4622	CCF-4-541
AA+615	52-8544	CCF-4-465
AA+616	52-8546	CCF-4-467
AA+617	52-8605	CCF-4-526
AA+618	52-8555	CCF-4-476
AA+619	52-8554	CCF-4-475
AA+620	52-8566	CCF-4-487
AA+621	52-8585	CCF-4-506
AA+622	52-8570	CCF-4-491
AA+623	52-8574	CCF-4-495
AA+624	52-8578	CCF-4-499
AA+625	52-8580	CCF-4-501
AA+626	52-8587	CCF-4-508
AA+627	52-8594	CCF-4-515
AA+628	53-4618	CCF-4-537
AA+629	52-8603	CCF-4-524
AA+630	52-8604	CCF-4-525
AA+631	52-8579	CCF-4-500
AA+632	52-8503	CCF-4-424
AA+633	52-8588	CCF-4-509
AA+634	53-4621	CCF-4-540
AA+635	53-4631	CCF-4-550
AA+636	52-8501	CCF-4-422
AA+637	52-8502	CCF-4-423
AA+637	53-4620	CCF-4-539
AA+638	52-8504	CCF-4-425
AA+639	52-8505	CCF-4-426
AA+640	52-8506	CCF-4-427
AA+641	52-8507	CCF-4-428
AA+642	52-8508	CCF-4-429
AA+643	52-8509	CCF-4-430
AA+644	52-8510	CCF-4-431
AA+645	52-8511	CCF-4-432
AA+646	52-8512	CCF-4-433
AA+647	52-8514	CCF-4-435
AA+648	52-8515	CCF-4-436
AA+649	52-8516	CCF-4-437
AA+650	52-8518	CCF-4-439
AA+651	52-8520	CCF-4-441
AA+652	52-8521	CCF-4-442
AA+653	52-8522	CCF-4-443
AA+654	52-8523	CCF-4-444
AA+655	52-8524	CCF-4-445
AA+656	52-8525	CCF-4-446
AA+657	52-8526	CCF-4-447
AA+658	52-8527	CCF-4-448
AA+659	52-8529	CCF-4-450
AA+660	52-8530	CCF-4-451
AA+661	52-8531	CCF-4-452
AA+662	52-8532	CCF-4-453
AA+663	52-8533	CCF-4-454
AA+664	52-8534	CCF-4-455
AA+665	52-8536	CCF-4-457
AA+666	52-8537	CCF-4-458
AA+667	52-8539	CCF-4-460
AA+668	52-8540	CCF-4-461
AA+669	52-8542	CCF-4-463
AA+670	52-8601	CCF-4-522
AA+671	52-8551	CCF-4-472
AA+672	52-8606	CCF-4-527
AA+673	52-8553	CCF-4-474
AA+674	52-8557	CCF-4-478
AA+675	52-8612	CCF-4-533
AA+676	52-8560	CCF-4-481
AA+677	52-8561	CCF-4-482
AA+677	53-4617	CCF-4-536
AA+678	52-8563	CCF-4-484
AA+679	52-8567	CCF-4-488
AA+680	52-8568	CCF-4-489
AA+682	53-4623	CCF-4-542
AA+683	52-8575	CCF-4-496
AA+684	53-4630	CCF-4-549
AA+685	53-4633	CCF-4-552
AA+686	52-8597	CCF-4-518
AA+687	53-4635	CCF-4-554
AA+688	52-8545	CCF-4-466
AA+689	53-4636	CCF-4-555
AA+690	53-4624	CCF-4-543
AA+691	53-4625	CCF-4-544
AA+692	53-4634	CCF-4-553
AA+693	52-8552	CCF-4-473
AA+694	52-8558	CCF-4-479
AA+695	52-8573	CCF-4-494
AA+696	52-8576	CCF-4-497
AA+697	52-8586	CCF-4-507
AA+698	52-8598	CCF-4-519
AA+699	53-4632	CCF-4-551
BA+603	52-8593	CCF-4-514
BA+605	52-8611	CCF-4-532
BF+050	53-4619	CCF-4-538
BF+051	52-8541	CCF-4-462
BF+052	52-8548	CCF-4-469
BF+053	52-8562	CCF-4-483
BF+054	53-4615	CCF-4-534
BF+055	53-4629	CCF-4-548
BF+056	52-8559	CCF-4-480
BF+057	52-8571	CCF-4-492
BF+058	52-8590	CCF-4-511
BF+059	52-8599	CCF-4-520
BF+060	52-8589	CCF-4-510
BF+061	53-4627	CCF-4-546
BF+062	52-8564	CCF-4-485
BF+063	52-8543	CCF-4-464
BF+064	52-8608	CCF-4-529
BF+065	52-8577	CCF-4-498
BF+066	53-4628	CCF-4-547
BF+067	52-8569	CCF-4-490
BF+068	52-8528	CCF-4-449
BF+069	53-4616	CCF-4-535
BF+070	52-8610	CCF-4-531
BF+071	52-8556	CCF-4-477
BF+072	52-8592	CCF-4-513
BF+073	53-4626	CCF-4-545
BF+074	52-8607	CCF-4-528
BF+075	52-8591	CCF-4-512
BF+076	52-8547	CCF-4-468
BF+077	52-8600	CCF-4-521
BF+078	52-8596	CCF-4-517
BF+079	52-8565	CCF-4-486
BF+704	52-8528	CCF-4-449
BF+705	53-4616	CCF-4-535

Cessna T-37B Tweety Bird

s/n	c/n
64-13452	40867
64-13455	40870
64-13459	40874
64-13460	40875
64-13461	40876
64-13462	40877
64-13463	40878
64-13467	40882
64-13469	40884
65-10825	40904
65-10826	40905
66-7960	40920
66-7961	40921
66-7962	40922
66-7963	40923
66-7964	40924
66-7965	40925
66-7966	40926
66-7967	40927
66-7968	40928
66-7969	40929
66-7970	40930
66-7971	40931
66-7972	40932
66-7973	40933
66-7974	40934
66-7975	40935
66-7976	40936
66-8002	40978
66-8003	40979
66-8004	40980
66-8005	40981
66-8006	40982

Convair 440

Kennzeichen	c/n
CA+031	472
CA+032	474
CA+033	504
CA+034	327
CA+035	429
CA+036	148
12+01	148
12+02	327
12+03	429
12+04	472
12+05	474
12+06	504

Dassault-Breguet Br. 1150 Atlantic

Kennzeichen	c/n
UC+301	01/A
UC+310	2
UC+311	4
UC+312	6
UC+313	8
UC+314	10
UC+315	12
UC+316	14
UC+317	16
UC+318	18
UC+319	20
UC+320	22
UC+321	24
UC+322	26
UC+323	28
UC+324	30
UC+325	32
UC+326	34
UC+327	36
61+00	01/A
61+01	2
61+02	4
61+03	6
61+04	8
61+05	10
61+06	12
61+07	14
61+08	16
61+09	18
61+10	20
61+11	22
61+12	24
61+13	26
61+14	28
61+15	30
61+16	32
61+17	34
61+18	36
61+19	59
61+20	60

de Havilland DH.114 Heron Mk.2D

Kennzeichen	c/n
CA+001	14108
CA+002	14124

Dornier Alpha Jet

Kennzeichen	c/n
D-9594	2
40+01	0001
40+02	0002
40+03	0003
40+04	0004
40+05	0005
40+06	0006
40+07	0007
40+08	0008
40+09	0009
40+10	0010
40+11	0011
40+12	0012
40+13	0013
40+14	0014
40+15	0015
40+16	0016
40+17	0017
40+18	0018
40+19	0019
40+20	0020
40+21	0021
40+22	0022
40+23	0023
40+24	0024
40+25	0025
40+26	0026
40+27	0027
40+28	0028
40+29	0029
40+30	0030
40+31	0031
40+32	0032
40+33	0033

Flugzeugkennungen

40+34	0034	41+12	0112	98+68	0168	AC+958	368
40+35	0035	41+13	0113	98+72	0172	AC+959	401
40+36	0036	41+14	0114	98+74	0174	AC+960	402
40+37	0037	41+15	0115	98+75	0175	AC+962	254
40+38	0038	41+16	0116			AC+963	258
40+39	0039	41+17	0117	**Dornier Do 27**		AC+964	295
40+40	0040	41+18	0118	**Kennzeichen**	**c/n**	AC+965	296
40+41	0041	41+19	0119	AA+933	464	AS+901	104
40+42	0042	41+20	0120	AA+934		AS+901	273
40+43	0043	41+21	0121	AA+935		AS+902	105
40+44	0044	41+22	0122	AB+393	393	AS+902	109
40+45	0045	41+23	0123	AB+399	338	AS+902	176
40+46	0046	41+24	0124	AB+899	293	AS+903	106
40+47	0047	41+25	0125	AC+901	104	AS+904	107
40+48	0048	41+26	0126	AC+902	109	AS+905	108
40+49	0049	41+27	0127	AC+903	147	AS+906	176
40+50	0050	41+28	0128	AC+903	409	AS+907	177
40+51	0051	41+29	0129	AC+904	107	AS+908	182
40+52	0052	41+30	0130	AC+905	108	AS+909	183
40+53	0053	41+31	0131	AC+906	176	AS+910	184
40+54	0054	41+32	0132	AC+906	325	AS+911	185
40+55	0055	41+33	0133	AC+907	177	AS+912	186
40+56	0056	41+34	0134	AC+908	182	AS+913	112
40+57	0057	41+35	0135	AC+909	114	AS+914	120
40+58	0058	41+36	0136	AC+909	183	AS+915	121
40+59	0059	41+37	0137	AC+910	184	AS+916	122
40+60	0060	41+38	0138	AC+911	185	AS+917	125
40+61	0061	41+39	0139	AC+912	186	AS+918	126
40+62	0062	41+40	0140	AC+912	472	AS+919	127
40+63	0063	41+41	0141	AC+913	112	AS+920	166
40+64	0064	41+42	0142	AC+913	500	AS+921	167
40+65	0065	41+43	0143	AC+914	120	AS+922	172
40+66	0066	41+44	0144	AC+915	121	AS+923	173
40+67	0067	41+45	0145	AC+916	122	AS+924	174
40+68	0068	41+46	0146	AC+917	125	AS+925	175
40+69	0069	41+47	0147	AC+918	126	AS+926	220
40+70	0070	41+48	0148	AC+919	127	AS+926	274
40+71	0071	41+49	0149	AC+919	204	AS+927	221
40+72	0072	41+50	0150	AC+920	166	AS+927	275
40+73	0073	41+51	0151	AC+921	167	AS+928	276
40+74	0074	41+52	0152	AC+922	172	AS+929	277
40+75	0075	41+53	0153	AC+923	173	AS+930	278
40+76	0076	41+54	0154	AC+924	146	AS+931	314
40+77	0077	41+55	0155	AC+925	175	AS+932	315
40+78	0078	41+56	0156	AC+925	262	AS+933	320
40+79	0079	41+57	0157	AC+926	274	AS+935	325
40+80	0080	41+58	0158	AC+927	275	AS+936	357
40+81	0081	41+59	0159	AC+928	174	AS+937	358
40+82	0082	41+60	0160	AC+928	276	AS+938	359
40+83	0083	41+61	0161	AC+929	277	AS+939	360
40+84	0084	41+62	0162	AC+930	278	AS+940	361
40+85	0085	41+63	0163	AC+931	191	AS+941	362
40+86	0086	41+64	0164	AC+932	359	AS+942	363
40+87	0087	41+65	0165	AC+933	115	AS+943	329
40+88	0088	41+66	0166	AC+933	360	AS+944	330
40+89	0089	41+67	0167	AC+934	134	BA+397	231
40+90	0090	41+68	0168	AC+935	139	BA+398	232
40+91	0091	41+69	0169	AC+936	357	BA+399	271
40+92	0092	41+70	0170	AC+937	358	BD+393	393
40+93	0093	41+71	0171	AC+938	359	BD+394	201
40+94	0094	41+72	0172	AC+939	360	BD+395	231
40+95	0095	41+73	0173	AC+940	140	BD+395	325
40+96	0096	41+74	0174	AC+941	213	BD+396	232
40+97	0097	41+75	0175	AC+942	158	BD+397	271
40+98	0098	98+01	0003	AC+945	164	BD+398	604
40+99	0099	98+03	003	AC+946	194	BD+399	338
41+00	0100	98+25	0125	AC+947	200	BD+903	505
41+01	0101	98+26	0126	AC+948	203	BD+912	186
41+02	0102	98+33	A-01	AC+949	210	BD+928	276
41+03	0103	98+34	A-02	AC+951	337	BF+950	437
41+04	0104	98+34	0134	AC+952	339	BF+951	481
41+05	0105	98+35	0135	AC+952	387	BF+952	339
41+06	0106	98+37	0137	AC+953	340	BF+952	387
41+07	0107	98+45	0145	AC+954	341	BF+953	409
41+08	0108	98+55	03	AC+955	342	CA+045	221
41+09	0109	98+61	0161	AC+956	366	CA+046	415
41+10	0110	98+64	0164	AC+957	367	CA+047	417
41+11	0111	98+67	0167	AC+958	207	CA+926	220

Flugzeugkennungen

CA+927	221	GB+373	480	KD+137	479	MB+902	465
CB+001	189	GB+373	523	KD+138	480	MB+903	402
CB+001	309	GB+374	481	KD+139	481	MB+904	512
CB+001	488	GB+375	482	KD+140	482	MB+905	280
CB+002	310	GB+375	524	KD+141	483	MC+386	222
CB+002	489	GB+376	485	KD+142	484	MC+387	340
CB+003	311	GB+377	495	KD+143	485	MC+388	499
CB+003	430	GB+378	496	KD+144	486	MC+389	515
CB+004	312	GB+378	525	KD+146	349	MC+901	401
CC+051	486	GB+379	498	KD+148	487	MD+385	206
CC+052	487	GB+379	526	KD+149	488	MD+386	193
CC+053	175	GB+380	499	KD+150	489	MD+387	112
CC+053	309	GB+382	415	KD+151	490	MD+388	127
CC+054	231	GB+383	416	KD+152	491	MD+901	348
CC+054	325	GB+384	417	KD+153	492	ND+101	393
CC+055	507	GB+385	418	KD+154	493	ND+106	359
D-9500	322	GB+386	221	KD+155	494	ND+107	514
D-9501	323	GB+386	419	KD+156	495	ND+108	495
D-9519	226	GB+387	244	KD+157	496	ND+109	447
D-9520	248	GB+388		KD+158	497	ND+203	513
D-9521	261	GB+901	429	KD+159	498	ND+204	514
DA+901	466	GC+371	478	KD+160	499	ND+205	151
DB+399	321	GC+372	315	KD+161	500	ND+205	448
DB+901	285	GC+372	480	KD+162	501	ND+211	260
DD+901	270	GC+373	482	KD+163	502	ND+211	386
DE+391	129	GC+374	496	KD+190	347	ND+212	341
DE+392	477	GC+375	498	LA+151	204	PA+101	103
DE+393	491	GC+376	511	LA+154	500	PA+101	239
DE+393	521	GC+377	329	LA+155	472	PA+102	105
DE+901	312	GC+378	520	LA+157	147	PA+102	240
EA+381	369	GC+379	521	LA+158	470	PA+103	110
EA+382	370	GC+381	414	LA+158	602	PA+103	241
EA+384	305	GC+383	416	LA+159	325	PA+104	111
EA+385	473	GC+384	314	LA+159	603	PA+104	243
EA+386	474	GC+385	418	LA+160	419	PA+105	112
EA+387	475	GD+151	413	LB+151	413	PA+105	150
EA+388	490	GD+152	504	LB+151	420	PA+105	251
EB+381	406	GD+153	505	LB+152	421	PA+106	113
EB+382	339	GD+154	310	LB+152	504	PA+106	316
EB+383	330	GD+155	464	LB+153	422	PA+107	115
EB+384	320	GD+156	130	LB+153	505	PA+108	116
EB+385	476	GD+157	507	LB+154	423	PA+108	356
EB+386	477	GD+158	186	LB+155	424	PA+109	117
EB+387	491	GD+159	279	LB+156	130	PA+109	245
EB+388	492	JA+381	324	LB+156	426	PA+110	118
EB+901	337	JA+382	328	LB+157	425	PA+110	246
EC+383	505	JB+386	222	LB+157	507	PA+111	119
EC+384	506	JB+387	340	LB+158	186	PA+111	247
EC+385	501	JB+388	499	LB+158	427	PA+112	120
EC+386	502	JB+389	515	LB+159	279	PA+112	168
EC+387	112	JB+901	401	LB+161	413	PA+112	248
EC+387	503	JB+902	146	LB+163	512	PA+113	121
EC+388	127	JC+390	512	LC+151	308	PA+113	169
EC+388	504	JC+901	506	LC+151	403	PA+114	122
EC+389	309	JC+902	465	LC+152	404	PA+114	170
GA+371	468	JC+903	402	LC+152	513	PA+115	123
GA+371	519	JC+904	512	LC+153	405	PA+116	124
GA+372	469	JC+905	280	LC+153	514	PA+222	133
GA+374	470	JD+901	438	LC+154	310	PA+224	233
GA+375	471	KD+101	437	LC+154	407	PA+225	234
GA+376	472	KD+102	438	LC+155	496	PA+234	435
GA+377	483	KD+113	463	LC+155	429	PA+301	131
GA+378	484	KD+117	450	LC+156	430	PA+301	219
GA+379	493	KD+118	454	LC+156	479	PA+302	132
GA+380	494	KD+119	455	LC+157	386	PA+303	237
GA+381	497	KD+120	456	LC+158	272	PA+316	245
GA+381	384	KD+121	457	LC+158	602	PA+317	246
GA+382	414	KD+126	468	LC+159	603	PA+318	247
GA+383	385	KD+127	469	LC+160	363	PA+319	307
GA+384	386	KD+128	470	LC+161	328	PA+321	356
GA+385	387	KD+129	471	LC+161	384	PA+322	380
GA+386	409	KD+130	472	LC+162	515	PA+323	381
GA+387	410	KD+131	473	MA+391	129	PA+325	436
GA+388	411	KD+132	474	MA+392	477	PA+326	453
GB+371	413	KD+133	475	MA+393	491	PB+101	125
GB+371	478	KD+134	476	MA+394	521	PB+101	134
GB+371	522	KD+135	477	MA+901	312	PB+101	178
GB+372	479	KD+136	478	MB+901	506	PB+102	126

Flugzeugkennungen

PB+102	137	PC+219	434	PE+220	390	PH+204	205
PB+102	189	PC+220	444	PE+221	454	PH+204	378
PB+103	127	PC+221	445	PF+101	164	PH+205	206
PB+103	138	PC+222	344	PF+101	214	PH+205	321
PB+103	190	PC+222	449	PF+101	457	PH+206	207
PB+104	128	PC+223	345	PF+102	165	PJ+301	187
PB+104	141	PC+224	398	PF+102	215	PJ+301	194
PB+105	129	PD+101	150	PF+103	179	PJ+302	294
PB+105	142	PD+101	191	PF+103	216	PJ+303	295
PB+106	130	PD+101	210	PF+104	180	PJ+303	410
PB+106	171	PD+101	446	PF+104	217	PJ+304	296
PB+107	134	PD+102	151	PF+105	181	PJ+305	128
PB+107	266	PD+102	211	PF+105	218	PJ+306	191
PB+108	129	PD+103	152	PF+106	192	PJ+331	128
PB+108	135	PD+103	214	PF+106	224	PJ+332	187
PB+109	130	PD+104	153	PF+107	151	PJ+333	196
PB+109	136	PD+104	215	PF+107	225	PJ+334	368
PB+110	137	PD+105	164	PF+107	448	PJ+335	416
PB+110	178	PD+105	216	PF+108	152	PJ+336	450
PB+111	138	PD+106	165	PF+108	226	PK+101	375
PB+111	189	PD+106	217	PF+109	153	PK+102	376
PB+112	139	PD+107	192	PF+109	227	PK+103	205
PB+112	190	PD+107	249	PF+110	228	PK+103	377
PB+113	140	PD+108	179	PF+110	306	PK+104	228
PB+114	141	PD+108	250	PF+111	249	PK+104	378
PB+115	142	PD+109	180	PF+111	307	PK+105	379
PB+116	171	PD+109	224	PF+112	250	PK+106	439
PB+120	190	PD+110	181	PF+112	308	PK+107	440
PB+126	137	PD+110	225	PF+216	153	PK+108	441
PB+217	138	PD+111	187	PF+217	165	PK+216	133
PB+218	142	PD+111	226	PF+218	181	PK+217	154
PB+219	178	PD+112	188	PF+219	192	PK+218	162
PB+221	408	PD+112	228	PF+220	306	PK+219	255
PB+222	193	PD+112	377	PF+221	448	PK+220	428
PB+222	425	PD+113	194	PF+222	457	PK+221	455
PB+223	451	PD+114	195	PG+101	239	PK+222	459
PB+224	235	PD+115	196	PG+101	380	PL+101	154
PB+225	236	PD+116	197	PG+102	240	PL+102	156
PB+301	222	PD+222	346	PG+102	381	PL+103	158
PB+302	223	PD+223	399	PG+103	241	PL+103	455
PB+303	238	PD+224	400	PG+104	242	PL+104	159
PC+101	144	PD+331	215	PG+104	317	PL+105	161
PC+101	253	PD+332	216	PG+105	243	PL+106	162
PC+102	145	PD+333	217	PG+105	463	PL+107	163
PC+102	254	PD+334	224	PG+106	244	PL+108	331
PC+102	266	PD+335	225	PG+106	316	PL+109	145
PC+103	146	PD+336	249	PG+106	433	PL+110	146
PC+103	255	PD+337	250	PG+107	144	PL+111	147
PC+104	147	PD+338	377	PG+107	245	PL+112	149
PC+104	256	PE+101	198	PG+108	246	PL+401	294
PC+105	148	PE+101	202	PG+108	452	PL+402	295
PC+105	257	PE+102	198	PG+109	247	PL+403	296
PC+106	149	PE+102	203	PG+110	248	PL+404	297
PC+106	258	PE+103	200	PG+111	251	PL+405	298
PC+106	445	PE+103	265	PG+112	252	PL+406	299
PC+107	154	PE+104	201	PG+216	152	PL+407	300
PC+107	264	PE+104	204	PG+217	433	PL+408	301
PC+108	155	PE+104	265	PG+218	452	PL+409	302
PC+108	333	PE+105	202	PG+219	458	PL+410	303
PC+109	156	PE+105	208	PG+220	460	PL+411	304
PC+109	260	PE+106	203	PG+221	461	PL+412	305
PC+109	386	PE+106	227	PG+222	462	PL+413	306
PC+110	157	PE+107	204	PH+101	253	PL+414	307
PC+110	261	PE+107	347	PH+102	254	PL+415	308
PC+111	158	PE+108	205	PH+103	255	PL+416	331
PC+111	262	PE+109	206	PH+104	256	PL+417	332
PC+111	449	PE+110	207	PH+105	257	PL+418	333
PC+112	159	PE+111	208	PH+106	258	PL+419	334
PC+112	263	PE+112	209	PH+107	259	PL+420	335
PC+113	160	PE+112	266	PH+108	260	PL+421	336
PC+114	161	PE+113	210	PH+109	261	PL+422	388
PC+115	162	PE+114	211	PH+110	262	PL+423	389
PC+116	163	PE+115	212	PH+111	263	PL+424	390
PC+201	265	PE+116	213	PH+112	264	PL+425	391
PC+202	266	PE+216	202	PH+201	198	PL+426	396
PC+216	257	PE+217	208	PH+202	198	PL+427	350
PC+217	263	PE+218	265	PH+203	200	PL+428	351
PC+218	386	PE+219	344	PH+203	332	PL+429	352

PL+430	353	QK+502	399	QW+712	111	55+06	110
PL+431	354	QK+503	400	QW+713	113	55+07	111
PL+432	355	QL+601	434	QW+714	124	55+08	112
PL+433	356	QL+602	435	QW+715	389	55+09	113
PL+434	394	QL+603	436	QW+716	300	55+10	116
PL+435	395	QM+001	361	QW+717	301	55+11	117
PL+436	397	QM+002	349	QW+718	302	55+12	118
PN+101	364	QM+003	434	QW+719	303	55+13	119
PN+101	385	QM+004	435	QW+720	396	55+14	120
PN+102	365	QM+005	436	SA+111	116	55+15	122
PN+103	371	QM+006	450	SA+112	117	55+16	124
PN+104	372	QM+007	451	SA+113	119	55+17	125
PN+105	373	QM+008	452	SA+114	149	55+18	126
PN+106	374	QM+009	453	SA+115	268	55+19	127
PN+107	349	QM+010	454	SA+116	411	55+20	128
PP+101	334	QM+011	455	SA+721	149	55+21	129
PP+102	335	QM+012	456	SA+722	119	55+22	130
PP+103	336	QM+013	457	SA+723	268	55+23	133
PP+104	390	QM+014	458	SB+731	116	55+24	137
PP+105	391	QM+019	463	SB+732	117	55+25	138
PP+106	398	QM+601	238	SB+733	386	55+26	142
PP+107	442	QM+602	222	SB+734	411	55+27	143
PP+108	443	QM+603	223	SC+701	281	55+28	145
PQ+101	114	QM+604	155	SC+702	282	55+30	149
PQ+102	116	QM+605	157	SC+703	283	55+31	151
PQ+102	197	QM+606	160	SC+704	284	55+32	152
PQ+103	117	QM+607	187	SC+705	285	55+33	153
PQ+103	362	QM+608	188	SC+706	286	55+34	154
PQ+104	118	QM+609	196	SC+707	287	55+35	157
PQ+105	119	QM+610	197	SC+708	288	55+36	160
PQ+105	157	QM+611	332	SC+709	289	55+37	162
PQ+106	168	QM+612	144	SC+710	290	55+38	165
PQ+107	169	QM+613	305	SC+711	291	55+39	166
PQ+108	297	QM+613	410	SC+712	292	55+40	167
PQ+109	298	QM+614	388	SC+713	293	55+41	170
PQ+110	105	QM+615	389	SC+713	601	55+42	172
PQ+111	299	QO+601	188	SC+714	218	55+43	173
PQ+112	304	QO+602	196	SC+718	160	55+44	174
PQ+701	321	QO+603	450	SE+521	160	55+45	175
PS+716	396	QP+601	237	SE+522	218	55+46	176
PX+216	170	QP+602	132	SE+523	281	55+47	177
PX+217	188	QP+603	219	SE+524	282	55+48	178
PY+218	228	QP+604	135	SE+525	283	55+49	179
PY+219	375	QP+604	382	SE+526	284	55+50	181
PY+220	376	QP+605	136	SE+527	285	55+51	182
PY+221	440	QP+606	139	SE+528	286	55+52	184
PY+222	441	QP+607	140	SE+529	287	55+53	185
PY+223	446	QP+608	213	SE+530	288	55+54	186
PY+216	205	QP+609	218	SE+531	289	55+55	187
PY+217	211	QP+610	170	SE+532	290	55+56	189
PX+218	219	QQ+601	188	SE+533	291	55+57	190
PX+219	335	QQ+602	196	SE+534	292	55+58	191
PX+220	391	QW+101	110	SE+535	601	55+59	192
PX+221	398	QW+102	111	XA+121	431	55+60	193
PX+222	443	QW+103	113	XA+122	432	55+61	196
PZ+216	145	QW+104	124	XB+901	471	55+62	201
PZ+217	179	QW+105	300	YA+001	343	55+63	202
PZ+218	235	QW+106	301	YA+002	318	55+64	204
PZ+219	354	QW+107	351	YA+003	319	55+65	205
PZ+220	371	QW+108	352	YA+004	467	55+66	206
PZ+221	383	QW+109	385	YA+901	343	55+67	207
PZ+222	463	QW+110	388	YA+902	318	55+68	208
QA+101	395	QW+111	389	YA+903	319	55+69	211
QA+102	397	QW+112	394	YA+904	467	55+70	215
QA+103	227	QW+113	118	YA+905	143	55+71	216
QA+104	400	QW+114	157	YA+906	229	55+72	217
QA+105	299	QW+701	115	YA+907	230	55+73	218
QA+401	233	QW+701	388	YA+908	367	55+74	219
QA+402	234	QW+702	123	YA+909	267	55+75	221
QA+403	133	QW+702	383	YA+910	269	55+76	222
QB+401	235	QW+704	351	YA+911	323	55+77	224
QB+402	236	QW+705	352	YA+912	327	55+78	225
QB+403	193	QW+706	353	YA+913	392	(55+79)	226
QF+401	344	QW+707	354	55+01	104	55+80	227
QF+402	345	QW+708	394	55+02	106	55+81	228
QF+403	355	QW+709	395	55+03	107	55+82	229
QG+106	433	QW+710	397	55+04	108	55+83	230
QK+501	346	QW+711	110	55+05	109	55+84	232

Flugzeugkennungen

55+85	235	56+63	357	57+41	472	58+42	4117
55+86	244	56+64	358	57+42	473	58+43	4118
55+87	245	56+65	359	57+43	474	58+44	4119
55+88	246	56+66	360	57+44	475	58+45	4120
55+89	247	56+67	361	57+45	477	58+46	4121
(55+90)	248	56+68	363	57+46	479	58+47	4122
55+91	249	56+69	367	57+47	481	58+48	4123
55+92	250	56+70	368	57+48	483	58+49	4124
55+93	255	56+71	371	57+49	489	58+50	4125
55+94	257	56+72	375	57+50	491	58+51	4126
55+95	260	56+73	376	57+51	496	58+52	4127
(55+96)	261	56+74	377	57+52	499	58+53	4128
55+97	262	56+75	380	57+53	500	58+54	4129
55+98	263	56+76	381	57+54	504	58+55	4130
55+99	265	56+77	383	57+55	505	58+56	4131
56+00	267	56+78	385	57+56	506	58+57	4132
56+01	268	56+79	386	57+57	507	58+58	4133
56+02	269	56+80	388	57+58	512	58+59	4134
56+03	270	56+81	389	57+59	513	58+60	4135
56+04	271	56+82	390	57+60	514	58+61	4136
56+05	272	56+83	391	57+61	515	58+62	4137
56+06	273	56+84	392	57+62	521	58+63	4138
56+07	274	56+85	393	57+63	524	58+64	4139
56+08	275	56+86	394	57+64	601	58+65	4140
56+09	276	56+87	395	57+65	604	58+66	4141
56+10	277	56+88	396			58+67	4142
56+11	279	56+89	397	**Dornier Do 28A-1**		58+68	4143
56+12	280	56+90	398	**Kennzeichen**	c/n	58+69	4144
56+13	281	56+91	400	CA+041	3015	58+70	4145
56+14	282	56+92	401	ND+108	3015	58+71	4146
56+15	283	56+93	402	15+01	3015	58+72	4147
56+16	284	56+94	408			58+73	4148
56+17	285	56+95	411	**Dornier Do 28D-2**		58+74	4149
56+18	286	56+96	412	**Skyservant**		58+75	4150
56+19	287	56+97	413	**Kennzeichen**	c/n	58+76	4151
56+20	288	56+98	415	D-9571	4080	58+77	4152
56+21	289	56+99	416	D-9572	4081	58+78	4153
56+22	290	57+00	417	58+01	4036	58+79	4154
56+23	291	57+01	425	58+02	4037	58+80	4155
56+24	292	57+02	428	58+03	4038	58+81	4156
56+25	293	57+03	429	58+04	4039	58+82	4157
56+26	297	57+04	430	58+05	4080	58+83	4158
56+27	299	57+05	431	58+06	4081	58+84	4159
56+28	300	57+06	432	58+07	4082	58+85	4160
56+29	301	57+07	433	58+08	4083	58+86	4161
56+30	305	57+08	434	58+09	4084	58+87	4162
56+31	306	57+09	435	58+10	4085	58+88	4163
56+32	307	57+10	436	58+11	4086	58+89	4164
56+33	308	57+11	437	58+12	4087	58+90	4165
56+34	310	57+12	438	58+13	4088	58+91	4166
56+35	312	57+13	440	58+14	4089	58+92	4167
56+36	314	57+14	441	58+15	4090	58+93	4168
56+37	315	57+15	443	58+16	4091	58+94	4169
56+38	318	57+16	444	58+17	4092	58+95	4170
56+39	319	57+17	445	58+18	4093	58+96	4171
56+40	321	57+18	446	58+19	4094	58+97	4172
56+41	322	57+19	447	58+20	4095	58+98	4173
56+42	323	57+20	448	58+21	4096	58+99	4174
56+43	324	57+21	449	58+22	4097	59+00	4175
56+44	325	57+22	450	58+23	4098	59+01	4176
56+45	327	57+23	451	58+24	4099	59+02	4177
56+46	328	57+24	452	58+25	4100	59+03	4178
56+47	329	57+25	453	58+26	4101	59+04	4179
56+48	330	57+26	454	58+27	4102	59+05	4180
56+49	333	57+27	455	58+28	4103	59+06	4181
56+50	335	57+28	457	58+29	4104	59+07	4182
56+51	337	57+29	458	58+30	4105	59+08	4183
56+52	338	57+30	459	58+31	4106	59+09	4184
56+53	339	57+31	460	58+32	4107	59+10	4185
56+54	340	57+32	461	58+33	4108	59+11	4186
56+55	341	57+33	462	58+34	4109	59+12	4187
56+56	343	57+34	463	58+35	4110	59+13	4188
56+57	344	57+35	464	58+36	4111	59+14	4189
56+58	348	57+36	465	58+37	4112	59+15	4190
56+59	351	57+37	466	58+38	4113	59+16	4191
56+60	352	57+38	467	58+39	4114	59+17	4192
56+61	354	57+39	470	58+40	4115	59+18	4193
56+62	356	57+40	471	58+41	4116	59+19	4194

59+20	4195	GR+106	44-76941	80+02	5002	80+80	5080
59+21	4196	GR+107	43-49728	80+03	5003	80+81	5081
59+22	4197	GR+108	43-49716	80+04	5004	80+82	5082
59+23	4198	GR+109	44-77097	80+05	5005	80+83	5083
59+24	4199	GR+110	44-77220	80+06	5006	80+84	5084
59+25	4200	GR+111	44-76906	80+07	5007	80+85	5085
		GR+112	44-76871	80+08	5008	80+86	5086

Dornier Do 29
Kennzeichen	c/n
YD+101	V1
YD+102	V2

Dornier Do 31E
Kennzeichen	c/n
D-9530	E1
D-9531	E3

Dornier Do 34 Kibitz
Kennzeichen	c/n
98+23	P01
98+24	P02

Dornier DS 10 Fledermaus
Kennzeichen	c/n
D-9533	1
D-9534	2
D-9535	3

Douglas C-47D Skytrain
Kennzeichen	USAAF s/n
AA+588	44-76720
AA+589	44-76396
AB+590	44-76821
AB+591	44-76407
AS+581	44-76396
AS+582	44-76407
AS+583	44-76689
AS+584	44-76692
AS+585	44-77097
AS+586	44-77220
AS+587	44-76906
AS+588	44-76720
AS+589	44-76871
AS+590	44-76821
BD+590	44-76821
BD+591	44-76407
CA+011	44-77021
CA+012	44-76862
CA+013	44-76732
CA+014	44-76732
CA+014	44-76811
CA+014	44-76906
CA+015	43-49455
CA+016	43-49716
CA+017	44-76482
GA+101	44-77220
GA+102	44-76906
GA+103	44-76689
GA+104	44-77097
GA+105	44-76393
GA+106	44-76941
GA+107	44-76811
GA+108	44-76720
GA+109	44-76871
GA+110	44-76821
GA+111	44-76407
GA+112	44-76692
GA+113	44-76732
GA+114	44-76482
GA+115	43-49455
GA+116	44-76396
GA+117	43-49728
GA+118	43-49716
GR+101	44-76396
GR+102	44-76407
GR+103	44-76689
GR+104	44-76692
GR+105	44-76393

GR+114	44-76482
GR+115	43-49455
GR+115	44-76732
GR+116	44-76811
GR+117	43-49728
GR+118	43-49716
ND+105	44-76871
ND+106	44-76732
ND+106	44-76906
ND+201	44-76692
ND+202	44-76811
XA+111	43-49728
XA+112	44-76393
XA+113	44-76689
XA+114	44-76941
XA+115	44-77097
XA+117	42-4911
XA+118	44-76396
XA+119	44-76720
XA+120	44-76692
XA+123	44-76732
XA+124	44-76862
14+01	43-49728
14+02	44-76393
14+03	44-76692
14+04	44-76720
14+05	44-76732
14+06	44-76821
14+07	44-76862
14+08	44-76871
14+09	44-76941
14+10	44-77097
14+11	44-77220

Douglas DC-6B
Kennzeichen	c/n
CA+021	45065
CA+022	45066
CA+023	43828
CA+024	44175
CA+034	45065
CA+035	45066
13+01	43828
13+02	44175
13+03	45065
13+04	45066

EADS Barracuda
Kennzeichen	c/n
99+80	UD0001

English Electric Canberra B.Mk.2
Kennzeichen	c/n	RAF s/n
D-9566	6651	WK137
D-9567	6652	WK138
D-9569	6644	WK130
YA+151	6644	WK130
YA+152	6651	WK137
YA+153	6652	WK138
00+01	6644	WK130
00+02	6651	WK137
00+03	6652	WK138
99+34	6651	WK137
99+35	6652	WK138
99+36	6644	WK130

Eurocopter (MBB) Bo 105M (VBH)
Kennzeichen	c/n
80+01	5001

80+09	5009	80+87	5087
80+10	5010	80+88	5088
80+11	5011	80+89	5089
80+12	5012	80+90	5090
80+13	5013	80+91	5091
80+14	5014	80+92	5092
80+15	5015	80+93	5093
80+16	5016	80+94	5094
80+17	5017	80+95	5095
80+18	5018	80+96	5096
80+19	5019	80+97	5097
80+20	5020	80+98	5098
80+21	5021	80+99	5099
80+22	5022	81+00	5100
80+23	5023	82+90	S38
80+24	5024	82+91	
80+25	5025	82+95	S70
80+26	5026	82+96	S71
80+27	5027	82+98	
80+28	5028	82+99	S200
80+29	5029	98+07	S2
80+30	5030	98+08	S3
80+31	5031	98+09	S7
80+32	5032	98+10	S38
80+33	5033	98+11	S39
80+34	5034	98+12	S67
80+35	5035	98+13	S68
80+36	5036	98+14	S69
80+37	5037	98+15	S70
80+38	5038	98+16	S71
80+39	5039	98+17	S72
80+40	5040	98+18	S73
80+41	5041	98+19	S85
80+42	5042	98+20	S90
80+43	5043	98+21	S176
80+44	5044	98+22	S200
80+45	5045	98+40	
80+46	5046	D-9573	S2
80+47	5047	D-9574	S7
80+48	5048	D-9581	S38
80+49	5049	D-9582	S39
80+50	5050	D-9583	S67
80+51	5051	D-9584	S68
80+52	5052	D-9585	S69
80+53	5053	D-9586	S70
80+54	5054	D-9587	S71
80+55	5055	D-9588	S72
80+56	5056	D-9589	S73
80+57	5057	D-9590	S85
80+58	5058	D-9596	S90
80+59	5059	D-9609	S3
80+60	5060	D-9610	S176
80+61	5061	D-9611	S200
80+62	5062		

Eurocopter (MBB) Bo 105P (PAH-1)
Kennzeichen	c/n
86+01	6001
86+02	6002
86+03	6003
86+04	6004
86+05	6005
86+06	6006
86+07	6007
86+08	6008
86+09	6009
86+10	6010
86+11	6011
86+12	6012
86+13	6013
86+14	6014

Flugzeugkennungen

86+15	6015
86+16	6016
86+17	6017
86+18	6018
86+19	6019
86+20	6020
86+21	6021
86+22	6022
86+23	6023
86+24	6024
86+25	6025
86+26	6026
86+27	6027
86+28	6028
86+29	6029
86+30	6030
86+31	6031
86+32	6032
86+33	6033
86+34	6034
86+35	6035
86+36	6036
86+37	6037
86+38	6038
86+39	6039
86+40	6040
86+41	6041
86+42	6042
86+43	6043
86+44	6044
86+45	6045
86+46	6046
86+47	6047
86+48	6048
86+49	6049
86+50	6050
86+51	6051
86+52	6052
86+53	6053
86+54	6054
86+55	6055
86+56	6056
86+57	6057
86+58	6058
86+59	6059
86+60	6060
86+61	6061
86+62	6062
86+63	6063
86+64	6064
86+65	6065
86+66	6066
86+67	6067
86+68	6068
86+69	6069
86+70	6070
86+71	6071
86+72	6072
86+73	6073
86+74	6074
86+75	6075
86+76	6076
86+77	6077
86+78	6078
86+79	6079
86+80	6080
86+81	6081
86+82	6082
86+83	6083
86+84	6084
86+85	6085
86+86	6086
86+87	6087
86+88	6088
86+89	6089
86+90	6090
86+91	6091
86+92	6092
86+93	6093
86+94	6094
86+95	6095
86+96	6096
86+97	6097
86+98	6098
86+99	6099
87+00	6100
87+01	6101
87+02	6102
87+03	6103
87+04	6104
87+05	6105
87+06	6106
87+07	6107
87+08	6108
87+09	6109
87+10	6110
87+11	6111
87+12	6112
87+13	6113
87+14	6114
87+15	6115
87+16	6116
87+17	6117
87+18	6118
87+19	6119
87+20	6120
87+21	6121
87+22	6122
87+23	6123
87+24	6124
87+25	6125
87+26	6126
87+27	6127
87+28	6128
87+29	6129
87+30	6130
87+31	6131
87+32	6132
87+33	6133
87+34	6134
87+35	6135
87+36	6136
87+37	6137
87+38	6138
87+39	6139
87+40	6140
87+41	6141
87+42	6142
87+43	6143
87+44	6144
87+45	6145
87+46	6146
87+47	6147
87+48	6148
87+49	6149
87+50	6150
87+51	6151
87+52	6152
87+53	6153
87+54	6154
87+55	6155
87+56	6156
87+57	6157
87+58	6158
87+59	6159
87+60	6160
87+61	6161
87+62	6162
87+63	6163
87+64	6164
87+65	6165
87+66	6166
87+67	6167
87+68	6168
87+69	6169
87+70	6170
87+71	6171
87+72	6172
87+73	6173
87+74	6174
87+75	6175
87+76	6176
87+77	6177
87+78	6178
87+79	6179
87+80	6180
87+81	6181
87+82	6182
87+83	6183
87+84	6184
87+85	6185
87+86	6186
87+87	6187
87+88	6188
87+89	6189
87+90	6190
87+91	6191
87+92	6192
87+93	6193
87+94	6194
87+95	6195
87+96	6196
87+97	6197
87+98	6198
87+99	6199
88+00	6200
88+01	6201
88+02	6202
88+03	6203
88+04	6204
88+05	6205
88+06	6206
88+07	6207
88+08	6208
88+09	6209
88+10	6210
88+11	6211
88+12	6212
98+21	S176
98+27	S315/V1
98+28	S316/V2
98+31	S360/V3
98+32	S364/V4
D-9590	

Eurocopter BK 117AVT

Kennzeichen	c/n
98+22	

Eurocopter EC 135 SHS

Kennzeichen	c/n	ex
8251	76	D-HWTA
8252		D-HWTB
8253		D-HHTS
8254		D-HBBN
8255		D-HKHS
8256	104	D-HWTC
8257	106	D-HWTD
8258	108	D-HWTE
8259	110	D-HWTF
8260	111	D-HWTG
8261	113	D-HWTH
8262	114	D-HWTI
8263	116	D-HWTJ
8264	117	D-HWTK
8265	119	D-HWTL

Eurocopter AS.532U2 Cougar

Kennzeichen	c/n
82+01	2449
82+02	2452
82+03	2460

Eurocopter Tiger

Kennzeichen	c/n
74+01	
74+02	
74+03	
74+04	
74+05	1005
74+06	1006
74+07	1007
74+08	1008
74+09	1009
74+10	
74+11	
74+12	
74+13	
74+14	
74+15	
74+16	
74+17	
74+18	
74+19	
74+20	
74+21	
74+22	
74+23	
74+24	
74+25	
74+26	
74+27	
74+28	
74+29	
74+30	
74+31	
74+32	
74+33	
74+34	
74+35	
74+36	
74+37	
74+38	
74+39	
74+40	
74+41	
74+42	
74+43	
74+44	
74+45	
74+46	
74+47	
74+48	
74+49	
74+50	
74+51	
74+52	
74+53	
74+54	
74+55	
74+56	
74+57	
74+58	
74+59	
74+60	
74+61	
74+62	
74+63	
74+64	
74+65	
74+66	
74+67	
74+68	
74+69	
74+70	
74+71	
74+72	
74+73	
74+74	
74+75	
74+76	

74+77			30+64		31+42			UA+109	F9388
74+78			30+65		31+43			UA+110	F9391
74+79			30+66		31+44			UA+111	F9392
74+80			30+67		31+45			UA+112	F9394
98+10			30+68		31+46			UA+113	F9395
98+12			30+69		31+47			UA+114	F9371
98+13			30+70		31+48			UA+115	F9372
98+16			30+71		31+49				
98+22			30+72		31+50			**Fairey Gannet T.Mk.5**	
98+23			30+73		31+51			**Kennzeichen**	**c/n**
98+25		PT5	30+74		31+52			UA+99	F9419
98+26		1001	30+75		31+53				
			30+76		31+54			**Fiat G.91R/3**	
Eurofighter Typhoon			30+77		31+55			**Kennzeichen**	**c/n**
Kennzeich.	**c/n**	**Bemerkung**	30+78		31+56			BD+101	0061
30+01	GT001		30+79		31+57			BD+102	0062
30+02		Doppelsitzer	30+80		31+58			BD+103	0063
30+03		Doppelsitzer	30+81		31+59			BD+104	0064
30+04		Doppelsitzer	30+82		31+60			BD+105	0065
30+05		Doppelsitzer	30+83		31+61			BD+106	0066
30+06		Doppelsitzer	30+84		31+62			BD+107	0067
30+07			30+85		31+63			BD+108	0068
30+08		Doppelsitzer	30+86		31+64			BD+109	0069
30+09			30+87		31+65			BD+110	0070
30+10		Doppelsitzer	30+88		31+66			BD+111	0071
30+11			30+89		31+67			BD+112	0072
30+12			30+90		31+68			BD+113	0073
30+13			30+91		31+69			BD+114	0074
30+14		Doppelsitzer	30+92		31+70			BD+115	0075
30+15			30+93		31+71			BD+116	0076
30+16			30+94		31+72			BD+117	0077
30+17		Doppelsitzer	30+95		31+73			BD+118	0078
30+18			30+96		31+74			BD+119	0079
30+19			30+97		31+75			BD+120	0080
30+20		Doppelsitzer	30+98		31+76			BD+121	0081
30+21			30+99		31+77			BD+122	0082
30+22			31+00		31+78			BD+123	0083
30+23			31+01		31+79			BD+124	0084
30+24		Doppelsitzer	31+02		31+80			BD+125	0085
30+25			31+03		31+81			BD+231	0086
30+26			31+04		98+03	GT003	Doppelsitzer	BD+231	352
30+27			31+05		98+29	DA1		BD+232	0087
30+28			31+06		98+30	DA5		BD+232	339
30+29			31+07		98+31	GT001		BD+233	0088
30+30			31+08		98+32		Doppelsitzer	BD+233	457
30+31			31+09		98+33		Doppelsitzer	BD+234	0089
30+32			31+10		98+34		Doppelsitzer	BD+234	313
30+33			31+11		98+35		Doppelsitzer	BD+235	0091
30+34			31+12		98+36		Doppelsitzer	BD+235	345
30+35			31+13		98+37		Doppelsitzer	BD+236	0092
30+36			31+14		98+38			BD+236	459
30+37			31+15		98+39			BD+237	0093
30+38			31+16					BD+237	334
30+39			31+17		**EWR Süd VJ 101C**			BD+238	0094
30+40			31+18		**Kennzeichen**		**c/n**	BD+238	317
30+41			31+19		D-9517		X-1	BD+238	563
30+42			31+20		D-9518		X-2	BD+239	0095
30+43			31+21					BD+239	460
30+44			31+22		**Fairchild Dornier 228-**			BD+240	0096
30+45			31+23		**201/228LM/228LT**			BD+240	331
30+46			31+24		**Kennung**		**Werk-Nr.**	BD+240	495
30+47			31+25		57+01		8185	BD+241	0097
30+48			31+26		57+02		8212	BD+241	341
30+49			31+27		57+03		8211	BD+242	0102
30+50			31+28		57+04		8214	BD+242	462
30+51			31+29		98+77		8185	BD+243	0103
30+52			31+30		98+78		8068	BD+243	348
30+53			31+31					BD+244	0104
30+54			31+32		**Fairey Gannet AS.Mk.4**			BD+244	342
30+55			31+33		**Kennzeichen**		**c/n**	BD+245	0105
30+56			31+34		UA+101		F9375	BD+245	463
30+57			31+35		UA+102		F9376	BD+246	340
30+58			31+36		UA+103		F9377	BD+246	0106
30+59			31+37		UA+104		F9378	BD+247	0107
30+60			31+38		UA+105		F9381	BD+247	464
30+61			31+39		UA+106		F9382	BD+248	0108
30+62			31+40		UA+107		F9385	BD+248	511
30+63			31+41		UA+108		F9386	BD+249	0083

Flugzeugkennungen

Flugzeugkennungen

BD+249	465	D-9605	468	DH+105	398	EC+121	548
BD+250	0084	D-9606	482	DH+106	399	EC+122	466
BD+250	335	D-9607	518	DH+107	400	EC+123	507
BD+251	0085	D-9608	554	DH+108	401	EC+124	505
BD+251	467	DG+101	351	DH+109	402	EC+231	0086
BD+252	332	DG+102	352	DH+110	403	EC+231	492
BD+253	326	DG+102	362	DH+111	404	EC+232	0087
BD+254	346	DG+103	303	DH+112	405	EC+232	544
BD+255	314	DG+104	353	DH+113	406	EC+233	0088
BD+256	468	DG+105	354	DH+114	407	EC+233	539
BD+257	469	DG+106	356	DH+115	408	EC+234	0089
BD+258	470	DG+107	355	DH+116	409	EC+234	494
BD+259	0095	DG+108	358	DH+117	410	EC+235	0091
BD+259	319	DG+108	490	DH+118	411	EC+235	532
BD+260	471	DG+109	359	DH+119	412	EC+236	0092
BD+261	473	DG+109	487	DH+120	413	EC+236	311
BD+262	0060	DG+110	357	DH+121	414	EC+237	0093
BD+262	474	DG+111	363	DH+231	436	EC+237	521
BD+263	322	DG+112	364	DH+232	437	EC+238	0094
BD+264	0063	DG+113	365	DH+233	438	EC+238	543
BD+265	325	DG+114	366	DH+234	439	EC+239	0095
BD+266	327	DG+115	367	DH+235	440	EC+239	360
BD+267	328	DG+116	368	DH+236	441	EC+240	0096
BD+268	343	DG+117	369	DH+237	442	EC+240	546
BD+269	344	DG+118	370	DH+238	443	EC+241	0097
BD+269	564	DG+119	371	DH+239	444	EC+241	530
BD+270	329	DG+120	372	DH+240	445	EC+242	0102
BD+270	508	DG+121	373	DH+241	446	EC+242	301
BD+271	0068	DG+231	415	DH+242	447	EC+243	0103
BD+272	554	DG+232	416	DH+243	448	EC+243	488
BD+273	413	DG+233	417	DH+244	449	EC+244	0104
BD+274	442	DG+234	418	DH+245	450	EC+244	549
BD+275	451	DG+235	419	DH+246	451	EC+245	0105
BD+276	499	DG+236	420	DH+247	452	EC+245	545
BD+401	374	DG+237	421	DH+248	453	EC+246	0106
BD+402	375	DG+238	422	DH+249	455	EC+246	516
BD+403	376	DG+239	423	DH+251	456	EC+247	0107
BD+404	376	DG+240	424	EC+101	0061	EC+247	547
BD+405	378	DG+241	425	EC+101	526	EC+248	0108
BD+406	379	DG+242	426	EC+102	0062	EC+248	522
BD+407	380	DG+243	427	EC+102	466	EC+249	0083
BD+408	381	DG+244	428	EC+103	507	EC+249	524
BD+409	382	DG+245	429	EC+103	0063	EC+250	0084
BD+410	383	DG+246	430	EC+104	0064	EC+250	533
BD+411	384	DG+247	431	EC+104	505	EC+251	0085
BD+412	385	DG+248	432	EC+105	0082	EC+251	309
BD+413	386	DG+249	433	EC+105	525	EC+301	472
BD+413	458	DG+250	434	EC+106	0066	EC+302	475
BD+414	387	DG+251	435	EC+106	304	EC+303	476
BD+415	388	DG+301	500	EC+107	0067	EC+304	477
BD+416	389	DG+302	501	EC+107	523	EC+305	512
BD+417	390	DG+303	502	EC+108	0068	EC+307	480
BD+418	391	DG+304	478	EC+108	550	EC+308	481
BD+419	392	DG+305	503	EC+109	0069	EC+309	482
BD+420	347	DG+306	504	EC+109	491	EC+310	485
BD+420	393	DG+307	506	EC+110	0070	EC+311	528
BD+601	306	DG+308	489	EC+110	520	EC+312	529
BD+602	331	DG+309	534	EC+111	0071	EC+313	508
BD+603	444	DG+310	535	EC+111	349	EC+314	509
BD+604	445	DG+311	536	EC+112	0072	EC+315	515
BD+605	484	DG+312	537	EC+112	540	EC+316	483
BF+014	0059	DG+313	538	EC+113	0073	EC+317	454
BF+015	0060	DG+314	307	EC+114	0074	EC+318	499
BF+016	362	DG+315	456	EC+114	531	ED+101	301
BF+017	0076	DG+316	324	EC+115	0075	ED+101	322
BF+018	333	DG+317	461	EC+115	496	ED+102	302
BF+019	411	DG+318	320	EC+116	0076	ED+102	337
BF+020	472	DG+319	527	EC+116	361	ED+103	303
BF+021	482	DG+320	551	EC+116	406	ED+103	352
BR+015	0060	DG+321	552	EC+117	0077	ED+104	304
D-9597	0060	DG+322	553	EC+117	498	ED+104	323
D-9598	0068	DG+323	541	EC+118	0078	ED+105	305
D-9599	328	DG+324	554	EC+118	305	ED+105	324
D-9600	343	DG+325	555	EC+119	0079	ED+106	306
D-9601	378	DH+101	394	EC+119	514	ED+107	307
D-9602	459	DH+102	395	EC+120	0080	ED+108	308
D-9603	460	DH+103	396	EC+120	517	ED+109	309
D-9604	467	DH+104	397	EC+121	0081	ED+110	310

Flugzeugkennungen

ED+110	461	KD+311	321	KD+389	399	KD+466	476
ED+111	325	KD+312	322	KD+390	400	KD+467	477
ED+112	312	KD+313	323	KD+391	401	KD+468	478
ED+113	313	KD+314	324	KD+392	402	KD+469	479
ED+114	314	KD+315	325	KD+393	403	KD+470	480
ED+115	315	KD+316	326	KD+394	404	KD+471	481
ED+115	456	KD+317	327	KD+395	405	KD+472	482
ED+116	316	KD+318	328	KD+396	406	KD+473	483
ED+117	317	KD+319	329	KD+397	407	KD+474	484
ED+118	318	KD+320	330	KD+398	408	KD+475	485
ED+119	319	KD+321	331	KD+399	409	KD+476	486
ED+120	320	KD+322	332	KD+400	410	KD+477	487
ED+121	321	KD+323	333	KD+401	411	KD+478	488
ED+124	326	KD+324	334	KD+402	412	KD+479	489
ED+231	327	KD+325	335	KD+403	413	KD+480	490
ED+232	328	KD+326	336	KD+404	414	KD+481	491
ED+233	329	KD+327	337	KD+405	415	KD+482	492
ED+234	330	KD+328	338	KD+406	416	KD+483	493
ED+235	331	KD+329	339	KD+407	417	KD+484	494
ED+236	332	KD+330	340	KD+408	418	KD+485	495
ED+237	333	KD+331	341	KD+409	419	KD+486	496
ED+238	334	KD+332	342	KD+410	420	KD+487	497
ED+239	335	KD+333	343	KD+411	421	KD+488	498
ED+240	336	KD+334	344	KD+412	422	KD+489	499
ED+242	338	KD+335	345	KD+413	423	KD+490	500
ED+243	339	KD+336	346	KD+414	424	KD+491	501
ED+244	340	KD+337	347	KD+415	425	KD+492	502
ED+246	342	KD+338	348	KD+416	426	KD+493	503
ED+247	343	KD+339	349	KD+417	427	KD+494	504
ED+248	344	KD+340	350	KD+418	428	KD+495	505
ED+249	345	KD+341	351	KD+419	429	KD+496	506
ED+250	346	KD+342	352	KD+420	430	KD+497	507
ED+252	348	KD+343	353	KD+421	431	KD+498	508
ED+253	341	KD+344	354	KD+422	432	KD+499	509
ER+101	0061	KD+345	355	KD+423	433	KD+500	510
ER+102	0062	KD+346	356	KD+424	434	KD+501	511
ER+103	0063	KD+347	357	KD+425	435	KD+502	512
ER+104	0064	KD+348	358	KD+426	436	KD+503	513
ER+105	0082	KD+349	359	KD+427	437	KD+504	514
ER+107	0067	KD+350	360	KD+428	438	KD+505	515
ER+108	0068	KD+351	361	KD+429	439	KD+506	516
ER+109	0069	KD+352	362	KD+430	440	KD+507	517
ER+110	0070	KD+353	363	KD+431	441	KD+508	518
ER+112	0072	KD+354	364	KD+432	442	KD+509	519
ER+113	0073	KD+355	365	KD+433	443	KD+510	520
ER+114	0074	KD+356	366	KD+434	444	KD+511	521
ER+115	0075	KD+357	367	KD+435	445	KD+512	522
ER+117	0077	KD+358	368	KD+436	446	KD+513	523
ER+119	0079	KD+359	369	KD+437	447	KD+514	524
ER+120	0080	KD+360	370	KD+438	448	KD+515	525
ER+121	0081	KD+361	371	KD+439	449	KD+516	526
ER+231	0086	KD+362	372	KD+440	450	KD+517	527
ER+232	0087	KD+363	373	KD+441	451	KD+518	528
ER+233	0088	KD+364	374	KD+442	452	KD+519	529
ER+234	0089	KD+365	375	KD+443	453	KD+520	530
ER+235	0091	KD+366	376	KD+444	454	KD+521	531
ER+237	0093	KD+367	377	KD+445	455	KD+522	532
ER+238	0094	KD+368	378	KD+446	456	KD+523	533
ER+239	360	KD+369	379	KD+447	457	KD+524	534
ER+240	0096	KD+370	380	KD+448	458	KD+525	535
ER+241	0097	KD+371	381	KD+449	459	KD+526	536
ER+243	0103	KD+372	382	KD+450	460	KD+527	537
ER+244	0104	KD+373	383	KD+451	461	KD+528	538
ER+245	0105	KD+374	384	KD+452	462	KD+529	539
ER+247	0107	KD+375	385	KD+453	463	KD+530	540
ER+248	0108	KD+376	386	KD+454	464	KD+531	541
ER+249	0083	KD+377	387	KD+455	465	KD+532	542
ER+250	0084	KD+378	388	KD+456	466	KD+533	543
KD+301	311	KD+379	389	KD+457	467	KD+534	544
KD+302	312	KD+380	390	KD+458	468	KD+535	545
KD+303	313	KD+381	391	KD+459	469	KD+536	546
KD+304	314	KD+382	392	KD+460	470	KD+537	547
KD+305	315	KD+383	393	KD+461	471	KD+538	548
KD+306	316	KD+384	394	KD+462	472	KD+539	549
KD+307	317	KD+385	395	MD+301	472	KD+540	550
KD+308	318	KD+386	396	KD+463	473	KD+541	551
KD+309	319	KD+387	397	KD+464	474	KD+542	552
KD+310	320	KD+388	398	KD+465	475	KD+543	553

Flugzeugkennungen

KD+544	554	MA+244	428	MB+243	0081	MD+107	557
KD+545	555	MA+245	429	MB+244	0086	MD+108	550
KD+546	556	MA+246	430	MB+245	0094	MD+109	491
KD+547	557	MA+247	431	MB+246	394	MD+110	520
KD+548	558	MA+248	432	MB+247	0107	MD+111	349
KD+549	559	MA+249	433	MB+248	475	MD+112	540
KD+550	560	MA+250	434	MB+249	0083	MD+113	497
KD+551	561	MA+251	373	MB+250	481	MD+114	531
KD+552	562	MA+251	435	MB+251	590	MD+115	496
KD+553	563	MA+252	580	MB+252	349	MD+116	406
KD+554	564	MA+253	356	MB+253	0075	MD+117	498
KD+555	565	MA+301	500	MB+255	515	MD+118	305
KD+556	566	MA+302	501	MB+306	360	MD+119	514
KD+557	567	MA+303	502	MC+101	556	MD+120	517
KD+558	568	MA+304	478	MC+102	578	MD+122	397
KD+559	569	MA+305	503	MC+103	579	MD+123	399
KD+560	570	MA+306	504	MC+104	580	MD+125	337
KD+561	571	MA+307	506	MC+105	567	MD+126	400
KD+562	572	MA+308	489	MC+107	318	MD+127	402
KD+563	573	MA+309	534	MC+107	557	MD+128	0072
KD+564	574	MA+310	535	MC+108	570	MD+231	492
KD+565	575	MA+311	493	MC+109	552	MD+232	544
KD+566	576	MA+312	537	MC+110	583	MD+233	539
KD+567	577	MA+313	538	MC+111	588	MD+234	494
KD+568	578	MA+314	307	MC+112	585	MD+235	532
KD+569	579	MA+315	456	MC+113	565	MD+236	311
KD+570	580	MA+316	324	MC+113	572	MD+237	521
KD+571	581	MA+317	461	MC+114	573	MD+238	543
KD+572	582	MA+318	320	MC+115	558	MD+239	0072
KD+573	583	MA+319	527	MC+117	571	MD+239	360
KD+574	584	MA+320	318	MC+118	577	MD+240	546
KD+575	585	MA+320	551	MC+119	408	MD+241	530
KD+576	586	MA+321	552	MC+120	410	MD+242	301
KD+577	587	MA+323	541	MC+121	446	MD+243	488
KD+578	588	MA+324	554	MC+122	420	MD+244	549
KD+579	589	MB+101	560	MC+123	493	MD+245	545
KD+580	590	MB+102	561	MC+124	537	MD+246	516
KD+581	591	MB+103	562	MC+125	418	MD+247	547
KD+582	592	MB+104	581	MC+126	504	MD+248	522
KD+583	593	MB+105	566	MC+128	502	MD+249	524
KD+584	594	MB+106	499	MC+129	499	MD+250	533
MA+101	351	MB+106	569	MC+231	0069	MD+251	309
MA+102	362	MB+107	568	MC+232	404	MD+252	403
MA+103	303	MB+108	575	MC+233	441	MD+253	0077
MA+104	353	MB+109	584	MC+234	450	MD+254	316
MA+105	354	MB+110	587	MC+235	0067	MD+255	396
MA+106	356	MB+111	589	MC+236	0103	MD+256	528
MA+107	355	MB+112	551	MC+237	455	MD+257	529
MA+108	490	MB+113	582	MC+238	0087	MD+260	591
MA+109	487	MB+114	553	MC+239	0104	MD+301	437
MA+110	357	MB+115	555	MC+240	0073	MD+301	472
MA+111	363	MB+116	576	MC+241	0074	MD+302	475
MA+112	364	MB+117	574	MC+242	0079	MD+303	476
MA+113	365	MB+118	586	MC+243	0088	MD+304	477
MA+114	366	MB+119	591	MC+244	0089	MD+305	512
MA+115	367	MB+120	592	MC+245	0091	MD+306	479
MA+116	368	MB+121	593	MC+246	0093	MD+307	480
MA+117	369	MB+122	594	MC+247	0096	MD+308	481
MA+118	370	MB+123	535	MC+248	393	MD+309	482
MA+119	371	MB+124	539	MC+249	351	MD+310	485
MA+120	372	MB+125	544	MC+249	401	MD+311	528
MA+121	373	MB+126	525	MC+250	405	MD+312	529
MA+121	435	MB+128	483	MC+251	407	MD+313	508
MA+231	415	MB+127	488	MC+252	487	MD+314	509
MA+232	416	MB+129	512	MC+253	0062	MD+315	515
MA+233	417	MB+130	526	MC+254	541	MD+316	483
MA+234	418	MB+231	0082	MC+255	0064	MD+317	454
MA+235	419	MB+232	414	MC+256	0070	MD+318	499
MA+236	420	MB+233	452	MC+257	527	MD+319	559
MA+236	541	MB+234	0105	MC+258	532	MD+320	558
MA+237	421	MB+235	0084	MC+260	568	MD+321	560
MA+238	422	MB+236	409	MD+101	526	MD+322	556
MA+239	423	MB+237	449	MD+102	466	MD+323	561
MA+240	424	MB+238	390	MD+103	507	MD+324	562
MA+241	425	MB+239	440	MD+104	505	MR+101	395
MA+242	426	MB+240	0108	MD+105	525	MR+102	302
MA+243	427	MB+241	0080	MD+106	304	MR+104	412
MA+244	366	MB+242	0097	MD+107	480	MR+105	447

MR+106	453	(30+22)	0079	31+00	366	31+78	446
MR+107	439	30+23	0080	31+01	367	31+79	447
MR+107	557	30+24	0081	31+02	368	31+80	448
MR+108	448	30+25	0082	31+03	369	31+81	449
MR+109	0061	30+26	0083	31+04	370	31+82	450
MR+110	350	30+27	0084	31+05	371	31+83	451
MR+111	436	30+28	0086	31+06	372	31+84	452
MR+112	443	30+29	0087	31+07	373	31+85	453
MR+113	336	30+30	0088	31+08	374	31+86	454
MR+114	509	30+31	0089	31+09	375	31+87	455
MR+115	0076	30+32	0091	31+10	376	31+88	456
MR+116	479	30+33	0093	31+11	376	31+89	457
MR+117	498	30+34	0094	31+12	378	31+90	458
MR+118	308	30+35	0095	31+13	379	31+91	459
MR+301	500	30+36	0096	31+14	380	31+92	460
MR+302	501	30+37	0097	31+15	381	31+93	461
MR+304	478	30+38	0102	31+16	382	31+94	462
MR+305	503	30+39	0103	31+17	383	31+95	463
MR+306	504	30+40	0104	31+18	384	31+96	464
MR+307	506	30+41	0105	31+19	385	31+97	465
MR+308	489	30+42	0107	31+20	387	31+98	466
MR+309	534	30+43	0108	31+21	388	31+99	467
MR+310	535	30+44	301	31+22	389	32+00	468
MR+311	493	30+45	302	31+23	390	32+01	469
MR+312	537	30+46	303	31+24	391	32+02	470
MR+313	538	30+47	304	31+25	392	32+03	471
MR+315	456	30+48	305	31+26	393	32+04	472
MR+318	320	30+49	306	31+27	394	32+05	473
MR+319	527	30+50	307	31+28	395	32+06	474
MR+320	551	30+51	308	31+29	396	32+07	475
MR+321	552	30+52	309	31+30	397	32+08	476
MR+322	553	(30+53)	310	31+31	398	32+09	477
MR+323	541	30+54	311	31+32	399	32+10	478
MR+325	555	30+55	313	31+33	400	32+11	479
XB+101	513	30+56	314	31+34	402	32+12	480
XB+102	484	30+57	316	31+35	403	32+13	481
XB+103	518	30+58	318	31+36	404	32+14	482
XB+104	519	30+59	319	31+37	405	32+15	483
XB+105	486	30+60	320	31+38	406	32+16	484
XB+106	510	30+61	321	31+39	407	32+17	485
XB+107	0095	30+62	322	31+40	408	32+18	486
XB+108	358	(30+63)	324	31+41	409	32+19	487
XB+109	438	30+64	325	31+42	410	32+20	488
XB+110	321	30+65	326	31+43	411	32+21	489
XB+111	338	30+66	327	31+44	412	32+22	490
XB+112	536	30+67	328	31+45	413	32+23	492
XB+113	542	30+68	330	31+46	414	32+24	493
YA+011	0054	30+69	331	31+47	415	32+25	494
YA+012	0055	30+70	332	31+48	416	32+26	495
YA+013	0056	30+71	333	31+49	417	32+27	496
YA+014	0057	30+72	334	31+50	418	32+28	497
YA+015	0058	30+73	335	31+51	419	32+29	498
YA+016	0102	30+74	336	31+52	420	32+30	499
YA+017	308	30+75	337	31+53	421	32+31	500
YA+018	542	30+76	338	31+54	422	32+32	501
YA+019	0070	30+77	339	31+55	423	32+33	502
YA+020	498	30+78	340	31+56	424	32+34	503
30+01	0054	30+79	341	31+57	425	32+35	504
30+02	0055	30+80	342	31+58	426	32+36	505
30+03	0056	30+81	343	31+59	427	32+37	506
30+04	0057	30+82	345	31+60	428	32+38	507
30+05	0058	30+83	346	31+61	429	32+39	508
30+06	0059	30+84	347	31+62	430	32+40	509
30+07	0060	30+85	348	31+63	431	32+41	510
30+08	0061	30+86	350	31+64	432	32+42	511
30+09	0062	30+87	351	31+65	433	32+43	512
30+10	0063	30+88	352	(31+66)	434	32+44	513
30+11	0064	30+89	353	31+67	435	32+45	514
30+12	0067	30+90	354	31+68	436	32+46	515
30+13	0068	30+91	355	31+69	437	32+47	516
30+14	0069	30+92	356	31+70	438	32+48	517
30+15	0070	30+93	357	31+71	439	32+49	518
30+16	0072	30+94	358	31+72	440	32+50	519
30+17	0073	30+95	360	31+73	441	32+51	520
30+18	0074	30+96	362	31+74	442	32+52	521
30+19	0075	30+97	363	31+75	443	32+53	522
30+20	0076	30+98	364	31+76	444	32+54	524
30+21	0077	30+99	365	31+77	445	32+55	525

Flugzeugkennungen

Flugzeugkennungen

Kennzeichen	c/n	Kennzeichen	c/n	Kennzeichen	c/n	Kennzeichen	c/n	Kennzeichen	c/n
32+56	526	99+11	518	BR+244	118	EC+371	0039		
32+57	527	99+12	554	BR+245	119	EC+372	0040		
32+58	528	98+35	0054	BR+246	120	EC+374	0042		
32+59	529	99+37	397	BR+247	121	MA+371	0041		
32+60	530	99+38	437	BR+250	132	MA+372	0011		
32+61	531	99+39	515	BR+252	126	MA+373	0027		
32+62	532	99+42	0059	BR+253	127	MA+374	0015		
32+63	533	99+43	453	BR+254	128	MB+371	0001		
32+64	534	99+44	486	BR+255	129	MB+372	0008		
32+65	535	99+45	499	BR+361	98	MB+373	0023		
32+66	536	99+46	511	BR+363	130	MB+374	0002		
32+67	537	99+47	513	BR+364	131	MB+374	0033		
32+68	538	99+48	484	BR+365	133	MC+371	0005		
32+69	539			BR+366	134	MC+372	0016		
32+70	540	**Fiat G.91R/4**		BR+367	135	MC+373	0030		
32+71	541	Kennzeichen	c/n	BR+368	136	MC+374	0037		
32+72	542	BD+231	90	BR+369	137	MD+371	0039		
32+73	543	BD+232	99	BR+370	138	MD+372	0040		
32+74	544	BD+233	100	BR+371	139	MD+373	0021		
32+75	545	BD+234	101	BR+373	141	MD+374	0042		
32+76	546	BD+235	109	BR+374	142	YA+020	0002		
32+77	547	BD+236	110	BR+375	143	YA+021	0007		
32+78	548	BD+237	111	BR+376	144	YA+022	0035		
32+79	549	BD+238	112	BR+377	145	YA+023	0036		
32+80	550	BD+239	113	BR+378	146	34+01	0001		
32+81	551	BD+240	114	BR+379	147	34+02	0002		
32+82	552	BD+241	115	BR+380	148	34+03	0003		
32+83	553	BD+242	116	BR+381	149	34+04	0004		
32+84	554	BD+243	117	BR+382	150	34+05	0005		
32+85	555	BD+244	118	BR+383	151	34+06	0006		
32+86	556	BD+245	119	BR+384	152	34+07	0007		
32+87	558	BD+246	120	BR+385	153	34+08	0008		
32+88	559	BD+247	121			34+09	0009		
32+89	560	BD+248	122	**Fiat G.91T/3**		34+10	0011		
32+90	561	BD+249	123	Kennzeichen	c/n	34+11	0012		
32+91	562	BD+250	132	BD+101	0001	34+12	0013		
32+92	563	BD+251	125	BD+102	0002	34+13	0015		
32+93	564	BD+252	126	BD+103	0003	34+14	0016		
32+94	565	BD+253	127	BD+104	0004	34+15	0017		
32+95	566	BD+254	128	BD+105	0005	34+16	0018		
32+96	567	BD+255	129	BD+106	0006	34+17	0019		
32+97	568	BD+361	98	BD+107	0007	34+18	0020		
32+98	569	BD+362	124	BD+108	0008	34+19	0021		
32+99	570	BD+363	130	BD+109	0009	34+20	0022		
33+00	571	BD+364	131	BD+110	0010	34+21	0023		
33+01	572	BD+365	133	BD+111	0011	34+22	0024		
33+02	573	BD+366	134	BD+112	0012	34+23	0025		
33+03	574	BD+367	135	BD+113	0013	34+24	0026		
33+04	575	BD+368	136	BD+114	0014	34+25	0027		
33+05	576	BD+369	137	BD+115	0015	34+26	0029		
33+06	577	BD+370	138	BD+116	0016	34+27	0030		
33+07	578	BD+371	139	BD+117	0017	34+28	0031		
33+08	579	BD+372	140	BD+118	0018	34+29	0032		
33+09	580	BD+373	141	BD+119	0019	34+30	0034		
33+10	581	BD+374	142	BD+120	0020	34+31	0035		
33+11	582	BD+375	143	BD+121	0022	34+32	0036		
33+12	583	BD+376	144	BD+122	0023	34+33	0037		
33+13	584	BD+377	145	BD+123	0024	34+34	0038		
33+14	585	BD+378	146	BD+124	0025	34+35	0039		
33+15	586	BD+379	147	BD+125	0026	34+36	0040		
33+16	587	BD+380	148	BD+126	0027	34+37	0041		
33+17	588	BD+381	149	BD+127	0028	34+38	0042		
33+18	589	BD+382	150	BD+128	0029	34+39	0043		
33+19	590	BD+383	151	BD+129	0030	34+40	0044		
33+20	591	BD+384	152	BD+130	0031	34+41	601		
33+21	592	BD+385	153	BD+131	0032	34+42	602		
33+22	593	BR+231	90	BD+132	0033	34+43	603		
33+23	594	BR+233	100	BD+133	0034	34+44	604		
99+01	0060	BR+234	101	BD+134	0035	34+45	605		
99+02	0068	BR+235	109	BD+135	0036	34+46	606		
99+03	328	BR+236	110	BD+136	0037	34+47	607		
99+04	343	BR+237	111	BD+137	0038	34+48	608		
99+05	378	BR+238	112	BD+138	0039	34+49	609		
99+06	459	BR+239	113	BD+139	0040	34+50	610		
99+07	460	BR+240	114	BD+140	0041	34+51	611		
99+08	467	BR+241	115	BD+141	0042	34+52	612		
99+09	468	BR+242	116	BD+142	0043	34+53	613		
99+10	482	BR+243	117	BD+143	0044	34+54	614		

Kennzeichen	c/n	Kennzeichen	c/n	Kennzeichen	c/n	Kennzeichen	c/n	Kennzeichen	c/n
34+55	615	AA+139	D40/142	AA+199	99	AA+270	179		
34+56	616	AA+139	210	AA+200	100	AA+271	180		
34+57	617	AA+140	D1/50	AA+201	101	AA+272	181		
34+58	618	AA+141	86	AA+202	102	AA+273	182		
34+59	619	AA+142	113	AA+203	103	AA+274	183		
34+60	620	AA+143	114	AA+204	104	AA+275	184		
34+61	621	AA+144	115	AA+205	105	AA+276	185		
34+62	622	AA+145	122	AA+206	106	AA+277	186		
98+57	0007	AA+145	223	AA+206	154	AA+278	187		
98+58	0021	AA+146	123	AA+207	107	AA+279	188		
99+40	621	AA+147	130	AA+208	108	AA+280	189		
99+41	0027	AA+148	131	AA+209	109	AA+281	190		
		AA+149	137	AA+210	110	AA+282	191		

Fouga Magister C.M.170R

Kennzeichen	c/n	Kennzeichen	c/n	Kennzeichen	c/n	Kennzeichen	c/n
AA+011	226	AA+150	D2/58	AA+211	111	AA+283	192
AA+012	227	AA+150	138	AA+212	068	AA+284	193
AA+013	228	AA+151	144	AA+212	112	AA+285	194
AA+014	229	AA+152	145	AA+213	113	AA+286	195
AA+015	230	AA+153	146	AA+214	114	AA+287	196
AA+016	231	AA+154	147	AA+215	115	AA+288	197
AA+017	232	AA+155	D3/59	AA+216	116	AA+289	198
AA+101	D2/58	AA+155	148	AA+217	117	AA+290	199
AA+101	201	AA+156	149	AA+217	218	AA+291	200
AA+102	D3/59	AA+157	153	AA+218	118	AA+292	203
AA+102	202	AA+158	154	AA+219	119	AA+293	204
AA+103	D4/66	AA+158	123	AA+220	120	AA+294	205
AA+104	D5/65	AA+159	155	AA+221	121	AA+295	206
AA+104	93	AA+160	156	AA+222	130	AA+296	207
AA+105	D6/71	AA+161	159	AA+222	222	AA+297	208
AA+106	D7/72	AA+162	161	AA+223	131	AA+298	209
AA+107	D8/73	AA+163	63	AA+224	132	AA+299	212
AA+108	D9/74	AA+164	64	AA+225	133	AS+101	D1/50
AA+108	221	AA+165	65	AA+226	134	BD+151	076
AA+109	D10/75	AA+166	66	AA+227	135	BD+152	089
AA+109	234	AA+167	67	AA+228	136	BD+152	129
AA+110	D11/76	AA+168	68	AA+229	137	BD+153	090
AA+111	D12/81	AA+168	213	AA+230	138	BD+154	093
AA+112	D13/82	AA+169	69	AA+231	139	BD+155	117
AA+112	148	AA+170	70	AA+232	140	BD+156	128
AA+113	D14/84	AA+171	D9/74	AA+233	141	BD+157	D30/118
AA+114	D15/87	AA+171	71	AA+233	219	BD+157	139
AA+115	D16/88	AA+172	72	AA+234	142	BD+158	141
AA+116	D17/90	AA+173	73	AA+235	143	BD+158	148
AA+117	D18/91	AA+174	74	AA+236	144	BD+159	210
AA+118	D19/92	AA+175	75	AA+237	145	BD+160	211
AA+119	D20/93	AA+176	76	AA+237	145	BD+161	138
AA+120	D21/94	AA+176	214	AA+238	146	BD+162	148
AA+120	124	AA+177	77	AA+239	147	BF+207	D2/58
AA+121	D22/95	AA+177	125	AA+240	148	BF+208	D3/59
AA+122	D23/105	AA+178	78	AA+240	224	BF+209	154
AA+122	129	AA+178	126	AA+241	149	BF+210	068
AA+123	D24/106	AA+179	79	AA+242	150	BF+211	D9/74
AA+123	90	AA+179	127	AA+243	151	CA+023	130
AA+124	D25/107	AA+180	80	AA+244	153	CA+024	145
AA+125	D26/108	AA+180	225	AA+245	154	EC+391	126
AA+126	D27/109	AA+181	81	AA+246	155	EC+392	170
AA+127	D28/110	AA+181	129	AA+247	156	EC+393	175
AA+128	D29/112	AA+182	82	AA+248	157	EC+394	177
AA+128	122	AA+183	83	AA+249	158	EC+395	198
AA+129	D30/118	AA+184	84	AA+250	159	EC+396	199
AA+129	233	AA+185	85	AA+251	160	EC+397	209
AA+130	D31/120	AA+186	86	AA+252	161	EC+398	220
AA+130	211	AA+186	215	AA+253	162	ED+391	D1/50
AA+131	D32/121	AA+187	87	AA+254	163	ED+392	145
AA+131	138	AA+188	88	AA+255	164	ED+393	166
AA+132	D33/127	AA+189	89	AA+256	165	ED+394	168
AA+132	76	AA+189	216	AA+257	166	ED+395	169
AA+133	D34/128	AA+190	90	AA+258	167	ED+396	173
AA+133	139	AA+190	217	AA+259	168	ED+397	227
AA+134	D35/129	AA+191	91	AA+260	169	ED+398	232
AA+135	D36/132	AA+192	92	AA+261	170	ER+391	126
AA+135	148	AA+193	93	AA+262	171	ER+392	145
AA+136	D37/139	AA+193	220	AA+263	172	ER+392	170
AA+136	81	AA+194	94	AA+264	173	ER+393	175
AA+137	D38/140	AA+195	95	AA+265	174	ER+395	198
AA+138	D30/118	AA+196	96	AA+266	175	ER+396	199
AA+138	D39/141	AA+197	97	AA+267	176	ER+397	209
		AA+198	98	AA+268	177	ER+398	220
				AA+269	178	KE+101	201

Flugzeugkennungen

Kennz.	c/n
KE+102	202
KE+103	203
KE+104	204
KE+105	205
KE+106	206
KE+107	207
KE+108	208
KE+109	209
KE+110	210
KE+111	211
KE+112	212
KE+113	213
KE+114	214
KE+133	233
KE+134	234
SA+101	166
SA+102	168
SA+103	169
SA+104	173
SA+105	194
SA+106	197
SA+107	126
SA+611	166
SA+612	168
SA+613	169
SA+614	173
SB+201	77
SB+202	79
SB+203	80
SB+204	81
SB+204	128
SB+205	174
SB+206	182
SB+207	199
SC+601	77
SC+602	78
SC+603	79
SC+604	80
SC+605	81
SC+606	174
SC+607	182
SC+608	194
SC+609	197
XB+201	199
XB+202	126
YA+007	152
YA+027	71
YA+120	116
YA+201	219
YA+202	175
YA+203	71
YA+203	209
YA+204	201
YA+205	160
YA+206	73
YA+207	152
YA+208	220
YA+209	146
YA+211	223
93-01	73
93-02	79
93-03	80
93-04	116
93-05	126
93-06	128
93-07	146
93-08	152
93-09	160
93-10	166
93-11	168
93-12	169
93-13	173
93-14	174
93-15	175
93-16	182
93-17	194
93-18	197
93-19	199
93-20	201
93-21	209
93-22	211
93-23	219
93-24	220
93-25	223
93-26	224

Grumman HU-16A/D Albatross

Kennz.	USN-BuNo	USAF-s/n	c/n
RE+501	146426		
RE+502	146427		
RE+503	146428		
RE+504	146429		
RE+505	146430		
RE+506		49-088	124311
RE+507		49-095	124318
RE+508		49-096	124319
SC+101	146426		
SC+102	146427		
SC+103	146428		
SC+104	146429		
SC+105	146430		
(60+01)		49-088	124311
(60+02)		49-095	124318
(60+03)		49-096	124319
60+04	146426		
60+05	146427		
60+06	146428		
60+07	146429		
60+08	146430		

Grumman OV-1B/C Mohawk

Kennzeichen	s/n
QW+801	
QW+802	

Heinkel CM 191

Kennzeichen	c/n
D-9504	V1
D-9532	V2

Hunting Pembroke Mk.54

Kennzeichen	c/n
AA-557	100
AB-555	97
AS-551	91
AS-551	1000
AS-552	93
AS-553	94
AS-554	96
AS-555	97
AS-556	99
AS-557	100
AS-557	1008
AS-558	102
AS-559	103
AS-560	1001
AS-561	1010
BD-561	1005
BF-201	1005
BF-560	91
BF-560	105(1)
BF-560	105(2)
BF-561	1005
BF-561	1019
BF-562	1020
BF-563	1021
BF-703	1013
BF-705	1018
CA-021	105(2)
CA-021	1000
CA-022	1001
CA-024	1006
CA-025	1009
CA-026	1010
CA-551	1007
CA-552	1005
CA-553	94
CA-553	1010
GA-361	
GB-361	1019
KS-111	105(2)
PA-109	1006
PA-223	1009
PA-401	1011
PB-233	1010
SC-301	1002
SC-302	1003
SC-303	1004
SC-304	1014
SC-305	1015
SC-306	1016
SE-514	1002
SE-514	1006
SE-515	105(2)
SE-516	1003
SE-517	1004
SE-518	1014
SE-519	1015
SE-520	1016
XA-101	1007
XA-102	1008
XA-103	1011
XA-104	1013
XA-105	1017
XA-106	1018
XA-107	106
XA-108	1006
XA-108	1007
XA-109	1012
XA-110	1019
YA-558	102
5401	91
5402	93
5403	94
5404	96
5405	97
5406	99
5407	102
5408	105(2)
5409	106
5410	1000
5411	1001
5412	1003
5413	1004
5414	1005
5415	1006
5416	1007
5417	1008
5418	1010
5419	1011
5420	1012
5421	1013
5422	1014
5423	1015
5424	1016
5425	1017
5426	1018
5427	1019
5428	1020
5429	1021

Iljuschin IL-62M

Kennzeichen	c/n
11+20	3749224
11+21	3242432
11+22	4445827

Let L-410UPV-T

Kennzeichen	c/n
53+01	810726
53+02	810727
53+03	820737
53+04	820738
53+05	820739
53+06	831135
53+07	831136
53+08	831137
53+09	800524
53+10	800525
53+11	800526
53+12	800527

Lockheed C-140A JetStar

Kennzeichen	c/n
CA+101	5025
CA+102	5035
CA+103	5071
11+01	5025
11+02	5121
11+03	5071

Lockheed F-104G/RF-104G Starfighter

Kennzeichen	c/n
BB+231	8170R
BB+232	8172R
BB+233	8176R
BB+234	8178R
BB+235	8182R
BB+236	8185R
BB+237	8186R
BB+238	8187R
BB+239	8189R
BB+240	8190R
BB+241	8191R
BB+242	8192R
BB+243	8193R
BB+244	8194R
BB+245	8195R
BB+246	8197R
BB+247	8198R
BB+248	8200R
BB+249	8201R
BB+250	8202R
BB+251	8204R
BB+252	8168R
BB+253	8177R
BB+254	8181R
BB+255	8169R
BB+256	8184R
BB+260	9026
BB+371	
BF+007	7131
BF+008	2007
BF+009	2005
BF+010	2006
BF+109	8021
BF+112	7004
BF+116	2025
BF+122	9061
BF+123	2050
BF+124	8006
BF+125	8011
BF+126	8030
BF+243	2039
BF+245	8001
BF+250	7001
BG+101	2011
BG+102	2012
BG+103	2013
BG+104	2016
BG+105	2014
BG+106	2015
BG+107	2020
BG+108	2086
BG+109	2091
BG+110	2092
BG+111	2093
BG+112	2095
BG+113	2096

BG+114	2097	DA+114	9173	DA+249	7038	DB+242	7053
BG+115	2023	DA+115	2018	DA+249	8002	DB+242	8328
BG+116	2032	DA+115	7028	DA+249	9169	DB+243	8329
BG+117	2041	DA+115	8015	DA+250	7001	DB+244	8330
BG+118	2076	DA+116	2019	DA+250	7039	DB+245	8333
BG+119	2035	DA+116	2065	DA+250	8004	DB+246	8334
BG+120	2025	DA+117	2020	DA+251	7040	DB+247	8335
BG+121	2039	DA+117	7006	DA+251	8003	DB+248	7063
BG+122	2026	DA+117	7021	DA+252	7080	DB+248	8339
BG+123	2037	DA+117	7137	DA+252	9002	DB+249	8340
BG+124	2040	DA+118	2021	DA+252	9006	DB+250	8344
BG+125	2022	DA+118	7019	DA+253	2049	DB+251	8345
BG+126	2021	DA+119	2022	DA+253	7104	DB+252	8346
BG+127	2033	DA+119	2062	DA+253	9009	DB+253	7062
BG+128	2036	DA+120	2023	DA+253	9175	DB+253	8347
BG+129	2038	DA+120	2066	DA+254	2058	DB+254	8348
BG+130	2024	DA+120	9003	DA+254	7105	DB+255	8349
BG+131	2027	DA+121	2024	DA+254	7140	DB+256	8350
BG+132	2030	DA+121	7029	DA+255	7106	DB+257	8007
BG+133	2018	DA+122	2057	DA+255	8009	DB+258	9005
BG+134	2028	DA+122	7078	DA+256	2023	DB+259	7051
BG+135	2034	DA+122	8023	DA+256	7107	DB+260	7056
BG+136	9004	DA+123	7079	DA+257	2060	DC+101	2071
BG+137	2031	DA+123	7115	DA+257	7007	DC+101	9053
BG+138	8003	DA+123	8023	DA+258	2061	DC+102	2069
BG+139	8008	DA+123	8026	DA+258	7103	DC+104	2075
BG+140	9003	DA+123	9004	DA+259	2063	DC+104	7025
BG+141	9002	DA+124	8006	DA+259	8017	DC+104	7041
BG+142	9005	DA+124	8015	DA+259	9047	DC+105	7042
BG+143	8009	DA+124	9037	DA+260	2064	DC+105	8275
BG+144	8007	DA+125	8008	DA+260	9048	DC+106	7043
BG+145	9001	DA+125	9042	DB+101	7005	DC+106	8285
BG+146	8002	DA+126	2066	DB+102	7013	DC+107	7044
BG+147	2042	DA+126	9043	DB+103	7024	DC+107	8305
BG+148	2010	DA+127	9005	DB+104	7025	DC+108	7045
DA+004	2004	DA+127	9035	DB+104	7043	DC+108	8314
DA+101	2001	DA+128	8007	DB+105	8250	DC+109	7051
DA+101	8004	DA+128	9036	DB+106	8263	DC+109	8339
DA+102	2002	DA+129	2062	DB+107	8275	DC+110	7052
DA+102	2003	DA+129	8321	DB+108	8277	DC+111	2088
DA+102	8005	DA+129	9059	DB+109	8284	DC+112	2059
DA+103	2003	DA+130	9065	DB+110	8285	DC+112	7053
DA+103	2055	DA+231	2026	DB+111	7058	DC+112	8289
DA+104	2007	DA+231	7030	DB+111	8287	DC+113	2067
DA+104	2048	DA+231	8322	DB+112	8289	DC+114	2070
DA+105	2008	DA+232	2027	DB+113	8290	DC+115	2072
DA+105	2052	DA+232	2049	DB+114	8291	DC+116	2073
DA+105	9001	DA+233	2028	DB+115	2090	DC+117	2074
DA+106	2009	DA+233	7031	DB+115	8292	DC+117	8307
DA+106	2025	DA+234	2030	DB+116	8295	DC+118	9049
DA+106	2059	DA+234	2058	DB+117	8296	DC+119	2077
DA+106	7001	DA+235	2056	DB+118	7041	DC+120	2078
DA+107	2010	DA+236	2032	DB+118	8298	DC+121	2079
DA+107	2029	DA+236	7032	DB+119	8299	DC+122	7067
DA+107	7005	DA+237	2033	DB+120	8301	DC+123	7068
DA+107	7016	DA+237	2060	DB+121	8302	DC+124	7069
DA+108	2011	DA+238	2034	DB+122	8303	DC+125	7070
DA+108	2031	DA+238	7033	DB+123	8305	DC+126	7044
DA+108	7017	DA+239	2035	DB+124	8306	DC+126	7071
DA+108	7133	DA+239	2063	DB+125	7042	DC+126	8292
DA+108	9031	DA+240	2036	DB+125	8307	DC+127	7072
DA+109	2012	DA+240	2061	DB+126	8309	DC+128	8298
DA+109	2053	DA+240	7150	DB+127	2002	DC+129	8347
DA+110	2013	DA+241	2037	DB+128	2080	DC+231	7055
DA+110	2054	DA+241	7034	DB+129	7044	DC+231	8328
DA+110	7147	DA+242	2038	DB+130	7045	DC+232	2081
DA+111	2014	DA+242	7035	DB+231	8310	DC+233	2082
DA+111	2046	DA+242	7116	DB+232	8313	DC+234	2083
DA+112	2015	DA+243	2039	DB+233	8314	DC+235	2084
DA+112	2057	DA+243	2045	DB+234	7055	DC+236	2085
DA+112	7004	DA+244	2040	DB+234	8315	DC+236	7077
DA+112	7014	DA+244	7036	DB+235	8316	DC+237	7056
DA+113	2016	DA+245	2064	DB+236	8317	DC+238	2087
DA+113	2047	DA+245	8001	DB+237	8320	DC+239	2088
DA+113	7149	DA+246	2042	DB+238	8321	DC+239	7057
DA+114	2017	DA+246	7037	DB+239	8322	DC+240	2089
DA+114	2041	DA+247	2043	DB+240	8323	DC+241	2090
DA+114	7018	DA+248	2044	DB+241	8327	DC+241	8333

Flugzeugkennungen

Flugzeugkennungen

Kennung	Nr.	Kennung	Nr.	Kennung	Nr.	Kennung	Nr.	Kennung	Nr.
DC+242	7058	DD+252	7176	EA+101	8085R	EB+122	8223R
DC+243	2092	DD+253	7036	EA+102	8086R	EB+123	8225R
DC+243	7059	DD+253	7177	EA+103	8087R	EB+124	8226R
DC+244	2093	DD+254	7184	EA+104	8094R	EB+125	8227R
DC+244	7060	DD+255	7015	EA+105	8095R	EB+126	8229R
DC+245	2094	DD+256	7014	EA+106	8102R	EB+231	8233R
DC+246	7061	DD+257	7012	EA+107	8106R	EB+232	8235R
DC+247	7062	DD+257	7040	EA+108	8108R	EB+233	8236R
DC+248	7063	DF+102	7011	EA+109	8111R	EB+234	8238R
DC+249	7064	DF+103	7027	EA+110	8113R	EB+235	8239R
DC+250	7065	DF+104	7046	EA+111	8116R	EB+236	8240R
DC+251	7066	DF+105	7047	EA+112	8118R	EB+237	8241R
DC+252	7022	DF+106	7048	EA+113	8122R	EB+238	8242R
DC+253	7073	DF+107	7049	EA+114	8124R	EB+239	8246R
DC+254	7023	DF+108	7050	EA+115	6626R	EB+240	8247R
DC+255	7074	DF+109	9188	EA+115	6628R	EB+241	8248R
DC+256	7075	DF+110	9189	EA+115	8126R	EB+242	8249R
DC+257	9060	DF+111	8019	EA+116	8128R	EB+243	8251R
DC+258	7076	DF+112	9008	EA+117	8130R	EB+244	8252R
DC+259	7077	DF+113	8017	EA+118	8132R	EB+245	8253R
DC+259	8287	DF+114	9128	EA+119	8134R	EB+246	8254R
DD+101	7109	DF+115	9129	EA+120	8136R	EB+247	8255R
DD+102	7110	DF+116	9130	EA+121	8137R	EB+248	8261R
DD+103	7111	DF+117	9134	EA+122	8164R	EB+249	8262R
DD+104	7112	DF+118	9135	EA+123	8165R	EB+250	8264R
DD+105	7113	DF+119	9136	EA+124	8166R	EB+251	8265R
DD+106	7114	DF+120	9143	EA+125	8167R	EB+252	8269R
DD+107	7115	DF+121	9144	EA+126	8171R	EB+253	8270R
DD+108	7116	DF+122	9145	EA+127	6626R	EB+254	8271R
DD+109	7117	DF+123	7079	EA+231	8139R	EB+255	8274R
DD+110	7118	DF+123	9149	EA+232	8140R	EB+256	8276R
DD+111	7119	DF+124	9150	EA+233	8142R	EB+257	8278R
DD+112	2043	DF+231	9151	EA+233	8173R	JA+101	8010
DD+112	7120	DF+232	9155	EA+234	8144R	JA+101	9080
DD+113	7121	DF+233	9156	EA+235	8146R	JA+102	8011
DD+114	7122	DF+234	9157	EA+236	8148R	JA+102	9030
DD+115	7123	DF+235	9161	EA+237	8149R	JA+102	9075
DD+116	7124	DF+236	9102	EA+238	8150R	JA+103	8081
DD+117	7125	DF+237	9163	EA+239	8151R	JA+104	8015
DD+118	7126	DF+238	9167	EA+240	8152R	JA+105	8092
DD+119	7038	DF+239	9168	EA+241	8153R	JA+106	8018
DD+119	7127	DF+240	9169	EA+242	8154R	JA+106	8075
DD+120	2054	DF+241	7017	EA+243	8155R	JA+107	8019
DD+120	7128	DF+241	9173	EA+244	8156R	JA+107	8041
DD+121	7129	DF+242	9174	EA+245	8157R	JA+107	8072
DD+122	7008	DF+243	7037	EA+246	8158R	JA+108	8020
DD+123	7009	DF+243	9175	EA+247	8159R	JA+109	8096
DD+124	7020	DF+244	9177	EA+248	8160R	JA+110	8023
DD+125	7173	DF+245	9178	EA+249	8161R	JA+110	9110
DD+126	7174	DF+246	9179	EA+250	8162R	JA+111	8024
DD+127	7175	DF+247	9180	EA+251	8163R	JA+112	8025
DD+128	7035	DF+248	9181	EA+252	6627R	JA+113	8026
DD+231	7130	DF+249	9182	EA+252	8173R	JA+113	9112
DD+232	7131	DF+250	9183	EA+253	8174R	JA+114	8027
DD+233	2044	DF+251	9184	EA+254	8175R	JA+115	8028
DD+233	7132	DF+252	9185	EA+255	8179R	JA+115	9118
DD+234	7133	DF+253	9186	EA+256	8180R	JA+116	8029
DD+235	7134	DF+254	9187	EA+257	6628R	JA+117	8030
DD+236	7135	DR+101	2071	EB+101	6621R	JA+117	8076
DD+237	7012	DR+102	8005	EB+102	6622R	JA+117	9123
DD+237	7136	DR+105	9001	EB+103	6623R	JA+118	8031
DD+238	2047	DR+107	7005	EB+104	6624R	JA+119	8032
DD+238	7137	DR+111	8004	EB+105	6625R	JA+120	8033
DD+239	7138	DR+118	2021	EB+107	8232R	JA+121	8034
DD+240	7139	DR+120	9003	EB+108	8205R	JA+122	8073
DD+241	2057	DR+121	2079	EB+109	8206R	JA+123	8016
DD+241	7140	DR+123	9004	EB+110	8208R	JA+123	8075
DD+242	7141	DR+125	8008	EB+111	8209R	JA+123	9041
DD+243	7142	DR+127	9005	EB+112	8210R	JA+124	8014
DD+244	7143	DR+128	8007	EB+113	8211R	JA+124	8076
DD+245	7144	DR+233	2082	EB+114	8213R	JA+126	8012
DD+246	7145	DR+236	2085	EB+115	8214R	JA+231	8035
DD+247	7146	DR+237	2033	EB+116	8215R	JA+232	8036
DD+248	7147	DR+246	2012	EB+117	8217R	JA+232	9011
DD+249	7148	DR+249	8002	EB+118	8218R	JA+232	9122
DD+250	7149	DR+251	8003	EB+119	8219R	JA+233	2009
DD+251	7150	DR+252	9002	EB+120	8221R	JA+233	8037
DD+252	7026	DR+255	8009	EB+121	8222R	JA+234	6602

JA+234	8038	JD+248	8023	KE+314	7014	KE+392	7092
JA+235	8039	JD+248	8228	KE+315	7015	KE+393	7093
JA+235	8080	JD+249	8231	KE+316	7016	KE+394	7094
JA+236	8040	JD+250	8234	KE+317	7017	KE+395	7095
JA+237	8054	JD+251	8237	KE+318	7018	KE+396	7096
JA+238	8042	JD+252	2009	KE+319	7019	KE+397	7097
JA+239	8043	JD+252	8072	KE+320	7020	KE+398	7098
JA+240	8044	JD+253	7003	KE+321	7021	KE+399	7099
JA+241	8046	JD+253	8074	KE+322	7022	KE+400	7100
JA+242	9006	JD+254	8026	KE+323	7023	KE+401	7101
JA+243	9054	JD+254	8078	KE+324	7024	KE+402	7102
JA+244	8100	JD+255	8079	KE+325	7025	KE+403	7103
JA+244	9117	JD+256	8100	KE+326	7026	KE+404	7104
JA+245	9009	JD+257	8088	KE+327	7027	KE+405	7105
JA+246	9010	JD+258	9010	KE+328	7028	KE+406	7106
JA+246	9124	KC+117	6600	KE+329	7029	KE+407	7107
JA+247	8097	KC+118	6602	KE+330	7030	KE+408	7108
JA+248	9012	KC+119	6604	KE+331	7031	KE+409	7109
JA+249	9055	KC+120	6605	KE+332	7032	KE+410	7110
JA+250	9014	KC+121	6606	KE+333	7033	KE+411	7111
JA+251	6612	KC+122	6607	KE+334	7034	KE+412	7112
JA+251	9015	KC+123	6612	KE+335	7035	KE+413	7113
JA+252	9025	KC+124	6613	KE+336	7036	KE+414	7114
JA+253	8074	KC+125	6614	KE+337	7037	KE+415	7115
JA+253	9030	KC+126	6615	KE+338	7038	KE+416	7116
JA+254	6617	KC+127	6616	KE+339	7039	KE+417	7117
JA+254	8064	KC+128	6617	KE+340	7040	KE+418	7118
JA+254	8078	KC+129	6618	KE+341	7041	KE+419	7119
JD+101	8199	KC+130	6619	KE+342	7042	KE+420	7120
JD+102	8203	KC+131	6620	KE+343	7043	KE+421	7121
JD+103	8207	KC+132	6621R	KE+344	7044	KE+422	7122
JD+104	8212	KC+133	6622R	KE+345	7045	KE+423	7123
JD+105	8216	KC+134	6623R	KE+346	7046	KE+424	7124
JD+106	8070	KC+135	6624R	KE+347	7047	KE+425	7125
JD+106	9066	KC+136	6625R	KE+348	7048	KE+426	7126
JD+107	9067	KC+137	6626R	KE+349	7049	KE+427	7127
JD+108	9074	KC+138	6627R	KE+350	7050	KE+428	7128
JD+109	9075	KC+139	6628R	KE+351	7051	KE+429	7129
JD+110	9076	KC+140	6629	KE+352	7052	KE+430	7130
JD+111	8010	KC+141	6630	KE+353	7053	KE+431	7131
JD+111	9080	KC+142	6639	KE+354	7054	KE+432	7132
JD+112	9081	KC+143	6640	KE+355	7055	KE+433	7133
JD+113	9110	KC+144	6641	KE+356	7056	KE+434	7134
JD+114	9111	KC+145	6642	KE+357	7057	KE+435	7135
JD+115	9112	KC+146	6661	KE+358	7058	KE+436	7136
JD+116	9116	KC+147	6662	KE+359	7059	KE+437	7137
JD+117	9117	KC+148	6663	KE+360	7060	KE+438	7138
JD+118	9118	KC+149	6664	KE+361	7061	KE+439	7139
JD+119	9122	KC+150	6665	KE+362	7062	KE+440	7140
JD+120	9123	KC+151	6672	KE+363	7063	KE+441	7141
JD+121	9124	KC+152	6673	KE+364	7064	KE+442	7142
JD+122	9026	KC+153	6674	KE+365	7065	KE+443	7143
JD+123	8028	KC+154	6675	KE+366	7066	KE+444	7144
JD+124	8014	KC+155	6676	KE+367	7067	KE+445	7145
JD+124	8038	KC+156	6677	KE+368	7068	KE+446	7146
JD+125	8016	KC+157	6678	KE+369	7069	KE+447	7147
JD+125	9011	KC+158	6679	KE+370	7070	KE+448	7148
JD+126	8076	KC+159	6686	KE+371	7071	KE+449	7149
JD+127	9015	KC+160	6A87	KE+372	7072	KE+450	7150
JD+128	9030	KC+161	6688	KE+373	7073	KE+451	7151
JD+129	8037	KC+162	6689	KE+374	7074	KE+452	7152
JD+231	6600	KC+163	6690	KE+375	7075	KE+453	7153
JD+232	6602	KC+164	6691	KE+376	7076	KE+454	7154
JD+233	6604	KC+165	6692	KE+377	7077	KE+455	7155
JD+234	6605	KC+166	6693	KE+378	7078	KE+456	7156
JD+235	6606	KE+301	7001	KE+379	7079	KE+457	7157
JD+236	6607	KE+302	7002	KE+380	7080	KE+458	7158
JD+237	6612	KE+303	7003	KE+381	7081	KE+459	7159
JD+238	6613	KE+304	7004	KE+382	7082	KE+460	7166
JD+239	6614	KE+305	7005	KE+383	7083	KE+461	7161
JD+240	6615	KE+306	7006	KE+384	7084	KE+462	7162
JD+241	6616	KE+307	7007	KE+385	7085	KE+463	7163
JD+242	6617	KE+308	7008	KE+386	7086	KE+464	7164
JD+243	6618	KE+309	7009	KE+387	7087	KE+465	7165
JD+244	6619	KE+310	7010	KE+388	7088	KE+466	7166
JD+245	6620	KE+311	7011	KE+389	7089	KE+467	7167
JD+246	8220	KE+312	7012	KE+390	7090	KE+468	7168
JD+247	8224	KE+313	7013	KE+391	7091	KE+469	7169

Flugzeugkennungen

Flugzeugkennungen

KE+470	7170	KF+138	2063	KG+154	8054	KG+276	8176
KE+471	7171	KF+139	2064	KG+155	8055	KG+277	8177R
KE+472	7172	KF+140	2065	KG+156	8056	KG+278	8178
KE+473	7173	KF+141	2066	KG+164	8064	KG+279	8179R
KE+474	7174	KF+142	2067	KG+167	8067	KG+280	8180R
KE+475	7175	KF+143	2068	KG+168	8068	KG+281	8181R
KE+476	7176	KF+144	2069	KG+169	8069	KG+282	8182R
KE+477	7177	KF+145	2070	KG+170	8070	KG+283	8183R
KE+478	7178	KF+146	2071	KG+171	8071	KG+284	8184R
KE+479	7179	KF+147	2072	KG+172	8072	KG+285	8185R
KE+480	7180	KF+148	2073	KG+173	8073	KG+286	8186R
KE+481	7181	KF+149	2074	KG+174	8074	KG+287	8187R
KE+482	7182	KF+150	2075	KG+175	8075	KG+288	8188R
KE+483	7183	KF+151	2076	KG+176	8076	KG+289	8189R
KE+484	7184	KF+152	2077	KG+177	8077	KG+290	8190R
KE+485	7185	KF+153	2078	KG+178	8078	KG+291	8191R
KE+486	7186	KF+154	2079	KG+179	8079	KG+292	8192R
KE+487	7187	KF+155	2080	KG+180	8080	KG+293	8193R
KE+488	7188	KF+156	2081	KG+181	8081	KG+294	8194R
KE+489	7189	KF+157	2082	KG+185	8085R	KG+295	8195R
KE+490	7190	KF+158	2083	KG+186	8086R	KG+296	8196
KE+491	7191	KF+159	2084	KG+187	8087R	KG+297	8197R
KE+492	7192	KF+160	2085	KG+188	8088	KG+298	8198R
KE+493	7193	KF+161	2086	KG+192	8092	KG+299	8199
KE+494	7194	KF+162	2087	KG+194	8094R	KG+300	8200R
KE+495	7195	KF+163	2088	KG+195	8095R	KG+301	8201R
KE+496	7196	KF+164	2089	KG+196	8096	KG+302	8202R
KE+497	7197	KF+165	2090	KG+197	8097	KG+303	8203
KE+498	7198	KF+166	2091	KG+200	8100	KG+304	8204R
KE+499	7199	KF+167	2092	KG+202	8102R	KG+305	8205R
KE+500	7200	KF+168	2093	KG+206	8106R	KG+306	8206R
KE+501	7201	KF+169	2094	KG+208	8108R	KG+307	8207
KE+502	7202	KF+170	2095	KG+211	8111R	KG+308	8208R
KE+503	7203	KF+171	2096	KG+213	8113R	KG+309	8209R
KE+504	7204	KF+172	2097	KG+216	8116R	KG+310	8210R
KE+505	7205	KG+101	8001	KG+218	8118R	KG+311	8211R
KE+506	7206	KG+102	8002	KG+222	8122R	KG+312	8212
KE+507	7207	KG+103	0003	KG+224	8124R	KG+313	8213R
KE+508	7208	KG+104	8004	KG+226	8126R	KG+314	8214R
KE+509	7209	KG+105	8005	KG+228	8128R	KG+315	8215R
KE+510	7210	KG+106	8006	KG+230	8130R	KG+316	8216
KF+101	2025	KG+107	8007	KG+232	8132R	KG+317	8217R
KF+102	2026	KG+108	8008	KG+234	8134R	KG+318	8218R
KF+103	2027	KG+109	8009	KG+236	8136R	KG+319	8219R
KF+104	2028	KG+110	8010	KG+237	8137R	KG+320	8220
KF+105	2029	KG+111	8011	KG+239	8139R	KG+321	8221R
KF+106	2030	KG+112	8012	KG+240	8140R	KG+322	8222R
KF+107	2031	KG+114	8014	KG+242	8142R	KG+323	8223R
KF+108	2032	KG+115	8015	KG+244	8144R	KG+324	8224
KF+109	2033	KG+116	8016	KG+246	8146R	KG+325	8225R
KF+110	2034	KG+117	8017	KG+248	8148R	KG+326	8226R
KF+111	2035	KG+118	8018	KG+249	8149R	KG+327	8227R
KF+112	2036	KG+119	8019	KG+250	8150R	KG+328	8228
KF+113	2037	KG+120	8020	KG+251	8151R	KG+329	8229R
KF+114	2038	KG+121	8021	KG+252	8152R	KG+330	8230R
KF+115	2039	KG+123	8023	KG+253	8153R	KG+331	8231
KF+116	2040	KG+124	8024	KG+254	8154R	KG+332	8232R
KF+117	2041	KG+125	8025	KG+255	8155R	KG+333	8233R
KF+118	2042	KG+126	8026	KG+256	8156R	KG+334	8234
KF+119	2043	KG+127	8027	KG+257	8157R	KG+335	8235R
KF+120	2044	KG+128	8028	KG+258	8158R	KG+336	8236R
KF+121	2045	KG+129	8029	KG+259	8159R	KG+337	8237
KF+122	2046	KG+130	8030	KG+260	8160R	KG+338	8238R
KF+123	2047	KG+131	8031	KG+261	8161R	KG+339	8239R
KF+124	2048	KG+132	8032	KG+262	8162R	KG+340	8240R
KF+125	2049	KG+133	8033	KG+263	8163R	KG+341	8241R
KF+126	2050	KG+134	8034	KG+264	8164R	KG+342	8242R
KF+127	2052	KG+135	8035	KG+265	8165R	KG+346	8246R
KF+128	2053	KG+136	8036	KG+266	8166R	KG+347	8247R
KF+129	2054	KG+137	8037	KG+267	8167R	KG+348	8248R
KF+130	2055	KG+138	8038	KG+268	8168R	KG+349	8249R
KF+131	2056	KG+139	8039	KG+269	8169R	KG+350	8250
KF+132	2057	KG+140	8040	KG+270	8170R	KG+351	8251R
KF+133	2058	KG+141	8041	KG+271	8171R	KG+352	8252R
KF+134	2059	KG+142	8042	KG+272	8172R	KG+353	8253R
KF+135	2060	KG+143	8043	KG+273	8173R	KG+354	8254R
KF+136	2061	KG+144	8044	KG+274	8174R	KG+355	8255R
KF+137	2062	KG+146	8046	KG+275	8175R	KG+361	8261R

KG+362	8262R	KH+123	9041	VA+111	7091	VB+237	7194
KG+363	8263	KH+124	9042	VA+111	7108	VB+238	7195
KG+364	8264R	KH+125	9043	VA+112	7092	VB+239	7196
KG+365	8265R	KH+126	9047	VA+112	7178	VB+240	7197
KG+369	8269R	KH+127	9048	VA+113	7093	VB+241	7198
KG+370	8270R	KH+128	9049	VA+114	7094	VB+242	7199
KG+371	8271R	KH+129	9053	VA+115	7095	VB+243	7200
KG+374	8274R	KH+130	9054	VA+115	7103	VB+244	7201
KG+375	8275	KH+131	9055	VA+116	7096	VB+245	7202
KG+376	8276R	KH+132	9059	VA+117	7097	VB+246	7203
KG+377	8277	KH+133	9060	VA+119	7099	VB+247	7204
KG+378	8278R	KH+134	9061	VA+120	7100	VB+248	7205
KG+384	8284	KH+135	9065	VA+121	7101	VB+249	7206
KG+385	8285	KH+136	9066	VA+122	7102	VB+250	7207
KG+387	8287	KH+137	9067	VA+127	7151	VB+252	7209
KG+389	8289	KH+138	9074	VA+128	7152	VB+253	7210
KG+390	8290	KH+139	9075	VA+129	7153	YA+101	7003
KG+391	8291	KH+140	9076	VA+130	7154	YA+102	7002
KG+392	8292	KH+141	9080	VA+131	7155	YA+103	8055
KG+395	8295	KH+142	9081	VA+132	7156	YA+104	7006
KG+396	8296	KH+143	9110	VA+133	7157	YA+105	2008
KG+398	8298	KH+144	9111	VA+134	7158	YA+106	2009
KG+399	8299	KH+145	9112	VA+135	7159	YA+107	2004
KG+401	8301	KH+146	9116	VA+136	7166	YA+107	2010
KG+402	8302	KH+147	9117	VA+137	7161	YA+108	2017
KG+403	8303	KH+148	9118	VA+138	7162	YA+109	8005
KG+405	8305	KH+149	9122	VA+139	7163	YA+114	9031
KG+406	8306	KH+150	9123	VA+140	7164	YA+115	9007
KG+407	8307	KH+151	9124	VA+141	7165	YA+116	9013
KG+409	8309	KH+152	9128	VA+142	7166	YA+117	7021
KG+410	8310	KH+153	9129	VA+143	7167	YA+118	9041
KG+413	8313	KH+154	9130	VA+144	7168	63-13229	8056
KG+414	8314	KH+155	9134	VA+145	7169	63-13230	2011
KG+415	8315	KH+156	9135	VA+146	7170	63-13231	2012
KG+416	8316	KH+157	9136	VA+147	7171	63-13232	2013
KG+417	8317	KH+158	9143	VA+148	7172	63-13233	2014
KG+420	8320	KH+159	9144	VA+150	7176	63-13234	2015
KG+421	8321	KH+160	9145	VA+151	7179	63-13235	2016
KG+422	8322	KH+161	9149	VA+152	7180	63-13236	2018
KG+423	8323	KH+162	9150	VA+153	7181	63-13237	2020
KG+427	8327	KH+163	9151	VA+154	7182	63-13238	2021
KG+428	8328	KH+164	9155	VA+155	7183	63-13239	2022
KG+429	8329	KH+165	9156	VB+201	6629	63-13240	2023
KG+430	8330	KH+166	9157	VB+202	6630	63-13241	2024
KG+433	8333	KH+167	9161	VB+203	6639	63-13242	2025
KG+434	8334	KH+168	9162	VB+204	6640	63-13243	2026
KG+435	8335	KH+169	9163	VB+205	6641	63-13244	2027
KG+439	8339	KH+170	9167	VB+206	6642	63-13245	2028
KG+440	8340	KH+171	9168	VB+207	6661	63-13246	2030
KG+444	8344	KH+172	9169	VB+208	6662	63-13247	2031
KG+445	8345	KH+173	9173	VB+209	6663	63-13248	2032
KG+446	8346	KH+174	9174	VB+210	6664	63-13249	2033
KG+447	8347	KH+175	9175	VB+211	6665	63-13250	2034
KG+448	8348	KH+176	9177	VB+212	6672	63-13251	2035
KG+449	8349	KH+177	9178	VB+213	6673	63-13252	2036
KG+450	8350	KH+178	9179	VB+214	6674	63-13253	2037
KH+101	9001	KH+179	9180	VB+215	6675	63-13254	2038
KH+102	9002	KH+180	9181	VB+216	6676	63-13255	2039
KH+103	9003	KH+181	9182	VB+217	6677	63-13256	2040
KH+104	9004	KH+182	9183	VB+218	6678	63-13257	2041
KH+105	9005	KH+183	9184	VB+219	6679	63-13258	2042
KH+106	9006	KH+184	9185	VB+220	6686	63-13259	2010
KH+107	9007	KH+185	9186	VB+221	6A87	63-13260	2076
KH+108	9008	KH+186	9187	VB+222	6688	63-13261	8196
KH+109	9009	KH+187	9188	VB+223	6689	63-13262	2086
KH+110	9010	KH+188	9189	VB+224	6690	63-13263	2091
KH+111	9011	ND+110	7010	VB+225	6691	63-13264	2092
KH+112	9012	VA+101	7081	VB+226	6692	63-13265	2093
KH+113	9013	VA+102	7082	VB+227	6693	63-13266	2095
KH+114	9014	VA+103	7083	VB+228	7185	63-13267	2096
KH+115	9015	VA+104	7084	VB+229	7186	63-13268	2097
KH+116	9025	VA+104	7106	VB+230	7187	63-13269	8002
KH+117	9026	VA+105	7085	VB+231	7188	63-13270	8003
KH+118	9030	VA+106	7086	VB+232	7189	63-13271	8007
KH+119	9031	VA+107	7087	VB+233	7190	63-13272	8008
KH+120	9035	VA+108	7088	VB+234	7191	63-13273	8009
KH+121	9036	VA+109	7089	VB+235	7192	63-13274	9001
KH+122	9037	VA+110	7090	VB+236	7193	63-13275	9002

Flugzeugkennungen

327

Flugzeugkennungen

63-13276	9003	20+51	2059	21+29	6690	22+07	7077
63-13277	9004	20+52	2060	21+30	6691	22+08	7078
63-13278	9005	20+53	2062	21+31	6692	22+09	7079
63-13690	8183R	20+54	2063	21+32	6693	22+10	7080
63-13691	8188R	20+55	2064	(21+33)	7001	22+11	7081
65-12745	7001	20+56	2065	21+34	7002	22+12	7082
65-12746	8021	20+57	2066	21+35	7003	22+13	7083
65-12747	7098	20+58	2067	21+36	7004	22+14	7085
65-12748	7039	20+59	2068	21+37	7005	22+15	7086
65-12749	8064	(20+60)	2069	21+38	7006	22+16	7087
65-12750	8067	20+61	2070	(21+39)	7007	22+17	7088
65-12751	8068	20+62	2072	21+40	7008	22+18	7089
65-12752	8069	20+63	2073	21+41	7009	22+19	7090
65-12753	8071	20+64	2075	21+42	7010	22+20	7093
65-12754	8077	(20+65)	2076	21+43	7011	22+21	7094
66-13524	7120	(20+66)	2078	21+44	7012	22+22	7097
66-13525	7132	20+67	2079	21+45	7013	(22+23)	7098
66-13526	7177	20+68	2080	21+46	7014	22+24	7099
67-14885	7133	20+69	2081	(21+47)	7015	22+25	7100
67-14886	7023	20+70	2082	21+48	7016	22+26	7101
67-14887	2069	20+71	2083	21+49	7017	22+27	7102
67-14888	7007	20+72	2084	21+50	7019	22+28	7103
67-14889	7015	(20+73)	2086	21+51	7020	22+29	7106
67-14890	8204R	20+74	2087	21+52	7021	22+30	7108
67-14891	8191R	20+75	2088	21+53	7022	22+31	7109
67-14892	8192R	20+76	2089	(21+54)	7023	22+32	7110
67-14893	8177R	20+77	2090	21+55	7024	22+33	7111
67-22517	8230R	(20+78)	2091	21+56	7025	22+34	7112
20+01	2001	(20+79)	2092	21+57	7026	22+35	7113
20+02	2002	(20+80)	2093	21+58	7027	22+36	7114
20+03	2003	20+81	2094	21+59	7028	22+37	7115
20+04	2004	(20+82)	2095	21+60	7029	22+38	7116
20+05	2005	(20+83)	2096	(21+61)	7030	22+39	7117
20+06	2006	(20+84)	2097	21+62	7031	22+40	7118
20+07	2007	20+85	6600	21+63	7032	22+41	7119
20+08	2008	20+86	6602	21+64	7033	(22+42)	7120
20+09	2009	20+87	6604	21+65	7034	22+43	7121
(20+10)	2012	20+88	6605	21+66	7035	22+44	7122
(20+11)	2013	20+89	6606	21+67	7036	22+45	7123
(20+12)	2014	20+90	6607	21+68	7037	22+46	7124
(20+13)	2015	20+91	6612	21+69	7038	22+47	7125
(20+14)	2016	20+92	6613	(21+70)	7039	22+48	7126
20+15	2017	20+93	6614	21+71	7040	22+49	7129
(20+16)	2020	20+94	6615	21+72	7041	22+50	7130
(20+17)	2021	20+95	6616	21+73	7042	22+51	7131
(20+18)	2022	20+96	6617	21+74	7043	(22+52)	7132
(20+19)	2023	20+97	6618	21+75	7044	(22+53)	7133
(20+20)	2025	20+98	6619	21+76	7045	22+54	7134
(20+21)	2026	20+99	6620	21+77	7046	22+55	7135
(20+22)	2027	21+00	6621R	21+78	7047	22+56	7137
(20+23)	2028	21+01	6622R	21+79	7048	22+57	7138
(20+24)	2030	21+02	6623R	21+80	7049	22+58	7139
(20+25)	2031	21+03	6624R	21+81	7050	22+59	7140
(20+26)	2033	21+04	6625R	21+82	7051	22+60	7141
(20+27)	2034	21+05	6626R	21+83	7052	22+61	7142
(20+28)	2035	21+06	6628R	21+84	7053	22+62	7143
(20+29)	2036	21+07	6629	21+85	7054	22+63	7144
(20+30)	2037	21+08	6630	21+86	7055	22+64	7145
(20+31)	2038	21+09	6639	21+87	7056	22+65	7146
(20+32)	2039	21+10	6640	21+88	7057	22+66	7147
(20+33)	2040	21+11	6642	21+89	7058	22+67	7148
(20+34)	2041	21+12	6661	21+90	7059	22+68	7149
(20+35)	2042	21+13	6662	21+91	7060	22+69	7150
20+36	2043	21+14	6663	21+92	7061	22+70	7151
20+37	2044	21+15	6664	21+93	7062	22+71	7152
20+38	2045	21+16	6665	21+94	7063	22+72	7153
20+39	2046	21+17	6672	21+95	7064	22+73	7154
20+40	2047	21+18	6673	21+96	7065	22+74	7155
20+41	2048	21+19	6674	21+97	7066	22+75	7156
20+42	2049	21+20	6675	21+98	7067	22+76	7158
20+43	2050	21+21	6676	21+99	7068	22+77	7159
20+44	2052	21+22	6677	22+00	7069	22+78	7166
20+45	2053	21+23	6678	22+01	7070	22+79	7161
20+46	2054	21+24	6679	22+02	7072	22+80	7162
20+47	2055	21+25	6686	22+03	7073	22+81	7163
20+48	2056	21+26	6A87	22+04	7074	22+82	7164
20+49	2057	21+27	6688	22+05	7075	22+83	7165
20+50	2058	21+28	6689	22+06	7076	22+84	7166

22+85	7167	23+64	8054	24+42	8185R	25+20	8291	
22+86	7168	23+65	8055	24+43	8186R	25+21	8295	
22+87	7170	(23+66)	8056	24+44	8187R	25+22	8296	
22+88	7171	(23+67)	8064	(24+45)	8188R	25+23	8298	
22+89	7172	(23+68)	8067	24+46	8190R	25+24	8299	
22+90	7173	(23+69)	8068	(24+47)	8191R	25+25	8301	
22+91	7174	(23+70)	8069	(24+48)	8192R	25+26	8302	
22+92	7175	23+71	8070	24+49	8193R	25+27	8303	
22+93	7176	(23+72)	8071	24+50	8194R	25+28	8305	
(22+94)	7177	23+73	8072	24+51	8195R	25+29	8306	
22+95	7178	23+74	8073	24+52	8199	25+30	8307	
22+96	7179	23+75	8074	24+53	8200R	25+31	8309	
22+97	7180	23+76	8075	24+54	8202R	25+32	8310	
22+98	7181	23+77	8076	24+55	8203	25+33	8313	
22+99	7182	(23+78)	8077	(24+56)	8204R	25+34	8314	
23+00	7183	23+79	8079	24+57	8205R	25+35	8316	
23+01	7184	23+80	8080	24+58	8206R	25+36	8317	
23+02	7185	23+81	8081	24+59	8207	25+37	8321	
23+03	7186	23+82	8085R	24+60	8208R	25+38	8322	
23+04	7187	23+83	8086R	24+61	8209R	25+39	8323	
23+05	7188	23+84	8087R	24+62	8211R	25+40	8327	
23+06	7189	23+85	8088	24+63	8212	(25+41)	8328	
23+07	7190	23+86	8092	24+64	8213R	25+42	8329	
23+08	7191	23+87	8094R	24+65	8214R	25+43	8330	
23+09	7192	23+88	8095R	24+66	8215R	25+44	8333	
23+10	7193	23+89	8096	24+67	8216	25+45	8334	
23+11	7194	23+90	8097	24+68	8217R	25+46	8335	
23+12	7195	23+91	8100	24+69	8218R	25+47	8339	
23+13	7196	23+92	8102R	24+70	8219R	25+48	8340	
23+14	7198	23+93	8111R	24+71	8220	25+49	8344	
23+15	7199	23+94	8113R	24+72	8221R	25+50	8345	
23+16	7200	23+95	8116R	(24+73)	8222R	25+51	8346	
23+17	7201	23+96	8118R	24+74	8223R	25+52	8347	
23+18	7202	23+97	8122R	24+75	8224	25+53	8348	
23+19	7203	23+98	8124R	24+76	8225R	25+54	8349	
23+20	7204	23+99	8128R	24+77	8226R	25+55	8350	
23+21	7205	24+00	8130R	24+78	8227R	(25+56)	9001	
23+22	7206	24+01	8132R	24+79	8229R	(25+57)	9002	
23+23	7207	24+02	8134R	(24+80)	8230R	(25+58)	9003	
23+24	7208	24+03	8137R	24+81	8231	25+59	9005	
23+25	7209	24+04	8139R	24+82	8232R	25+60	9006	
23+26	7210	24+05	8140R	24+83	8233R	25+61	9007	
23+27	8001	24+06	8144R	24+84	8234	25+62	9008	
(23+28)	8002	24+07	8146R	24+85	8235R	25+63	9009	
23+29	8004	24+08	8148R	24+86	8236R	25+64	9010	
23+30	8005	24+09	8149R	24+87	8237	25+65	9011	
23+31	8006	24+10	8150R	24+88	8238R	25+66	9012	
23+32	8007	24+11	8151R	24+89	8239R	25+67	9013	
(23+33)	8008	24+12	8152R	24+90	8240R	25+68	9014	
(23+34)	8009	24+13	8153R	24+91	8241R	25+69	9015	
23+35	8010	24+14	8154R	24+92	8242R	25+70	9025	
23+37	8012	24+15	8156R	24+93	8246R	25+71	9026	
23+38	8014	24+16	8157R	24+94	8247R	25+72	9030	
23+39	8015	24+17	8158R	24+95	8248R	25+73	9031	
23+40	8017	24+18	8159R	24+96	8249R	25+74	9035	
23+41	8019	24+19	8161R	24+97	8250	25+75	9036	
23+42	8020	24+20	8162R	24+98	8251R	25+76	9037	
(23+43)	8021	24+21	8163R	24+99	8252R	25+77	9041	
23+44	8023	24+22	8164R	25+00	8253R	25+78	9042	
23+45	8024	24+23	8165R	(25+01)	8254R	25+79	9043	
23+46	8025	24+24	8166R	25+02	8255R	25+80	9048	
23+47	8026	24+25	8167R	25+03	8261R	25+81	9049	
23+48	8027	24+26	8168R	25+04	8262R	25+82	9053	
23+49	8028	24+27	8169R	25+05	8263	25+83	9054	
23+50	8029	24+28	8170R	25+06	8264R	25+84	9055	
23+51	8030	24+29	8172R	25+07	8265R	25+85	9060	
23+52	8031	24+30	8173R	25+08	8269R	25+86	9061	
23+53	8032	24+31	8174R	25+09	8270R	25+87	9065	
23+54	8033	24+32	8175R	25+10	8271R	25+88	9067	
23+55	8034	24+33	8176R	25+11	8274R	25+89	9074	
23+56	8035	(24+34)	8177R	25+12	8275	25+90	9075	
23+57	8037	24+35	8178R	25+13	8277	25+91	9076	
23+58	8038	24+36	8179R	25+14	8278R	25+92	9080	
23+59	8040	24+37	8180R	25+15	8284	25+93	9081	
23+60	8042	24+38	8181R	25+16	8285	25+94	9110	
23+61	8043	24+39	8182R	25+17	8287	25+95	9111	
(23+62)	8044	(24+40)	8183R	25+18	8289	25+96	9112	
23+63	8046	24+41	8184R	25+19	8290	25+97	9116	

Flugzeugkennungen

329

Flugzeugkennungen

Kennzeichen		Kennzeichen		Kennzeichen		Kennzeichen		Kennzeichen	
25+98	9117	26+79	7425	60+06	5769	EA+246	8158R		
25+99	9118	26+80	7426	60+07	5774	EA+247	8159R		
26+00	9122	26+81	7427	60+08	5776	EA+248	8160R		
26+01	9123	26+82	7428	98+01	5745	EA+249	8161R		
26+02	9124	26+83	7429			EA+250	8162R		

Lockheed RF-104G Starfighter

Lockheed F-104F Starfighter

Lockheed P-3C CPU Orion

Kennzeichen	s/n	c/n

Kennzeichen		Kennzeichen		Kennzeichen	s/n	c/n	Kennzeichen	c/n	Kennzeichen	c/n
26+03	9128	26+84	7430				BB+231	8170R	EA+251	8163R
26+04	9129	26+85	7431				BB+232	8172R	EA+252	6627R
26+05	9130	26+86	7432				BB+233	8175R	EA+253	8174R
26+06	9134	26+87	7433				BB+234	8178R	EA+254	8175R
26+07	9135	26+88	7434				BB+235	8182R	EA+255	8179R
26+08	9136	26+89	7435				BB+236	8185R	EA+256	8180R
26+09	9143	26+90	7436				BB+237	8186R	EA+257	6628R
26+10	9144	98+04	7406				BB+238	8187R	EB+101	6621R
26+11	9145	98+36	8100				BB+239	8189R	EB+102	6622R
26+12	9150						BB+240	8190R	EB+103	6623R
26+13	9151						BB+241	8191R	EB+104	6624R
26+14	9155						BB+242	8192R	EB+105	6625R
26+15	9156			Kennzeichen	s/n	c/n	BB+243	8193R	EB+106	8229R
26+16	9161			BB+361	59-4995	5048	BB+244	8194R	EB+107	8229R
26+17	9162			BB+362	59-4996	5049	BB+245	8195R	EB+108	8205R
26+18	9163			BB+363	59-4997	5050	BB+246	8195R	EB+109	8206R
26+19	9167			BB+364	59-4998	5051	BB+247	8198R	EB+110	8208R
26+20	9168			BB+365	59-4999	5052	BB+248	8200R	EB+111	8209R
26+21	9169			BB+366	59-5000	5053	BB+249	8201R	EB+112	8210R
26+22	9173			BB+367	59-5001	5054	BB+250	8202R	EB+113	8211R
26+23	9174			BB+368	59-5002	5055	BB+251	8204R	EB+114	8213R
26+24	9175			BB+369	59-5003	5056	BB+252	8168R	EB+115	8214R
26+25	9177			BB+370	59-5004	5057	BB+253	8175R	EB+116	8215R
26+26	9178			BB+371	59-5005	5058	BB+254	8181R	EB+117	8217R
26+27	9179			BB+372	59-5006	5059	BB+255	8169R	EB+118	8218R
26+28	9180			BB+373	59-5007	5060	BB+256	8184R	EB+119	8219R
26+29	9181			BB+374	59-5008	5061	EA+101	8085R	EB+120	8221R
26+30	9182			BB+375	59-4994	5047	EA+102	8086R	EB+121	8222R
26+31	9183			BB+375	59-5009	5062	EA+103	8087R	EB+122	8223R
26+32	9184			BB+376	59-5010	5063	EA+104	8094R	EB+123	8225R
26+33	9185			BB+377	59-5011	5064	EA+105	8095R	EB+124	8226R
26+34	9186			BB+378	59-5012	5065	EA+106	8102R	EB+125	8227R
26+35	9187			BB+379	50 5013	5066	EA+107	8106R	EB+126	8229R
26+36	9188			BB+380	59-5014	5067	EA+108	8108R	EB+231	8233R
26+37	9189			BB+381	59-5015	5068	EA+109	8111R	EB+232	8235R
26+41	7301			BB+382	59-5016	5069	EA+110	8113R	EB+233	8236R
26+42	7302			BB+383	59-5017	5070	EA+111	8116R	EB+234	8238R
26+43	7303			BB+384	59-5018	5071	EA+112	8118R	EB+235	8238R
26+44	7304			BB+385	59-5019	5072	EA+113	8122R	EB+236	8238R
26+45	7305			BB+386	59-5020	5073	EA+114	8124R	EB+237	8241R
26+46	7306			BB+387	59-5021	5074	EA+115	6626R	EB+238	8242R
26+47	7307			BB+388	59-5022	5075	EA+115	8126R	EB+239	8246R
26+48	7308			BB+389	59-5023	5076	EA+116	8128R	EB+240	8246R
26+49	7309			BF+011	59-4994	5047	EA+117	8130R	EB+241	8246R
26+50	7310			29+01	59-4994	5047	EA+118	8132R	EB+242	8249R
26+51	7311			29+02	59-4995	5048	EA+119	8134R	EB+243	8251R
26+52	7312			29+03	59-4996	5049	EA+120	8136R	EB+244	8252R
26+53	7313			29+04	59-4997	5050	EA+121	8137R	EB+245	8253R
26+54	7314			29+05	59-5001	5054	EA+122	8164R	EB+246	8254R
26+55	7401			29+06	59-5002	5055	EA+123	8165R	EB+247	8255R
26+56	7402			29+07	59-5003	5056	EA+124	8166R	EB+248	8261R
26+57	7403			29+08	59-5005	5058	EA+125	8167R	EB+249	8262R
26+58	7404			29+09	59-5006	5059	EA+126	8171R	EB+250	8264R
26+59	7405			29+10	59-5007	5060	EA+127	6626R	EB+251	8265R
26+60	7406			29+11	59-5008	5061	EA+231	8139R	EB+252	8269R
26+61	7407			29+12	59-5010	5063	EA+232	8140R	EB+253	8270R
26+62	7408			29+13	59-5011	5064	EA+233	8142R	EB+254	8271R
26+63	7409			29+14	59-5013	5066	EA+233	8173R	EB+255	8274R
26+64	7410			29+15	59-5015	5068	EA+234	8144R	EB+256	8276R
26+65	7411			29+16	59-5016	5069	EA+235	8146R	EB+257	8278R
26+66	7412			29+17	59-5017	5070	EA+236	8148R	KC+132	6621R
26+67	7413			29+18	59-5018	5071	EA+237	8149R	KC+133	6622R
26+68	7414			29+19	59-5020	5073	EA+238	8150R	KC+134	6623R
26+69	7415			29+20	59-5022	5075	EA+239	8151R	KC+135	6624R
26+70	7416			29+21	59-5023	5076	EA+240	8152R	KC+136	6625R
26+71	7417						EA+238	8150R	KC+137	6626R
26+72	7418						EA+239	8151R	KC+138	6627R
26+73	7419			Kennzeichen		c/n	EA+240	8152R	KC+139	6628R
26+74	7420			60+01		5737	EA+241	8153R	KG+185	8085R
26+75	7421			60+02		5741	EA+242	8154R	KG+186	8086R
26+76	7422			60+03		5745	EA+243	8155R	KG+187	8087R
26+77	7423			60+04		5754	EA+244	8156R	KG+194	8094R
26+78	7424			60+05		5765	EA+245	8157R	KG+195	8095R

Kennz.	s/n	Kennz.	s/n	Kennz.	s/n	Kennz.	s/n	s/n
KG+202	8102R	KG+309	8209R	24+05	8140R	24+93	8246R	
KG+206	8106R	KG+310	8210R	24+06	8144R	24+94	8246R	
KG+208	8108R	KG+311	8211R	24+07	8146R	24+95	8246R	
KG+211	8111R	KG+313	8213R	24+08	8148R	24+96	8249R	
KG+213	8113R	KG+314	8214R	24+09	8149R	24+98	8251R	
KG+216	8116R	KG+315	8215R	24+10	8150R	24+99	8252R	
KG+218	8118R	KG+317	8217R	24+11	8151R	25+00	8253R	
KG+222	8122R	KG+318	8218R	24+12	8152R	(25+01)	8254R	
KG+224	8124R	KG+319	8219R	24+13	8153R	25+02	8255R	
KG+226	8126R	KG+321	8221R	24+14	8154R	25+03	8261R	
KG+228	8128R	KG+322	8222R	24+15	8156R	25+04	8262R	
KG+230	8130R	KG+323	8223R	24+16	8157R	25+06	8264R	
KG+232	8132R	KG+325	8225R	24+17	8158R	25+07	8265R	
KG+234	8134R	KG+326	8226R	24+18	8159R	25+08	8269R	
KG+236	8136R	KG+327	8227R	24+19	8161R	25+09	8270R	
KG+237	8137R	KG+329	8229R	24+20	8162R	25+10	8271R	
KG+239	8139R	KG+330	8230R	24+21	8163R	25+11	8274R	
KG+240	8140R	KG+332	8229R	24+22	8164R	25+14	8278R	
KG+242	8142R	KG+333	8233R	24+23	8165R			
KG+244	8144R	KG+335	8235R	24+24	8166R	**Lockheed T-33 A**		
KG+246	8146R	KG+336	8236R	24+25	8167R	Kennz.	s/n	c/n
KG+248	8148R	KG+338	8238R	24+26	8168R	AB+101	54-1560	9191
KG+249	8149R	KG+339	8238R	24+27	8169R	AB-701	54-2955	9455
KG+250	8150R	KG+340	8238R	24+28	8170R	AB-702	51-17476	7370
KG+251	8151R	KG+341	8241R	24+29	8172R	AB-703	51-17480	7374
KG+252	8152R	KG+342	8242R	24+30	8173R	AB-704	51-17482	7376
KG+253	8153R	KG+346	8246R	24+31	8174R	AB-705	51-17485	7379
KG+254	8154R	KG+347	8246R	24+32	8175R	AB-706	51-17508	7488
KG+255	8155R	KG+348	8246R	24+33	8175R	AB-707	51-17502	7482
KG+256	8156R	KG+349	8249R	(24+34)	8175R	AB-708	51-17481	7375
KG+257	8157R	KG+351	8251R	24+35	8178R	AB-709	51-17509	7489
KG+258	8158R	KG+352	8252R	24+36	8179R	AB-710	51-17523	7583
KG+259	8159R	KG+353	8253R	24+37	8180R	AB-711	51-17550	7695
KG+260	8160R	KG+354	8254R	24+38	8181R	AB-712	51-17555	7700
KG+261	8161R	KG+355	8255R	24+39	8182R	AB-714	51-17533	7593
KG+262	8162R	KG+361	8261R	(24+40)	8183R	AB-715	51-4421	5716
KG+263	8163R	KG+362	8262R	24+41	8184R	AB-716	51-17471	7365
KG+264	8164R	KG+364	8264R	24+42	8185R	AB-717	51-17500	7480
KG+265	8165R	KG+365	8265R	24+43	8186R	AB-718	51-17525	7585
KG+266	8166R	KG+369	8269R	24+44	8187R	AB-719	51-17526	7586
KG+267	8167R	KG+370	8270R	(24+45)	8188R	AB-720	52-9878	7704
KG+268	8168R	KG+371	8271R	24+46	8190R	AB-721	52-9903	7799
KG+269	8169R	KG+372	8274R	(24+47)	8191R	AB-722	52-9905	7801
KG+270	8170R	KG+376	8276R	(24+48)	8192R	AB-722	57-680	1329
KG+271	8171R	KG+378	8278R	24+49	8193R	AB-723	52-9914	7885
KG+272	8172R	63-13690	8183R	24+50	8194R	AB-724	52-9917	7888
KG+273	8173R	63-13691	8188R	24+51	8195R	AB-725	51-17475	7369
KG+274	8174R	67-14890	8204R	24+53	8200R	AB-726	51-17501	7481
KG+275	8175R	67-14891	8191R	24+54	8202R	AB-727	52-9910	7881
KG+276	8175R	67-14892	8192R	(24+56)	8204R	AB-728	52-9930	7981
KG+277	8175R	67-14893	8175R	24+57	8205R	AB-729	52-9888	7784
KG+278	8178R	67-22517	8229R	24+58	8206R	AB-730	52-9938	7989
KG+279	8179R	21+00	6621R	24+60	8208R	AB-731	52-9925	7896
KG+280	8180R	21+01	6622R	24+61	8209R	AB-732	52-9927	7978
KG+281	8181R	21+02	6623R	24+62	8211R	AB-733	52-9967	8198
KG+282	8182R	21+03	6624R	24+64	8213R	AB-734	55-4437	9881
KG+283	8183R	21+04	6625R	24+65	8214R	AB-735	52-9879	7705
KG+284	8184R	21+05	6626R	24+66	8215R	AB-736	52-9886	7782
KG+285	8185R	21+06	6628R	24+68	8217R	AB-737	52-9897	7793
KG+286	8186R	21+32	6693	24+69	8218R	AB-738	52-9909	7880
KG+287	8187R	23+82	8085R	24+70	8219R	AB-739	52-9926	7977
KG+288	8188R	23+83	8086R	24+72	8221R	AB-740	52-9929	7980
KG+289	8189R	23+84	8087R	(24+73)	8222R	AB-741	52-9932	7983
KG+290	8190R	23+87	8094R	24+74	8223R	AB-742	52-9933	7984
KG+291	8191R	23+88	8095R	24+76	8225R	AB-743	52-9935	7986
KG+292	8192R	23+92	8102R	24+77	8226R	AB-744	52-9936	7987
KG+293	8193R	23+93	8111R	24+78	8227R	AB-745	52-9937	7988
KG+294	8194R	23+94	8113R	24+79	8229R	AB-746	52-9951	8182
KG+295	8195R	23+95	8116R	(24+80)	8229R	AB-746	57-673	1322
KG+297	8195R	23+96	8118R	24+82	8229R	AB-747	52-9938	7989
KG+298	8198R	23+97	8122R	24+83	8233R	AB-748	52-9954	8185
KG+300	8200R	23+98	8124R	24+85	8235R	AB-749	52-9955	8186
KG+301	8201R	23+99	8128R	24+86	8236R	AB-750	52-9956	8187
KG+302	8202R	24+00	8130R	24+88	8238R	AB-751	52-9960	8191
KG+304	8204R	24+01	8132R	24+89	8238R	AB-752	52-9961	8192
KG+305	8205R	24+02	8134R	24+90	8238R	AB-753	52-9962	8193
KG+306	8206R	24+03	8137R	24+91	8241R	AB-754	52-9962	8193
KG+308	8208R	24+04	8139R	24+92	8242R	AB-755	52-9968	8199

Flugzeugkennungen

AB-756	52-9969	8200	BB-711	51-17550	7695	BD-797	53-5627	8966	DF-384	53-5568	8907
AB-757	52-9966	8197	BB-744	52-9936	7987	BD-805	53-5781	9120	DF-395	51-17502	7482
AB-758	53-5489	8828	BB-746	57-673	1322	BD-812	54-1529	9146	DF-396	53-5782	9121
AB-759	53-5495	8834	BB-784	52-9903	7799	BD-814	54-1570	9259	DF-397	53-5563	8902
AB-760	53-5497	8836	BB-801	51-17471	7365	BD-815	53-5780	9119	DF-398	54-1569	9258
AB-761	53-5559	8898	BB-802	51-17480	7374	BD-819	53-5777	9116	EA-380	53-5627	8966
AB-762	53-5561	8900	BB-803	51-17482	7376	BD-820	51-17502	7482	EA-389	53-5628	8967
AB-763	53-5562	8901	BB-804	51-17509	7489	BD-825	54-1568	9257	EA-390	53-5758	9097
AB-764	53-5563	8902	BB-805	51-17523	7583	BD-826	58-454	1423	EA-394	53-5632	8971
AB-765	53-5564	8903	BB-806	51-17550	7695	BD-830	58-638	1607	EA-394	53-5772	9111
AB-766	53-5565	8904	BB-816	53-5776	9115	BD-838	58-600	1569	EA-395	53-5559	8898
AB-767	53-5566	8905	BB-818	52-9879	7705	BD-839	58-647	1616	EA-395	58-599	1568
AB-768	53-5568	8907	BB-818	53-5757	9096	BD-840	58-648	1617	EA-396	54-1605	9341
AB-769	53-5617	8956	BB-824	54-1529	9146	BD-841	58-649	1618	EA-396	58-600	1569
AB-769	58-683	1652	BB-831	53-5563	8902	BD-842	58-650	1619	EA-396	58-646	1615
AB-770	53-5618	8957	BB-831	58-603	1572	BD-843	58-679	1648	EA-397	53-5621	8960
AB-771	53-5620	8959	BB-832	52-9968	8199	BD-844	58-680	1649	EA-397	58-601	1570
AB-772	53-5621	8960	BB-832	58-604	1573	BD-845	58-681	1650	EA-398	58-602	1571
AB-773	53-5622	8961	BB-833	58-605	1574	BD-846	58-682	1651	EA-398	58-647	1616
AB-774	53-5623	8962	BB-834	58-606	1575	BD-847	51-17550	7695	EA-399	53-5783	9122
AB-775	53-5625	8964	BB-835	52-9962	8193	DA-371	51-17533	7593	EA-399	57-680	1329
AB-776	53-5627	8966	BB-835	58-641	1610	DA-372	52-9929	7980	EB-390	54-1611	9347
AB-777	53-5628	8967	BB-836	52-9956	8187	DA-373	53-5559	8898	EB-391	54-1533	9150
AB-778	53-5629	8968	BB-836	58-642	1611	DA-374	53-5564	8903	EB-392	54-1533	9150
AB-779	53-5632	8971	BB-837	58-643	1612	DA-375	53-5618	8957	EB-393	54-1535	9152
AB-780	53-5633	8972	BD-702	54-1561	9192	DA-376	53-5620	8959	EB-394	53-5774	9113
AB-781	54-1605	9341	BD-703	51-17480	7374	DA-377	54-1539	9156	EB-395	51-17502	7482
AB-782	54-1611	9347	BD-704	51-17482	7376	DA-378	54-1561	9192	EB-395	58-639	1608
AB-783	55-4425	9869	BD-709	51-17509	7489	DA-395	53-5778	9117	EB-396	54-1569	9258
AB-783	55-4425	9869	BD-710	51-17523	7583	DA-396	54-1557	9188	EB-396	58-640	1609
AB-784	55-4426	9870	BD-716	51-17471	7365	DA-396	58-562	1531	EB-397	58-644	1613
AB-784	57-672	1321	BD-720	52-9878	7704	DA-397	51-17476	7370	EB-397	58-708	1677
AB-785	54-1534	9151	BD-721	52-9903	7799	DA-398	51-17501	7481	EB-398	58-645	1614
AB-785	55-4427	9871	BD-721	57-672	1321	DA-399	57-755	1404	EB-399	54-1568	9257
AB-786	55-4428	9872	BD-722	57-680	1329	DB-382	51-17475	7369	EC-375	51-17481	7375
AB-787	55-4429	9873	BD-723	52-9914	7885	DB-383	51-17481	7375	EC-376	53-5758	9097
AB-788	55-4435	9879	BD-724	52-9917	7888	DB-384	51-17525	7585	EC-377	54-1523	9140
AB-789	55-4436	9880	BD-728	52 0030	7901	DB-385	51-17555	7700	EC-378	54-1530	9147
AB-790	52-9931	7982	BD-729	52-9888	7784	DB-395	57-682	1331	EC-379	54-1610	9346
AB-791	54-1533	9150	BD-730	52-9938	7989	DB-395	58-692	1661	EC-380	53-5775	9114
AB-794	53-5782	9121	BD-731	52-9925	7896	DB-396	57-681	1330	EC-381	53-5755	9094
AB-795	53-5720	9059	BD-733	52-9957	8198	DB-397	51-17514	7574	EC-382	53-5632	8971
AB-797	54-1523	9140	BD-734	55-4437	9881	DB-398	51-17526	7586	EC-382	58-602	1571
AB-798	54-1535	9152	BD-735	52-9879	7705	DC-382	52-9931	7982	EC-383	52-9931	7982
AB-799	54-1536	9153	BD-735	53-5757	9096	DC-383	52-9937	7988	EC-389	52-9886	7782
AB-800	54-1539	9156	BD-736	53-5563	8902	DC-384	52-9960	8191	JA-382	54-1560	9191
AB-801	54-1560	9191	BD-736	58-600	1569	DC-395	51-17508	7488	JA-383	53-5622	8961
AB-802	54-1561	9192	BD-736	58-603	1572	DC-395	52-9931	7982	JA-383	54-1571	9260
AB-803	54-1571	9260	BD-738	52-9909	7880	DC-395	58-689	1658	JA-384	53-5623	8962
AB-804	54-1572	9261	BD-739	52-9926	7977	DC-396	52-9933	7984	JA-385	53-5625	8964
AB-805	53-5781	9120	BD-741	52-9932	7983	DC-397	52-9935	7986	JA-386	51-17533	7593
AB-806	54-1530	9147	BD-745	53-5622	8961	DC-398	52-9938	7989	JA-387	51-17476	7370
AB-807	54-1539	9156	BD-748	52-9954	8185	DC-399	52-9937	7988	JA-395	51-17481	7375
AB-808	54-1610	9346	BD-749	52-9955	8186	DC-399	58-691	1660	JA-395	58-593	1562
AB-809	54-1530	9147	BD-750	52-9956	8187	DD-382	54-1539	9156	JA-395	58-637	1606
AB-810	53-5783	9122	BD-750	58-642	1611	DD-383	54-2955	9455	JA-396	53-5618	8957
AB-811	53-5775	9114	BD-751	54-1533	9150	DD-384	54-1610	9346	JA-396	53-5755	9094
AB-812	54-1526	9143	BD-752	52-9961	8192	DD-395	58-519	1488	JA-396	58-562	1531
AB-813	54-1569	9258	BD-753	52-9962	8193	DD-396	58-520	1489	JA-397	53-5758	9097
AB-814	54-1570	9259	BD-754	52-9962	8193	DD-397	58-556	1525	JA-397	53-5772	9111
AB-815	53-5780	9119	BD-754	58-641	1610	DD-397	54-1523	9140	JA-397	58-563	1532
AB-817	53-5755	9094	BD-755	52-9968	8199	DD-398	58-557	1526	JA-398	53-5775	9114
AB-819	53-5777	9116	BD-755	58-604	1573	DD-398	54-1530	9147	JA-398	58-594	1563
AB-820	54-1557	9188	BD-757	52-9966	8197	DD-399	54-1530	9147	JA-399	53-5621	8960
AB-820	57-681	1330	BD-758	53-5489	8828	DD-399	54-1610	9346	JA-399	54-1572	9261
AB-821	53-5778	9117	BD-759	53-5495	8834	DE-381	58-683	1652	JB-381	54-1536	9153
AB-821	57-682	1331	BD-766	53-5565	8904	DE-382	58-515	1484	JB-382	54-1560	9191
AB-822	54-1538	9155	BD-778	53-5629	8968	DE-383	58-516	1485	JB-383	54-1571	9260
AB-823	54-1525	9142	BD-784	57-672	1321	DE-384	58-517	1486	JB-383	58-637	1606
AB-825	54-1568	9257	BD-786	55-4428	9872	DE-395	58-558	1527	JB-384	54-1572	9261
AB-826	58-454	1423	BD-787	55-4429	9873	DE-396	58-559	1528	JB-395	58-595	1564
AB-827	58-515	1484	BD-788	55-4435	9879	DE-397	58-560	1529	JB-396	58-596	1565
AB-828	58-516	1485	BD-788	58-645	1614	DE-397	51-17533	7593	JB-397	58-597	1566
AB-829	58-517	1486	BD-789	55-4436	9880	DE-398	58 561	1530	JD-398	58-594	1563
AB-830	58-518	1487	BD-790	54-1611	9347	DE-399	51-17533	7593	JB-398	58-598	1567
AB-830	58-638	1607	BD-792	53-5774	9113	DF-381	53-5561	8900	JB-399	53-5621	8960
BA-747	52-9938	7989	BD-793	53-5758	9097	DF-382	53-5562	8901	JC-380	54-1530	9147
BB-705	51-17485	7379	BD-796	53-5772	9111	DF-383	53-5566	8905	JC-381	52-9929	7980

JC-382	53-5559	8898	YA-702	53-5778	9117	9476	54-2955	9455	BB+120	5927	
JC-395	58-684	1653	YA-703	54-1557	9188	9477	55-4428	9872	BB+121	5930	
JC-396	58-685	1654	YA-704	54-454	1423	9478	55-4429	9873	BB+122	5931	
JC-397	58-686	1655	9401	51-17471	7365	9479	55-4436	9880	BB+123	5932	
JC-398	58-687	1656	9402	51-17480	7374	9480	55-4437	9881	BB+124	5951	
JC-399	54-1605	9341	9403	51-17481	7375	9481	57-672	1321	BB+125	5953	
JD-380	58-600	1569	9404	51-17482	7376	9482	57-681	1330	BB+126	5956	
JD-381	53-5632	8971	9405	51-17501	7481	9483	57-755	1404	BB+127	5957	
JD-381	58-602	1571	9406	51-17502	7482	9484	58-454	1423	BB+128	5959	
JD-382	53-5775	9114	9407	51-17509	7489	9485	58-515	1484	BF+110	5709	
JD-383	52-9960	8191	9408	51-17514	7574	9486	58-516	1485	DA+031	5701	
JD-383	54-1523	9140	9409	51-17523	7583	9487	58-517	1486	DA+032	5703	
JD-384	54-1526	9143	9410	51-17525	7585	9488	58-519	1488	DA+033	5704	
JD-395	52-9954	8185	9411	51-17526	7586	9489	58-520	1489	DA+034	5705	
JD-395	58-688	1657	9412	51-17550	7695	9490	58-556	1525	DA+035	5706	
JD-395	58-692	1661	9413	51-17555	7700	9491	58-557	1526	DA+036	5707	
JD 396	52-9878	7704	9414	52-9954	8185	9492	58-558	1527	DA+037	5708	
JD-396	58-689	1658	9415	52-9878	7704	9493	58-559	1528	DA+038	5709	
JD-396	58-708	1677	9416	52-9888	7784	9494	58-561	1530	DA+039	5710	
JD-397	52-9888	7784	9417	52-9888	7880	9495	58-594	1563	DA+040	5711	
JD-397	58-689	1658	9418	52-9914	7885	9496	58-595	1564	DA+041	5712	
JD-397	58-709	1678	9419	52-9917	7888	9497	58-596	1565	DA+042	5713	
JD-398	52-9909	7880	9420	52-9925	7896	9498	58-597	1566	DA+043	5714	
JD-398	58-691	1660	9421	52-9929	7980	9499	58-599	1568	DA+044	5715	
JD-398	58-710	1679	9422	52-9930	7981	9500	58-600	1569	DA+045	5716	
JD-399	52-9929	7980	9423	52-9931	7982	9501	58-601	1570	DA+046	5717	
JD-399	53-5755	9094	9424	52-9932	7983	9502	58-602	1571	DA+047	5718	
JE-380	58-600	1569	9425	52-9933	7984	9503	58-604	1573	DA+048	5719	
JE-381	58-602	1571	9426	52-9935	7986	9504	58-637	1606	DA+049	5720	
JE-395	58-688	1657	9427	52-9937	7988	9505	58-638	1607	DA+050	5721	
JE-395	58-692	1661	9428	52-9938	7989	9506	58-639	1608	DA+051	5722	
JE-396	58-689	1658	9429	52-9938	7989	9507	58-640	1609	DA+052	5723	
JE-396	58-708	1677	9430	52-9955	8186	9508	58-641	1610	DA+053	5724	
JE-397	58-709	1678	9431	52-9961	8192	9509	58-642	1611	DA+054	5725	
JE-398	58-710	1679	9432	52-9962	8193	9510	58-645	1614	DA+055	5726	
JR-396	58-689	1658	9433	52-9966	8197	9511	58-646	1615	DA+056	5727	
JR-397	58-689	1658	9434	52-9967	8198	9512	58-647	1616	DA+057	5728	
JR-398	58-691	1660	9435	53-5489	8828	9513	58-648	1617	DA+058	5729	
MA-381	58-683	1652	9436	53-5495	8834	9514	58-649	1618	DA+059	5730	
MA-382	58-515	1484	9437	53-5559	8898	9515	58-650	1619	DA+060	5731	
MA-383	58-516	1485	9438	53-5561	8900	9516	58-680	1649	DA+061	5732	
MA-384	58-517	1486	9439	53-5562	8901	9517	58-681	1650	DA+062	5733	
MA-395	58-558	1527	9440	53-5564	8903	9518	58-682	1651	DA+063	5734	
MA-396	58-559	1528	9441	53-5565	8904	9519	58-683	1652	DA+064	5735	
MA-397	51-17533	7593	9442	53-5566	8905	9520	58-684	1653	DA+065	5736	
MA-398	58-561	1530	9443	53-5568	8907	9521	58-685	1654	DA+066	5737	
MB-391	58-684	1653	9444	53-5621	8960	9522	58-686	1655	DA+067	5738	
MB-392	58-685	1654	9445	53-5622	8961	9523	58-687	1656	DA+068	5739	
MB-393	58-686	1655	9446	53-5627	8966	9524	58-689	1658	DA+069	5740	
MB-394	58-687	1656	9447	53-5628	8967	9525	58-691	1660	DA+070	5741	
MB-395	58-599	1568	9448	53-5629	8968	9526	58-708	1677	DA+071	5742	
MB-396	58-646	1615	9449	53-5755	9094	9526	58-708	1677	DA+072	5743	
MB-397	58-601	1570	9450	53-5758	9097				DA+361	5722	
MC-391	58-637	1606	9451	53-5774	9113	**Lockheed TF-104G**			DA+362	5728	
MC-392	58-639	1608	9452	53-5775	9114	**Starfighter**			DA+362	5901	
MC-393	58-640	1609	9453	53-5777	9116	Kennzeichen		c/n	DA+363	5723	
MC-394	58-594	1563	9454	53-5778	9117	BB+101		5701	DA+364	5730	
MC-395	58-595	1564	9455	53-5780	9119	BB+102		5703	DA+364	5902	
MC-396	58-596	1565	9456	53-5781	9120	BB+103		5704	DA+365	5726	
MC-397	58-597	1566	9457	53-5782	9121	BB+104		5705	DA+365	5945	
MD-375	51-17481	7375	9458	53-5783	9122	BB+105		5706	DA+366	5733	
MD-376	53-5758	9097	9459	54-1523	9140	BB+106		5707	DA+367	5738	
MD-377	54-1523	9140	9460	54-1529	9146	BB+107		5708	DA+368	5740	
MD-378	54-1530	9147	9461	54-1530	9147	BB+107		5924	DA+370	5708	
MD-379	54-1610	9346	9462	54-1533	9150	BB+108		5709	DB+367	5726	
MD-380	53-5775	9114	9463	54-1533	9150	BB+108		5919	DB+371	5911	
MD-381	53-5755	9094	9464	54-1535	9152	BB+109		5710	DB+372	5714	
MD-382	58-602	1571	9465	54-1539	9156	BB+110		5711	DB+373	5738	
MD-383	52-9931	7982	9466	54-1539	9156	BB+111		5712	DB+374	5912	
MD-394	58-689	1658	9467	54-1557	9188	BB+111		5941	DB+375	5740	
MD-395	58-519	1488	9468	54-1561	9192	BB+112		5713	DC+361	5903	
MD-396	58-520	1489	9469	54-1568	9257	BB+113		5925	DC+362	5904	
MD-397	58-556	1525	9470	54-1569	9258	BB+114		5715	DC+363	5948	
MD-398	58-557	1526	9471	54-1570	9259	BB+115		5716	DC+364	5954	
MD-399	58-691	1660	9472	54-1572	9261	BB+116		5717	DC+367	5735	
ND-204	54-1533	9150	9473	54-1605	9341	BB+117		5718	DC+368	5736	
YA-396	54-1557	9188	9474	54-1610	9346	BB+118		5719	DD+375	5906	
YA-701	52-9925	7896	9475	54-1611	9347	BB+119		5926	DD+376	5723	

Flugzeugkennungen

DD+377	5720	KE+213	5955	TA+163	5923	63-8466	5773
DD+378	5741	KE+214	5714	TA+164	5908	63-8467	5775
DD+379	5905	KE+214	5956	TB+260	5907	63-8468	5777
DD+380	5943	KE+215	5715	TB+261	5908	63-8469	5779
DF+361	5915	KE+215	5957	TB+261	5955	66-13622	5933
DF+361	5944	KE+216	5716	TB+262	5922	66-13623	5934
DF+362	5916	KE+216	5958	TB+263	5929	66-13624	5935
DF+363	5728	KE+217	5717	TB+264	5940	66-13625	5936
DF+364	5946	KE+217	5959	YA+119	5712	66-13626	5937
DF+365	5939	KE+218	5718	YA+120	5928	66-13627	5938
DF+366	5950	KE+218	5960	61-3031	5701	66-13628	5939
EA+371	5721	KE+219	5719	61-3032	5703	66-13629	5940
EA+372	5731	KE+219	5961	61-3033	5704	66-13630	5941
EA+373	5913	KE+220	5720	61-3034	5705	66-13631	5942
EA+374	5914	KE+220	5962	61-3035	5706	27+01	5701
EA+375	5952	KE+221	5721	61-3036	5707	27+02	5703
EA+376	5960	KE+221	5963	61-3037	5708	27+03	5704
EB+371	5727	KE+222	5722	61-3038	5709	27+04	5705
EB+371	5737	KE+222	5964	61-3039	5710	27+05	5706
EB+372	5727	KE+223	5723	61-3040	5711	27+06	5707
EB+372	5737	KE+223	5965	61-3041	5712	27+07	5708
EB+373	5920	KE+224	5724	61-3042	5713	27+08	5709
EB+374	5921	KE+225	5725	61-3043	5714	27+09	5710
EB+375	5949	KE+226	5726	61-3044	5715	27+10	5711
EB+376	5958	KE+227	5727	61-3045	5716	27+11	5712
JA+371	5724	KE+228	5728	61-3046	5717	27+12	5713
JA+372	5734	KE+229	5729	61-3047	5718	27+13	5714
JA+373	5728	KE+230	5730	61-3048	5719	27+14	5715
JA+373	5909	KE+231	5731	61-3049	5720	27+15	5716
JA+374	5730	KE+232	5732	61-3050	5721	27+16	5717
JA+375	5910	KE+233	5733	61-3051	5722	27+17	5718
JD+361	5917	KE+234	5734	61-3052	5723	27+18	5719
JD+362	5918	KE+235	5735	61-3053	5724	27+19	5720
JD+363	5947	KE+236	5736	61-3054	5725	27+20	5721
JD+367	5742	KE+237	5737	61-3055	5726	27+21	5722
JD+368	5743	KE+238	5738	61-3056	5727	27+22	5723
KE+101	5943	KE+239	5739	61-3057	5728	27+23	5724
KE+102	5944	KE+240	5740	61-3058	5729	27+24	5725
KE+103	5945	KE+241	5741	61-3059	5730	27+25	5726
KE+104	5946	KF+201	5901	61-3060	5731	27+26	5727
KE+105	5947	KF+202	5902	61-3061	5732	27+27	5728
KE+106	5948	KF+203	5903	61-3062	5733	27+28	5730
KE+107	5949	KF+204	5904	61-3063	5734	27+29	5731
KE+108	5950	KF+205	5905	61-3064	5735	27+30	5732
KE+109	5951	KF+206	5906	61-3065	5736	27+31	5733
KE+110	5952	KF+207	5907	61-3066	5737	27+32	5734
KE+111	5953	KF+208	5908	61-3067	5738	27+33	5735
KE+112	5954	KF+209	5909	61-3068	5739	27+34	5736
KE+113	5955	KF+210	5910	61-3069	5740	27+35	5737
KE+114	5956	KF+211	5911	61-3070	5741	27+36	5738
KE+115	5957	KF+212	5912	61-3071	5742	27+37	5739
KE+116	5958	KF+213	5913	61-3072	5743	27+38	5740
KE+117	5959	KF+214	5914	61-3073	5744	27+39	5741
KE+118	5960	KF+215	5915	61-3074	5745	27+40	5742
KE+201	5701	KF+216	5916	61-3075	5746	27+41	5743
KE+201	5943	KF+217	5917	61-3076	5747	(27+42)	5744
KE+202	5944	KF+218	5918	61-3077	5748	(27+43)	5745
KE+203	5703	KF+219	5919	61-3078	5749	(27+44)	5746
KE+203	5945	KF+220	5920	61-3079	5750	(27+45)	5747
KE+204	5704	KF+221	5921	61-3080	5751	(27+46)	5748
KE+204	5946	KF+222	5922	61-3081	5752	(27+47)	5749
KE+205	5705	KF+223	5923	61-3082	5753	(27+48)	5750
KE+205	5947	KF+224	5924	61-3083	5754	(27+49)	5751
KE+206	5706	KF+225	5925	61-3084	5755	(27+50)	5752
KE+206	5948	KF+226	5926	63-8452	5756	(27+51)	5753
KE+207	5707	KF+227	5927	63-8453	5757	(27+52)	5754
KE+207	5949	KF+228	5928	63-8454	5758	(27+53)	5755
KE+208	5708	KF+229	5929	63-8455	5759	(27+54)	5756
KE+208	5950	KF+230	5930	63-8456	5760	(27+55)	5757
KE+209	5709	KF+231	5931	63-8457	5761	(27+56)	5758
KE+209	5951	KF+232	5932	63-8458	5762	(27+57)	5759
KE+210	5710	KF+239	5939	63-8459	5763	(27+58)	5760
KE+210	5952	KF+240	5940	63-8460	5764	(27+59)	5761
KE+211	5711	KF+241	5941	63-8461	5765	(27+60)	5762
KE+211	5953	TA+160	5725	63-8462	5766	(27+61)	5763
KE+212	5712	TA+161	5732	63-8463	5768	(27+62)	5764
KE+212	5954	TA+162	5739	63-8464	5770	(27+63)	5765
KE+213	5713	TA+163	5729	63-8465	5771	(27+64)	5766

Kennung			Kennung	s/n	c/n	Kennung	s/n	c/n
(27+65)		5768	37+43	72-1153	4454	38+21	72-1231	4667
(27+66)		5770	37+44	72-1154	4456	38+22	72-1232	4671
(27+67)		5771	37+45	72-1155	4459	38+23	72-1233	4672
(27+68)		5773	37+46	72-1156	4461	38+24	72-1234	4676
(27+69)		5775	37+47	72-1157	4464	38+25	72-1235	4680
(27+70)		5777	37+48	72-1158	4466	38+26	72-1236	4681
(27+71)		5779	37+49	72-1159	4468	38+27	72-1237	4685
27+72		5901	37+50	72-1160	4471	38+28	72-1238	4689
27+73		5902	37+51	72-1161	4474	38+29	72-1239	4691
27+74		5903	37+52	72-1162	4475	38+30	72-1240	4695
27+75		5904	37+53	72-1163	4479	38+31	72-1241	4699
27+76		5905	37+54	72-1164	4481	38+32	72-1242	4700
27+77		5906	37+55	72-1165	4483	38+33	72-1243	4704
27+78		5907	37+56	72-1166	4486	38+34	72-1244	4705
27+79		5908	37+57	72-1167	4488	38+35	72-1245	4710
27+80		5909	37+58	72-1168	4490	38+36	72-1246	4712
27+81		5910	37+59	72-1169	4493	38+37	72-1247	4716
27+82		5911	37+60	72-1170	4496	38+38	72-1248	4719
27+83		5912	37+61	72-1171	4497	38+39	72-1249	4723
27+84		5913	37+62	72-1172	4500	38+40	72-1250	4725
27+85		5914	37+63	72-1173	4502	38+41	72-1251	4728
27+86		5916	37+64	72-1174	4504	38+42	72-1252	4731
27+87		5917	37+65	72-1175	4507	38+43	72-1253	4733
27+88		5918	37+66	72-1176	4509	38+44	72-1254	4736
27+89		5919	37+67	72-1177	4512	38+45	72-1255	4740
27+90		5920	37+68	72-1178	4515	38+46	72-1256	4741
27+91		5921	37+69	72-1179	4516	38+47	72-1257	4744
27+92		5922	37+70	72-1180	4518	38+48	72-1258	4747
27+93		5923	37+71	72-1181	4520	38+49	72-1259	4749
27+94		5924	37+72	72-1182	4522	38+50	72-1260	4752
27+95		5925	37+73	72-1183	4529	38+51	72-1261	4756
27+96		5926	37+74	72-1184	4530	38+52	72-1262	4758
27+97		5927	37+75	72-1185	4533	38+53	72-1263	4759
27+98		5928	37+76	72-1186	4536	38+54	72-1264	4761
27+99		5929	37+77	72-1187	4537	38+55	72-1265	4763
28+00		5930	37+78	72-1188	4542	38+56	72-1266	4765
28+01		5931	37+79	72-1189	4544	38+57	72-1267	4767
28+02		5932	37+80	72-1190	4546	38+58	72-1268	4769
(28+03)		5933	37+81	72-1191	4549	38+59	72-1269	4772
(28+04)		5934	37+82	72-1192	4553	38+60	72-1270	4774
(28+05)		5935	37+83	72-1193	4556	38+61	72-1271	4776
(28+06)		5936	37+84	72-1194	4559	38+62	72-1272	4779
(28+07)		5937	37+85	72-1195	4561	38+63	72-1273	4781
(28+08)		5938	37+86	72-1196	4563	38+64	72-1274	4782
28+09		5939	37+87	72-1197	4568	38+65	72-1275	4783
28+10		5940	37+88	72-1198	4570	38+66	72-1276	4784
28+11		5941	37+89	72-1199	4572	38+67	72-1277	4785
(28+12)		5942	37+90	72-1200	4577	38+68	72-1278	4786
28+13		5943	37+91	72-1201	4578	38+69	72-1279	4787
(28+14)		5944	37+92	72-1202	4581	38+70	72-1280	4788
28+15		5945	37+93	72-1203	4583	38+71	72-1281	4789
28+16		5946	37+94	72-1204	4586	38+72	72-1282	4790
28+17		5947	37+95	72-1205	4589	38+73	72-1283	4791
28+18		5948	37+96	72-1206	4593	38+74	72-1284	4792
28+19		5949	37+97	72-1207	4595	38+75	72-1285	4793
28+20		5950	37+98	72-1208	4599	99+91	72-1201	4578
28+21		5951	37+99	72-1209	4601			
28+22		5952	38+00	72-1210	4604			
28+23		5953	38+01	72-1211	4607			

MBB HFB-320M

Kennzeichen	c/n
16+21	1058
16+22	1059
16+23	1060
16+24	1061
16+25	1062
16+26	1063
16+27	1064
16+28	1065
98+25	1059

McDonnell Douglas F-4E Phantom II

s/n	c/n
75-0628	4943
75-0629	4947
75-0630	4949
75-0631	4951
75-0632	4953
75-0633	4956
75-0634	4958
75-0635	4960
75-0636	4962
75-0637	4964

McDonnell Douglas F-4F Phantom II

Kennung	s/n	c/n
37+01	72-1111	4330
37+02	72-1112	4335
37+03	72-1113	4342
37+04	72-1114	4346
37+05	72-1115	4352
37+06	72-1116	4356
37+07	72-1117	4359
37+08	72-1118	4363
37+09	72-1119	4367
37+10	72-1120	4369
37+11	72-1121	4373
37+12	72-1122	4376
37+13	72-1123	4379
37+14	72-1124	4381
37+15	72-1125	4385
37+16	72-1126	4388
37+17	72-1127	4390
37+18	72-1128	4392
37+19	72-1129	4394
37+20	72-1130	4397
37+21	72-1131	4400
37+22	72-1132	4401
37+23	72-1133	4403
37+24	72-1134	4405
37+25	72-1135	4410
37+26	72-1136	4413
37+27	72-1137	4415
37+28	72-1138	4417
37+29	72-1139	4420
37+30	72-1140	4422
37+31	72-1141	4425
37+32	72-1142	4427
37+33	72-1143	4429
37+34	72-1144	4431
37+35	72-1145	4434
37+36	72-1146	4436
37+37	72-1147	4438
37+38	72-1148	4441
37+39	72-1149	4444
37+40	72-1150	4446
37+41	72-1151	4449
37+42	72-1152	4452

Continuing 28+ series

Kennung	c/n
28+24	5954
28+25	5955
28+26	5956
28+35	5957
28+28	5958
28+29	5959
28+30	5960
28+31	5961
28+32	5962
28+33	5963
28+34	5964
28+35	5965

MBB HFB-320 Hansa Jet

Kennzeichen	c/n
D-9536	1024
D-9537	1025
16+01	1041
16+02	1042
16+03	1043
16+04	1046
16+05	1047
16+06	1048
16+07	1024
16+08	1025

Continuing 38+ series

Kennung	s/n	c/n
38+02	72-1212	4611
38+03	72-1213	4613
38+04	72-1214	4617
38+05	72-1215	4619
38+06	72-1216	4622
38+07	72-1217	4625
38+08	72-1218	4627
38+09	72-1219	4631
38+10	72-1220	4635
38+11	72-1221	4636
38+12	72-1222	4640
38+13	72-1223	4644
38+14	72-1224	4646
38+15	72-1225	4649
38+16	72-1226	4653
38+17	72-1227	4654
38+18	72-1228	4658
38+19	72-1229	4662
38+20	72-1230	4663

McDonnell Douglas RF-4E Phantom II

Kennzeichen	s/n
35+01	69-7448
35+02	69-7449
35+03	69-7450
35+04	69-7451
35+05	69-7452
35+06	69-7453
35+07	69-7454
35+08	69-7455
35+09	69-7456
35+10	69-7457
35+11	69-7458
35+12	69-7459
35+13	69-7460
35+14	69-7461
35+15	69-7462
35+16	69-7463
35+17	69-7464
35+18	69-7465

Flugzeugkennungen

Kennzeichen	c/n
35+19	69-7466
35+20	69-7467
35+21	69-7468
35+22	69-7469
35+23	69-7470
35+24	69-7471
35+25	69-7472
35+26	69-7473
35+27	69-7474
35+28	69-7475
35+29	69-7476
35+30	69-7477
35+31	69-7478
35+32	69-7479
35+33	69-7480
35+34	69-7481
35+35	69-7482
35+36	69-7483
35+37	69-7484
35+38	69-7485
35+39	69-7486
35+40	69-7487
35+41	69-7488
35+42	69-7489
35+43	69-7490
35+44	69-7491
35+45	69-7492
35+46	69-7493
35+47	69-7494
35+48	69-7495
35+49	69-7496
35+50	69-7497
35+51	69-7498
35+52	69-7499
35+53	69-7500
35+54	69-7501
35+55	69-7502
35+56	69-7503
35+57	69-7504
35+58	69-7505
35+59	69-7506
35+60	69-7507
35+61	69-7508
35+62	69-7509
35+63	69-7510
35+64	69-7511
35+65	69-7512
35+66	69-7513
35+67	69-7514
35+68	69-7515
35+69	69-7516
35+70	69-7517
35+71	69-7518
35+72	69-7519
35+73	69-7520
35+74	69-7521
35+75	69-7522
35+76	69-7523
35+77	69-7524
35+78	69-7525
35+79	69-7526
35+80	69-7527
35+81	69-7528
35+82	69-7529
35+83	69-7530
35+84	69-7531
35+85	69-7532
35+86	69-7533
35+87	69-7534
35+88	69-7535

Merckle SM 67

Kennzeichen	c/n
	V1
D-9506	V2
(D-9506)	V3

Mikojan MiG-29G

Kennzeichen	c/n
29+01	29605525106
29+02	29605525108
29+03	29605525110
29+04	29605525111
29+05	29605525113
29+06	29605525114
29+07	29605525115
29+08	29605525118
29+09	29605525121
29+10	29605525124
29+11	29605525188
29+12	29605525132
29+14	29605525800
29+15	29605526300
29+16	29605526301
29+17	29605526302
29+18	29605526310
29+19	29605526314
29+20	29605526315
29+21	29605526319
98+06	29605526319
98+08	29605526314

Mikojan MiG-29GT

Kennzeichen	c/n
29+22	50903006448
29+23	50903006526
29+24	50903006604
29+25	50903011408

Mil/ PZL Mi-2

Kennzeichen	c/n
94+50	563401044
94+51	563403034
94+52	563405044
94+53	563820114
94+54	563822114
94+55	563823114
94+56	563824114
94+57	564411105
94+58	564413105
94+59	562632112
94+60	562633112
94+61	562635112
94+62	563147103
94+63	563148103
94+64	562818043
94+65	562944063
94+66	562946063
94+70	514416125
94+71	564410105
94+72	562248032
94+73	552701122
94+80	514415125
94+81	562247032
94+82	562250032
94+83	552649122

Mil Mi-8PS

Kennzeichen	c/n
93+20	10522
93+36	10548
93+37	10549
93+38	10550
93+40	10523
93+41	10524
93+42	10532
93+43	10533
93+44	10585
93+50	10733
93+51	105104
93+52	105107
93+53	105108
93+54	105106
93+55	10598
93+60	10599

Mil Mi-8S

Kennzeichen	c/n
93+19	10552
93+21	10507/826
93+22	10520
93+39	10551
93+45	10586
93+46	10584
93+80	10597
94+01	105100
94+15	10507/826
94+16	
94+17	105101
94+22	10528

Mil Mi-8T

Kennzeichen	c/n
93+01	10508/31233
93+02	10509/21233
93+03	10511
93+04	10512
93+05	10515
93+06	10518
93+07	10537
93+08	10538
93+09	10539
93+10	10540
93+11	10542
93+12	10541
93+14	10543
93+15	10544
93+16	10545
93+17	10546
93+18	10547
93+30	10510
93+31	10514
93+32	10516
93+33	10517
93+34	10530
93+35	10531
94+02	10535
94+03	10536
94+17	10501
94+18	10503/323
94+19	10513
94+20	10525
94+21	10526
94+22	10528
94+23	10529
94+24	10534

Mil Mi-8TB

Kennzeichen	c/n
93+61	10553
93+62	10554
93+63	10555
93+64	10556
93+65	10557
93+66	10558
93+67	10559
93+68	10560
93+69	10562
93+70	10577
93+71	10579
93+72	10587
93+73	10589
93+74	10590
93+75	10592
93+76	10594
93+81	10561
93+82	10563
93+83	10576
93+84	10578
93+85	10580
93+86	10581
93+87	10582
93+88	10588
93+89	10591
93+90	10593
94+04	10564
94+05	10565
94+06	10566
94+07	10567
94+08	10568
94+09	10569
94+10	10572
94+11	10573
94+12	10574
94+14	10575

Mil Mi-9A

Kennzeichen	c/n
93+91	340005
93+92	340006
93+93	340007
93+94	340008
93+95	340002
93+96	340003
93+97	340004
93+98	340001

Mil Mi-14BT

Kennzeichen	c/n
95+09	Z4010
95+10	Z4011
95+11	Z4012
95+12	Z4013
95+14	Z4014
95+15	Z4015

Mil Mi-14PL

Kennzeichen	c/n
95+01	B4001
95+02	B4002
95+03	B4003
95+04	B4004
95+05	B4005
95+06	B4006
95+07	B4008
95+08	B4009

Mil Mi-24D

Kennzeichen	c/n
96+01	110156
96+02	110157
96+03	B4069
96+04	110160
96+05	110161
96+06	110163
96+07	110165
96+08	110170
96+09	110169
96+10	110172
96+11	110173
96+12	340269
96+13	340270
96+14	750209
96+15	750210
96+16	750208
96+17	750211
96+18	750212
96+19	750213
96+20	B4001
96+21	B4002
96+22	110158
96+23	B4004
96+24	B4071
96+25	B4072
96+26	110159
96+27	110162
96+28	110164
96+29	340272
96+30	110166
96+31	110167
96+32	110168
96+33	340273

Kennzeichen	c/n								
96+34	340271	D-9570	154	GA+241	4	GB+111	35		
96+35	340274	D-9579	138	GA+241	16	GB+111	67		
96+36	340275	D-9580	152	GA+241	51	GB+111	73		
96+37	340276	GA+101	57	GA+241	135	GB+111	141		
96+38	340277	GA+101	102	GA+242	9	GB+112	17		
96+39	340278	GA+102	26	GA+242	17	GB+112	36		
98+32	340278	GA+102	104	GA+242	19	GB+112	72		
		GA+103	27	GA+242	52	GB+112	75		

Mil Mi-24P

Kennzeichen	c/n
96+40	340330
96+41	340331
96+42	340332
96+43	340333
96+44	340334
96+45	340335
96+46	340336
96+47	340337
96+48	340338
96+49	340339
96+50	340340
96+51	340341
98+33	340330
98+34	340337

NHI NH90

Kennzeichen	c/n
98+90	PT4
98+91	
98+93	

Nord 2501 Noratlas

Kennzeichen	c/n
AS+567	27
AS+568	32
AS+569	36
AS+570	120
AS+571	1
AS+572	2
AS+573	3
AS+574	4
AS+574	7
AS+575	5
AS+575	6
AS+576	135
AS+577	137
AS+578	138
AS+579	140
AS+580	142
AS+581	94
AS+581	143
AS+582	145
AS+583	144
AS+584	146
AS+585	147
AS+586	10
AS+586	148
AS+587	149
AS+588	14
AS+589	17
AS+589	67
AS+590	20
AS+591	23
AS+592	24
AS+593	156
AS+594	157
AS+595	158
AS+596	159
AS+597	160
AS+598	77
AS+599	127
BD+592	111
BD+593	132
BF+570	161
BF+571	99
BF+589	17
D-9512	15
D-9513	4

GA+103	105	GA+243	18	GB+113	18	
GA+104	28	GA+243	53	GB+113	37	
GA+104	106	GA+244	19	GB+113	43	
GA+105	29	GA+244	38	GB+113	77	
GA+105	107	GA+245	20	GB+113	155	
GA+106	30	GA+245	39	GB+114	19	
GA+106	108	GA+245	55	GB+114	38	
GA+107	31	GA+246	21	GB+114	44	
GA+107	47	GA+246	30	GB+114	79	
GA+107	109	GA+247	22	GB+115	20	
GA+108	32	GA+247	35	GB+115	39	
GA+108	110	GA+248	15	GB+115	61	
GA+109	33	GA+248	23	GB+115	81	
GA+109	52	GA+248	59	GB+116	21	
GA+109	111	GA+249	24	GB+116	40	
GA+110	34	GA+249	60	GB+116	101	
GA+110	112	GA+249	84	GB+117	22	
GA+111	35	GA+250	36	GB+117	63	
GA+111	113	GA+250	66	GB+117	85	
GA+112	36	GA+250	95	GB+118	23	
GA+112	114	GA+251	37	GB+118	64	
GA+113	37	GA+251	67	GB+118	87	
GA+113	66	GA+252	124	GB+119	24	
GA+113	115	GA+253	116	GB+119	125	
GA+114	38	GA+253	127	GB+119	103	
GA+114	116	GA+254	130	GB+119	125	
GA+114	117	GA+255	129	GB+120	21	
GA+115	39	GB+101	6	GB+120	50	
GA+115	70	GB+101	25	GB+120	95	
GA+115	117	GB+101	43	GB+121	22	
GA+116	40	GB+101	68	GB+121	66	
GA+116	118	GB+102	7	GB+121	97	
GA+117	29	GB+102	26	GB+122	119	
GA+117	58	GB+102	32	GB+123	131	
GA+118	32	GB+102	47	GB+124	133	
GA+118	59	GB+102	69	GB+125	139	
GA+118	72	GB+102	161	GB+231	41	
GA+119	33	GB+103	8	GB+231	44	
GA+119	60	GB+103	27	GB+231	69	
GA+120	34	GB+103	49	GB+231	128	
GA+120	61	GB+103	55	GB+231	161	
GA+121	40	GB+103	70	GB+232	42	
GA+122	120	GB+104	9	GB+232	50	
GA+123	121	GB+104	28	GB+232	70	
GA+124	122	GB+104	54	GB+232	162	
GA+125	123	GB+104	55	GB+233	43	
GA+231	6	GB+104	152	GB+233	54	
GA+231	25	GB+105	10	GB+233	71	
GA+231	41	GB+105	29	GB+233	163	
GA+232	7	GB+105	61	GB+234	44	
GA+232	42	GB+106	11	GB+234	56	
GA+233	8	GB+106	30	GB+234	72	
GA+233	27	GB+106	56	GB+234	164	
GA+233	68	GB+106	63	GB+235	45	
GA+234	9	GB+107	12	GB+235	58	
GA+234	28	GB+107	31	GB+235	73	
GA+235	10	GB+107	65	GB+235	100	
GA+235	45	GB+107	127	GB+235	165	
GA+236	11	GB+108	13	GB+235	171	
GA+236	97	GB+108	32	GB+236	46	
GA+236	46	GB+108	49	GB+236	64	
GA+237	12	GB+108	67	GB+236	74	
GA+237	31	GB+108	154	GB+236	166	
GA+237	98	GB+109	14	GB+236	172	
GA+238	13	GB+109	33	GB+237	47	
GA+238	48	GB+109	69	GB+237	66	
GA+239	14	GB+110	15	GB+237	75	
GA+239	26	GB+110	34	GB+237	167	
GA+240	15	GB+110	71	GB+237	173	
GA+240	57	GB+111	16	GB+238	48	

Flugzeugkennungen

Flugzeugkennungen

GB+238	68	GC+114	80	KA+122	111	YA+035		001A
GB+238	76	GC+115	82	KA+123	112	YA+034		002A
GB+238	174	GC+116	86	KA+124	113	YA+110		8
GB+239	49	GC+117	88	KA+125	114	YA+111		73
GB+239	70	GC+118	94	KA+126	115	YA+112		65
GB+239	77	GC+119	96	KA+127	116	YA+571		8
GB+239	175	GC+120	98	KA+128	117	YA+572		65
GB+240	50	GC+121	100	KA+129	118	YA+573		73
GB+240	72	GC+122	128	KA+130	119	YA+574		113
GB+240	78	GC+123	132	KA+131	120	52+01		1
GB+240	176	GC+124	134	KA+132	121	52+02		2
GB+241	51	GC+125	136	KA+133	122	52+03		3
GB+241	74	GC+231	31	KA+134	123	(52+04)		4
GB+241	79	GC+231	150	KA+135	124	52+05		6
GB+241	177	GC+232	148	KA+136	125	52+06		7
GB+242	52	GC+233	25	KA+137	127	52+07		8
GB+242	76	GC+234	34	KA+138	127	52+08		9
GB+242	80	GC+234	151	KA+139	128	52+09		10
GB+242	178	GC+235	152	KA+140	129	52+10		11
GB+243	53	GC+236	11	KA+141	130	52+11		12
GB+243	78	GC+237	12	KA+142	131	52+12		13
GB+243	81	GC+238	13	KA+143	132	52+13		14
GB+243	179	GC+239	153	KA+144	133	52+14		15
GB+244	54	GC+240	154	KA+145	134	52+15		16
GB+244	80	GC+241	16	KA+146	135	52+16		17
GB+244	82	GC+242	52	KA+147	136	52+17		19
GB+244	180	GC+243	53	KA+148	137	52+18		20
GB+245	55	GC+244	51	KA+149	138	52+19		21
GB+245	82	GC+245	155	KA+150	139	52+20		22
GB+245	83	GC+246	46	KA+151	140	52+21		23
GB+245	181	GC+247	84	KA+152	141	52+22		24
GB+246	56	GC+248	59	KA+153	142	52+23		25
GB+246	84	GC+249	111	KA+154	143	52+24		26
GB+246	86	GC+250	95	KA+155	144	52+25		27
GB+246	182	GC+251	97	KA+156	145	52+26		28
GB+247	85	GC+252	113	KA+157	146	52+27		29
GB+247	88	GC+253	116	KA+158	147	52+28		30
GB+247	183	GC+254	117	KA+159	148	52+29		31
GB+248	86	GC+252	127	KA+160	149	52+30		32
GB+248	94	GR+231	25	KA+161	150	52+31		33
GB+248	184	GR+232	7	KA+162	151	52+32		34
GB+249	87	GR+233	8	KA+163	152	52+33		35
GB+249	96	GR+234	9	KA+164	153	52+34		36
GB+249	185	GR+235	10	KA+165	154	52+35		37
GB+250	88	GR+236	11	KA+166	155	52+36		38
GB+250	98	GR+237	12	KA+167	156	52+37		39
GB+250	186	GR+238	13	KA+168	157	52+38		40
GB+251	89	GR+239	14	KA+169	158	52+39		41
GB+251	100	GR+240	15	KA+170	159	52+40		42
GB+251	187	GR+241	16	KA+171	160	52+41		43
GB+252	128	GR+242	17	KA+172	161	52+42		46
GB+252	136	GR+244	19	KA+173	162	52+43		48
GB+253	132	GR+245	20	KA+174	163	52+44		49
GB+253	148	GR+246	21	KA+175	164	52+45		50
GB+254	134	GR+247	22	KA+176	165	52+46		51
GB+255	136	GR+248	23	KA+177	166	52+47		52
GC+101	44	GR+249	24	KA+178	167	52+48		53
GC+101	57	KA+101	90	KA+179	168	52+49		54
GC+102	50	KA+102	91	KA+180	169	52+50		56
GC+102	58	KA+103	92	KA+181	170	52+51		57
GC+103	54	KA+104	93	KA+182	171	52+52		58
GC+103	59	KA+105	94	KA+183	172	52+53		61
GC+104	56	KA+106	95	KA+184	173	52+54		63
GC+104	60	KA+107	96	KA+185	174	52+55		64
GC+105	58	KA+108	97	KA+186	175	52+56		65
GC+105	61	KA+109	98	KA+187	176	52+57		66
GC+106	62	KA+110	99	KA+188	177	52+58		67
GC+106	64	KA+111	100	KA+189	178	52+59		68
GC+107	63	KA+112	101	KA+190	179	52+60		69
GC+107	66	KA+113	102	KA+191	180	52+61		70
GC+108	64	KA+114	103	KA+192	181	52+62		71
GC+108	68	KA+115	104	KA+193	182	52+63		72
GC+109	65	KA+116	105	KA+194	183	52+64		73
GC+109	70	KA+117	106	KA+195	184	52+65		74
GC+110	72	KA+118	107	KA+196	185	52+66		75
GC+111	74	KA+119	108	KA+197	186	52+67		76
GC+112	76	KA+120	109	KA+198	187	52+68		77
GC+113	78	KA+121	110	ND+111	74	52+69		78

Kennz.	Nr.	Kennz.	US s/n	c/n	Kennz.	US s/n	c/n	Kennz.	US s/n	c/n
52+70	79	53+48		178	JD-124	55-4912	232-152	JD-354	55-4896	232-136
52+71	80	53+49		179	JD-124	56-4128	242-189	JD-355	55-4898	232-138
52+72	81	53+50		180	JD-125	55-4930	232-170	JE-101	55-4920	232-160
52+73	82	53+51		181	JD-125	56-4129	242-190	JE-102	55-4930	232-170
52+74	84	53+52		182	JD-126	56-4130	242-191	JE-103	55-4912	232-152
52+75	85	53+53		183	JD-128	56-4133	242-194	JE-104	55-4897	232-137
52+76	86	53+54		184	JD-231	56-4134	242-195	JE-105	55-4935	232-175
52+77	87	53+55		185	JD-232	56-4135	242-196	JE-106	55-4936	232-176
52+78	94	53+56		186	JD-233	56-4136	242-197	JE-106	56-4140	242-201
52+79	95	53+57		187	JD-234	56-4137	242-198	JE-107	56-4117	242-178
52+80	97	53+58		001A	JD-235	56-4138	242-199	JE-108	56-4118	242-179
52+81	98	(53+59)		002A	JD-236	56-4139	242-200	JE-109	56-4119	242-180
52+82	99	99+13		138	JD-237	56-4116	242-177	JE-110	56-4120	242-181
52+83	100	99+14		152	JD-238	56-4131	242-192	JE-111	56-4123	242-184
52+84	101	99+15		154	JD-239	56-4141	242-202	JE-112	56-4148	242-209
52+85	102				JD-240	56-4142	242-203	JE-113	56-4153	242-214
52+86	104	**North American F-86K**			JD-241	56-4143	242-204	JE-114	56-4154	242-215
52+87	105	**Sabre**			JD-242	56-4144	242-205	JE-115	56-4155	242-216
52+88	106	Kennz.	US s/n	c/n	JD-243	56-4146	242-207	JE-116	56-4157	242-218
52+89	107		55-4845	221-085	JD-244	56-4147	242-208	JE-117	56-4156	242-217
52+90	108		55-4866	221-106	JD-245	56-4149	242-210	JE-118	56-4121	242-182
52+91	109		55-4878	221-118	JD-246	56-4150	242-211	JE-119	56-4122	242-183
52+92	110		55-4881	232-121	JD-247	56-4151	242-212	JE-120	56-4124	242-185
52+93	111		55-4882	232-122	JD-248	56-4152	242-213	JE-121	56-4125	242-186
52+94	112		55-4888	232-128	JD-249	56-4158	242-219	JE-122	56-4126	242-187
52+95	113		55-4899	232-139	JD-250	56-4159	242-220	JE-123	56-4127	242-188
52+96	114		55-4901	232-141	JD-251	56-4160	242-221	JE-124	56-4128	242-189
52+97	115		55-4904	232-144	JD-252	55-4925	232-165	JE-125	56-4129	242-190
52+98	116		55-4908	232-148	JD-253	55-4895	232-135	JE-126	56-4130	242-191
52+99	117		55-4909	232-149	JD-254	55-4896	232-136	JE-127	56-4132	242-193
53+00	118		55-4910	232-150	JD-255	55-4898	232-138	JE-231	56-4134	242-195
53+01	119		55-4913	232-153	JD-302	56-4132	242-193	JE-232	56-4135	242-196
53+02	120		55-4914	232-154	JD-303	55-4907	232-147	JE-233	56-4136	242-197
53+03	121		55-4915	232-155	JD-304	56-4128	242-189	JE-234	56-4137	242-198
53+04	122		55-4916	232-156	JD-305	56-4129	242-190	JE-235	56-4138	242-199
53+05	123		55-4917	232-157	JD-306	56-4140	242-201	JE-236	56-4139	242-200
53+06	124		55-4918	232-158	JD-307	56-4117	242-178	JE-237	56-4116	242-177
53+07	125		55-4919	232-159	JD-308	56-4118	242-179	JE-238	56-4131	242-192
53+08	127		55-4921	232-161	JD-309	55-4911	232-151	JE-239	56-4141	242-202
53+09	127		55-4922	232-162	JD-310	56-4120	242-181	JE-240	56-4142	242-203
53+10	128		55-4924	232-164	JD-311	56-4123	242-184	JE-241	56-4143	242-204
53+11	129		55-4926	232-166	JD-312	56-4148	242-209	JE-242	56-4144	242-205
53+12	130		55-4927	232-167	JD-313	56-4153	242-214	JE-243	56-4146	242-207
53+13	131		55-4928	232-168	JD-314	56-4154	242-215	JE-244	56-4147	242-208
53+14	132		55-4929	232-169	JD-315	56-4155	242-216	JE-245	56-4149	242-210
53+15	133		55-4931	232-171	JD-316	56-4157	242-218	JE-246	56-4150	242-211
53+16	135		55-4932	232-172	JD-317	56-4156	242-217	JE-247	56-4151	242-212
53+17	136		55-4933	232-173	JD-318	56-4121	242-182	JE-248	56-4152	242-213
53+18	137		55-4934	232-174	JD-319	56-4122	242-183	JE-249	56-4158	242-219
53+19	138		56-4145	242-206	JD-320	56-4124	242-185	JE-250	56-4159	242-220
53+20	139	BB-701	56-4140	242-201	JD-321	56-4125	242-186	JE-251	56-4160	242-221
53+21	140	BB-702	54-4935	232-175	JD-322	56-4126	242-187			
53+22	141	BB-703	55-4936	232-176	JD-323	55-4923	232-163	**Northrop T-38A Talon**		
53+23	142	JD-101	56-4130	242-191	JD-324	55-4912	232-152	s/n		c/n
53+24	144	JD-102	56-4132	242-193	JD-325	55-4930	232-170	66-4341		N5918
53+25	145	JD-103	55-4907	232-147	JD-331	56-4134	242-195	66-4342		N5919
53+26	146	JD-103	56-4133	242-194	JD-332	56-4135	242-196	66-4343		N5920
53+27	147	JD-104	56-4128	242-189	JD-333	56-4136	242-197	66-4344		N5921
53+28	148	JD-105	56-4129	242-190	JD-334	56-4137	242-198	66-4345		N5922
53+29	149	JD-106	56-4140	242-201	JD-335	56-4138	242-199	66-4346		N5923
53+30	152	JD-107	56-4117	242-178	JD-336	56-4139	242-200	66-4347		N5924
53+31	154	JD-108	56-4118	242-179	JD-337	56-4116	242-177	66-4348		N5925
53+32	155	JD-109	55-4911	232-151	JD-338	56-4131	242-192	66-4349		N5926
53+33	156	JD-109	56-4119	242-180	JD-339	56-4141	242-202	66-4350		N5927
53+34	157	JD-110	56-4120	242-181	JD-340	56-4142	242-203	66-4351		N5928
53+35	158	JD-111	56-4123	242-184	JD-341	56-4143	242-204	66-4352		N5929
53+36	159	JD-112	56-4148	242-209	JD-342	56-4144	242-205	66-8350		N5966
53+37	160	JD-113	56-4153	242-214	JD-343	56-4146	242-207	66-8353		N5969
53+38	161	JD-114	56-4154	242-215	JD-344	56-4147	242-208	66-8359		N5917
53+39	162	JD-115	56-4155	242-216	JD-345	56-4149	242-210	66-8360		N5930
53+40	163	JD-117	56-4156	242-217	JD-346	56-4150	242-211	66-8361		N5931
53+41	164	JD-118	56-4121	242-182	JD-347	56-4151	242-212	66-8362		N5932
53+42	172	JD-119	56-4122	242-183	JD-348	56-4152	242-213	66-8364		N5934
53+43	173	JD-120	56-4124	242-185	JD-349	56-4158	242-219	66-8365		N5935
53+44	174	JD-121	56-4125	242-186	JD-350	56-4159	242-220	66-8366		N5936
53+45	175	JD-122	56-4126	242-187	JD-351	56-4160	242-221	66-8367		N5937
53+46	176	JD-123	55-4923	232-163	JD-352	55-4925	232-165	66-8368		N5938
53+47	177	JD-123	56-4127	242-188	JD-353	55-4895	232-135	66-8369		N5939

66-8372	N5942	43+60		GS033	44+38		GT042	45+16	GT052
66-8373	N5943	43+61		GS034	44+39		GT043	45+17	GS165
66-8374	N5944	43+62		GS035	44+40		GS097	45+18	GS166
66-8375	N5945	43+63		GS036	44+41		GS098	45+19	GS167
66-8377	N5947	43+64		GS037	44+42		GS099	45+20	GS168
66-8378	N5948	43+65		GS038	44+43		GS100	45+21	GS169
66-8379	N5949	43+66		GS039	44+44		GS101	45+22	GS170
66-8380	N5950	43+67		GS040	44+45		GS102	45+23	GS171
66-8388	N5958	43+68		GS041	44+46		GS103	45+24	GS172
66-8389	N5959	43+69		GS042	44+47		GS104	45+25	GS173
66-8390	N5960	43+70		GS043	44+48		GS105	45+26	GS174
66-8391	N5961	43+71		GS044	44+49		GS106	45+27	GS175
66-8392	N5962	43+72		GS045	44+50		GS107	45+28	GS176
66-8393	N5963	43+73		GS046	44+51		GS108	45+29	GS177
66-8394	N5964	43+74		GS047	44+52		GS109	45+30	GS178
66-8395	N5965	43+75		GS048	44+53		GS110	45+31	GS179
		43+76		GS049	44+54		GS111	45+32	GS180
Panavia Tornado IDS		43+77		GS050	44+55		GS112	45+33	GS181
Kennzeichen	c/n	43+78		GS051	44+56		GS113	45+34	GS182
43+01	GT001	43+79		GS052	44+57		GS114	45+35	GS183
43+02	GT002	43+80		GS053	44+58		GS115	45+36	GS184
43+03	GT003	43+81		GS054	44+59		GS116	45+37	GS185
43+04	GT004	43+82		GS055	44+60		GS117	45+38	GS186
43+05	GT005	43+83		GS056	44+61		GS118	45+39	GS187
43+06	GT006	43+84		GS057	44+62		GS119	45+40	GS188
43+07	GT007	43+85		GS058	44+63		GS120	45+41	GS189
43+08	GT008	43+86		GS059	44+64		GS121	45+42	GS190
43+09	GT009	43+87		GS060	44+65		GS122	45+43	GS191
43+10	GT010	43+88		GS061	44+66		GS123	45+44	GS192
43+11	GT011	43+89		GS062	44+67		GS124	45+45	GS193
43+12	GS001	43+90		GT028	44+68		GS125	45+46	GS194
43+13	GS002	43+91		GT029	44+69		GS126	45+47	GS195
43+14	GS003	43+92		GT030	44+70		GS127	45+48	GS196
43+15	GT012	43+93		GT031	44+71		GS128	45+49	GS197
43+16	GT013	43+94		GT032	44+72		GT044	45+50	GS198
43+17	GT014	43+95		GS063	44+73		GT045	45+51	GS199
43+18	GS004	43+96		GS064	44+74		GT046	45+52	GS200
43+19	GS005	43+97		GT033	44+75		GT047	45+53	GS201
43+20	GS006	43+98		GS065	44+76		GS129	45+54	GS202
43+21	GT015	43+99		GS066	44+77		GS130	45+55	GS203
43+22	GT016	44+00		GS067	44+78		GS131	45+56	GS204
43+23	GT017	44+01		GT034	44+79		GS132	45+57	GS205
43+24	GS007	44+02		GS068	44+80		GS133	45+58	GS206
43+25	GS008	44+03		GS069	44+81		GS134	45+59	GS207
43+26	GS009	44+04		GS070	44+82		GS135	45+60	GT053
43+27	GS010	44+05		GT035	44+83		GS136	45+61	GT054
43+28	GS011	44+06		GS071	44+84		GS137	45+62	GT055
43+29	GT018	44+07		GS072	44+85		GS138	45+63	GT056
43+30	GS012	44+08		GS073	44+86		GS139	45+64	GS208
43+31	GT019	44+09		GS074	44+87		GS140	45+65	GS209
43+32	GS013	44+10		GT036	44+88		GS141	45+66	GS210
43+33	GT020	44+11		GS075	44+89		GS142	45+67	GS211
43+34	GS014	44+12		GS076	44+90		GS143	45+68	GS212
43+35	GT021	44+13		GS077	44+91		GS144	45+69	GS213
43+36	GS015	44+14		GS078	44+92		GS145	45+70	GT057
43+37	GT022	44+15		GS079	44+93		GS146	45+71	GS214
43+38	GS016	44+16		GT037	44+94		GS147	45+72	GS215
43+39	GS017	44+17		GS080	44+95		GS148	45+73	GS216
43+40	GS018	44+18		GS081	44+96		GS149	45+74	GT058
43+41	GS019	44+19		GS082	44+97		GS150	45+75	GS217
43+42	GT023	44+20		GT038	44+98		GS151	45+76	GS218
43+43	GT024	44+21		GS083	44+99		GS152	45+77	GT059
43+44	GT025	44+22		GS084	45+00		GS153	45+78	GS219
43+45	GT026	44+23		GS085	45+01		GS154	45+79	GS220
43+46	GS020	44+24		GS086	45+02		GS155	45+80	GS221
43+47	GS021	44+25		GT039	45+03		GS156	45+81	GS222
43+48	GS022	44+26		GS087	45+04		GS157	45+82	GS223
43+49	GS023	44+27		GS088	45+05		GS158	45+83	GS224
43+50	GS024	44+28		GS089	45+06		GS159	45+84	GS225
43+51	GT027	44+29		GS090	45+07		GS160	45+85	GS226
43+52	GS025	44+30		GS091	45+08		GS161	45+86	GS227
43+53	GS026	44+31		GS092	45+09		GS162	45+87	GS228
43+54	GS027	44+32		GS093	45+10		GS163	45+88	GS229
43+55	GS028	44+33		GS094	45+11		GS164	45+89	GS230
43+56	GS029	44+34		GS095	45+12		GT048	45+90	GS231
43+57	GS030	44+35		GS096	45+13		GT049	45+91	GS232
43+58	GS031	44+36		GT040	45+14		GT050	45+92	GS233
43+59	GS032	44+37		GT041	45+15		GT051	45+93	GS234

45+94	GS235	98+03	P16	AC+457	306	AS+416	265		
45+95	GS236	98+79	GS217	AC+458	307	AS+417	266		
45+96	GS237			AC+459	084	AS+418	267		
45+97	GS238	**Piaggio P.149D**		AC+460	309	AS+419	111		
45+98	GS239	Kennzeichen	c/n	AC+461	310	AS+419	268		
45+99	GT060	AB+390	050	AC+462	311	AS+420	269		
46+00	GS240	AB+449	046	AC+463	312	AS+421	094		
46+01	GS241	AB+464	050	AC+464	150	AS+421	270		
46+02	GS242	AC+071	041	AC+465	314	AS+422	112		
46+03	GT061	AC+072	265	AC+466	080	AS+422	252		
46+04	GT062	AC+092	271	AC+466	315	AS+422	271		
46+05	GT063	AC+401	025	AC+467	316	AS+423	272		
46+06	GT064	AC+401	148	AC+468	317	AS+424	095		
46+07	GT065	AC+402	026	AC+469	318	AS+424	273		
46+08	GT066	AC+402	150	AC+470	113	AS+425	274		
46+09	GT067	AC+403	027	AC+471	320	AS+426	107		
46+10	GS243	AC+403	156	AC+472	164	AS+426	275		
46+11	GS244	AC+404	049	AC+473	169	AS+427	276		
46+12	GS245	AC+404	253	AS+013	126	AS+428	113		
46+13	GS246	AC+405	254	AS+015	128	AS+428	277		
46+14	GS247	AC+406	061	AS+016	129	AS+429	278		
46+15	GS248	AC+406	255	AS+019	177	AS+430	279		
46+16	GS249	AC+407	250	AS+021	182	AS+431	072		
46+17	GS250	AC+407	256	AS+029	190	AS+431	096		
46+18	GS251	AC+408	062	AS+072	265	AS+431	280		
46+19	GS252	AC+408	257	AS+073	114	AS+432	097		
46+20	GS253	AC+409	028	AS+074	115	AS+432	281		
46+21	GS254	AC+410	259	AS+075	116	AS+433	282		
46+22	GS255	AC+411	260	AS+076	123	AS+434	098		
98+01	P11	AC+412	032	AS+077	142	AS+434	283		
98+02	P13	AC+414	074	AS+079	144	AS+435	099		
98+03	P16	AC+415	029	AS+080	145	AS+435	284		
98+04	P01	AC+416	030	AS+081	146	AS+436	285		
98+05	P04	AC+417	266	AS+085	151	AS+437	286		
98+06	P07	AC+418	267	AS+086	152	AS+438	287		
98+59	GT015	AC+418	287	AS+087	155	AS+439	288		
98+60	GS062	AC+419	268	AS+089	157	AS+440	115		
98+79	GS217	AC+420	269	AS+090	158	AS+440	289		
D-9591	P01	AC+421	031	AS+091	159	AS+441	045		
D-9592	P04	AC+422	035	AS+092	271	AS+441	100		
		AC+423	272	AS+093	294	AS+441	290		
Panavia Tornado ECR		AC+424	319	AS+094	257	AS+442	253		
Kennzeichen	c/n	AC+425	321	AS+095	261	AS+442	291		
46+23	GS256	AC+426	003	AS+096	160	AS+443	292		
46+24	GS257	AC+427	276	AS+098	163	AS+443	108		
46+25	GS258	AC+428	075	AS+099	290	AS+444	293		
46+26	GS259	AC+428	277	AS+401	146	AS+445	047		
46+27	GS260	AC+429	278	AS+401	250	AS+445	109		
46+28	GS261	AC+430	279	AS+402	158	AS+445	294		
46+29	GS262	AC+431	048	AS+402	251	AS+446	110		
46+30	GS263	AC+432	022	AS+403	101	AS+446	295		
46+31	GS264	AC+433	282	AS+403	106	AS+447	296		
46+32	GS265	AC+434	024	AS+403	252	AS+448	297		
46+33	GS266	AC+435	023	AS+403	323	AS+449	046		
46+34	GS267	AC+436	102	AS+404	091	AS+449	298		
46+35	GS268	AC+437	286	AS+404	253	AS+450	299		
46+36	GS269	AC+438	107	AS+405	116	AS+450	324		
46+37	GS270	AC+439	288	AS+405	254	AS+451	325		
46+38	GS271	AC+440	072	AS+406	102	AS+452	301		
46+39	GS272	AC+441	045	AS+406	255	AS+453	302		
46+40	GS273	AC+442	019	AS+407	056	AS+454	303		
46+41	GS274	AC+442	291	AS+407	103	AS+455	304		
46+42	GS275	AC+443	020	AS+407	256	AS+456	117		
46+43	GS276	AC+443	292	AS+408	092	AS+456	305		
46+44	GS277	AC+444	058	AS+408	257	AS+457	306		
46+45	GS278	AC+445	047	AS+409	104	AS+458	307		
46+46	GS279	AC+446	295	AS+409	258	AS+459	118		
46+47	GS280	AC+447	296	AS+410	121	AS+459	308		
46+48	GS281	AC+448	109	AS+410	259	AS+460	309		
46+49	GS282	AC+448	297	AS+411	260	AS+461	119		
46+50	GS283	AC+449	151	AS+412	093	AS+461	310		
46+51	GS284	AC+450	324	AS+412	261	AS+462	311		
46+52	GS285	AC+451	325	AS+413	122	AS+463	312		
46+53	GS286	AC+452	301	AS+413	262	AS+464	050		
46+54	GS287	AC+453	086	AS+414	263	AS+464	137		
46+55	GS288	AC+454	303	AS+415	264	AS+464	313		
46+56	GS289	AC+455	304	AS+416	105	AS+465	314		
46+57	GS290	AC+456	305	AS+416	174	AS+466	315		

Flugzeugkennungen

AS+467	316	BF+418	130	EA+391	042	KB+118	141
AS+468	317	BF+419	182	EA+392	044	KB+119	142
AS+469	318	BF+420	183	EA+392	258	KB+120	143
AS+470	319	BF+421	184	EA+393	044	KB+121	144
AS+471	320	BF+422	185	EB+389	072	KB+122	145
AS+472	321	BF+423	186	EB+389	170	KB+123	146
AS+473	322	BF+424	187	EB+390	172	KB+124	147
AS+474	120	BF+425	188	EB+391	033	KB+125	148
AS+474	299	BF+426	189	EB+391	173	KB+126	149
AS+474	323	BF+427	190	EB+392	034	KB+127	150
AS+475	300	BF+701	154	EB+393	035	KB+128	151
AS+476	001	BF+702	037	EB+394	036	KB+129	152
AS+476	123	BF+702	059	GA+391	042	KB+130	153
AS+477	139	BF+703	038	GA+392	043	KB+131	154
AS+477	002	BF+704	071	GA+393	044	KB+132	155
AS+478	003	BF+705	171	GA+394	045	KB+133	156
AS+478	051	CA+012	107	GA+395	046	KB+134	157
AS+479	052	CA+476	001	GA+396	047	KB+135	158
AS+479	052	CA+477	275	GA+401	060	KB+136	159
AS+480	053	CA+478	041	GA+402	082	KB+137	160
AS+481	054	CA+481	315	GA+403	083	KB+138	161
AS+482	055	CB+011	103	GA+404	137	KB+139	162
AS+483	056	D-9502	052	GA+405	144	KB+139	174
AS+484	057	DA+386	172	GA+406	156	KB+140	163
AS+485	058	DA+386	173	GB+390	275	KB+141	175
AS+486	059	DA+387	170	JA+389	069	KB+142	176
AS+487	060	DA+388	149	JA+390	070	KB+143	177
AS+488	079	DA+389	061	JA+391	029	KB+144	182
AS+490	081	DA+390	062	JA+391	081	KB+145	183
AS+491	082	DA+390	089	JA+392	030	KB+146	170
AS+492	083	DA+391	007	JA+392	106	KB+147	171
AS+493	084	DA+392	008	JA+393	031	KB+148	172
AS+494	085	DA+392	049	JA+394	032	KB+149	173
AS+495	086	DA+393	011	JB+389	074	KB+150	184
AS+496	087	DA+394	012	JB+390	075	KB+151	185
AS+497	088	DA+398	089	JB+391	076	KB+152	186
AS+498	089	DB+388	140	JB+392	077	KB+153	187
AS+499	090	DB+389	063	JB+393	078	KB+154	188
BA+391	039	DB+390	064	JB+394	102	KB+155	189
BA+391	299	DB+391	017	JC+389	108	KB+156	190
BA+392	040	DB+392	018	JC+390	109	KB+401	002
BA+393	003	DB+392	036	JC+391	110	KB+402	176
BA+394	004	DB+393	019	JC+392	111	KE+401	300
BA+394	048	DB+393	096	JC+393	112	MB+381	110
BA+395	005	DB+394	020	JC+394	113	MB+382	111
BA+396	006	DC+387	034	JD+389	058	MB+383	112
BB+390	136	DC+388	035	JD+389	164	MC+381	077
BB+391	009	DC+388	177	JD+390	059	MC+382	078
BB+392	010	DC+389	005	JD+390	165	ND+100	073
BB+392	159	DC+389	163	JD+391	040	ND+102	099
BB+393	013	DC+390	006	JD+391	166	ND+103	101
BB+394	014	DC+391	148	JD+392	167	ND+107	019
BB+395	138	DC+392	040	JD+393	168	ND+206	055
BC+702	059	DC+393	003	JD+394	160	ND+207	135
BD+387	165	DC+394	048	JD+394	169	ND+208	139
BD+388	274	DD+388	079	JE+389	164	ND+209	147
BD+389	046	DD+389	065	JE+390	165	ND+210	152
BD+390	050	DD+390	066	JE+391	166	ND+404	153
BD+391	015	DD+391	021	JE+392	167	SB+211	051
BD+391	171	DC+391	033	JE+393	168	SB+212	057
BD+392	016	DD+392	022	JE+394	169	SB+213	085
BF+401	052	DD+393	023	KB+101	124	SB+214	100
BF+402	037	DD+393	079	KB+102	125	SB+215	115
BF+403	038	DD+394	024	KB+103	126	SB+216	122
BF+404	071	DE+389	067	KB+104	127	SB+421	115
BF+405	053	DE+390	068	KB+105	128	SB+422	122
BF+406	093	DE+391	025	KB+106	129	SC+331	054
BF+407	094	DE+392	026	KB+107	130	SC+332	087
BF+408	097	DE+393	027	KB+108	131	SC+333	145
BF+409	098	DE+394	028	KB+109	132	SC+334	155
BF+410	105	DF+387	147	KB+110	133	SC+335	157
BF+411	123	DF+388	152	KB+111	134	SC+336	174
BF+412	124	DF+390	139	KB+112	135	SC+401	051
BF+413	125	DF+391	142	KB+113	136	SC+402	057
BF+414	126	DF+392	143	KB+114	137	SC+403	085
BF+415	127	DF+393	161	KB+115	138	SC+404	100
BF+416	128	DF+394	175	KB+116	139	YA+004	088
BF+417	129	EA+389	071	KB+117	140	YA+006	283

YA+008	280	90+66		084	91+44		166	92+24	321
YA+009	162	90+67		085	91+45		167	92+25	323
YA+010	141	90+68		086	91+46		168	92+26	324
YA+449	104	90+69		087	91+47		169	92+27	325
YA+450	015	(90+70)		088	91+48		170		
YA+451	017	90+71		089	91+49		171	**Piper L-18C**	
YA+452	271	90+72		090	91+50		172	**Kennz.**	**US-s/n**	**c/n**
YA+453	002	90+73		091	91+51		173	AA+512	54-0721	18-3421
YA+454	176	90+74		092	91+52		174	AA+513	54-0722	18-3422
YA+455	300	90+75		093	91+53		175	AA+514	54-0725	18-3425
YA+456	283	90+76		094	91+54		176	AA+516	54-0727	18-3427
YA+457	141	90+77		096	91+55		177	AA+517	54-0728	18-3428
YA+459	162	90+78		097	91+56		178	AA+519	54-0730	18-3430
90+01	001	90+79		098	91+57		179	AA+520	54-0732	18-3432
90+02	002	90+80		099	91+58		180	AA+521	54-0733	18-3433
90+03	003	90+81		100	91+59		181	AA+522	54-0734	18-3434
90+04	009	90+82		101	91+60		182	AA+523	54-0735	18-3435
90+05	013	90+83		102	91+61		183	AA+529	54-0758	18-3458
90+06	014	90+84		103	91+62		184	AA+534	54-0749	18-3449
90+07	015	90+85		104	91+63		185	AC+501	54-0720	18-3420
90+08	016	90+86		105	91+64		186	AC+502	54-0751	18-3451
90+09	017	90+87		106	91+65		188	AC+503	54-0723	18-3423
90+10	019	90+88		107	91+66		189	AC+504	54-0736	18-3436
90+11	020	90+89		109	91+67		190	AC+505	54-0737	18-3437
90+12	022	90+90		110	91+68		250	AC+506	54-0724	18-3424
90+13	023	90+91		111	(91+69)		251	AC+506	54-0738	18-3438
90+14	024	90+92		112	91+70		252	AC+507	54-0742	18-3442
90+15	025	90+93		113	91+71		253	AC+508	54-0747	18-3447
90+16	026	90+94		114	91+74		256	AC+509	54-0753	18-3452
90+17	027	90+95		115	91+75		257	AC+510	54-0719	18-3419
90+18	028	90+96		116	91+76		258	AC+511	54-0724	18-3424
90+19	029	(90+97)		117	91+77		259	AC+512	54-0721	18-3421
90+20	030	90+98		118	91+78		260	AC+513	54-0722	18-3422
90+21	031	(90+99)		119	(91+79)		261	AC+514	54-0725	18-3425
90+22	032	91+00		120	91+80		262	AC+515	54-0726	18-3426
90+23	033	91+01		121	91+81		264	AC+516	54-0727	18-3427
90+24	035	91+02		122	91+82		266	AC+517	54-0728	18-3428
90+25	037	91+03		124	91+83		267	AC+518	54-0729	18-3429
90+26	038	91+04		125	91+84		268	AC+519	54-0730	18-3430
90+27	040	91+05		126	91+85		269	AC+520	54-0732	18-3432
90+28	041	91+06		127	91+86		270	AC+521	54-0733	18-3433
90+29	042	91+07		128	91+87		271	AC+523	54-0735	18-3435
90+30	044	91+08		129	91+88		272	AC+524	54-0739	18-3439
90+31	045	91+09		130	91+89		274	AC+525	54-0743	18-3443
90+32	046	(91+10)		131	91+90		275	AC+526	54-0744	18-3444
90+33	047	(91+11)		132	91+91		276	AC+527	54-0752	18-3452
90+34	048	91+12		133	91+92		278	AC+528	54-0756	18-3456
90+35	049	91+13		134	91+93		279	AC+529	54-0758	18-3458
90+36	050	91+14		135	91+94		280	AC+531	54-0740	18-3440
90+37	051	91+15		136	(91+95)		281	AC+532	54-0746	18-3446
90+38	052	91+16		137	91+96		282	AC+533	54-0748	18-3448
90+39	053	91+17		138	91+97		283	AC+534	54-0749	18-3449
90+40	054	91+18		139	91+98		286	AC+535	54-0750	18-3450
90+41	055	91+19		140	91+99		288	AC+536	54-0754	18-3454
90+42	056	91+20		141	92+00		290	AC+537	54-0755	18-3455
90+43	057	91+21		143	92+01		294	AC+538	54-0745	18-3445
90+44	058	91+22		144	92+02		295	AC+539	54-0757	18-3457
90+45	059	91+23		145	92+03		296	AS+501	54-0751	18-3451
90+46	060	91+24		146	92+04		299	AS+502	54-0723	18-3423
90+47	061	91+25		147	92+05		300	AS+503	54-0736	18-3436
90+48	062	91+26		148	92+06		301	AS+504	54-0737	18-3437
90+49	063	91+27		149	92+07		303	AS+505	54-0738	18-3438
90+50	065	91+28		150	92+08		304	AS+506	54-0724	18-3424
90+51	066	91+29		151	92+09		305	AS+507	54-0747	18-3447
90+52	069	91+30		152	92+10		306	AS+508	54-0753	18-3452
90+53	070	91+31		153	92+11		307	AS+509	54-0720	18-3420
90+54	071	91+32		154	92+12		308	AS+510	54-0719	18-3419
90+55	072	91+33		155	92+13		309	AS+511	54-0724	18-3424
90+56	073	91+34		156	92+14		310	AS+512	54-0721	18-3421
90+57	074	91+35		157	92+15		311	AS+513	54-0722	18-3422
90+58	075	91+36		158	92+16		312	AS+514	54-0725	18-3425
90+59	077	91+37		159	92+17		314	AS+515	54-0726	18-3426
90+60	078	91+38		160	92+18		315	AS+516	54-0727	18-3427
90+61	079	91+39		161	92+19		316	AS+517	54-0728	18-3428
90+62	080	91+40		162	92+20		317	AS+518	54-0729	18-3429
90+63	081	91+41		163	92+21		318	AS+519	54-0730	18-3430
90+64	082	91+42		164	92+22		319	AS+520	54-0732	18-3432
90+65	083	91+43		165	92+23		320	AS+521	54-0733	18-3433

Flugzeugkennungen

AS+522	54-0734	18-3434	96+23	54-0747	18-3447	BA-703	53-6954	DA-242	53-6948
AS+523	54-0735	18-3435	96+24	54-0748	18-3448	BA-704	53-6998	DA-242	53-7119
AS+524	54-0739	18-3439	96+25	54-0749	18-3449	BA-705	53-7009	DA-243	53-6877
AS+525	54-0743	18-3443	96+26	54-0750	18-3450	BA-706	53-7062	DA-243	53-7125
AS+526	54-0744	18-3444	96+27	54-0751	18-3451	BA-707	53-7065	DA-244	53-7149
AS+527	54-0752	18-3452	96+28	54-0752	18-3452	BA-708	53-7075	DA-245	53-7156
AS+528	54-0756	18-3456	96+29	54-0753	18-3452	BF-001	52-6570	DA-246	53-7159
AS+529	54-0758	18-3458	96+30	54-0754	18-3454	BF-002	52-7104	DA-247	53-7191
AS+530	54-0741	18-3441	96+31	54-0755	18-3455	BF-003	52-6676	DA-248	53-7195
AS+531	54-0740	18-3440	96+32	54-0756	18-3456	BF-004	52-6673	DA-249	53-7196
AS+532	54-0746	18-3446	96+33	54-0757	18-3457	BF-101	53-7146	DA-250	53-7162
AS+533	54-0748	18-3448	96+34	54-0758	18-3458	BF-102	53-7153	DA-250	53-7204
AS+534	54-0749	18-3449				BF-103	52-6733	DA-251	53-6897
AS+535	54-0750	18-3450	**Pützer Elster B**			BF-104	52-6764	DA-251	53-7207
AS+536	54-0754	18-3454	Kennungen		c/n	BF-105	52-6778	DA-252	53-7012
AS+537	54-0755	18-3455	97+01		3	BF-106	52-6804	DA-252	53-7208
AS+538	54-0745	18-3445	97+02		4	BF-107	53-7097	DA-253	53-7124
AS+539	54-0757	18-3457	97+03		5	BF-108	53-7102	DA-254	53-7176
(AS+540)	54-0731	18-3431	97+04		6	BF-109	53-7108	DA-255	53-7069
CA+511	54-0724	18-3424	97+05		7	BF-110	53-7204	DA-256	53-7113
D-9503	54-0724	18-3424	97+06		8	BF-111	53-7015	DA-257	53-7039
NL+101	54-0736	18-3436	97+07		14	BF-112	53-6977	DA-257	53-7135
NL+102	54-0746	18-3446	97+08		15	DA-101	53-7082	DA-258	53-7034
NL+103	54-0750	18-3450	97+09		16	DA-102	53-7083	DA-360	53-6868
NL+104	54-0751	18-3451	97+10		17	DA-103	53-7085	DA-361	53-6902
NL+105	54-0722	18-3422	97+11		18	DA-104	53-7076	DA-363	53-6815
NL+106	54-0721	18-3421	97+12		19	DA-105	53-7079	DA-364	53-6894
NL+107	54-0720	18-3420	97+13		20	DA-106	53-7093	DA-365	53-6901
NL+108	54-0735	18-3435	97+14		24	DA-107	53-7107	DA-365	53-7037
NL+109	54-0732	18-3432	97+15		26	DA-108	53-7155	DA-366	53-6867
NL+110	54-0756	18-3456	97+16		27	DA-109	53-7048	DA-367	53-6883
NL+111	54-0723	18-3423	97+17		29	DA-109	53-7148	DA-368	53-6869
NL+112	54-0757	18-3457	97+18		30	DA-110	53-7092	DA-369	53-6965
NL+113	54-0744	18-3444	97+19		42	DA-111	53-7128	DA-369	53-7098
NL+114	54-0748	18-3448	97+20		43	DA-112	53-7105	DA-370	53-7074
NL+115	54-0749	18-3449	97+21		44	DA-113	53-7144	DA-370	53-7127
NL+116	54-0754	18-3454				DA-114	53-7068	DA-371	53-6995
NL+117	54-0739	18 3430	**Republic F-84F**			DA-114	53-7178	DA-372	53-7003
NL+118	54-0743	18-3443	**Thndersteak**			DA-115	53-7194	DA-373	53-6986
NL+119	54-0752	18-3452	Kennzeichen		USAF-s/n	DA-116	53-6774	DA-373	53-7075
NL+120	54-0753	18-3452	BA-101		53-6758	DA-116	53-6986	DA-374	53-6967
NL+121	54-0758	18-3458	BA-101		53-6837	DA-116	53-7185	DA-375	53-7017
NL+122	54-0728	18-3428	BA-102		53-6763	DA-117	53-7179	DA-376	53-6876
PX+901	54-0737	18-3437	BA-102		53-6946	DA-118	53-7089	DA-376	53-7062
PY+901	54-0747	18-3447	BA-103		53-6766	DA-119	53-7174	DA-377	53-6879
PZ+901	54-0725	18-3425	BA-103		53-6954	DA-120	53-7112	DA-378	53-6998
QW+901	54-0742	18-3442	BA-104		53-6771	DA-120	53-7146	DA-379	52-7200
QZ+001	54-0742	18-3442	BA-104		53-6998	DA-121	53-7080	DA-379	53-6946
QZ+010	54-0725	18-3425	BA-105		53-6773	DA-121	53-7100	DA-380	53-6758
QZ+011	54-0747	18-3447	BA-105		53-7009	DA-122	53-7094	DA-380	53-7099
QZ+020	54-0740	18-3440	BA-106		53-6774	DA-123	53-6837	DA-381	53-6774
QZ+030	54-0737	18-3437	BA-106		53-7097	DA-123	53-7097	DA-382	53-7061
SA+120	54-0726	18-3426	BA-107		53-6775	DA-124	53-6758	DA-382	53-7132
SB+220	54-0729	18-3429	BA-107		53-7065	DA-124	53-7099	DA-383	53-6837
SC+340	54-0733	18-3433	BA-108		53-6776	DA-125	53-6826	DA-383	53-7065
SE+540	54-0724	18-3424	BA-108		53-7075	DA-125	53-6954	DA-383	53-7135
96+01	54-0719	18-3419	BA-109		53-6777	DA-125	53-7100	DA-384	53-7150
96+02	54-0720	18-3420	BA-110		53-6778	DA-126	53-7101	DB-011	53-7103
96+03	54-0721	18-3421	BA-111		53-6779	DA-127	53-7061	DB-012	53-7130
96+04	54-0722	18-3422	BA-112		53-6788	DA-127	53-7102	DB-013	53-7152
96+05	54-0723	18-3423	BA-112		53-6804	DA-128	53-7122	DB-014	53-7189
96+06	54-0724	18-3424	BA-113		53-6809	DA-231	53-7131	DB-101	53-6886
96+07	54-0725	18-3425	BA-115		52-7184	DA-232	53-6965	DB-101	53-7126
96+08	54-0726	18-3426	BA-116		52-7200	DA-232	53-7108	DB-102	53-7138
96+09	54-0727	18-3427	BA-117			DA-232	53-7127	DB-103	53-7177
96+10	54-0729	18-3429	BA-118		53-6803	DA-233	53-7134	DB-104	53-7173
96+11	54-0730	18-3430	BA-133		53-6775	DA-234	53-7074	DB-104	53-7211
96+12	54-0732	18-3432	BA-143		53-6989	DA-234	53-7098	DB-105	53-6943
96+13	54-0733	18-3433	BA-151		53-6992	DA-234	53-7143	DB-105	53-7180
96+14	54-0735	18-3435	BA-156		53-6945	DA-235	53-7038	DB-106	53-6985
96+15	54-0736	18-3436	BA-231		53-7153	DA-235	53-7150	DB-106	53-7025
96+16	54-0737	18-3437	BA-246		53-7108	DA-236	53-7151	DB-106	53-7210
96+17	54-0738	18-3438	BA-251		53-7049	DA-237	53-6962	DB-107	53-6987
96+18	54-0739	18-3439	BA-252		53-7090	DA-238	53-7181	DB-107	53-7130
96+19	54-0742	18-3442	BA-256		53-6987	DA-239	53-7087	DB-108	53-7213
96+20	54-0743	18-3443	BA-387		53-7139	DA-239	53-7135	DB-109	53-7214
96+21	54-0744	18-3444	BA-701		53-6837	DA-240	53-7115	DB-110	53-7206
96+22	54-0746	18-3446	BA-702		53-6946	DA-241	53-7117	DB-111	53-7217

DB-112	53-7166	DB-305	53-6816	DB-370	53-7040	DC-242	53-7104
DB-113	53-7172	DB-305	53-7035	DB-370	53-7066	DC-243	53-7133
DB-114	53-6991	DB-306	53-7009	DB-370	53-7205	DC-244	53-7073
DB-114	53-7015	DB-307	53-6987	DB-371	53-6889	DC-245	53-7147
DB-114	53-7193	DB-308	53-7029	DB-371	53-7047	DC-246	53-7103
DB-115	53-7010	DB-308	53-7213	DB-372	53-6872	DC-247	53-7088
DB-115	53-7157	DB-309	53-7011	DB-373	53-6779	DC-248	53-7091
DB-116	53-7160	DB-310	53-7206	DB-373	53-7046	DC-249	53-7130
DB-116	53-7189	DB-311	53-6994	DB-374	53-6775	DC-250	53-7120
DB-117	53-7161	DB-312	53-7166	DB-374	53-6983	DC-251	53-7045
DB-118	53-7163	DB-313	53-7172	DB-374	53-7163	DC-251	53-7184
DB-119	53-7081	DB-314	53-6991	DB-375	53-6776	DC-252	53-7022
DB-120	53-6816	DB-315	53-7010	DB-376	53-6777	DC-252	53-7086
DB-120	53-6917	DB-316	53-7160	DB-376	53-7189	DC-253	53-7022
DB-120	53-7152	DB-317	53-7161	DB-377	53-6778	DC-253	53-7027
DB-120	53-7169	DB-318	53-7001	DB-377	53-7023	DC-253	53-7106
DB-121	53-6766	DB-319	53-7081	DB-377	53-7130	DC-254	53-6881
DB-121	53-7129	DB-320	53-6917	DB-378	53-6788	DC-254	53-7026
DB-121	53-7170	DB-321	53-7129	DB-378	53-6874	DC-254	53-7084
DB-122	53-6771	DB-322	53-6771	DB-378	53-6985	DC-255	53-7114
DB-122	53-6877	DB-323	53-7186	DB-379	53-6803	DC-256	53-7077
DB-122	53-7183	DB-324	53-6992	DB-379	53-7006	DC-257	53-7004
DB-123	53-7186	DB-325	53-6990	DB-379	53-7158	DC-258	53-7052
DB-124	53-6874	DB-326	53-7021	DB-380	53-6816	DC-258	53-7061
DB-124	53-7188	DB-327	53-7014	DB-380	53-7136	DC-301	53-6982
DB-125	53-7006	DB-328	53-7116	DB-381	53-7010	DC-302	53-6958
DB-126	53-7021	DB-329	53-7005	DB-381	53-7040	DC-303	53-7030
DB-127	53-7123	DB-329	53-7029	DB-382	53-6991	DC-304	53-7044
DB-128	53-7136	DB-330	53-6886	DB-382	53-7111	DC-305	53-7035
DB-231	53-7013	DB-331	53-7013	DB-383	53-7020	DC-307	53-7029
DB-232	53-7008	DB-332	53-7031	DB-383	53-7050	DC-308	53-6961
DB-232	53-7031	DB-333	53-6809	DB-384	53-6953	DC-309	53-7011
DB-232	53-7047	DB-334	53-7025	DC-101	53-6982	DC-310	53-7064
DB-232	53-7132	DB-334	53-7158	DC-102	53-6958	DC-311	53-6994
DB-233	53-6809	DB-335	53-7071	DC-103	53-6985	DC-312	53-6971
DB-233	53-7033	DB-336	53-7054	DC-104	53-6944	DC-312	53-7051
DB-233	53-7205	DB-337	53-7055	DC-105	53-6935	DC-313	53-7046
DB-234	53-7068	DB-338	53-6953	DC-106	53-7167	DC-314	53-6980
DB-234	53-7158	DB-339	53-7047	DC-107	53-6950	DC-315	53-7032
DB-235	53-7071	DB-339	53-7141	DC-108	53-6961	DC-316	53-7066
DB-236	53-7054	DB-340	53-7142	DC-109	53-6979	DC-317	53-7019
DB-237	53-7055	DB-341	53-7103	DC-110	53-7064	DC-318	53-7001
DB-238	53-6927	DB-341	53-7197	DC-110	53-7118	DC-319	53-7045
DB-238	53-6953	DB-342	53-7200	DC-110	53-7127	DC-320	53-7022
DB-239	53-7047	DB-343	53-7133	DC-111	53-7110	DC-320	53-7116
DB-239	53-7140	DB-344	53-7216	DC-112	53-7116	DC-321	53-6984
DB-240	53-7142	DB-345	53-6959	DC-113	53-6997	DC-322	53-6999
DB-241	53-7197	DB-346	53-6904	DC-113	53-7046	DC-323	53-6978
DB-242	53-7200	DB-347	53-7041	DC-114	53-7187	DC-324	53-6992
DB-243	53-7040	DB-347	53-7088	DC-115	53-7032	DC-325	53-6990
DB-243	53-7205	DB-348	53-7143	DC-115	53-7121	DC-326	53-6974
DB-244	53-7216	DB-349	53-7109	DC-116	53-6945	DC-327	53-7014
DB-245	53-6959	DB-350	53-7043	DC-117	53-6953	DC-328	53-7018
DB-246	53-6904	DB-351	53-7078	DC-117	53-7019	DC-329	53-7005
DB-246	53-7057	DB-352	53-7086	DC-118	53-6955	DC-330	53-7026
DB-247	53-7036	DB-353	53-7164	DC-119	53-7141	DC-331	53-7004
DB-247	53-7041	DB-354	53-6968	DC-120	53-7165	DC-332	53-7052
DB-248	53-7143	DB-354	53-7187	DC-121	53-6984	DC-333	53-6983
DB-249	53-7109	DB-355	53-6996	DC-122	53-6999	DC-333	53-7073
DB-250	53-7043	DB-356	53-7185	DC-123	53-7189	DC-334	53-7025
DB-251	53-7111	DB-357	53-7182	DC-124	53-6971	DC-335	53-7023
DB-252	53-7050	DB-359	53-7138	DC-125	53-7096	DC-336	53-7002
DB-253	53-7164	DB-360	53-6903	DC-126	53-6974	DC-337	53-7167
DB-254	53-6968	DB-360	53-7041	DC-127	53-6883	DC-338	53-7110
DB-255	53-6989	DB-361	53-7042	DC-127	53-7014	DC-339	53-7141
DB-255	53-6996	DB-362	53-6943	DC-128	53-7018	DC-340	53-7095
DB-255	53-7199	DB-362	53-7008	DC-231	53-7078	DC-341	53-7129
DB-256	53-7029	DB-362	53-7147	DC-232	53-7158	DC-342	53-7104
DB-256	53-7063	DB-363	53-7059	DC-233	53-6977	DC-343	53-7133
DB-257	53-7103	DB-364	53-6881	DC-233	53-6994	DC-344	53-7152
DB-257	53-7182	DB-365	53-6804	DC-234	53-6980	DC-345	53-7147
DB-257	53-7199	DB-366	53-6809	DC-235	53-7152	DC-346	53-6985
DB-258	53-7137	DB-366	53-7025	DC-236	53-7072	DC-347	53-7088
DB-301	53-6961	DB-367	53-6773	DC-237	53-7066	DC-348	53-7091
DB-302	53-6958	DB-368	53-7024	DC-238	53-7001	DC-349	53-7130
DB-303	53-7030	DB-369	53-7031	DC-239	53-7070	DC-350	53-7120
DB-303	53-7177	DB-369	53-7077	DC-240	53-7095	DC-351	53-7078
DB-304	53-7211	DB-369	53-7214	DC-241	53-7129	DC-352	53-7086

Flugzeugkennungen

Flugzeugkennungen

Kennung	Serial	Kennung	Serial	Kennung	Serial	Kennung	Serial	Kennung	Serial
DC-353	53-7189	DD-112	52-6635	DD-247	52-6727	DD-348	52-6783
DC-354	53-7187	DD-112	52-6791	DD-247	53-7025	DD-349	52-6794
DC-355	53-7114	DD-112	53-6995	DD-248	52-6783	DD-350	52-7089
DC-356	53-7070	DD-113	52-6636	DD-248	53-7023	DD-351	52-6834
DC-357	53-7185	DD-113	53-7044	DD-249	52-6794	DD-352	52-6715
DC-358	53-7096	DD-114	52-6696	DD-249	53-6876	DD-353	52-6769
DC-359	53-7158	DD-115	52-6725	DD-250	52-6820	DD-354	52-6707
DC-360	53-7005	DD-115	53-6990	DD-250	52-7089	DD-355	52-6676
DC-360	53-7165	DD-116	52-6672	DD-250	53-6879	DD-356	52-6792
DC-361	53-6944	DD-116	52-7052	DD-251	52-6834	DD-357	52-6636
DC-361	53-7030	DD-116	53-7056	DD-251	53-6991	DD-358	52-6698
DC-362	53-6950	DD-117	52-7091	DD-252	52-6715	DD-360	52-6565
DC-362	53-7056	DD-117	53-7026	DD-252	53-6889	DD-360	52-7114
DC-363	53-6979	DD-118	52-6659	DD-253	52-6769	DD-361	51-9529
DC-363	53-7046	DD-118	53-7052	DD-253	53-6903	DD-361	52-6749
DC-364	53-6945	DD-119	52-6635	DD-254	52-6707	DD-362	51-1765
DC-364	53-7064	DD-119	52-6713	DD-254	53-6917	DD-362	52-6825
DC-364	53-7185	DD-119	53-7067	DD-255	52-6676	DD-362	53-6917
DC-365	53-6955	DD-120	52-6669	DD-255	52-6712	DD-363	52-6688
DC-365	53-7022	DD-120	53-7003	DD-255	53-6872	DD-364	52-6635
DC-366	53-6978	DD-121	52-6628	DD-256	52-6792	DD-364	52-6679
DC-366	53-7072	DD-121	52-6693	DD-256	53-6993	DD-364	52-6791
DC-367	53-6992	DD-121	52-6738	DD-257	52-6636	DD-365	52-6796
DC-367	53-7103	DD-121	53-7024	DD-257	52-7111	DD-365	52-7114
DC-368	53-6990	DD-122	52-6621	DD-257	53-7007	DD-366	52-6665
DC-368	53-7077	DD-122	52-6767	DD-258	52-6698	DD-366	52-7101
DC-369	53-7007	DD-122	53-7028	DD-258	52-6762	DD-367	51-1645
DC-369	53-7044	DD-123	52-6523	DD-258	53-7011	DD-367	52-6759
DC-370	53-7022	DD-123	52-6808	DD-301	52-6796	DD-367	52-6775
DC-370	53-7035	DD-123	53-7064	DD-302	52-6601	DD-367	52-7052
DC-371	53-7016	DD-124	51-9534	DD-303	52-6773	DD-368	51-1816
DC-372	53-6993	DD-124	52-6523	DD-304	52-7092	DD-368	52-6628
DC-372	53-7009	DD-124	52-6628	DD-305	52-7093	DD-368	52-6693
DC-372	53-7051	DD-124	53-7022	DD-306	52-6639	DD-368	52-6705
DC-373	53-7045	DD-125	52-6729	DD-307	52-6611	DD-369	51-1679
DC-373	53-7053	DD-125	53-7027	DD-307	52-6814	DD-369	52-6621
DC-374	53-6935	DD-126	52-6743	DD-308	52-0060	DD-369	52-6744
DC-374	53-7002	DD-126	53-6967	DD-308	52-6816	DD-369	52-6767
DC-375	53-6983	DD-127	52-6690	DD-309	52-6749	DD-370	51-1796
DC-376	53-7029	DD-127	52-6698	DD-310	52-6558	DD-370	52-6523
DC-377	53-7025	DD-127	53-6978	DD-311	52-6567	DD-370	52-6745
DC-378	53-7023	DD-128	52-6759	DD-312	52-6791	DD-370	52-6808
DC-379	53-7011	DD-128	52-7052	DD-313	52-6774	DD-370	52-7200
DC-380	53-7007	DD-128	53-6992	DD-314	52-6696	DD-371	51-1702
DC-381	53-6977	DD-231	52-6824	DD-315	52-6725	DD-371	52-6639
DC-381	53-7127	DD-231	53-7060	DD-316	52-6672	DD-371	52-6811
DC-382	53-7051	DD-232	52-6621	DD-317	52-7091	DD-372	51-1807
DC-382	53-7162	DD-232	52-6630	DD-318	52-6659	DD-372	52-7089
DC-383	53-7053	DD-233	52-6639	DD-319	52-6635	DD-372	52-7107
DD-101	52-6565	DD-233	52-6811	DD-320	52-6669	DD-373	51-1678
DD-101	52-6796	DD-233	53-7031	DD-320	52-6852	DD-373	51-1816
DD-101	52-7114	DD-234	52-7078	DD-321	52-6738	DD-373	52-6675
DD-101	53-6986	DD-234	53-7040	DD-322	52-6767	DD-374	51-1733
DD-102	52-6601	DD-235	52-6579	DD-323	52-6808	DD-374	52-6708
DD-102	53-7041	DD-235	53-7038	DD-324	52-6628	DD-375	51-1679
DD-103	52-6773	DD-236	52-6542	DD-325	52-6729	DD-375	52-6570
DD-103	53-7042	DD-236	53-7035	DD-326	52-6743	DD-375	52-6764
DD-104	52-7092	DD-237	52-6570	DD-326	52-6743	DD-376	52-6681
DD-104	53-7046	DD-237	52-6690	DD-327	52-6690	DD-377	52-6698
DD-105	52-7093	DD-237	53-7039	DD-328	52-7052	DD-377	52-6690
DD-105	53-7008	DD-238	53-7032	DD-331	52-6824	DD-378	52-6734
DD-105	53-7053	DD-238	52-7107	DD-332	52-6621	DD-378	52-7184
DD-106	52-6639	DD-239	53-7020	DD-333	52-6811	DD-379	51-1796
DD-106	52-7094	DD-240	52-6761	DD-334	52-7078	DD-379	52-6738
DD-106	53-7059	DD-240	53-7016	DD-335	52-6579	DD-380	51-1702
DD-107	52-6546	DD-241	52-6798	DD-336	52-6542	DD-380	52-6754
DD-107	52-6814	DD-241	53-7051	DD-337	52-6570	DD-381	52-6636
DD-107	53-6965	DD-242	52-7108	DD-338	52-7107	DD-381	52-6774
DD-108	51-9517	DD-242	53-7045	DD-339	52-6746	DD-382	52-6778
DD-108	52-6816	DD-243	52-6756	DD-340	52-6761	DD-383	52-6676
DD-108	53-7005	DD-243	53-7002	DD-341	52-6798	DE-101	52-6550
DD-109	51-9529	DD-244	52-6737	DD-342	52-7108	DE-101	52-6687
DD-109	52-6749	DD-244	53-6983	DD-343	52-6756	DE-102	52-6689
DD-109	53-7010	DD-245	52-6675	DD-344	52-6737	DE-102	52-6752
DD-110	52-6558	DD-245	52-6786	DD-341	52-6798	DE-103	52-6660
DD-110	53-6904	DD-245	53-7017	DD-345	52-6675	DE-103	53-7002
DD-111	52-6567	DD-246	52-6658	DD-346	52-6658	DE-104	52-6744
DD-111	53-7074	DD-246	53-7029	DD-347	52-6727	DE-104	53-7015

DE-105	52-6730	DE-248	51-1687	DF-116	53-7099	DF-337	53-6962
DF-105	53-7079	DE-249	51-1681	DF-117	53-7179	DF-338	53-7181
DE-106	51-1645	DE-249	52-6775	DF-118	53-7089	DF-340	53-7165
DE-106	51-1806	DE-250	52-6534	DF-119	53-7174	DF-341	53-7117
DE-106	52-6682	DE-251	52-6763	DF-120	53-7112	DF-342	53-6948
DE-106	53-7019	DE-252	52-6679	DF-121	53-7100	DF-343	53-6877
DE-107	51-1724	DE-252	52-6699	DF-122	53-7094	DF-346	53-7159
DE-107	51-1660	DE-253	51-1638	DF-123	53-6837	DF-347	53-7191
DE-107	52-6788	DE-253	52-6780	DF-124	53-6758	DF-348	53-7098
DE-108	52-6655	DE-254	51-1702	DF-124	53-7127	DF-349	53-7196
DE-109	51-1796	DE-254	52-6704	DF-125	53-6954	DF-350	53-7120
DE-109	52-6691	DE-255	51-1733	DF-126	53-7101	DF-351	53-6897
DE-109	52-6766	DE-255	52-6836	DF-127	53-7061	DF-352	53-7012
DE-110	51-1702	DE-256	52-6550	DF-128	53-7122	DF-354	53-7176
DE-110	52-6741	DE-257	52-6705	DF-231	53-7131	DF-355	53-7069
DE-110	52-6805	DE-258	52-6703	DF-231	53-7150	DF-356	53-7070
DE-110	52-7104	DE-360	52-6752	DF-232	53-6965	DF-357	53-7039
DE-110	53-6874	DE-360	52-7095	DF-233	53-7134	DF-358	53-7096
DE-111	52-6736	DE-361	51-1796	DF-234	53-7074	DF-360	53-6868
DE-112	52-6809	DE-361	52-6691	DF-235	53-7038	DF-361	53-6902
DE-113	51-1765	DE-362	51-1765	DF-236	53-7151	DF-362	53-6796
DE-113	52-6648	DE-362	52-6648	DF-237	53-6962	DF-363	53-6815
DE-114	52-6703	DE-363	51-1724	DF-238	53-7181	DF-364	53-6894
DE-114	52-7090	DE-363	52-6722	DF-239	53-7135	DF-365	53-6901
DE-115	52-7102	DE-364	51-1645	DF-240	53-7115	DF-366	53-6867
DE-116	51-1806	DE-364	52-6682	DF-241	53-7117	DF-367	53-6883
DE-116	52-7099	DE-365	52-6697	DF-243	53-6877	DF-368	53-6869
DE-117	52-6611	DE-366	52-6766	DF-244	53-7149	DF-369	53-6950
DE-118	52-6806	DE-366	52-7104	DF-245	53-7156	DF-369	53-7098
DE-119	51-1800	DE-367	51-1660	DF-246	53-7159	DF-370	53-7072
DE-119	51-1805	DE-367	52-6788	DF-247	53-7191	DF-370	53-7127
DE-119	51-1812	DE-368	51-1816	DF-248	53-7098	DF-371	53-6944
DE-119	52-7095	DE-368	52-6795	DF-248	53-7195	DF-371	53-6995
DE-120	51-1812	DE-369	52-6673	DF-249	53-7196	DF-372	53-7003
DE-120	52-6689	DE-369	52-6805	DF-251	53-7162	DF-373	53-7075
DE-120	52-6852	DE-370	51-1681	DF-251	53-6897	DF-374	53-6945
DE-121	52-6752	DE-370	52-6775	DF-252	53-7012	DF-375	53-6955
DE-121	52-6765	DE-371	51-1638	DF-253	53-7124	DF-375	53-7017
DE-122	52-6539	DE-371	52-6780	DF-254	53-7176	DF-376	53-7062
DE-123	52-6680	DE-372	52-6714	DF-255	53-7069	DF-377	53-6879
DE-124	52-6706	DE-372	52-6790	DF-256	53-7113	DF-378	53-6998
DE-125	52-6716	DE-373	52-6710	DF-257	53-7039	DF-379	53-6946
DE-126	51-1679	DE-373	52-6797	DF-258	53-7034	DF-380	53-6774
DE-126	51-1733	DE-374	51-1702	DF-301	53-6982	DF-380	53-7099
DE-126	51-1796	DE-374	52-6704	DF-301	53-7082	DF-383	53-7065
DE-126	52-6697	DE-375	52-6661	DF-302	53-7052	DF-382	53-7132
DE-126	52-6705	DE-375	52-7098	DF-303	53-7085	DF-384	53-7150
DE-126	52-6714	DE-376	52-6679	DF-304	53-7044	DR-001	52-6570
DE-127	51-1724	DE-376	52-6789	DF-305	53-7079	DR-003	52-6669
DE-127	52-6722	DE-377	52-6804	DF-306	53-7132	DR-004	52-6673
DE-128	52-6533	DE-378	51-1733	DF-307	53-7107	DR-005	52-6676
DE-128	52-6710	DE-378	52-6836	DF-308	53-7155	DR-006	52-7052
DE-231	52-6702	DE-379	51-1812	DF-309	53-7048	DR-007	52-7091
DE-232	51-1807	DE-379	52-6852	DF-310	53-7092	DR-009	52-6713
DE-232	52-6673	DE-380	51-1806	DF-310	53-7095	DR-101	53-6886
DE-233	52-6745	DE-380	52-7099	DF-311	53-7128	DR-102	53-6994
DE-234	52-6723	DE-381	51-1800	DF-312	53-7105	DR-103	53-7008
DE-235	52-6726	DE-382	51-1812	DF-313	53-7144	DR-105	53-7037
DE-236	52-6731	DE-382	52-6689	DF-314	53-6980	DR-106	53-6867
DE-236	52-7086	DF-101	53-7082	DF-315	53-7194	DR-111	53-6877
DE-237	52-6733	DF-102	53-7083	DF-316	53-7058	DR-112	53-6881
DE-238	52-6661	DF-102	53-7132	DF-317	53-7179	DR-114	53-6894
DE-238	52-6760	DF-103	53-7085	DF-318	53-7089	DR-115	53-6897
DE-239	52-6714	DF-104	53-7065	DF-319	53-7174	DR-116	53-6901
DE-239	52-6790	DF-104	53-7076	DF-320	53-7162	DR-118	53-7167
DE-240	52-6710	DF-105	53-7079	DF-321	53-7100	DR-119	53-6868
DE-240	52-6797	DF-106	53-7093	DF-322	53-7094	DR-124	53-6869
DE-241	52-6661	DF-107	53-7107	DF-323	53-7113	DR-127	53-6883
DE-241	52-7098	DF-108	53-7155	DF-324	53-7127	DR-231	53-7153
DE-242	52-6665	DF-109	53-7048	DF-325	53-7034	DR-233	51-1800
DE-243	51-1678	DF-110	53-7092	DF-326	53-6974	DR-245	53-6796
DE-243	51-1681	DF-111	53-7128	DF-327	53-7061	DR-249	53-6815
DE-244	52-6679	DF-112	53-7105	DF-328	53-7018	DR-250	53-6826
DE-244	52-6789	DF-113	53-7144	DF-330	53-7115	DR-251	51-1812
DE-245	52-6622	DF-114	53-7058	DF-331	53-7150	DR-362	51-1765
DE-246	52-6684	DF-115	53-7194	DF-334	53-7065	ND-108	51-1679
DE-247	51-1816	DF-116	53-6774	DF-335	53-7038	YA-362	51-1765
DE-247	52-6795	DF-116	53-6995	DF-336	53-7151		

Flugzeugkennungen

347

Flugzeugkennungen

Republic RF-84F Thunderflash

Kennzeichen	USAF s/n
BD-	53-7674
BD-101	53-7619
BD-102	
BD-103	53-7646
BD-104	53-7650
BD-105	53-7658
BD-110	53-7676
BD-111	53-7680
BD-113	53-7697
BD-115	53-7693
BD-116	53-7694
BD-119	53-7697
BD-120	53-7689
BD-231	53-7645
BD-232	53-7656
BD-233	53-7657
BD-235	53-7685
BD-237	53-7643
BD-239	
BD-240	53-7655
BD-244	53-7668
BD-248	53-7671
BD-249	53-7672
BD-250	53-7690
BD-327	53-7663
BD-362	53-7662
BD-701	51-17021
BD-702	53-7672
EA-101	53-7619
EA-103	53-7646
EA-104	53-7650
EA-105	53-7658
EA-110	53-7676
EA-111	53-7644
EA-111	53-7680
EA-113	53-7697
EA-114	53-7684
EA-115	53-7693
EA-116	53-7694
EA-119	
EA-120	53-7689
EA-121	53-7673
EA-231	53-7645
EA-232	53-7656
EA-234	53-7677
EA-235	53-7685
EA-235	53-7690
EA-236	53-7675
EA-237	53-7643
EA-240	53-7655
EA-241	53-7663
EA-244	53-7668
EA-247	53-7688
EA-248	53-7671
EA-251	53-7678
EA-301	53-7619
EA-303	53-7646
EA-304	53-7650
EA-305	53-7658
EA-306	53-7659
EA-311	53-7644
EA-315	53-7693
EA-316	53-7694
EA-320	53-7689
EA-321	53-7673
EA-331	53-7645
EA-332	53-7656
EA-334	53-7677
EA-335	53-7690
EA-340	53-7655
EA-348	53-7671
EA-351	53-7678
EA-363	53-7652
EA-361	53-7661
EA-362	53-7662
EA-368	
EB-101	
EB-102	
EB-103	
EB-103	
EB-104	
EB-105	51-17042
EB-105	52-7310
EB-106	52-7313
EB-107	52-7309
EB-107	52-7361
EB-107	53-7681
EB-108	51-1841
EB-108	51-17007
EB-108	53-7674
EB-109	51-17004
EB-110	51-1894
EB-111	52-7290
EB-112	52-7315
EB-113	51-1923
EB-114	51-17003
EB-115	52-7295
EB-116	52-7347
EB-117	52-7359
EB-118	51-1913
EB-119	51-1869
EB-119	52-7293
EB-120	52-7317
EB-121	52-7358
EB-122	53-7653
EB-123	53-7691
EB-124	53-7683
EB-225	53-7575
EB-228	53-7665
EB-229	53-7667
EB-230	53-7695
EB-231	52-7379
EB-232	51-17009
EB-232	52-7291
EB-232	53-7669
EB-233	51-1933
EB-234	52-7342
EB-234	53-7682
EB-235	52-7316
EB-235	52-7364
EB-236	52-7375
EB-236	53-7675
EB-237	51-17011
EB-238	51-17037
EB-239	52-7371
EB-240	52-7373
EB-241	52-7377
EB-242	51-17038
EB-243	51-17041
EB-244	52-7346
EB-245	52-7365
EB-246	52-7381
EB-247	51-17005
EB-248	52-7343
EB-249	52-7345
EB-250	52-7355
EB-250	53-7686
EB-251	51-1887
EB-251	52-7356
EB-255	53-7575
EB-255	53-7692
EB-256	53-7664
EB-301	51-17013
EB-302	51-1862
EB-303	51-1911
EB-303	53-7659
EB-304	51-17006
EB-305	52-7310
EB-306	52-7313
EB-306	52-7350
EB-307	52-7309
EB-307	53-7681
EB-308	51-17007
EB-308	53-7674
EB-310	51-1894
EB-311	52-7290
EB-312	52-7315
EB-313	51-1923
EB-314	51-17003
EB-316	52-7347
EB-317	52-7359
EB-318	51-1913
EB-321	52-7358
EB-322	53-7653
EB-322	53-7661
EB-323	53-7691
EB-324	53-7661
EB-324	53-7683
EB-325	53-7575
EB-326	53-7582
EB-327	53-7663
EB-328	53-7665
EB-329	53-7667
EB-330	53-7695
EB-331	52-7379
EB-332	53-7669
EB-333	51-1933
EB-334	52-7342
EB-334	53-7682
EB-335	52-7316
EB-336	52-7375
EB-336	53-7675
EB-337	51-17011
EB-340	52-7373
EB-341	52-7377
EB-343	51-17041
EB-344	52-7346
EB-345	52-7365
EB-346	52-7381
EB-347	51-17005
EB-348	52-7343
EB-349	52-7345
EB-350	53-7686
EB-351	51-1887
EB-351	52-7356
EB-352	53-7688
EB-354	53-7690
EB-355	53-7692
EB-356	53-7664
EB-357	53-7676
EB-360	51-17010
EB-360	53-7696
EB-361	52-7292
EB-362	52-7309
EB-362	53-7660
EB-363	53-7641
EB-363	53-7679
EB-364	51-1888
EB-364	53-7684
EB-365	53-7687
EB-366	53-7643
EB-368	51-1869
EB-368	53-7654
EB-369	53-7564
ED-119	51-1869
ER-101	53-7661

Rhein-Flugzeugbau Fantrainer ATI-2/400/600

Kennz.	c/n	Zivilles Kennz.
98+30	D1	
98+75	1	D-EATR
98+76	5	D-EIWZ
98+77	11	D-EATP

Rhein-Flugzeugbau RFB X-113Am

Kennzeichen	c/n
D-9568	V 1

Rhein-Flugzeugbau RFB X-114

Kennzeichen	c/n
98+29	V 1

Rockwell OV-10B Bronco

Kennz.	c/n	USN-BuNo
D-9545	338-1	158292
D-9546	338-2	158293
D-9547	338-3	158294
D-9548	338-4	158295
D-9549	338-5	158296
D-9550	338-6	158297
D-9551	338-7	158298
D-9552	338-8	158299
D-9553	338-9	158300
D-9554	338-10	158301
D-9555	338-11	158302
D-9556	338-12	158303
D-9557	338-13	158304
D-9558	338-14	158305
D-9559	338-15	158306
D-9560	338-16	158307
D-9561	338-17	158308
D-9562	338-18	158309
99+16	338-1	
99+17	338-2	
99+18	338-3	
99+19	338-4	
99+20	338-5	
99+21	338-6	
99+22	338-7	
99+23	338-8	
99+24	338-9	
99+25	338-10	
99+26	338-11	
99+27	338-12	
99+28	338-13	
99+29	338-14	
99+30	338-15	
99+31	338-16	
99+32	338-17	
99+33	338-18	

Saro Skeeter Mk.50 / Mk.51

Kennzeichen	c/n
PC+117	S2/5061
PC+118	S2/5062
PC+119	S2/5063
PC+120	S2/5073
PC+121	S2/5077
PC+122	S2/5082
PF+155	S2/5082
PF+156	S2/5061
PF+157	S2/5062
PF+158	S2/5063
PF+159	S2/5073
PF+160	S2/5077
SC+501	S2/5065
SC+502	S2/5070
SC+503	S2/5083
SC+504	S2/5092

Schweiger Firebird M1

Kennzeichen	c/n
98+56	65108

Sikorsky H-34

Kennzeichen	s/n
AS+340	58-801
AS+341	58-532
AS+342	58-583
AS+342	58-802
AS+343	58-690
AS+343	58-882
AS+344	58-701
AS+345	58-727

Flugzeugkennungen

AS+345	58-883	PF+208	58-1111	PZ+349	58-1563	QK+578	58-1565	
AS+346	58-782	PF+209	58-1111	PZ+350	58-1564	QK+579	58-1566	
AS+347	58-783	PF+209	58-1112	PZ+365	58-883	QK+580	58-1575	
AS+348	58-1732	PF+210	58-1112	PZ+461	58-1095	QK+581	58-1583	
AS+349	58-1525	PF+331	58-833	PZ+462	58-1096	QK+582	58-1596	
AS+350	58-1526	PF+332	58-1092	PZ+463	58-1098	QK+583	58-1678	
CA+350	58-1093	PF+334	58-1576	PZ+464	58-1100	QK+584	58-1679	
CA+351	58-1099	PF+335	58-1577	PZ+465	58-1458	QW+401	58-1536	
CA+352	58-1524	PF+337	58-1584	PZ+466	58-1459	QW+402	58-1537	
CA+353	58-1561	PF+339	58-1664	PZ+467	58-1502	QW+403	58-1538	
GD+231	58-532	PF+461	58-1576	PZ+468	58-1503	QW+404	58-1547	
GD+232	58-701	PF+462	58-1577	PZ+469	58-1504	QW+405	58-1548	
GD+233	58-782	PF+463	58-1582	PZ+470	58-1505	QW+406	58-1565	
GD+234	58-783	PF+464	58-1553	PZ+471	58-1512	QW+406	58-1527	
GD+235	58-801	PF+465	58-1584	PZ+472	58-1527	QW+407	58-1566	
GD+236	58-802	PH+216	58-828	PZ+473	58-1570	QW+408	58-1575	
GD+237	58-882	PH+217	58-1101	PZ+474	58-1578	QW+409	58-1583	
GD+238	58-883	PH+218	58-1102	QA+461	58-1089	QW+410	58-1594	
GD+239	58-1525	PH+219	58-1103	QA+462	58-1090	QW+411	58-1678	
GD+241	58-1493	PH+261	58-1101	QA+463	58-1091	QW+412	58-1679	
LA+101	58-532	PH+262	58-1102	QA+464	58-1092	QW+761	58-1458	
LA+102	58-701	PH+263	58-1103	QA+464	58-1458	QW+762	58-1502	
LA+103	58-782	PH+264	58-1104	QA+465	58-1094	QW+763	58-1505	
LA+104	58-783	PH+265	58-1105	QA+466	58-1095	QW+764	58-1514	
LA+105	58-801	PH+266	58-1106	QA+467	58-1096	QW+765	58-1523	
LA+106	58-802	PH+267	58-1107	QA+468	58-1097	QW+767	58-1537	
LA+107	58-882	PH+268	58-1108	QA+469	58-1098	QW+768	58-1539	
LA+108	58-883	PH+269	58-1109	QA+470	58-1100	QW+769	58-1548	
LA+109	58-1525	PH+270	58-1111	QA+470	58-833	SC+251	58-1567	
LA+111	58-1493	PH+271	58-1665	QA+470	58-834	SC+252	58-1568	
PB+201	58-721	PJ+336	58-856	QA+471	58-1459	SC+253	58-1569	
PB+202	58-740	PJ+361	58-749	QA+472	58-1502	SC+254	58-1605	
PB+204	58-749	PJ+362	58-750	QA+473	58-1512	SC+255	58-1617	
PB+205	58-750	PJ+364	58-690	QA+474	58-1493	SC+256	58-1618	
PB+206	58-1102	PJ+364	58-882	QA+475	58-1503	SC+257	58-1557	
PB+207	58-1103	PJ+365	58-727	QA+476	58-1505	SC+258	58-1588	
PB+207	58-1104	PJ+366		QA+477	58-1504	SC+259	58-1589	
PB+208	58-801	PJ+367	58-1106	QA+478	58-1570	SC+259	58-1632	
PB+209	58-802	PL+331	58-721	QA+479	58-1594	SC+260	58-1630	
PB+210	58-827	PL+332	58-1104	QA+480	58-1578	SC+261	58-1631	
PB+211	58-828	PL+333	58-1105	QB+461	58-721	SC+263	58-1590	
PB+212	58-833	PL+334	58-1107	QB+464	58-740	SC+264	58-1602	
PB+213	58-834	PM+468	58-1664	QB+465	58-827	SC+265	58-1619	
PB+214	58 854	PQ+264	58-1664	QB+466	58-828	SC+266	58-1733	
PB+215	58-855	PY+331	58-690	QB+467	58-833	SC+267	58-1737	
PB+216	58-856	PY+332	58-727	QB+467	58-833	WD+401	58-1557	
PB+217	58-857	PY+333	58-749	QB+467	58-834	WD+402	58-1589	
PB+218	58-879	PY+334	58-750	QB+468	58-1100	WD+403	58-1590	
PB+219	58-881	PY+335	58-827	QB+468	58 854	WD+404	58-1602	
PB+220	58-882	PY+336	58-856	QB+469	58-1493	WD+405	58-1619	
PB+221	58-883	PY+337	58-1090	QB+470	58-857	WD+406	58-1733	
PC+201	58-1098	PY+338	58-1106	QB+471	58-879	WD+407	58-1737	
PC+202	58-1100	PY+339	58-1108	QB+472	58-801	WE+551	58-1567	
PC+203	58-1101	PY+340	58-1109	QB+473	58-802	WE+552	58-1568	
PC+204	58-1102	PY+341	58-1111	QB+474	58-855	WE+552	58-1813	
PC+204	58-1135	PY+342	58-1539	QB+475	58-1110	WE+553	58-1569	
PC+205	58-1108	PY+343	58-1596	QB+476	58-1135	WE+554	58-1605	
PC+205	58-1109	PY+344	58-1658	QB+477	58-1112	WE+555	58-1617	
PC+206	58-1103	PY+345	58-1664	QB+477	58-1504	WE+556	58-1618	
PC+206	58-1109	PY+346	58-1672	QB+478	58-1562	WE+557	58-1630	
PC+206	58-1110	PZ+007	58-1563	QB+479	58-1513	WE+558	58-1631	
PE+151	58-1094	PZ+331	58-740	QB+479	58-1516	WE+559	58-1632	
PE+152	58-1095	PZ+332	58-834	QB+480	58-1525	WE+571	58-1553	
PE+153	58-1096	PZ+334	58-879	QB+481	58-1536	WE+572	58-1562	
PE+154	58-1097	PZ+335	58-1089	QB+482	58-1538	WE+573	58-1582	
PE+155	58-1107	PZ+336	58-1091	QB+483	58-1547	WE+574	58-1662	
PE+155	58-1108	PZ+337	58-1094	QB+484	58-1563	WE+575	58-1663	
PF+201	58-1089	PZ+338	58-1097	QB+485	58-1564	WE+576	58-1665	
PF+202	58-1090	PZ+339	58-1110	QC+401	58-1459	WE+577	58-1671	
PF+204	58-1091	PZ+340	58-1112	QC+402	58-1503	WE+578	58-1673	
PF+204	58-1092	PZ+341	58-1135	QC+404	58-1515	WE+579	58-1677	
PF+205	58-1104	PZ+342	58-1513	QC+461	58-1658	80+01	58-532	
PF+205	58-1105	PZ+343	58-1514	QC+462	58-1662	80+02	58-690	
PF+206	58-1105	PZ+344	58-1515	QC+463	58-1663	80+03	58-701	
PF+206	58-1106	PZ+345	58-1516	QE+461	58-1671	80+04	58-721	
PF+207	58-1106	PZ+346	58-1523	QE+462	58-1672	80+05	58-727	
PF+207	58-1107	PZ+347	58-1561	QE+463	58-1673	80+06	58-740	
PF+208	58-1110	PZ+348	58-1526	QE+464	58-1677	80+07	58-748	

349

Flugzeugkennungen

80+08	
80+09	
80+10	
80+11	
80+12	
80+13	
80+14	
80+15	
80+16	
80+17	
80+18	
80+19	
80+20	
80+21	
80+22	
80+23	
80+24	
80+25	
80+26	
80+27	
80+28	
80+29	
80+30	
80+31	
80+32	
80+33	
80+34	
80+35	
80+36	
80+37	
80+38	
80+39	
80+40	
80+41	
80+42	
80+43	
80+44	
80+45	
80+46	
80+47	
80+48	
80+49	
80+50	
80+51	
80+52	
80+53	
80+54	
80+55	
80+56	
80+57	
80+58	
80+59	
80+60	
80+61	
80+62	
(80+63)	
80+64	
80+65	
80+66	
80+67	
80+68	
80+69	
80+70	
80+71	
80+72	
80+73	
80+74	
80+75	
80+76	
80+77	
80+78	
80+79	
80+80	
80+81	
80+82	
80+83	
80+84	
80+85	

58-749	
58-750	
58-782	
58-783	
58-801	
58-802	
58-827	
58-828	
58-833	
58-834	
58-855	
58-856	
58-857	
58-879	
58-882	
58-883	
58-1089	
58-1090	
58-1091	
58-1092	
58-1093	
58-1094	
58-1095	
58-1096	
58-1097	
58-1098	
58-1099	
58-1100	
58-1101	
58-1102	
58-1103	
58-1104	
58-1105	
58-1106	
58-1107	
58-1108	
58-1109	
58-1110	
58-1111	
58-1112	
58-1135	
58-1458	
58-1459	
58-1493	
58-1502	
58-1503	
58-1504	
58-1505	
58-1512	
58-1513	
58-1514	
58-1515	
58-1516	
58-1523	
58-1524	
58-1525	
58-1526	
58-1527	
58-1536	
58-1537	
58-1538	
58-1539	
58-1547	
58-1548	
58-1553	
58-1557	
58-1561	
58-1562	
58-1563	
58-1564	
58-1565	
58-1566	
58-1567	
58-1569	
58-1570	
58-1575	
58-1576	
58-1577	

80+86	
80+87	
80+88	
80+89	
80+90	
80+91	
80+92	
80+93	
80+94	
80+95	
80+96	
80+97	
80+98	
80+99	
81+00	
81+01	
81+02	
81+03	
81+04	
81+05	
81+06	
81+07	
81+08	
81+09	
81+10	
81+11	
82+01	
82+02	
82+03	
82+04	
82+05	

Sikorsky CH-53G/GS

Kennzeichen	c/n	
84+01	65156	
84+02	65157	
84+03	V001	
84+04	V002	
84+05	V003	
84+06	V004	
84+07	V005	GS
84+08	V006	GS
84+09	V007	
84+10	V008	
84+11	V009	
84+12	V010	
84+13	V011	
84+14	V012	
84+15	V013	GS
84+16	V014	
84+17	V015	
84+18	V016	
84+19	V017	
84+20	V018	
84+21	V019	GS
84+22	V020	
84+23	V021	
84+24	V022	
84+25	V023	GS
84+26	V024	
84+27	V025	
84+28	V026	
84+29	V027	
84+30	V028	
84+31	V029	
84+32	V030	
84+33	V031	
84+34	V032	
84+35	V033	
84+36	V034	
84+37	V035	
84+38	V036	
84+39	V037	
84+40	V038	
84+41	V039	
84+42	V040	
84+43	V041	
84+44	V042	

58-1578		
58-1582		
58-1583		
58-1584		
58-1589		
58-1594		
58-1596		
58-1605		
58-1617		
58-1618		
58-1630		
58-1631		
58-1632		
58-1658		
58-1662		
58-1663		
58-1664		
58-1665		
58-1671		
58-1672		
58-1673		
58-1677		
58-1678		
58-1679		
58-1732		
58-1813		
58-1590		
58-1602		
58-1619		
58-1733		
58-1737		

Kennzeichen	c/n	
84+45	V043	GS
84+46	V044	
84+47	V045	
84+48	V046	
84+49	V047	
84+50	V048	
84+51	V049	
84+52	V050	
84+53	V051	GS
84+54	V052	GS
84+55	V053	
84+56	V054	
84+57	V055	
84+58	V056	
84+59	V057	
84+60	V058	
84+61	V059	
84+62	V060	
84+63	V061	
84+64	V062	GS
84+65	V063	
84+66	V064	GS
84+67	V065	
84+68	V066	
84+69	V067	
84+70	V068	
84+71	V069	
84+72	V070	
84+73	V071	GS
84+74	V072	
84+75	V073	
84+76	V074	
84+77	V075	
84+78	V076	
84+79	V077	GS
84+80	V078	
84+81	V079	
84+82	V080	
84+83	V081	
84+84	V082	
84+85	V083	GS
84+86	V084	
84+87	V085	
84+88	V086	
84+89	V087	
84+90	V088	
84+91	V089	GS
84+92	V090	
84+93	V091	
84+94	V092	
84+95	V093	
84+96	V094	
84+97	V095	
84+98	V096	GS
84+99	V097	
85+00	V098	GS
85+01	V099	
85+02	V100	
85+03	V101	
85+04	V102	
85+05	V103	
85+06	V104	
85+07	V105	GS
85+08	V106	
85+09	V107	GS
85+10	V108	
85+11	V109	
85+12	V110	GS

Sikorsky/Weserflug CH-54A Skycrane

Kennzeichen	c/n
D 9510	64-002
D-9511	64-003
LA+112	64-002
LA+113	64-003

Suchoj Su-20

Kennzeichen	c/n
98+61	72412
98+62	72410

Suchoj Su-22M-4

Kennzeichen	c/n
98+09	30916
98+10	31407
98+14	30918
98+15	30915
98+17	31001
1	30915
14	31001

Suchoj Su-22UM-3K

Kennzeichen	c/n
98+11	1753270810
98+16	1753271001

S.O. 1221

Kennzeichen	c/n
PA+119	1021/FR63
PA+120	1022/FR64
PB+119	1016/FR52
PB+120	1019/FR58
PB+121	1020/FR60
PB+122	1021/FR63
PB+123	1022/FR64
PB+124	1015/FR51
PB+156	1015/FR51
PB+158	1019/FR58
PB+159	1020/FR60
PB+160	1022/FR64

Transall C-160D

Kennzeichen	c/n
KA+200	V3
KA+201	F2
KA+202	F5
KA+203	F11
KA+204	F14
KA+205	F17
KA+206	F42
KA+207	F44
KA+208	F49
KA+209	F53
KA+210	F86
KA+211	F88
KA+212	F90
KA+213	F92
KA+214	F95
KA+215	F98
KM+101	F1
KM+102	D7
KM+103	D10
KM+105	F13
KM+106	F16
KM+107	D19
KM+108	F43
KM+109	F46
KM+110	F50
KM+111	F52
KM+112	F91
KM+113	F94
KM+114	F97
KM+115	F100
YA+051	A01
YA+052	A03
YA+053	A05
50+01	V2
50+02	V3
50+03	A01
50+04	A03
50+05	A05
50+06	D6
50+07	D7
50+08	D8

Flugzeugkennungen

50+09	D9	50+87	D124	PA+217	WG 22	83+17	WG 17
50+10	D10	50+88	D125	PA+218	WG 23	83+18	WG 18
50+11	D19	50+89	D126	PA+219	WG 24	83+19	WG 19
50+12	D20	50+90	D127	PA+220	WG 25	83+20	WG 20
50+13	D21	50+91	D128	PA+221	WG 26	83+21	WG 21
50+14	D22	50+92	D129	PX+331	WG 1	83+22	WG 22
50+15	D23	50+93	D130	PX+332	WG 3	83+23	WG 23
50+16	D24	50+94	D131	PX+333	WG 4	83+24	WG 24
50+17	D25	50+95	D132	PX+334	WG 5	83+25	WG 25
50+18	D26	50+96	D133	PX+335	WG 6	83+26	WG 26
50+19	D27	50+97	D134	PX+336	WG 7	83+27	WG 27
50+20	D28	50+98	D135	PX+337	WG 8	83+28	WG 28
50+21	D29	50+99	D136	PX+338	WG 9	83+29	WG 29
50+22	D30	51+00	D137	PX+339	WG 10	83+30	WG 30
50+23	D31	51+01	D138	PX+340	WG 11	83+31	WG 31
50+24	D32	51+02	D139	PX+341	WG 14	83+32	WG 32
50+25	D33	51+03	D140	PX+342	WG 15		
50+26	D34	51+04	D141	PX+343	WG 16	**VFW-Fokker H-3 Sprinter**	
50+27	D35	51+05	D142	PX+344	WG 17	**Kennzeichen**	**c/n**
50+28	D36	51+06	D143	PX+345	WG 18	D-9543	E1
50+29	D37	51+07	D144	PX+346	WG 19	D-9544	E2
50+30	D38	51+08	D145	PX+347	WG 20		
50+31	D39	51+09	D146	PX+348	WG 21	**VFW-Fokker VAK 191B**	
50+32	D40	51+10	D147	PX+349	WG 23	**Kennzeichen**	**c/n**
50+33	D41	51+11	D148	PX+350	WG 24	D-9563	V 1
50+34	D56	51+12	D149	PX+351	WG 26	D-9564	V 2
50+35	D57	51+13	D150	PX+352	WG 27	D-9565	V 3
50+36	D58	51+14	D151	PX+353	WG 28		
50+37	D59	51+15	D152	PX+354	WG 29	**VFW-Fokker VFW 614**	
50+38	D60	D-9507	V1	PX+355	WG 30	**Kennzeichen**	**c/n**
50+39	D61	D-9508	V2	PX+356	WG 31	17+01	G14
50+40	D62	D-9509	V3	PX+357	WG 32	17+02	G18
50+41	D63	D-9524	A01	QF+461	WG 7	17+03	G19
50+42	D64	D-9525	A03	QF+462	WG 8		
50+43	D65	D-9526	A02	QF+462	WG 30	**Westland Sea King Mk.41**	
50+44	D66	D-9527	A04	QF+463	WG 9	**Kennzeichen**	**c/n**
50+45	D67	D-9528	A05	QF+464	WG 11	89+50	WA744
50+46	D68	D-9529	A06	QF+465	WG 1	89+51	WA745
50+47	D69			QF+465	WG 12	89+52	WA756
50+48	D70	**Tupolew Tu-134A**		QF+466	WG 3	89+53	WA757
50+49	D71	**Kennzeichen**	**c/n**	QF+466	WG 13	89+54	WA758
50+50	D72	11+10	63967	QF+467	WG 14	89+55	WA759
50+51	D73	11+11	63952	QF+468	WG 15	89+56	WA760
50+52	D74	11+12	66135	QF+469	WG 16	89+57	WA761
50+53	D75			QF+470	WG 17	89+58	WA762
50+54	D76	**Tupolew Tu-154M**		QF+471	WG 19	89+59	WA763
50+55	D77	**Kennzeichen**	**c/n**	QF+472	WG 21	89+60	WA764
50+56	D78	11+01	89A799	QF+473	WG 23	89+61	WA765
50+57	D79	11+02	89A813	QF+474	WG 24	89+61	WA830
50+58	D80			QF+475	WG 4	89+62	WA766
50+59	D81	**Vertol H-21C (V-43A/V-43B/V-44B)**		QF+476	WG 5	89+63	WA767
50+60	D82			QK+561	WG 6	89+64	WA768
50+61	D83	**Kennzeichen**	**c/n**	QK+562	WG 10	89+65	WA769
50+62	D84	AS+301	WG 1	QK+563	WG 18	89+66	WA770
50+63	D85	AS+302	WG 2	QK+564	WG 20	89+67	WA771
50+64	D101	AS+303	WG 3	QK+565	WG 26	89+68	WA772
50+65	D102	AS+304	WG 4	QK+566	WG 27	89+69	WA773
50+66	D103	AS+305	WG 5	QK+567	WG 28	89+70	WA774
50+67	D104	LA+121	WG 1	QK+568	WG 29	89+71	WA775
50+68	D105	LA+122	WG 3	QK+569	WG 30		
50+69	D106	LA+123	WG 4	QK+570	WG 31		
50+70	D107	LA+124	WG 5	QK+571	WG 32		
50+71	D108	PA+201	WG 6	83+01	WG 1		
50+72	D109	PA+202	WG 7	83+02	WG 2		
50+73	D110	PA+203	WG 8	83+03	WG 3		
50+74	D111	PA+204	WG 9	83+04	WG 4		
50+75	D112	PA+205	WG 10	83+05	WG 5		
50+76	D113	PA+206	WG 11	83+06	WG 6		
50+77	D114	PA+207	WG 12	83+07	WG 7		
50+78	D115	PA+208	WG 13	83+08	WG 8		
50+79	D116	PA+209	WG 14	83+09	WG 9		
50+80	D117	PA+210	WG 15	83+10	WG 10		
50+81	D118	PA+211	WG 16	83+11	WG 11		
50+82	D119	PA+212	WG 17	83+12	WG 12		
50+83	D120	PA+213	WG 18	83+13	WG 13		
50+84	D121	PA+214	WG 19	83+14	WG 14		
50+85	D122	PA+215	WG 20	83+15	WG 15		
50+86	D123	PA+216	WG 21	83+16	WG 16		

Verbandswappen

AG 51 »I« alt | AG 51 | AG 52 | JaboG 31 | JaboG 32

JaboG 33 | JaboG 34 | JaboG 35 | JaboG 36 | JaboG 38

JaboG 41 | JaboG 43 | JaboG 49 | JG 71 | JG 72

JG 73 | JG 74 | JG 75 | LeKG 41 | LeKG 43

LeKG 44 | LTG 61 | LTG 62 | LTG 63 | HTG 64

Verbandswappen

 WaSLw 10
 WaSLw 50 alt
 WaSLw 50 neu
 WaSLw 50 neu
 HFSLw

 FlBschftBMVg
 WTD 61
 Erpobungsgeschwader MiG-29
 Kommando Beja
 AusbStff Holloman

 Lufttransportkommando
 LwVersRgt 1
 Lw Schleuse 11
 LVR 6
 MilGeo

 1. AG 51 »I«
 2. AG 51 »I«
 2. AG 51 »I«
 1. AG 52
 2. AG 52

 1. JaboG 32 alt
 1. JaboG 32 neu
 2. JaboG 32
 3. JaboG 32
 1. JaboG 33

Verbandswappen

 1. JaboG 33
 2. JaboG 33
 1. JaboG 34
 2. JaboG 34
 1. JaboG 35

 2. JaboG 35
 1. JaboG 36
 2. JaboG 36 alt
 2. JaboG36 neu
 1. JaboG 41

 1. JaboG 41
 2. JaboG 41
 1. JaboG 43
 2. JaboG 43
 1. JaboG 49

 2. JaboG 49
 FlgStff JaboG 49
 1. JG 72
 2. JG 72
 1. JG 74

 LTStff LTG 61 alt
 LTStff LTG 61 neu
 1. LTranspstff LTG 62
 LTG 62 AusbildStff
 LTransStff LTG 63

Verbandswappen

LTGrp Briest
LTG 65

2. LTStff LTGrp. Brandenburg

LSPS-Sylt

SPS Deci

HFlgRgt 6 Stoff

HFlgRgt 10

mHFlgRgt 15

HFlgRgt 16

HFlgRgt 20

HFlgRgt 25

2. HFlgRgt 25

HFlgRgt 26

1. Zug HFlgRgt 26 Hubschrauber

HFlgRgt 30

HFlgRgt 36

HFlgWaS alt

HFlgWaS neu

HFlgStff 1

HFlgStff 2

HFlgStff 3

HFlgStff 4 alt

HFlgStff 4 neu

HFlgStff 5

HFlgStff 7

355

Verbandswappen

 HFlgStff(Geb) 8
 leHFlgTrspStff 9 (AMF)
 HFlgStff 10
 HFlgStff 11
 HFlgStff 12

 HFlg(L)Stff 900
 StStffLfzAbt 302
 StStffHFlgKdo 2
 StStffHFlgKdo 3

 MFG 1
 2. Marineflieger-geschwader
 MFG 2 alt
 MFG 2 neu
 MFG 3

 MFG 5
 1. MFG 1
 2. MFG 1
 1. MFG 2
 2. MFG 2

 1. MFG 3
 2. MFG 3
 Bordhubschrauber-Staff MFG 3
 2. MFG 5
 MFlgHubschrGrp

Abkürzungen

A	Attack/Attaque
AA	Air-to-Air
AAM	Air-to-Air Missile
ADC	Air Defence Command
ADV	Air Defence Version
AFA	Automatische Flugdatenaufbereitung
AFB	Air Force Base
AFCENT	Allied Forces Central Europe
AFCS	Automatic Flight Control System
AFSBw	Amt für Flugsicherung der Bundeswehr
AG	Aufklärungsgeschwader
AFNORTH	Allied Forces Northern Europe
AGM	Air-to-Ground Missile
AH	Army Helicopter
AIM	Air Interception Missile
AMF	Allied Mobil Force
AMRAAM	Advanced Medium Range Air-to-Air Missile
ANA	Autonome Navigationsanlage
AN/ALE	Düppelstreubehälter
AN/ALO	Stör- und Täuschsender
AN/ALR	Radarwarnempfänger
ANG	Air National Guard
APU	Auxiliary Power Unit
Arge	Arbeitsgemeinschaft
AS	Air-Superiority
AS	Anti-Submarine
ASM	Anti Ship Missile
ASW	Anti-Submarine Warfare
ASRAAM	Advanced Short Range Air-to-Air Missile
ATAF	Allied Tactical Air Force
AWACS	Airborne Warning and Control System
B	Bomber
BAC	British Aircraft Corporation
BAe	British Aerospace
BFS	Bundesanstalt für Flugsicherung
BHS	Bordhubschrauber
BK	Bordkanone
BMFT	Bundesministerium für Forschung und Technik
BMVg	Bundesministerium für Verteidigung
BMW	Bayerische Motoren Werke
Bo	Bölkow
Br	Breguet
BSH	Begleitschutzhubschrauber
Bw	Bundeswehr
BWB	Bundeswehr-Beschaffungsamt
C	Cargo
CAS	Close-Air-Support
CASA	Construcciones Aeronauticas S.A.
CCV	Control Configured Vehicle
CCTW	Combat Crew Training Wing
CFK	Kohlefaserkunststoff
CH	Cargo Helicopter
c/n	Werknummer
COMINT	Communication Intelligence
COMINT/ SIGINT	Communication/Signal Intelligence
COIN	Counter Insurgency Aircraft
CPU	Central Processing Unit
DA	Development Aircraft
DATS	Dornier Aerial Target System
DB	Daimler Benz
DC	Douglas Commercial
DDR	Deutsche Demokratische Republik
DLO	Division Luftbewegliche Operationen
DME	Distance Measurement Equipment
Do	Dornier
DS	Dornier System
DSFC	Direct Side Force Control
DtLWausbStff	Deutsche Luftwaffen-Ausbildungsstaffel
DVL	Deutsche Versuchsanstalt für Luftfahrt
E	Ecole
EAP	Experimental Aircraft Programm
EAPS	Engine Air Particle Separator
ECA	European Combat Aircraft
ECM	Electronic Counter Measures
ECR	Electronic Combat Reconnaissance
EFA	European Fighter Aircraft
EJ	Eurojet Turbo GmbH
ELINT	Electronics Intelligence
EloKa	Elektronische Kampfführung
ENJJPTS	Euro-NATO Joint Jet Pilot Training Scheme
ESM	Electronic Support Measures
ESt	Erprobungsstelle
EWR	Entwicklungsring
F	Fighter
F/A	Fighter/Attack
FAC	Forward Air Control
FAR	Fluganwärterregiment
F.B.	Fighter-Bomber
FFS	Flugzeugführerschule
F.G.A.	Fighter Ground Attack
FIS	Fighter Interceptor Squadron
FK	Flugkörper
FKG	Flugkörpergeschwader
FlgAusbZLw	Fliegerisches Ausbildungszentrum der Luftwaffe
FlgStff	Fliegende Staffel
FLIR	Forward Looking Infra-Red
FN	Fabriquo National d'Armas da Guerra
FOD	Foreign Objects Damage
FRA	Flugregleranlage
FTW	Flying Training Wing
FvSt	Fernemelde- Lehr und Versuchsstaffel
Fw	Focke Wulf
FW	Fighter Wing
FWW	Fighter Weapons Wing
GAF	German Air Force
GAFTIC	German Air Force Training in Canada
GCA	Ground Controlled Approach
GE	General Electric
GfK	Glasfaser verstärkter Kunststoff
GI	Groupement Instruction
GP	General Purpose Bomb
GPS	Global Positioning System
Grp	Gruppe
GS	Ground Support
H	Helicopter
HAC	Helicopter Anti-Car
HAP	Helicopter d'Appui Protection
HARM	Highspeed Anti-Radiation Missile
HAS	Helicopter Anti-Submarine
He	Heinkel
HFB	Hamburger Flugzeugbau
HFB	Heeresfliegerbataillon
HFlg	Heeresflieger
HFlgBtl	Heeresfliegerbataillon
HflgInstStff	Heeresfliegerinstandsetzungsstaffel
HFlgLS	Heeresfliegerlehrstaffel
HFlgRgt	Heeresfliegerregiment
HFlgStff	Heeresfliegerstaffel
HFlgStff (Geb)	Heeresfliegerstaffel (Gebirge)
HFlgTrspStff	Heeresfliegertransportstaffel
HFlgVbdg/ AufklStff	Heeresfliegerverbindungs- und Aufklärungsstaffel
HFlgWaS	Heeresfliegerwaffenschule
HFUSUS	Heeresfliegerunterstützungsstaffel
HFVAS	Heeresfliegerversuchsstaffel
HOT	Haute Vitesse Optiquement Téléguidée
HOTAS	Hands on Throttle and Stick
HRVSt	Hubschrauberrettungs- und Verbindungsstaffel
HS	Hispano Suiza

Abkürzungen

HTG	Hubschraubertransportgeschwader		OTEDO	Oficinas Técnicas Dornier
HUD	Head-up Display		**P**	Projekt
IABG	Industrieanlagen-Betriebsgesellschaft		PAH	Panzerabwehrhubschrauber
IDS	Interdiction/Strike		PARS	Panzerabwehrraketensystem
IFF	Identification Friend or Foe		PTW	Pilot Training Wing
IFOR	Implementation Forces		**R**AF	Royal Air Force
ILS	Instrumenten-Landesystem		RC	Remote-Control
Il	Iljuschin		RCAF	Royal Canadian Air Force
IR	Infrarot		RF	Reconnaissance Fighter
IRLS	Infra-Red Landing System		RFB	Rhein-Flugzeugbau
ISAF	International Security Assistance Forces		Rgt	Regiment
Jabo	Jagdbomber		RVTOL	Rolling Vertical Take-Off and Landing
JaboG	Jagdbombergeschwader		RVG	Reglerversuchsgestell
JG	Jagdgeschwader		RVSt	Rettungs- und Verbindungsstaffel
KBO	Kampfbeobachtungsoffizier		**S**	Sikorsky
KFOR	Kosovo Forces		S.A.	Sud-Aviation
KHD	Klöckner-Humbold-Deutz		SABCA	Société Anonyme Belge de Construction Avions
KWS	Kampfwertsteigernde Maßnahmen		SAR	Search and Rescue
LATAN	Low-Altitude Terrain-Aided Navigation		SATS	Short Airfield for Tactical Support
LAU	Launch System		S.E.	Sud-Est
LBA	Luftfahrtbundesamt		SEAD	Suppression of Enemy Air Defence
LEDA	Lebensdauerverlängerungsmaßnahmen		SECBAT	Societe Européene pour la Construction du Bréguet-Atlantique
leKG	leichtes Kampfgeschwader		SEL	Standard Elektrik Lorenz
LERX	Leading Edge Root Extensions		SFOR	Stabilisation Forces
LKW	Lastkraftwagen		SG	Schwebegestell
LL	Luftlandetruppe		SH	Sea Helicopter
LLC	Low Level Camera		SIAT	Siebel-ATG
LNS	Laser Inertial Navigation System		SIGINT	Signal Intelligence
LNU	Luftnahunterstützung		SINAS	Société Nationale Industrielle Aérospatiale
LPR	Luftwaffenparkregiment		SLAR	Side Looking Airborne Radar
LRVSt	Luftrettungs- und Verbindungsstaffel		s/n	Serialnumber
LTG	Lufttransportgeschwader		SNCAN	Société Nationale de Constructions Aéronautiques du Nord
LTKdo	Lufttransportkommando			
LSK	Luftstreitkräfte		SNECMA	Société Nationale d' Etudes de Construction des Moteurs d'Aviation
LVR	Luftwaffenversorgungsregiment			
LwAusbBrig	Luftwaffenausbildungsbrigade		S.O.	Sud-Oest
LwFüKdo	Luftwaffenführungskommando		SOC	Side Oblique Camera
MAD	Magnetic Anormaly Detection		SPSt	Schießplatzstaffel
MATS	Military Air Transport Service		STABO	Startbahnbombe
MB	Martin Baker		STAN	Stärke- und Ausrüstungsnachweis
MBB	Messerschmitt-Bölkow-Blohm		STH	Schwerer Transporthubschrauber
MBL	Materialprüfstelle der Bundeswehr für Luftfahrzeuge		StStffHFlgKdo	Stabsstaffel Heeresfliegerkommando
			STOL	Short Take-Off and Landing
MDAP	Mutual Defense Assistance Program		**T**	Trainer
MDD	McDonnell Douglas		TA	Trainer Attack
Me	Messerschmitt		TAC	Tactical Air Command
MFG	Marinefliegergeschwader		TACAN	Tactical Air Navigation System
MiG	Mikojan Gurewitsch		TAC EVAL	Tactical Evaluation
MilGeo	Militärgeographischer Dienst		TaF	Taktische Anforderungen
MilGeoAmt	Militärgeographisches Amt		TCA	Trainer Cargo Aircraft
MG	Maschinengewehr		TF	Training Fighter
Mk	Mark		TFS	Tactical Fighter Squadron
MRCA	Multi Role Combat Aircraft		TFTW	Tactical Fighter Training Wing
MSnStff	Marineseenotstaffel		TFW	Tactical Fighter Wing
MTH	Mittlerer Transporthubschrauber		TG	Transportgeschwader
MTHR	Mitteres Transporthubschrauberregiment		TKF	Taktisches Kampfflugzeug
MTU	Motoren- und Turbinen-Union		TNT	Tragflügel Neuer Technologie
MPA	Marine Patrol Aircraft		TOW	Tube-launched, Optical-tracked, Wire-guided
MW	Mehrzweckwaffe		TSLw	Technische Schule der Luftwaffe
NA	North American		TST	Transonischer Tragflügel
NAMMO	NATO MRCA Development and Production Management Organisation		TTH	Taktischer Transporthubschrauber
			TTW	Tactical Training Wing
NAMMA	NATO MRCA Development and Production Management Agency		TTTE	Tornado Trinational Training Establishment
			Tu	Tupolew
NASMO	NATO Starfighter Management Office		TWS	Track while Scan
NASARR	North American Search and Range Radar		**U**-Boot	Unterseeboot
NATO	North Atlantic Treaty Organisation		UdSSR	Union der Sozialistischen Sowjetrepubliken
NFH	NATO Frigate Helicopter		UH	Utility Helicopter
NG	Neue Generation		USAAC	US Army Air Corps
NH	NATO-Hubschrauber		USAF	United States Air Force
NKF	Neues Kampfflugzeug		USN	United States Navy
NVA	Nationale Volksarmee		**V**	Vertical take-off and Landing
OER	Operationelle Einsatzreserve			

VAK	Vertikal startendes und landendes Aufklärungs- und Kampfflugzeug	WaSLw	Waffenschule der Luftwaffe
VBH	Verbindungs- und Beobachtungshubschrauber	WEU	Westeuropäische Union
VC	Vertical Cargo	WF	Weserflug
VFW	Vereinigte Flugtechnische Werke	WFG	Weser Flugzeugbau GmbH
VJ	Vertikal startendes Jagdflugzeug	WFS	Weserflug-Sikorsky
VOR	VHF Omnidirectional Radio Range	WGT	Westgruppe der sowjetischen Truppen
VTOL	Vertical Take-Off and Landing	WS	Waffensystem
V/STOL	Vertical/Short-Take-off and Landing	WSO	Waffensystemoffizier
VVS	Voortgezette Vliegopleiding School	WTD	Wehrtechnische Dienststelle
		X	Experimental

Literatur

Bücher

Adler über See; *Hellmuth Brembach*
Aufklärungsgeschwader 51 Immelmann
Das große Hubschrauber-Typenbuch; *Marcus Aulfinger*
Das Lufttransportkommando und seine Verbände
Deutsche Starfighter; *Klaus Kropf*
Die andere Deutsche Luftwaffe; *Wilfried Kopenhagen*
Die bahnbrechenden Konstruktionen im Flugzeugbau;
 Hans Redemann
Die deutschen Heeresflieger; *Bernd und Frank Vetter*
Die Deutsche Luftwaffe 1964/65
Die Deutsche Luftwaffe 1965/66
Die Deutsche Luftwaffe 1966/67
Die deutschen Marineflieger; *Bernd und Frank Vetter*
Die fliegenden Verbände der Luftwaffe 1956 – 1982;
 Hans Redemann
Die Hubschrauber der Bundeswehr 1956 – 1986;
 Fritz Berger
Die Luftwaffe am Niederrhein
Die Verbände der Bundesluftwaffe;
 Bernd und Frank Vetter
English Electric Canberra;
 Ken Dekve/Peter Green/John Clemons
European Air Arms
European Air Forces Directory
Flugzeuge der DDR, Band I bis IV;
 Detlef Billig/Manfred Maier
Flugzeuge der Welt
Flugzeuge und Hubschrauber der Bundeswehr;
 Manfred Griehl/Joachim Dressel
Flugzeuge und Hubschrauber der NVA von 1956 bis 1970; *Wilfried Kopenhagen*
Flugzeuge und Hubschrauber der NVA von 1971 bis zur Gegenwart; *Wilfried Kopenhagen*
FLUGZEUG Profile Dornier Do 27; *Gerhard Lang*
Flugzeugtypen; *Karlheinz Kens*
German Military Aviation 1956 – 1976; *P. A. Jackson*
Heeresflieger; *Kurt Schütt*
Hubschrauber; *Hans-Joachim Polte*
Hubschrauber der Luftwaffe im Katastropheneinsatz;
 Guido Ziese
Hubschrauber und Tragschrauber;
 Kyrill v. Gersdorff/Kurt Knobling
Jagdbombergeschwader 33 – Ein Luftwaffenverband stellt sich vor
Jahrbuch der Luftwaffe; Band 1 bis 14
Kampfflugzeug; *Hans Redemann*
Kaktus Starfighter Staffel; Volume 1/2
Luftwaffe im 21. Jahrhundert; *Bernd und Frank Vetter*
Luftwaffe Fitter; *Ralf Jahnke/Andreas Klein*
Luftwaffe Fulcrums; *Andreas Klein*
Luftwaffe Phantoms; *Andreas Klein*
Marineflieger
Militair 1982
Militärflugzeuge; *Gerhard Lang*
Militärflugzeuge International; *Gerhard Lang*
Military Aircraft Volume 1 und 2
Starfighter; *Reinhard Wunschik*
The New Luftwaffe in Action;
 Peter Doll/Hermann Dorner
Tornado; *Francis K. Mason*
Tornado-Experimental; *Fritz Eckert*
FLUGZEUG Profile Transall C-160;
 Wolfgang Westerwelle
Transporter und Frachtflugzeuge; *Gerhard Lang*
Versuchsprojekte der Bundeswehr;
 Bernd und Frank Vetter
Vom weißen bis zum roten Stern;
 John W.R. Taylor/Gordon Swanboroough
30 Jahre Jagdbombergeschwader 32
916 Deutsche F-104 Starfighter; *Georg Fischbach*

Zeitschriften

Air Forces Monthly
DHS-Reihe
F40-Reihe
Flieger Revue
Flieger Revue Extra
Flug Revue
FLUGZEUG
FLUGZEUG Extra
Luftfahrt International
Military Aviation Review

Die ganze Welt der Luft- und Raumfahrt

FLUG REVUE präsentiert die spannendsten Geschichten aus der faszinierenden Welt der Luft- und Raumfahrt.

Jeden Monat neu am Kiosk!

Direktbestellung: 0711/182-2121
bestellservice@scw-media.de

www.flug-revue.rotor.com